白话机器学习

统计 + 概率 + 算法原理

洪锦魁 著

清华大学出版社

北京

内 容 简 介

本书采用浅显易懂的文字，结合丰富的图表与 416 个 Python 程序实例，从机器学习必备的基础数学、统计、概率等理论逐步切入，让读者不再被艰深的数学公式所困扰。书中系统介绍了 Scikit-learn 的主要算法，如线性回归、决策树、随机森林、KNN 与支持向量机等，并通过波士顿房价、信用卡风险、泰坦尼克号生存分析等真实案例，示范如何将理论有效转化为实际应用。

此外，本书也涵盖了特征选择、模型调校、数据预处理与机器学习效能评估等重要主题，提供给读者完整且实用的技能培养。书末更介绍了当前热门的语音识别技术，包括语音转文字及文字转语音，协助读者掌握前沿应用趋势。全书强调理论与实际结合，适合初学者到进阶者自学，为中文机器学习领域提供了完整且务实的学习资源。适合计算机专业的本科生和研究生使用。

图书在版编目（CIP）数据

白话机器学习：统计＋概率＋算法原理 / 洪锦魁著 . -- 北京：清华大学出版社 , 2025. 7.
ISBN 978-7-302-69737-4

Ⅰ. TP181

中国国家版本馆 CIP 数据核字第 20257NP811 号

责任编辑：申美莹
封面设计：周文涵
版式设计：方加青
责任校对：胡伟民
责任印制：曹婉颖

出版发行：清华大学出版社

网　　　址：https://www.tup.com.cn，https://www.wqxuetang.com
地　　　址：北京清华大学学研大厦 A 座　　　　　　　邮　　编：100084
社 总 机：010-83470000　　　　　　　　　　　　　邮　　购：010-62786544
投稿与读者服务：010-62776969，c-service@tup.tsinghua.edu.cn
质 量 反 馈：010-62772015，zhiliang@tup.tsinghua.edu.cn

印 装 者：三河市人民印务有限公司
经　　销：全国新华书店
开　　本：170mm×240mm　　　印　　张：34.5　　　字　　数：1025 千字
版　　次：2025 年 8 月第 1 版　　　印　　次：2025 年 8 月第 1 次印刷
定　　价：149.00 元

产品编号：107856-01

前　言

AI 时代来了，机器学习成了当今的显学。过去阅读机器学习的相关书籍，最常看到的是艰涩难懂的数学公式推导，因此对于许多读者而言可能是很好的催眠剂，对笔者而言也是如此。因此，笔者撰写本书的初衷是：

- 将机器学习的知识，用大白话讲述，让读者看得懂，学得会。
- 理论讲解搭配实际案例探讨，让读者彻底了解理论与实务。

笔者和许多机器学习领域的专家讨论过，大家一致认为，一本好的机器学习书籍应具备下列特色：

- 尽可能用大白话解释数学原理或算法，让读者以最简单的方式学会机器学习。
- 从机器学习有关基础数学说起，同时用图表与程序实例辅助讲解。
- 用图表与程序实例解说基础统计概念。
- 说明基础概率与简单贝叶斯理论，用程序将理论化为实操。
- 讲解机器学习有关的 Scikit-learn 方法，同时用简单数据理解此方法。
- 从简单的数据开始说明机器学习的算法。
- 理论知识与实际应用之间可能有巨大的差异，因此应提供一些程序代码范例，让读者能理解如何将这些理论知识转化为实际的程序代码。
- 针对问题的策略与技巧，除了基础理论和程序代码范例外，还应能提供一些针对特定问题的策略和技巧，如特征选择、模型选择、超参数调整等。
- 实际的案例能让读者理解如何在现实世界中应用机器学习，因此应包含一些真实世界的案例分析，来说明如何应用这些理论知识和技巧。

撰写本书时，笔者时时刻刻将上述特色放在内心，并呈现在本书中。本书应该是目前机器学习领域最完整的中文书籍。全书内容有 35 章，前面 21 章介绍了基础数学、统计、概率相关知识；第 22 ~ 34 章以 Scikit-learn 为基础，介绍了机器学习算法的概念，以及真实案例分析；第 35 章则以现成的模块，介绍了语音识别，读者可以从中学会如何读取语音输入，或是将文字转成语音。全书有 416 个 Python 程序实例。读者可以由本书内容，了解下列与机器学习有关的基础数学、统计知识：

- 方程式与函数。
- 一元函数到多元函数。
- 最小二乘法。
- 基础统计。
- 概率与单纯贝叶斯理论。
- 指数与对数。
- logit 函数与 logistic 函数。
- 向量与矩阵。

- 二次函数、三次函数与多项式函数。

此外，笔者从简单的实例开始介绍了下列机器学习的算法，每一种算法皆是从基础数据开始讲解，然后跨入真实数据，讲解应该如何将算法应用到真实案例环境：

- 线性回归 —— 波士顿房价。
- 逻辑回归 —— 信用卡、葡萄酒、糖尿病。
- 决策树 —— 葡萄酒、泰坦尼克号、Telco/Retail。
- 随机森林 —— 波士顿房价、泰坦尼克号、Telco、收入分析。
- KNN 算法 —— 电影推荐、足球射门、鸢尾花、小行星撞地球。
- 支持向量机 —— 鸢尾花、乳腺癌、汽车燃料。
- 单纯贝叶斯分类 —— 垃圾邮件、中英文的新闻分类、情感分析、电影评论。
- 集成机器学习 —— 蘑菇、医疗保险、玻璃、加州房价。
- K 均值聚类 —— 购物中心消费、葡萄酒评价。
- PCA 主成分分析 —— 手写数字、人脸数据。
- 阶层式聚类 —— 小麦数据、老实泉。
- DBSCAN 算法 —— 购物中心客户分析。

在讲解上述算法时，笔者同时介绍了下列应该知道的机器学习知识：

- 特征选择。
- 用直方图了解特征分布。
- 用箱型图了解异常值。
- 数据预处理。
- 残差图 (residual plot)。
- 机器学习性能评估。
- 数据泄露 (data leakage)。
- 绘制决策树图 (decision tree map)。
- 可视化热力图 (heat map)。
- 决策边界 (decision boundary)。
- 增加数据维度与超平面。
- 交叉验证 (cross-validation)。
- 泛化能力 (generalization ability)。
- 过拟合 (overfitting)。
- 欠拟合 (underfitting)。
- 弱学习器 (weaks learners)。
- 强学习器 (strong learners)。
- 学习模型 (base learner)。

本书最后一章，介绍了热门的 AI 主题——语音识别。通过本章内容读者可以学会下列知识：

- 语音转文字。

● 文字转语音。

本书虽然没有专门章节介绍机器学习必须掌握的绘图知识，如 matplotlib、seaborn、数据预处理（如 numpy、pandas），但是在解说每个程序时，已经用文字和程序实例讲解了这方面的相关知识，读者可以潜移默化地学会这方面的知识。

笔者写过许多计算机相关著作，本书沿袭了笔者著作的特色，程序实例丰富，相信读者只要遵循本书内容，必定可以在最短时间内，精通使用 Python 设计机器学习相关应用的知识。笔者编著本书虽力求完美，但是限于笔者学识经历不足，谬误难免，尚祈读者不吝指正。

洪锦魁 2025-07-30

本书资源获取说明

本书中的程序实例可以扫描下方二维码获取。

程序实例

目 录

第 28 章　支持向量机（以鸢尾花、乳癌、汽车燃料为例）···· 375

第 29 章　单纯贝叶斯分类（以垃圾邮件、新闻分类、电影评论为例）··········· 406

第 1 章
机器学习基本概念

人工智能 (Artificial Intelligence，AI)，简而言之，是指通过计算机程序来呈现人类智慧的技术，此技术应用于各种不同的领域。本书将介绍机器学习 (machine learning) 需要的基础数学、概率、部分线性代数、基础统计知识，同时将这些知识应用在一系列真实数据的分析中。

当读者了解机器学习基本概念之后，此书内容将引导读者学习微分、积分、偏微分、神经网络 (Neural Network，NN)、卷积神经网络 (Convolutional Neural Networks，CNN 或 CNNs，s 是英文复数标记，表示多个卷积神经网络)，逐步进入深度学习 (deep learning) 领域（未来笔者将继续撰写深度学习的书籍），最后应用这些知识，搭配 Tensorflow 模块，在 Google Colab 环境，设计辨识数字图像与辨识影像的专题程序。

1-1　人工智能、机器学习、深度学习

其实在人工智能时代，最先出现的概念是人工智能，然后是机器学习。而机器学习成为人工智能的重要领域后，在机器学习的概念中又出现了一个重要分支——深度学习，其实深度学习也驱动了机器学习与人工智能研究领域的发展，成了当今信息科学界最热门的学科。三者之间的关系如图 1-1 所示。

图 1-1　人工智能、机器学习、深度学习之间的关系

1-2　认识机器学习

机器学习的原始理论主要是用来设计和分析一些可以让计算机自动学习的算法，进而可以预测未来趋势或是寻找数据间的规律，然后获得我们想要的结果。若是用算法看待，可以将机器学习视为满足下列两项的系统：

（1）机器学习是一个函数，函数模型是由真实数据训练产生的。

（2）机器学习函数模型产生后，可以接收新输入的数据，映像结果数据。

1-3　机器学习的种类

机器学习的种类有下列三种：

（1）监督学习 (supervised learning)。

（2）无监督学习 (unsupervised learning)。

（3）强化学习 (reinforcement learning)。

1-3-1　监督学习

监督学习是用来预测目标变量的机器学习方法，在监督学习中，我们有一个明确的目标或结果变量，这个变量在学习过程中起着导向的作用。换句话说，机器学习模型在训练过程中会利用已知的输入和输出数据 (也就是 "标签" 数据) 进行学习，目的是找到输入和输出之间的关系，以便对新的未知输入数据进行预测。

对于监督学习而言，我们可以将实际观测数据分为训练数据 (training data) 与测试数据 (testing data)，一般常将 80%(或 70%) 数据用于训练，20%(或 30%) 数据用于测试。

这些训练数据有输入 (也可想成数据的特征 features)，以及相对应的输出数据 (也可想成目标 target)，然后使用这些训练数据可以建立机器学习的模型，如图 1-2 所示。

图 1-2　建立机器学习模型

接下来可以将测试数据输入机器学习的模型，产生结果数据，如图 1-3 所示。

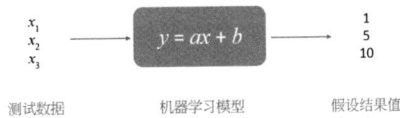

图 1-3　测试机器学习模型

经由测试数据的结果数据值与原先测试数据值做比较，可以分辨机器学习模型的优劣，然后可以判断是否需要对此模型做调整。

简而言之，训练数据是建立回归模型，测试数据是判断所建立的回归模型是否足够好，如图 1-4 所示。

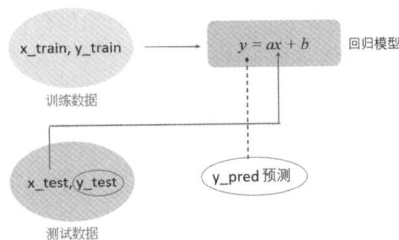

图 1-4　训练数据和测试数据

最后使用 y_test 测试数据和 y_pred 预测数据，评估回归模型，判断所得到的回归模型是不是好的模型。上述函数须留意的是，回归模型不一定是 $y = ax + b$，我们也可以建立多次函数的回归模型。常见的监督学习算法有线性回归、逻辑回归、支持向量机 (Support Vector Machine, SVM)、决策树和随机森林等。

1-3-2　无监督学习

无监督学习是机器学习的一种，其中机器被训练去辨识和学习数据中的模式，而不是明确地预测某个目标变量。在无监督学习中，我们没有目标或结果变量来指导学习过程，无监督学习主要用于找出数据结构、识别模式和关系等。

由于训练数据没有答案，由这些训练数据的特性，系统可以自行摸索建立机器学习的模型。根据数据特性或规律做的群集 (clustering) 分类，就是一个典型的无监督学习方法。

假设有一系列数据如图 1-5 所示，图 1-5(a) 是原始数据。经过群集分析，可以得到图 1-5(b) 的结果。

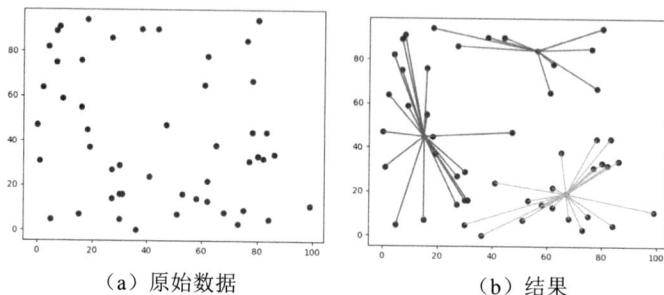

（a）原始数据　　　　　　（b）结果

图 1-5　群集分析

常见的无监督学习算法有分群 (或称聚类) 分析 (如 K 均值) 和降维 (如主成分分析，Principal Component Analysis，PCA)。

1-3-3　强化学习

强化学习这类方法没有训练数据与标准答案供探测未知的领域，机器必须在给予的环境中自我学习，然后评估每个行动所获得的回馈是正面还是负面，进而调整下一次的行动，类似这个让机器逐步调整探索最后正确解答的方式称强化学习。

强化学习在许多实际问题中都取得了成功应用，例如：

● 游戏 AI：强化学习在游戏领域取得了显著的成功，如在围棋、国际象棋和扑克等游戏中打败人类顶尖选手，如 AlphaGo。

● 机器人控制：强化学习可以用于教导机器人完成各种复杂的动作，如行走、操纵物体等。

● 自动驾驶：强化学习可以帮助自动驾驶汽车学习如何在各种交通环境下做出最佳决策，以提高安全性和行驶效率。

● 能源管理：强化学习可以应用于智能电网和能源系统中，以实现对能源的有效利用和节能降耗。

● 金融交易：强化学习可以用于开发智能交易策略，以在不确定的金融市场中实现获利。

1-4　机器学习的应用范围

目前机器学习已经广泛应用在我们的周遭，例如：

● 图像识别：机器学习可以用于识别和分类图像中的物体，这种技术在自动驾驶汽车、脸部识别系统、医学影像诊断等领域都有应用。

- 自然语言处理：机器学习可以用于理解、生成和翻译人类语言。这使得计算机能够进行情感分析、机器翻译、语音识别和生成自然语言响应等任务。
- 推荐系统：机器学习可以分析用户的浏览和购买历史，根据用户的喜好为他们提供个性化产品和服务推荐，这种技术在电商、音乐和电影推荐等领域被广泛应用。
- 金融领域：机器学习可以帮助金融机构检测欺诈交易、评估信用风险、预测股票价格波动等，这对于减少风险、提高效率和获得竞争优势具有重要意义。
- 医疗领域：机器学习可以分析医疗数据，帮助医生诊断疾病、预测病情发展、个性化治疗方案等。这对于提高医疗质量、降低成本和改善患者术后处理，具有重要价值。
- 物联网：机器学习可以帮助优化智能家居、智慧城市等物联网应用中的能源管理、设备维护和安全监控等方面的性能。
- 游戏领域：机器学习可以用于开发更智能的游戏 AI，使得游戏角色能够根据玩家的行为自主决策和适应。此外，机器学习也可以应用于游戏测试和优化，自动发现游戏中的问题并提出改进方案。
- 广告投放：机器学习可以用于分析用户行为数据，预测用户对不同类型广告的反应，从而实现精准投放和提高广告效果。
- 工业自动化：机器学习可以应用于机器人和自动化设备的控制，使它们能够在无须人工干预的情况下自主完成生产、检测和维护等任务。
- 客户服务：机器学习可以用于开发智慧客服机器人，自动回答用户的问题、处理用户咨询，提高客户服务的效率和满意度。
- 社交媒体：机器学习可以分析社交媒体上的用户行为和内容，用于用户分类、内容过滤、情感分析等，有助于提供更优质的社交网络体验。
- 供应链管理：机器学习可以预测供应链中的需求、供应和运输状况，以支持更有效的库存管理、物流规划和风险控制。

这些只是机器学习应用的一部分，随着技术的不断发展和创新，机器学习将在越来越多的领域发挥重要作用，带来极大的商业价值和社会影响。

1-5　深度学习

深度学习是机器学习的一个分支，它主要关注使用人工神经网络来仿真人类大脑的学习过程。深度学习模型由多层神经网络组成，每一层都由多个节点 (也叫神经元) 组成。这些层次结构使得深度学习可以从大量数据中学习并识别出复杂的模式和特征。

深度学习在许多领域取得了显著的成果，如语音识别、图像识别、自然语言处理和游戏。其优势在于对高维、非结构化数据的处理能力，以及自动提取特征的能力，这避免了手动设计特征的烦琐过程。

深度学习的常见神经网络类型包括卷积神经网络 (Convolutional Neural Network，CNN)、循环神经网络 (Recurrent Neural Networks，RNNs) 和变换器 (transformer) 等。卷积神经网络主要用于图像识别；循环神经网络擅长处理时序数据，如语音识别和语言建模。变换器则被广泛应用于自然语言处理领域，2022 年 11 月 30 日 OpenAI 公司发表的 ChatGPT 就是使用变换器模型开发完成，自从变换器模型在 2017 年被提出以来，它已经成为自然语言处理领域的主要基础结构。

本书不对深度学习进行专门介绍，未来计划以专书介绍深度学习。

第 2 章
机器学习的基础数学

2-1　用数字描绘事物

有一系列数据如表 2-1 所示。

表 2-1

姓名	年龄（岁）	…	身高（cm）	体重（kg）
A	52	…	175	65
B	53	…	169	62
C	46	…	177	68

当获得一组数据时，我们必须练习简化数据，同时找出有意义的数据，例如：从上述数据中可以列出人数、平均身高、平均体重、年龄超过 50 岁的人数，然后针对这些数据做更进一步处理。

其实想学好机器学习，第一步是将日常生活的现象，抽象化为数字。下一步是使用数学或统计概念活用该数字。例如：

（1）在某个促销活动中，计算应该准备多少库存。

（2）要开始营业时，计算需要多少业绩此商家才可以获利。

（3）通过广告可以增加产品销售数。

2-2　变量概念

假设买 5 斤玉荷包需要 450 元，那么买 7 斤荔枝需要多少钱？碰上这类问题，可以使用下列概念解析：

$$5 \times x = 450$$

$$x = 450/5$$

$$x = 90$$

对于上述概念我们使用变量 x 代表一斤玉荷包的价格，其实就是将日常生活抽象化为数字，同时应用了数字概念解析，上述计算中我们得到一斤荔枝是 90 元，所以：

$$7 \times 90 = 630$$

代表 7 斤荔枝总价是 630 元。

通过上述步骤，我们可以轻松计算 7 斤荔枝的价格。

2-3　从变量到函数

现在我们放弃上述问题与变量意义，重新思考。现已知荔枝一斤的价格是 90 元，那么如何计算不同重量的价格呢？假设变量 x 代表重量，这时我们可以使用下列函数代表此问题：

总价 = 一斤价格 × 重量

数学公式：

$$y = 90x$$

程序设计表达方式：

$$y = 90 \times$$

7

或是使用函数概念代表此问题：

$$f(x) = 90 \times x$$

程序实例 ch2_1.py： 假设荔枝一斤 90 元，请计算不同重量荔枝的价格，并用图表表达。

```
1   # ch2_1.py
2   import matplotlib.pyplot as plt
3
4   plt.rcParams["font.family"] = ["Microsoft JhengHei"]
5   unitprice = 90                      # 一斤的价格
6   x = [x for x in range(1, 11)]       # x代表斤
7   y = [y * unitprice for y in x]      # 不同重量的价格
8   plt.plot(x, y, '-*')
9   plt.title("荔枝重量 vs 价格表")
10  plt.xlabel("重量")
11  plt.ylabel("价格")
12  plt.show()
```

执行结果

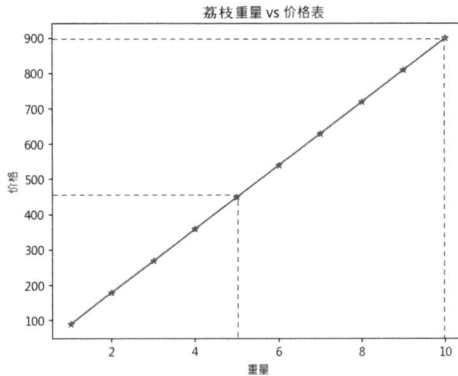

上述横向与纵向的虚线是笔者事后绘上的，线条上的每个点对应的 x 值就是荔枝的重量，对应的 y 值就是不同荔枝重量的价格，由上述图表我们可以轻松获得不同荔枝重量的价格。

2-4 等式运算的规则

假设 $x = y$，则下列规则也符合数学规则：

（1）两边加上同样的数值 z，也会成立。

$$x + z = y$$

（2）两边减去同样的数值 z，也会成立。

$$x - z = y$$

（3）两边乘上同样的数值 z，也会成立。

$$x \times z = y$$

（4）两边除上同样的数值 z（z 不可为 0），也会成立。

$$x/z = y/z$$

（5）数值左右交换。

$$y = x$$

2-5　代数运算的基本规则

在执行代数运算时，常可以用到下列规则：

（1）交换律，加法或是乘法可以改变顺序。

$$x + y = y$$

$$x \times y = y \times x$$

（2）结合律，加法或是乘法可以在不同部位先运算。

$$(x + y) + z = x + (y + z)$$

$$(x \times y) \times z = x \times (y \times z)$$

（3）分配律，相加或是相减再乘以 (或除以) 一个数值时，可以先计算乘 (或除)，然后再相加或相减。

$$(x \pm y) \times z = x \times z \pm y \times z$$

$$(x \pm y)/z = x/z \pm y/z$$

2-6　用数学抽象化开餐厅的生存条件

2-6-1　数学模型

假设想开一家餐厅，不知是否可以存活时，建议先模拟整体情境，最后再判断是否适合开餐厅。开餐厅的基本支出如下：

（1）餐厅租金 + 杂项开销 (水费、电费)。

（2）员工薪资。

收入部分可以通过预估每位客人的平均消费金额、来客数以及平均毛利率计算，然后就可以预估利润。

经过上述分析，可以使用下列方式计算开此餐厅的利润：

利润 = 毛利 − 员工薪资 − 餐厅租金 − 杂项开销 (水费、电费)

更进一步可以将上述公式细分成下列公式：

利润 = 平均单价 × 来客数 × 平均毛利率 − 平均薪资 × 员工人数 − 餐厅租金 − 杂项开销 (水费、电费)

上述是基本的数学模型。

2-6-2　经营数字预估

假设客户所点餐品的平均消费金额是 375 元，餐厅每个月的平均毛利率是 80%，每个月水电费的开销是 15000 元，餐厅租金是 60000 元，员工人数是 3 人，平均薪资是 35000 元，请计算每天平均应有多少客户，才可以损益两平。

所谓的损益两平就是利润是 0。有了上述数字，可以假设来客数是 x 人，扩充前一小节的数学模型如下：

$$0 = 375 \times x \times 0.8$$
$$\begin{aligned} &-35000 \times 3 &&(\text{薪资支出}) \\ &-60000 &&(\text{餐厅租金}) \\ &-15000 &&(\text{水电开销}) \end{aligned}$$

2-6-3 经营绩效的计算

经过前一节的数字预估，可以得到下列公式：

$$0 = 300 \times x - 105000 - 60000 - 15000$$

进一步推导可以得到下列公式：

$$0 = 300 \times x - 180000$$

两边加上 180000，可以得到下列结果：

$$180000 = 300 \times x$$

两边除以 300，可以得到下列结果：

$$600 = x$$

在公式撰写过程中，通常会将变量放在等号左边，所以上述公式写法可以改为下列方式：

$$x = 600$$

经过计算最后得到每个月的来客数需有 600 人，这间餐厅才可以损益两平，假设一个月是30 天，则每天平均来客数需有 20 人，餐厅才可以损益两平。经过上述数学运算，可以很精确地计算出经营餐厅需要考虑的因素，如果每天来客数无法达到 20 人，这时就需要考虑提高客单价或是增加毛利率，否则勉强去做，最后可能会以亏损收场。

2-7 基础数学的结论

2-6 节笔者举了开餐厅需要多少来客数方可损益两平的实例，整个实例中主要是使用基础数学将抽象的概念转为数字，然后进行了计算。在未来机器学习的实务上，我们也必须发挥这个精神，将实际案例使用数学解说，并逐步解析获得我们想要的结果。

第 3 章
认识方程式、函数、坐标图形

在中学阶段学习数学时，我们常常会看到 $y = ax + b$ 这个函数表达式，如果加上误差项，就是 $y = ax + b + \varepsilon$。

而在机器学习中，则先有常数项，后有变量项，即 $y = b + ax$。如果有误差项，则在最右边，即 $y = b + ax + \varepsilon$。

对中学数学而言，如果省略误差项，有 2 个变量，函数表达式如下：

$$z = ax + by + c$$

而在机器学习中，通常会用下标表示不同变量和系数：

$$y = \beta_0 + \beta_1 x_1 + \beta_2 x_2$$

机器学习的表达方式可以很方便地讲解与执行矩阵运算。此外，本书会从中学数学的概念说起，先采用传统数学表达式，之后在进阶矩阵运算时，会改由机器学习的表达方式解说。

3-1 认识方程式

在学习机器学习过程中，常需先将所观察的现象用方程式描述，例如：如果将 20 个苹果分给小朋友，每个小孩 3 个，最后剩下 2 个，请问有多少个小孩，这时可以用下列方程式表示：

$$20 = 3 \times x + 2 \qquad （变量 x 是小孩的人数）$$

两边减 2，可以得到下列结果：

$$18 = 3 \times x$$

将变量放在左边，可以得到下列结果：

$$3 \times x = 18$$

两边除以 3，可以得到下列结果：

$$x = 6$$

3-2 方程式文字描述方法

在写方程式时，文字表达方式与程序表达方式，有一些潜规则：

（1）数字在前面。

假设有一个公式是 $x \times 5$。

文字习惯省略乘法符号 (*)，用 $5x$ 表示。

程序习惯用 $5 * x$ 表示。

（2）指数表示。

假设有一个公式是 $x \times x \times x$。

文字习惯用 x^3 表示。

程序习惯用 $x * x * x$、$x ** 3$ 或是 $\mathrm{math.pow}(x, 3)$ 表示。

（3）变量依字母排列。

假设有一个公式是 $z \times y \times x$。

文字习惯用 xyz 表示。

程序习惯用 $x * y * z$ 表示。

（4）省略 1。

假设有一个公式是 $1 \times x$。

文字习惯用 X 表示。

程序习惯用 X 表示。

3-3　一元一次方程式

所谓的一元一次方程式是指一个方程式中只有一个变量，且假设变量是 x 时，变量 x 的指数是 1，下列是实例：

$$ax + b = 0 \quad （a 和 b 是常数）$$

或是实际数字公式如下：

$$3x - 18 = 0$$

在坐标平面系统中一元一次方程式的图形是一条直线，上述公式中我们可将 3 当作方程式的 a，将 -18 当作方程式的 b。

3-4　函数

现在将前一小节的公式进行更进一步处理：

$$3x - 18 = 0$$

上述 0 用 y 代替：

$$3x - 18 = y$$

将 y 放在左边，这时我们可以将 x 称自变量，y 称因变量，得到下列结果：

$$y = 3x - 18$$

或是使用下列方式表达：

$$y = f(x) = 3x - 18$$

上述相当于将不同的 x 值代入，可以看到不同的函数 $f(x)$ 值，在坐标系统这个也称作是 y 值。

其实这就是函数，我们先前说过一元一次方程式图形是一条直线，如果我们将 X 分别用整数 0~10 代入，就可以验证结果。

程序实例 ch3_1.py：绘制下列一元一次方程式的图形。

```
1  # ch3_1.py
2  import matplotlib.pyplot as plt
3
4  plt.rcParams["font.family"] = ["Microsoft JhengHei"]
5  plt.rcParams["axes.unicode_minus"] = False  # 负数符号
6
7  x = [x for x in range(0, 11)]
8  y = [(3 * y - 18) for y in x]
9  plt.plot(x, y, '-*')
10 plt.xlabel("小孩人数")
11 plt.ylabel("苹果数量")
12 plt.grid()                                  # 加网格线
13 plt.show()
```

执行结果

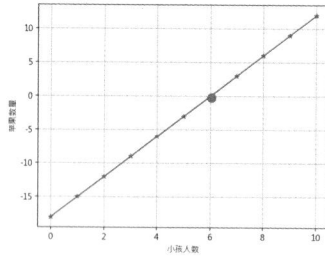

上述圆点是笔者事后画上去的，若是以数学概念来说，相当于是下列一元一次方程式的解：

$$3x - 18 = 0$$

在这个小孩子分苹果的实例中，相当于有 6 个小孩时，苹果的数量是刚好被平均分配的，否则就会有苹果太多或不足的情况。上述 x 轴刻度是 0, 2, …，10 只显示偶数，这是系统默认，有时候在绘制上述图形时，我们希望标出 0~10 每个单一整数的数值当作标记，这时可以使用 xticks() 方法。同时我们也可以使用 axis() 方法，标记图表 x 轴和 y 轴的刻度范围。

程序实例 ch3_2.py：标记刻度范围，同时也标记每个单一数字，方便追踪每个小孩数量与苹果数量的关系。

```
1  # ch3_2.py
2  import matplotlib.pyplot as plt
3
4  plt.rcParams["font.family"] = ["Microsoft JhengHei"]
5  plt.rcParams["axes.unicode_minus"] = False  # 负数符号
6
7  x = [x for x in range(0, 11)]
8  y = [(3 * y - 18) for y in x]
9  plt.xticks(x)                # 标记每个 x
10 plt.axis([0, 10, -20, 15])   # 标记 x=(0,10), y=(-20,15)范围
11 plt.plot(x, y, '-*')
12 plt.xlabel("小孩人数")
13 plt.ylabel("苹果数量")
14 plt.grid()                   # 加网格线
15 plt.show()
```

执行结果

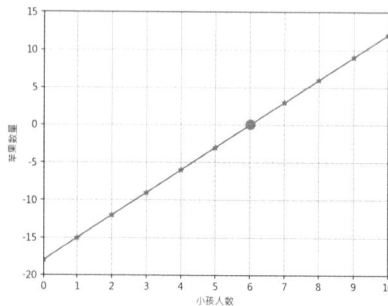

3-5 坐标图形分析

3-5-1 坐标图形与线性关系

在 2-6 节笔者解说过经营餐厅的实例，所获得的基本数学公式如下：

$$0 = 300 \times x - 180000$$

可以用下列函数代表此一元一次方程式：

$$y = f(x) = 300x - 180000$$

x 代表每月来客数，180000 代表餐厅的费用开销，假设使用万元做费用开销的单位，函数可以更改如下：

$$y = f(x) = 0.03x - 18$$

程序实例 ch3_3.py：绘制经营餐厅的绩效图形，并计算来客数是0~1000时的获利情况。

```
1   # ch3_3.py
2   import matplotlib.pyplot as plt
3   import numpy as np
4
5   plt.rcParams["font.family"] = ["Microsoft JhengHei"]
6   plt.rcParams["axes.unicode_minus"] = False  # 负数符号
7
8   x = np.linspace(0, 1000, 100)
9   y = 0.03 * x - 18
10  plt.axis([0, 1000, -20, 15])                # 标记刻度范围
11  plt.plot(x, y)
12  plt.xlabel("来客数")
13  plt.ylabel("利润")
14  plt.grid()                                  # 加网格线
15  plt.show()
```

执行结果

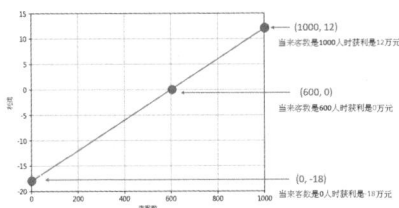

有了经营餐厅的数学公式，从上述实例可以很清楚地看到不同来客数对获利的影响，基本结论是来客数越多获利越好。此外，从上述图形可以看到直线上的每一个点(x, y)所代表的是该点的来客数（x轴）与餐厅的获利额（y轴），来客数对获利的影响与这条直线有关，这在机器学习中称为线性关系。

3-5-2　斜率与截距的意义

在一元一次的线性图形中，所绘制的直线最重要的组成如下：

斜率 (slope)：一条直线的倾斜程度，斜率的特色是不论从直线哪两个点算出来的斜率皆是相同的。

截距 (intercept)：又可细分为x截距和y截距，一条直线与x轴相交点的x坐标称x截距，一条直线与y轴相交点的y坐标称y截距。

斜率与截距如图 3-1 所示。

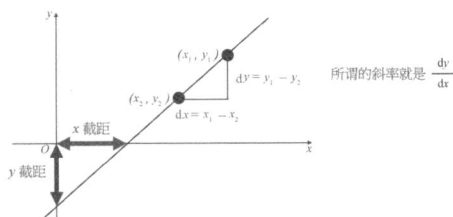

图 3-1　斜率与截距

3-5-3　细看斜率

通常线条倾斜较大，产生的斜率较大；线条倾斜较小，产生的斜率较小，如图3-2所示。

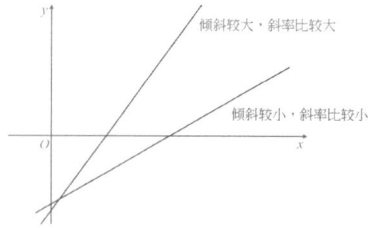

图 3-2　斜率

斜率可以有正斜率与负斜率，由左下往右上的斜率称正斜率，由左上往右下的斜率称负斜率，如图3-3所示。

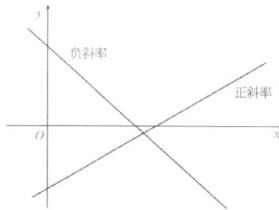

图 3-3　正斜率与负斜率

3-5-4　细看 y 截距

所谓的 y 截距是指一个函数，当 $x=0$ 时，此函数图形与 y 轴相交点的 y 值，如图3-4所示。

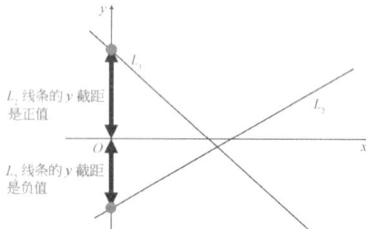

图 3-4　y 截距

如果使用数学公式代表：

$$y = f(x) = ax + b$$

则 y 截距就是：

$$y = f(0) = 0a + b = b$$

其实可以说对于直线方程式 $ax+b$，y 截距就是函数公式的常数项 b，也可以说 $ax+b$ 的直线与 y 轴的相交点是 $(0,b)$。

3-5-5　细看 x 截距

所谓的 x 截距是指一个函数，此函数线条与 x 轴相交点的 x 值，如图3-5所示。

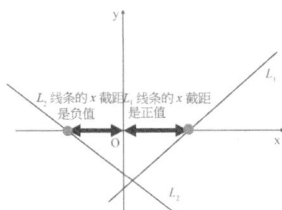

图 3-5　x 截距

对于下列线性方程式：

$$y = f(x) = ax + b$$

x 截距相当于是让 $y = f(x) = 0$，所以此 x 截距又称根，对于线性方程式而言，可以用下列方式推导此值：

$$y = ax + b$$

y 是 0，所以可以得到：

$$0 = ax + b$$

可以推导如下：

$$ax = -b$$

两边除以 a，可以得到：

$$x = -\frac{b}{a}$$

对于 $y = f(x)$ 的函数，可能有多个 x 截距，例如：对于一元二次方程式而言，可能产生两个与 x 轴相交的点，这时就会产生两个 x 截距，如图 3-6 所示。

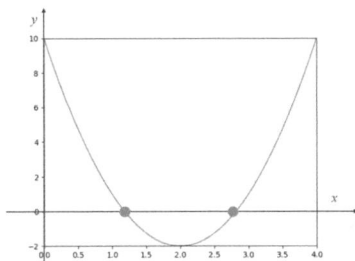

图 3-6　一元二次方程式的 x 截距

注　后续笔者会介绍一元二次方程式。

3-6　将线性函数应用于机器学习

3-6-1　再看直线函数与斜率

对于下列线性方程式：

$$y = f(x) = ax + b$$

其实函数 ax 的 a 的值就是此直线的斜率，下列将用简单的程序实例解说。

程序实例 ch3_4.py：绘制下列函数图形，同时验证 2 是此函数直线的斜率。

$$y = f(x) = 2x$$

```
1   # ch3_4.py
2   import matplotlib.pyplot as plt
3
4   x = [x for x in range(0, 11)]
5   y = [2 * y for y in x]
6   plt.xticks(x)
7   plt.axis([0, 10, 0, 20])           # 标记刻度范围
8   plt.plot(x, y)
9   plt.grid()                         # 加网格线
10  plt.show()
```

执行结果

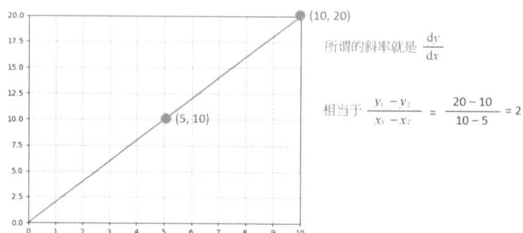

所谓的斜率就是 $\dfrac{dy}{dx}$

相当于 $\dfrac{y_1 - y_1}{x_1 - x_2} = \dfrac{20 - 10}{10 - 5} = 2$

3-6-2　机器学习与线性回归

在机器学习过程中会搜集许多数据，我们可以使用 $f(x) = ax + b$ 当作是线性回归分析函数，适度的调整函数的 a 和 b 的值，然后找出与数据点最近的一条直线（或是称最近的函数）。

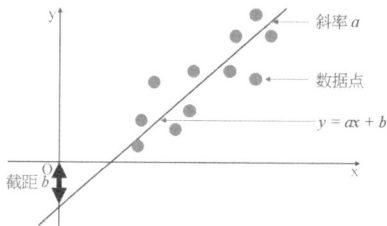

3-6-3　相同斜率平行移动

所谓的平行线是指斜率相同的线条，在机器学习过程中，如果想要建立斜率不变平行移动的线性函数，只要调整 $f(x) = ax + b$ 的截距值 b 即可，可以参考下列实例。

程序实例 ch3_5.py：更改 y 截距值 b，产生平行移动的线性函数，请留意第 6(斜率相同 y 截距是 -2) 和 7 行 (斜率相同 y 截距是 2)。

执行结果

```
1   # ch3_5.py
2   import matplotlib.pyplot as plt
3
4   x = [x for x in range(0, 11)]
5   y1 = [2 * y for y in x]            # Line 1
6   y2 = [(2 * y - 2) for y in x]      # Line 2
7   y3 = [(2 * y + 2) for y in x]      # Line 3
8   plt.xticks(x)
9   plt.plot(x, y1, label='L1')
10  plt.plot(x, y2, label='L2')
11  plt.plot(x, y3, label='L3')
12  plt.legend(loc='best')
13  plt.grid()
14  plt.show()
```

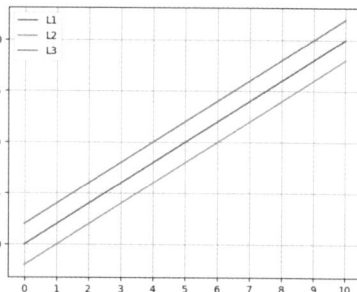

3-6-4　不同斜率与相同截距

在机器学习过程中，如果想要建立不同斜率与相同截距的线性函数，调整 $f(x) = ax + b$ 的斜率值 a 即可，可以参考下列实例。

程序实例 ch3_6.py：更改斜率值 a，可以调整线性函数的线条。

```
1  # ch3_6.py
2  import matplotlib.pyplot as plt
3
4  x = [x for x in range(0, 11)]
5  y1 = [2 * y for y in x]          # Line 1
6  y2 = [3 * y for y in x]          # Line 2
7  y3 = [4 * y for y in x]          # Line 3
8  plt.xticks(x)
9  plt.plot(x, y1, label='L1')
10 plt.plot(x, y2, label='L2')
11 plt.plot(x, y3, label='L3')
12 plt.legend(loc='best')
13 plt.grid()
14 plt.show()
```

执行结果

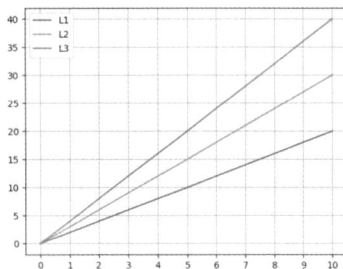

3-6-5　不同斜率与不同截距

在机器学习过程中，如果想要建立不同斜率与截距的线性函数，同时调整 $f(x) = ax + b$ 的斜率值 a 和截距值 b 即可，可以参考下列实例。

程序实例 ch3_7.py：更改斜率值 a 和截距值 b，可以调整线性函数的图形。

```
1  # ch3_7.py
2  import matplotlib.pyplot as plt
3
4  x = [x for x in range(0, 11)]
5  y1 = [2 * y for y in x]          # Line 1
6  y2 = [3 * y + 2 for y in x]      # Line 2
7  y3 = [4 * y - 3 for y in x]      # Line 3
8  plt.xticks(x)
9  plt.plot(x, y1, label='L1')
10 plt.plot(x, y2, label='L2')
11 plt.plot(x, y3, label='L3')
12 plt.legend(loc='best')
13 plt.grid()
14 plt.show()
```

执行结果

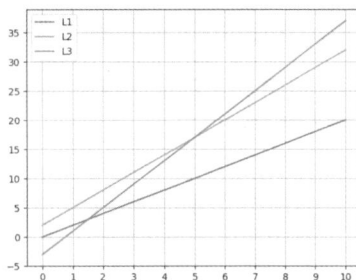

3-7　二元函数到多元函数

3-7-1　二元函数基本概念

有 2 个自变量的函数称二元函数，我们常常使用三维的直角坐标系统可视化此二元函数。

$$y = f(x_1, x_2)$$

若是以上述公式为例，x_1 和 x_2 是自变量，y 是因变量。或是用下列方式表达。

$$z = f(x, y)$$

若是以上述公式为例，x 和 y 是自变量，z 是因变量。

3-7-2　二元函数的图形

如果要绘制$f(x,y)$在三维空间的图形，我们必须要网格化数据，例如：如果要绘制x从-2到2，y也是-2到2，内容是$f(x,y) = x + y$的图形，我们可以使用列表方式建立此网格数据。

注　如果点比较多可以使用 Python 列表生成式的概念。

```
>>> x = [-2, -1, 0, 1, 2]
>>> y = [-2, -1, 0, 1, 2]
```

这时可以使用 meshgrid( ) 建立下列所有平面点的 (x,y) 坐标。

```
>>> import numpy as np
>>> X, Y = np.meshgrid(x,y)
>>> print(X)
[[-2 -1  0  1  2]
 [-2 -1  0  1  2]
 [-2 -1  0  1  2]
 [-2 -1  0  1  2]
 [-2 -1  0  1  2]]
>>> print(Y)
[[-2 -2 -2 -2 -2]
 [-1 -1 -1 -1 -1]
 [ 0  0  0  0  0]
 [ 1  1  1  1  1]
 [ 2  2  2  2  2]]
```

有了上述 (x,y) 坐标，可以使用下列方式建立每一个点的 z 坐标。

```
>>> Z = X + Y
>>> print(Z)
[[-4 -3 -2 -1  0]
 [-3 -2 -1  0  1]
 [-2 -1  0  1  2]
 [-1  0  1  2  3]
 [ 0  1  2  3  4]]
```

现在只要将上述 X、Y 和 Z 坐标值代入 3D 绘图函数即可产生 3D 绘图。

程序实例 ch3_8.py：绘制 3D 的网格图，同时标记每一个点。

执行结果

```
1  # ch3_8.py
2  from mpl_toolkits.mplot3d import axes3d
3  import matplotlib.pyplot as plt
4  import numpy as np
5
6  plt.rcParams["font.family"] = ["Microsoft JhengHei"]
7  plt.rcParams["axes.unicode_minus"] = False
8  # 取得测试资料
9  x = np.arange(start=-4,stop=5)
10 y = np.arange(start=-4,stop=5)
11 X, Y = np.meshgrid(x,y)
12 # 建立子图
13 Z = X + Y
14 fig,ax = plt.subplots(subplot_kw={'projection':'3d'})
15 # 绘制 3D 网格图
16 ax.scatter(X, Y, Z, color='b')              # 绘点
17 ax.plot_wireframe(X, Y, Z, color='g')       # 绘网网格线
18
19 ax.set_title('绘制 3D 网格图',fontsize=16,color='b')
20 ax.set_xlabel('X轴',color='b')
21 ax.set_ylabel('Y轴',color='b')
22 ax.set_zlabel('Z轴',color='b')
23 plt.show()
```

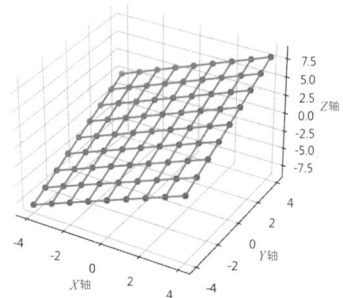

绘制 3D 网格图

上述程序第 17 行的 plot_wireframe( ) 是绘制绿色的 3D 网格图。

3-7-3　等高线图

等高线是研究二元函数的重要方法，简而言之，等高线就是一条与 $f(x,y)$ 函数值相同的线条。也可以称 $f(x,y) = c$ 相邻点连接的曲线，这条曲线可以是闭合的，也可以是非闭合的，当将

这些曲线投影到水平线，就可以得到等高线图。

　　程序实例 ch3_9.py：使用下列函数建立 3D 网格图、3D 表面图、等高线图和填充等高线图。

$$f(x,y) = \sin\left(\sqrt{x^2 + y^2}\right)$$

```
1   # ch3_9.py
2   import numpy as np
3   import matplotlib.pyplot as plt
4   plt.rcParams["font.family"] = ["Microsoft JhengHei"]
5   plt.rcParams["axes.unicode_minus"] = False      # 负数符号
6   x = np.linspace(-5, 5, 30)                      # 设定 x 的值范围
7   y = np.linspace(-5, 5, 30)                      # 设定 y 的值范围
8   X, Y = np.meshgrid(x, y)
9   Z = np.sin(np.sqrt(X**2 + Y**2))                # 计算函数的值
10  # 建立一个新的图像
11  fig = plt.figure(figsize=(10, 6))
12  # 建立第 1 个子图（3D 网格图）
13  ax1 = fig.add_subplot(2, 2, 1, projection='3d')
14  ax1.plot_wireframe(X, Y, Z, linewidth=0.5, cmap='rainbow')
15  ax1.set_xlabel('X')
16  ax1.set_ylabel('Y')
17  ax1.set_zlabel('Z')
18  ax1.set_title('3D 网格图')
19  # 建立第 2 个子图（3D 表面图）
20  ax1 = fig.add_subplot(2, 2, 2, projection='3d')
21  ax1.plot_surface(X, Y, Z, cmap='rainbow')
22  ax1.set_xlabel('X')
23  ax1.set_ylabel('Y')
24  ax1.set_zlabel('Z')
25  ax1.set_title('3D 表面图')
26  # 建立第 3 个子图（等高线图）
27  ax2 = fig.add_subplot(2, 2, 3)
28  contour = ax2.contour(X, Y, Z, cmap='rainbow')
29  ax2.set_xlabel('X')
30  ax2.set_ylabel('Y')
31  ax2.set_title('等高线图')
32  fig.colorbar(contour)
33  # 建立第 4 个子图（填充等高线图）
34  ax2 = fig.add_subplot(2, 2, 4)
35  contour = ax2.contourf(X, Y, Z, cmap='rainbow')
36  ax2.set_xlabel('X')
37  ax2.set_ylabel('Y')
38  ax2.set_title('填充等高线图')
39  fig.colorbar(contour)
40  # 显示图像
41  plt.subplots_adjust(wspace=0.4, hspace=0.4)     # 子图的间距设定
42  plt.show()
```

执行结果

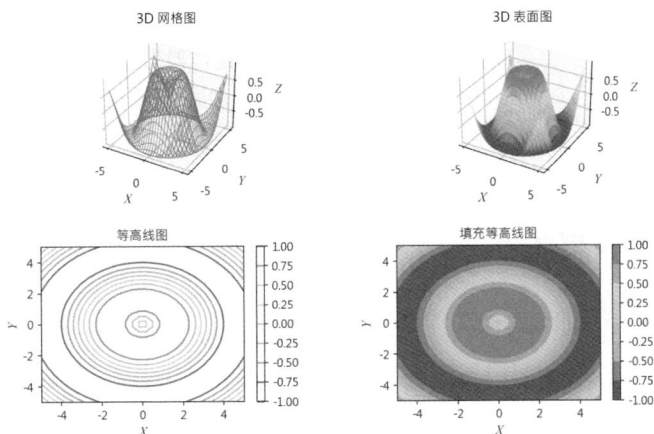

　　上述程序第 21 行的 plot_surface( ) 是绘制 3D 表面图，第 28 行的 contour( ) 是绘制等高线图，第 35 行的 contourf( ) 是绘制填充等高线图。

3-7-4　多元函数

　　一个函数如果有多个自变量，则称此函数是多元函数，例如：下列是 n 元函数。

$$y = f(x_1, x_2, \cdots, x_n)$$

对于多元函数，我们无法用图表显示，只能靠想象了。

3-8　Sympy 模块

Sympy 模块常用于解线性代数、微分或积分问题，这些基础数学是迈向机器学习、深度学习或是人工智能的基础，也可以用此模块绘制图表 (建议使用 matplotlib 模块)。本节将说明定义符号与解一元一次方程式的用法，后续会依据书籍内容进度，说明更多 Sympy 模块相关的知识，在使用前请先安装此模块，安装指令如下。

```
pip install sympy
```

3-8-1　定义符号

一般数学运算变量使用方式如下：

```
>>> x = 1
>>> x + x + 2
4
```

上述程序中我们定义 $x = 1$，当执行 $x + x + 2$ 时，变量 x 会由 1 代入，所以可以得到 4。使用 Sympy 可以设计含变量的表达式，不过在使用前必须用 Symbol 类别定义此变量符号，可以参考下列方式：

```
>>> import sympy as sp
>>> x = sp.Symbol('x')
```

当定义好了以后，我们再执行一次 $x + x + 2$ ，可以看到不一样的输出。

```
>>> x + x + 2
2*x + 2
```

经过 Symbol 类别定义后，对于 Python 而言 x 仍是变量，但是此变量内容将不是变量，而是符号。x 是变量，你也可以设定不同名称，等于 Symbol('x')，如下所示：

```
>>> y = sp.Symbol('x')
>>> y + y + 2
2*x + 2
```

3-8-2　name 属性

使用 Symbol 类别定义一个变量名称后，未来可以使用 name 属性了解所定义的符号。

```
>>> x = sp.Symbol('x')
>>> x.name
'x'
>>> y = sp.Symbol('x')
>>> y.name
'x'
```

3-8-3　定义多个符号变量

假设想定义 a、b、c 等三个符号变量，可以使用下列方式：

```
>>> a = sp.Symbol('a')
>>> b = sp.Symbol('b')
>>> c = sp.Symbol('c')
```

或是，使用下列 symbols( ) 方法简化程序：

```
>>> a, b, c = sp.symbols(('a','b','c'))
>>> a.name
'a'
>>> b.name
'b'
>>> c.name
'c'
```

3-8-4 符号的运算

定义符号后就可以对此进行基本运算：

```
>>> x = sp.Symbol('x')
>>> y = sp.Symbol('y')
>>> z = 5 * x + 6 * y + x * y
>>> z
x*y + 5*x + 6*y
```

3-8-5 将数值代入公式

若是想将数值代入公式，可以使用 subs({x:n, …})，subs( ) 方法的参数是字典，可以参考下列实例：

```
>>> x = sp.Symbol('x')
>>> y = sp.Symbol('y')
>>> eq = 5 * x + 6 * y
>>> result = eq.subs({x:1,y:2})
>>> result
17
```

3-8-6 将字符串转为数学表达式

若是想建立通用的数学表达式，可以参考下列实例：

```
>>> x = sp.Symbol('x')
>>> eq = input("请输入公式 ： ")
请输入公式 ： x**3 + 2*x**2 + 3*x + 5
>>> eq = sp.sympify(eq)
```

上述程序中所输入的" $x**3+2*x**2+3*x+5$ "是字符串，sympify( ) 方法会将此字符串转为数学表达式，公式 *eq* 经过上述转换后，我们就可以针对此公式进行操作。

```
>>> 2 * eq
2*x**3 + 4*x**2 + 6*x + 10
```

由于 *eq* 已经是数学表达式，所以我们也可以使用 subs( ) 法代入此公式做运算。

```
>>> eq
x**3 + 2*x**2 + 3*x + 5
>>> result = eq.subs({x:1})
>>> result
11
```

3-8-7 Sympy 模块支持的数学函数

pi：圆周率。

E：欧拉数 e。

sin（x）、cos（x）、tan（x）：三角函数

log（x,n）：计算 n 为底的 x 对数，如果省略 n 表示的是自然对数。

exp（x）：计算 e^x。

root（x,n）：开 x 的 n 次方根号 $\sqrt[n]{x}$，如果省略 n 表示的是 2。

实例 1：基础数学支持。

```
>>> x = sp.Symbol('x')
>>> eq = sp.sin(x**2) + sp.log(8,2)*x + sp.log(sp.exp(3))
>>> eq
3*x + sin(x**2) + 3
>>> result = eq.subs({x:1})
>>> result
sin(1) + 6
```

3-8-8　解一元一次方程式

Sympy 模块也可以解下列一元一次方程式：

$$y = ax + b$$

例如：求解下列公式：

$$3x + 5 = 8$$

上述问题可以使用 solve( ) 方法求解，在使用 Sympy 模块时，请先将上述公式转为下列表达式：

$$eq = 3*x + 5 - 8$$

可以参考下列实例与结果：

```
>>> x = sp.Symbol('x')
>>> eq = 3*x + 5 - 8
>>> sp.solve(eq)
[1]
```

上述解一元一次方程式时，所获得的结果是以列表 (list) 方式回传，下列是延续上述实例的结果。

```
>>> ans = sp.solve(eq)
>>> print(type(ans))
<class 'list'>
>>> ans
[1]
>>> ans[0]
1
```

第 4 章
从联立方程式看机器学习的数学模型

在机器学习的过程中，我们会先获得数据，应该如何将所获得的数据转为数学模型，这是很重要的过程，这一章笔者以实例说明将数据转为联立方程式的数学模型，然后使用数学方法和 Python 程序实例解说，同时绘制图形，让读者可以更清楚地掌握相关知识。

4-1 数学概念建立连接两点的直线

在前一章的内容我们知道了直线是由斜率和截距决定的，而有时候会碰上已知数据是两点坐标的情况，我们可以将这两点连成一条直线，下列是直线的函数：

$$y = ax + b$$

对我们而言已知是两点的坐标，这相当于是已知 x 和 y，然后我们必须由这两已知的 x 和 y，求斜率 a 和截距 b。4-1 节和 4-2 节将讲解这方面的应用，然后由这个知识点，我们可以更进一步推估。

4-1-1 基础概念

坐标系上两点，我们可以将这两点连成一条直线，如图 4-1 所示。

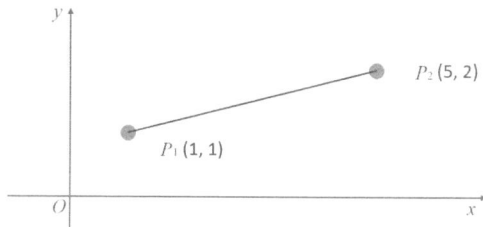

图 4-1 两点连成一条

对于点 $P_1(1, 1)$ 可以代入 $y = f(x) = ax + b$，得到：

$$1 = a + b \tag{4.1}$$

对于点 $P_2(5, 2)$ 可以代入 $y = f(x) = ax + b$，得到：

$$2 = 5a + b \tag{4.2}$$

4-1-2 联立方程式

我们可以将上述公式联立：

$$\begin{cases} a + b = 1 \\ 5a + b = 2 \end{cases}$$

4-1-3 使用加减法解联立方程式

将等号两边的公式相加减，这时等号依旧成立，而相加减过程的重点是将一个变量 a 或 b 减去，这时就可以轻易计算出另一个变量值。假设现在想先计算变量 a 的值，所以必须使用加减法将 b 减去。

公式（4.1）减去公式（4.2），可以得到下列结果：

$$a + b = 1$$
$$\underline{\quad - 5a - b = -2 \quad} \quad \text{公式 (4.1) – 公式 (4.2)}$$
$$-4a = -1$$
$$a = 0.25 \qquad \text{可以得到 } a \text{ 的值}$$

然后将 a 的值 0.25 代入 $a + b = 1$，如下所示：

$$0.25 + b = 1$$

所以可以得到：

$$b = 0.75$$

现在我们可以得到 4-1-1 节连接 P_1 和 P_2 两点的直线是：

$$y = f(x) = 0.25x + 0.75$$

4-1-4　使用代入法解联立方程式

所谓的代入法，是先由一个公式计算一个变量的值，然后将此变量值代入另一个公式内，例如：以公式（4.1）而言如下所示：

$$a + b = 1$$

可以获得下列变量 b 的值。

$$b = 1 - a$$

然后将上述公式代入公式（4.2），目前公式（4.2）如下：

$$5a + b = 2$$

代入后公式如下：

$$5a + (1 - a) = 2$$

推导结果如下：

$$4a + 1 = 2$$

两边减 1，可以得到：

$$4a = 1$$

最后得到：

$$a = 0.25$$

有了 a 值，剩余步骤可以参考 4-1-3 节。

4-1-5　使用 Sympy 解联立方程式

从 4-1-2 节可以得到下列联立方程式：

$$\begin{cases} a + b = 1 \\ 5a + b = 2 \end{cases}$$

我们可以使用 sympy 模块内的 Symbol 类别和 solve( ) 方法解此联立方程式，请先定义变量符号。

```
a = Symbol('a')          # 定义变量 a
b = Symbol('b')          # 定义变量 b
```

然后定义公式，定义时需设定右边是 0，下列是实例：

$$eq1 = a + b - 1$$
$$eq2 = 5 * a + b - 2$$

然后可以将 eq1 和 eq2 代入 solve( )，就可以回传字典格式的 a 和 b 的解。

程序实例 ch4_1.py：解下列联立方程式。

$$\begin{cases} a+b=1 \\ 5a+b=2 \end{cases}$$

```
1   # ch4_1.py
2   from sympy import Symbol, solve
3
4   a = Symbol('a')                    # 定义公式中使用的变量
5   b = Symbol('b')                    # 定义公式中使用的变量
6   eq1 = a + b - 1                    # 方程式 1
7   eq2 = 5 * a + b - 2               # 方程式 2
8   ans = solve((eq1, eq2))
9   print(type(ans))
10  print(ans)
11  print(f'a = {ans[a]}')
12  print(f'b = {ans[b]}')
```

執行結果

```
===================== RESTART: D:/Machine/ch4/ch4_1.py =====================
<class 'dict'>
{a: 1/4, b: 3/4}
a = 1/4
b = 3/4
```

4-2 机器学习使用联立方程式推估数据

4-2-1 基本概念

在 3-5-1 节笔者讲解了餐厅经营的绩效分析，其中我们获得了两个数据点，如图 4-2 所示。

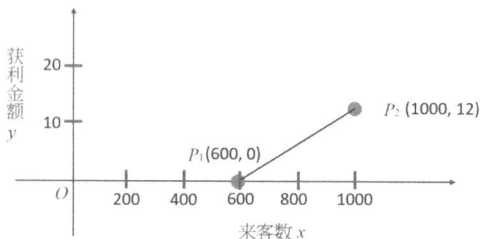

图 4-2 绩效分析

（1）当来客数是 600 时，可以损益两平，此时可以得到下列函数：

$$y = f(600) = 0 = 600a + b \tag{4.3}$$

（2）当来客数是 1000 时，可以获利 12 万，此时可以得到下列函数：

$$y = f(1000) = 12 = 1000a + b \tag{4.4}$$

公式 4.3 减去公式 4.4，可以得到下列结果：

$-12 = -400a$

进一步推导可以得到：

$a = 12 / 400 = 0.03$ # 这是斜率

将 $a = 0.03$ 代入公式（4.3），可以得到：

$b = -600 \times 0.03 = -18$ （这是截距）

由上述数据我们得到了下列公式：

$y = f(x) = 0.03x - 18$

这也是由 2-6 节和 3-5-1 节所获得的餐厅经营绩效函数。

程序实例 ch4_2.py： 解下列联立方程式。

$$\begin{cases} 600a + b = 0 \\ 1000a + b = 12 \end{cases}$$

请在 Python Shell 输出上述 a 和 b 的值，并用这两个值，建立下列函数：

$y = ax + b$

请绘制 x 从 $0 \sim 2500$ 的函数图形，并绘制 $f(600)$ 和 $f(1000)$ 的坐标点。

```
1   # ch4_2.py
2   import matplotlib.pyplot as plt
3   from sympy import Symbol, solve
4   import numpy as np
5
6   plt.rcParams["font.family"] = ["Microsoft JhengHei"]
7   plt.rcParams["axes.unicode_minus"] = False  # 负数符号
8
9   a = Symbol('a')                        # 定义公式中使用的变量
10  b = Symbol('b')                        # 定义公式中使用的变量
11  eq1 = 600*a + b                        # 方程式 1
12  eq2 = 1000*a + b - 12                   # 方程式 2
13  ans = solve((eq1, eq2))
14  print(f'a = {ans[a]}')
15  print(f'b = {ans[b]}')
16
17  pt_x1 = 600
18  pt_y1 = ans[a] * pt_x1 + ans[b]        # 计算x=600时的y值
19  pt_x2 = 1000
20  pt_y2 = ans[a] * pt_x2 + ans[b]        # 计算x=1000时的y值
21
22  x = np.linspace(0, 2500, 250)
23  y = ans[a] * x + ans[b]
24  plt.plot(x, y)                         # 绘函数直线
25  plt.plot(pt_x1, pt_y1, '-o')           # 绘点 P1
26  plt.text(pt_x1+60, pt_y1-2, 'P1')      # 输出文字P1
27  plt.plot(pt_x2, pt_y2, '-o')           # 绘点 P2
28  plt.text(pt_x2+60, pt_y2-2, 'P2')      # 输出文字P2
29  plt.xlabel("来客数")
30  plt.ylabel("利润")
31  plt.grid()                             # 加网格线
32  plt.show()
```

执行结果

```
======================= RESTART: D:/Machine/ch4/ch4_2.py =======================
a = 3/100
b = -18
```

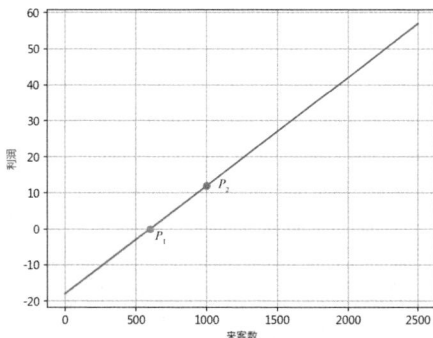

4-2-2 数据推估

其实有了经营餐厅的函数，可以推估两个方面的数据：

（1）推估获利金额。

假设经过网络宣传将来客数拉高到 1500 人时，可以使用该公式推估获利金额，前述 1500 将是变量 x 的值，由此可以计算 y 值：

$y = f(1500) = 0.03 \times 1500 - 18$

经过推导可以得到：

$y = f(1500) = 27$

所以可以得到来客数是 1500 人时，获利是 27 万元。

程序实例 ch4_3.py：使用下列函数。

$y = f(x) = 0.03x - 18$

请绘制 x 从 0～2500 的函数图形，并标记来客数是 1500 人时的坐标点，相当于计算 $f(1500)$，同时在 Python Shell 窗口输出来客数是 1500 人时的获利金额。

```
1   # ch4_3.py
2   import matplotlib.pyplot as plt
3   import numpy as np
4
5   plt.rcParams["font.family"] = ["Microsoft JhengHei"]
6   plt.rcParams["axes.unicode_minus"] = False   # 负数符号
7
8   a = 0.03
9   b = -18
10  x = np.linspace(0, 2500, 250)
11  y = a * x + b
12  pt_x = 1500
13  pt_y = a * pt_x + b
14  print(f'f(1500) = {pt_y}')
15  plt.plot(x, y)                        # 绘函数直线
16  plt.plot(pt_x, pt_y, '-o')            # 绘点 f(1500)
17  plt.text(pt_x-150, pt_y+3, 'f(1500)') # 输出文字f(1500)
18  plt.xlabel("来客数")
19  plt.ylabel("利润")
20  plt.grid()                            # 加网格线
21  plt.show()
```

执行结果

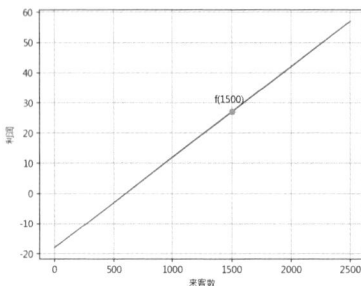

（2）推估所需来客数。

假设想将获利拉高到 48 万元时，可以使用该公式推估所需来客数，前述 48 万将是变量 y 的值，由此可以计算 x 值：

$$y = f(x) = 48 = 0.03x - 18$$

经过推导可以得到：

$$x = (48 + 18) / 0.03$$

上述公式可以得到：

$$x = 66 / 0.03 = 2200$$

所以可以得到获利是 48 万元时，来客数必须有 2200 人。

程序实例 ch4_4.py：计算获利拉高到 48 万元需有多少来客数，请使用 Python Shell 窗口输出，同时绘制此点。

```python
1  # ch4_4.py
2  import matplotlib.pyplot as plt
3  import numpy as np
4
5  plt.rcParams["font.family"] = ["Microsoft JhengHei"]
6  plt.rcParams["axes.unicode_minus"] = False  # 负数符号
7
8  a = 0.03
9  b = -18
10 x = np.linspace(0, 2500, 250)
11 y = a * x + b
12 pt_y = 48
13 pt_x = (pt_y + 18) / 0.03
14 print(f'获利48万元需有 {int(pt_x)} 来客数')
15 plt.plot(x, y)                                  # 绘函数直线
16 plt.plot(pt_x, pt_y, '-o')                      # 绘点
17 plt.text(pt_x-150, pt_y+3, '('+str(int(pt_x))+','+str(int(pt_y))+')')
18 plt.xlabel("来客数")
19 plt.ylabel("利润")
20 plt.grid()                                      # 加网格线
21 plt.show()
```

执行结果

```
================= RESTART: D:\Machine\ch4\ch4_4.py =================
获利48万需有 2200 来客数
```

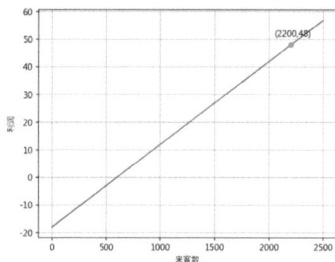

4-3　从两条直线的交叉点推估科学数据

在 3-6-3 节笔者解说过两相同斜率的线条是平行线，两条线如果斜率不同，就一定有一个交叉点。这个交叉点就是同时在两条直线的点，也就是我们追求的解答。

在实际的应用中，我们必须尽可能从所遇上的问题中，找出数学特征，然后使用符合特征条件的线性函数的概念求解。

4-3-1　鸡兔同笼

古代《孙子算经》中有一句话："今有鸡兔同笼，上有三十五头，下有百足，问鸡兔各几何？"这是古代的数学问题，表示有 35 个头，100 只脚，然后问笼子里面有几只鸡与几只兔子。鸡有 1 只头、2 只脚，兔子有 1 只头、4 只脚。这一小节笔者将使用基础数学的联立方程式解此问题。

如果使用基础数学，将 x 代表鸡，y 代表兔子，可以用下列公式推导。

鸡 ＋ 兔子 ＝ 35　　　　　　（相当于 $x + y = 35$）

$2 \times$ 鸡 ＋ $4 \times$ 兔子 ＝ 100　　（相当于 $2x + 4y = 100$）

上述公式可以处理成下列：

$$x + y = 35 \tag{4.5}$$

$$2x + 4y = 100 \tag{4.6}$$

我们可以将公式（4.5）两边同时乘以 2，可以得到下列：

$$2x + 2y = 70 \tag{4.7}$$

公式（4.6）减去公式（4.7），可以得到下列结果：

$$2y = 30$$

所以可以得到 y 等于 15，相当于兔子是 15 只，将此 y 代入公式（4.5），可以得到下列结果：

$$x + 15 = 35$$

公式两边同时减去 15，可以得到：

$$x = 20$$

所以最后鸡是 20 只，兔子是 15 只，可以满足此鸡兔同笼的问题。

程序实例 ch4_5.py：使用下列联立方程式，绘制鸡兔同笼的问题，同时计算鸡和兔子的数量。

$$x + y = 35$$
$$2x + 4y = 100$$

对公式（4.5）而言，函数可以用下列方式表达：

$$y = f(x) = 35 - x$$

对公式（4.6）而言，函数可以用下列方式表达：

$$y = f(x) = 25 - 0.5x$$

```python
# ch4_5.py
import matplotlib.pyplot as plt
from sympy import Symbol, solve
import numpy as np

plt.rcParams["font.family"] = ["Microsoft JhengHei"]
plt.rcParams["axes.unicode_minus"] = False   # 负数符号

x = Symbol('x')                              # 定义公式中使用的变量
y = Symbol('y')                              # 定义公式中使用的变量
eq1 = x + y - 35                             # 方程式 1
eq2 = 2 * x + 4 * y - 100                    # 方程式 2
ans = solve((eq1, eq2))
print(f'鸡 = {ans[x]}')
print(f'兔 = {ans[y]}')

line1_x = np.linspace(0, 100, 100)
line1_y = [35 - y for y in line1_x]
line2_x = np.linspace(0, 100, 100)
line2_y = [25 - 0.5 * y for y in line2_x]

plt.plot(line1_x, line1_y)                   # 绘函数直线公式 1
plt.plot(line2_x, line2_y)                   # 绘函数直线公式 2

plt.plot(ans[x], ans[y], '-o')               # 绘交叉点
plt.text(ans[x]-5, ans[y]+5, '('+str(ans[x])+','+str(ans[y])+')')
plt.xlabel("鸡")
plt.ylabel("兔")
plt.grid()                                   # 加网格线
plt.show()
```

执行结果

```
==================== RESTART: D:\Machine\ch4\ch4_5.py ====================
鸡 = 20
兔 = 15
```

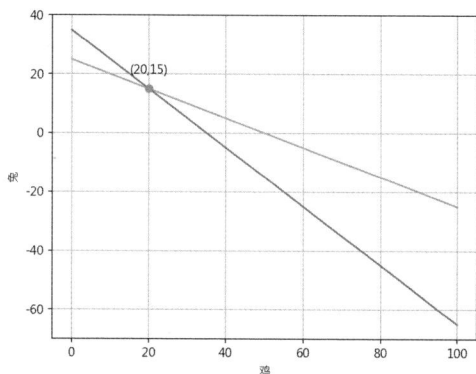

4-3-2 达成业绩目标

有一家公司有两位业务员，分别是资深业务员和菜鸟业务员，资深业务员外出一天拜访客户可以创造 4 万元业绩，菜鸟业务员外出一天可以创造 2 万元业绩，其中一天只有一位业务员可以外出，公司设定目标想在 100 天内完成 350 万元的业绩，在这个情况下应该如何完成目标。

假设菜鸟业务员拜访客户的天数是变量 x，资深业务员拜访客户的天数是变量 y，从上述条件分析，首先可以得到下列公式：

$$x + y = 100 \tag{4.8}$$

菜鸟业务员一天可以创造 2 万元业绩，资深业务员一天可以创造 4 万元业绩，目标是创造 350 万元业绩，所以可以得到下列公式：

$$2x + 4y = 350 \tag{4.9}$$

若想绘制此问题的直线可以使用公式（4.8）和公式（4.9）。

接下来笔者要解公式（4.8）和公式（4.9）的联立方程式，可以将公式（4.8）两边同时乘以 2，可以得到下列公式（4.10）的结果：

$$2x + 2y = 200 \tag{4.10}$$

公式（4.9）减去公式（4.10），可以得到下列结果：

$2y = 150$

进一步可以得到下列结果：

$y = 75$ （相当于资深业务员要外出 75 天）

由于 $x + y = 100$，所以可以得到下列结果：

$x = 25$ （相当于菜鸟业务员要外出 25 天）

程序实例 ch4_6.py：请参考本节概念绘制下列联立方程式的线条：

$x + y = 100$

$2x + 4y = 350$

然后在 Python Shell 窗口列出菜鸟和资深业务员需外出天数，同时绘出上述联立方程式的图形，最后标记交叉点，这个交叉点分别是菜鸟业务员和资深业务员需要工作的天数。

```
1  # ch4_6.py
2  import matplotlib.pyplot as plt
3  from sympy import Symbol, solve
4  import numpy as np
5
6  plt.rcParams["font.family"] = ["Microsoft JhengHei"]
7
8  x = Symbol('x')                          # 定义公式中使用的变量
9  y = Symbol('y')                          # 定义公式中使用的变量
10 eq1 = x + y - 100                        # 方程式 1
11 eq2 = 2 * x + 4 * y - 350                # 方程式 2
12 ans = solve((eq1, eq2))
13 print(f'菜鸟业务员须外出天数 = {ans[x]}')
14 print(f'资深业务员须外出天数 = {ans[y]}')
15
16 line1_x = np.linspace(0, 100, 100)
17 line1_y = [100 - y for y in line1_x]
18 line2_x = np.linspace(0, 100, 100)
19 line2_y = [(350 - 2 * y) / 4 for y in line2_x]
20
21 plt.plot(line1_x, line1_y)               # 绘函数直线公式 1
22 plt.plot(line2_x, line2_y)               # 绘函数直线公式 2
23
24 plt.plot(ans[x], ans[y], '-o')           # 绘交叉点
25 plt.text(ans[x]-5, ans[y]+5, '('+str(ans[x])+','+str(ans[y])+')')
26 plt.xlabel("菜鸟业务员")
27 plt.ylabel("资深业务员")
28 plt.grid()                               # 加网格线
29 plt.show()
```

执行结果

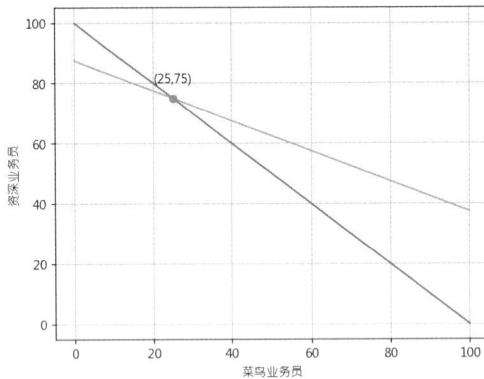

4-4 两条直线垂直交叉

4-4-1 基础概念

坐标平面上有两条直线，如下所示：

$y_1 = a_1 x + b_1$ (Line 1)

$y_2 = a_2 x + b_2$ (Line 2)

我们已经知道当两条直线的斜率相同，也就是 $a_1 = a_2$，表示两条直线平行，而如果 $a_1 \times a_2 = -1$，表示两条直线垂直，如图 4-3 所示。

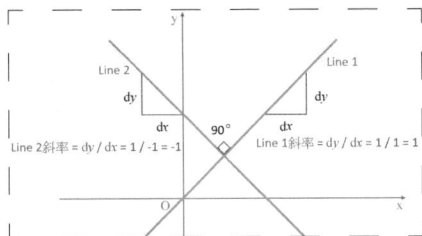

图 4-3　两条直线垂直

上述坐标图含有底色虚线框，假设每格单位是 1，可以看到 Line 1 的斜率是 $a_1 = 1$，这条直线经过 $(0, 0)$，所以可以得到 Line 1 的函数：

$y_1 = x$

对 Line 2 而言，$dy / dx = -1$，可以看到 Line 2 的斜率是 $a_2 = -1$，这条线经过 $(0, 2)$，所以可以得到 Line 2 的函数：

$y_2 = a_2 x + 2$

将 -1 代入 a_2：

$y_2 = -x + 2$

上述我们用实际的图形验证了，当两条直线的斜率相乘是 -1 时，这两条直线垂直交叉。

程序实例 ch4_7.py：绘制下列垂直相交的直线。

$y_1 = x$

$y_2 = -x + 2$

然后在 Python Shell 窗口输出这两条直线的交叉点，同时在绘制这两条直线时标记交叉点，并列出交叉点的坐标。

```
1  # ch4_7.py
2  import matplotlib.pyplot as plt
3  from sympy import Symbol, solve
4  import numpy as np
5
6  x = Symbol('x')                              # 定义公式中使用的变量
7  y = Symbol('y')                              # 定义公式中使用的变量
8  eq1 = x - y                                  # 方程式 1
9  eq2 = -x -y + 2                              # 方程式 2
10 ans = solve((eq1, eq2))
11 print(f'x = {ans[x]}')
12 print(f'y = {ans[y]}')
13
14 line1_x = np.linspace(-5, 5, 10)
15 line1_y = [y for y in line1_x]
16 line2_x = np.linspace(-5, 5, 10)
17 line2_y = [-y + 2 for y in line2_x]
18
19 plt.plot(line1_x, line1_y)                   # 绘函数直线公式 1
20 plt.plot(line2_x, line2_y)                   # 绘函数直线公式 2
21
22 plt.plot(ans[x], ans[y], '-o')               # 绘交叉点
23 plt.text(ans[x]-0.5, ans[y]+0.3, '('+str(ans[x])+','+str(ans[y])+')')
24 plt.xlabel("x-axis")
25 plt.ylabel("y-axis")
26 plt.grid()                                   # 加网格线
27 plt.axis('equal')                            # 让x, y轴距长度一致
28 plt.show()
```

执行结果

```
======================= RESTART: D:/Machine/ch4/ch4_7.py =======================
x = 1
y = 1
```

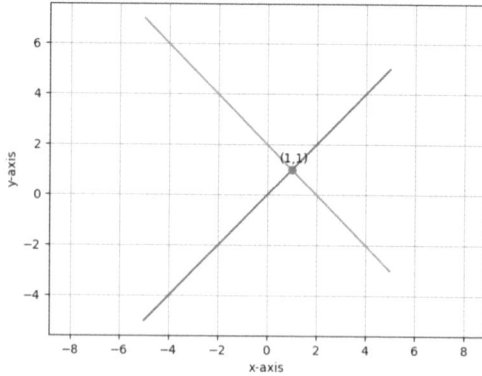

上述程序第 27 行内容如下：

plt.axis('equal')

因为 matplotlib 模块会自行调整图表的 x 和 y 轴的长宽比例，因此使用上述 equal 参数可以使 x 和 y 轴的比例相同。

4-4-2　求解坐标某一点至一条直线的垂直线

假设有一个直线函数 $y = 0.5x - 0.5$ 如图 4-4 所示。

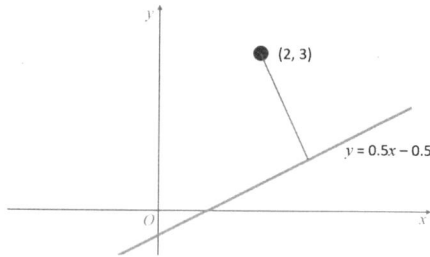

图 4-4　函数 $y=0.5x-0.5$

现在我们要计算通过点 (2, 3) 的同时和 $y = 0.5x - 0.5$ 垂直的直线，首先依据前一小节概念可以计算此直线的斜率：

$a \times 0.5 = -1$

可以推导如下：

$a = -2$

因为新直线通过 (2, 3)，所以可以用下列公式计算新直线的截距：

$y = ax + b$

将 3 代入 y，将 −2 代入 a，将 2 代入 x，可以得到：

$3 = -2 \times 2 + b$

进一步推导可以得到：

$b = 3 + 4 = 7$

最后可以得到此新直线的函数如下：

$y = -2x + 7$

程序实例 ch4_8.py：绘制下列垂直相交的直线。

$$y = 0.5x - 0.5$$

$$y = -2x + 7$$

　　然后在 Python Shell 窗口输出这两条直线的交叉点，同时在绘制这两条直线时标记交叉点，并列出交叉点的坐标。

```
1   # ch4_8.py
2   import matplotlib.pyplot as plt
3   from sympy import Symbol, solve
4   import numpy as np
5
6   x = Symbol('x')                          # 定义公式中使用的变量
7   y = Symbol('y')                          # 定义公式中使用的变量
8   eq1 = 0.5 * x - y - 0.5                   # 方程式 1
9   eq2 = -2 * x - y + 7                      # 方程式 2
10  ans = solve((eq1, eq2))
11  print(f'x = {ans[x]}')
12  print(f'y = {ans[y]}')
13
14  line1_x = np.linspace(-5, 5, 10)
15  line1_y = [(0.5 * y - 0.5) for y in line1_x]
16  line2_x = np.linspace(-5, 5, 10)
17  line2_y = [(-2 * y + 7) for y in line2_x]
18
19  plt.plot(line1_x, line1_y)               # 绘函数直线公式 1
20  plt.plot(line2_x, line2_y)               # 绘函数直线公式 2
21
22  plt.plot(ans[x], ans[y], '-o')           # 绘交叉点
23  plt.text(ans[x]-0.7, ans[y]+0.5, '('+str(int(ans[x]))+','+str(int(ans[y]))+')')
24  plt.xlabel("x-axis")
25  plt.ylabel("y-axis")
26  plt.grid()                               # 加网格线
27  plt.axis('equal')                        # 让x, y轴距长度一致
28  plt.show()
```

执行结果

```
========================= RESTART: D:/Machine/ch4/ch4_8.py =========================
x = 3.00000000000000
y = 1.00000000000000
```

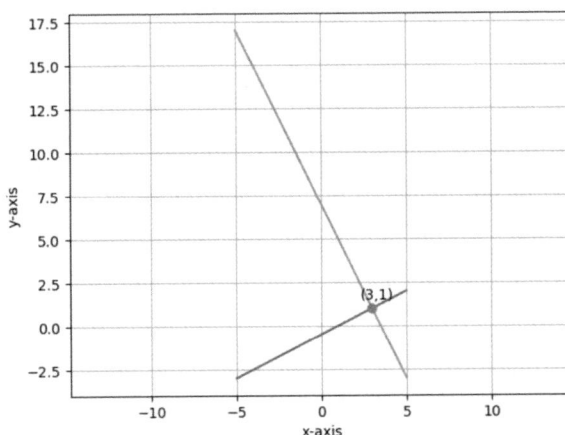

第 5 章
从勾股定理看机器学习

勾股定理的原理是：直角三角形两垂直边长（或是称较短两边）的平方和，等于斜边长的平方。在机器学习中，勾股定理可以用于计算特征之间的相似性，特征是描述数据的属性，通常以数值形式表示。

5-1　验证勾股定理

5-1-1　认识直角三角形

假设有一个直角三角形，较短的两边长分别是 a 和 b，斜边长是 c，如图 5-1 所示。

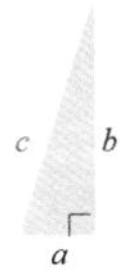

图 5-1　直角三角形

如果建立 4 个相同的直角三角形，然后将头尾相连接，可以形成图 5-2。

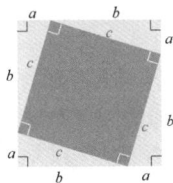

图 5-2　4 个直角三角形头尾相接

在勾股定理中，较短的两边长的平方和等于第三边的平方，所以我们可以得到下列结果：

$$c^2 = a^2 + b^2$$

5-1-2　验证勾股定理

在上述蓝色的方块中可以看到这是一个正方形，边长是 c，所以可得到蓝色正方形的面积是：注：本书是黑白印刷，无法看出蓝色效果。

$$c^2$$

从图 5-2 看也可以得到整个边长 $(a + b)$ 也组成了一个正方形，这个较大的正方形面积是：

$$(a + b)^2$$

上述 4 个直角三角形的面积和是：

$$\frac{a \times b}{2} \times 4 = 2ab$$

从图 5-2 可以看到，如果将大的正方形面积减去 4 个直角三角形的面积和，就等于蓝色正方形的面积，所以可以得到下列公式：

$$c^2 = (a + b)^2 - 2ab$$

展开 $(a + b)^2$，可以得到：

$$c^2 = a^2 + 2ab + b^2 - 2ab$$

所以最后可以得到下列结果：

$$c^2 = a^2 + b^2$$

5-2 将勾股定理应用于性向测试

5-2-1 问题核心分析

有一家公司的人力部门录取了一位新进员工，同时为新进员工做了英文和社会的性向测试，这位新进员工的得分，分别是英文 60 分、社会 55 分。

公司的编辑部门有人力需求，参考过去编辑部门员工的性向测试，英文平均是 80 分，社会平均是 60 分。

营销部门也有人力需求，参考过去营销部门员工的性向测试，英文平均是 40 分，社会平均是 80 分。

如果你是主管，应该将新进员工先转给哪一个部门？

这类问题可以使用坐标轴分析，我们可以将 x 轴定义为英文，y 轴定义为社会，如图 5-3 所示。

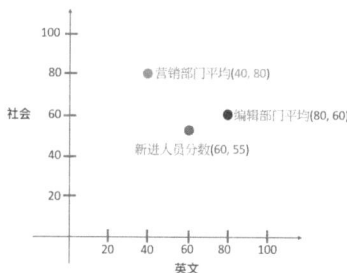

图 5-3 性向测试

这时可以由新进人员的分数点比较靠近哪一个部门平均分数点，将此新进人员安插至性向比较接近的部门。

5-2-2 数据运算

可以使用勾股定理执行新进人员分数与编辑部门平均分数的距离分析，如图 5-4 所示。

图 5-4 新进人员分数与编辑部门平均分数的距离

计算方式如下：

$$c^2 = (80 - 60)^2 + (60 - 55)^2 = 425$$

开根号可以得到下列距离结果。

$$c \approx 20.6155$$

可以使用勾股定理执行新进人员分数与营销部门平均分数的距离分析，如图 5-5 所示。

计算方式如下：

$$c^2 = (40 - 60)^2 + (80 - 55)^2 = 1025$$

开根号可以得到下列距离结果：

$$c \approx 32.0156$$

图 5-5　新进人员分数与营销部门平均分数的距离

结论：

因为新进人员的性向测试分数与编辑部门比较接近，所以新进人员比较适合进入编辑部门。

5-3 将勾股定理应用于三维空间

假设一家公司新进人员的性向测试除了英文、社会，另外还有数学，这时可以使用三维空间的坐标表示，如图 5-6 所示。

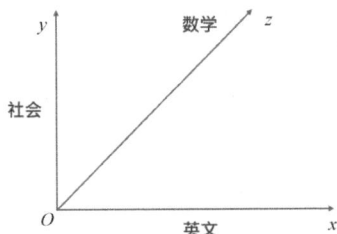

图 5-6　性向测试

这个时候勾股定理仍可以应用，如果此时坐标上的两点为 (x_1, y_1, z_1) 和 (x_2, y_2, z_2)，其距离公式如下：

$$\sqrt{(x_2 - x_1)^2 + (y_2 - y_1)^2 + (z_2 - z_1)^2}$$

在此例中，可以用下列方式表达：

$$\sqrt{(英文差距)^2 + (社会差距)^2 + (数学差距)^2}$$

上述概念主要是说明，在三维空间下，要计算两点的距离，可以计算 x、y、z 轴的差距的平方，再相加，最后开根号即可以获得两点的距离。

5-4 将勾股定理应用于更高维的空间

在机器学习中常看到群集 (cluster)、分类 (classify)、支持向量机 (support vector machine) 的应用，皆会使用更高维的勾股定理，也就是说我们可以将勾股定理扩充到 n 维空间，虽然当数据超过 3 维空间就已经超过我们想象的范围。所以可以将勾股定理扩充成下列公式：

$$\sqrt{d_1{}^2 + d_2{}^2 + \cdots + d_n{}^2}$$

<table>
<tr><td>5-5</td></tr>
</table>

5-5 电影分类

每年皆有许多电影上市，也有一些视频公司不断在自己的频道上推出新片上市，同时有些视频公司追踪用户所看影片，借此推荐类似电影给用户。这一节笔者就是要解说如何应用勾股定理的概念，判断相类似的影片。

5-5-1 规划特征值

首先我们可以将影片分成下列特征 (feature)，每个特征给予 0~10 的分数，如果影片某特征很强烈则给 10 分，如果几乎无此特征则给 0 分，表 5-1 是笔者自定义的特征表。未来读者熟悉后，可以自定义这部分特征表。

表 5-1　影片特征打分

影片名称	爱情、亲情	跨国拍摄	出现刀、枪	飞车追逐	动画
×××	0~10	0~10	0~10	0~10	0~10

表 5-2 是笔者针对影片《玩命关头》打分数的特征表。

表 5-2　《玩命关头》特征打分

影片名称	爱情、亲情	跨国拍摄	出现刀、枪	飞车追逐	动画
速度与激情	5	7	8	10	2

上述针对影片特征打分数，又称特征提取 (feature extraction)，此外，特征定义越精确，对未来分类更精准。表 5-3 是笔者针对最近影片打分数的特征表。

表 5-3　最近影片特征打分

影片名称	爱情、亲情	跨国拍摄	出现刀、枪	飞车追逐	动画
复仇者联盟	2	8	8	5	6
决战中途岛	5	6	9	2	5
冰雪奇缘	8	2	0	0	10
双子杀手	5	8	8	8	3

有了影片特征表后，如果我们想要计算某部影片与《速度与激情》的相似度，可以使用勾股定理概念。例如：下列是计算《复仇者联盟》与《速度与激情》的相似度公式：

$$\text{dist} = \sqrt{(5-2)^2 + (7-8)^2 + (8-8)^2 + (10-5)^2 + (2-6)^2}$$

上述 dist 是两部影片的相似度，接着我们可以为四部影片用同样方法计算与《速度与激情》的相似度，dist 值越低代表两部影片相似度越高，所以我们可以经由计算获得其他四部影片与《速度与激情》的相似度。

5-5-2 项目程序实操

程序实例 ch5_1.py：列出四部影片与《速度与激情》的相似度，同时列出哪一部影片与《玩命关头》的相似度最高。

从上述执行结果可以得到《双子杀手》与《玩命关头》最相似，《冰雪奇缘》与《玩命关头》差距最远。

```
1  # ch5_1.py
2  import math
3
4  film = [5, 7, 8, 10, 2]              # 玩命头头特征值
5  film_titles = [                      # 比较影片片名
6      '复仇者联盟',
7      '决战中途岛',
8      '冰雪奇缘',
9      '双子杀手',
10 ]
11 film_features = [                    # 比较影片特征值
12     [2, 8, 8, 5, 6],
13     [5, 6, 9, 2, 5],
14     [8, 2, 0, 0, 10],
15     [5, 8, 8, 8, 3],
16 ]
17
18 dist = []                            # 储存影片相似度值
19 for f in film_features:
20     distances = 0
21     for i in range(len(f)):
22         distances += (film[i] - f[i]) ** 2
23     dist.append(math.sqrt(distances))
24
25 min_ = min(dist)                     # 求最小值
26 min_index = dist.index(min_)         # 最小值的索引
27
28 print(f"与速度与激情最相似的电影 : {film_titles[min_index]}")
29 print(f"相似度值 : {dist[min_index]:6.2f}")
30 for i in range(len(dist)):
31     print(f"影片 : {film_titles[i]}, 相似度 : {dist[i]:6.2f}")
```

执行结果

```
================ RESTART: D:\Machine\ch5\ch5_1.py ================
与速度与激情最相似的电影 : 双子杀手
相似度值 : 　2.45
影片 : 复仇者联盟, 相似度 :　 7.14
影片 : 决战中途岛, 相似度 :　 8.66
影片 : 冰雪奇缘, 相似度 : 16.19
影片 : 双子杀手, 相似度 :　 2.45
```

5-5-3　电影分类结论

得出以上结果，其实还是要提醒电影特征值的项目与评分最为关键，只要有良好的筛选机制，我们可以获得很好的结果。如果您从事影片推荐工作，可以由本程序筛选出类似影片推荐给观众。

5-6　计算两个向量的欧几里得距离

勾股定理也常用来计算向量的距离，例如：点 $x =(x_1,\cdots,x_n)$ 和 $y =(y_1,\cdots,y_n)$ 之间的欧几里德距离。

$$d(x,y) = \sqrt{(x_1 - y_1)^2 + (x_2 - y_2)^2 + \cdots + (x_n - y_n)^2}$$

程序实例 ch5_2.py：计算两个向量的欧几里德距离。

```
1  # ch5_2.py
2  import numpy as np
3
4  # 定义两个向量
5  a = np.array([1, 2, 3])
6  b = np.array([4, 5, 6])
7
8  # 计算向量之间的距离
9  distance = np.sqrt(np.sum((a - b) ** 2))
10
11 print(f"a and b 的距离 : {distance:.3f}")
```

执行结果

```
================ RESTART: D:\Machine\ch5\ch5_2.py ================
a and b 的距离 : 5.196
```

第 6 章
联立不等式与机器学习

6-1　联立不等式与机器学习的关系

联立不等式是一个用于解决多变量不等式系统的数学技巧。在机器学习中，我们经常会遇到需要解决多个不等式限制的问题，例如最小化一个目标函数，并且满足多个约束条件。在这种情况下，联立不等式可以用于确定是否存在一组变量值，满足所有限制条件。

例如，考虑以下最小化目标函数的问题：

$\min f(x)$

条件如下：

$g(x) \leqslant 0$

$h(x) = 0$

其中，x 是一个 n 维向量，$f(x)$ 是目标函数，$g(x)$ 和 $h(x)$ 分别是不等式和等式限制条件。联立不等式可以用于确定是否存在一组变量值 x，满足所有限制条件。

具体而言，联立不等式通常涉及线性代数和优化理论。在机器学习中，线性代数和优化理论被广泛应用于各种问题，如线性回归、支持向量机、逻辑回归等。在这些问题中，我们需要解决一系列线性方程或不等式，以找到最优解或最佳近似解。联立不等式是解决这些问题的重要工具之一，因为它可以帮助我们确定变量值的范围，以满足所有限制条件。

6-2　再看联立不等式的基本概念

在 4-3-2 节笔者介绍资深业务员一天可以创造 4 万元业绩，菜鸟业务员一天可以创造 2 万元业绩问题。在真实的职场应用里，不会要求刚好在 100 天完成，只要是在 100 天之内完成皆算是符合要求，所以以下皆是符合要求的条件：

资深业务员外出 87 天创造 348 万元，菜鸟业务员外出 1 天创造 2 万元业绩，只要 88 天即可完成创造 350 万元业绩的需求；或是资深业务员外出 86 天创造 344 万元，菜鸟业务员外出 3 天创造 6 万元业绩，只要 89 天即可完成创造 350 万业绩的需求；等等。这表示符合 100 天之内达成业绩目标的方法有许多。

注　菜鸟业务员外出时间少，将造成培养时间拉长。

这时联立方程式的公式将改为不等式，如下所示：

$x + y \leqslant 100$　　　　　　　　　　　（100 天之内达成目标皆是解答）

$2x + 4y = 350$

上述 "$\leqslant$" 符号是小于或等于。

线性的联立方程式通常是找出坐标上的线条交叉点，这个交叉点符合两条线性的规则。线性的联立不等式则产生区域，只要是在此区域的点皆是符合条件的结果。

6-3　联立不等式的线性规划

6-3-1　案例分析

一家软件公司推出商用软件与 App 软件销售，总经理室规划时面临下列问题：

（1）研发商用软件的成本是 90 万元，后续包装接口设计成本是 50 万元。

（2）研发 App 软件的成本是 150 万元，后续包装接口设计成本是 20 万元。

（3）公司研发成本的上限是 1200 万元。

（4）公司包装接口（简称包装）设计成本的上限是 350 万元。

不论是商用软件还是 App 软件推出后皆可以售出，同时每个软件获利皆是 50 万元，总经理室面临的是应如何调配生产，可以获利最大。

6-3-2 用联立不等式表达

假设商用软件生产数量是 x 个，App 软件生产数量是 y 个，x 和 y 必须是整数。现在我们可以获得下列不等式：

$x \geqslant 0$

$y \geqslant 0$

下列两个不等式是本问题的重点：

$90x + 150y \leqslant 1200$ （研发费用的限制）

$50x + 20y \leqslant 35$ （包装费用的限制）

其实可以将上述公式简化如下：

$3x + 5y \leqslant 40$

$5x + 2y \leqslant 35$

为了方便用图表表达，可以将上述研发和包装限制的不等式改为左边是 y 的公式：

$y \leqslant (40 - 3x) / 5$

$y \leqslant (35 - 5x) / 2$

更进一步推导可以得到：

$y \leqslant 8 - 0.6x$

$y \leqslant 17.5 - 2.5x$

6-3-3 在坐标轴上绘不等式的区域

根据前一小节的实例我们获得了下列不等式：

$x \geqslant 0$

$y \geqslant 0$

$y \leqslant 8 - 0.6x$

$y \leqslant 17.5 - 2.5x$

图 6-1 是根据上述不等式所绘制的坐标图。

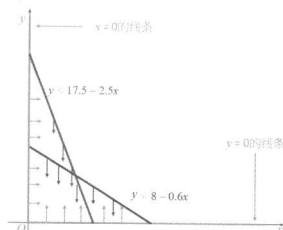

图 6-1　联立不等式

上述图表线条有箭头，箭头方向表示满足不等式的区域，对于不等式我们现在可以得到下列

结论：(注：因为本书使用黑白印刷，所以只能看到黑色和浅灰色的差异，彩色图形可以参考本书最前面的彩插部分)

（1）$x \geq 0$，水蓝色线条右边满足此不等式。

（2）$y \geq 0$，绿色线条上方满足此不等式。

（3）$y \leq 8 - 0.6x$，紫色线条下方满足此区域。

（4）$y \leq 17.5 - 2.5x$，深红色线条下方满足此区域。

经过上述图表说明，我们可以得到黄色图表区域可以同时满足上述四个条件，如图 6-2 所示。

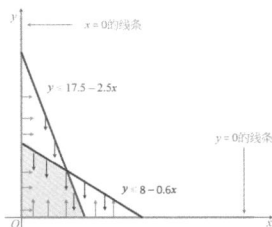

图 6-2　同时满足四个条件

6-3-4　目标函数

目标函数是一个通过重叠区域的直线，就这个实例而言，是找出销售产品的最大利润，由于商用软件的获利金额是 50 万元，App 软件的获利金额也是 50 万元，假设获利是 z 万元，则可以得到下列目标函数：

$z = 50x + 50y$

对这一题而言，相当于要在上述黄色的重叠区域内，找出可以产生最大 z 值的 x, y。现在一样将上述公式改为 $y = ax + b$ 函数，所以可以得到下列结果：

$50y = -50x + z$

进一步推导可以得到：

$y = -x + 0.02z$

所以可以得到目标函数的斜率是 -1，截距是 $0.02z$，斜率不会变，截距因为不同获利标准可以更改。假设要获利 600 万元 (z)，则可以得到下列目标函数：

$y = -x + 0.02 \times 600$

经过计算，现在可以得到下列结果：

$y = -x + 12$

经过计算，上述目标函数经过 $(12, 0)$ 和 $(0, 12)$，现在可以绘出图 6-3 所示目标函数。

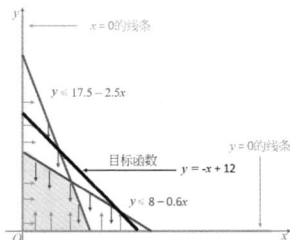

图 6-3　目标函数

6-3-5　平行移动目标函数

现在有了目标函数，同时目标函数的斜率是固定，会变动的只有截距，如果让截距变大，目标函数的线条将往右移动，这时会远离黄色目标区域，所以可以知道必须让目标函数往左移，相当于是让截距变小，才可以往黄色目标区域移动。

所以现在让目标函数往左平行移动，当接触到黄色区域时，很可能就是目标函数的最大获利值，如图 6-4 所示。

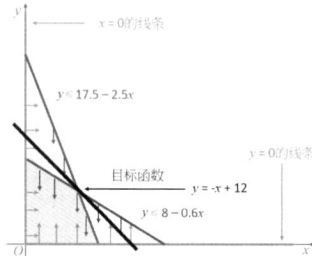

图 6-4 彩图

图 6-4　平行移动目标函数

现在可以得到目标函数已经接触到满足四个不等式的黄色区域的右上角，这个右上角也是研发限制和包装限制函数的交叉点，所以先将不等式转成等式，解下列联立方程式：

$y = 8 - 0.6x$

$y = 17.5 - 2.5x$

上述经过代入法运算，可以得到下列结果：

$x = 5$

$y = 5$

所以可以得到 $(5, 5)$ 是交叉点。

6-3-6　将交叉点坐标代入目标函数

目标函数内容如下：

$z = 50x + 50y$

将 $x = 5$，$y = 5$ 代入目标函数，可以得到下列结果：

$z = 50 \times 5 + 50 \times 5 = 500$

所以可以得到依据研发限制和包装限制下，得到的最大获利是 500 万元。

6-4　Python 计算

程序实例 ch6_1.py：请参考 6-3-5 节的内容公式，计算 x 和 y 值：

$y = 8 - 0.6x$ 　　　　　　　　　　　　　　（6.1）

$y = 17.5 - 2.5x$ 　　　　　　　　　　　　（6.2）

然后参考 6-3-6 节的内容计算最大获利值。

$z = 50x + 50y$

```
1  # ch6_1.py
2  from sympy import Symbol, solve
3
4  x = Symbol('x')                          # 定义公式中使用的变量
5  y = Symbol('y')                          # 定义公式中使用的变量
6  eq1 = 8 - 0.6 * x - y                    # 公式(6.1)
7  eq2 = 17.5 - 2.5 * x - y                 # 公式(6.2)
8  ans = solve((eq1, eq2))
9  print(f'x = {int(ans[x])}')
10 print(f'y = {int(ans[y])}')
11
12 z = 50 * int(ans[x]) + 50 * int(ans[y])
13 print(f'最大获利 = {z} 万')
```

执行结果

```
===================== RESTART: D:\Machine\ch6\ch6_1.py =====================
x = 5
y = 5
最大获利 = 500 万
```

程序实例 ch6_2.py：参考下列内容，绘制等式线条。

$$x \geq 0 \qquad\qquad (6.3)$$
$$y \geq 0 \qquad\qquad (6.4)$$
$$y \leq 8 - 0.6x \qquad\qquad (6.5)$$
$$y \leq 17.5 - 2.5x \qquad\qquad (6.6)$$

然后绘制下列通过 (5, 5) 的目标函数线条，同时标记点 (5，5)。

$$y = -x + 0.02z \qquad\qquad (6.7)$$

因为最大获利是 500 万元，所以目标函数内容如下：

$$y = -x + 10$$

```
1  # ch6_2.py
2  import matplotlib.pyplot as plt
3  import numpy as np
4
5  plt.rcParams["font.family"] = ["Microsoft JhengHei"]
6
7  plt.plot([0, 20], [0, 0])               # 绘公式(6.3)，水平线
8  plt.plot([0, 0], [0, 20])               # 绘公式(6.4)，垂直线
9
10 line3_x = np.linspace(0, 20, 20)
11 line3_y = [(8 - 0.6 * x) for x in line3_x]
12
13 line4_x = np.linspace(0, 20, 20)
14 line4_y = [(17.5 - 2.5 * x) for x in line4_x]
15
16 lineobj_x = np.linspace(0, 20, 20)
17 lineobj_y = [10 - x for x in lineobj_x]
18
19 plt.axis([0, 20, 0, 20])
20
21 plt.plot(line3_x, line3_y)              # 绘公式(6.5)
22 plt.plot(line4_x, line4_y)              # 绘公式(6.6)
23 plt.plot(lineobj_x, lineobj_y)         # 绘目标公式(6.7)
24
25 plt.plot(5, 5, '-o')                    # 绘交叉点
26 plt.text(4.5, 5.5, '(5, 5)')           # 输出(5, 5)
27 plt.xlabel("商用软件")
28 plt.ylabel("App 软件")
29 plt.grid()                             # 加网格线
30 plt.show()
```

执行结果

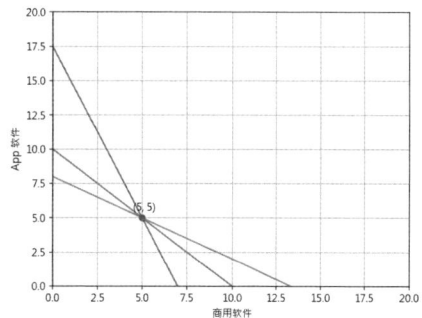

第 7 章
机器学习需要知道的二次函数

7-1　二次函数的基础数学

7-1-1　求一元二次方程式的根

在中学数学中，我们可以看到下列一元二次方程式：

$ax^2 + bx + c = 0$

上述 x 的最高次数是二次方，而且 a 不等于 0，我们称上述是二次方程式，如果是函数，如 $f(x) = y = ax^2 + bx + c$，则称二次函数；如果 x 最高项次数是三次方则称三次方程式；……可以依此类推，如果 x 最高项次数是 n 次方则称 n 次方程式。对于二次方程式可以用下列方式获得「根」。

我们可以先将方程式用下列方式表达：

$ax^2 + bx = -c$

将上述二次方程式两边同时乘以 $4a$，可以得到下列结果：

$4a^2x^2 + 4abx = -4ac$

在方程式两边同时加上 b^2，可以得到下列结果：

$4a^2x^2 + 4abx + b^2 = -4ac + b^2$

方程式左边因式分解后可以得到下列结果：

$(2ax+b)^2 = -4ac + b^2$

两边同时开根号，可以得到下列结果：

$$2ax + b = \pm\sqrt{-4ac + b^2}$$

将 b 移至方程式右边，然后将方程式两边同除以 $2a$，可以得到下列结果：

$$x = \frac{-b \pm \sqrt{-4ac + b^2}}{2a}$$

习惯性会将 $-4ac + b^2$ 写成 $b^2 - 4ac$，如下所示：

$$x = \frac{-b \pm \sqrt{b^2 - 4ac}}{2a}$$

有时候会将上述过程称作是求根 (root)，所以有的人会将上述表达式用下列方式表达：

$$r_1 = \frac{-b + \sqrt{b^2 - 4ac}}{2a} \qquad r_2 = \frac{-b - \sqrt{b^2 - 4ac}}{2a}$$

上述 r_1 代表第 1 个根，r_2 代表第 2 个根。上述方程式计算 x 值或称求根有 3 种状况：

(1) 如果上述 $b^2 - 4ac > 0$

那么这个一元二次方程式有 2 个实数根。

(2) 如果上述 $b^2 - 4ac = 0$

那么这个一元二次方程式有 1 个实数根。

(3) 如果上述 $b^2 - 4ac < 0$

那么这个一元二次方程式没有实数根，有复数根。

实数根的几何意义是与 x 轴 (相当于 $y=0$) 交叉点的 x 坐标。

程序实例 ch7_1.py：使用求根表达式解下列一元二次方程式。

$x^2 - 2x - 8 = 0$

```
1  # ch7_1.py
2  a = 1
3  b = -2
4  c = -8
5
6  r1 = (-b + (b**2-4*a*c)**0.5)/(2*a)
7  r2 = (-b - (b**2-4*a*c)**0.5)/(2*a)
8  print(f"r1 = {r1:.2f},  r2 = {r2:.2f}")
```

执行结果

```
==================== RESTART: D:/Machine/ch7/ch7_1.py ====================
r1 = 4.00,  r2 = -2.00
```

我们也可以使用 Sympy 模块求解上述一元二次方程式。

程序实例 ch7_2.py：这次使用 Sympy 模块解，分别解有 2 个实数根、1 个实数根和没有实数根的方程式。

$x^2 - 2x - 8 = 0$　　　　　　　　（2 个实数根）

$x^2 - 2x + 1 = 0$　　　　　　　　（1 个实数根）

$x^2 + x + 1 = 0$　　　　　　　　（没有实数根）

```
1   # ch7_2.py
2   from sympy import *
3
4   x = Symbol('x')
5   f = Symbol('f')
6   # 2 个实数根
7   f = x**2 - 2*x - 8
8   root = solve(f)
9   print(f"有 2 个实数根 : {root}")
10
11  # 1 个实数根
12  f = x**2 - 2*x + 1
13  root = solve(f)
14  print(f"有 1 个实数根 : {root}")
15
16  # 没有实数根
17  f = x**2 + x + 1
18  root = solve(f)
19  print(f"没有个实数根  : {root}")
```

执行结果

```
==================== RESTART: D:\Machine\ch7\ch7_2.py ====================
有 2 个实数根 : [-2, 4]
有 1 个实数根 : [1]
没有个实数根  : [-1/2 - sqrt(3)*I/2, -1/2 + sqrt(3)*I/2]
```

上述 ch7_2.py 使用 Sympy 模块解一元二次方程式虽然好用，但是有的实数根有时无法计算出实数的最后结果，可以参考下列实例。

程序实例 ch7_3.py：使用 Sympy 模块解下列一元二次方程式。

$f(x) = 3(x-2)^2 - 2$

```
1  # ch7_3.py
2  from sympy import *
3
4  x = Symbol('x')
5  f = Symbol('f')
6  f = 3*(x-2)**2 - 2
7  root = solve(f)
8  print(root)
```

执行结果

```
==================== RESTART: D:/Machine/ch7/ch7_3.py ====================
[2 - sqrt(6)/3, sqrt(6)/3 + 2]
```

7-1-2 绘制一元二次方程式的图形

在一元二次方程式中，也可以使用抛物线绘制此方程式图形：

$y = f(x) = ax^2 + bx + c$

如果 $a > 0$，代表函数抛物线开口向上。

程序实例 ch7_4.py：绘制下列一元二次函数图形，同时标记和输出两个根。

$y = 3x^2 - 12x + 10$

```
1  # ch7_4.py
2  import matplotlib.pyplot as plt
3  import numpy as np
4
5  a = 3
6  b = -12
7  c = 10
8  r1 = (-b + (b**2-4*a*c)**0.5)/(2*a)          # r1
9  r1_y = 3*r1**2 - 12*r1 + 10                  # f(r1)
10 plt.text(r1-0.2, r1_y+0.3, '('+str(round(r1,2))+','+str(0)+')')
11 plt.plot(r1, r1_y, '-o')                     # 标记
12 print('root1 = ', r1)                        # print(r1)
13 r2 = (-b - (b**2-4*a*c)**0.5)/(2*a)          # r2
14 r2_y = 3*r2**2 - 12*r2 + 10                  # f(r2)
15 plt.text(r2-0.2, r2_y+0.3, '('+str(round(r2,2))+','+str(0)+')')
16 plt.plot(r2, r2_y, '-o')                     # 标记
17 print('root2 = ', r2)                        # print(r2)
18
19 # 绘制此函数图形
20 x = np.linspace(0, 4, 50)
21 y = 3*x**2 - 12*x + 10
22 plt.plot(x, y)
23 plt.show()
```

执行结果

```
==================== RESTART: D:/Machine/ch7/ch7_4.py ====================
root1 =  2.8164965809277263
root2 =  1.183503419072274
```

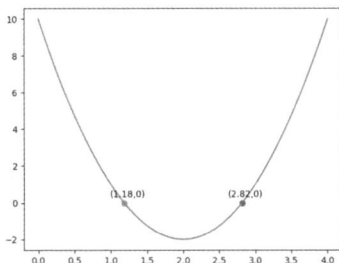

如果 $a < 0$，代表函数曲线开口向下。

程序实例 ch7_5.py：绘制下列函数图形，同时标记和输出两个根。

$f(x) = -3x^2 + 12x - 9$

```
1  # ch7_5.py
2  import matplotlib.pyplot as plt
3  import numpy as np
4
5  a = -3
6  b = 12
7  c = -9
8  r1 = (-b + (b**2-4*a*c)**0.5)/(2*a)          # r1
9  r1_y = -3*r1**2 + 12*r1 - 9                  # f(r1)
10 plt.text(r1-0.2, r1_y+0.3, '('+str(round(r1,2))+','+str(0)+')')
11 plt.plot(r1, r1_y, '-o')                     # 标记
12 print('root1 = ', r1)                        # print(r1)
13 r2 = (-b - (b**2-4*a*c)**0.5)/(2*a)          # r2
14 r2_y = -3*r2**2 + 12*r2 - 9                  # f(r2)
15 plt.text(r2-0.3, r2_y+0.3, '('+str(round(r2,2))+','+str(0)+')')
16 plt.plot(r2, r2_y, '-o')                     # 标记
17 print('root2 = ', r2)                        # print(r2)
18
19 # 绘制此函数图形
20 x = np.linspace(0, 4, 50)
21 y = -3*x**2 + 12*x - 9
22 plt.plot(x, y)
23 plt.show()
```

执行结果

```
======================= RESTART: D:/Machine/ch7/ch7_5.py =======================
root1 = 1.0
root2 = 3.0
```

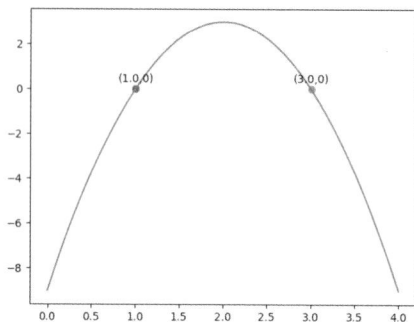

7-1-3 一元二次方程式的最小值与最大值

当 $a > 0$ 时因为抛物线开口向上，所以可以找到此抛物线函数 $f(x)$ 的最小值。当 $a < 0$ 时因为抛物线开口向下，所以可以找到此抛物线函数 $f(x)$ 的最大值。

对于二次函数 $y = ax^2 + bx + c$ 不论是 y 的最大值或是最小值，对应的坐标公式皆是：

$$(-\frac{b}{2a}, \frac{4ac - b^2}{4a})$$

笔者会在 7-5 节验证上述公式。

在 Scipy 模块内的 optimize 模块内有 minimize_scalar( ) 方法可以找出 $f(x)$ 函数的最小值，也可以由此导入函数找出最小值对应的 (x,y)，不过在使用 Scipy 模块前需要安装此模块：

pip install scipy

然后程序前方需要导入此模块：

from scipy.optimize import minize_saclar

语法如下：

minimize_scalar(fun)

上述 fun 是一元二次方程式。

程序实例 ch7_6.py：重新设计 ch7_4.py，增加列出 $f(x)=3x^2-12x+10$ 最小值所发生的点 x，及此函数的最小值，并于图形上标示出 $f(x)$ 最小值的坐标点。

笔者先手动计算，由于 a 是 3 大于 0，所以可以得到最小值，下列是使用公式计算其最小值对应坐标：

$x = -b / 2a = 12 / 6 = 2$

$y = (4ac - b^2)/4a = (4 \times 3 \times 10 - 12 \times 12)/4 \times 3 = (120 - 144)/ 12 = -24/12 = -2$

下列是程序代码：

```
1  # ch7_6.py
2  import matplotlib.pyplot as plt
3  from scipy.optimize import minimize_scalar
4  import numpy as np
5
6  def f(x):
7      ''' 求解方程式 '''
8      return (3*x**2 - 12*x + 10)
9
10 a = 3
11 b = -12
12 c = 10
13 r1 = (-b + (b**2-4*a*c)**0.5)/(2*a)          # r1
14 r1_y = f(r1)                                 # f(r1)
15 plt.text(r1+0.1, r1_y-0.2, '('+str(round(r1,2))+','+str(0)+')')
16 plt.plot(r1, r1_y, '-o')                     # 标记
17 print('root1 = ', r1)                        # print(r1)
18 r2 = (-b - (b**2-4*a*c)**0.5)/(2*a)          # r2
19 r2_y = f(r2)                                 # f(r2)
20 plt.text(r2-0.6, r2_y-0.2, '('+str(round(r2,2))+','+str(0)+')')
21 plt.plot(r2, r2_y, '-o')                     # 标记
22 print('root2 = ', r2)                        # print(r2)
23
24 # 计算最小值
25 r = minimize_scalar(f)
26 print(f"当x是 {r.x:4.2f} 时, 有函数最小值 {f(r.x)}")
27 plt.text(r.x-0.25, f(r.x)+0.3, '('+str(round(r.x,2))+','+str(round(f(r.x),2))+')')
28 plt.plot(r.x, f(r.x), '-o')                  # 标记
29
30 # 绘制此函数图形
31 x = np.linspace(0, 4, 50)
32 y = 3*x**2 - 12*x + 10
33 plt.plot(x, y, color='b')
34 plt.show()
```

执行结果

```
==================== RESTART: D:\Machine\ch7\ch7_6.py ====================
root1 =  2.8164965809277263
root2 =  1.183503419072274
当x是 2.00 时, 有函数最小值 -2.0
```

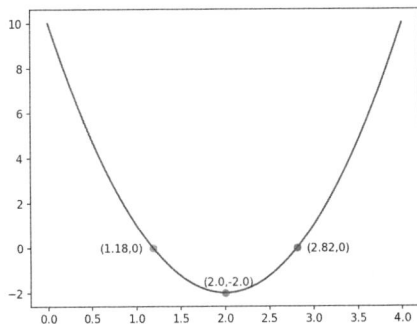

程序实例 ch7_7.py：重新设计 ch7_5.py，增加列出 $f(x)=-3x^2+12x-9$ 最大值所发生的点 x，及此函数的最大值，并于图形上标示出 $f(x)$ 最大值的坐标点。

笔者先手动计算，由于 a 是 -3 小于 0，所以可以得到最大值，下列是使用公式计算其最大值对应坐标：

$x = -b/2a = -12/(-6) = 2$

$y = (4ac - b^2)/4a = [4 \times (-3) \times (-9) - (12 \times 12)]/4 \times (-3) = [108 - 144]/(-12) = -36/(-12) = 3$

下列是程序代码：

```
1  # ch7_7.py
2  import matplotlib.pyplot as plt
3  from scipy.optimize import minimize_scalar
4  import numpy as np
5
6  def fmax(x):
7      ''' 计算最大值 '''
8      return (-(-3*x**2 + 12*x - 9))
9
10 def f(x):
11     ''' 求解方程式 '''
12     return (-3*x**2 + 12*x - 9)
13
14 a = -3
```

```
15  b = 12
16  c = -9
17  r1 = (-b + (b**2-4*a*c)**0.5)/(2*a)          # r1
18  r1_y = f(r1)                                  # f(r1)
19  plt.text(r1+0.1, r1_y+-0.2, '('+str(round(r1,2))+','+str(0)+')')
20  plt.plot(r1, r1_y, '-o')                      # 标记
21  print('root1 = ', r1)                         # print(r1)
22  r2 = (-b - (b**2-4*a*c)**0.5)/(2*a)          # r2
23  r2_y = f(r2)                                  # f(r2)
24  plt.text(r2-0.5, r2_y-0.2, '('+str(round(r2,2))+','+str(0)+')')
25  plt.plot(r2, r2_y, '-o')                      # 标记
26  print('root2 = ', r2)                         # print(r2)
27
28  # 计算最大值
29  r = minimize_scalar(fmax)
30  print("当x是 %4.2f 时，有函数最大值 %4.2f" % (r.x, f(r.x)))
31  plt.text(r.x-0.25, f(r.x)-0.7, '('+str(round(r.x,2))+','+str(round(f(r.x),2))+')')
32  plt.plot(r.x, f(r.x), '-o')                   # 标记
33
34  # 绘制此函数图形
35  x = np.linspace(0, 4, 50)
36  y = -3*x**2 + 12*x - 9
37  plt.plot(x, y, color='b')
38  plt.show()
```

执行结果

```
================== RESTART: D:\Machine\ch7\ch7_7.py ==================
root1 = 1.0
root2 = 3.0
当x是 2.00 时，有函数最大值 3.00
```

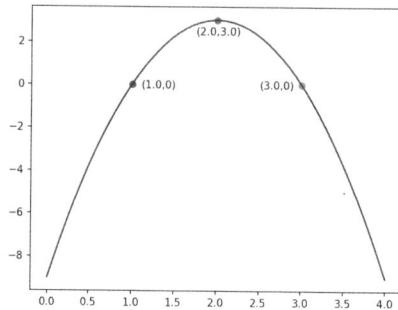

7-1-4　一元二次函数参数整理

笔者再写一次一元二次函数：

$$y = f(x) = ax^2 + bx + c$$

其中，参数 a 决定抛物线的开口向上 $(a > 0)$ 或是向下 $(a < 0)$。

参数 a 和参数 b 会影响对称轴的位置，对称轴公式如下：

$$x = -b/2a$$

如果 $b = 0$，抛物线的对称轴是 y 轴，如图 7-1 所示。

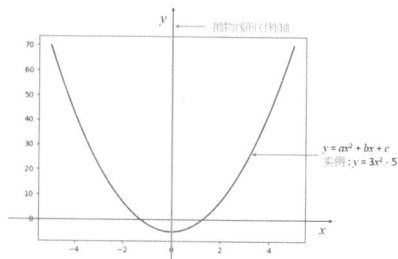

图 7-1　对称轴是 y 轴的抛物线

如果 a 和 b 是同号，对称轴在 y 轴左边，如图 7-2 所示。

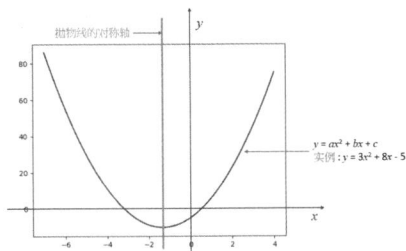

图 7-2　对称轴在 y 轴左边的抛物线

如果 a 和 b 是异号，对称轴在 y 轴右边，如图 7-3 所示。

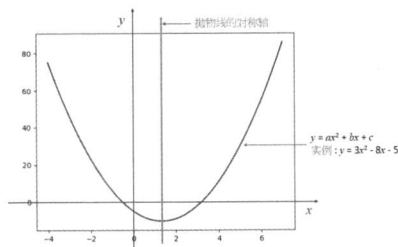

图 7-3　对称轴在 y 轴右边的抛物线

参数 c 可以决定抛物线和 y 轴的交叉点，如果 x 为 0，表示 $y = c$。

7-1-5　一元三次函数的图形特征

所谓的一元三次函数，是指 x 的最高项是三次方，基本概念如下：

$$ax^3 + bx^2 + cx + d = 0 \qquad (\,a\ 不等于\ 0)$$

一元三次方程式，其实也可以使用坐标图形表达，可以参考下列实例。

程序实例 ch7_8.py：绘制下列函数 x 为 $-1.0 \sim 1.0$ 之间的图形。

$$f(x) = x^3 - x$$

```python
1  # ch7_8.py
2  import matplotlib.pyplot as plt
3  import numpy as np
4
5  # 绘制此函数图形
6  x = np.linspace(-1, 1, 100)
7  y = x**3 - x
8  plt.plot(x, y)
9  plt.grid()
10 plt.show()
```

执行结果

可参考下方左图。

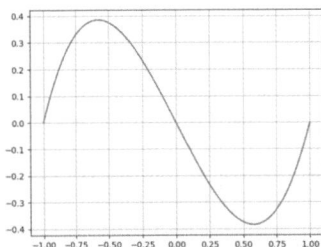

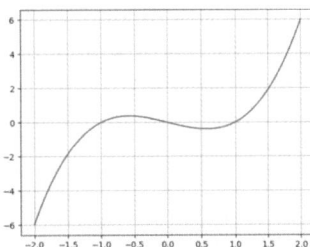

程序实例 ch7_9.py：绘制与 ch7_8.py 相同的函数，但是 x 在 $-2.0 \sim 2.0$ 的图形。

```
1   # ch7_9.py
2   import matplotlib.pyplot as plt
3   import numpy as np
4
5   # 绘制此函数图形
6   x = np.linspace(-2, 2, 100)
7   y = x**3 - x
8   plt.plot(x, y)
9   plt.grid()
10  plt.show()
```

执行结果

可参考上方右图。

7-2 从一次到二次函数的实务

在前面章节所学的直线关系中，数据的呈现是 $y = ax + b$，y 值将随着 x 值的不同，随斜率 (a) 比例更改。而在真实的数据，y 值数据可能无法这么单纯随 x 值用相同的斜率做直线变更。

7-2-1 呈现好的变化

美国 SSE 公司的国际证照销售，第 1 年业务员外出拜访 100 天，创造 500 张考卷业绩。第 2 年业务员外出拜访 200 天，创造 1000 张考卷业绩。第 3 年业务拜访 300 天，创造 2000 张考卷业绩，如图 7-4 所示。

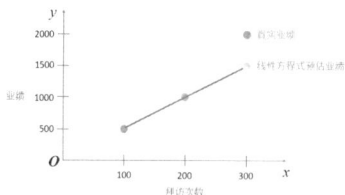

图 7-4　呈现好的变化

如果用前 2 年业绩来预估第 3 年的业绩，当实际业绩比预估业绩好，表示有好的变化，原因可能是经过 2 年的努力，产品通过客户耳语相传、已获得相当口碑、有些客户主动上门或是客户已有意愿只等业务员拜访就成交了。

7-2-2 呈现不好的变化

美国 SSE 公司的国际证照销售，第 1 年业务员外出拜访 100 天，创造 500 张考卷业绩。第 2 年业务员外出拜访 200 天，创造 1000 张考卷业绩。第 3 年业务拜访 300 天，创造 1200 张考卷业绩，如图 7-5 所示。

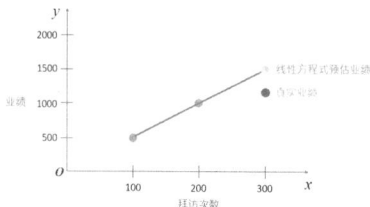

图 7-5　呈现不好的变化

如果用前 2 年业绩来预估第 3 年的业绩，当实际业绩比预估业绩差，表示有不好的变化，原因可能是客户已经饱和，开发新客户碰上瓶颈，或是出现未知的问题，这时就是需要自我检讨找出原因的时候了。

7-3　认识二次函数的系数

在一元一次的线性函数 $y = ax + b$ 中，a 是斜率，b 是截距，一元二次函数可参考下列公式：

$y = ax^2 + bx + c$

a、b、c 就不称斜率或截距，而是直接称系数，a 是称 x 的二次方系数，b 是称 x 的一次方系数，c 称常数。若是将一元二次方程式与一元一次方程式做比较，可以发现一元二次方程式增加了下列项目：

ax^2

将这个 ax^2 项目应用在 7-2 节可以得到，当实际业绩大于线性预估的业绩时，ax^2 呈现的是正向变化，这表示 $a > 0$，同时随着 x 的值增加 ax^2 的值也会增加，如图 7-6 所示。

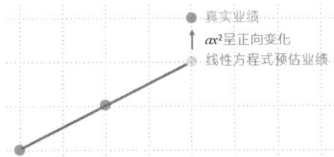

图 7-6　正向变化

将这个 ax^2 项目应用在 7-2 节可以得到，当实际业绩小于线性预估的业绩时，ax^2 呈现的是负向变化，这表示 $a < 0$，同时随着 x 的值增加将加大负值，如图 7-7 所示。

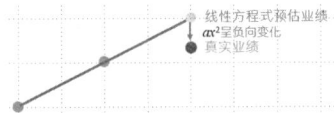

图 7-7　负向变化

7-4　使用 3 个点求解一元二次函数

7-4-1　手动求解一元二次函数

在线性代数概念或是前面章节我们可以知道，如果有 2 个点可以找出一元一次函数，其实如果有 3 个点可以找出一元二次函数，这个概念可以继续类推。

现在如果将 7-2-1 节的数据代入下列一元二次方程式：

$y = ax^2 + bx + c$

x 代表拜访次数以 100 为单位，y 是实际业绩，可以得到下列 3 个一元二次方程式：

$500 = a + b + c$　　　　　　　　　　（第 100 次 $x = 1$）

$1000 = 4a + 2b + c$　　　　　　　　　（第 200 次 $x = 2$）

$$2000 = 9a + 3b + c \qquad （第 300 次 x = 3）$$

首先看前 3 个方程式，由于 2 都有 c，可分别将第 200 次和第 300 次公式减去第 100 次公式，可以得到下列联立方程式：

$$500 = 3a + b \qquad （第 200 次公式减去第 100 次公式）$$
$$1500 = 8a + 2b \qquad （第 300 次公式减去第 100 次公式）$$

简化第 300 次公式减去第 100 次公式可以得到下列联立方程式：

$$500 = 3a + b \qquad\qquad\qquad (7.1)$$
$$750 = 4a + b \qquad\qquad\qquad (7.2)$$

公式（7.2）减去公式（7.1），可以得到下列结果：

$$a = 250$$

将 $a = 250$ 代入公式（7.1），可以得到：

$$b = -250$$

将 $a = 250$，$b = -250$ 代入第 100 次公式，可以得到：

$$c = 500$$

经过上述运算我们获得了代表 7-2-1 节数据的一元二次函数。

$$y = f(x) = 250x^2 - 250x + 500$$

7-4-2　程序求解一元二次函数

笔者再列一次联立方程式如下：

$$500 = a + b + c$$
$$1000 = 4a + 2b + c$$
$$2000 = 9a + 3b + c$$

程序实例 ch7_10.py：求解上述联立方程式。

```
1  # ch7_10.py
2  from sympy import Symbol, solve
3
4  a = Symbol('a')              # 定义公式中使用的变量
5  b = Symbol('b')              # 定义公式中使用的变量
6  c = Symbol('c')              # 定义公式中使用的变量
7
8  eq1 = a + b + c - 500        # 第100次公式
9  eq2 = 4*a + 2*b + c - 1000   # 第200次公式
10 eq3 = 9*a + 3*b + c - 2000   # 第300次公式
11 ans = solve((eq1, eq2, eq3))
12 print(f'a = {ans[a]}')
13 print(f'b = {ans[b]}')
14 print(f'c = {ans[c]}')
```

执行结果

```
================= RESTART: D:/Machine/ch7/ch7_10.py =================
a = 250
b = -250
c = 500
```

从上述运算结果，我们可以得到下列一元二次函数：

$$y = f(x) = 250x^2 - 250x + 500$$

7-4-3　绘制一元二次函数

程序实例 ch7_11.py：扩充 ch7_10.py，先使用相同的数据找出此一元二次函数，然后绘制此一元二次函数图形，同时将先前拜访次数所创的业绩在图上标记出来，再用所计算的一元二次函数求解当拜访客户 400 次时，所产生的业绩，同时在坐标图内标记此坐标。

```
1   # ch7_11.py
2   import matplotlib.pyplot as plt
3   from sympy import Symbol, solve
4   import numpy as np
5
6   plt.rcParams["font.family"] = ["Microsoft JhengHei"]
7
8   a = Symbol('a')                         # 定义公式中使用的变量
9   b = Symbol('b')                         # 定义公式中使用的变量
10  c = Symbol('c')                         # 定义公式中使用的变量
11  eq1 = a + b + c - 500                    # 第100次公式
12  eq2 = 4*a + 2*b + c - 1000               # 第200次公式
13  eq3 = 9*a + 3*b + c - 2000               # 第300次公式
14  ans = solve((eq1, eq2, eq3))
15  print(f'a = {ans[a]}')
16  print(f'b = {ans[b]}')
17  print(f'c = {ans[c]}')
18
19  x = np.linspace(0, 5, 50)
20  y = [(ans[a]*y**2 + ans[b]*y + ans[c]) for y in x]
21  plt.plot(x, y)                          # 给二次函数
22
23  x4 = 4                                   # 第400次
24  y4 = ans[a]*x4**2 + ans[b]*x4 + ans[c]   # 第400次的y值
25  plt.plot(x4, y4, '-o')                   # 绘交叉点
26  plt.text(x4-0.7, y4-50, '('+str(x4)+','+str(y4)+')')
27
28  plt.plot(1, 500, '-*', color='b')        # 绘100业绩点
29  plt.text(1-0.7, 500-50, '('+str(1)+','+str(500)+')')
30  plt.plot(2, 1000, '-*', color='b')       # 绘200业绩点
31  plt.text(2-0.7, 1000-50, '('+str(2)+','+str(1000)+')')
32  plt.plot(3, 2000, '-*', color='b')       # 绘300业绩点
33  plt.text(3-0.7, 2000-50, '('+str(3)+','+str(2000)+')')
34
35  plt.xlabel("拜访次数(单位=100)")
36  plt.ylabel("业绩")
37  plt.grid()                              # 加网格线
38  plt.show()
```

执行结果

```
=================== RESTART: D:\Machine\ch7\ch7_11.py ===================
a = 250
b = -250
c = 500
```

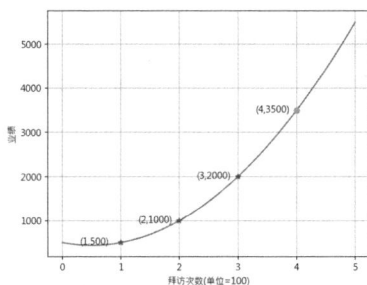

7-4-4　使用业绩回推应有的拜访次数

使用一元二次函数，只要有拜访次数的 x 值，我们可以轻易预估业绩，从另一方面考虑，如果要达到 3000 张考卷业绩，应该要有多少拜访客户的次数？请参考图 7-8：

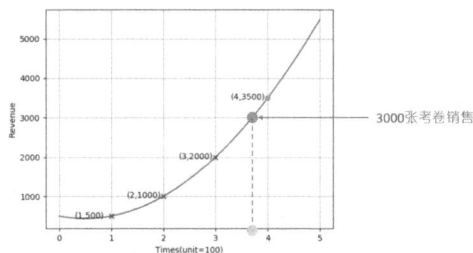

图 7-8　拜访次数与业绩之间的关系

这时一元二次方程式，应该如下所示：

$$250x^2 - 250x + 500 = 3000$$

我们可以使用 7-1 节的方式求解，首先两边减去 3000，可以得到下列公式：

$250x^2 - 250x + 500 - 3000 = 0$

所以一元二次方程式的公式如下：

$250x^2 - 250x - 2500 = 0$

两边同时除以 250，可以得到下列结果：

$x^2 - x - 10 = 0$

程序实例 ch7_12.py：计算要达到 3000 张考卷销售，需要多少拜访次数，在这个程序设计中，因为拜访次数必须是正值，所以负数根将舍去。

```python
 1  # ch7_12.py
 2  a = 1
 3  b = -1
 4  c = -10
 5
 6  r1 = (-b + (b**2-4*a*c)**0.5)/(2*a)
 7  r2 = (-b - (b**2-4*a*c)**0.5)/(2*a)
 8  if r1 > 0:
 9      times = int(r1 * 100)
10  else:
11      if r2 > 0:
12          times = int(r2 * 100)
13  print(f"拜访次数 = {times}")
```

执行结果

```
===================== RESTART: D:\Machine\ch7\ch7_12.py =====================
拜访次数 = 370
```

上述实例中，我们使用了销售数量一定时，计算客户拜访次数的方法，下一节将介绍如何用机器学习常使用的方法——配方法 (completing the square) 完成上述相同工作。

7-5 二次函数的配方法

7-5-1 基本概念

我们在前几节所认识的一元二次函数概念如下：

$y = ax^2 + bx + c$ （这称一般式）

另一个一元二次函数的表达方式如下：

$y = a(x - h)^2 + k$ （这称标准式）

从前面可以了解一元二次函数在二维平面上其实是一个抛物线，在标准式中，可以清楚得到抛物线的顶点坐标是 (h, k)。

也就是说当 $x = h$ 时，此一元二次函数可以得到：

$y = k$

上述 k 可能是函数的最大值或是最小值，下列小节会推导解释上述概念，这个概念对于机器学习过程，使用最小二乘法计算最小误差时会使用。

7-5-2 配方法

所谓的配方法就是将一元二次函数从一般式推导到标准式，方法如下：

$$y = ax^2 + bx + c$$

下面是推导步骤：

$$= a\left(x^2 + \frac{b}{a}x\right) + c$$

接下来在括号内加上 $\frac{b^2}{4a^2}$，括号外减去 $\frac{b^2}{4a}$：

$$= a\left(x^2 + \frac{b}{a}x + \frac{b^2}{4a^2}\right) + c - \frac{b^2}{4a}$$

处理括号内外的公式：

$$= a(x + \frac{b}{2a})^2 + \frac{4ac - b^2}{4a}$$

下列是假设 h 和 k 的值：

$$h = -\frac{b}{2a}$$

$$k = \frac{4ac - b^2}{4a}$$

所以最后可以得到下列一元二次函数的标准式：
$$y = a(x - h)^2 + k$$

7-5-3 从标准式计算二次函数的最大值

二次函数的标准式概念如下：

$$y = a(x - h)^2 + k$$

当 $a < 0$ 时抛物线开口向下，因为 $(x-h)^2 \geq 0$，所以可以得到：

$$a(x - h)^2 \leq 0$$

当 $x = h$ 时，会造成：

$$a(x - h)^2 = 0$$

这时可以得到 $y = k$ 是函数最大值，因为：

$$y = a(x - h)^2 + k$$
$$y = 0 + k$$
$$y = k$$

所以当一元二次函数存在最大值时，函数最大值的对应坐标如下：

$$(-\frac{b}{2a}, \frac{4ac - b^2}{4a})$$

图形如图 7-9 所示。

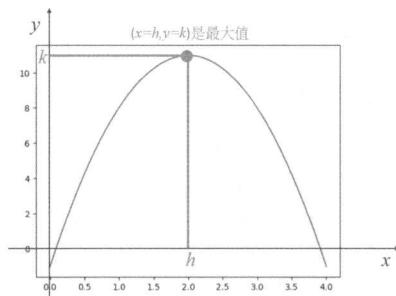

图 7-9 二次函数最大值

7-5-4 从标准式计算二次函数的最小值

一元二次函数的标准式概念如下：

$$y = a(x - h)^2 + k$$

当 $a > 0$ 时抛物线开口向上，因为 $(x-h)^2 \geq 0$，所以可以得到：

$$a(x - h)^2 \geq 0$$

当 $x = h$ 时，会造成：

$$a(x - h)^2 = 0$$

这时可以得到 $y = k$ 是函数的最小值，因为：

$$y = a(x - h)^2 + k$$
$$y = 0 + k$$
$$y = k$$

所以当一元二次函数存在最小值时，函数最小值的对应坐标如下：

$$(-\frac{b}{2a}, \frac{4ac - b^2}{4a})$$

图形如图 7-10 所示。

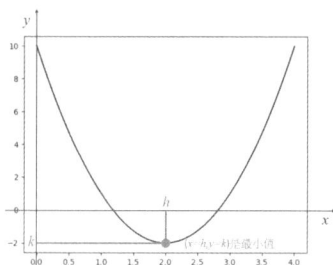

图 7-10　二次函数最小值

7-6　二次函数与解答区间

一元二次函数的用途不仅可以将问题函数化，并利用它找出函数的最大值、最小值或符合特定条件的值，还可以找出特定解答区间的值。

7-6-1 营销问题分析

网络营销已经成为产品销售非常重要的一环，适度让产品曝光对产品营销一定有帮助。一家公司经过调查发现适度通过脸书营销可以增加销售量，但是曝光太多次反而会造成反效果。

表 7-1 是公司内部的统计信息：

表 7-1　公司内部统计信息

每月营销次数（次）	增加业绩金额（万元）
1	10
2	18
3	19

图 7-11 是坐标图表信息。

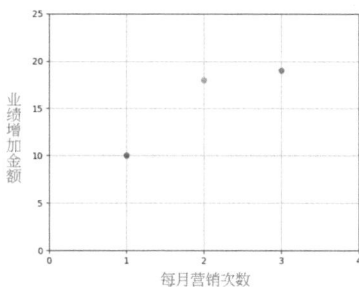

图 7-11　坐标图表信息

7-6-2　二次函数分析增加业绩的脸书营销次数

假设脸书营销次数是 x 次，增加业绩金额是 y 万元。将上述数据代入一元二次函数 $y = ax^2 + bx + c$，可以得到下列联立方程式：

$a + b + c = 10$

$4a + 2b + c = 18$

$9a + 3b + c = 19$

经过计算可以得到下列 a、b、c 的值。

$a = -3.5$

$b = 18.5$

$c = -5$

所以可以得到脸书营销的一元二次函数：

$y = -3.5x^2 + 18.5x - 5$

参考 7-5 节可以得到二次函数的标准式：

$y = -3.5(x - 2.6)^2 + 19.4$ 　　　　　　　　（2.6 和 19.4 是舍去了小数第 2 位）

程序实例 ch7_13.py：绘制上述数据的图表，同时使用 'x' 标记此原始数据，并使用圆标记极大值。

```
1   # ch7_13.py
2   import matplotlib.pyplot as plt
3   from sympy import Symbol, solve
4   import numpy as np
5
6   plt.rcParams["font.family"] = ["Microsoft JhengHei"]
7   plt.rcParams["axes.unicode_minus"] = False    # 负数符号
8
9   a = Symbol('a')                        # 定义公式中使用的变量
10  b = Symbol('b')                        # 定义公式中使用的变量
11  c = Symbol('c')                        # 定义公式中使用的变量
12  eq1 = a + b + c - 10                    # 第1次公式
13  eq2 = 4*a + 2*b + c - 18               # 第2次公式
14  eq3 = 9*a + 3*b + c - 19               # 第3次公式
15  ans = solve((eq1, eq2, eq3))
16  print(f'a = {ans[a]}')
17  print(f'b = {ans[b]}')
18  print(f'c = {ans[c]}')
19
20  x = np.linspace(0, 4, 50)
21  y = [(ans[a]*y**2 + ans[b]*y + ans[c]) for y in x]
22  plt.plot(x, y)                         # 绘二次函数
23
24  plt.plot(1, 10, '-x', color='b')       # 绘1次业绩点
25  plt.plot(2, 18, '-x', color='b')       # 绘2次业绩点
26  plt.plot(3, 19, '-x', color='b')       # 绘3次业绩点
27
28  h = (-1 * ans[b] / (2 * ans[a]))
29  k = (4 * ans[a] * ans[c] - (ans[b] ** 2)) / (4 * ans[a])
30  plt.plot(h, k, '-o', color='b')        # 绘最大值坐标
31  h = round(float(h), 1)
```

```
32    k = round(float(k), 1)
33    plt.text(h-0.25, k-1.5, '('+str(h)+','+str(k)+')')
34
35    plt.xlabel("每月营销次数")
36    plt.ylabel("业绩增加金额")
37    plt.grid()                                    # 加网格线
38    plt.show()
```

执行结果

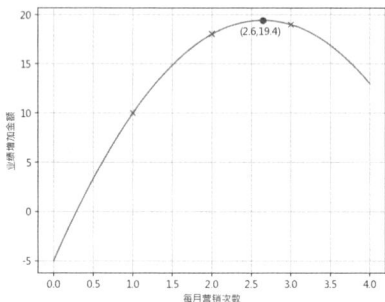

从上图可以看到每个月脸书的营销次数以约 2.6 次为最佳，这时可以增加业绩约 19.4 万元，如果营销次数超过 2.6 次，业绩的增幅开始减少。当然上述数据以教学为目的，只使用 3 笔数据，如果数据更多，整体数据将更有说服力。

注 脸书营销次数应该是整数，考虑未来实际的数据量会很大，所以本书还是用含小数的数字显示。

7-6-3　将不等式应用在条件区间

前一小节的实例是计算应有多少次脸书的营销才可以达到业绩的最大增幅，假设现在改为想要达到销售增幅 15 万元 (含) 以上。这时的 y 值范围如下：

$$y \geqslant 15$$

如图 7-12 所示，相当于是要取得下列黄色区间的业绩增幅，注：本书以黑白印刷，所以看到的是浅灰色区间。

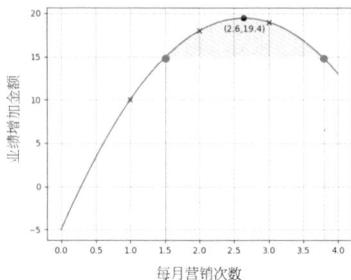

图 7-12　营销次数与业绩增加金额之间的关系

请再看一次脸书营销的一元二次函数：

$$y = -3.5x^2 + 18.5x - 5$$

由于 y 是 15，所以可以得到下列一元二次函数：

$15 = -3.5x^2 + 18.5x - 5$

可以得到下列推导结果：

$-3.5x^2 + 18.5x - 20 = 0$

程序实例 ch7_14.py：计算上述函数的解。

```
1  # ch7_14.py
2  from sympy import *
3
4  x = Symbol('x')
5  eq = -3.5*x**2 + 18.5*x - 20
6  ans = solve(eq)
7  x1 = round(ans[0], 1)
8  x2 = round(ans[1], 1)
9  print(f'x1 = {x1}')
10 print(f'x2 = {x2}')
```

执行结果

```
==================== RESTART: D:/Machine/ch7/ch7_14.py ====================
x1 = 1.5
x2 = 3.8
```

现在我们可以得到脸书营销必须在 1.5 ～ 3.8 次之间，才可以得到业绩增幅 15 万元以上的结果。

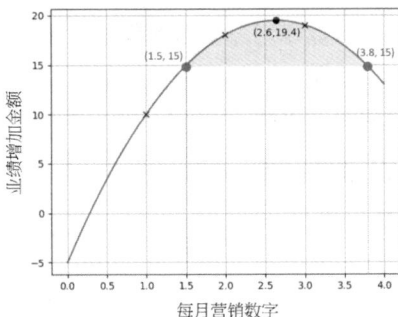

7-6-4　非实数根

我们有了上述脸书营销的一元二次函数，假设我们期待业绩的增幅达到 25 万元，这时的二次函数可以改写成下列结果：

$25 = -3.5(x - 2.6)^2 + 19.4$

上述公式可以推导下列结果：

$5.6 = -3.5(x - 2.6)^2$

进一步可以推导下列结果：

$(x - 2.6)^2 = -1.6$

等号左边式子的平方结果是负值，这时 x 的解为非实数根，显然这不是现实中存在的数字，因此，如果期待这个业绩增幅到 25 万元是不可能的，故公司必须另外思考其他业绩增加的方法。

第 8 章
机器学习的最小二乘法

本章除了介绍最小二乘法的数学原理，同时笔者亲自计算，最后将介绍 Numpy 模块的 polyfit( ) 函数，轻松地处理最小二乘法的问题。

最小二乘法基本概念

8-1-1 基本概念

最小二乘法 (least squares method) 是一种数学优化的方法，主要是使用最小误差的概念寻找最佳函数。假设有一组数据的散点图如图 8-1 所示。

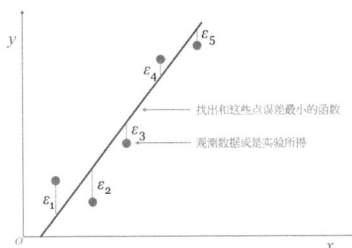

图 8-1 数据散点

红色点是实验或是观测所得，现在我们想要找出一条直线函数 (紫色线条)，使得实际数据与此函数之间的误差平方和最小。上述图表中，笔者使用数学或是统计学经常用的希腊字母 ε 代表误差。

注 1 在线性回归模型中，误差是指数据点到函数线条的垂直方向距离。

使用更简单的叙述，所找出的直线函数将会穿越数据点的中间，但不是每个点都在此函数直线上。

注 2 读者可能会想为何不直接误差求和，而要采用平方和，原因是直接误差求和，有的误差是正值，有的误差是负值，采取求和可能互相抵消。例如：有 3 个点，假设误差分别是 +10、+3、-12，如果采取求和误差是 1，如图 8-2（a）所示。另一个假设误差分别是 0、1、0，求和误差是 1，两者求和误差是相同的，如图 8-2（b）所示。但是这两个图表误差，彼此却有天大的差异。

注 3 读者可能会想是否误差采用取绝对值的方法也可以，这个概念是可行的，不过这时需增加正负值判断，所以有些麻烦，因此最后是采用误差平方之后再求和的方法，这也是现在机器学习所采用的最小二乘法。

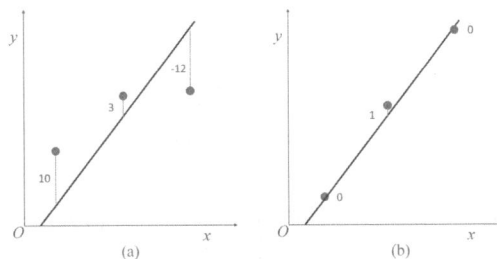

图 8-2 误差

最小二乘法一般是归功于卡尔·弗里德里希·高斯 (Carl Friedrich Gauss)，不过是由阿德里安 - 马里·勒让德 (Andrien-Marie Legendre) 最先发表的。

8-1-2 数学观点

假设有 n 个数据，如下所示：

$(x_1, y_1), (x_2, y_2), \cdots, (x_n, y_n)$

现在要找出下列线性函数：

$$y = f(x) = ax + b$$

让误差平方和最小：

$$(f(x_1) - y_1)^2 + (f(x_2) - y_2)^2 + \cdots + (f(x_n) - y_n)^2$$

8-2 简单的企业实例

业务员拜访客户的数据如表 8-1 所示。

表 8-1　拜访客户数据

时间	拜访次数（单位：100）	国际证照考卷销售张数
第 1 年	1	500
第 2 年	2	1000
第 3 年	3	2000

在第 7-4 节使用一元二次函数解了上述问题，而在实务上做业绩预估时，可能会遭受许多因素影响，因此无法像一元二次函数图表方式的业绩成长。现在我们再度回到直线的线性关系，如图 8-3 所示。

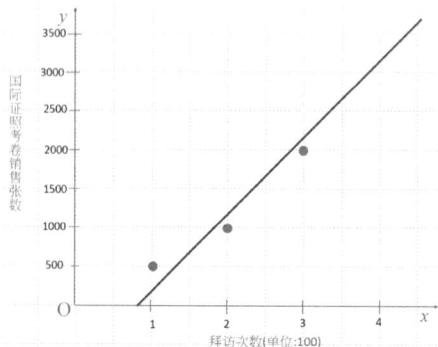

图 8-3　拜访次数与销售张数之间的关系

也就是业绩预估可能会是一条直线，由此直线再做业绩预估，但是现在我们也发现这一条业绩线不是通过所有的点，甚至和每个数据点皆有误差。假如上述紫色直线是我们得到的业绩线，可以看到可能受到外在因素影响，第 1 年业绩比预估好，第 2 和第 3 年业绩比预估差。

这一章主要就是要由实际销售数据，找出上述紫色（由于是黑白印刷，所以呈现黑色线条）误差平方和最小的业绩线，其中使用的方法是最小二乘法。

8-3　机器学习建立含误差值的线性方程式

8-3-1　概念启发

机器学习中很重要的一环是建立最小误差的线性函数，从前一节的概念中我们知道重点是要找出与各数据点误差平方和最小的方程式。现在再度回到下列一元一次方程式：

$$y = ax + b$$

可以为各个数据点建立下列一元一次方程式：

$$y = ax + b + \varepsilon$$

现在我们必须将 3 个数据点代入含误差的线性方程式：

$$500 = 1a + b + \varepsilon_1$$
$$1000 = 2a + b + \varepsilon_2$$
$$2000 = 3a + b + \varepsilon_3$$

参考上述线性方程式，我们可以绘制图 8-4。

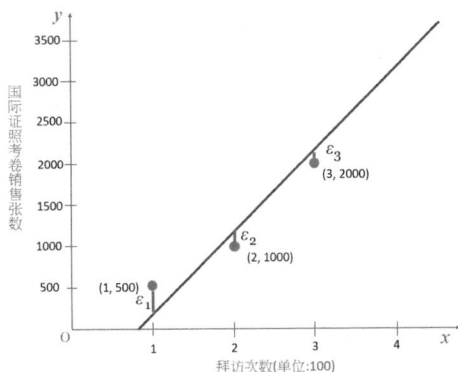

图 8-4　拜访次数与销售张数之间的关系

上述各点与预估线条的误差分别是 ε_1、ε_2、ε_3。我们可以将误差写成下列方程式：

$$\varepsilon_1 = 500 - 1a - b$$
$$\varepsilon_2 = 1000 - 2a - b$$
$$\varepsilon_3 = 2000 - 3a - b$$

从上述可以得到下列误差平方和：

$$\varepsilon_1^2 + \varepsilon_2^2 + \varepsilon_3^2 = (500 - a - b)^2 + (1000 - 2a - b)^2 + (2000 - 3a - b)^2$$

为了简化运算，将销售单位改为 100，所以整个公式如下：

$$\varepsilon_1^2 + \varepsilon_2^2 + \varepsilon_3^2 = (5 - a - b)^2 + (10 - 2a - b)^2 + (20 - 3a - b)^2$$

8-3-2　三项和的平方

下列是笔者已经推导出的三项和的平方公式：

$$(a + b + c)^2 = a^2 + b^2 + c^2 + 2ab + 2bc + 2ac$$

这个已经计算推导过的公式对于计算 8-3-1 节的公式非常有用，读者可以直接套用。

8-3-3 公式推导

现在拆解 $(5 - a - b)^2$，可以得到下列结果：

$(5 - a - b)^2 = 25 + a^2 + b^2 - 10a - 10b + 2ab$

现在拆解 $(10 - 2a - b)^2$，可以得到下列结果：

$(10 - 2a - b)^2 = 100 + 4a^2 + b^2 - 40a - 20b + 4ab$

现在拆解 $(20 - 3a - b)^2$，可以得到下列结果：

$(20 - 3a - b)^2 = 400 + 9a^2 + b^2 - 120a - 40b + 6ab$

接下来将上述相加，就可以得到误差平方和。

$$\begin{aligned}
\varepsilon_1^2 + \varepsilon_2^2 + \varepsilon_3^2 &= a^2 + b^2 + 2ab - 10a - 10b + 25 \\
&+ 4a^2 + b^2 + 4ab - 40a - 20b + 100 \\
&+ 9a^2 + b^2 + 6ab - 120a - 40b + 400
\end{aligned}$$

进一步求和可以得到下列结果：

$$\varepsilon_1^2 + \varepsilon_2^2 + \varepsilon_3^2 = 14a^2 + 3b^2 + 12ab - 170a - 70b + 525$$

8-3-4 使用配方法计算直线的斜率和截距

现在必须将斜率 a 或截距 b 改写成 a 或 b 的配方，不论是使用 a 还是 b 开始，皆可以获得一样的结果。现在从截距 b 开始，首先必须将 a^2 项、a 项以及和 a 无关的常数项目列出来放后面，如下所示：

$14a^2 + 3b^2 + 12ab - 170a - 70b + 525 = 3b^2 + (12a - 70)b + 14a^2 - 170a + 525$

现在进行配方：

$3b^2 + (12a - 70b) + 14a^2 - 170a + 525$

$= 3\left[b^2 + (12a - 70)b/3\right] + 14a^2 - 170a + 525$

$\approx 3\left[b^2 + 2b(2a - 11.67)\right] + 14a^2 - 170a + 525$

$= 3\left[b + (2a - 11.67)\right]^2 - 3(2a - 11.67)^2 + 14a^2 - 170a + 525$

$= 3\left[b + (2a - 11.67)\right]^2 - 3(4a^2 - 46.68a + 136.19) + 14a^2 - 170a + 525$

下列是处理不同区块：

$3\left[b + (2a - 11.67)\right]^2 - 3(4a^2 - 46.68a + 136.19) + 14a^2 - 170a + 525$

$\approx 3\left[b + (2a - 11.67)\right]^2 + 2a^2 - 30a + 116$

所以在顶点时，$b + (2a - 11.67)$ 必须为 0，所以可以得到下列结果。

$b = -(2a - 11.67) = -2a + 11.67$

当 $b = -2a + 11.67$ 时，二次项将是 0，后面的 $2a^2 - 30a + 116$ 则是没有关系的常数项。

但是对斜率 a 而言，$2a^2 - 30a + 116$ 也是二次函数，现在我们必须为此计算最小值。下列是此误差平方和的完整公式：

$$\begin{aligned}
\varepsilon_1^2 + \varepsilon_2^2 + \varepsilon_3^2 &= 3\left[b + (2a - 11.67)\right]^2 + 2a^2 - 30a + 116 \\
&= 3\left[b + (2a - 11.67)\right]^2 + 2(a - 7.5)^2 + 3.5
\end{aligned}$$

当 $a = 7.5$ 时，二次项将是 0。

所以现在的联立方程式内容如下：

$a = 7.5$

$b = -2 \times a + 11.67$

将 a 代入 b 方程式，可以得到：

$b = -2 \times 7.5 + 11.67 = -3.33$

所以最后可以得到最小误差平方和的方程式如下：

$y = 7.5x - 3.33$

程序实例 ch8_1.py：使用上述计算的最小误差平方和的方程式绘制销售国际证照考卷的张数图表，同时将 y 轴的销售张数单位改为 100。

执行结果

```
1   # ch8_1.py
2   import matplotlib.pyplot as plt
3
4   plt.rcParams["font.family"] = ["Microsoft JhengHei"]
5
6   x = [x for x in range(0, 11)]
7   y = [7.5*y - 3.33 for y in x]
8   plt.axis([0, 4, 0, 25])
9   plt.plot(x, y)
10  plt.plot(1, 5, '-o')
11  plt.plot(2, 10, '-o')
12  plt.plot(3, 20, '-o')
13  plt.xlabel('拜访次数(单位=100)')
14  plt.ylabel('国际证照考卷销售张数(单位=100)')
15  plt.grid()                          # 加网格线
16  plt.show()
```

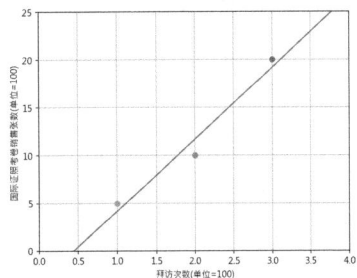

8-4 Numpy 实操最小二乘法

8-3 节笔者一步一步推导计算了回归直线的系数，同时得到了下列回归直线：

$y = 7.5x - 3.33$

Numpy 模块有一个 polyfit( ) 函数，当我们有拜访次数与销售考卷数据后，可以使用此函数计算回归直线的数据，此函数用法如下所示：

polyfit(x, y, deg)

上述 deg 是多项式的最高次方，如果是一次多项式此值是 1。

程序实例 ch8_2.py：使用 8-3 节的数据和 Numpy 模块的 polyfit( ) 函数计算回归直线 $y = ax + b$ 的系数 a 和 b。

```
1   # ch8_2.py
2   import numpy as np
3
4   x = np.array([1, 2, 3])            # 拜访次数，单位是100
5   y = np.array([5, 10, 20])          # 销售考卷数，单位是100
6
7   a, b = np.polyfit(x, y, 1)
8   print(f'斜率 a = {a:.2f}')
9   print(f'截距 a = {b:.2f}')
```

执行结果

```
================== RESTART: D:/Machine/ch8/ch8_2.py ==================
斜率 a = 7.50
截距 a = -3.33
```

从上述实例我们轻松地获得了回归直线的系数，不过当读者懂得原理，再用程序实操时，相信读者心中会感觉更扎实。

程序实例 ch8_3.py：绘制回归直线与所有的点。

```
1   # ch8_3.py
2   import matplotlib.pyplot as plt
3   import numpy as np
4
5   x = np.array([1, 2, 3])              # 拜访次数，单位是100
6   y = np.array([5, 10, 20])            # 销售考卷数，单位是100
7
8   a, b = np.polyfit(x, y, 1)           # 回归直线
9   print(f'斜率 a = {a:.2f}')
10  print(f'截距 a = {b:.2f}')
11
12  y2 = a*x + b
13  plt.scatter(x, y)                    # 绘制散布图
14  plt.plot(x, y2)                      # 绘制回归直线
15  plt.show()
```

执行结果

Python Shell 窗口所显示的斜率与截距则省略。

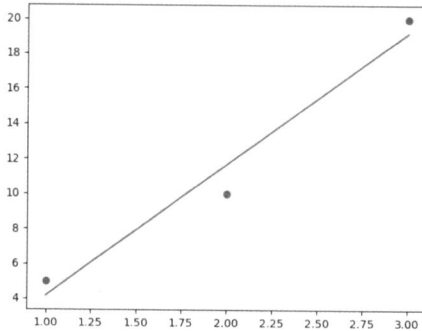

8-5 线性回归

8-3 节笔者使用几个数据然后建立了这些数据误差平方和最小的直线，这就是简单线性回归的实例，前一节所获得的公式如下：

$y = 7.5x - 3.33$

在上述公式中 x 称自变量 (independent variable)，y 因为会随 x 而改变，所以 y 称因变量 (dependent variable) 或称目标变量。然后又将这类关系称线性回归模型 (linear regression model)。

程序实例 ch8_4.py：假设要达到 2500 张考卷销售，如以直线函数预估，则需要拜访客户几次，同时用图表表达。

```
1   # ch8_4.py
2   import matplotlib.pyplot as plt
3
4   plt.rcParams["font.family"] = ["Microsoft JhengHei"]
5
6   x = [x for x in range(0, 11)]
7   y = [7.5*y - 3.33 for y in x]
8   voucher = 25                         # unit = 100
9   ans_x = (25 + 3.33) / 7.5
10  print('拜访次数 = {}'.format(int(ans_x*100)))
11  plt.axis([0, 4, 0, 30])
12  plt.plot(x, y)
13  plt.plot(1, 5, '-*')
14  plt.plot(2, 10, '-*')
15  plt.plot(3, 20, '-*')
16  plt.plot(ans_x, 25, '-o')
17  plt.text(ans_x-0.6, 25+0.2, '('+str(int(ans_x*100))+','+str(2500)+')')
18  plt.xlabel('拜访次数(单位=100)')
19  plt.ylabel('国际证照考卷销售张数(单位=100)')
20  plt.grid()                           # 加网格线
21  plt.show()
```

执行结果

```
==================== RESTART: D:\Machine\ch8\ch8_4.py ====================
拜访次数 = 377
```

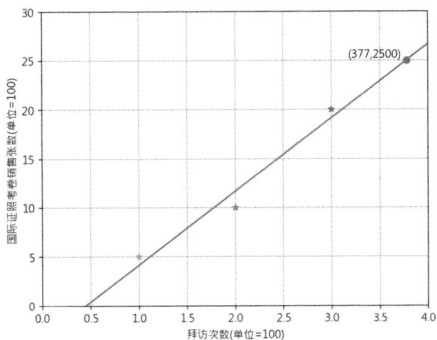

8-6 实务应用

8-3 节的实例因为笔者使用手工计算，为了简化数据量只有 3 个，而实务上一定会有许多数据，本节将直接展示真实的实例，有一家便利商店记录了气温与饮料的销量，如表 8-2 所示。

表 8-2 便利店饮料销量与气温

气温 x	22	26	23	28	27	32	30
销量 y	15	35	21	62	48	101	86

注　上述笔者并没有将气温数据排序，不过仍可正常执行。

程序实例 ch8_5.py：使用上述数据计算预估饮料销量的直线斜率及截距和气温 31 度时的饮料销量，同时标记此预估直线。

```python
1   # ch8_5.py
2   import matplotlib.pyplot as plt
3   import numpy as np
4
5   plt.rcParams["font.family"] = ["Microsoft JhengHei"]
6
7   x = np.array([22, 26, 23, 28, 27, 32, 30])       # 温度
8   y = np.array([15, 35, 21, 62, 48, 101, 86]) # 饮料销售数量
9
10  a, b = np.polyfit(x, y, 1)                        # 回归直线
11  print(f'斜率 a = {a:.2f}')
12  print(f'截距 b = {b:.2f}')
13
14  y2 = a*x + b
15  plt.scatter(x, y)                                # 绘制散点图
16  plt.plot(x, y2)                                  # 绘制回归直线
17
18  sold = a*31 + b
19  print('气温31度时的销量 = {}'.format(int(sold)))
20  plt.plot(31, int(sold), '-o')
21
22  plt.xlabel('温度')
23  plt.ylabel('销量')
24  plt.show()
```

执行结果

```
=============== RESTART: D:\Machine\ch8\ch8_5.py ===============
斜率 a = 8.89
截距 b = -186.30
气温31度时的销量 = 89
```

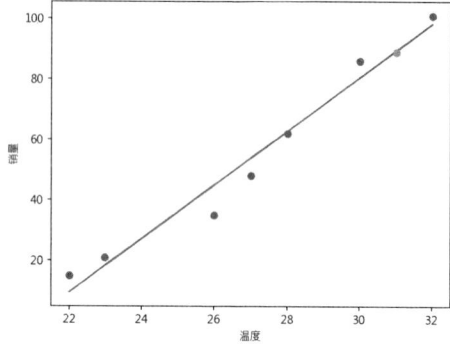

第 9 章
机器学习必须懂的集合

9-1 使用 Python 建立集合

集合是由元素组成的，基本概念是无序且每个元素是唯一的。例如：一个骰子有 6 面，每一面是一个数字，每个数字是一个元素，我们可以使用集合代表这 6 个数字。

$$\{1, 2, 3, 4, 5, 6\}$$

9-1-1 使用 { } 建立集合

Python 中可以使用大括号 "{ }" 建立集合，下列是建立 lang 集合，此集合元素是 'Python'、'C'、'Java'。

```
>>> lang = {'Python', 'C', 'Java'}
>>> lang
{'Python', 'Java', 'C'}
```

下列是建立 A 集合，集合元素是自然数 1, 2, 3, 4, 5。

```
>>> A = {1, 2, 3, 4, 5}
>>> A
{1, 2, 3, 4, 5}
```

9-1-2 集合元素是唯一的

因为集合元素是唯一的，所以即使建立集合时有元素重复，也只有一个会被保留。

```
>>> A = {1, 1, 2, 2, 3, 3, 3}
>>> A
{1, 2, 3}
```

9-1-3 使用 set( ) 建立集合

Python 中 set( ) 函数也可以建立集合，set( ) 函数参数只能有一个元素，此元素的内容可以是字符串 (string)、列表 (list)、元组 (tuple)、字典 (dict) 等。下列是使用 set( ) 建立集合，元素内容是字符串。

```
>>> A = set('Deepmind')
>>> A
{'i', 'm', 'd', 'D', 'n', 'e', 'p'}
```

从上述运算我们可以看到原始字符串 e 有 2 个，但是在集合内只出现一次，因为集合元素是唯一的。此外，虽然建立集合时的字符串是 'Deepmind'，但是在集合内字母顺序完全被打散了，因为集合是无序的。

下列是使用列表建立集合的实例。

```
>>> A = set(['Python', 'Java', 'C'])
>>> A
{'Python', 'Java', 'C'}
```

9-1-4 集合的基数

所谓集合的基数 (cardinality) 是指集合元素的数量，可以使用 len( ) 函数取得。

```
>>> A = {1, 3, 5, 7, 9}
>>> len(A)
5
```

9-1-5　建立空集合要用 set( )

如果使用 { }，将建立空字典。建立空集合必须使用 set( )。

程序实例 ch9_1.py：建立空字典与空集合。

```
1  # ch9_1.py
2  empty_dict = {}                    # 这是建立空字典
3  print(f"打印类别 = {type(empty_dict)}")
4  empty_set = set()                  # 这是建立空集合
5  print(f"打印类别 = {type(empty_set)}")
```

执行结果

```
===================== RESTART: D:\Machine\ch9\ch9_1.py =====================
打印类别 = <class 'dict'>
打印类别 = <class 'set'>
```

9-1-6　大数据与集合的应用

笔者的朋友在某知名企业工作，收集了海量数据使用列表保存，这里面有些数据是重复出现的，他曾经询问笔者应如何将重复的数据删除，笔者告知如果使用 C 语言可能需花几小时解决，但是如果了解 Python 的集合观念，只要花约 1 分钟就能解决。其实只要将列表数据使用 set( ) 函数转为集合数据，再使用 list( ) 函数将集合数据转为列表数据就可以了。

程序实例 ch9_2.py：将列表内重复性的数据删除。

```
1  # ch9_2.py
2  fruits1 = ['apple', 'orange', 'apple', 'banana', 'orange']
3  x = set(fruits1)                  # 将列表转成集合
4  fruits2 = list(x)                 # 将集合转成列表
5  print(f"原先列表数据fruits1 = {fruits1}")
6  print(f"新的列表资料fruits2 = {fruits2}")
```

执行结果

```
===================== RESTART: D:\Machine\ch9\ch9_2.py =====================
原先列表数据fruits1 = ['apple', 'orange', 'apple', 'banana', 'orange']
新的列表资料fruits2 = ['banana', 'orange', 'apple']
```

9-2　集合的操作

集合操作如表 9-1 所示。

表 9-1　集合操作

Python 符号	说明	方法
&	交集	intersection( )
|	并集	union( )
−	差集	difference( )
^	对称差集	symmetric_difference( )

9-2-1　交集

有 A 和 B 两个集合，如果想获得相同的元素，则可以使用交集（intersection），如图 9-1 所示。例如：你举办了数学 (可想成集合 A) 与物理 (可想成集合 B) 两个夏令营，如果想统计有哪些人同时参加这两个夏令营，可以使用此功能。

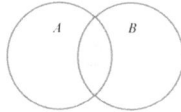

图 9-1　交集

交集的数学符号是"∩"，若是以上图而言就是：$A \cap B$。

在 Python 语言交集符号是"&"，另外，也可以使用 intersection( ) 方法完成这个工作。

程序实例 ch9_3.py：有数学与物理两个夏令营，这个程序会使用上述两种不同的语法，列出同时参加这两个夏令营的成员。

```
1  # ch9_3.py
2  math = {'Kevin', 'Peter', 'Eric'}        # 设定参加数学夏令营成员
3  physics = {'Peter', 'Nelson', 'Tom'}     # 设定参加物理夏令营成员
4  both1 = math & physics
5  print(f"同时参加数学与物理夏令营的成员 : {both1}")
6  both2 = math.intersection(physics)
7  print(f"同时参加数学与物理夏令营的成员 : {both2}")
```

执行结果

```
============== RESTART: D:\Machine\ch9\ch9_3.py ==============
同时参加数学与物理夏令营的成员 : {'Peter'}
同时参加数学与物理夏令营的成员 : {'Peter'}
```

9-2-2　并集

有 A 和 B 两个集合，如果想获得所有的元素，则可以使用并集 (union)，如图 9-2 所示。例如：你举办了数学 (可想成集合 A) 与物理 (可想成集合 B) 两个夏令营，如果想统计参加数学或物理夏令营的全部成员，可以使用此功能。

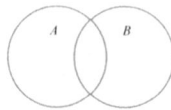

图 9-2　并集

并集的数学符号是"∪"，若是以上图而言就是 $A \cup B$。

在 Python 语言的并集符号是"|"，另外，也可以使用 union( ) 方法完成这个工作。

程序实例 ch9_4.py：有数学与物理两个夏令营，这个程序会使用上述两种不同的语法，列出参加数学或物理夏令营的所有成员。

```
1  # ch9_4.py
2  math = {'Kevin', 'Peter', 'Eric'}        # 设定参加数学夏令营成员
3  physics = {'Peter', 'Nelson', 'Tom'}     # 设定参加物理夏令营成员
4  allmember1 = math | physics
5  print(f"参加数学或物理夏令营的成员 : {allmember1}")
6  allmember2 = math.union(physics)
7  print(f"参加数学或物理夏令营的成员 : {allmember2}")
```

执行结果

```
============== RESTART: D:\Machine\ch9\ch9_4.py ==============
参加数学或物理夏令营的成员 : {'Eric', 'Tom', 'Nelson', 'Kevin', 'Peter'}
参加数学或物理夏令营的成员 : {'Eric', 'Tom', 'Nelson', 'Kevin', 'Peter'}
```

9-2-3　差集

有 A 和 B 两个集合，如果想获得属于集合 A，同时不属于 B 集合的元素，则可以使用差集 (difference)($A-B$)，如图 9-3 所示。如果想获得属于集合 B，同时不属于集合 A 的元素，则可以使用差集 ($B-A$)，如图 9-4 所示。例如：你举办了数学 (可想成集合 A) 与物理 (可想成集合 B) 两个夏令营，如果想了解参加数学夏令营但是没有参加物理夏令营的成员，可以使用此功能。

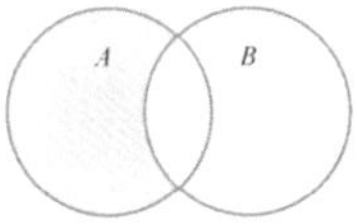

图 9-3　$A-B$

如果想统计参加物理夏令营但是没有参加数学夏令营的成员，也可以使用此功能。

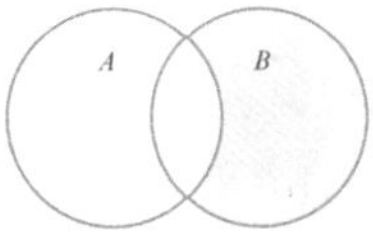

图 9-4　$B-A$

在 Python 语言差集符号是 "-"，另外，也可以使用 difference( ) 方法完成这个工作。

程序实例 ch9_5.py：有数学与物理两个夏令营，这个程序会使用上述两种不同的语法，列出参加数学夏令营但是没有参加物理夏令营的所有成员。另外也会列出参加物理夏令营但是没有参加数学夏令营的所有成员。

```
1  # ch9_5.py
2  math = ('Kevin', 'Peter', 'Eric')      # 设定参加数学夏令营成员
3  physics = ('Peter', 'Nelson', 'Tom')   # 设定参加物理夏令营成员
4  math_only1 = math - physics
5  print(f"只参加数学夏令营项目的成员 : {math_only1}")
6  math_only2 = math.difference(physics)
7  print(f"只参加数学夏令营项目的成员 : {math_only2}")
8  physics_only1 = physics - math
9  print(f"只参加物理夏令营项目的成员 : {physics_only1}")
10 physics_only2 = physics.difference(math)
11 print(f"只参加物理夏令营项目的成员 : {physics_only2}")
```

執行結果

```
================== RESTART: D:\Machine\ch9\ch9_5.py ==================
只参加数学夏令营项目的成员 : {'Eric', 'Kevin'}
只参加数学夏令营项目的成员 : {'Eric', 'Kevin'}
只参加物理夏令营项目的成员 : {'Tom', 'Nelson'}
只参加物理夏令营项目的成员 : {'Tom', 'Nelson'}
```

9-2-4　对称差集

有 A 和 B 两个集合，如果想获得属于集合 A 或是 B，但是不同时属于 A 和 B 的元素，则可以使用对称差集 (symmetric difference) ($A\text{\textasciicircum}B$)，如图 9-5 所示。例如：你举办了数学 (可想成集合 A) 与物理 (可想成集合 B) 两个夏令营，如果想统计参加数学夏令营或是参加物理夏令营，但是不同时参加这两个夏令营的成员，则可以使用此功能。更简单的解释是只参加一个夏令营的成员。

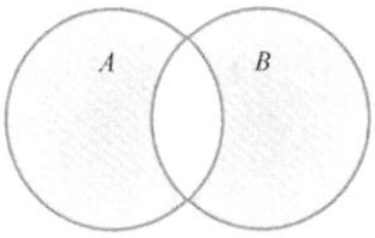

图 9-5　对称差集

在 Python 语言对称差集符号是 "^"，另外，也可以使用 symmetric_difference( ) 方法完成这个工作。

程序实例 ch9_6.py：有数学与物理两个夏令营，这个程序会使用上述两种不同的语法，列出参加数学夏令营或是参加物理夏令营，但是不同时参加两个夏令营的所有成员。

```
1  # ch9_6.py
2  math = {'Kevin', 'Peter', 'Eric'}        # 设定参加数学夏令营成员
3  physics = {'Peter', 'Nelson', 'Tom'}     # 设定参加物理夏令营成员
4  math_sydi_phys1 = math ^ physics
5  print(f"没有同时参加数学和物理夏令营的成员 : {math_sydi_phys1}")
6  math_sydi_phys2 = math.symmetric_difference(physics)
7  print(f"没有同时参加数学和物理夏令营的成员 : {math_sydi_phys2}")
```

执行结果

```
================= RESTART: D:\Machine\ch9\ch9_6.py =================
没有同时参加数学和物理夏令营的成员 : {'Kevin', 'Nelson', 'Eric', 'Tom'}
没有同时参加数学和物理夏令营的成员 : {'Kevin', 'Nelson', 'Eric', 'Tom'}
```

9-3　子集、超集与补集

集合 A 的内容是 $\{1, 2, 3, 4, 5, 6\}$，集合 B 的内容是 $\{1, 3, 5\}$，如图 9-6 所示。

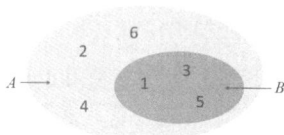

图 9-6　集合 A 和 B

9-3-1　子集

所有集合 B 的元素皆在集合 A 内，我们称集合 B 是集合 A 的子集 (subset)，数学表示方法如下：

$A \supset B$ 或是 $B \subset A$　　　　　（B 包含于 A，可以使用 $A > B$ 语法）

$A \supseteq B$ 或是 $B \subseteq A$　　　　　（B 包含于或等于 A，可以使用 $A >= B$ 语法 ）

注　空集合是任意一个集合的子集，一个集合也是本身的子集。

```
>>> A = {1, 2, 3}
>>> B = set()
>>> B <= A
True
>>> A <= A
True
```

可以使用符号 "<=" 或是 issubset( ) 函数测试 B 是不是 A 的子集，如果是则回传 True，否则回传 False。

```
>>> A = {1, 2, 3, 4, 5, 6}
>>> B = {1, 3, 5}
>>> B <= A
True
>>> B.issubset(A)
True
```

9-3-2　超集

所有集合 B 的元素皆在集合 A 内，我们称集合 A 是集合 B 的超集 (superset)。

可以使用符号 ">=" 或是 issuperset( ) 函数测试 A 是不是 B 的超集，如果是则回传 True，否

则回传 False。

```
>>> A = {1, 2, 3, 4, 5, 6}
>>> B = {1, 3, 5}
>>> A >= B
True
>>> A.issuperset(B)
True
```

9-3-3　补集

若是以图 9-6 为实例，由属于集合 A 但是不属于集合 B 的元素组成的集合称 B 的补集，其数学表示法如下：

$$\bar{B} = \{2,4,6\}$$

Python 虽然没有提供补集的运算方式，但是可以使用 $A - B$ 得到结果。

```
>>> A = {1, 2, 3, 4, 5, 6}
>>> B = {1, 3, 5}
>>> A - B
{2, 4, 6}
```

9-4　加入与删除集合元素

加入或删除集合元素操作如表 9-2 所示。

表 9-2　加入或删除集合元素

方法	说明	实例
add( )	增加元素	A.add('element')
remove( )	删除元素	A.remove('element')
pop( )	随机删除元素并回传	A.pop( )
clear( )	删除所有元素	A.clear( )

下列是增加元素的实例。

```
>>> A = {1, 2, 5}
>>> A.add(3)
>>> A
{1, 2, 3, 5}
```

下列是删除元素的实例。

```
>>> A = {1, 2, 3}
>>> A.remove(2)
>>> A
{1, 3}
```

下列是随机删除元素并回传的实例。

```
>>> A = {1, 2, 3}
>>> ret = A.pop()
>>> A
{2, 3}
>>> ret
1
```

下列是删除所有元素的实例。

```
>>> A = {1, 2, 3}
>>> A.clear()
>>> A
set()
```

9-5 幂集与 Sympy 模块

所谓的幂集 (power set) 是指一个集合的所有子集所构成的集合，例如：有一个集合是 {1, 2}，此集合的所有子集如下：

EmptySet( )　　　　　　　　　　（ 这是空集合）
{1}
{2}
{1, 2}

所以集合 {1, 2} 的幂集如下：

{EmptySet( ), {1}, {2}, {1, 2}}

Python 本身没有提供有关幂集的方法，不过我们可以使用第 2 章所介绍的 Sympy 模块建立此幂集。

9-5-1　Sympy 模块与集合

Sympy 模块可以建立集合，使用前需要导入此模块与集合有关的方法：

from sympy import FiniteSet

FiniteSet( ) 方法可以建立集合，下列是建立 {1, 2, 3} 集合的实例。

```
>>> from sympy import FiniteSet
>>> A = FiniteSet(1, 2, 3)
>>> A
FiniteSet(1, 2, 3)
```

9-5-2　建立幂集

可以使用 powerset( ) 建立集合的幂集，请延续前一节实例执行下列操作。

```
>>> a = A.powerset()
>>> a
FiniteSet(FiniteSet(1), FiniteSet(1, 2), FiniteSet(1, 3), FiniteSet(1, 2, 3), Fi
niteSet(2), FiniteSet(2, 3), FiniteSet(3), EmptySet)
```

9-5-3　幂集的元素个数

一个集合如果有 n 个元素，此集合的幂集元素个数有 2^n 个，若是以 9-5-1 节的集合 A 为实例，集合 A 有 3 个元素，所以此集合 A 的幂集有 2^3=8 个元素，执行结果可以参考 9-5-2 节。

9-6 笛卡儿积

9-6-1　集合相乘

所谓的笛卡儿积 (Cartesian product) 是指从 2 个集合中各提取一个元素组成的所有可能的集合，建立笛卡儿积可以使用乘法符号"＊"，此时所建的元素内容是元组 (tuple)。

程序实例 ch9_7.py：有 2 个集合，这 2 个集合皆有 2 个元素，请建立此笛卡儿积。

```
1  # ch9_7.py
2  from sympy import *
3  A = FiniteSet('a', 'b')
4  B = FiniteSet('c', 'd')
5  AB = A * B
6  for ab in AB:
7      print(type(ab), ab)
```

执行结果

```
================= RESTART: D:/Machine/ch9/ch9_7.py =================
<class 'tuple'> (a, c)
<class 'tuple'> (b, c)
<class 'tuple'> (a, d)
<class 'tuple'> (b, d)
```

如果集合 A 有 m 个元素，集合 B 有 n 个元素，所建立的笛卡儿积有 $m \times n$ 个元素，可以参考下列实例。

程序实例 ch9_8.py：有 2 个集合，这 2 个集合分别有 5 个和 2 个元素，请建立此笛卡儿积，同时列出元素个数。

```
1  # ch9_8.py
2  from sympy import *
3  A = FiniteSet('a', 'b', 'c', 'd', 'e')
4  B = FiniteSet('f', 'g')
5  AB = A * B
6  print('The length of Cartesian product', len(AB))
7  for ab in AB:
8      print(ab)
```

执行结果

```
================= RESTART: D:/Machine/ch9/ch9_8.py =================
The length of Cartesian product 10
(a, f)
(b, f)
(a, g)
(c, f)
(b, g)
(d, f)
(c, g)
(d, g)
(e, f)
(e, g)
```

9-6-2　集合的 n 次方

如果是 3 次方表示笛卡儿积的元素是由 3 个元素组成的元组，此时所建立的元素个数是 2^3。n 次方则代表由 n 个元素组成的元组，此时所建立的元素个数是 2^n。

程序实例 ch9_9.py：建立 3 次方的笛卡儿积。

```
1  # ch9_9.py
2  from sympy import *
3  A = FiniteSet('a', 'b')
4  AAA = A**3
5  print('The length of Cartesian product', len(AAA))
6  for a in AAA:
7      print(a)
```

执行结果

```
================= RESTART: D:/Machine/ch9/ch9_9.py =================
The length of Cartesian product 8
(a, a, a)
(b, a, a)
(a, b, a)
(b, b, a)
(a, a, b)
(b, a, b)
(a, b, b)
(b, b, b)
```

第 10 章
机器学习必须懂的排列与组合

10-1 排列的基本概念

10-1-1　试验与事件

在机器学习中，我们会使用同样的条件重复进行试验，然后观察与存储执行结果。例如：执行掷骰子试验时，我们记录每次结果，而掷骰子的行为就是试验 (trial)，所记录掷出 6 的结果称事件 (event)，最后将事件的结果存储在集合内。

10-1-2　事件结果

将硬币往上抛，硬币落下后可以得到正面往上或是反面往上，如果只掷 1 枚硬币，可能的结果有 2 种。前面几节笔者讲解了集合概念，其实可以使用集合储存正与反的结果。

A = {' 正 ', ' 反 '}

如果掷 2 枚硬币，可能的结果如表 10-1 所示。

表 10-1　掷 2 枚硬币的结果

第 1 枚硬币的结果 第 2 枚硬币的结果	正面	反面
正面	正，正	正，反
反面	反，正	反，反

所以可以产生下列集合：

{' 正 ', ' 正 '}、{' 正 ', ' 反 '}、{' 反 ', ' 正 '}、{' 反 ', ' 反 '}

上述 {' 正 ', ' 反 '} 与 { ' 反 ', ' 正 '}，在集合概念中是相同的：

```
>>> A = {'正', '反'}
>>> B = {'反', '正'}
>>> A == B
True
```

所以可以得到下列集合。

{' 正 ', ' 正 '}、{' 正 ', ' 反 '}、{' 反 ', ' 反 '}

也就是将 2 枚硬币往上抛，有 3 种可能结果。

接下来考虑掷骰子的问题，如果掷 1 颗骰子，可能有 1, 2, 3, 4, 5, 6 等 6 个结果。如果掷 2 颗骰子有多少种结果？同样我们也可以用表格记录与存储，如表 10-2 所示。

表 10-2　掷 2 颗骰子的结果

第 1 颗骰子的结果 第 2 颗骰子的结果	1	2	3	4	5	6
1	1, 1	1, 2	1, 3	1, 4	1, 5	1, 6
2	2, 1	2, 2	2, 3	2, 4	2, 5	2, 6
3	3, 1	3, 2	3, 3	3, 4	3, 5	3, 6
4	4, 1	4, 2	4, 3	4, 4	4, 5	4, 6
5	5, 1	5, 2	5, 3	5, 4	5, 5	5, 6
6	6, 1	6, 2	6, 3	6, 4	6, 5	6, 6

上述含 2 个元素的表格内容如果使用集合存储，可以看到蓝色的集合其内容有重复出现，例

如：{1, 2} 与 {2, 1} 是相同的，当计算有多少种结果时，请计算黑色元素的集合，可以发现存在下列规律性：

$1 + 2 + 3 + 4 + 5 + 6 = 21$

再考虑掷 2 枚硬币，可以得到下列次数结果的规律性：

$1 + 2 = 3$

其实由上述结果我们可以得到，有一对象假设有 n 个结果，如果同时做试验，可以有下列次数的可能结果。

$1 + 2 + \cdots + n$

10-2 有多少条回家路

图 10-1 是从学校回家的道路地图。

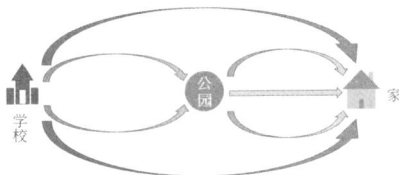

图 10-1　从学校回家的路

上述图例传达了下列信息：

（1）从学校到公园有 2 条路径。

（2）从公园回到家有 3 条路径。

（3）从学校不经过公园，直接回家有 2 条路径。

请计算最后有几条从学校回到家的路径。

乘法原则：

假设有 2 个事件，其中事件 A 与 B 会先后发生。A 事件有 a 个结果，B 事件有 b 个结果，这时总共会有下列不同结果：

$a \times b$

现在回到上面回家的路线地图，从学校到公园有 2 条路径，从公园回家有 3 条路径。如果将从学校到公园想成事件 A，则 $a = 2$，如果将从公园到家想成事件 B，则 $b = 3$，所以最后：

$a \times b = 2 \times 3 = 6$

有 6 条从学校经公园回家的路。

加法原则：

假设有 2 个事件，其中事件 A 与事件 B 只会发生一件，A 事件有 a 个结果，B 事件有 b 个结果，这时总共会有下列不同结果：

$a + b$

现在回到上面回家的路线地图，从学校经公园回家有 6 条路径。如果将从学校经公园回家想成事件 A，则 $a = 6$，如果将从学校直接回家想成事件 B，则 $b = 2$，所以最后：

$a + b = 8$

有 8 条从学校回家的路。

10-3 排列组合

从数字看排列组合：

如果将数字 1，2 排成 2 位数，位数数据不可以重复，有多少种排列方式？如下所示：

1 2

2 1

从上述可以得到有 2 种排列组合。

如果将数字 1，2，3 排成 3 位数，位数数据不可以重复，有多少种排列方式？如下所示：

1 2 3

1 3 2

2 1 3

2 3 1

3 1 2

3 2 1

从上述可以得到有 6 种排列方式。

现在换成如果将数字 1，2，3，4 排成 3 位数，位数数据不可以重复，有多少种排列方式？如下所示：

1 2 3

...

2 3 4

其实我们也可以一步一步列出所有排列方式，但是现在笔者想用解析问题方式处理这个问题。先考虑百位数，因为有 4 个数字可以放百位数，所以百位数有 4 种可能。现在考虑十位数，因为百位数已经用掉 1 个数字，所以只剩 3 个可能。现在考虑个位数，因为百位与十位已经用掉 1 个数字，所以只剩 2 个可能，所以最后有 4 × 3 × 2 = 24 种排列方式。

图 10-2 是有关这类问题的图表计算方式：

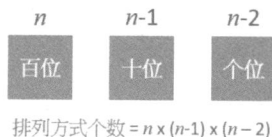

图 10-2 排列组合的图表计算方式

同理，如果有 5 个数字，排成 3 位数，可以有 5 × 4 × 3 = 60 种排列方式。

在数学的应用中可以使用下列公式：

A_n^r

上述公式是从 n 个数字中取 r 个数字列出排列结果。了解上述公式后，可以使用下列方式重新定义图表。

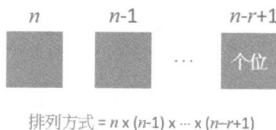

图 10-3 n 个数字中取 r 个数字进行排列

程序实例 ch10_1.py：列出 A_4^3 的元素组合数量，以及所有结果。

```python
# ch10_1.py
import itertools
n = {1, 2, 3, 4}
r = 3
A = set(itertools.permutations(n, r))
print(f'元素数量 = {len(A)}')
for a in A:
    print(a)
```

执行结果

```
==================== RESTART: D:\Machine\ch10\ch10_1.py ====================
元素数量 = 24
(2, 1, 3)
(4, 2, 1)
(3, 2, 1)
(3, 2, 4)
(3, 1, 2)
(1, 4, 2)
(3, 4, 1)
(4, 1, 2)
(4, 3, 2)
(4, 2, 3)
(1, 2, 4)
(3, 1, 4)
(1, 3, 2)
(4, 3, 1)
(2, 4, 1)
(2, 1, 4)
(1, 2, 3)
(1, 3, 4)
(3, 4, 2)
(1, 4, 3)
(2, 3, 4)
(4, 1, 3)
(2, 4, 3)
(2, 3, 1)
```

从非数字看排列组合：

在科学实验中，所排列的数据可能是非数字，如基因排列等，其概念类似，下列使用英文小写字母，输出排列可能结果。

程序实例 ch10_2.py：假设基因是配对存在，现在有 a，b，c，d，e 等 5 种基因，每 2 个不同基因可以配对，请问有几种组合同时列出所有组合。手工计算概念如下：

$5 \times 4 = 20$

```python
# ch10_2.py
import itertools
n = {'a', 'b', 'c', 'd', 'e'}
r = 2
A = set(itertools.permutations(n, r))
print(f'基因配对组合数量 = {len(A)}')
for a in A:
    print(a)
```

执行结果

```
==================== RESTART: D:\Machine\ch10\ch10_2.py ====================
基因配对组合数量 = 20
('c', 'b')
('b', 'd')
('b', 'c')
('c', 'e')
('a', 'd')
('a', 'b')
('e', 'd')
('b', 'e')
('e', 'b')
('c', 'a')
('a', 'c')
('b', 'a')
('e', 'c')
('d', 'b')
('a', 'e')
('d', 'c')
('d', 'e')
('e', 'a')
('d', 'a')
('c', 'd')
```

10-4 阶乘的概念

阶乘概念是由法国数学家克里斯蒂安 • 克兰普 (Christian Kramp, 1760—1826) 所提出的，他是学医的但是却同时对数学感兴趣，发表过许多数学文章。

前一节笔者介绍了下列公式：

A_n^r

如果 $n = r$，可以得到下列结果：

$n \times (n-1) \times \cdots \times (n-r+1)$

假设 $n = r$，上述公式可以改写如下：

$n \times (n-1) \times \cdots \times 1$

假设 $n = 5$，可以得到下列结果：

$5 \times 4 \times 3 \times 2 \times 1$

其实上述将自然数从 1 到 n 每次加 1 的连乘，就是我们所称的阶乘。数学应用又将上述阶乘，使用下列方式表达：

$n!$

例如：$5 \times 4 \times 3 \times 2 \times 1$ 的表达方式是 5!

接下来笔者要说明著名的业务员拜访客户的行程问题。

假设业务员要拜访客户，共有 5 个客户分别在 5 个城市，究竟有多少种拜访路径？首先业务员必须选择一个城市当作起点，此时有 5 种选择方式，假设选择城市 A，如图 10-4 所示。

图 10-4　选择城市 A

第 2 步选择第 2 个拜访城市会剩下 4 种选择机会，假设选择城市 B，如图 10-5 所示。

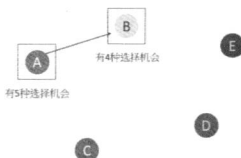

图 10-5　选择城市 B

第 3 步选择拜访第 3 个城市会剩下 3 种选择机会，假设选择城市 C，如图 10-6 所示。

图 10-6　选择城市 C

第 4 步选择拜访第 4 个城市会剩下 2 种选择机会，假设选择城市 D，如图 10-7 所示。

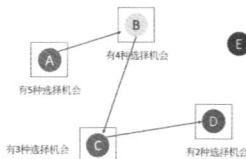

图 10-7　选择城市 D

第 5 步选择拜访第 5 个城市会剩下 1 种选择机会，只能选择 E 城市，如图 10-8 所示。

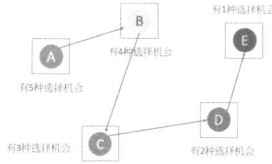

图 10-8　选择城市 E

依上述概念可以使用下列公式计算可以选择的路径：

$5 \times 4 \times 3 \times 2 \times 1 = 120$

上述公式就是阶乘公式，可以使用下列方式表达：

5!

程序实例 ch10_3.py：业务员拜访路径问题，可以使用 itertools 模块搭配 permutations( ) 方法，计算业务员拜访路径数，同时列出所有路径。

```
1  # ch10_3.py
2  import itertools
3  n = {'A', 'B', 'C', 'D', 'E'}
4  r = 5
5  A = set(itertools.permutations(n, r))
6  print(f'业务员路径数 = {len(A)}')
7  for a in A:
8      print(a)
```

执行结果

因为路径有 120 条，笔者省略，只列出部分。

```
==================== RESTART: D:\Machine\ch10\ch10_3.py ====================
业务员路径数 = 120
('D', 'B', 'C', 'E', 'A')
('D', 'A', 'E', 'C', 'B')
('D', 'C', 'E', 'A', 'B')
('A', 'C', 'B', 'D', 'E')
('B', 'D', 'C', 'A', 'E')
                          ...
```

其实也可以使用第 2 章的 math 模块的 factorial( )，执行阶乘运算。

```
>>> import math
>>> math.factorial(5)
120
```

不可思议的阶乘数字：

假设有 30 个城市要拜访，请问有多少种拜访路径？可以使用下列方式得到答案。

```
>>> math.factorial(30)
265252859812191058636308480000000
```

实例 ch10_4.py：计算拜访 30 个城市的路径，假设超级计算机每秒可以处理 10 兆个路径，请计算需要多少年可以得到所有路径。

```
1  # ch10_4.py
2  import math
3
4  N = 30
5  times = 10000000000000              # 计算机每秒可处理数列数目
6  day_secs = 60 * 60 * 24             # 一天秒数
7  year_secs = 365 * day_secs          # 一年秒数
8  combinations = math.factorial(N)    # 组合方式
9  years = combinations / (times * year_secs)
10 print(f"需要 {years} 年才可以获得结果")
```

执行结果

```
==================== RESTART: D:\Machine\ch10\ch10_4.py ====================
需要 841111300774.3247 年才可以获得结果
```

盘古开天至今据说有 137 亿年，区区 30 个城市的拜访路径就需要 8411 亿年，才可列出所有路径。

10-5　重复排列

现在笔者讲解排列的另一个方法，假设有 1, 2, 3, 4, 5 等数字，如果要排出 2 位数，这次假设数字可以重复使用，可以有 11，22，…，55，计算方式如图 10-9 所示。

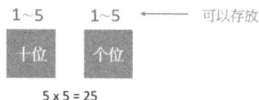

图 10-9　重复排列 2 位数

由于每个位数有 5 种可能，所以最后有 25 种排列方式。

现在笔者讲解排列的另一个方法，假设有 1, 2, 3, 4, 5 等数字，如果要排出 3 位数，这次假设数字可以重复使用，可以有 111，112，…，555，计算方式如图 10-10 所示。

图 10-10　重复排列 3 位数

由于每个位数可以有 5 个选项，所以总共可以有 125 种排列方式，类似上述排列方式的公式如下：

$$n\Pi r = n^r$$

上述 n 是数字数量，r 则是数列个数，若以上述为例，$n = 5$，$r = 3$，所以结果是 125。

程序实例 ch10_5.py：如果要用上述数列 1, 2, 3, 4, 5，排出 3 位数，这次假设数字可以重复使用，请列出可以有多少种排法，同时输出结果。

```
1  # ch10_5.py
2  import itertools
3  n = {1, 2, 3, 4, 5}
4  A = set(itertools.product(n, n, n))
5  print(f'排列方式 = {len(A)}')
6  for a in A:
7      print(a)
```

执行结果

```
==================== RESTART: D:\Machine\ch10\ch10_5.py ====================
排列方式 = 125
(5, 3, 3)
(5, 4, 2)
(2, 2, 5)
(3, 2, 1)
(5, 2, 4)
    ...
```

10-6　组合

组合的英文是 combination，假设从 1, 2, 3, 4, 5 中选出 3 个数字，请问有多少种方式？这个问题不考虑排列方式，我们称之为组合。组合的基本公式如下：

nCr

或是用下列方式表达：

c_n^r

上述 *n* 是数列个数，*r* 是所选取的个数，参考第一段叙述，可以用下列方式表达此组合：

C_5^3

至于有多少种组合，可以使用下列公式：

$$C_n^r = \frac{A_n^r}{r!}$$

上述 *nPr* 表示从 *n* 个数列中选出 *r* 个的排列方式，上述 *r*! 表示 *r* 的排列方式有几种，放在分母主要是将元素一样但是排列方式不同的去除，相当于取出 1, 2, 3 时，下列只能算一种组合：

1, 2, 3   1, 3, 2   2, 3, 1   2, 1, 3   3, 1, 2   3, 2, 1

依照先前概念：

$A_5^3 = 5 \times 4 \times 3 = 60$

上述等于 60 种，但是必须除以 3!，由于 3! = 3 × 2 × 1 = 6，60 / 6 = 10，所以最后得到有 10 种组合。

程序实例 ch10_6.py：使用程序验证上述结果。

执行结果

```
================= RESTART: D:\Machine\ch10\ch10_6.py =================
组合 = 10
(2, 4, 5)
(1, 3, 5)
(1, 2, 3)
(1, 3, 4)
(2, 3, 5)
(3, 4, 5)
(2, 3, 4)
(1, 2, 5)
(1, 4, 5)
(1, 2, 4)
```

```
1  # ch10_6.py
2  import itertools
3  n = {1, 2, 3, 4, 5}
4  A = set(itertools.combinations(n, 3))
5  print(f'组合 = {len(A)}')
6  for a in A:
7      print(a)
```

程序实例 ch10_7.py：计算掷 2 颗骰子，当 2 颗骰子的数字不同时有多少种组合方式。

执行结果

```
================= RESTART: D:\Machine\ch10\ch10_7.py =================
组合 = 15
(2, 4)
(1, 2)
(3, 4)
(1, 5)
(4, 6)
(1, 4)
(2, 3)
(4, 5)
(5, 6)
(3, 6)
(1, 6)
(2, 5)
(1, 3)
(3, 5)
```

```
1  # ch10_7.py
2  import itertools
3  n = {1, 2, 3, 4, 5, 6}
4  A = set(itertools.combinations(n, 2))
5  print(f'组合 = {len(A)}')
6  for a in A:
7      print(a)
```

依照先前概念：

$A_6^2 = 6 \times 5 = 30$

等于 30 种，但是必须除以 2!，由于 2! = 2 × 1 = 2，30 / 2 = 15，上述程序表达这结果。

第 11 章
机器学习需要认识的概率

在机器学习中会大量使用过去的数据，重复地学习，同时使用概率概念从这些数据中找出特征，本章将说明概率。

11-1 概率的基本概念

在生活中掷骰子、抛硬币，或是从一副扑克牌中抽一张牌，皆算是讲解概率的好实例。例如：一个骰子有 6 面，分别是 1, 2, 3, 4, 5, 6，在掷骰子中，最后，可以获得 1 ~ 6 其中一个数字，这时我们可以以将所有可能的结果称为样本空间 (sample space)。掷骰子后可以得到特定结果 1, 2, 3, 4, 5, 6 的可能性，称作概率 (probability)。事件 E 发生的概率，可以用下列式子表示，其中 $n(S)$ 代表样本空间元素的个数，$n(E)$ 代表会发生 E 事件的个数。

$$P(E) = \frac{特定事件集合 \, n(E)}{n(S)}$$

注 样本空间有时候也用字母 Ω 表示。

如果以掷骰子为例：
样本空间是 $S = \{1, 2, 3, 4, 5, 6\}$，$n(S) = 6$
产生数字 5 的集合是 $E = \{5\}$，$n(E) = 1$

$$P(E) = \frac{n(E)}{n(S)} = \frac{1}{6}$$

如果以抛硬币为例，假设正面是 1，反面是 0：
样本空间是 $S = \{0, 1\}$，$n(S) = 2$
产生 1(正面) 的集合是 $E = \{1\}$，$n(E) = 1$

$$P(E) = \frac{n(E)}{n(S)} = \frac{1}{2}$$

假设生男孩与女孩的概率一样，一个家庭有 2 位小孩，已知其中一位是女孩，请问另一位也是女孩的概率是多少？
依据样本空间定义当一位是女孩后，现在有下列可能：
样本空间是 S={(男孩 , 女孩), (女孩 , 男孩), (女孩 , 女孩)}
另一位小孩是女孩的概率是：

$$P(E) = \frac{n(E)}{n(S)} = \frac{1}{3}$$

有关概率，读者需留意：
（1）以掷骰子而言，不是每掷 6 次一定会出现 1 次 5(或称特定数字)，这只是概率。
（2）将掷骰子所有可能结果事件的概率求和结果一定是 1。
（3）概率 P 的范围一定如下所示：

$$0 \leqslant P \leqslant 1$$

上述如果 $P = 0$ 表示这是件不存在或是说不可能发生的事件，如果 $P = 1$，表示这事件一定发生。

程序实例 ch11_1.py： 使用随机数函数 randint(min, max)，min = 1, max = 6，然后执行 10000 次，最后列出产生 5 的次数与概率。

```
1   # ch11_1.py
2   import random                    # 导入模块random
3
4   min = 1
5   max = 6
6   target = 5
7   n = 10000
8   counter = 0
9   for i in range(n):
10      if target == random.randint(min, max):
11          counter += 1
12  print(f'经过 {n} 次，得到 {counter} 次 {target}')
13  P = counter / n
14  print(f'概率 P = {P}')
```

执行结果

```
==================== RESTART: D:\Machine\ch11\ch11_1.py ====================
经过 10000 次，得到 1668 次 5
概率 P = 0.1668
==================== RESTART: D:\Machine\ch11\ch11_1.py ====================
经过 10000 次，得到 1674 次 5
概率 P = 0.1674
==================== RESTART: D:\Machine\ch11\ch11_1.py ====================
经过 10000 次，得到 1696 次 5
概率 P = 0.1696
```

注　random 是 Python 模块，randint(min, max) 可以产生 min(含) 和 max(含) 之间的随机整数。

程序实例 ch11_2.py： 使用随机数产生 10000 次 1, 2, 3, 4, 5, 6 之间的数，模拟掷骰子最后将结果建立直方图，同时列出每个点数的产生次数。

```
1   # ch11_2.py
2   import matplotlib.pyplot as plt
3   from random import randint
4
5   plt.rcParams["font.family"] = ["Microsoft JhengHei"]
6
7   min = 1
8   max = 6                          # 骰子有几面
9   times = 10000                    # 掷骰子次数
10
11  dice = [0] * 7                   # 建立掷骰子的列表
12  for i in range(times):
13      data = randint(min, max)
14      dice[data] += 1
15
16  del dice[0]                      # 删除索引0数据
17
18  for i, c in enumerate(dice, 1):
19      print(f'{i} = {c} 次')
20
21  x = [i for i in range(1, max+1)]  # 直方图x轴坐标
22  width = 0.35                     # 直方图宽度
23  plt.bar(x, dice, width, color='g')  # 绘制直方图
24  plt.xlabel('骰子数字')
25  plt.ylabel('频率(出现次数)')
26  plt.title('掷骰子 10000 次')
27  plt.show()
```

执行结果

```
==================== RESTART: D:\Machine\ch11\ch11_2.py ====================
1 = 1699 次
2 = 1630 次
3 = 1645 次
4 = 1690 次
5 = 1655 次
6 = 1681 次
```

97

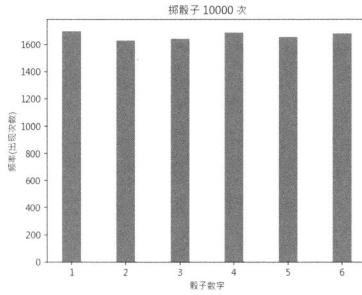

掷骰子 10000 次

11-2 数学概率与统计概率

对于掷一骰子，每个点数产生的概率相同，这个事件产生的概率，我们称之为数学概率。

每次看美国职棒大联盟的转播，每到关键时刻，不是防守队换投手就是攻击方换打击手，接着转播单位会显示现在打者与投手的过去对战的打击率分析，我们称之为统计概率。

我们可以将统计概率使用下列公式表达：

$$P(E) = \frac{\text{过去事件的安打记录 }(E)}{\text{过去对战次数 }(S)}$$

11-3 事件概率名称

事件：

在样本中每个子集合，称事件。

全事件：

在概率事件中一定会发生的事件称全事件，也就是所发生的事件一定在样本空间内。

$$P(\Omega) = 1 \qquad \text{（所有在样本空间内的事件，事件发生率是 1）}$$

例如：掷骰子的样本空间是 $\{1, 2, 3, 4, 5, 6\}$，所掷的骰子一定是在 1~6 之间，所以这就是全事件。

空事件：

在概率事件中一定不会发生的事件称空事件，也就是不可能发生在样本空间内的事件。空事件有时候用 $\emptyset$ 表示，所以可以得到下列结果。

$$P(\emptyset) = 0 \qquad \text{（所有不在样本空间内的事件，事件发生率是 0）}$$

例如：掷骰子的样本空间是 $\{1, 2, 3, 4, 5, 6\}$，所掷的骰子一定不会是 0，所以这就是空事件。

余事件：

在掷骰子事件中，出现 5 的概率是 $\frac{1}{6}$，所谓余事件就是出现非 5 的其他事件，此时可以得到出现非 5 的概率是 $\frac{5}{6}$。

互斥事件：

如果事件 A 与事件 B 产生下列情况称 A 与 B 为互斥事件。

$$A \cap B = \emptyset$$

11-4　事件概率规则

11-4-1　不发生概率

其实这和余事件概念相同，假设事件 A 的发生概率是 $P(A)$，则事件 A 的不发生概率是：

$$P(\bar{A}) = 1 - P(A)$$

11-4-2　概率相加

两个事件不会同时发生，或是说这两件事是独立事件，如果要计算出现这两个事件的概率就可以使用概率相加规则。有时候，又可将概率相加称和事件。

$$P = P(A) + P(B)$$

例如：掷骰子时，如果要计算产生偶数 $\{2, 4, 6\}$ 的概率，可以使用下列公式：

$$P = P(2) + P(4) + P(6) = \frac{1}{6} + \frac{1}{6} + \frac{1}{6} = \frac{3}{6} = \frac{1}{2}$$

11-4-3　概率相乘

假设连续 10 次骰子掷出后，所得到的点数是 5，请问再一次掷骰子时，出现 5 的概率是不是会降低？其实出现 5 的概率与其他数字一样是 $\frac{1}{6}$。

换一种问题思考，掷骰子时，连续出现 5 的概率是多少？由于第 1 次掷骰子出现 5 的概率是 $\frac{1}{6}$，第 2 次掷时，所出现的点数不会受到前一次骰子的点数干扰，所以第 2 次掷骰子出现 5 的概率也是 $\frac{1}{6}$。

这时我们必须使用概率乘法算出连续 2 次出现 5 的概率，可以参考下列公式：

$$P = \frac{1}{6} \times \frac{1}{6} = \frac{1}{36}$$

11-4-4　常见的陷阱

前一小节介绍了连续掷 2 次骰子时求概率的方法，对于这类事件，2 次事件是独立的事件，假设第 1 次是事件 A，第 2 次是事件 B，我们可以用下列公式代表连续独立事件的概率：

$$P(A \cap B) = P(A) \times P(B) = \frac{1}{6} \times \frac{1}{6} = \frac{1}{36}$$

当我们掷骰子时，假设事件 A 是出现小于 3 的事件 $\{1, 2\}$。假设事件 B 是出现偶数的事件 $\{2, 4, 6\}$，我们可以用下列公式求出现"小于 3"和"偶数"的概率。注：这不是独立事件，所以下列公式代表不同意义。

$$P(A \cap B) = P(\{1, 2\} \cap \{2, 4, 6\}) = P(\{2\}) = \frac{1}{6}$$

11-5　抽奖的概率 —— 加法与乘法综合应用

公司要举办员工欧洲旅游，有 7 支签，其中 2 支签是公司补助全额旅费，假设有 2 位员工有资格抽签，请问第 1 或第 2 位员工中哪一位有比较高的概率抽中公司补助的全额旅费。此抽签的解析如图 11-1 所示。

图 11-1　抽签

对第 1 位员工而言，毫无疑问中奖概率是 $\frac{2}{7}$。

对第 2 位员工而言思考概念如下：

如果第 1 位员工中奖，第 2 位员工也中奖的概率使用概率相乘计算。

$$\frac{2}{7} \times \frac{1}{6} = \frac{2}{42}$$

如果第 1 位员工没中奖，第 2 位员工中奖的概率也使用概率相乘计算。

$$\frac{5}{7} \times \frac{2}{6} = \frac{10}{42}$$

由于上述事件不会同时发生，所以执行加法运算：

$$\frac{2}{42} + \frac{10}{42} = \frac{12}{42} = \frac{2}{7}$$

结论：

从上述运算，我们得到第 1 位抽奖员工和第 2 位抽奖员工抽中的概率是相同。

Python 内有 fractions 模块，此模块的 Faction(numerator, denominator) 方法可以执行分数的运算，下列是计算 $\frac{2}{7}$ 的方法与结果。

```
>>> from fractions import Fraction
>>> x = Fraction(2, 7)
>>> print(x)
2/7
```

请继续上述实例，上述 Fraction( ) 产生的分数 x，如果要转成实数，可以使用 float( ) 函数。

```
>>> print(float(x))
0.2857142857142857
```

我们也可以使用浮点数或字符串来建立分数，例如：

```
>>> a = Fraction(0.5)
>>> print(a)
1/2
>>> b = Fraction('3/4')
>>> print(b)
3/4
```

程序实例 ch11_3.py：计算第 2 位员工的中奖概率。

```
1  # ch11_3.py
2  from fractions import Fraction
3
4  x = Fraction(2, 7) * Fraction(1, 6)
5  y = Fraction(5, 7) * Fraction(2, 6)
6  p = x + y
7  print(f'第 1 位抽签的中奖概率 {Fraction(2,7)}')
8  print(f'第 2 位抽签的中奖概率 {p}')
```

执行结果

```
==================== RESTART: D:\Machine\ch11\ch11_3.py ====================
第 1 位抽签的中奖概率 2/7
第 2 位抽签的中奖概率 2/7
```

11-6　余事件与乘法的综合应用

连掷 3 次骰子，请问至少出现一次点数 5 的概率为多少，其实这个问题可以用下列方式思考：

（1）掷骰子不出现 5 的概率是 $\frac{5}{6}$。

（2）连掷 3 次骰子不出现 5 的概率是 $\frac{5}{6} \times \frac{5}{6} \times \frac{5}{6} = \frac{125}{216} \approx 0.5875$。

（3）至少出现 1 次 5 的概率计算方式是采用余事件，概念如下：

$P($ 至少出现 1 次 5 的概率 $) = 1 - P($ 不出现 5 的概率 $)$

$P = 1 - 0.5787 = 0.4213$

所以可以得到，连掷 3 次骰子，至少出现一次点数 5 的概率是 0.4213。

程序实例 ch11_4.py：连掷 3 次骰子，请输出不出现 5 的概率，同时输出至少出现一次点数 5 的概率。

```
1  # ch11_4.py
2  from fractions import Fraction
3
4  x = Fraction(5, 6)
5  p1 = x**3                    # 不出现 5 的概率
6  p2 = 1 - p1                  # 至少出现 1 次 5 的概率
7
8  print(f'连掷 3 次骰子，不出现 5 的概率 : {float(p1):.4f}')
9  print(f'连掷 3 次骰子，至少出现 1 次 5 的概率 : {float(p2):.4f}')
```

执行结果

```
==================== RESTART: D:\Machine\ch11\ch11_4.py ====================
连掷 3 次骰子，不出现 5 的概率 : 0.5787
连掷 3 次骰子，至少出现 1 次 5 的概率 : 0.4213
```

11-7　条件概率

11-7-1　基础概念

所谓的条件概率是在已知情境下，其中的特定事件发生的概率。

现在笔者使用一个简单的实例解说，假设我们掷了六面的骰子，相当于样本空间是 {1, 2, 3, 4, 5, 6}，并且知道骰子的数字为奇数，则此时出现 5 的概率则可以通过以下方式思考：

（1）已知骰子数字为奇数，则可能出现的数字为 1, 3, 5。

（2）上述三个数字出现的概率相同，所以出现 5 的概率为 1/3。

若以数学的方式列出上述的思考，可以透过以下方式表达。

（1）列出特定数字出现的概率：

$P（出现 5）= \frac{1}{6}$

（2）已知骰子数字为奇数，则剩下以下的可能性：

$P（出现 1）+ P（出现 3）+ P（出现 5）= \frac{1}{6} + \frac{1}{6} + \frac{1}{6}$

（3）进一步列出已知为奇数后，出现 5 的概率：

$$\frac{P(出现5)}{P(出现1)+P(出现3)+P(出现5)} = \frac{\frac{1}{6}}{\frac{1}{6}+\frac{1}{6}+\frac{1}{6}} = \frac{1}{3}$$

若想要更广泛的套用所有情境，用数学表达式列出条件概率：

$$P(已知事件B下，事件A发生) = \frac{P(事件A与事件B同时发生)}{P(事件B发生)}$$

实例 1：若将上述的骰子题目套用其中，假设已知事件 B 为出现奇数，事件 A 为出现 5。

$$P(已知出现奇数，出现数字5) = \frac{P(出现奇数且同时出现5)}{P(出现奇数)} = \frac{\frac{1}{6}}{\frac{1}{2}} = \frac{1}{3}$$

上述实例相当于已出现奇数，此时骰子可能为 1, 3, 5，故出现 5 的概率为 1/3。

反过来说假设，当我们已知事件 A 发生时，在此条件下事件 B 发生的概率可定义如下：

$$P(已知事件A下，事件B发生) = \frac{P(事件A与事件B同时发生)}{P(事件A发生)}$$

实例 2：假设已知事件 A 为出现 5，事件 B 为出现奇数。

$$P(已知出现5，出现奇数) = \frac{P(出现奇数且同时出现5)}{P(出现数字5)} = \frac{\frac{1}{6}}{\frac{1}{6}} = 1$$

已知出现 5，5 为奇数，故出现奇数的概率是 1。

我们可以用数学符号，表示上述实例的叙述，如下：

$P($ 事件 A 发生 $) = P(A)$

$P($ 事件 B 发生 $) = P(B)$

$$P(事件A与事件B同时发生) = P(A \cap B)$$
$$P(已知事件A下，事件B发生) = P(B|A)$$
$$P(已知事件B下，事件A发生) = P(A|B)$$

将这几个项次套用到上述的算式当中：

$$P(已知事件B下，事件A发生) = \frac{P(事件A与事件B同时发生)}{P(事件B发生)}$$
$$P(A|B) = \frac{P(A \cap B)}{P(B)}$$
$$P(已知事件A下，事件B发生) = \frac{P(事件A与事件B同时发生)}{P(事件A发生)}$$
$$P(B|A) = \frac{P(A \cap B)}{P(A)}$$

11-7-2 再谈实例

前一小节的基础概念笔者举了一个简单的条件概率实例，下面再举一次类似实例，当掷一颗六面骰子，样本空间是 {1, 2, 3, 4, 5, 6}，假设情况如下：

$A = \{5, 6\}$ 　　　　　　（点数大于 4 的事件）

$B = \{1, 3, 5\}$ 　　　　　（点数是奇数的事件）

请计算 $P(A|B)$ 和 $P(B|A)$，所谓的 $P(A|B)$ 就是骰子出现奇数条件下，出现点数大于 4 的概率。所谓的 $P(B|A)$ 就是骰子出现点数大于 4 条件下，出现奇数的概率。

$$P(A|B) = \frac{P(A \cap B)}{P(B)} = \frac{P(5)}{P(B)} = \frac{\frac{1}{6}}{\frac{3}{6}} = \frac{1}{3}$$

$$P(B|A) = \frac{P(B \cap A)}{P(A)} = \frac{P(5)}{P(A)} = \frac{\frac{1}{6}}{\frac{2}{6}} = \frac{1}{2}$$

11-8 贝叶斯定理

11-8-1 基本概念

在条件概率的应用中有一个重要的定理称贝叶斯定理（Bayes' theorem），描述在已知条件下，某一事件发生的概率。基本概念是已知事件 A 的条件下发生事件 B 的概率，与已知事件 B 的条件下发生事件 A 的概率是不一样的。但是两者是有关联，贝叶斯定理就是描述这个关系。笔者再列出一次下列公式：

$$P(A|B) = \frac{P(A \cap B)}{P(B)}$$
$$P(B|A) = \frac{P(A \cap B)}{P(A)}$$

把两算式的共同项 $P(A \cap B)$ 分别用两算式写出，可得如下：

$$P(A|B)P(B) = P(A \cap B) = P(B|A)P(A)$$

简化上述公式相当于下列结果：

$$P(A|B)P(B) = P(B|A)P(A)$$

最后再稍微整理一下最先所提的条件概率可得以下算式：

$$P(A|B) = \frac{P(B|A)P(A)}{P(B)}$$

11-8-2 用实例验证贝叶斯定理

下列是 11-7-2 实例的计算结果：

$$P(A|B) = \frac{P(A \cap B)}{P(B)} = \frac{P(5)}{P(B)} = \frac{\frac{1}{6}}{\frac{3}{6}} = \frac{1}{3}$$

$$P(B|A) = \frac{P(B \cap A)}{P(A)} = \frac{P(5)}{P(A)} = \frac{\frac{1}{6}}{\frac{2}{6}} = \frac{1}{2}$$

表面上贝叶斯定理与先前条件概率公式有所差异，但实质是相同的，下列是验证使用贝叶斯定理可以获得相同结果。

$$P(A|B) = \frac{P(B|A)P(A)}{P(B)} = \frac{\frac{1}{2} \times \frac{2}{6}}{\frac{3}{6}} = \frac{1}{3}$$

或是如下：

$$P(B|A) = \frac{P(A|B)P(B)}{P(A)} = \frac{\frac{1}{3} \times \frac{3}{6}}{\frac{2}{6}} = \frac{1}{2}$$

读者可能认为条件概率公式简单，为何还要使用贝叶斯定理，主要是由于贝叶斯定理可探讨两事件条件概率之间互相的关系，在解答其他较为复杂无法直观判断出两事件的联集时，$P(A \cap B)$ 或 $P(B \cap A)$ 可以有所帮助。

11-8-3 贝叶斯定理的运用——COVID-19 的全民普筛准确性推估

2020 年爆发的 COVID-19，是否要进行全民普筛一直是社群网站上热门的话题，普筛方式又分为快筛 (准确度约 99%) 以及 PCR 核酸检测 (准确度约 99.99%; 成本约为快筛的 15 倍)，接下来就以贝叶斯定理来探讨若实施全民普筛会看到什么样的现象。

假设一地有 0.01% 的确诊者并且此地做了全民快筛检测。

依贝叶斯定理来计算当一个人检测结果为阳性时，他是真的确诊者的计算过程如下：

$$\text{贝叶斯定理：} P(A|B) = \frac{P(B|A)P(A)}{P(B)}$$

令 $A=$ 此人为确诊者；$B=$ 检测阳性，贝叶斯定理可重写成以下形式：

$$= \frac{P(\text{检测结果为阳性时，此人为确诊者})}{P(\text{检测结果为阳性})} \frac{P(\text{此人为确诊者时，检测结果为阳性})P(\text{此人为确诊者})}{P(\text{检测结果为阳性})}$$

等号右边的各个项目都是已知项，分别列出如下：

$P($ 此人为确诊者时，检测结果为阳性 $)=$ 快筛准确度 $=0.99$

$P($ 此人为确诊者 $)=$ 确诊者比例 $=0.0001$

$P($ 检测结果为阳性 $)=P($ 确诊者检测为阳性 $)+P($ 非确诊者检测为阳性 $)$

$$= 0.0001 \times 0.99 + 0.9999 \times 0.01 = 0.010098$$

将数字套上去得到以下结果：

$P($ 检测结果为阳性时，此人为确诊者 $)$

$$= \frac{0.99 \times 0.0001}{0.010098} \approx 0.0098$$

快筛的准确性达 99%，但由贝叶斯定理可以算出当检测为阳性时，只有 0.98% 的比例为真正的确诊者，这是因为确诊者的比例极低，会有大量的人数被误检为阳性。

那如果不考虑成本进行全民 PCR 核酸检测呢？贝叶斯定理算出的结果如下：

$P(PCR$ 检测结果为阳性时，此人为确诊者的概率 $)$

$$= \frac{0.9999 \times 0.0001}{0.0001 \times 0.9999 + 0.9999 \times 0.0001} = \frac{1}{2}$$

贝叶斯定理算出了进行 PCR 检测时，检验为阳性的结果中仍只有 50% 的概率是真正的确诊者。

11-8-4 再看一个医学实例

假设我们有一种疾病测试，其对于确实有疾病的人来说，正确识别出疾病的概率 (真阳性率) 是 99%。对于确实没有疾病的人，其正确识别出没有疾病的概率 (真阴性率) 也是 99%。现在假设在一个大群体中，有疾病的概率为 1%。

问题：如果一个人的测试结果为阳性，那么他真的有疾病的概率是多少呢？

我们可以用贝叶斯定理来解答这个问题，让 A 代表 "真的有疾病"，B 代表 "测试为阳性"。我们想要求的是 $P(A|B)$，即在测试为阳性的情况下，真的有疾病的概率。

根据贝叶斯定理：

$$P(A|B) = \frac{P(B|A) \times P(A)}{P(B)}$$

我们知道：

$P(B|A)$ 是 99%(有疾病的情况下，测试为阳性的概率，即真阳性率)。

$P(A)$ 是 1%(在群体中有疾病的概率)。

然而，我们还需要求出 $P(B)$，即测试为阳性的总概率。这个可以分两部分计算：疾病患者的测试阳性概率（真阳性）和非疾病患者的测试阳性概率（伪阳性）。这两部分的概率分别为：

有疾病且测试为阳性：$P(A \cap B) = P(B|A)P(A) = 0.01 \times 0.99 = 0.0099$

没有疾病但测试为阳性：$0.99 \times 0.01 = 0.0099$

所以，$P(B) = 0.0099 + 0.0099 = 0.0198$

现在我们就可以求出 $P(A|B)$，即在测试为阳性的情况下，真的有疾病的概率：

$$P(A|B) = P(B|A) \times P(A) / P(B)$$
$$= 0.99 \times 0.01 / 0.0198$$
$$\approx 0.50 \ 或 \ 50\%$$

所以，即使这个人的测试结果是阳性，他真的有疾病的概率只是大约 50%。这可能初看起来很反直觉，因为我们知道这个测试有 99% 的准确率。然而，这个结果确实反映出贝叶斯定理的一个重要观点，即我们必须将先验概率 (在这个例子中是群体中有疾病的概率) 考虑进来，才能正确地解释测试结果。在此例中，由于疾病在群体中的总体概率非常低 (只有 1%)，因此即使测试结果为阳性，患病的概率也只有大约 50%。

程序实例 ch11_5.py： 计算在测试为阳性下，真的有疾病的概率。

```
1  # ch11_5.py
2  # 先验概率
3  P_A = 0.01                     # 有疾病的概率
4  P_B_given_A = 0.99             # 有疾病的情况下，测试为阳性的概率
5  P_A_prime = 1 - P_A           # 没有疾病的概率
6  P_B_given_A_prime = 0.01      # 没有疾病的情况下，测试为阳性的概率
7
8  # 计算总的阳性概率
9  P_B = P_B_given_A * P_A + P_B_given_A_prime * P_A_prime
10
11 # 应用贝叶斯定理
12 P_A_given_B = (P_B_given_A * P_A) / P_B
13
14 print("在测试为阳性的情况下，真的有疾病的概率是：", P_A_given_B)
```

执行结果

```
==================== RESTART: D:\Machine\ch11\ch11_5.py ====================
在测试为阳性的情况下，真的有疾病的概率是： 0.5
```

11-8-5　贝叶斯定理筛选垃圾电子邮件的基础概念

贝叶斯定理也可透过查询特定关键词出现次数来过滤垃圾邮件，写成以下算式：

$$P(垃圾邮件|邮件含有某关键词) = \frac{P(邮件含有某关键词|垃圾邮件)P(垃圾邮件)}{P(邮件含有某关键词)}$$

等号右边的项目概率可透过统计来获得，并以此来算出邮件中含有某关键词，例如：你中奖了、18 禁，而其为垃圾邮件的概率，若此数值大于一定比例（例如 95%），则收信时可设定将含有此词的邮件归类为垃圾邮件。

11-8-6　垃圾邮件分类项目实操

用于垃圾邮件分类的贝叶斯分类有两个版本，这一节将针对单纯贝叶斯分类器说明。在这个单纯贝叶斯分类器中，我们定义了先验概率和条件概率：

先验概率 (prior probabilities)：

先验概率是指在没有任何其他训练的情况下，一封邮件被分类为垃圾邮件 (spam) 或非垃圾 (也可称正常) 邮件的概率。在我们的例子中，我们根据训练数据中垃圾邮件和非垃圾邮件的比例来计算先验概率。具体来说，一封邮件被分类为垃圾邮件的先验概率就是训练数据中垃圾邮件的数量除以所有邮件的总数。

我们将一封邮件被分类为垃圾邮件的先验概率定义为 $P(\text{spam})$，并根据训练数据中垃圾邮件的比例来计算，这一节笔者简化此定义，如下：

$P(\text{spam}) = ($ 垃圾邮件数量 $) / ($ 所有邮件的总数 $)$

也就是说如果有 100 封邮件，其中垃圾邮件的数量是 30 封，垃圾邮件的先验概率是 $30 / 100 = 0.3$。同样地，一封邮件被分类为非垃圾邮件 (笔者称之为 ham) 的先验概率 $P(\text{ham})$ 是：

$P(\text{ham}) = ($ 非垃圾邮件数量 $) / ($ 所有邮件的总数 $)$

也就是说如果有 100 封邮件，其中非垃圾邮件的数量是 70 封，非垃圾邮件的先验概率是 $70 / 100 = 0.7$。

条件概率 (conditional probabilities)：

条件概率是指在给定一封邮件是垃圾邮件 (或非垃圾邮件) 的情况下，该邮件中包含某个特定单词的概率。在我们的例子中，我们计算每个单词在垃圾邮件和非垃圾邮件中出现的概率

注 本项目笔者用拉普拉斯平滑 (Laplace smoothing) 来处理训练数据中没有出现过的单词。

项目原理：

我们可以根据这些概率来计算一封邮件给定其内容是垃圾邮件或非垃圾邮件的后验概率，然后由后验概率的结果值的偏向，对邮件进行分类。在英文电子邮件中，常看到下列信息的邮件，我们先假设是垃圾邮件。

```
spam_emails = [
"Get a free gift card now!",
"Limited time offer: Claim your prize!",
"You have won a free iPhone!",
]
```

从上述定义可以看到信件特色是有免费礼物卡 (free gift card)、奖 (prize)、获得免费的 iPhone，也可以说是不劳而获的事件。下列是笔者定义的正常邮件内容。

```
ham_emails = [
"Meeting rescheduled for tomorrow",
"Can we discuss the report later?",
"Thank you for your prompt reply",
]
```

注 在电子邮件过滤的语境中，"ham" 是一个术语，用来指称非垃圾邮件，或者说是你实际想要接收的邮件。

程序实例 ch11_6.py：自定义垃圾邮件与非垃圾邮件，然后使用贝叶斯定理，设计简单的垃圾邮件分类程序。

```
1   # ch11_6.py
2   import numpy as np
3
4   # 假设的邮件数据集
5   # 定义垃圾邮件
6   spam_emails = [
7       "Get a free gift card now!",
8       "Limited time offer: Claim your prize!",
9       "You have won a free iPhone!",
10  ]
11  # 定义非垃圾邮件
12  ham_emails = [
13      "Meeting rescheduled for tomorrow",
14      "Can we discuss the report later?",
15      "Thank you for your prompt reply",
16  ]
17
18  # 计算单词出现次数的函数
19  def count_words(emails):
20      word_count = {}                      # 初始化一个字典来储存每个单词的计数
21      for email in emails:                 # 遍历每一封邮件
22          for word in email.split():       # 遍历邮件中的每个单词
23              word = word.lower()          # 将单词转换为小写
24              if word not in word_count:   # 如果该单词还未在字典中出现过
25                  word_count[word] = 1     # 则新增进字典并将计数设为1
26              else:                        # 如果该单词已经在字典中出现过
27                  word_count[word] += 1    # 则将该单词的计数增加1
28      return word_count                    # 返回单词计数的字典
29
30  # 使用单纯贝叶斯分类器进行垃圾邮件过滤的函数
31  def classify_email(email):
32      words = email.lower().split()        # 将邮件内容转换为小写并分割成单词
33      spam_prob = np.log(prior_spam)       # 初始化垃圾邮件的概率为垃圾邮件的先验概率
34      ham_prob = np.log(prior_ham)         # 初始化正常邮件的概率为正常邮件的先验概率
35  # 遍历邮件中的每个单词
36  # 如果单词在垃圾邮件或正常邮件中出现过
37  # 则将该单词在垃圾邮件或正常邮件中出现的概率，加到垃圾邮件或正常邮件的总概率中
38  # 如果单词在垃圾邮件或正常邮件中没有出现过，
39  # 则将拉普拉斯平滑因子加到垃圾邮件或正常邮件的总概率中
40      for word in words:
41          spam_prob += np.log(spam_word_prob.get(word, 1 / (total_spam_words + 2)))
42          ham_prob += np.log(ham_word_prob.get(word, 1 / (total_ham_words + 2)))
43  # 如果垃圾邮件的总概率大于正常邮件的总概率，则该邮件被分类为垃圾邮件
44  # 否则被分类为正常邮件
45      return "垃圾邮件" if spam_prob > ham_prob else "非垃圾邮件"
46
47  # 计算在垃圾邮件和正常邮件中每个单词出现的概率的函数
48  def word_probability(word_count, total_count):
49      # 使用拉普拉斯平滑
50      return {word:(count+1)/(total_count+2) for word, count in word_count.items()}
51
52  # 计算垃圾邮件和正常邮件的先验概率
53  prior_spam = len(spam_emails) / (len(spam_emails) + len(ham_emails))
54  prior_ham = len(ham_emails) / (len(spam_emails) + len(ham_emails))
55  print(f"垃圾邮件的先验概率 : {prior_spam}")
56  print(f"正常邮件的先验概率 : {prior_ham}")
57  print("="*70)
58
59  # 用字典对垃圾邮件和正常邮件分别进行单词统计
60  spam_word_count = count_words(spam_emails)
61  ham_word_count = count_words(ham_emails)
62  print("垃圾邮件字典单词统计")
63  print(spam_word_count)
64  print("正常邮件字典单词统计")
65  print(ham_word_count)
66  print("="*70)
67
68  # 计算总单词数
69  total_spam_words = sum(spam_word_count.values())
70  total_ham_words = sum(ham_word_count.values())
```

```
71  print(f"垃圾邮件的总单词数：{total_spam_words}")
72  print(f"正常邮件的总单词数：{total_ham_words}")
73  print("="*70)
74
75  # 对垃圾邮件和正常邮件分别进行单词概率的计算
76  spam_word_prob = word_probability(spam_word_count, total_spam_words)
77  ham_word_prob = word_probability(ham_word_count, total_ham_words)
78  print("垃圾邮件字典单词概率")
79  print(spam_word_prob)
80  print("正常邮件字典单词概率")

81  print(ham_word_prob)
82  print("="*70)
83
84  # 测试分类器
85  print("测试分类器与结果")
86  test_email = "Claim your free gift now"
87  print(f"邮件：'{test_email}' 分类结果：{classify_email(test_email)}")
88  test_email = "Can we discuss your decision tomorrow"
89  print(f"邮件：'{test_email}' 分类结果：{classify_email(test_email)}")
```

执行结果

```
================= RESTART: D:\Machine\ch11\ch11_6.py =================
垃圾邮件的先验概率：0.5
正常邮件的先验概率：0.5
垃圾邮件字典单词统计
{'get': 1, 'a': 2, 'free': 2, 'gift': 1, 'card': 1, 'now!': 1, 'limited': 1, 'ti
me': 1, 'offer': 1, 'claim': 1, 'your': 1, 'prize': 1, 'you': 1, 'have': 1, 'w
on': 1, 'iphone!': 1}
正常邮件字典单词统计
{'meeting': 1, 'rescheduled': 1, 'for': 2, 'tomorrow': 1, 'can': 1, 'we': 1, 'di
scuss': 1, 'the': 1, 'report': 1, 'later?': 1, 'thank': 1, 'you': 1, 'your': 1,
'prompt': 1, 'reply': 1}

垃圾邮件的总单词数：18
正常邮件的总单词数：16

垃圾邮件字典单词概率
{'get': 0.1, 'a': 0.15, 'free': 0.15, 'gift': 0.1, 'card': 0.1, 'now!': 0.1, 'li
mited': 0.1, 'time': 0.1, 'offer': 0.1, 'claim': 0.1, 'your': 0.1, 'prize': 0.1
, 'you': 0.1, 'have': 0.1, 'won': 0.1, 'iphone!': 0.1}
正常邮件字典单词概率
{'meeting': 0.1111111111111111, 'rescheduled': 0.1111111111111111, 'for': 0.1666
6666666666666, 'tomorrow': 0.1111111111111111, 'can': 0.1111111111111111, 'we':
0.1111111111111111, 'discuss': 0.1111111111111111, 'the': 0.1111111111111111, 'r
eport': 0.1111111111111111, 'later?': 0.1111111111111111, 'thank': 0.11111111111
11111, 'you': 0.1111111111111111, 'your': 0.1111111111111111, 'prompt': 0.111111
1111111111, 'reply': 0.1111111111111111}

测试分类器与结果
邮件：'Claim your free gift now' 分类结果：垃圾邮件
邮件：'Can we discuss your decision tomorrow' 分类结果：非垃圾邮件
```

这段程序代码首先将邮件的内容转换为小写并分割成单词，然后遍历每个单词，将该单词在垃圾邮件或正常邮件中出现的概率 (或拉普拉斯平滑因子) 加到垃圾邮件或正常邮件的总概率中，最后比较垃圾邮件和正常邮件的总概率，以决定该邮件的类别，最后程序代码使用 2 个测试邮件来测试分类器的效果。

上述程序第 48 ～ 50 行的 word_probability( ) 函数，使用了拉普拉斯平滑 (Laplace smoothing) 也叫作加一平滑，是处理稀疏数据的一种方法。在进行机器学习的时候，我们经常会遇到一种情况，就是在训练数据中某些事件没有出现过，但这并不表示在新的、未见过的数据中就不会出现。如果我们直接将这些未出现过的事件的概率设置为 0，就可能会导致模型的预测错误。

这就是我们需要拉普拉斯平滑的原因。在拉普拉斯平滑中，我们将所有事件的次数都加上一个固定的值 (通常是 1)，这样就可以保证所有事件的概率都不会是 0。在这个垃圾邮件过滤的例子中，我们使用的拉普拉斯平滑的公式是：

$P(word|spam)$ = (单词在垃圾邮件中出现的次数 + 1) / (垃圾邮件中所有单词的总数 + 2)

这里的 "+1" 是拉普拉斯平滑的部分，用于处理训练数据中没有出现过的单词。分母中的 "+2" 是因为我们考虑了两种可能的类别 (垃圾邮件和非垃圾邮件)。这样就可以确保即使是在训练数据中没有出现过的单词，我们也能给它一个非零的概率。

11-9 蒙特卡洛模拟

我们可以使用蒙特卡洛模拟计算 π 值，首先绘制一个外接正方形的圆，圆的半径是 1，如图 11-2 所示。

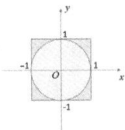

图 11-2　外接正方形的圆

由上图可以知道矩形面积是 4，圆面积是 π。

如果我们现在要产生 1000000 个点落在方形内，可以由下列公式计算点落在圆内的概率：

圆面积 / 矩形面积 = π / 4

落在圆内的点个数 (Hits) = 1000000 × π / 4

如果落在圆内的点个数用 Hits 代替，则可以使用下列方式计算 π。

π = 4 × Hits / 1000000

程序实例 ch11_7.py：蒙特卡洛模拟随机数计算 π 值，这个程序会产生 100 万个随机点。

```
1   # ch11_7.py
2   import random
3
4   trials = 1000000
5   Hits = 0
6   for i in range(trials):
7       x = random.random() * 2 - 1      # x轴坐标
8       y = random.random() * 2 - 1      # y轴坐标
9       if x * x + y * y <= 1:           # 判断是否在圆内
10          Hits += 1
11  PI = 4 * Hits / trials
12
13  print("PI = ", PI)
```

执行结果

```
==================== RESTART: D:/Machine/ch11/ch11_7.py ====================
PI =  3.141736
```

程序实例 ch11_8.py：使用 matplotlib 模块将上一题扩充，如果点落在圆内绘黄色点，如果落在圆外绘绿色点，这题笔者直接使用 randint( ) 方法产生随机数，同时将所绘制的图落在 $x = 0 \sim 100$，$y = 0 \sim 100$ 之间。由于绘图会需要比较多时间，所以这一题测试 5000 次。

执行结果

```
1   # ch11_8.py
2   import random
3   import math
4   import matplotlib.pyplot as plt
5
6   trials = 5000
7   Hits = 0
8   radius = 50
9   for i in range(trials):
10      x = random.randint(1, 100)           # x轴坐标
11      y = random.randint(1, 100)           # y轴坐标
12      if math.sqrt((x-50)**2 + (y-50)**2) < radius:   # 在圆内
13          plt.scatter(x, y, marker='.', c='y')
14          Hits += 1
15      else:
16          plt.scatter(x, y, marker='.', c='g')
17  plt.axis('equal')
18  plt.show()
```

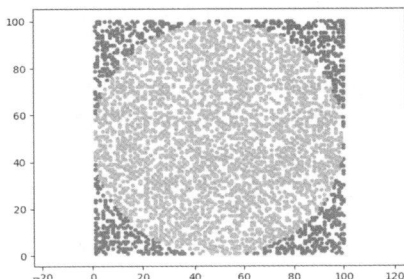

11-10 Numpy 的随机模块 random

在机器学习的数据分析中，获取数据是第一步。虽然前面笔者介绍过 Python 内建的 random 模块可以产生随机数。但是更常见的是使用 Numpy 模块，我们可以使用 np.random 模块建立随机数，这个模块更强的功能是可以回传多维数组的随机数，笔者将介绍此模块内的随机数函数。

注：这一节笔者使用 np.random 代表 Numpy 的随机数模块 random，以便和 Python 内建的模块区别，在程序设计时必须使用 np 替代 numpy 模块名称，可以参考程序实例 chll_9.py 第 5 行。

11-10-1 np.random.rand( )

语法如下：

np.random.rand(d0, d1, …, dn)：传回指定外形的数组元素，值在 0(含) ~ 1(不含) 之间。参数 d0, d1, …, dn 主要是说明要建立多少轴 (也可以想成维度) 与多少元素的数组，例如：np.random.rand(3) 代表建立一轴含 3 个元素的数组。

由于是产生随机数，所以每次执行结果皆不相同。

程序实例 ch11_9.py：使用 np.random.rand( ) 产生一维与二维 (3 × 2) 随机数的应用。

```
1  # ch11_9.py
2  import numpy as np
3
4  # 建立 1 个随机数
5  x = np.random.rand()
6  print(x)
7
8  # 建立 3 个随机数
9  x = np.random.rand(3)
10 print(x)
11
12 # 建立 3x2 个随机数
13 x = np.random.rand(3,2)
14 print(x)
```

执行结果

```
=================== RESTART: D:/Machine/ch11/ch11_9.py ===================
0.6103813461928942
[0.9850785  0.40329085 0.29547868]
[[0.85305794 0.99444673]
 [0.32918451 0.68275861]
 [0.5471408  0.60732858]]
```

11-10-2 np.random.randint( )

语法如下：

np.random.randint(low,high, size, dtype)：传回介于 low(含) ~ high(不含) 之间的随机整数。如果省略 high，则所产生的随机整数在 0(含) ~ low(不含) 之间。例如：np.random.randint(10) 代表回传 0(含) ~ 9(含) 之间的随机数。

其中 size 参数则是可以设定随机数的数组外形，可以是单一数组或是多维数组。

程序实例 ch11_10.py：使用 np.random.randint( ) 分别产生 1 个 0(含) ~ 4(含) 之间的随机数，3 个 0(含) ~ 9(含) 之间的随机数以及二维 3 × 2 个 0(含) ~ 9(含) 之间的随机数。

```
1  # ch11_10.py
2  import numpy as np
3
4  # 建立 1 个 0-4(含) 的整数随机数
5  x = np.random.randint(5)
6  print(x)
7
8  # 建立 3 个 0-9(含) 的整数随机数
9  x = np.random.randint(10,size=3)
10 print(x)
11
12 # 建立 3x2 个 0-9(含) 的整数随机数
13 x = np.random.randint(0, 10, size=(3,2))
14 print(x)
```

执行结果

```
==================== RESTART: D:\Machine\ch11\ch11_10.py ====================
4
[2 8 1]
[[0 4]
 [5 5]
 [5 2]]
```

　　程序实例 ch11_11.py：使用 nu.random.randint( ) 函数一次建立 10000 个随机数，并以 hist 直方图打印掷骰子 10000 次的结果，读者可以发现这个程序简化了许多。

```
1  # ch11_11.py
2  import matplotlib.pyplot as plt
3  import numpy as np
4
5  plt.rcParams["font.family"] = ["Microsoft JhengHei"]
6
7  sides = 6
8  # 建立 10000 个 1-6(含) 的整数随机数
9  dice = np.random.randint(1,sides+1,size=10000)  # 建立随机数
10
11 h = plt.hist(dice, sides)                       # 绘制hist直方图
12 print("bins的y轴 ",h[0])
13 print("bins的x轴 ",h[1])
14 plt.xlabel('点数')
15 plt.ylabel('频率(出现次数)')
16 plt.title('测试10000次')
17 plt.show()
```

执行结果

```
==================== RESTART: D:\Machine\ch11\ch11_11.py ====================
bins的y轴 [1670. 1600. 1611. 1699. 1642. 1778.]
bins的x轴 [1.         1.83333333 2.66666667 3.5        4.33333333 5.16666667
 6.        ]
```

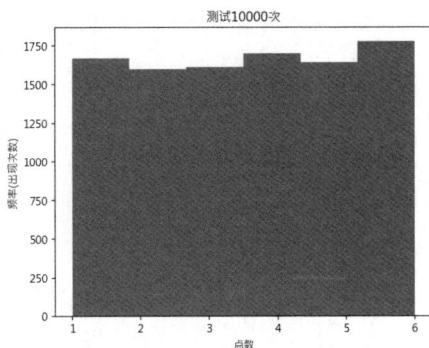

11-10-3　np.random.seed( )

语法如下：

np.random.seed( )：Numpy 的 np.random 模块在产生随机数时默认是使用系统时间当作种子

111

(seed)，所以每次执行随机数函数时可以产生不同的随机数，如果我们想要每次执行时可以产生相同的随机数，可以使用这个函数设定随机数种子，即可以产生相同的随机数。

程序实例 ch11_12.py：产生 10 笔 0～9 的整数随机数，连续执行 2 次，每次结果皆是不同的。

```
1  # ch11_12.py
2  import numpy as np
3
4  x = np.random.randint(10,size=10)
5  print(x)
```

执行结果

```
================= RESTART: D:\Machine\ch11\ch11_12.py =================
[0 3 7 9 9 5 9 5 8 0]
>>>
================= RESTART: D:\Machine\ch11\ch11_12.py =================
[9 6 0 4 3 7 0 5 6 4]
>>>
================= RESTART: D:\Machine\ch11\ch11_12.py =================
[1 3 7 7 1 7 3 8 9 7]
```

程序实例 ch11_13.py：先使用 np.random.seed(5) 当作种子，然后产生 10 笔 0～9 的整数随机数，连续执行 2 次，每次结果皆是一样的。

```
1  # ch11_13.py
2  import numpy as np
3  np.random.seed(5)
4  x = np.random.randint(10,size=10)
5  print(x)
```

执行结果

```
================= RESTART: D:\Machine\ch11\ch11_13.py =================
[3 6 6 0 9 8 4 7 0 0]
>>>
================= RESTART: D:\Machine\ch11\ch11_13.py =================
[3 6 6 0 9 8 4 7 0 0]
>>>
================= RESTART: D:\Machine\ch11\ch11_13.py =================
[3 6 6 0 9 8 4 7 0 0]
```

11-10-4 np.random.shuffle( )

语法如下：

np.random.shuffle(x)：这个函数可以将数组元素内容随机重新排列，在机器学习中常用在训练数据的重新排列。

程序实例 ch11_14.py：将一维与二维数据重新排列。

```
1  # ch11_14.py
2  import numpy as np
3
4  # 一维数组
5  arr1 = np.arange(9)
6  print("一维数组")
7  print(arr1)
8  np.random.shuffle(arr1)          # 重新排列
9  print("重新排列")
10 print(arr1)
11
12 # 二维数组
13 arr2 = np.arange(9).reshape((3,3))
14 print("二维数组")
15 print(arr2)
16 np.random.shuffle(arr2)          # 重新排列
17 print("重新排列")
18 print(arr2)
```

执行结果

```
================== RESTART: D:\Machine\ch11\ch11_14.py ==================
一维数组
[0 1 2 3 4 5 6 7 8]
重新排列
[1 3 4 0 5 2 6 8 7]
二维数组
[[0 1 2]
 [3 4 5]
 [6 7 8]]
重新排列
[[6 7 8]
 [0 1 2]
 [3 4 5]]
```

11-10-5　np.random.choice( )

语法如下：

np.random.choice(a, size, replace,p)：这个函数可以提供在数组内随机挑选 1 个或多个元素。a 是数组 (可以是一维或是多维数组)；size 是所挑选的元素个数；replace 是布尔值，可以设定是否随机挑选元素时允许元素重复，默认是 True；p 是一维数组代表权重 (权重求和必须为 1)，预设是省略，表示随机均匀挑选，如果有权重数组表示可以依此权重挑选。

程序实例 ch11_15.py：均匀挑选 3 个和 5 个数组元素。

```
1  # ch11_15.py
2  import numpy as np
3
4  fruits = ["Apple", "Orange", "Grapes", "Banana", "Mango"]
5  fruit1 = np.random.choice(fruits,3)
6  print("随机挑选 3 种水果")
7  print(fruit1)
8
9  fruit2 = np.random.choice(fruits,5)
10 print("随机挑选 5 种水果 -- 可以重复")
11 print(fruit2)
12
13 fruit3 = np.random.choice(fruits,5,replace=False)
14 print("随机挑选 5 种水果 -- 不可以重复")
15 print(fruit3)
```

执行结果

```
================== RESTART: D:\Machine\ch11\ch11_15.py ==================
随机挑选 3 种水果
['Apple' 'Banana' 'Grapes']
随机挑选 5 种水果 -- 可以重复
['Apple' 'Apple' 'Apple' 'Orange' 'Apple']
随机挑选 5 种水果 -- 不可以重复
['Banana' 'Mango' 'Grapes' 'Apple' 'Orange']
```

程序实例 ch11_16.py：依权重挑选数组元素，设定权重分别如下：

p = [0.8, 0.05, 0.05, 0.05, 0.05]　（相当于 Apple 有 80% 概率的权重）

p = [0.05, 0.05, 0.05, 0.05, 0.8]　（相当于 Mango 有 80% 概率的权重）

```
1  # ch11_16.py
2  import numpy as np
3
4  fruits = ["Apple", "Orange", "Grapes", "Banana", "Mango"]
5  fruit1 = np.random.choice(fruits,5,p=[0.8,0.05,0.05,0.05,0.05])
6  print("依权重挑选 5 种水果")
7  print(fruit1)
8
9  fruit2 = np.random.choice(fruits,5,p=[0.05,0.05,0.05,0.05,0.8])
10 print("依权重挑选 5 种水果")
11 print(fruit2)
```

执行结果

```
================== RESTART: D:\Machine\ch11\ch11_16.py ==================
依权重挑选 5 种水果
['Apple' 'Apple' 'Orange' 'Apple' 'Apple']
依权重挑选 5 种水果
['Mango' 'Mango' 'Mango' 'Grapes' 'Mango']
```

11-10-6　使用随机数数组产生图像

程序实例 ch11_17.py：建立随机数图像。

执行结果

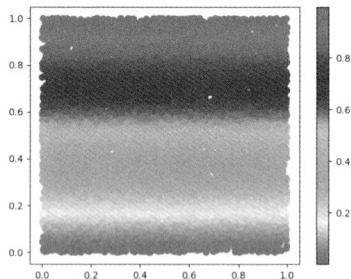

```
1  # ch11_17.py
2  import matplotlib.pyplot as plt
3  import numpy as np
4
5  x = np.random.rand(10000)
6  y = np.random.rand(10000)
7  plt.scatter(x, y, c=y, cmap='hsv')   # 色彩依 y 轴值变化
8  plt.colorbar()
9  plt.show()
```

第 12 章
二项式定理

牛顿就是以二项式定理作为发明微积分 (calculus) 的基础的。

12-1 二项式的定义

在数学概念中两个变量的相加，例如：$x + y$，就是二项式，也称作 x 和 y 的二项式。二项式定理 (binomial theorem) 主要是讲解二项式整数次幂 (或称次方) 的代数展开，例如：

$(x + y)^n$

上述是二项式 $(x + y)$ 的 n 次方。

12-2 二项式的几何意义

中学数学中，其实我们应该学过 $(x + y)^n$ 的演算，当 $n=2$ 时，其实就是 $(x + y)$ 乘以 $(x + y)$，如下：

$(x + y) \times (x + y) = x^2 + 2xy + y^2$

如果 x 和 y 是一个边长，在几何上可以将 $(x + y)^2$，称作 1 个边长为 x 的正方形、1 个边长为 y 的正方形和 2 个边长为 x 和 y 的长方形。$n = 1 \sim 4$ 次幂的几何意义图形如图 12-1 所示。

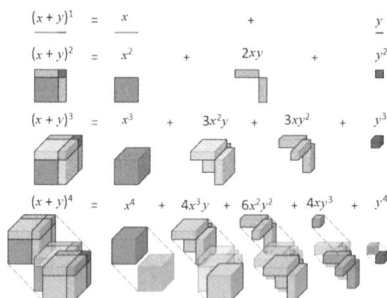

图 12-1　几何意义

（图片来源：https://zh.wikipedia.org/wiki/%E4%BA%8C%E9%A1%B9%E5%BC%8F%E5%AE%9A%E7%90%86#/media/File:Binomial_theorem_visualisation.svg）

12-3 二项式展开与规律性分析

下列是将 $(x+y)^n$ 展开至 $n = 5$ 的结果。

$(x + y)^1 = x + y$

$(x + y)^2 = x^2 + 2xy + y^2$

$(x + y)^3 = x^3 + 3x^2y + 3xy^2 + y^3$

$(x + y)^4 = x^4 + 4x^3y + 6x^2y^2 + 4xy^3 + y^4$

$(x + y)^5 = x^5 + 5x^4y + 10x^3y^2 + 10x^2y^3 + 5xy^4 + y^5$

从上图可以发现下列规律：

（1）x 和 y 的最高次幂的系数皆是 1，例如：x^n 和 y^n 的系数皆是 1。

（2）x 和 y 的次高次幂的系数皆是 n，例如：$nx^{n-1}y$ 和 nxy^{n-1} 的系数皆是 n。

（3）$x^{n-k}y^k$ 的指数和为 $(n-k)+k = n$。

（4）各系数左右对称，且由左右两边往中间变大。

其实二项式展开后系数规则有如下列 Pascal 三角形。

$$
\begin{array}{c}
1 \\
1 \quad 1 \\
1 \quad 2 \quad 1 \\
1 \quad 3 \quad 3 \quad 1 \\
1 \quad 4 \quad 6 \quad 4 \quad 1 \\
1 \quad 5 \quad 10 \quad 10 \quad 5 \quad 1 \\
1 \quad 6 \quad 15 \quad 20 \quad 15 \quad 6 \quad 1 \\
1 \quad 7 \quad 21 \quad 35 \quad 35 \quad 21 \quad 7 \quad 1 \\
1 \quad 8 \quad 28 \quad 56 \quad 70 \quad 56 \quad 28 \quad 8 \quad 1
\end{array}
$$

除了边缘外，每一个数字皆是上方两个数字的和。

布莱兹·帕斯卡 (Blaise Pascal，1623—1662) 是法国数学家，他在 1653 年使用上述三角形描述了上述二项式的系数，每一个数字皆是上方两个数字的和。

12-4　找出 $x^{n-k}y^k$ 项的系数

12-4-1　基础概念

12-3 节笔者介绍过最高次幂与次高次幂的系数，此外也以 Pascal 三角形讲解各项系数关系，这一节将使用实例验证与解说 $x^{n-k}y^k$ 的系数原理。

笔者在这里推导为何 $(x+y)^4$ 的 x^2y^2 项的系数是 6。公式 $(x+y)^4$ 其实是 $(x+y)$ 连续相乘 4 次，概念如下：

$(x+y) \times (x+y) \times (x+y) \times (x+y)$

上述相乘时，每个括号拿出一个 x 或一个 y，执行相乘，所以 x^2y^2 项的系数是由 4 个不同的小括号拿出 2 个 x 和 2 个 y 彼此相乘的结果，如果仔细分析，可以有下列 6 种相乘的方法。

$x \times x \times y \times y$

$x \times y \times x \times y$

$x \times y \times y \times x$

$y \times x \times y \times x$

$y \times x \times x \times y$

$y \times y \times x \times x$

上述第一笔就是从第 1、2 个括号取 x，第 3、4 个括号取 y 所获得的结果。其他 5 种相乘的方法概念，可以使用相同的概念推论，由于总共有 6 种相乘的方法，所以 x^2y^2 项的系数是 6。上述方法虽然可用，但是遇到更多次幂的二项式，使用相同方式展开，整个步骤太过复杂，这时可以使用笔者在 10-6 节所叙述的组合 (combination) 数学概念。

12-4-2　组合数学概念

我们可以将 x^2y^2 想成下列运算：

（1）从 4 个 $(x+y)$ 相乘中取 1 个 x，这时有 4 个选择机会。

（2）从剩余的 3 个 $(x+y)$ 相乘中取 1 个 x，这时有 3 个选择机会。

（3）从剩余的 2 个 $(x+y)$ 相乘中取 1 个 y，这时有 2 个选择机会。

（4）从剩余的 1 个 $(x+y)$ 相乘中取 1 个 y，这时有 1 个选择机会。

对于上述机会，表面上看有下列选择机会：

$4! = 4 \times 3 \times 2 \times 1 = 24$

对于组合的概念而言，2 个 x，只有 $x \times x$ 的组合，y 的概念也是相同，2 个 y，只有 $y \times y$ 的组合。所以以组合概念而言，整个系数推导公式应该如下：

$$\frac{4!}{2! \times 2!} = \frac{24}{2 \times 2} = 6$$

更进一步可以将上述 $x^{n-k}y^k$ 系数，使用下列通用公式计算：

$$\frac{n!}{(n-k)!\,k!}$$

12-4-3　系数公式推导与验证

其实上述公式可以推导到 $(x+y)^n$ 二项式展开后的 $x^{n-k}y^k$ 系数，如下所示：

$$\frac{n!}{(n-k)!\,k!} = C_n^k$$

上述就是二项式的系数通式，在 12-3 节我们有下列 5 次幂的公式：

$(x + y)^5 = x^5 + 5x^4y + 10x^3y^2 + 10x^2y^3 + 5xy^4 + y^5$

（1）验证 $k = 0$ 时，x^5 前面的系数为：

$$\frac{5!}{5!\,0!} = 1$$

注　$0! = 1$

2：验证 $k = 1$ 时，x^4y 前面的系数为：

$$\frac{5!}{4!\,1!} = 5$$

3：验证 $k = 2$ 时，x^3y^2 前面的系数为：

$$\frac{5!}{3!\,2!} = 10$$

4：验证 $k = 3$ 时，x^2y^3 前面的系数为：

$$\frac{5!}{2!\,3!} = 10$$

5：验证 $k = 4$ 时，xy^4 前面的系数为：

$$\frac{5!}{1!\,4!} = 5$$

6：验证 $k = 5$ 时，y^5 前面的系数为：

$$\frac{5!}{0!\,5!} = 1$$

12-5　二项式的通式

前面我们已经推导了二项式的系数通式，将 $(x+y)^n$ 细部展开可以得到下列二项式的展开通式：

$$(x+y)^n =$$

$$C_n^0 x^n y^0 + C_n^1 x^{n-1} y^1 + C_n^2 x^{n-2} y^2 + \cdots + C_n^{n-1} x^1 y^{n-1} + C_n^n x^0 y^n$$

12-5-1　验证头尾系数比较

开头系数计算是从 n 中取 0 个，计算方式如下：

$$C_n^0 = \frac{n!}{(n-0)!\,0!} = \frac{n!}{n!\,0!} = 1$$

尾系数计算是从 n 中取 n 个，计算方式如下：

$$C_n^n = \frac{n!}{(n-n)!\,n!} = \frac{n!}{0!\,n!} = 1$$

12-5-2　中间系数验证

经过 12-3-3 节和 12-4 节我们可以得到下列结果：

$$C_n^k = C_n^{n-k}$$

下列是验证结果。

$$C_n^k = \frac{n!}{(n-k)!\,k!}$$

$$C_n^{n-k} = \frac{n!}{[n-(n-k)]!\,(n-k)!} = \frac{n!}{k!\,(n-k)!}$$

12-6　二项式到多项式

如果在二项式内增加一个变量 z，例如：$(x+y+z)^2$，我们称这是三项式，如果将三项式平方展开后，可以得到下列结果：

$(x+y+z)^2 = x^2 + y^2 + z^2 + 2xy + 2yz + 2xz$

上述次幂增加时，其实可以获得 $x^{r_1} y^{r_2} z^{r_3}$ 项，这些项的系数也呈现一定规则，如下所示：

$$\frac{n!}{r_1!\,r_2!\,r_3!}$$

更进一步的说明则不在本书讨论范围。

12-7　二项分布实验

如果有一个实验，结果只有成功与失败两个结果，同时每次实验均不会受到前一次实验影响，即这实验是独立的，则我们称这是二项分布实验。在这个实验中假设成功概率是 p，则失败概率是 $(1-p)$。

如果将此实验重复做 n 次，使用先前的概念，可以将变量 x 使用 p 代替，将变量 y 使用 $(1-p)$ 代替。应用二项式定理，这时可以得到下列二项式的公式：

$$[p + (1-p)]^n$$

然后将上述二项式公式展开，观察每一项变量与其系数，就可以得到 p(成功) 和 $(1-p)$(失败) 出现的次数概率，我们将这个概率称二项式概率分布。

12-8 将二项式概念应用于业务数据分析

在 8-3 节笔者获得了业务员销售第 1, 2, 3 年，每拜访客户 $100x$ 次，可以销售国际证照考卷的张数公式，如下所示：

$$y = 7.5x - 3.33$$

在该节笔者使用的销售单位数是 100，笔者将继续沿用。从上述可以得到斜率是 7.5，这个斜率的意义是每拜访 100 次，可以销售 750 张考卷。

笔者现在调整数据，简化同时修改为每拜访 10 次可以销售 7.5 张考卷。

上述概念也可以解释为每次拜访销售考卷的成功率是 0.75，现在我们想了解拜访 5 次可以销售 0~2 张考卷的概率为何？

12-8-1 每 5 次销售 0 张考卷的概率

在此可以用变量 x 当作销售张数，从前面可以得到销售成功的概率是 0.75，由于 x 是销售张数的变量，所以可以用下列公式表达销售失败的概率：

$P(x=0) = 1 - 0.75 = 0.25$

依据概率连续 5 次拜访皆是失败，可以用下列公式表示：

$P(x=0) = (0.25)^5$

下列是计算结果：

```
>>> 0.25**5
0.0009765625
```

上述得到的值约是 0.09766%。

12-8-2 每 5 次销售 1 张考卷的概率

每 5 次拜访可以销售 1 张考卷的概率可能会是在 5 次拜访中的任何一次，回想二项式定理，最高次幂 x^n 或 y^n 的系数皆是 1，这表示 5 次拜访皆未销售考卷的方式只有 1 种。

$$C_5^0$$

这个概念可以推广为拜访 5 次可以销售 1 次的机会：

$$C_5^1$$

另外，成功销售 1 张的概率是 0.75，在 5 次拜访中出现 1 次，相当于是 1 次方。

销售失败是 4 次，失败的概率是 0.25，相当于是 4 次方。

依据上述条件可以得到下列计算公式：

$$P(x=1) = C_5^1 \times 0.75^1 \times (1-0.75)^4$$

整个计算结果如下：

```
>>> 5 * 0.75 * (1-0.75)**4
0.0146484375
```

上述得到的值约是 1.4648%。

12-8-3　每 5 次销售 2 张考卷的概率

这个概念可以推广为拜访 5 次可以销售 2 次的机会：
$$C_5^2$$
另外，成功销售 1 张的概率是 0.75，在 5 次拜访中出现 2 次，相当于是 2 次方。

销售失败是 3 次，失败的概率是 0.25，相当于是 3 次方。

依据上述条件可以得到下列计算公式：
$$P(x=2) = C_5^2 \times 0.75^2 \times (1-0.75)^3 = 10 \times 0.75^2 \times (1-0.75)^3$$

整个计算结果如下：

```
>>> 10 * 0.75**2 * (1-0.75)**3
0.087890625
```

上述得到的值约是 8.79%。

12-8-4　每 5 次销售 0~2 张考卷的概率

如果想要计算 0~2 张考卷的销售概率只要将上述销售 0 张的概率、销售 1 张的概率、销售 2 张的概率，结果相加就可以了。

整个计算结果如下：

```
>>> 0.0009765625 + 0.0146484375 + 0.087890625
0.103515625
```

上述结果相当于每拜访 5 次销售 0~2 张考卷的概率约是 10.35%。

12-8-5　列出拜访 5 次销售 k 张考卷的概率通式

从上述运算其实我们也可以获得拜访 5 次可以销售 k 张考卷的概率通式：

拜访 5 次可以销售 k 次的机会如下：
$$C_5^k$$
另外，成功销售 1 张的概率是 0.75，在 5 次拜访中出现 k 次，所以是 k 次方。

销售失败是 $(5-k)$ 次，失败的概率是 0.25，所以是 $(5-k)$ 次方。
$$P(x=k) = C_5^k \times 0.75^k \times (1-0.75)^{5-k}$$

12-9　二项式概率分布 Python 实操

12-8 节笔者手算了二项式的概率分布，这一节将使用 Python 程序完成上述手算作业。

程序实例 ch12_1.py：实操销售 0~5 张考卷的概率，同时使用直方图绘制此图表。

```
1   # ch12_1.py
2   import matplotlib.pyplot as plt
3   import math
4   def probability(k):
5       num = (math.factorial(n))/(math.factorial(n-k)*math.factorial(k))
6       pro = num * success**k * (1-success)**(n-k)
7       return pro
8
9   plt.rcParams["font.family"] = ["Microsoft JhengHei"]
10
11  n = 5                                        # 销售次数
12  success = 0.75                               # 销售成功概率
13  fail = 1 - success                           # 销售失败概率
14  p = []                                       # 存储成功概率
15
16  for k in range(0,n+1):
17      if k == 0:
18          p.append(fail**n)                    # 连续n次失败概率
19          continue
20      if k == n:
21          p.append(success**n)                 # 连续n次成功概率
22          continue
23      p.append(probability(k))                 # 计算其他次成功概率
24
25  for i in range(len(p)):
26      print(f'销售 {i} 单位成功概率 {p[i]*100}%')
27
28  x = [i for i in range(0, n+1)]               # 直方图x轴坐标
29  width = 0.35                                 # 直方图宽度
30  plt.xticks(x)
31  plt.bar(x, p, width, color='g')             # 绘制直方图
32  plt.ylabel('概率')
33  plt.xlabel('销售单位:100')
34  plt.title('二项式分布')
35  plt.show()
```

执行结果

```
==================== RESTART: D:\Machine\ch12\ch12_1.py ====================
销售 0 单位成功概率 0.09765625%
销售 1 单位成功概率 1.46484375%
销售 2 单位成功概率 8.7890625%
销售 3 单位成功概率 26.3671875%
销售 4 单位成功概率 39.55078125%
销售 5 单位成功概率 23.73046875%
```

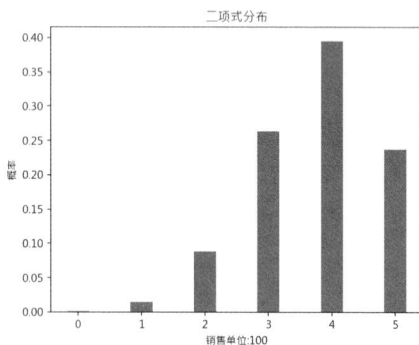

对这个二项式概率分布的程序而言，几个重要的变量如下：

success：成功的概率，此例是 0.75。

fail = 1 – success：失败的概率，此例是 1 – 0.75 = 0.25。

n：实验次数。

只要更改上述数据就可以获得不同的图表结果。

其实二项式在商业上应用很广泛，电商公司或一般商家，可以收集过去的历史数据，然后判

断客户是否会回流。另外也可以收集数据了解 *k* 值是多少时对公司最有利，或是 *k* 值的区间应落在多少最好。最后笔者使用原程序，修改数据，再执行一次此程序。

　　程序实例 ch12_2.py：修改成功概率是 0.35，然后 *n* 是 10，计算可能销售 0~10 单位的概率，同时用图表列出结果。

```
1   # ch12_2.py
2   import matplotlib.pyplot as plt
3   import math
4   def probability(k):
5       num = (math.factorial(n))/(math.factorial(n-k)*math.factorial(k))
6       pro = num * success**k * (1-success)**(n-k)
7       return pro
8
9   plt.rcParams["font.family"] = ["Microsoft JhengHei"]
10
11  n = 10                                      # 销售次数
12  success = 0.35                              # 销售成功概率
13  fail = 1 - success                          # 销售失败概率
14  p = []                                      # 存储成功概率
15
16  for k in range(0,n+1):
17      if k == 0:
18          p.append(fail**n)                   # 连续n次失败概率
19          continue
20      if k == n:
21          p.append(success**n)                # 连续n次成功概率
22          continue
23      p.append(probability(k))                # 计算其他次成功概率
24
25  for i in range(len(p)):
26      print(f'销售 {i} 单位成功概率 {p[i]*100}%')
27
28  x = [i for i in range(0, n+1)]              # 直方图x轴坐标
29  width = 0.35                                # 直方图宽度
30  plt.xticks(x)
31  plt.bar(x, p, width, color='g')            # 绘制直方图
32  plt.ylabel('概率')
33  plt.xlabel('销售单位:100')
34  plt.title('二项式分布')
35  plt.show()
```

执行结果

```
==================== RESTART: D:\Machine\ch12\ch12_2.py ====================
销售 0 单位成功概率 1.3462743344628911%
销售 1 单位成功概率 7.24916949326172%
销售 2 单位成功概率 17.565295310595708%
销售 3 单位成功概率 25.2219624972656626%
销售 4 单位成功概率 23.7668492762695532%
销售 5 单位成功概率 15.357041070820031%
销售 6 单位成功概率 6.890979967675779%
销售 7 单位成功概率 2.1203015285156624%
销售 8 单位成功概率 0.42813780864257794%
销售 9 单位成功概率 0.05123016536718872%
销售 10 单位成功概率 0.002758547353515623%
```

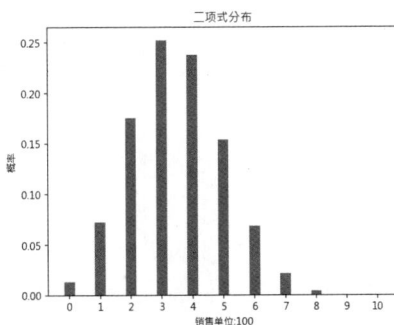

12-10　Numpy 随机数模块的 binomial( ) 函数

前面笔者介绍了二项式的理论，与手工计算和硬功夫实操，这一节将用 Numpy 的随机模块二项式分布函数 binomial( ) 验证前面的理论，读者可以比较，两者结果几乎一样。

12-10-1　可视化模块 Seaborn

Seaborn 是建立在 matplotlib 模块之下的可视化模块，可以使用很少的指令建立图表，在使用此模块前请先安装此模块。

由于笔者计算机安装多个 Python 版本，目前使用下列指令安装此模块：

py – 版本 –m pip install seaborn

如果你的计算机没有安装多个版本，可以只写 pip install seaborn。

12-10-2　Numpy 的二项式随机函数 binomial

二项式随机函数语法如下：

binomial(n, p, size)：n 是成功次数，p 是成功概率，size 是采样次数，我们可以使用此 Numpy 的随机函数验证本章的理论。

程序实例 ch12_3.py：重新设计 ch12_1.py 的实例，假设销售成功概率是 0.75，销售采样次数是 1000 次，绘制此函数图形。

```
1  # ch12_3.py
2  import matplotlib.pyplot as plt
3  import numpy as np
4  import seaborn as sns
5
6  plt.rcParams["font.family"] = ["Microsoft JhengHei"]
7  plt.title('二项式分布 Binomial')
8  plt.xlabel("销售张数", fontsize=14)
9  plt.ylabel("成功次数", fontsize=14)
10 sns.histplot(np.random.binomial(n=5,p=0.75,size=1000),kde=False)
11 plt.show()
```

执行结果

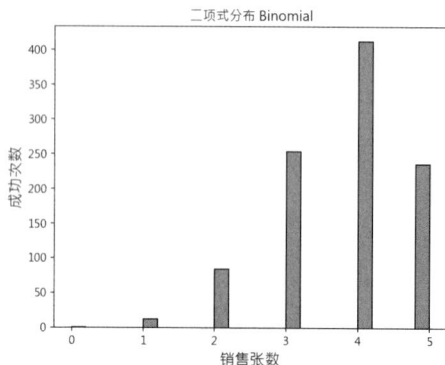

读者应该可以看到上述程序笔者使用的是 binomial( ) 随机函数，但是执行结果与 ch12_1.py 除了 y 轴的单位外，整个外形几乎相同。此外，上述笔者用 1000 次做实验，所以列出成功次数，

将上述成功次数除以 1000，就可以得到成功概率。

此外，下列函数第 10 行是 sns.histplot( ) 函数，这是 seaborn 模块的绘图函数，我们可以直接将 np.random.binomial( ) 函数当此 sns.histplot( ) 函数的参数，非常方便地绘制直方图。

程序实例 ch12_4.py：重新设计 ch12_2.py 的实例，n 是 10，假设销售成功概率是 0.35，假设销售采样次数是 1000 次，绘制此函数图形。

```
1   # ch12_4.py
2   import matplotlib.pyplot as plt
3   import numpy as np
4   import seaborn as sns
5
6   plt.rcParams["font.family"] = ["Microsoft JhengHei"]
7   plt.title('二项式分布 Binomial')
8   plt.xlabel("销售张数", fontsize=14)
9   plt.ylabel("成功次数", fontsize=14)
10  sns.histplot(np.random.binomial(n=10,p=0.35,size=1000),kde=False)
11  plt.show()
```

执行结果

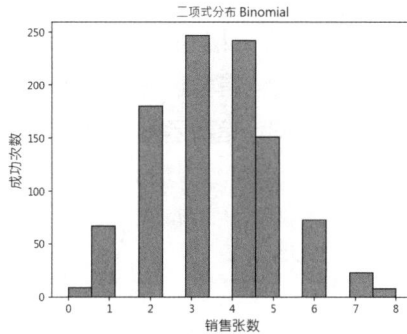

上述执行结果中销售张数为 9 与 10 的数值，因为太小所以未被显示，整个趋势也与 ch12_2.py 的执行结果相符。

第 13 章
指数概念与指数函数

13-1 认识指数函数

13-1-1 基础概念

前一章的二项式公式如下：

$$(x + y)^n$$

在基础数学中我们可以将 $(x + y)$ 称作是底数 (或是基数 base)，幂的部分 n 称作是指数 (index)，其实这个数据格式也称指数表达式，如果左边有函数，则称指数函数 (exponential function)。

不过一般比较正式的是使用下列方式定义指数函数：

$$y = f(x) = b^x \quad \longleftarrow \text{指数}$$
$$\uparrow$$
$$\text{底数}$$

上述 b^x 中，b 是底数，其意义如下，相当于 b 自乘 x 次：

$$b^x = \underbrace{b \times \cdots \times b}_{x}$$

上述指数当 $x = 1$ 时，习惯上省略指数，直接用 b 表示。当 $x = 2$ 时，我们称之为平方。当 $x = 3$ 时，我们称之为立方。

上述运算方式与基础数学相同，下面以 10 为底数做说明。

$$y = f(1) = 10^1 = 10$$
$$y = f(2) = 10^2 = 100$$
$$y = f(3) = 10^3 = 1000$$

下列是一系列使用实例，笔者也尝试使用不同的底数。

```
>>> 10**1
10
>>> 10**2
100
>>> 10**3
1000
>>> 2**10
1024
```

Python 的 $\mathrm{pow}(x, y)$ 函数可以支持指数运算，这个函数可以传回 x 的 y 次方。

```
>>> pow(4, 3)
64
>>> pow(3, 4)
81
```

注 其实所有的正实数，皆可以用指数型态表达。

13-1-2 复利计算实例

指数常被应用在银行存款复利的计算，例如：有 1 万元做定存，年利率是 3%，如果不取出来可以使用复利累计金钱，n 年后这笔金钱累计金额为多少。这时的计算公式如下：

$$x \times (1 + 0.03)^n \qquad\qquad\qquad (\ x\ \text{是期初金额})$$

程序实例 ch13_1.py：请列出 1~10 年的累计金额。

```
1   # ch13_1.py
2   base = 10000
3   rate = 0.03
4   year = 10
5   for i in range(1, year+1):
6       base = base + base*rate
7       print(f'经过 {i:2d} 年后累计金额 {base:.2f}')
```

执行结果

```
================= RESTART: D:\Machine\ch13\ch13_1.py =================
经过  1 年后累计金额 10300.00
经过  2 年后累计金额 10609.00
经过  3 年后累计金额 10927.27
经过  4 年后累计金额 11255.09
经过  5 年后累计金额 11592.74
经过  6 年后累计金额 11940.52
经过  7 年后累计金额 12298.74
经过  8 年后累计金额 12667.70
经过  9 年后累计金额 13047.73
经过 10 年后累计金额 13439.16
```

13-1-3　病毒复制

在生物科学不论是实验室的病毒培养或是真实世界的病毒复制，其实皆以很惊人的速度成长，例如：每小时就翻倍，这也是使用指数函数的好时机。

假设目前病毒量是 x，每小时病毒量可以翻倍，经过 n 小时后病毒量计算公式如下：

$$x \times (2)^n$$

程序实例 ch13_2.py：假设期初病毒量是 100，每个小时病毒可以翻倍，请计算经过 10 小时后的病毒量，同时列出每小时的病毒量。

```
1   # ch13_2.py
2   base = 100
3   rate = 1
4   hour = 10
5   for i in range(1, hour+1):
6       base = base + base*rate
7       print(f'经过 {i:2d} 小时后累计病毒量 {base}')
```

执行结果

```
================= RESTART: D:\Machine\ch13\ch13_2.py =================
经过  1 小时后累积病毒量 200
经过  2 小时后累积病毒量 400
经过  3 小时后累积病毒量 800
经过  4 小时后累积病毒量 1600
经过  5 小时后累积病毒量 3200
经过  6 小时后累积病毒量 6400
经过  7 小时后累积病毒量 12800
经过  8 小时后累积病毒量 25600
经过  9 小时后累积病毒量 51200
经过 10 小时后累积病毒量 102400
```

13-1-4　指数应用在价值衰减

如果现在花 x 万元买一辆车，在前 3 年车子会以约 10% 的速度衰减它的价值，可以使用下列方式计算未来 $n\ (n \leqslant 3)$ 年的车辆价值。

$$x \times (1 - 0.1)^n$$

程序实例 ch13_3.py：假设当初花 100 万元买一辆车，请使用上述数据计算未来 3 年车辆的残值。

```
1   # ch13_3.py
2   base = 100
3   rate = 0.1
4   year = 3
5   for i in range(1, year+1):
6       base = base - base*rate
7       print(f'经过 {i} 年后车辆残值 {base}')
```

执行结果

```
================= RESTART: D:\Machine\ch13\ch13_3.py =================
经过 1 年后车辆残值 90.0
经过 2 年后车辆残值 81.0
经过 3 年后车辆残值 72.9
```

13-1-5 用指数概念看 iPhone 容量

常见到目前的 iPhone 容量是 512GB，这个数字坦白说有些抽象，现在笔者用实例解说让读者可以更了解此容量所代表的意义。

注 1KB 实务上是 1024Byte，笔者先简化为 1000Byte。此外，读者需了解下列容量单位：

1GB = 1024MB　　　　　（在此笔者简化为 1000MB）

1MB = 1024KB　　　　　（在此笔者简化为 1000KB）

下列笔者将推导此 512G 的容量：

512GB = 512 × 1000 MB

　　　 = 512 × 1000 × 1000 KB

　　　 = 512 × 1000 × 1000 × 1000 Bytes

　　　 = 512000000000 Bytes

由于 1 个 Byte 可以储存 1 个英文字母，所以从上述可以得到上述容量可以储存 5120 亿个英文字母。1 个中文字是使用 2 个 Bytes，所以上述容量可以容纳 2560 亿个中文字。1 本中文书大约是 20 万字，相当于可以储存 1280000 本书。

使用上述计算我们虽然可以获得想要的信息，但是最大问题是，太冗长。如果适度使用指数代替运算，整个计算容量过程将简化许多。

512GB = 512 × 1000 MB

　　　 = 512 × 10^3 × 10^3 KB

　　　 = 512 × 10^3 × 10^3 × 10^3 Bytes

　　　 = 5.12 × 10^2 × 10^3 × 10^3 × 10^3 Bytes

　　　 = 5.12 × $10^{2+3+3+3}$ Bytes

　　　 = 5.12 × 10^{11} Bytes

从上述可以看到使用指数运算，整个计算工作简化许多，也容易懂。

13-2　指数运算的规则

指数运算也可以称为幂 (exponentiation) 运算。

指数是 0：

除了 0 以外，所有的 0 次方皆是 1。

$$b^0 = 1$$

0 的 0 次方目前数学界还没有给明确的定义，不过有人主张是 1，特别是在组合数学的应用上。在 Python 的 IDLE 环境下 0 的 0 次方结果是 1。

```
>>> 10**0
1
>>> 0**0
1
```

相同底数的数字相乘：

两个相同底数的数字相乘，结果底数不变，指数相加。

$$b^m \times b^n = b^{m+n}$$

相同底数的数字相除：

两个相同底数的数字相除，结果是底数不变，指数相减。

$$\frac{b^m}{b^n} = b^{m-n}$$

相同指数幂相除：

相同指数幂相除，指数不变，底数相除。

$$\frac{a^n}{b^n} = \left(\frac{a}{b}\right)^n$$

指数幂是负值：

相当于是底数的倒数自乘。

$$b^{-n} = \frac{1}{b^n}$$

指数的指数运算：

相当于两个指数相乘。

$$(b^m)^n = b^{m \cdot n}$$

两数相乘的指数：

相当于两数个别取指数相乘。

$$(a \times b)^n = a^n \times b^n$$

根号与指数：

一个根号相当于指数是 1/2，假设下列式子中的 n 为未知数，推导概念如下：

$$\sqrt{b} = b^n$$

等号两边平方，可以得到下列结果。

$$(\sqrt{b})^2 = (b^n)^2$$

上述运算可以得到下列结果。

$$b = b^{2n}$$

所以最后可以得到下列结果。

$$2n = 1 \text{ 因此得到 } n = \frac{1}{2}$$

上述是平方根的概念，如果是应用 n 次方根，其结果如下：

$$b^{\frac{1}{n}} = \sqrt[n]{b}$$

13-3　指数函数的图形

指数的函数图形在计算机领域的应用是非常广泛的，当数据以指数方式呈现时，如果底数大于 1，数据将呈现非常陡峭的成长，也可以称是急遽上升。

13-3-1　底数是变量的图形

底数是变量的图形，假设指数是 2，格式如下：

$$n^2$$

我们形容数据是依据底数的平方做变化，在计算机领域，n^2 也可以代表程序执行的时间复杂度，一个算法的好坏称时间复杂度，下列从左到右，相当于是从好到不好。

$$O(1) < O(\log_n) < O(n) < O(n\log_n) < O(n^2)$$

读者可以体会当数据跳到指数公式 n^2 时，整个数据将产生极巨大的变化。

程序实例 ch13_4.py：程序绘制 $O(1)$、$O(\log_n)$、$O(n)$、$O(n\log_n)$、$O(n^2)$ 图形，读者可以了解当 n 是 1～5 时，所需要的程序运行时间关系图。

```
1  # ch13_4.py
2  import matplotlib.pyplot as plt
3  import numpy as np
4
5  xpt = np.linspace(1, 5, 5)          # 建立含10个元素的数组
6  ypt1 = xpt / xpt                    # 时间复杂度是O(1)
7  ypt2 = np.log2(xpt)                 # 时间复杂度是O(logn)
8  ypt3 = xpt                          # 时间复杂度是O(n)
9  ypt4 = xpt * np.log2(xpt)           # 时间复杂度是O(nlogn)
10 ypt5 = xpt * xpt                    # 时间复杂度是O(n*n)
11 plt.plot(xpt, ypt1, '-o', label="O(1)")
12 plt.plot(xpt, ypt2, '-o', label="O(logn)")
13 plt.plot(xpt, ypt3, '-o', label="O(n)")
14 plt.plot(xpt, ypt4, '-o', label="O(nlogn)")
15 plt.plot(xpt, ypt5, '-o', label="O(n*n)")
16 plt.legend(loc="best")             # 建立图例
17 plt.axis('equal')
18 plt.show()
```

执行结果

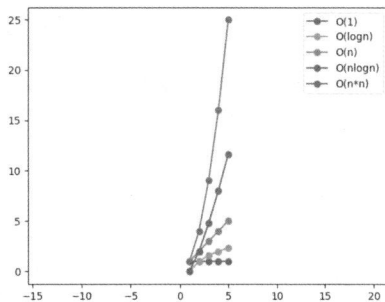

13-3-2　指数是实数变量

当指数是实数变量时，例如：下列函数：

$$y = f(x) = b^x$$

上述公式中，x 是一个变量，假设 $b = 2$，可以得到下列指数函数：

$$y = f(x) = 2^x$$

当 x 是负值时，负值越大 y 值将逐步趋近于 0。如果 $x = 0$，y 值是 1。当 x 是正值时，正值越大数值将越极速上升，当我们听到外界形容一个事件呈指数变化时，表示整体的变化是惊人的。

程序实例 ch13_5.py：绘制下列两条 $x = -3$ 至 $x = 3$ 的指数函数图形。

$$y = f(x) = 2^x$$

$$y = f(x) = 4^x$$

```
1  # ch13_5.py
2  import matplotlib.pyplot as plt
3  import numpy as np
4
5  x2 = np.linspace(-3, 3, 30)          # 建立含30个元素的数组
6  x4 = np.linspace(-3, 3, 30)          # 建立含30个元素的数组
7  y2 = 2**x2
8  y4 = 4**x4
9  plt.plot(x2, y2, label="2**x")
10 plt.plot(x4, y4, label="4**x")
11 plt.plot(0, 1, '-o')                 # 标记指数为0位置
12 plt.legend(loc="best")               # 建立图例
13 plt.axis([-3, 3, 0, 30])
14 plt.grid()
15 plt.show()
```

执行结果

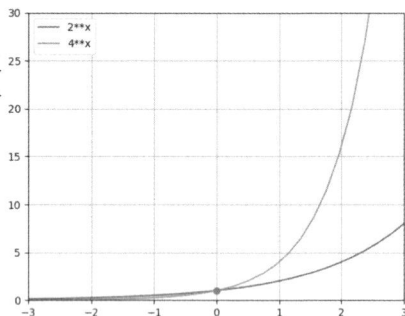

当数值呈现指数变化时，变化量是相当惊人的，例如：读者现在有 1 万元，每年呈现 2 倍速增长，15 年后这笔金钱将产生惊人的变化。

```
>>> 1 * 2**15
32768
```

相当于可以有 3 亿 2768 万元。

13-3-3 指数是实数变量但底数小于 1

相同于 13-3-2 节的概念，但是改为底数是小于 1，例如：底数是 0.5，可以参考下列函数：

$$y = f(x) = 0.5^x$$

此时线型方向将完全相反，指数值是正值，正值越大将越趋近于 0。指数值是负值，负值越大数值将越大。不过如果指数是 0，结果是 1。

程序实例 ch13_6.py：绘制下列两条 $x = -3$ 至 $x = 3$ 的指数函数图形。

$$y = f(x) = 0.5^x$$

$$y = f(x) = 0.25^x$$

```
1  # ch13_6.py
2  import matplotlib.pyplot as plt
3  import numpy as np
4
5  x2 = np.linspace(-3, 3, 30)          # 建立含30个元素的数组
6  x4 = np.linspace(-3, 3, 30)          # 建立含30个元素的数组
7  y2 = 0.5**x2
8  y4 = 0.25**x4
9  plt.plot(x2, y2, label="0.5**x")
10 plt.plot(x4, y4, label="0.25**x")
11 plt.plot(0, 1, '-o')                 # 标记指数为0位置
12 plt.legend(loc="best")               # 建立图例
13 plt.axis([-3, 3, 0, 30])
14 plt.grid()
15 plt.show()
```

执行结果

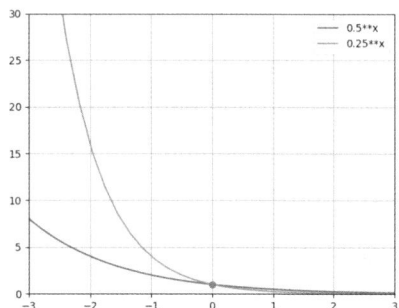

第 14 章
对数

前一章笔者说明了指数函数，这一章将讲解对数 (logarithm) 函数，这是机器学习常会用到的函数。

14-1 认识对数函数

14-1-1 对数的由来

从上一章我们知道其实所有的实数皆可以写成指数形式，例如：2^x。接下来数学界面临另一个问题，如何表达下列概念？

8 是 2 的几次方？

$$8 = 2^x \qquad （x 是未知）$$

最后数学专家创造一个符号来表达上述概念，这个符号就是对数 log。表达方式如下：

$$\log_2 8 = x$$

更完整的数学表达式如下：

$$8 = 2^{\log_2 8}$$

上述增加的指数部分念法是由右到左，8 以 2 为底数所对应的指数。所以 log 本质是指数，因为是所对应的指数 (请留意这段话的蓝色字)，所以数学家将此 log 称为对数。

14-1-2 从数学看指数的运作概念

在数学概念中对数其实是执行指数的逆运算，也就是说对数函数是指数函数的反函数。例如：有一个指数运算公式如下：

$$y = b^x$$

假设上面底数 $b = 2$，公式如下：

$$y = 2^x$$

上述公式中，我们可以将一系列 x 值代入公式求得 y 值，这是基本的指数运算函数。假设同样的公式，我们已知 y 值，要如何计算 x 值，这时就要使用对数的概念。

对上述公式而言，假设 y 值是 8，原先指数函数可以用下列公式表示：

$$8 = 2^x$$

如果用对数表示，可以得到下列公式：

$$x = \log_2 8$$

其实 $8 = 2 \times 2 \times 2$，也可以说 $8 = 2^3$，所以最后可以得到下列结果：

$$x = \log_2 8 = 3$$

14-1-3 再看对数函数

对数函数的数学公式如下：

$$y = \log_b x \longleftarrow 真数$$
$$\uparrow$$
$$底数$$

若是以上述公式而言，因为 $x = b^y$，所以 x 一定大于 0。请现在再一次参考下列公式：

$$x = b^y$$

接下来笔者计划将上述公式推导为 $y = \cdots$ 格式，首先可以将上述公式两边同时用对数方式处理，可以得到下列结果：

$$\log_b x = \log_b b^y$$

上述等号右边等于 y，可以参考下列概念：

$$\log_b b^y = y$$

所以最后可以得到下列结果：

$$y = \log_b x$$

下列是同样概念使用数字代入的应用：

$y = \log_3 81 = 4$ （$81 = 3 \times 3 \times 3 \times 3$）

14-1-4　天文数字的处理

对数的发明大大减少了天文数字处理的时间，1986 年硬盘上市不久，1MB 售价是 200 元，也就是一台配备 200MB 的硬盘是 4 万元。随着科技进步，现在 Apple 的 iCloud 储存空间 2TB 是约 300 元 / 月。

读者可能会问 1 TB 是多大，数学推导方式如下：

1 TB = 1000 GB

     = 1000 × 1000 MB

     = $1000 \times 10^3 \times 10^3$ KB

     = $1000 \times 10^3 \times 10^3 \times 10^3$ Bytes

     = $10^3 \times 10^3 \times 10^3 \times 10^3$ Bytes

     = $10^{3+3+3+3}$ Bytes

     = 10^{12} Bytes

上述是天文数字，可是使用底数是 10 的对数处理，可以得到下列结果：

$\log_{10} 1000000000000 = 12$

一个简单的对数公式，就让天文数字轻松易懂。

14-1-5　Python 的对数函数应用

有关 Python 在对数 log 的使用上必须留意，一般数学表达式，如果对数 log 的底数是 10，我们称这是常用对数，使用 log 数学公式表达时，常常会省略 10，如下所示：

log5   （其实是代表 $\log_{10} 5$）

但是在 Python 公式调用的方法是 log10（）。

早期计算机或程序设计没有那么流行时，所有数学或统计的书籍皆会在讲解对数的单元时放上对数表，方便读者有需求时可以查阅，我们可以使用程序设计此对数表。

程序实例 ch14_1.py：建立 $\log_{10}^x$ 的对数表，其中真数 x 是在 1.1 ~ 10.0 之间。

```
1   # ch14_1.py
2   import numpy as np
3
4   n = np.linspace(1.1, 10, 90)        # 建立1.1-10的数组
5   count = 0                           # 用于计算每5笔输出换行
6   for i in n:
7       count += 1
8       print(f'{i:2.1f} = {np.log10(i):4.3f}', end='    ')
9       if count % 5 == 0:              # 每5笔输出就换行
10          print()
```

执行结果

```
===================== RESTART: D:\Machine\ch14\ch14_1.py =====================
1.1 = 0.041    1.2 = 0.079    1.3 = 0.114    1.4 = 0.146    1.5 = 0.176
1.6 = 0.204    1.7 = 0.230    1.8 = 0.255    1.9 = 0.279    2.0 = 0.301
2.1 = 0.322    2.2 = 0.342    2.3 = 0.362    2.4 = 0.380    2.5 = 0.398
2.6 = 0.415    2.7 = 0.431    2.8 = 0.447    2.9 = 0.462    3.0 = 0.477
3.1 = 0.491    3.2 = 0.505    3.3 = 0.519    3.4 = 0.531    3.5 = 0.544
3.6 = 0.556    3.7 = 0.568    3.8 = 0.580    3.9 = 0.591    4.0 = 0.602
4.1 = 0.613    4.2 = 0.623    4.3 = 0.633    4.4 = 0.643    4.5 = 0.653
4.6 = 0.663    4.7 = 0.672    4.8 = 0.681    4.9 = 0.690    5.0 = 0.699
5.1 = 0.708    5.2 = 0.716    5.3 = 0.724    5.4 = 0.732    5.5 = 0.740
5.6 = 0.748    5.7 = 0.756    5.8 = 0.763    5.9 = 0.771    6.0 = 0.778
6.1 = 0.785    6.2 = 0.792    6.3 = 0.799    6.4 = 0.806    6.5 = 0.813
6.6 = 0.820    6.7 = 0.826    6.8 = 0.833    6.9 = 0.839    7.0 = 0.845
7.1 = 0.851    7.2 = 0.857    7.3 = 0.863    7.4 = 0.869    7.5 = 0.875
7.6 = 0.881    7.7 = 0.886    7.8 = 0.892    7.9 = 0.898    8.0 = 0.903
8.1 = 0.908    8.2 = 0.914    8.3 = 0.919    8.4 = 0.924    8.5 = 0.929
8.6 = 0.934    8.7 = 0.940    8.8 = 0.944    8.9 = 0.949    9.0 = 0.954
9.1 = 0.959    9.2 = 0.964    9.3 = 0.968    9.4 = 0.973    9.5 = 0.978
9.6 = 0.982    9.7 = 0.987    9.8 = 0.991    9.9 = 0.996    10.0 = 1.000
```

14-2 对数表的功能

14-2-1 对数表基础应用

对数表对于传统数学运算是非常重要的工具，特别是在没有计算器的时代，可以使用对数表快速推导近似值。例如：有一个 $3m^2$ 的土地，究竟边长是多少？假设边长是 xm，可以得到下列公式：

$$3 = x^2$$

进一步推导可以得到下列公式：

$$x = \sqrt{3} = 3^{\frac{1}{2}}$$

由程序 ch14_1.py 的 $\log_{10}$ 的对数表执行结果可以查到，3 大约是 10 的 0.477 次方，现在可以将 3 转成以 10 为底的次方，经此推导的公式如下：

$$x = \sqrt{3} = 3^{\frac{1}{2}} \approx (10^{0.477})^{\frac{1}{2}} = 10^{0.477 \times 0.5} = 10^{0.2385}$$

下一步是在对数表中找出最接近结果是 0.2385 的 10 次方的数值，此例是 1.7。所以可以得到：

$$x \approx 1.7$$

也可以说：

$$\sqrt{3} \approx 1.7$$

下列是用 Python 验算上述结果。

```
>>> import math
>>> math.sqrt(3)
1.7320508075688772
```

14-2-2 更精确的对数表

在程序实例 ch14_1.py 中，笔者将 1.1~10.0 之间切割成 90 份，我们获得了精确至小数第 3 位的对数表，如果还需要更精确的对数表，在没有计算机的时代是一件繁杂的计算工作，不过使用程序语言可以很轻松解决，我们可以将 1.1~10.0 之间切割成 900 份，就可以获得更精确的结果。

虽然计算机程序的进步，导致对数表用途降低，不过对于学习基础数学的概念，以及学习机器学习仍有相当大的帮助。

14-3 对数运算可以解决指数运算的问题

有些问题使用指数处理，可能会较为繁杂，这时可以思考使用对数解决，这一节将讲解这方面的概念。

14-3-1 用指数处理相当数值的近似值

这一节的内容主要是描述某个数据可以用 10 的多少次方表达，所使用的方法是指数函数的方法。正式题目是 540 天是多少秒，可以用 10 的多少次方表达。首先可以使用下列方式计算540 天对应的秒数，计算方式如下：

$$540 \times 24 \times 60 \times 60$$
$$= 54 \times 10 \times 6 \times 4 \times 6 \times 10 \times 6 \times 10$$
$$= 216 \times 6^3 \times 10^3$$
$$= 6^3 \times 6^3 \times 10^3$$
$$= 6^6 \times 10^3$$

上述可以得到一个以 6 为底数的数与一个以 10 为底数的数相乘的结果，所谓的将某个数字改为 10 的次方，就是将 6^6（6 的 6 次方）改为 10 的 x 次方，因为 6 比 10 小，所以可以将 6 改为 $10^{0.xxx}$，假设 $m > n$，我们也可以使用下列公式表示：

$$6 = 10^{\frac{n}{m}}$$

现在将上述公司两边乘 m 次方，可以得到下列公式：

$$6^m = (10^{\frac{n}{m}})^m$$

可以推导下列结果：

$$6^m = (10^{\frac{n}{m}})^m = 10^{\frac{n}{m}m}$$

进一步推导可以得到下列结果：

$$6^m = (10^{\frac{n}{m}})^m = 10^{\frac{n}{m}m} = 10^n$$

接着计算 6 的多少次方约等于 10 的某次方，下面试着计算 6 的次方值，经过计算可以得到下列结果：

$$6^1 = 6$$
$$6^2 = 36$$
$$\cdots$$
$$6^9 = 10077696$$

可以得到 6 的 9 次方最接近 10 的 7 次方，如下所示：

$$6^9 \approx 10^7$$

所以现在可以推导得到 $n = 7$，$m = 9$，将此结果代入下列公式：

$$6 = 10^{\frac{n}{m}}$$

相当于可以得到：

$$6 = 10^{\frac{n}{m}} = 10^{\frac{7}{9}} = 10^{0.778}$$

将上述结果代入下列公式：

$$540 \text{ 天} = 6^6 \times 10^3 \text{ 秒}$$
$$\approx (10^{0.778})^6 \times 10^3 \text{ 秒}$$
$$\approx 10^{4.668+3} \text{ 秒}$$
$$\approx 10^{7.668} \text{ 秒}$$

下列是 Python 实操验证：

```
>>> pow(10, 7.668)
46558609.35229591
>>>
>>> 540 * 24 * 60 * 60
46656000
```

从上述执行结果，我们获得了非常接近的结果。

14-3-2 使用对数简化运算

对数概念如下：

$$y=\log_b x$$

这个问题用 $x = 6$，$b = 10$ 代入，相当于是要处理下列公式：

$$10^y=6$$

也可以说是计算下列结果：

$$y=\log_{10}6$$

从程序实例 ch14_1.py 运算结果的对数表可以得到：

$$\log_{10}6=0.778$$

将 6 用 $10^{0.778}$ 代入原始公式如下：

$$540 \text{ 天} =6^6\times 10^3 \text{ 秒}$$
$$\approx (10^{0.778})^6 \times 10^3 \text{秒}$$
$$\approx 10^{4.668+3}\text{秒}$$
$$\approx 10^{7.668}\text{秒}$$

我们可以用比较简单的方法获得想要的结果。

14-4 认识对数的特性

从前一节我们知道了处理比较大的数据运算时，使用对数可以有比较好的运算方法，节省运算时间，这一点对于机器学习是很有帮助的。这一节将说明对数的特性，首先让我们先绘制对数 log 的函数图形，然后再做说明。

程序实例 ch14_2.py：将对数的底数设为 2 与 0.5，真数的值设为 0.1 ~ 10 之间，然后绘制图表。

```
1  # ch14_2.py
2  import matplotlib.pyplot as plt
3  import numpy as np
4  import math
5
6  x1 = np.linspace(0.1, 10, 99)      # 建立含30个元素的数组
7  x2 = np.linspace(0.1, 10, 99)      # 建立含30个元素的数组
8  y1 = [math.log2(x) for x in x1]
9  y2 = [math.log(x, 0.5) for x in x2]
10 plt.plot(x1, y1, label="base = 2")
11 plt.plot(x2, y2, label="base = 0.5")
12
13 plt.legend(loc="best")             # 建立图例
14 plt.axis([0, 10, -5, 5])
15 plt.grid()
16 plt.show()
```

执行结果

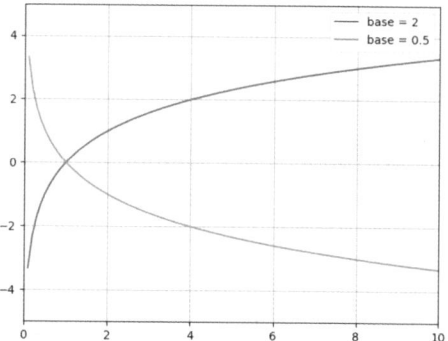

对于底数是 2 的对数函数，如果真数大于 1 会呈现正值同时单调递增，如果真数小于 1 开始

呈现负数，当真数接近 0 时，则呈现无限小。

对于底数是 0.5 的对数函数，如果真数大于 1 会呈现负值同时单调递减，如果真数小于 1 开始呈现正数，当真数接近 0 时，则呈现无限大。

另外，当真数是 1 时，不论底数是多少，对数函数会通过 (1, 0)。

14-5 对数的运算规则与验证

这一节将介绍机器学习常用到的指数运算。

14-5-1 等号两边使用对数处理结果不变

有一个等号公式如下：
$$x = y$$

两边使用对数处理，可以得到相同的结果。
$$\log_b x = \log_b y$$

假设 $f(x) = x$，$f(y) = y$，其实只是将函数转成对数函数，即将 $f(x)=x$ 的函数转换成另一个对数函数 $g(x) = \log_b x$。

14-5-2 对数的真数是 1

如果对数的真数是 1，不论底数 b 是多少，结果都是 0。
$$\log_b 1 = 0$$

可以参考下列等式：
$$b^0 = 1$$

两边用对数处理：
$$\log_b b^0 = \log_b 1$$

上述推导可以得到下列结果。
$$0 = \log_b 1$$

14-5-3 对数的底数等于真数

对数的底数等于真数概念如下：
$$\log_b b = 1$$

因为 $b^1 = b$，所以可以得到上述结果。

14-5-4 对数内真数的指数可以移到外面

概念如下：
$$\log_b x^n = n \log_b x$$

假设有一个公式如下：
$$x = b^{\log_b x}$$

将上述等号两边执行 n 次方，可以得到下列结果：
$$x^n = (b^{\log_b x})^n$$

右边指数的指数等于指数相乘，可以得到下列结果：

$$x^n = (b^{\log_b x})^n = b^{n\log_b x}$$

等号两边执行对数 $\log_b$ 运算，可以得到下列结果：

$$\log_b x^n = \log_b b^{n\log_b x} = n\,\log_b x$$

14-5-5　对数内真数是两数据相乘结果是两数据各取对数后再相加

这个概念如下：

$$\log_b MN = \log_b M + \log_b N$$

假设 $M = x^m$，$N = x^n$，则上述公式可以推导下列结果：

$$\log_b MN = \log_b x^m x^n$$
$$= \log_b x^{m+n}$$
$$= (m+n)\log_b x$$
$$= m\log_b x + n\log_b x$$
$$= \log_b x^m + \log_b x^n$$
$$= \log_b M + \log_b N$$

14-5-6　对数内真数是两数据相除结果是两数据先取对数后再相减

这个概念如下：

$$\log_b \frac{M}{N} = \log_b M - \log_b N$$

公式验证如下：

$$\log_b \frac{M}{N} = \log_b M + \log_b \frac{1}{N}$$
$$= \log_b M - \log_b N$$

14-5-7　底数变换

这个概念如下：

$$\log_b x = \frac{\log_a x}{\log_a b}$$

假设 $z = \log_b x$，所以可以得到下列结果：

$$x = b^z$$

等号两边同时用对数 $\log_a$ 处理：

$$\log_a x = \log_a b^z$$

上述右边可以得到下列结果：

$$\log_a x = z\log_a b$$

所以上述可以得到：

$$z = \frac{\log_a x}{\log_a b}$$

先前假设 $z = \log_b x$，所以可以得到下列结果：

$$\log_b x = \frac{\log_a x}{\log_a b}$$

其实底数变换不常用到，因为机器学习常用的底数是 e，e 是欧拉数 (Euler's number)，笔者将在下一章说明。

第 15 章
欧拉数与逻辑函数

欧拉数 e 是一个不循环小数的常数值，约 2.718281…., 这是机器学习常用的数值，笔者在本章将详细解说，同时也会说明此值的由来，最后实操应用。

15-1 认识欧拉数

15-1-1　认识欧拉数

前一章节在讨论对数时比较常用的底数 2 或是 10，不过在机器学习中比较常用的是数学常数 e，它的全名是 Euler's number，又称欧拉数，主要是纪念瑞士数学家欧拉命名。

欧拉数 e 可以用作指数函数的底数，例如：下列公式：

$$e^x$$

上述公式有时候也可以用 $\exp(x)$ 表达。

在对数 log 应用中，如果底数是 e，数学表达式如下：

$$\log_e$$

当对数的底数是 e 时，我们称这是自然对数 (natural logarithm)，假设真数是 8，则表达式如下：

$$\log_e 8$$

或是省略 e，直接用下列公式表示：

$$\log 8$$

自然对数另一个表达方式是 ln，所以上述公式可以用下列方式表达：

$$\ln 8$$

注：在机器学习中，有关指数与对数较常使用的是 e，特别是在推导积分与微分公式时，大都使用欧拉数 e，后面章节会做说明。

15-1-2　欧拉数的缘由

前面章节笔者有解说过复利的概念，其实我们可以由复利概念推导此欧拉数。假设有 1 元本金存在银行，一年利率是 100%，一年后这个本金就会变为 2 元。

假设银行提出的存款条件是每半年给一次利息，则利率是 50%，相当于是 $\frac{1}{2}$，同时以复利计息，这时一年后的本金和，假设是 s 元，则计算方式如下：

$$s = (1 + \frac{1}{2})^2 = 1.5^2 = 2.25$$

从上述可以看到一年后的本金和是 2.25 元。

现在假设银行提出的存款条件是每一季给一次利息，则利率是 25%，相当于是 $\frac{1}{4}$，同时以复利计息，这时一年后的本金和，假设是 s 元，则计算方式如下：

$$s = (1 + \frac{1}{4})^4 = 1.25^4 \approx 2.441$$

其实我们可以由前面两次利息的给付，推导出下列复利计算的公式：

$$s = (1 + \frac{1}{n})^n$$

上述 n 就是利息的期数。

现在假设银行提出的存款条件是每一月给一次利息，这时 n 值就是 12，同时以复利计息，这时一年后的本金和，假设是 s，则计算方式如下：

$$s = (1 + \frac{1}{12})^{12} \approx 2.613$$

现在假设银行提出的存款条件是每一天给一次利息，这时 n 值就是 365，同时以复利计息，这时一年后的本金和，假设是 s 元，则计算方式如下：

$$s = (1 + \frac{1}{365})^{365} \approx 2.715$$

现在假设银行提出的存款条件是每一小时给一次利息，这时 n 值就是 24×365，所以 $n = 8760$，同时以复利计息，这时一年后的本金和假设是 s 元，则计算方式如下：

$$s = (1 + \frac{1}{8760})^{8760} \approx 2.71812669$$

现在假设银行提出的存款条件是每分钟给一次利息，这时 n 值就是 60×8760，所以 $n = 525600$，同时以复利计息，这时一年后的本金和，假设是 s 元，则计算方式如下：

$$s = (1 + \frac{1}{525600})^{525600} \approx 2.718279243$$

现在假设银行提出的存款条件是每秒钟给一次利息，这时 n 值就是 60×525600，所以 $n = 31536000$，同时以复利计息，这时一年后的本金和，假设是 s 元，则计算方式如下：

$$s = (1 + \frac{1}{31536000})^{31536000} \approx 2.718281778$$

复利计算过程，我们也发现从分钟到秒钟本金和相差仅有约 0.000003，如果现在我们再将秒数分割，可以得到相差数仅是 2.718281 后面的尾数，所以这个数就被定义为欧拉数，先前公式笔者用 s 当本金和的变量，现在可以改用欧拉数 e 了。

$$e \approx 2.718281778 \cdots$$

15-1-3 欧拉数使用公式做定义

从前一节欧拉数 e 的推导，我们可以得到基础的欧拉数公式如下：

$$e = (1 + \frac{1}{n})^n$$

由于欧拉数公式的 n 值可以趋近至无限大，所以正式的欧拉数公式如下：

$$e = \lim_{n \to \infty} \left(1 + \frac{1}{n}\right)^n$$

上述 lim( ) 函数，lim 原意是 limit，∞ 表示是无限大。

15-1-4 计算与绘制欧拉数的函数图形

程序实例 ch15_1.py：在 0.1~1000 间取 100000 个点，然后绘制欧拉数图形，因为如果用图表展现 x 轴在 0~1000 之间，读者无法看到欧拉数的函数图形特征，所以只绘制 x 在 0~10 之间的图形。

执行结果

```python
1  # ch15_1.py
2  import matplotlib.pyplot as plt
3  import numpy as np
4
5  x = np.linspace(0.1, 1000, 100000)   # 建立含100000个元素的数组
6  y = [(1+1/x)**x for x in x]          # Euler's 公式
7  plt.axis([0, 10, 0, 3])
8  plt.plot(x, y, label="Euler's Number")
9
10 plt.legend(loc="best")               # 建立图例
11 plt.grid()
12 plt.show()
```

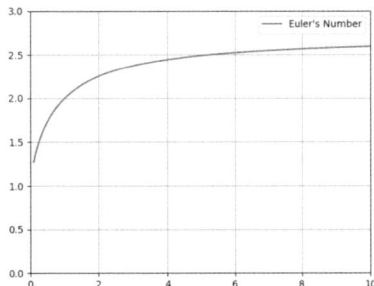

程序实例 ch15_2.py：重新绘制欧拉数函数图形，同时第 7 行不执行，相当于不设定坐标轴显示空间。

执行结果

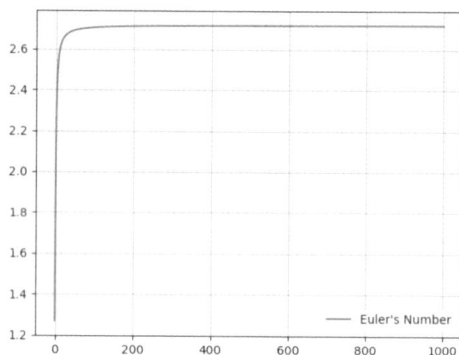

```
1   # ch15_2.py
2   import matplotlib.pyplot as plt
3   import numpy as np
4
5   x = np.linspace(0.1, 1000, 100000)  # 建立含100000个元素的数组
6   y = [(1+1/x)**x for x in x]          # Euler's 公式
7   #plt.axis([0, 10, 0, 3])
8   plt.plot(x, y, label="Euler's Number")
9
10  plt.legend(loc="best")              # 建立图例
11  plt.grid()
12  plt.show()
```

15-2 逻辑函数

逻辑函数 (logistic function) 是一种常见的 S(Sigmoid) 函数，这个函数是皮埃尔 (Pierre) 在 1844 年或 1845 年研究此函数与人口增长关系时命名的，这个函数的特色是因变量 y 的值是落在 0～1 之间的。

$$y = f(x)$$

假设 $f(x)$ 函数是逻辑函数，则 y 值在 0～1 之间。

注：逻辑函数可以将任何实数转换为 (0, 1) 区间的数，通常用于二元逻辑回归模型中，将线性组合的结果转换成概率。因此常被用在机器学习的分类中，得到属于某个类别的概率。

15-2-1 认识逻辑函数

一个简单的逻辑函数定义如下：

$$y = f(x) = \frac{1}{1 + e^{-x}}$$

在 15-2 节笔者说过，逻辑函数的值会落在 0～1 之间，接下来笔者将验证此观点。

15-2-2 x 是正无限大

当 x 是正无限大时，请参考下列数值：

$$e^{-x}$$

上述相当于是：

$$\frac{1}{e^x} \approx 0$$

由于 x 是正无限大，所以上述值趋近于 0，将这个结果代入逻辑函数，可以得到下列结果：

$$y = f(x) = \frac{1}{1 + e^{-x}} \approx \frac{1}{1 + 0} = 1$$

从上述推导可以得到当 x 是正无限大时，逻辑函数值是 1。

15-2-3 x 是 0

当 x 是 0 时，请参考下列数值：

$$e^{-x}$$

上述相当于：

$$\frac{1}{e^x} = \frac{1}{e^0} = \frac{1}{1} = 1$$

由于 x 是 0，所以上述值是 1，将这个结果代入逻辑函数，可以得到下列结果：

$$y = f(x) = \frac{1}{1+e^{-x}} = \frac{1}{1+1} = 0.5$$

从上述推导可以得到当 x 是 0 时，逻辑函数值是 0.5。

15-2-4 x 是负无限大

当 x 是负无限大时，请参考下列数值：

$$e^{-x}$$

上述相当于：

$$\frac{1}{e^x} \approx \infty = 无限大$$

由于 x 是负无限大，所以上述值是正无限大，将这个结果代入逻辑函数，可以得到下列结果。

$$y = f(x) = \frac{1}{1+e^{-x}} = \frac{1}{1+\infty} \approx 0$$

从上述推导可以得到当 x 是负无限大时，逻辑函数值是 0。

15-2-5 绘制逻辑函数

在 15-2 节刚开始笔者说明过逻辑函数是一种常见的 S 函数，下列程序绘制了逻辑函数图形，读者可以看到结果。

程序实例 ch15_3.py：绘制逻辑函数，设 x 值在 $-5 \sim 5$ 之间。

执行结果

```
1  # ch15_3.py
2  import matplotlib.pyplot as plt
3  import numpy as np
4
5  x = np.linspace(-5, 5, 10000)      # 建立含10000个元素的数组
6  y = [1/(1+np.e**-x) for x in x]    # logistic 函数
7  plt.axis([-5, 5, 0, 1])
8  plt.plot(x, y, label="Logistic function")
9
10 plt.legend(loc="best")             # 建立图例
11 plt.grid()
12 plt.show()
```

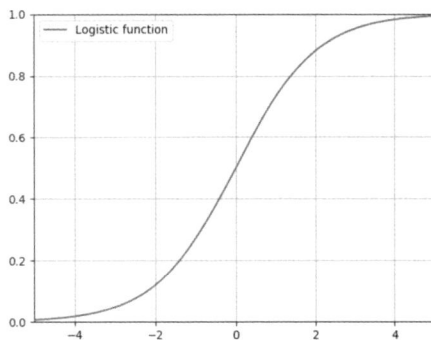

15-2-6 Sigmoid 函数

15-2 节一开始笔者就介绍过逻辑函数 (logistic function) 是一种常见的 S(Sigmoid) 函数，Sigmoid 函数是一种在机器学习和深度学习中常用的激活函数，以下是该函数的一些主要特性：

输出范围在 0~1 之间：Sigmoid 函数将任意实数输入映射到 (0,1) 区间，这在机器学习中十分有用，尤其是在处理二元分类问题时，我们常常需要模型输出一个概率值。

S 形曲线：Sigmoid 函数的图像是一条 S 形曲线，也因此得名。在输入接近 0 时 ($x=0$)，Sigmoid 函数的输出接近 0.5。当输入远离 0，输出趋近于 0 或 1。

非线性：Sigmoid 是一种非线性函数。在神经网络中，非线性激活函数如 Sigmoid 允许模型学习和仿真更为复杂的现象。

在输入为 0 时，Sigmoid 函数有最大的变化率。当 $x=0$ 时，变化率达到最大值。这意味着，当输入值接近 0 时，模型对输入的微小变化反应最敏感。

请注意，尽管 Sigmoid 函数有这些优点，但在深度学习模型中，由于其存在梯度消失等问题，现在较常使用 ReLU(Rectified Linear Unit) 等其他激活函数。

15-3 logit 函数

logit 函数是一种在统计学和机器学习中常见的数学函数，它的主要功能是将 (0,1) 区间的数值转换为实数全局，这让我们可以将概率数值转换为实数，并且进行各种数学操作。

注　logit 函数是 15-2 节逻辑 (logistic) 函数的反函数，逻辑函数可以将任何实数转换为 (0, 1) 区间的数，通常用于二元分类的逻辑回归模型中，将线性组合的结果转换成概率。logit 函数则是反转这个过程，将 (0, 1) 区间的数转换为任何实数。

15-3-1 认识 Odds

Odds 可以翻译为胜率，或优势比，或赔率，内容是指事件发生概率与不发生概率的比值。

在统计学内概率 (probability) 与 Odds 都是一种数字用来描述事件发生的可能性。在此复习一下概率，假设用 $P(A)$ 代表 A 事件的概率，则 $P(A)$ 的定义如下：

$$P(A) = \frac{\text{Number of Event } A}{\text{Total Number of Events}}$$

若是以掷骰子为例，骰子有 6 面，所以有 6 个可能，$P = 0$ 代表一定不会发生，$P = 1$ 代表一定会发生，掷出特定点数的概率是：

$$P = \frac{1}{6}$$

事件不发生的概率则是：

$$1 - P = 1 - \frac{1}{6} = \frac{5}{6}$$

Odds 是指事件发生概率与不发生概率的比值，所以 Odds 的公式概念如下：

$$\text{Odds} = \frac{\text{Probability of Event}}{\text{Probability of no Event}} = \frac{P}{1 - P}$$

若是以掷骰子为例，最后得到的数字如下：

$$\text{Odds} = \frac{\text{Probability of Event}}{\text{Probability of no Event}} = \frac{P}{1 - P} = \frac{\frac{1}{6}}{\frac{5}{6}} = \frac{1}{5}$$

15-3-2　从 Odds 到 logit 函数

如果用英文表达所谓的 logit 就是 log of Odds，或是可以将 logit 称 log-it，这里的 it 是指 Odds，可以参考下列公式：

$$logit = \log(Odds) = \log\left(\frac{P}{1-P}\right)$$

这个 log 底数是 e，也就是自然对数，所以上述公式可以改为下列公式：

$$logit = \log(Odds) = \log\left(\frac{P}{1-P}\right) = \ln\left(\frac{P}{1-P}\right)$$

从上述结果，logit 函数的输出也常常被解释为"对数胜率 (log odds)"，这是一种表示事件发生概率与事件不发生概率比值的方式。例如，如果某个事件的发生概率是 0.7，那么它的对数胜率就是 logit(0.7) = ln [0.7 / (1 − 0.7)]。

15-3-3　绘制 logit 函数

程序实例 ch15_4.py：绘制 $x = 0.1 \sim 0.99$ 之间的 logit 函数图形，并标记当 $x = 0.5$ 时 logit(x) = 0 的点。

执行结果

```
1  # ch15_4.py
2  import matplotlib.pyplot as plt
3  import numpy as np
4
5  x = np.linspace(0.01, 0.99, 100)          # 建立含1000个元素的数组
6  y = [np.log(x/(1-x)) for x in x]          # logit函数
7  plt.axis([0, 1, -5, 5])
8  plt.plot(x, y, label="Logit function")
9  plt.plot(0.5, np.log(0.5/(1-0.5)),'-o')
10
11 plt.legend(loc="best")                    # 建立图例
12 plt.grid()
13 plt.show()
```

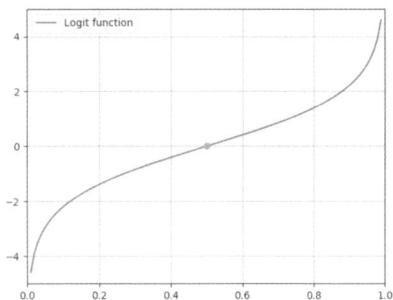

15-4　逻辑函数的应用

15-4-1　事件说明与分析

一家网购公司在做消费者售后服务调查中发现，只要所销售的产品在质量上或运送过程中没有任何出错，第一次购买的消费者未来一年回购率是 40%，如果发生一个客户不满意的问题消费者未来一年的回购率是 15%。

依据过去的经验，在网购过程中最多只出现一次差错，假设现在有位客户遇到了运送与质量的 2 个出错，请问这位消费者未来一年的回购率是多少。

直觉上出差错一次回购率会从 40% 掉到 15%，那出差错 2 次，是否回购率会掉到 -10%，但其实不会有负值，回购率一定是在 0 ~ 1 之间，所以这时可以考虑使用 15-2 节的逻辑函数概念处理。

$$y = f(x) = \frac{1}{1+e^{-x}}$$

在实务过程中，已知事件可以用线性函数 $ax + b$ 表示，所以此时的逻辑函数应用下列函数表示：

$$f(x) = \frac{1}{1 + e^{-(ax+b)}}$$

现在 $f(x)$ 的变量 x 将是 $ax+b$ 的 x。

在上图逻辑函数的应用中，现在的工作是使用已知的数据，找出 $ax + b$ 的系数 a 与 b，然后将出差错的次数 2，代入 x，就可以算出出 2 次差错时，这位消费者的回购率。

不过上述 $ax + b$ 函数是 e 的指数，在解此方程式时会有相当的难度，这时可以应用 logit( ) 函数，将上述 e 指数的一次方程式转成一般一次方程式，这样整个解题将简单许多。

15-4-2　从逻辑函数到 logit 函数

假设消费者的回购率是 P，网购出差错的次数使用变量 x 表示，我们可以得到下列公式：

$$P = \frac{1}{1 + e^{-(ax+b)}} = \frac{1}{1 + \frac{1}{e^{ax+b}}}$$

现在执行下列假设：

$$X = e^{ax+b}$$

整个网购的逻辑函数将如下所示：

$$P = \frac{1}{1 + \frac{1}{e^{ax+b}}} = \frac{1}{1 + \frac{1}{X}}$$

现在将分子与分母乘以 X，可以得到下列结果：

$$P = \frac{1}{1 + \frac{1}{e^{ax+b}}} = \frac{1}{1 + \frac{1}{X}} = \frac{X}{X + 1}$$

上述公式可以简化为：

$$P = \frac{X}{X+1}$$

将右边分母的 $(X+1)$ 移至左边，可以得到下列结果：

$$P(X + 1) = X$$

将左边公式展开：

$$PX + P = X$$

将左边的 PX 移至右边：

$$P = X - PX$$

处理右边公式：

$$P = (1 - P)X$$

将 $(1-P)$ 移至左边：

$$\frac{P}{1 - P} = X$$

因为先前假设 $X = e^{ax+b}$，将此代入上述公式，可以得到下列结果：

$$\frac{P}{1 - P} = e^{ax+b}$$

将自然对数 $\log_e$ 应用在等号两边：

$$\log_e \frac{P}{1 - P} = \log_e e^{ax+b}$$

注：自然对数 $\log_e$，可以用 log 表示或是用 ln 表示。

简化上述公式，可以得到下列结果。

$$\ln \frac{P}{1 - P} = ax + b$$

其实上述就是 logit 函数。

同时 logit 函数与逻辑函数是彼此的反函数。

15-4-3 使用 logit 函数获得系数

接下来要计算网购的回购率,可以将相关系数代入下列函数:

$$\ln \frac{P}{1-P} = ax + b$$

计算 $ax+b$ 的 a, b 系数。

上述公式 P 已知,x 也已知,我们要计算 a, b 系数。对于网购的讯息,可以知道当消费过程中没有任何出错时回购率是 40%,此时已知参数如下:

$P = 0.4$

$x = 0$ (出错次数)

我们获得下列公式:

$$a \times 0 + b = \ln \frac{0.4}{1-0.4} = -0.405$$

因为左边是 $a \times 0 + b = b$,所以最后得到 $b = -0.405$。

另一个网购的讯息是,当有 1 个出错时,回购率是 15%,此时已知参数如下:

$P = 0.15$

$x = 1$ (出错次数)

我们获得下列公式:

$$a \times 1 + b = \ln \frac{0.15}{1-0.15} = -1.735$$

因为已知 $b = -0.405$,所以 a 的公式如下:

$a = -1.735+0.405 = -1.33$

推估回购率:

由于已经知道 a, b 的系数值,现在可以将系数值代入下列公式:

$$P = \frac{1}{1 + e^{-(ax+b)}} = \frac{1}{1 + \frac{1}{e^{ax+b}}}$$

由于我们现在要计算当出错 2 次时,消费者的回购率,这相当于是将 2 代入 x 中,所以上述公式所使用的相关变量如下:

$x = 2$

$a = -1.33$

$b = -0.405$

下列是将变量代入后的计算结果:

$$P = \frac{1}{1 + \frac{1}{e^{ax+b}}} = \frac{1}{1 + \frac{1}{e^{-1.33 \times 2 - 0.405}}} = \frac{1}{1 + \frac{1}{e^{-3.065}}} \approx \frac{1}{1 + 21.434} \approx 4.46\%$$

从上述可以得到当出错 2 次时,消费者的回购率是 4.46%,如果要计算出错 3 次或更多次时的回购率,可以将出错次数代入变量 x 即可。

第 16 章
三角函数

在第 5 章笔者介绍了勾股定理，而在该章节就有与三角形相关的几何概念，笔者将做更完整的解说。

16-1　直角三角形的边长与夹角

所谓的直角三角形是一个角呈现 90 度的三角形，如图 16-1 所示。

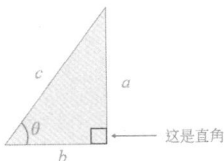

图 16-1　直角三角形

假设直角三角形的外观如上，则可以知道此直角三角形的特征如下：

边长：有 a、b、c 等 3 个边长。

边长的名词：a 是高、b 是底、c 是斜边。

上述也定义了夹角关系：

直角：a(高) 与 b(底) 的夹角是直角。

θ：这是 b 与 c 的夹角，可以念作 Theta。

因为三角形的 3 个角求和是 180°，扣掉直角后，可以得到 a 与 c 之间的夹角是 $90^o - \theta$。

上述直角三角形有一个特色，只要 θ 角度不变，某一个边更改边长，其他 2 个边长将成比例更改。

16-2　三角函数的定义

三角函数定义了下列数学领域常用的关系式：

$$\sin\theta = \frac{高}{斜边} = \frac{a}{c}$$

$$\cos\theta = \frac{底}{斜边} = \frac{b}{c}$$

$$\tan\theta = \frac{高}{底} = \frac{a}{b}$$

有了上述三角函数，现在只要知道 1 个边长与角度，就可以推算其他 2 个边长。例如：有一个直角三角形如图 16-2 所示。

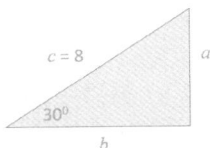

图 16-2　直角三角形

$$a = c \times \sin(30°) = 8 \times 0.5 \approx 4$$

$$b = c \times \cos(30°) = 8 \times \frac{\sqrt{3}}{2} \approx 6.928$$

有关上述 $\sin(30°)$ 与 $\cos(30°)$ 的计算方式，笔者未来会用 Python 实操解说。

16-3 计算三角形的面积

在中学数学，我们学过三角形面积计算公式如下：

(底 × 高) / 2

16-3-1 计算直角三角形面积

如图 16-3 所示，用两个相同的直角三角形，适度组合即可形成矩形，这时底和高就成了矩形的两个边。

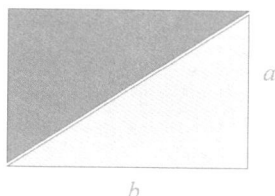

图 16-3　组合两个直角三角形

上图中可以使用 $(a \times b)$ / 2 公式，得到一个直角三角形的面积。

16-3-2 计算非直角三角形面积

有一个非直角三角形，假设高是 a，底是 b，如图 16-4 所示。

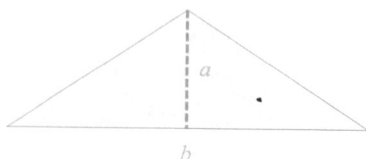

图 16-4　非直角三角形

上述面积也是 (底 × 高) / 2，相当于 $(a \times b)$ / 2。我们可以复制三角形，如图 16-5 所示。

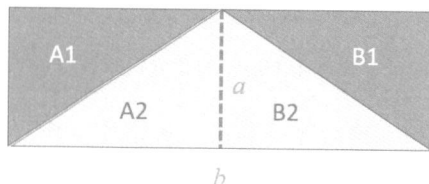

图 16-5　复制三角形

上述 A1 三角形面积等于 A2 三角形面积，B1 三角形面积等于 B2 三角形面积，所以我们验证了对于非直角三角形，也是使用 (底 × 高) / 2，计算非直角三角形面积。

有一个三角形数据如图 16-6 所示。

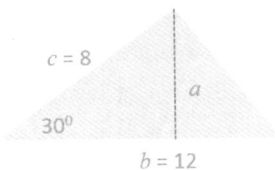

图 16-6　三角形

计算上述非直角三角形面积首先必须计算高度 a，从上述数据可以得到下列公式：
$$a = c \times \sin(30°) = 8 \times 0.5 = 4$$

$$三角形面积 = b \times \frac{a}{2} = 12 \times \frac{4}{2} = 24$$

所以我们可以得到上述非直角三角形面积是 24。

16-4　角度与弧度

16-4-1　角度的定义

假设我们定义一个圆绕一圈是 360°，现在将这一圈分成 360 等份，则每一等份是 1°。在数学领域如果再将 1 度分成 60 等份，则称 1 分。如果再将 1 分分成 60 等份，则称 1'。

不过最常用的单位还是度。

16-4-2　弧度的由来

弧度又称径度，通常是没有单位，一般是用 rad 代表。

对一个半径为 r 的圆而言，此圆的圆周长是 $2\pi r$，计算圆周长与圆半径的比，可以得到 2π，所以一个圆的弧度就是 2π。

16-4-3　角度与弧度的换算

角度 360° 对应的是 2π，此外常见角度的转换如表 16-1 所示。

表 16-1　角度转换

角度	弧度	角度	弧度
30	$\frac{\pi}{6}$	120	$\frac{2\pi}{3}$
45	$\frac{\pi}{4}$	135	$\frac{3\pi}{4}$
60	$\frac{\pi}{3}$	150	$\frac{5\pi}{6}$
90	$\frac{\pi}{2}$	180	π

程序实例 ch16_1.py：列出 30, 45, 60, 90, 120, 135, 150, 180 角度的弧度。

```
1  # ch16_1.py
2  import math
3
4  degrees = [30, 45, 60, 90, 120, 135, 150, 180]
5  for degree in degrees:
6      print(f'角度 = {degree:3d},\t弧度 = {math.pi*degree/180:.3f}')
```

执行结果

```
================ RESTART: D:\Machine\ch16\ch16_1.py ================
角度 =  30,  弧度 = 0.524
角度 =  45,  弧度 = 0.785
角度 =  60,  弧度 = 1.047
角度 =  90,  弧度 = 1.571
角度 = 120,  弧度 = 2.094
角度 = 135,  弧度 = 2.356
角度 = 150,  弧度 = 2.618
角度 = 180,  弧度 = 3.142
```

16-4-4　圆周弧长的计算

所谓的弧长是指圆周上曲线的长度，若是以图 16-7 为例就是粗体的扇形曲线。

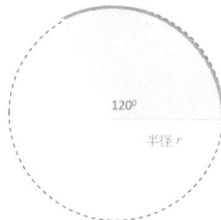

图 16-7　弧长

上述 120° 圆形弧长的计算公式如下：

$$2 \times \pi \times r \times \frac{120}{360} = \frac{240}{360}\pi r = \frac{2}{3}\pi r$$

如果是不同角度，只要将角度代入 120 即可。下列是计算圆形弧长的通用公式，假设角度是 θ：

$$2 \times \pi \times r \times \frac{\theta}{360} = \frac{\theta}{180}\pi r$$

程序实例 ch16_2.py：计算半径是 10cm，角度是 30, 60, 90, 120° 的圆形弧长。

```
1  # ch16_2.py
2  import math
3
4  degrees = [30, 60, 90, 120]
5  r = 10
6  for degree in degrees:
7      curve = 2 * math.pi * r * degree / 360
8      print(f'角度 = {degree:3d},\t弧长 = {curve:6.3f}')
```

执行结果

```
================ RESTART: D:\Machine\ch16\ch16_2.py ================
角度 =  30,  弧长 =  5.236
角度 =  60,  弧长 = 10.472
角度 =  90,  弧长 = 15.708
角度 = 120,  弧长 = 20.944
```

16-4-5　计算扇形面积

假设圆半径是 r，扇形角度是 θ，扇形面积计算公式如下：

$$\pi \times r2 \times \frac{\theta}{360}$$

程序实例 ch16_3.py: 计算半径是 10cm, 角度是 30, 60, 90, 120° 的扇形面积。

```python
1  # ch16_3.py
2  import math
3
4  degrees = [30, 60, 90, 120]
5  r = 10
6  for degree in degrees:
7      area = math.pi * r * r * degree / 360
8      print(f'角度 = {degree:3d},\t扇形面积 = {area:6.3f}')
```

执行结果

```
==================== RESTART: D:\Machine\ch16\ch16_3.py ====================
角度 =  30,  扇形面积 = 26.180
角度 =  60,  扇形面积 = 52.360
角度 =  90,  扇形面积 = 78.540
角度 = 120,  扇形面积 = 104.720
```

16-5 程序处理三角函数

学习三角函数, 我们比较习惯使用角度描述三角函数, 例如:

$\sin 30°$

$\cos 30°$

$\tan 30°$

一般程序语言则是使用弧度处理角度, 所以在程序设计时, 我们会先将角度转成弧度。

程序实例 ch16_4.py: 每隔 30° 列出弧度与 sin 和 cos 的值, math 模块的 radians(d) 方法, 可以读取参数角度 d, 然后回传 d 角度的弧度。

```python
1   # ch16_4.py
2   import math
3
4   degrees = [x*30 for x in range(0,13)]
5   for d in degrees:
6       rad = math.radians(d)
7       sin = math.sin(rad)
8       cos = math.cos(rad)
9       print(f'角度={d:3d}\t弧度={rad:.2f}\tsin{d:3d}={sin:.2f},\
10  \tcos{d:3d}={cos:5.2f}')
```

执行结果

```
==================== RESTART: D:\Machine\ch16\ch16_4.py ====================
角度=  0   弧度=0.00   sin  0=0.00,   cos  0= 1.00
角度= 30   弧度=0.52   sin 30=0.50,   cos 30= 0.87
角度= 60   弧度=1.05   sin 60=0.87,   cos 60= 0.50
角度= 90   弧度=1.57   sin 90=1.00,   cos 90= 0.00
角度=120   弧度=2.09   sin120=0.87,   cos120=-0.50
角度=150   弧度=2.62   sin150=0.50,   cos150=-0.87
角度=180   弧度=3.14   sin180=0.00,   cos180=-1.00
角度=210   弧度=3.67   sin210=-0.50,  cos210=-0.87
角度=240   弧度=4.19   sin240=-0.87,  cos240=-0.50
角度=270   弧度=4.71   sin270=-1.00,  cos270=-0.00
角度=300   弧度=5.24   sin300=-0.87,  cos300= 0.50
角度=330   弧度=5.76   sin330=-0.50,  cos330= 0.87
角度=360   弧度=6.28   sin360=-0.00,  cos360= 1.00
```

注   上述程序第 9 行末端的 '\' 字符, 表示下一行内容是本行内容的延续。

16-6 从单位圆看三角函数

假设有一个圆, 圆中心是在 (0, 0), 圆半径是 1, 圆周上有一个点 P, 如图 16-8 所示。

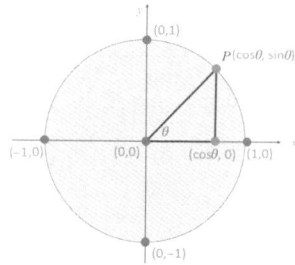

图 16-8　单位圆

因为半径是 1，所以我们可以得到此 P 点的坐标是$(\cos\theta, \sin\theta)$，有了以上概念，我们可以在圆上标注许多点。

程序实例 ch16_5.py：在圆周上每隔 30 度标注点。

```
1  # ch16_5.py
2  import matplotlib.pyplot as plt
3  import math
4
5  degrees = [x*15 for x in range(0,25)]
6  x = [math.cos(math.radians(d)) for d in degrees]
7  y = [math.sin(math.radians(d)) for d in degrees]
8
9  plt.scatter(x,y)
10 plt.axis('equal')
11 plt.grid()
12 plt.show()
```

执行结果

程序实例 ch16_6.py：使用三角函数绘制半径是 1 的圆。

```
1  # ch16_6.py
2  import matplotlib.pyplot as plt
3  import numpy as np
4
5  degrees = np.arange(0, 360)
6  x = np.cos(np.radians(degrees))
7  y = np.sin(np.radians(degrees))
8
9  plt.plot(x,y)
10 plt.axis('equal')
11 plt.grid()
12 plt.show()
```

执行结果

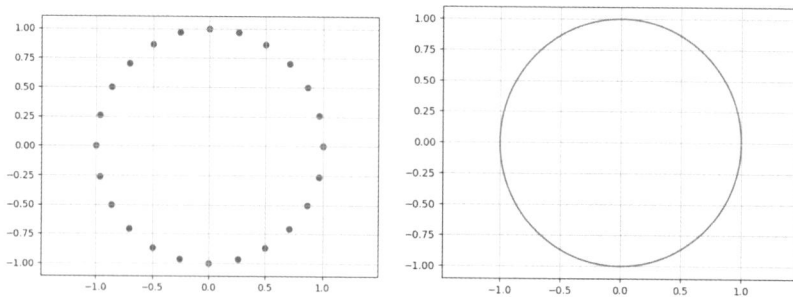

16-7 三角函数与机器学习的关系

三角函数在机器学习中有多种应用，以下是一些例子：

● 特征工程：在数据处理和特征工程阶段，我们可能需要使用三角函数来创建新的特征。例如，当处理时间序列数据时，我们可能会用到正弦和余弦函数来表示时间 (如一天中的小时数或一年中的月份) 的周期性变化，这些三角函数特征可以帮助模型学习到数据的周期性模式。

● 距离度量：三角函数在许多距离度量和相似度计算中都有所应用，例如，在计算两个向量之间的夹角或余弦相似度时，我们就需要用到余弦函数。

● 内核方法：在支持向量机 (SVM) 或者高斯过程等使用内核方法的机器学习模型中，我们可能会选择使用包含三角函数的内核，这可以帮助模型在更高维度的特征空间中学习非线性决策边界。

● 神经网络激活函数：虽然在实际的神经网络中比较少见，但理论上我们可以使用三角函数作为神经网络的激活函数。例如，正弦函数就被用在了一些复杂的循环神经网络 (RNN) 模型中。

程序实例 ch16_7.py：这是用三角函数来处理时间数据作为特征的例子，在这个例子中，sin_day_of_year 和 cos_day_of_year 特征分别代表了一年中的日子的正弦和余弦值。这两个特征会随着一年中的日子周期性变化，因此可以用来捕捉数据中的季节性变化，此程序会使用 pandas 和 numpy 来处理数据并建立特征。

```python
1  # ch16_7.py
2  import pandas as pd
3  import numpy as np
4
5  # 假设我们有一个包含每日日期的数据集
6  dates = pd.date_range(start='2023-01-01', end='2023-12-31')
7  df = pd.DataFrame(data={'date': dates})
8
9  # 我们可以从日期中提取出 'day of year' 这个特征
10 df['day_of_year'] = df['date'].dt.dayofyear
11
12 # 然后我们可以用正弦和余弦函数来表示这个特征的周期性
13 # 我们假设一年有365天，将 'day of year' 转换为 2 * pi 的范围
14 df['sin_day_of_year'] = np.sin(2 * np.pi * df['day_of_year'] / 365)
15 df['cos_day_of_year'] = np.cos(2 * np.pi * df['day_of_year'] / 365)
16
17 # 现在我们就有了两个可以表示 'day of year' 周期性的特征
18 print(df.head())
```

执行结果

```
==================== RESTART: D:/Machine/ch16/ch16_7.py ====================
        date  day_of_year  sin_day_of_year  cos_day_of_year
0 2023-01-01            1         0.017213         0.999852
1 2023-01-02            2         0.034422         0.999407
2 2023-01-03            3         0.051620         0.998667
3 2023-01-04            4         0.068802         0.997630
4 2023-01-05            5         0.085965         0.996298
```

上述实例取得的周期性特征，在处理天气数据、电力需求数据或其他与时间有关并具有周期性的数据时非常有用。

第 17 章
基础统计与大型运算符

所谓的统计学是指收集、整理、分析和归纳数据，然后给予正确信息的科学。本章会介绍基础统计知识，同时在叙述过程中引入大型运算符的概念，这将是机器学习的基础知识。

17-1　母体与样本

台湾 25 岁的成年女性约有 16 万人，假设我们想要调查 25 岁女性的平均身高与体重，一个方法是要所有女性到卫生所测量身高与体重，然后求和与计算平均即可，不过这个工作牵涉太多人不易执行。一个可行的方式是从 25 岁的女性中找出一部分人，测量身高与体重计算平均值，用这个值当作台湾 25 岁女性的平均身高与体重，如图 17-1 所示。

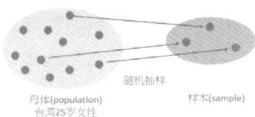

图 17-1　母体与样本

在统计学的应用中我们称想调查的事物集合为母体，由于母体太大无法调查每一笔数据时，会从母体中随机挑选一部分组成群集来调查，再由此部聚类集数据来推测母体，这个随机挑选的部聚类集称样本。在统计学中，又将从样本推论母体的称推论统计学。

有关母体与样本的另一个实例是，台湾是一个很频繁选举的社会，每个人家中常常可以接到民调的电话。笔者住台北市，假设笔者接到支持哪位候选人当市长的民调，当笔者回答民调时，笔者就是一个样本，整个台北市符合选举资格的人就是所谓的母体。往往尚未投票，大多数人皆已经知道哪一位候选人会当选了，这就是从样本推论母体的威力。

17-2　数据求和

台湾是一个便利的社会，市区到处是便利商店，每个顾客消费金额虽然不大，但是顾客数量非常多，所以仍创造了庞大的商机。假设我们想统计某工作日的总消费金额，可以使用下列公式：

$$\text{总消费金额} = x_1 + x_2 + \cdots + x_n$$

上述 x_1 代表第 1 位客户的消费金额，x_2 代表第 2 位客户的消费金额，x_n 代表第 n 位客户的消费金额。

在数学的应用中有一个求和符号 $\sum$，这个符号念 sigma，对于上述总消费金额，可以使用下列公式表达。

$$\sum_{i=1}^{n} x_i = x_1 + x_2 + \cdots + x_n$$

上述表示第 1 至第 n 为客户的消费金额的求和。

注　上述数据表达方式又称级数。

程序实例 ch17_1.py：便利商店记录了 10 为顾客的消费记录如下：
66, 58, 25, 78, 58, 15, 120, 39, 82, 50

```
1  # ch17_1.py
2
3  x = [66, 58, 25, 78, 58, 15, 120, 39, 82, 50]
4  print(f'总消费金额 = {sum(x)}')
```

执行结果

```
=================== RESTART: D:\Machine\ch17\ch17_1.py ===================
总消费金额 = 591
```

17-3 数据分布

在做数据分析时，常常将数据使用直方图或是频率分布图表达，这样就可以让阅读数据的人，一眼了解整个数据所代表的意义。例如：图 17-2 是常见到的数据分布图形，这个图形也称正态分布图形。

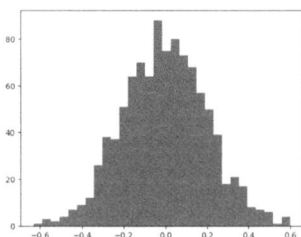

图 17-2　正态分布

图 17-3 是常见的数据分布图形：

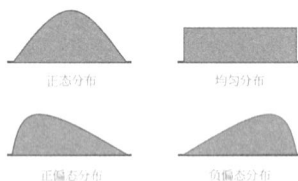

图 17-3　常见数据分布

17-4 数据中心指针

在统计学中可以用下列 3 种数值，当作数据中心指针：
平均数 (mean)。
中位数 (median)。
众数 (mode)。

17-4-1　平均数

所谓的平均数（也称平均值）就是将所有数据相加，再除以数据个数，所得的值就是平均数。

在统计或数学领域，计算平均数时可以在平均数变量上方增加一条横线 $\bar{x}$，这就代表平均数。

上述平均数变量可以读作 x bar，有了这个概念，可以使用下列公式表达平均数：

$$\bar{x} = \frac{1}{n}\sum_{i=1}^{n} x_i = \frac{x_1 + x_2 + \cdots + x_n}{n}$$

另外，在统计应用中常用符号 μ 代表平均数，可以读作 mu。在统计应用上更精确地说，$\bar{x}$ 代表样本平均数，μ 代表母体平均数。

程序实例 ch17_2.py：使用 ch17_1.py 的超市销售数据计算平均消费金额。

```
1  # ch17_2.py
2
3  x = [66, 58, 25, 78, 58, 15, 120, 39, 82, 50]
4  print(f'平均消费金额 = {sum(x)/len(x)}')
```

执行结果

```
==================== RESTART: D:\Machine\ch17\ch17_2.py ====================
平均消费金额 = 59.1
```

上述实例中笔者使用数学计算建立平均数，其实在 Numpy 模块有 mean( ) 方法，也可以直接套用建立平均数，此函数的基本语法如下：

mean(a)：a 是需要计算平均数的数组。

程序实例 ch17_3.py：使用 Numpy 模块的 mean( ) 方法，建立 ch17_1.py 的超市销售数据的平均数。

```
1  # ch17_3.py
2  import numpy as np
3
4  x = [66, 58, 25, 78, 58, 15, 120, 39, 82, 50]
5  print(f'平均消费金额 = {np.mean(x)}')
```

执行结果

与 ch17_2.py 相同

注 Numpy 也有 average( ) 函数可以计算平均数，此 average( ) 函数有 weights 权重参数可以设定元素的权重，如果不考虑权重可以直接将第 5 行的函数由 np.average(x) 取代，可以获得一样的结果。

17-4-2 中位数

所谓的中位数是指一组数据的中间数字，也就是有一半的数据会大于中位数，另有一半的数据是小于中位数。

在手动计算中位数过程中，可以先将数据由小到大排列，如果数据是奇数个，则中位数是最中间的数字。如果数据是偶数个，则中位数是最中间 2 个数值的平均数。例如：下列左边是有奇数个数据，下列右边是有偶数个数据，中位数概念如下：

2 7 9 11 20   2 7 9 11 20 30
中位数   中位数是加总平均，即10

Numpy 模块的 median( ) 函数可以计算中位数，此函数的基本语法如下：
median(a)：a 是需要计算中位数的数组。

程序实例 ch17_4.py： 中位数计算，在使用 Numpy 的 median( ) 函数计算中位数时，可以不必排序数列。

```python
1  # ch17_4.py
2  import numpy as np
3
4  x1 = [7, 2, 11, 9, 20]
5  print(f'中位数 = {np.median(x1)}')
6
7  x1 = [30, 7, 2, 11, 9, 20]
8  print(f'中位数 = {np.median(x1)}')
```

执行结果

```
==================== RESTART: D:\Machine\ch17\ch17_4.py ====================
中位数 = 9.0
中位数 = 10.0
```

17-4-3 众数

所谓众数是指一组数据中出现次数最高的数字，比起中位数，其实众数更被广泛应用，例如：假设你是皮鞋制造商，使用众数可以做出适合更多消费者尺寸的产品。

Numpy 并没有直接计算众数的函数，不过可以分别使用 bincount( ) 和 argmax( ) 函数产生众数。bincount( ) 函数基本语法与概念如下：

bincount(x)：x 是一个正整数的数组，bin 的值会比 x 中的最大值大 1，然后此函数会回传索引值在 x 中出现的次数。这个函数的限制是数组 x 元素必须是正整数，否则会产生错误。

程序实例 ch17_5.py： bincount( ) 函数的应用。

```python
1  # ch17_5.py
2  import numpy as np
3
4  x1 = np.array([0, 1, 1, 3, 2, 1])
5  # 因为 x1 元素最大值是 3，所以 bin 是 4
6  print(f'np.bincount = {np.bincount(x1)}')
7
8  x2 = np.array([0, 1, 1, 7, 2, 1])
9  # 因为 x2 元素最大值是 7，所以 bin 是 8
10 print(f'np.bincount = {np.bincount(x2)}')
```

执行结果

```
==================== RESTART: D:\Machine\ch17\ch17_5.py ====================
np.bincount = [1 3 1 1]
np.bincount = [1 3 1 0 0 0 0 1]
```

对 x1 数组而言，索引值 0 出现 1 次，索引值 1 出现 3 次，索引值 2 出现 1 次，索引值 3 出现 1 次。

对 x2 数组而言，索引值 0 出现 1 次，索引值 1 出现 3 次，索引值 2 出现 1 次，索引值 3 出现 0 次，索引值 4 出现 0 次，索引值 5 出现 0 次，索引值 6 出现 0 次，索引值 7 出现 1 次。

注 输出数组的长度等于输入数组中的最大值加 1。

argmax( ) 函数基本语法与概念如下：

argmax(x)：x 是一个数组，这个函数会回传最大的索引，此最大的索引就是我们要计算的众数。

注 与 argmax( ) 功能相反的是 argmin( )，回传最小值索引。

程序实例 ch17_6.py： 延续 ch17_5.py 的程序实例，计算众数。

```
1  # ch17_6.py
2  import numpy as np
3
4  x1 = np.array([0, 1, 1, 3, 2, 1])
5  # 因为 x1 元素最大值是 3, 所以 bin 是 4
6  print(f'np.bincount = {np.bincount(x1)}')
7  print(f'mode        = {np.argmax(np.bincount(x1))}')
8
9  x2 = np.array([0, 1, 1, 7, 2, 1])
10 # 因为 x2 元素最大值是 7, 所以 bin 是 8
11 print(f'np.bincount = {np.bincount(x2)}')
12 print(f'mode        = {np.argmax(np.bincount(x1))}')
```

执行结果

```
===================== RESTART: D:\Machine\ch17\ch17_6.py =====================
np.bincount = [1 3 1 1]
mode        = 1
np.bincount = [1 3 1 0 0 0 0 1]
mode        = 1
```

17-4-4 统计模块 statistics 的众数

统计模块 statistics 有 mode( ) 函数可以计算众数。

程序实例 ch17_7.py：使用统计模块 statistics 的 mode( ) 函数计算众数。

```
1  # ch17_7.py
2  import statistics as st
3
4  x1 = [0, 1, 1, 3, 2, 1]
5  print(f'mode = {st.mode(x1)}')
```

执行结果

```
===================== RESTART: D:\Machine\ch17\ch17_7.py =====================
mode = 1
```

17-4-5 分数分布图

在数据处理的时候，以频率图表表示可以让数据更简洁易懂，可以参考下列 40 个学生的考试成绩实例。

程序实例 ch17_8.py：计算并列出 40 位学生的考试平均成绩、中位成绩、众数成绩，同时使用 bar( ) 函数绘制分数的频率分布图表。

```
1  # ch17_8.py
2  import numpy as np
3  import statistics as st
4  import matplotlib.pyplot as plt
5
6  sc = [60,10,40,80,80,30,80,60,70,90,50,50,50,70,60,80,80,50,60,70,
7        70,40,30,70,60,80,20,80,70,50,90,80,40,40,70,60,80,30,20,70]
8  print(f'平均成绩 = {np.mean(sc)}')
9  print(f'中位成绩 = {np.median(sc)}')
10 print(f'众数成绩 = {st.mode(sc)}')
11
12 hist = [0]*9
13 for s in sc:
14     if s == 10: hist[0] += 1
15     elif s == 20:
16         hist[1] += 1
17     elif s == 30:
18         hist[2] += 1
19     elif s == 40:
20         hist[3] += 1
21     elif s == 50:
22         hist[4] += 1
23     elif s == 60:
24         hist[5] += 1
25     elif s == 70:
26         hist[6] += 1
27     elif s == 80:
```

```
28              hist[7] += 1
29         elif s == 90:
30              hist[8] += 1
31    width = 0.35
32    N = len(hist)
33    x = np.arange(N)
34    plt.rcParams['font.family'] = 'Microsoft JhengHei'
35    plt.bar(x, hist, width)
36    plt.ylabel('学生人数')
37    plt.xlabel('分数')
38    plt.xticks(x,('10','20','30','40','50','60','70','80','90'))
39    plt.title('成绩表')
40    plt.show()
```

执行结果

图表可以参考下方左图。

```
========================= RESTART: D:\Machine\ch17\ch17_8.py =========================
平均成绩 = 59.25
中位成绩 = 60.0
众数成绩 = 80
```

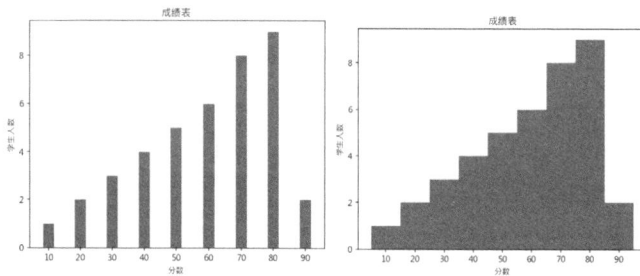

上述程序中如果将第 31 行改为 width = 1，也就是宽度与刻度一样，则可以得到没有间隙的直方图表，读者可以参考所附程序 ch17_8_1.py 与上方右图。

另一种简便设计频率分布图形的方法是使用 hist( ) 函数，可以参考下列实例。

程序实例 ch17_9.py： 使用 hist( ) 函数重新设计 ch17_8.py 的分数频率图。

```
1    # ch17_9.py
2    import numpy as np
3    import statistics as st
4    import matplotlib.pyplot as plt
5
6    sc = [60,10,40,80,30,80,60,70,90,50,50,50,70,60,80,80,50,60,70,
7          70,40,30,70,60,80,20,80,70,50,90,80,40,40,70,60,80,30,20,70]
8    print(f'平均成绩 = {np.mean(sc)}')
9    print(f'中位成绩 = {np.median(sc)}')
10   print(f'众数成绩 = {st.mode(sc)}')
11   plt.rcParams['font.family'] = 'Microsoft JhengHei'
12   plt.hist(sc, 9)
13
14   plt.ylabel('学生人数')
15   plt.xlabel('分数')
16   plt.title('成绩表')
17   plt.show()
```

执行结果

Python Shell 结果与 ch17_8.py 相同，省略打印，图表可参考下方左图。

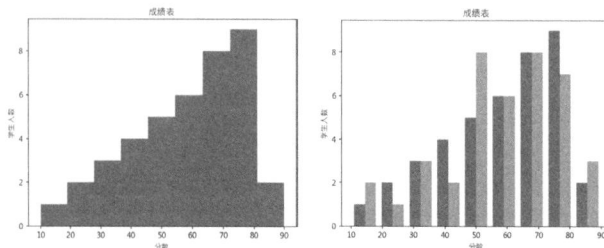

如果有两组分数，可以使用 [分数 1, 分数 2] 方式，将成绩数据放在 hist( ) 函数的参数内。

程序实例 ch17_10.py：两组成绩的频率分布图，主要是第 12 行加载 2 个分数。

```
1  # ch17_10.py
2  import numpy as np
3  import matplotlib.pyplot as plt
4
5  sc1 = [60,10,40,80,80,30,80,60,70,90,50,50,70,60,80,80,50,60,70,
6         70,40,30,70,60,80,20,80,70,50,90,80,40,70,60,80,30,20,70]
7
8  sc2 = [50,10,60,80,70,30,80,60,30,90,50,50,90,70,60,50,80,50,60,70,
9         60,50,30,70,70,80,10,80,70,50,90,80,40,50,70,60,80,40,20,70]
10
11 plt.rcParams['font.family'] = 'Microsoft JhengHei'
12 plt.hist([sc1,sc2],9)
13
14 plt.ylabel('学生人数')
15 plt.xlabel('分数')
16 plt.title('成绩表')
17 plt.show()
```

执行结果

可以参考上方右图。

17-5　数据分散指针

在统计学中，常使用方差 (variance) 与标准差 (standard deviation) 代表数据分散指针。

17-5-1　方差

方差的英文是 variance，从学术角度解说就是描述系列数据的离散程度，用大白话解说就是所有数据与平均值的偏差距离。

假设有两组数据如下：

(10, 10, 10, 10, 10)　　　　　　　　（平均值是 10）
(15, 5, 18, 2, 10)　　　　　　　　　（平均值是 10）

从上述计算可以得到两组数据的平均值是 10，当计算两组数据的每个元素与平均值的距离时，可以得到下列结果：

(0, 0, 0, 0, 0)　　　　　　　　　　（第一组数据）
(5, -5, 8, -8, 0)　　　　　　　　　（第二组数据）

在计算数据与平均值的偏差距离时，如果直接将每笔元素做求和，可以得到两组数据的距离是 0。

sum(0, 0, 0, 0, 0) = 0　　　　　　（第一组数据）
sum(5, -5, 8, -8, 0) = 0　　　　　（第二组数据）

从上述可以看到即使两组数据离散的程度有极大的差异，但是使用直接求和每个元素与平均值的距离会造成失真，原因是每个元素的偏差距离有正与负，在求和时正与负之间抵消了，所以正式定义方差时，是先将每个元素与平均值的距离做平方，然后求和，再除以数据的数量。假设数据数量是 n，下列是计算方差的步骤：

（1）计算数据的平均值。

$$\bar{x}$$

（2）计算每个元素与平均值的距离，同时取平方，最后求和。

$$(x_1 - \bar{x})^2 + (x_2 - \bar{x})^2 + \cdots + (x_n - \bar{x})^2$$

（3）x 方差最后计算公式如下：

$$方差 = \frac{(x_1 - \overline{x})^2 + (x_2 - \overline{x})^2 + \cdots + (x_n - \overline{x})^2}{n}$$

若使用 $\sum$ 符号，可以得到下列方差公式：

$$方差 = \frac{1}{n}\sum_{i=1}^{n}(x_i - \overline{x})^2$$

在做数据分析时，我们常会用有限的样本数量去推论母体实际的方差，虽然上述公式可用来推论实际母体的方差，但会产生偏差 (bias)，故实际上我们会用 $(n-1)$ 作为除数计算。下列式子称为样本方差，为母体方差的无偏 (unbiased) 估计量。

$$样本方差 = \frac{1}{n-1}\sum_{i=1}^{n}(x_i - \bar{x})^2$$

Numpy 目前提供的方差函数 var(x,ddof)，预设 ddof 是 0，表示可以建立母体方差。如果 ddof=1，n-ddof 相当于 $(n-1)$，表示建立样本方差。Statistics 则有母体方差函数与样本方差函数，可以参考表 17-1。

表 17-1 母体与样本方差函数

模块	功能	函数名称
Numpy	母体方差	var(x, ddof), ddof 预设是 0
Numpy	样本方差	var(x, ddof=1)
Statistics	母体方差	pvariance(x)
Statistics	样本方差	variance(x)

程序实例 ch17_11.py：使用 ch17_1.py 的超市销售数据，计算方差。

```
1  # ch17_11.py
2  x = [66, 58, 25, 78, 58, 15, 120, 39, 82, 50]
3  mean = sum(x) / len(x)
4
5  # 计算方差
6  myvar = 0
7  for v in x:
8      myvar += ((v - mean)**2)
9  myvar = myvar / len(x)
10 print(f"方差   : {myvar}")
```

执行结果

```
=============== RESTART: D:\Machine\ch17\ch17_11.py ===============
方差 : 823.49
```

上述实例中笔者使用数学计算的方式建立方差，下列则使用 Numpy 与 Statistics 模块产生母体方差与样本方差。

程序实例 ch17_12.py：使用 Numpy 模块的 var( ) 方法与 Statistics 模块的 pvariance( ) 和 variance( ) 方法，重新设计 ch17_11.py 建立的超市销售数据的母体方差和样本方差。

```
1  # ch17_12.py
2  import numpy as np
3  import statistics as st
4  x = [66, 58, 25, 78, 58, 15, 120, 39, 82, 50]
5
6  print(f"Numpy模块母体方差   : {np.var(x):6.2f}")
7  print(f"Numpy模块样本方差   : {np.var(x,ddof=1):6.2f}")
8  print(f"Statistics母体方差 : {st.pvariance(x):6.2f}")
9  print(f"Statistics样本方差 : {st.variance(x):6.2f}")
```

执行结果

```
=============== RESTART: D:\Machine\ch17\ch17_12.py ===============
Numpy模块母体方差 : 823.49
Numpy模块样本方差 : 914.99
Statistics母体方差 : 823.49
Statistics样本方差 : 914.99
```

注 在统计上使用 s^2 代表样本方差 (也称无偏方差)，σ^2 代表总体方差。

17-5-2 标准差

标准差的英文是 standard deviation，缩写是 SD，当计算方差后，将方差的结果开根号，就是标准差。注：下列 n 是母体集合的元素个数。

$$母体标准差 = \sqrt{\frac{1}{N}\sum_{i=1}^{N}(x_i - \bar{x})^2} \text{ , } N\text{是母体集合的元素个数, } \bar{x}\text{是平均值}$$

与方差概念相同，标准差也有母体标准差与样本标准差，上述是母体标准差公式，下列是样本标准差公式：

$$样本标准差 = \sqrt{\frac{1}{n-1}\sum_{i=1}^{n}(x_i - \bar{x})^2}$$

Numpy 目前提供的标准差函数是 std(x, ddof)，预设 ddof 是 0，表示可以建立母体标准差。如果 ddof=1，n-ddof 相当于 (n-1)，表示建立样本标准差。Statistics 则有母体标准差函数与样本标准差函数，可以参考表 17-2。

表 17-2 母体与样本标准差函数

模块	功能	函数名称
Numpy	母体标准差	std(x, ddof), ddof 默认值是 0
Numpy	样本标准差	std(x, ddof=1)
Statistics	母体标准差	pstdev(x)
Statistics	样本标准差	stdev(x)

程序实例 ch17_13.py：延伸 ch17_11.py，计算标准差。

```
1  # ch17_13.py
2
3  x = [66, 58, 25, 78, 58, 15, 120, 39, 82, 50]
4  mean = sum(x) / len(x)
5
6  # 计算标准差
7  var = 0
8  for v in x:
9      var += ((v - mean)**2)
10 sd = (var / len(x))**0.5
11 print(f"标准差: {sd:6.2f}")
```

执行结果

```
=============== RESTART: D:\Machine\ch17\ch17_13.py ===============
标准差 : 28.70
```

上述实例中笔者使用数学计算的方式建立标准差，其实在 Numpy 模块有 std( ) 方法，也可以直接套用建立标准差。

程序实例 ch17_14.py：延伸 ch17_12.py，计算标准差。

```
1  # ch17_14.py
2  import numpy as np
3  import statistics as st
4
5  x = [66, 58, 25, 78, 58, 15, 120, 39, 82, 50]
6  print(f"Numpy模块母体标准差   : {np.std(x):.2f}")
7  print(f"Numpy模块样本标准差   : {np.std(x,ddof=1):.2f}")
8  print(f"Statistics母体标准差 : {st.pstdev(x):.2f}")
9  print(f"Statistics样本标准差 : {st.stdev(x):.2f}")
```

执行结果

```
================ RESTART: D:\Machine\ch17\ch17_14.py ================
Numpy模块母体标准差    : 28.70
Numpy模块样本标准差    : 30.25
Statistics母体标准差   : 28.70
Statistics样本标准差   : 30.25
```

注　在统计上使用 s 代表样本标准差，σ 代表母体标准差。

17-6 $\sum$ 符号运算规则与验证

在前面几节的内容我们介绍了连续求和的符号 $\sum$，这一节将对此符号做更进一步解说。

规则 1：

$$\sum_{i=1}^{n}(x_i + y_i) = \sum_{i=1}^{n} x_i + \sum_{i=1}^{n} y_i$$

上述公式证明如下：

$$= (x_1 + y_1) + (x_2 + y_2) + \cdots + (x_n + y_n)$$

$$= (x_1 + x_2 + \cdots + x_n) + (y_1 + y_2 + \cdots + y_n)$$

$$= \sum_{i=1}^{n} x_i + \sum_{i=1}^{n} y_i$$

上述概念同样可以应用在减法。

$$\sum_{i=1}^{n}(x_i - y_i) = \sum_{i=1}^{n} x_i - \sum_{i=1}^{n} y_i$$

规则 2：

假设 c 是常数，下列公式成立：

$$\sum_{i=1}^{n} cx_i = c \sum_{i=1}^{n} x_i$$

上述公式证明如下：

$$\sum_{i=1}^{n} cx_i = cx_1 + cx_2 + \cdots + cx_n = c(x_1 + x_2 + \cdots + x_n) = c \sum_{i=1}^{n} x_i$$

规则 3：

假设 c 是常数，下列公式成立：

$$\sum_{i=1}^{n} c = nc$$

上述公式证明如下：

$$\sum_{i=1}^{n} c = \underbrace{c + c + \cdots + c}_{n \uparrow c} = nc$$

17-7　活用∑符号

台积电近 10 日的股价如表 17-3 所示。

表 17-3　台积电股价

近 10 日编号	股价
1	252
2	251
3	258
4	255
5	248
6	253
7	253
8	255
9	252
10	253

假设我们想要心算上述平均价格，可能会使用下列方式计算平均价格：

(252+251+ … +253) / 10

上述的确是一个方法，但是不容易心算，其实碰上这类的问题可以设定一个基准值，将上述每个价格减去基准值，然后求和再求平均值，最后再将此平均值与基准值相加即可。

依据上述概念，假设基准值是 250，我们可以重新建立表格，如表 17-4 所示。

表 17-4　基准值是 250 时差值

近 10 日编号	股价	与基准值的差值
1	252	2
2	251	1
3	258	8
4	255	5
5	248	−2
6	253	3
7	253	3
8	255	5
9	252	2
10	253	3

现在我们可以很容易心算，如下所示：

250 + (2+1+8+5−2+3+3+5+2+3)/10

= 250 + 3

= 253

上述使用实际值减去基准值，再计算平均值，最后与基准值相加，显然容易许多。计算平均值概念若是以∑表达，公式如下：

$$\frac{1}{n}\sum_{i=1}^{n} x_i = c + \frac{1}{n}\sum_{i=1}^{n}(x_i - c)$$

上述公式证明如下：

$$c + \frac{1}{n}\sum_{i=1}^{n}(x_i - c) = c + \frac{1}{n}\left(\sum_{i=1}^{n}x_i - \sum_{i=1}^{n}c\right)$$
$$= c + \frac{1}{n}\sum_{i=1}^{n}x_i - \frac{1}{n}nc$$
$$= c + \frac{1}{n}\sum_{i=1}^{n}x_i - c$$
$$= \frac{1}{n}\sum_{i=1}^{n}x_i$$

17-8 回归分析

17-8-1 相关系数

在数据分析过程中，两组数据集之间线性强度关系程度的测量值，称相关系数 (Correlation Coefficient)，相关系数值是在 -1 (含) 和 1 (含) 之间，有下列三种情况：

（1）相关系数 > 0，表示正相关，图 17-4 是正相关的散点图。

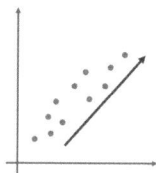

图 17-4　正相关

（2）相关系数 = 0，表示无关，图 17-5 是无相关的散点图。

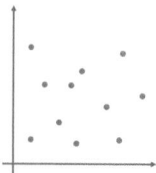

图 17-5　无关

（3）相关系数 < 0，表示负相关，图 17-6 是负相关的散点图。

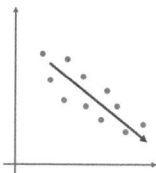

图 17-6　负相关

如果相关系数的绝对值小于 0.3 表示低度相关，介于 0.3 和 0.7 之间表示中度相关，大于 0.7 表示高度相关。

假设相关系数是 r，则此相关系数的数学公式如下：

$$r = \frac{\sum\limits_{i=1}^{n}(x_i - \bar{x})(y_i - \bar{y})}{\sqrt{\sum\limits_{i=1}^{n}(x_i - \bar{x})^2}\sqrt{\sum\limits_{i=1}^{n}(y_i - \bar{y})^2}}$$

上述公式中，x_i, y_i 代表两组数据集的观察值，$i = 1, 2, \cdots, n$。

Numpy 模块的 corrcoef(x,y) 函数中，参数 x 是 X 轴值，参数 y 是 Y 轴值，回传的是一个相关系数矩阵，下列实例会做说明。

程序实例 ch17_15.py： 天气气温与冰品营业额的相关系数计算，第 8 行使用 round(2) 函数是指计算到小数第 2 位。

```python
1  # ch17_15.py
2  import numpy as np
3  import matplotlib.pyplot as plt
4
5  temperature = [25,31,28,22,27,30,29,33,32,26]        # 天气温度
6  rev = [900,1200,950,600,720,1000,1020,1500,1420,1100]   # 营业额
7
8  print(f"相关系数 = {np.corrcoef(temperature,rev).round(2)}")
9
10 plt.rcParams["font.family"] = ["Microsoft JhengHei"]    # 微软正黑体
11 plt.scatter(temperature, rev)
12 plt.title('天气温度与冰品销售')
13 plt.xlabel("温度", fontsize=14)
14 plt.ylabel("营业额", fontsize=14)
15 plt.show()
```

执行结果

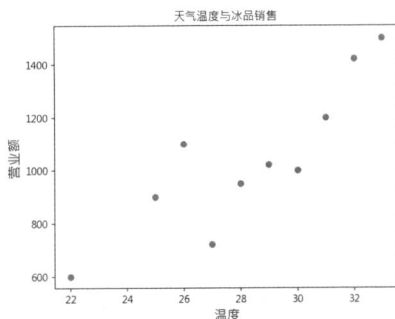

从上述图表我们可以很明显感受到，天气温度与冰品营业额呈现正相关，表 17-5 是笔者用表格显示 Python Shell 窗口的数据。

表 17-5　Python Shell 窗口数据

Python Shell 窗口的数据	天气温度	冰品营业额
天气温度	1	0.87
冰品营业额	0.87	1

上述是一个 2 × 2 的矩阵，天气温度和冰品营业额与自己的相关系数结果是 1，这是必然。天气温度与冰品营业额的相关系数是 0.87，这表示彼此是高度相关。

17-8-2 建立线性回归模型与数据预测

在 8-4 节笔者简单介绍过使用 Numpy 模块的 polyfit( ) 函数建立回归直线，现在我们可以使用此函数建立前一小节的回归模型函数。这时我们还需要使用 Numpy 的 poly1d( ) 函数，这两个函数用法如下：

```
coef = polyfit(temperature, rev, 1)      # 建立回归模型系数
reg = poly1d(coef)                        # 建立回归直线函数
```

程序实例 ch17_16.py：延续前一个程序，使用 ch17_15.py 的天气温度与冰品营业额数据，建立回归直线方程式。

```
1  # ch17_16.py
2  import numpy as np
3
4  temperature = [25,31,28,22,27,30,29,33,32,26]      # 天气温度
5  rev = [900,1200,950,600,720,1000,1020,1500,1420,1100]   # 营业额
6
7  coef = np.polyfit(temperature, rev, 1)             # 回归直线系数
8  reg = np.poly1d(coef)                              # 线性回归方程式
9  print(coef.round(2))
10 print(reg)
```

执行结果

```
==================== RESTART: D:\Machine\ch17\ch17_16.py ====================
[ 71.63 -986.22]

71.63 x - 986.2
```

从上述执行结果我们可以得到下列回归直线：
$$y = 71.63x - 986.2$$

有了回归方程式，就可以做数据预测。

程序实例 ch17_17.py：扩充前一个程序，预测当温度是 35 摄氏度时，冰品销售的业绩。

```
1  # ch17_17.py
2  import numpy as np
3
4  temperature = [25,31,28,22,27,30,29,33,32,26]      # 天气温度
5  rev = [900,1200,950,600,720,1000,1020,1500,1420,1100]   # 营业额
6
7  coef = np.polyfit(temperature, rev, 1)             # 回归直线系数
8  reg = np.poly1d(coef)                              # 线性回归方程式
9  print(f"当温度是 35 摄氏度时冰品销售金额 = {reg(35).round(0)}")
```

执行结果

```
==================== RESTART: D:\Machine\ch17\ch17_17.py ====================
当温度是 35 摄氏度时冰品销售金额 = 1521.0
```

当读者了解上述回归概念与销售预测后，可以使用图表表达，整个概念可以更加清楚。

程序实例 ch17_18.py：扩充前一个程序，使用图表绘制散点图与回归方程式。

执行结果

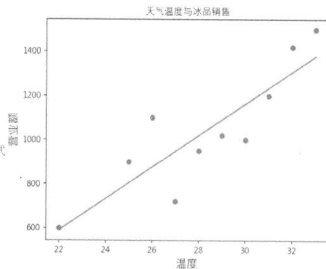

```
1  # ch17_18.py
2  import numpy as np
3  import matplotlib.pyplot as plt
4  temperature = [25,31,28,22,27,30,29,33,32,26]      # 天气温度
5  rev = [900,1200,950,600,720,1000,1020,1500,1420,1100]   # 营业额
6
7  coef = np.polyfit(temperature, rev, 1)             # 回归直线系数
8  reg = np.poly1d(coef)                              # 线性回归方程式
9
10 plt.rcParams["font.family"] = ["Microsoft JhengHei"]   # 微软正黑体
11 plt.scatter(temperature, rev)
12 plt.plot(temperature,reg(temperature),color='red')
13 plt.title('天气温度与冰品销售')
14 plt.xlabel("温度", fontsize=14)
15 plt.ylabel("营业额", fontsize=14)
16 plt.show()
```

17-8-3 二次函数的回归模型

在 7-6-1 节笔者定义了一个脸书的营销次数与增加业绩销售金额数据，7-6-2 节笔者手算得到销售回归二次函数如下：

$$y = -3.5x^2 + 18.5x - 5$$

在 17-8-2 节的 polyfit( ) 函数的第 3 个参数设定是 1，只要将此参数改为 2，就可以建立二次函数的回归模型，如下所示：

```
coef = polyfit(temperature, rev, 2)    # 建立二次函数的回归模型系数
reg = poly1d(coef)                      # 建立回归直线函数
```

程序实例 ch17_19.py：参考 7-6-1 节的脸书营销数据，建立脸书营销的二次函数，同时绘出二次函数的回归线。

```
1   # ch17_19.py
2   import numpy as np
3   import matplotlib.pyplot as plt
4   times = [1,2,3]                                      # 脸书营销次数
5   rev = [10,18,19]                                     # 增加业绩
6
7   coef = np.polyfit(times, rev, 2)                     # 二次函数系数
8   reg = np.poly1d(coef)                                # 二次函数回归方程式
9   print(reg)
10  plt.rcParams["font.family"] = ["Microsoft JhengHei"] # 微软正黑体
11  plt.scatter(times, rev)
12  plt.plot(times,reg(times),color='red')
13  plt.title('脸书营销与业绩增加金额')
14  plt.xlabel("脸书营销次数", fontsize=14)
15  plt.ylabel("增加业绩金额", fontsize=14)
16  plt.show()
```

执行结果

下列可以得到和 7-6-2 节一样的二次函数。

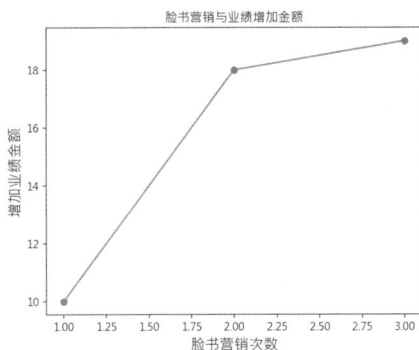

读者可能会奇怪为何上述所绘的二次函数不是曲线，这是因为我们只取样了 3 个点，所以看到的是折线。

当然二次函数的概念也可以应用在天气温度与冰品的营业额中，不过在绘制二次函数图形时，必须先将数据依温度重新排序，否则所绘制的回归图形将有错乱。

程序实例 ch17_20.py：建立天气温度与冰品营业额的二次函数与回归图形，注：下列数据已依温度重新排序。

```
1   # ch17_20.py
2   import numpy as np
3   import matplotlib.pyplot as plt
4   temperature = [22,25,26,27,28,29,30,31,32,33]        # 天气温度
5   rev = [600,900,1100,720,950,1020,1000,1200,1420,1500]  # 营业额
6
7   coef = np.polyfit(temperature, rev, 2)               # 回归直线系数
8   reg = np.poly1d(coef)                                # 线性回归方程式
9   print(reg)
10  plt.rcParams["font.family"] = ["Microsoft JhengHei"] # 微软正黑体
11  plt.scatter(temperature, rev)
12  plt.plot(temperature,reg(temperature),color='red')
13  plt.title('天气温度与冰品销售')
14  plt.xlabel("温度", fontsize=14)
15  plt.ylabel("营业额", fontsize=14)
16  plt.show()
```

执行结果

```
==================== RESTART: D:\Machine\ch17\ch17_20.py ====================
            2
4.642 x - 185.7 x + 2531
```

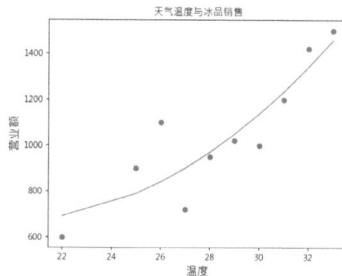

从上述执行结果可以得到天气温度与冰品营业额的二次函数如下：

$$y = 4.64x^2 - 185.7x + 2531$$

17-9　随机函数的分布

17-3 节笔者介绍过数据分布，Numpy 的随机函数可以产生各种不同的随机分布数据，表 17-6 是常见的 Numpy 的随机函数的随机分布。

表 17-6　常见 Numpy 的随机函数的随机分布

函数名称	说明
rand( )	均匀分布的随机函数，可参考 11-10-1 节
randint( )	整数的均匀分布函数，可参考 11-10-2 节
randn( )	标准正态分布函数
binomial( )	二项分布函数，可参考 12-10 节
normal( )	正态分布 (Gaussian) 分布函数
uniform( )	在 0(含)～1(不含) 间均匀分布的随机函数
beta( )	Beta 分布的随机函数
chisquare( )	Chi-square 分布的随机函数
gamma( )	Gamma 分布的随机函数

上述笔者说明过正态分布 (normal distribution)，正态分布函数的数学公式如下：

$$f(x) = \frac{1}{\sigma\sqrt{2\pi}} \times \exp\left(\frac{-(x-\mu)^2}{2\sigma^2}\right)$$

正态分布又称高斯分布 (Gaussian distribution)，上述标准差 σ 会决定分布的幅度，平均值 μ 会决定数据分布的位置，正态分布的特色如下：

（1）平均数、中位数与众数为相同数值。

（2）单峰的钟形曲线，因为呈现钟形，所以又称钟形曲线。

（3）左右对称。

图 17-7 是正态分布的图形。

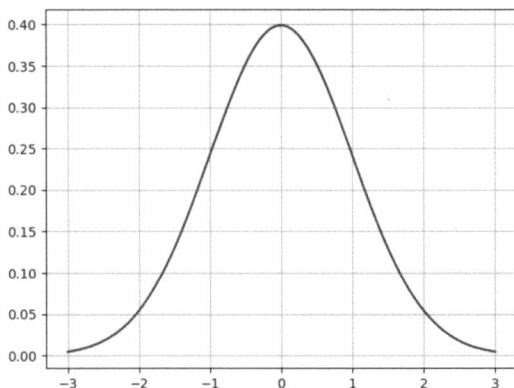

图 17-7　正态分布

有关正态分布进一步的概念与证明，笔者将在后面章节说明。

17-9-1　randn( )

randn( ) 函数主要是产生一个或多个平均值 μ 是 0，标准差 σ 是 1 的正态分布随机数。语法如下：

```
np.random.randn(d0, d1, …, dn)
```

如果省略参数，则回传一个随机数，dn 是维度，如果想要回传 10000 个随机数，可以使用 np.random.randn(10000)。

程序实例 ch17_21.py：使用 randn( ) 函数绘制 10000 个随机函数的直方图与正态分布的曲线图。

```
1  # ch17_21.py
2  import matplotlib.pyplot as plt
3  import numpy as np
4
5  mu = 0                                                      # 平均值
6  sigma = 1                                                   # 标准差
7  s = np.random.randn(10000)                                  # 随机数
8
9  count, bins, ignored = plt.hist(s, 30, density=True)        # 直方图
10 # 绘制曲线图
11 plt.plot(bins, 1/(sigma * np.sqrt(2 * np.pi)) *
12             np.exp( - (bins - mu)**2 / (2 * sigma**2) ),
13          linewidth=2, color='r')
14 plt.show()
```

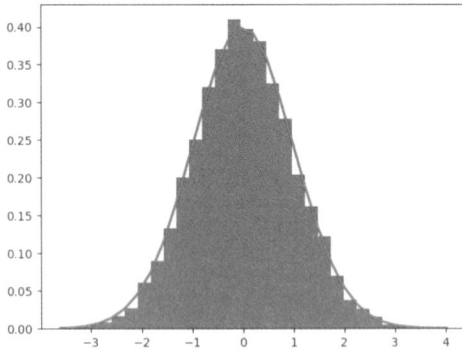

17-9-2 normal( )

虽然可以使用 randn( ) 产生正态分布函数的随机数，但一般数据科学家更常用的正态分布函数是 normal( ) 函数，其语法如下：

```
np.random.normal(loc, scale, size)
```

loc：loc 是平均值 μ，默认值是 0，这也是随机数分布的中心。

scale：scale 是标准差 σ，默认值是 1，值越大图形越矮胖，值越小图形越瘦高。

size：默认值是 None，表示产生一个随机数，可由此设定随机数的数量。

上述函数与 np.random.randn( ) 最大差异在于，此正态分布的随机函数可以自行设定平均值 μ、标准差 σ，所以应用范围更广。

程序实例 ch17_22.py：使用 normal( ) 函数重新设计 ch17_21.py。

```
 1  # ch17_22.py
 2  import matplotlib.pyplot as plt
 3  import numpy as np
 4
 5  mu = 0                                          # 均值
 6  sigma = 1                                       # 标准差
 7  s = np.random.normal(mu, sigma, 10000)          # 随机数
 8
 9  count, bins, ignored = plt.hist(s, 30, density=True)    # 直方图
10  # 绘制曲线图
11  plt.plot(bins, 1/(sigma * np.sqrt(2 * np.pi)) *
12                 np.exp( - (bins - mu)**2 / (2 * sigma**2) ),
13                 linewidth=2, color='r')
14  plt.show()
```

执行结果

上述程序第 11 ~ 13 行绘制正态分布的曲线，在第 12 章笔者介绍过 seaborn 模块，在此模块使用 kdeplot( ) 函数绘制所产生的正态分布曲线非常方便。

程序实例 ch17_23.py：使用 kdeplot( ) 函数绘制所产生的正态分布曲线，重新设计 ch17_22.py，读者可以参考第 12 行。

```
1   # ch17_23.py
2   import matplotlib.pyplot as plt
3   import numpy as np
4   import seaborn as sns
5
6   mu = 0                                              # 均值
7   sigma = 1                                           # 标准差
8   s = np.random.normal(mu, sigma, 10000)              # 随机数
9
10  count, bins, ignored = plt.hist(s, 30, density=True)   # 直方图
11  # 绘制曲线图
12  sns.kdeplot(s)
13  plt.show()
```

执行结果

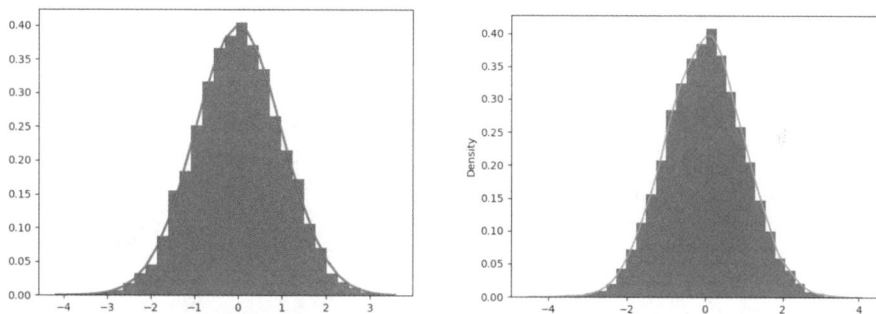

17-9-3　uniform( )

这是一个均匀分布的随机函数，语法如下：

`np.random.uniform(low, high, size)`

low：默认值是 0.0，随机数的下限值。

high：默认值是 1.0，随机数的上限值。

size：默认值是 1，产生随机数的数量。

程序实例 ch17_24.py：产生 250 个均匀分布的随机函数，同时绘制直方图。

```
1   # ch17_24.py
2   import matplotlib.pyplot as plt
3   import numpy as np
4
5   s = np.random.uniform(0.0,5.0,size=250)    # 随机数
6   plt.hist(s, 5)                             # 直方图
7   plt.show()
```

执行结果

我们使用 5 个长条区块代表区间值，第 1 个直方长条是 0 ~ 1 之间，第 2 个直方长条是 1 ~ 2 之间，第 3 个直方长条是 2 ~ 3 之间，第 4 个直方长条是 3 ~ 4 之间，第 5 个直方长条是 4 ~ 5 之间。从上图可以得到下列结果：

（1）在 0 ~ 1 之间有 51 个数值。

（2）在 1 ~ 2 之间有 49 个数值。

（3）在 2 ~ 3 之间有 58 个数值。

（4）在 3 ~ 4 之间有 43 个数值。

（5）在 4～5 之间有 49 个数值。

程序实例 ch17_25.py：使用 uniform( ) 函数绘制 10000 个随机函数的直方图，并使用 seaborn 模块的 kdeplot( ) 绘制均匀分布的曲线图。

```
1   # ch17_25.py
2   import matplotlib.pyplot as plt
3   import numpy as np
4   import seaborn as sns
5
6   s = np.random.uniform(size=10000)          # 随机数
7
8   plt.hist(s, 30, density=True)              # 直方图
9   # 绘制曲线图
10  sns.kdeplot(s)
11  plt.show()
```

执行结果

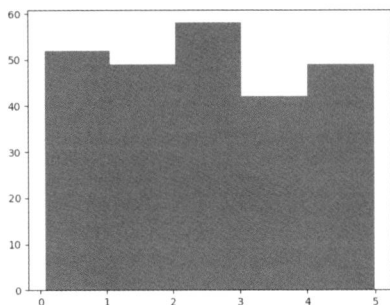 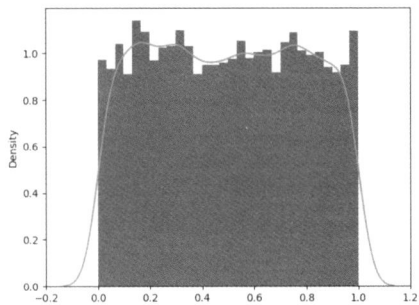

第 18 章
机器学习的向量

18-1 向量的基础概念

向量 (vector) 一词第一次出现是在高中数学，在机器学习中向量扮演非常重要的角色，本章将详细解说。

18-1-1 机器学习的向量知识

向量在机器学习中担任重要的角色，它们通常被用于表现和分析数据。以下是向量在机器学习中的一些主要应用：

- 特征表示：在机器学习中，我们经常将数据表示为向量。例如：一个图像可以被表示为一个由像素强度构成的向量，或者一篇文章可以被表示为一个其包含词汇的向量 (称为词袋模型)。
- 向量空间模型：在自然语言处理 (NLP) 中，向量常被用于表示词语、句子或文档，这就是所谓的向量空间模型。其中最著名的模型是 Word2Vec、GloVe 和 FastText 等，它们可以将每个词映射到一个多维向量，并捕捉词语之间的语义关系。
- 距离和相似度测量：向量可以用于计算两个点之间的距离或相似度。这在机器学习中非常重要，特别是在聚类 (如 K 均值)、分类 (如 K 最近邻)、推荐系统等领域。
- 线性代数和最优化：向量和矩阵在机器学习的许多核心运算中都有出现，包括线性回归、神经网络、支持向量机等。向量化的运算可以大大提高计算效率。
- 深度学习：在深度学习中，向量、矩阵和张量被用于表示网络的权重、偏差、输入和输出等。通过向量化的运算，可以有效地进行前向传播和反向传播，进而训练和优化模型。

以上是向量在机器学习中的几种主要应用，总的来说，向量是一种强大的工具，可以帮助我们表达、处理和分析数据，进而解决各种机器学习问题。

18-1-2 认识标量

单纯的一个数字，没有大小或方向，可以用实数表达，在数学领域称标量 (scalar)。例如：10，就是一个标量。标量的实例有，超市每位顾客每次购买金额、温度、体积等。

其实标量的称呼主要是和向量做区分。

18-1-3 认识向量

过去向量一词是数学、物理学常用的名词，如今人工智能、机器学习、深度学习兴起，向量也成了这个领域很重要的名词。

向量是一个同时具有大小与方向的对象。

以二维空间的平面坐标而言，向量包含了 2 个元素，分别是 x 轴横坐标与 y 轴纵坐标。对于三维空间的坐标而言，向量则包含 3 个元素，分别是 x 轴横坐标、y 轴纵坐标与 z 轴坐标。

对我们而言二维、三维是可以看见与想象的事物，但是实务上，向量可以扩充到 n 维空间，这时一个向量的元素个数是 n 个，不过读者不用担心，笔者将详细介绍。

18-1-4 向量表示法

下列是以二维空间再逐步扩充至 n 维空间的向量表示法：

以箭头表示：

向量可以使用含箭头的线条表示，线条长度代表向量大小，箭头表示向量方向，图 18-1 是大小与方向均不同的向量。

图 18-1　以箭头表示向量

图 18-2 是大小与方向均相同的向量，虽然位置不同，但在数学领域是相同的向量，又称等向量 (identical vector)。

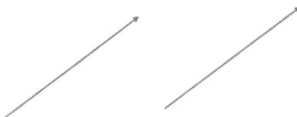

图 18-2　等向量

文字表示：

在数学领域有时候可以在英文字母上方加上向右箭头代表向量，例如：图 18-3 是向量 $\vec{a}$：

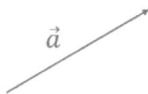

图 18-3　文字表示向量

含起点与终点：

有时候也可以用起点与终点的英文字母代表向量，当然英文字母上方需加上向右箭头，如图 18-4 所示。

图 18-4　起点与终点的英文字母表示向量

须注意向量具有方向性，所以向量 $\overrightarrow{AB}$ 不可以写成 $\overrightarrow{BA}$。

位置向量：

在一个坐标上有 2 个向量如图 18-5 所示。

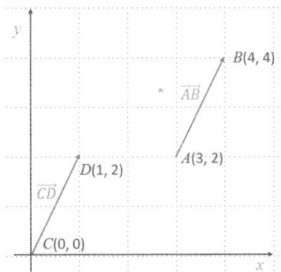

图 18-5　位置向量

从坐标点 $A(3, 2)$ 至 $B(4, 4)$ 是向量 $\overrightarrow{AB}$，如果我们现在说此向量是 (3, 2)、(4, 4)，是有一点复

杂的，假设我们现在将此向量平移至坐标 (0, 0)，其实向量的位置是不重要的，所以我们可以将 $\overrightarrow{AB}$ 与 $\overrightarrow{CD}$ 视为相同的向量，像这样将起点移至坐标原点 (0, 0) 的向量我们称之为位置向量。

在位置向量中，我们以下列方式表达向量 $\overrightarrow{CD}$：

$$\overrightarrow{CD} = (1, 2)$$

或者不加逗号：

$$\overrightarrow{CD} = (1 \quad 2)$$

或者下列方式：

$$\overrightarrow{CD} = \begin{pmatrix} 1 \\ 2 \end{pmatrix}$$

机器学习常见的向量表示法：

机器学习常常需要处理 n 维空间的数学，如果使用含起点与终点的英文字母代表向量似乎太复杂，为了简化，常常只用一个英文字母表示向量，例如：a，不过这个字母会用粗体显示（注：向量一般用粗体小写表示，下一章介绍的矩阵则用粗体大写表示），如下所示：

a

若是以 a 表示向量 $\overrightarrow{CD}$ 为例，此向量的表示方式如下：

$a = (1，2)$

粗体表示向量也有缺点，因为有时会不易辨别。

向量的分量：

在二维空间的坐标轴概念中，x 和 y 坐标就是此向量的分量。

n 维空间向量：

机器学习的 n 维空间向量表示法如下：

$a = (a_1，a_2，\cdots，a_n)$

$b = (b_1，b_2，\cdots，b_n)$

$c = (c_1，c_2，\cdots，c_n)$

零向量：

向量的每一个元素皆是 0，称零向量 (zero vector)，可以用下列方式表示：

$0 = (0，0，\cdots，0)$

或者下列方式：

$\vec{0}$

有一点需要留意的是零向量仍然有方向性，但是方向不定。

18-1-5　计算向量分量

有一个二维坐标的向量如图 18-6 所示。

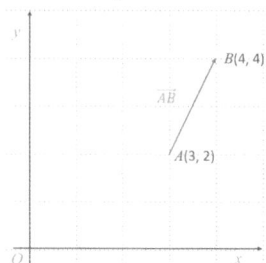

图 18-6　向量

计算 $\overrightarrow{AB}$ 的分量，假设 A 坐标是 (x_1, y_1)，B 坐标是 (x_2, y_2)，可以使用下列方法：

$(x_2, y_2) - (x_1, y_1)$

运算方式如下：

$(4, 4) - (3, 2) = (1, 2)$

其实上述 $(1, 2)$ 也就是真实的位置向量，下列是 Python 实操。

```
>>> import numpy as np
>>> a = np.array([3, 2])
>>> b = np.array([4, 4])
>>> b - a
array([1, 2])
```

18-1-6　相对位置的向量

有一个坐标图形如图 18-7 所示。

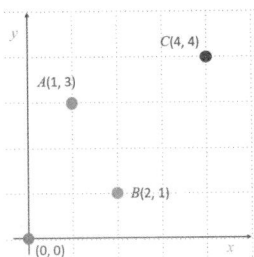

图 18-7　坐标

对于上述 A、B、C 等 3 个点而言，相较于原点，这些点的向量如下：

$a = (1, 3)$

$b = (2, 1)$

$c = (4, 4)$

对于 A 点而言，从 A 到 B 的向量是 $(2, 1) - (1, 3) = (1, -2)$。

对于 A 点而言，从 A 到 C 的向量是 $(4, 4) - (1, 3) = (3, 1)$。

可以参考图 18-8。

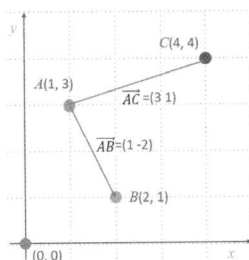

图 18-8　向量

相同的概念对于 B 点而言，从 B 到 C 的向量是 $(4, 4) - (2, 1) = (2, 3)$。

18-1-7　不同路径的向量运算

沿用上一节的图，假设现在从 A 经过 B 到 C，向量计算方式如下：

$$\overrightarrow{AB} + \overrightarrow{BC}$$

$$(1, -2) + (2, 3) = (3, 1)$$

其实上述计算结果就是从 A 到 C 的向量，所以我们可以得到下列结果：

$$\vec{AB} + \vec{BC} = \vec{AC}$$

下列是 Python 实操。

```
>>> import numpy as np
>>> ab = np.array([1, -2])
>>> bc = np.array([2, 3])
>>> ab + bc
array([3, 1])
```

18-2 向量加法的规则

这一节将使用下列 n 维空间的向量做说明。

$a = (a_1, a_2, \cdots, a_n)$

$b = (b_1, b_2, \cdots, b_n)$

$c = (c_1, c_2, \cdots, c_n)$

相同维度的向量可以相加，所以 n 维空间的向量加法概念如下：

$a + b = (a_1+b_1, a_2+b_2, \cdots, a_3+b_3)$

不同维度的向量无法相加。

向量加法符合交换律概念：

所谓交换律 (commutative property) 是常用的数学名词，意义是改变顺序不改变结果。

$a + b = b + a$

向量加法符合结合律概念：

所谓结合律 (associative laws) 是常用的数学名词，意义是一个含有 2 个以上可以结合的运算符表示公式，运算符的位置没有变时，运算顺序不会改变结果。

$(a + b) + c = a + (b + c)$

读者需留意，上述运算符位置没有改变。下列就不符合结合律，因为 a 和 b 的位置互换了。

$(a + b) + c = (b + a) + c$

向量与零向量相加结果不会改变。

有一个向量相加公式如下：

$a + z = a$

则我们称 z 是零向量，此 z 又可以标记为 0。

向量与反向量相加结果是零向量。

所谓相反向量 (opposite vector) 是一个大小相等，但是方向相反的向量。假设下列公式成立，则 a 与 b 互为相反向量。

$a + b = 0$

有时候也可以用 $-a$ 当作是 a 的相反向量。

```
>>> import numpy as np
>>> a = np.array([3, 2])
>>> -a
array([-3, -2])
```

向量与标量相乘：

假设一个向量 a 与标量 c 相乘，相当于将 c 乘以每个向量元素，如下所示：

$c \cdot a = (ca_1,\ ca_2,\ \cdots,\ ca_3)$

```
>>> import numpy as np
>>> a = np.array([3, 2])
>>> 3 * a
array([9, 6])
```

向量除以标量：

可以想象成将向量乘以倒数的标量。

向量相加再乘以标量或是标量相加再乘以向量：

上述概念符合分配律规则，假设 x、y 是标量。

$(x + y) \cdot a = xa + ya$

$x(a + b) = xa + xb$

标量与向量相乘也符合结合律：

上述概念符合结合律规则，假设 x、y 是标量。

$(xy)a = x(ya)$

向量乘以 1：

可以得到原来的向量。

$a \times 1 = a$

向量乘以 -1：

可以得到原来的相反向量。

$a \times (-1) = -a$

下列是 Python 实例。

```
>>> import numpy as np
>>> a = np.array([3, 2])
>>> a * -1
array([-3, -2])
```

向量乘以 0：

可以得到零向量。

$a \times 0 = 0$

向量相减：

如果向量相减，相当于加上被减向量的相反向量。

$a - b = a + (-b)$

下列是 Python 实例。

```
>>> import numpy as np
>>> a = np.array([3, 2])
>>> b = np.array([2, 1])
>>> a - b
array([1, 1])
```

18-3　向量的长度

向量的长度可以使用第 7 章的勾股定理执行计算，坐标如图 18-9 所示。

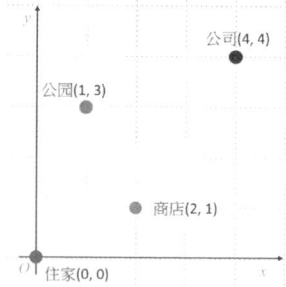

图 18-9　向量长度

从住家到公园的距离 $= \sqrt{1^2 + 3^2} = \sqrt{10}$

从商店到公司的距离 $= \sqrt{(4-2)^2 + (4-1)^2} = \sqrt{2^2}$

假设有一个向量 $\boldsymbol{a}$，此向量长度的表示法如下：

$$|\boldsymbol{a}|$$

或是如下：

$$\|\boldsymbol{a}\|$$

对于一个 n 维空间的向量 $\boldsymbol{a}$ 而言，此向量长度的计算方式如下：

$$\|\boldsymbol{a}\| = \sqrt{a_1^2 + a_2^2 + \cdots + a_n^2}$$

有关向量长度可以使用 Numpy 的 linalg 模块的 norm( ) 方法处理，下列是求住家到公园向量长度的实例。

```
>>> import numpy as np
>>> park = np.array([1, 3])
>>> norm_park = np.linalg.norm(park)
>>> norm_park
3.1622776601683795
```

下列是求商店到公司向量长度的实例。

```
>>> import numpy as np
>>> store = np.array([2, 1])
>>> office = np.array([4, 4])
>>> store_office = office - store
>>> norm_store_office = np.linalg.norm(store_office)
>>> norm_store_office
3.605551275463989
```

18-4　向量方程式

所谓的向量方程式是使用向量表示图形的一个方程式，本节将详细介绍。

18-4-1　直线方程式

在先前概念中我们了解到两个点可以构成一条线，对于向量而言所需要的是向量方向与一个点，可以参考图 18-10。

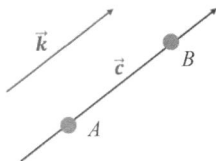

图 18-10　向量方向与一个点

注　图中用小写加向右箭头代表向量，下列文字用粗体、小写代表向量。

上述是通过 A 点与向量 k 平行的线条，其实通过 A 点又和向量 k 平行的线条也只有这一条，这一条假设是向量 c，那么这一条向量可以用 pk 表示，p 是标量。

$c = pk$

用坐标轴考虑上述图形，可以得到图 18-11。

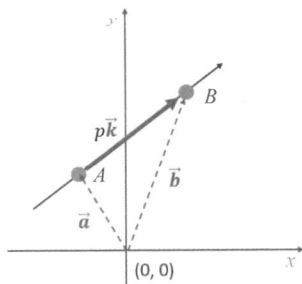

图 18-11　坐标图形

有了上述坐标图形，我们可以得到下列公式：

$b = a + pk$　　　　　　　　　（p 是常数）

上述就是用向量代表直线的向量方程式。

假设 A 点与 B 点的坐标分别是 $(-1, 2)$ 和 $(1, 4)$，则上述坐标图形如图 18-12 所示。

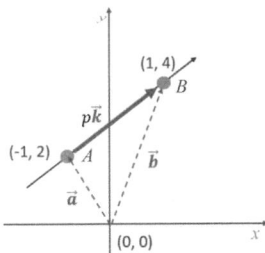

图 18-12　坐标图形

从上图可以得到 pk 向量如下，为了方便处理 x 和 y 轴系数，笔者使用下列方式表达向量：

$$pk = \binom{1 - (-1)}{4 - 2} = \binom{2}{2}$$

由于 a 向量是 $(-1, 2)$，可以用下列表示：

$$a = \binom{-1}{2}$$

将上述数值代入下列公式：

$b = a + pk$　　　　　　　　　（p 是常数）

可以得到下列结果：

$$\begin{pmatrix} x \\ y \end{pmatrix} = \begin{pmatrix} -1 \\ 2 \end{pmatrix} + p \begin{pmatrix} 2 \\ 2 \end{pmatrix}$$

可以得到下列联立方程式：

$x = -1 + 2p$ （18.1）

$y = 2 + 2p$ （18.2）

公式（18.1）减去公式（18.2），可以得到下列结果。

$x - y = -3$

推导可以得到：

$y = x + 3$

这个就是通过 A, B 两点的直线方程式了，我们可以得到斜率是 1，y 截距是 3。

18-4-2　Python 实操连接两点的方程式

现在我们使用 Python 实操计算连接点 (-1, 2) 和 (1, 4) 的直线，将这两个点代入下列公式：

$y = ax + b$

可以得到下列联立方程式：

$2 = -a + b$

$4 = a + b$

程序实例 ch18_1.py：计算 a 和 b 的值。

```
1  # ch18_1.py
2  from sympy import Symbol, solve
3
4  a = Symbol('a')
5  b = Symbol('b')
6  eq1 = -a + b -2
7  eq2 = a + b - 4
8  ans = solve((eq1, eq2))
9  print(f'a = {ans[a]}')
10 print(f'b = {ans[b]}')
```

执行结果

```
==================== RESTART: D:\Machine\ch18\ch18_1.py ====================
a = 1
b = 3
```

18-4-3　使用向量建立回归方程式的理由

对于 2 维空间的线性方程式，我们已经熟悉了，假设是 3 维空间则线性方程式如下：

$ax + by + cz + d = 0$

公式计算会变得比较复杂，但是如果使用向量，所使用的公式完全相同。

$\boldsymbol{b} = \boldsymbol{a} + p\boldsymbol{k}$ （p 是常数）

至于向量 $\boldsymbol{k}$ 则是增加一个分量，如下所示：

$$k = \begin{pmatrix} x \\ y \\ z \end{pmatrix}$$

或是我们使用 18-2 节的表达方式：

$\boldsymbol{k} = (k_1 \ k_2 \ k_3)$

上述概念可以扩展到 n 维空间。

18-5　向量内积

如果直接使用向量内积的定义，用 2 行外加公式就可以解释。笔者年轻时候所读的书籍皆是如此，当然这也导致笔者困惑许久，直至有一天才恍然大悟。这一节笔者将一步一步解析向量内积的所有概念。

18-5-1　协同工作的概念

汽车坏了，两个人要拖这辆汽车，如图 18-13 所示。

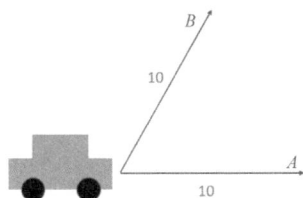

图 18-13　两人拖车子

A 往水平方向用了 10 分的力气在拖车，B 也是用了 10 分的力气如上图所示方向在拖车，其实如果 B 也是往水平方向在拖车，所使用的 10 分力气就会完全贡献给 A，那么究竟 B 贡献多少力气给 A ？

如果从 B 所花力气绘一条垂直线，这时可以构成一个直角三角形，此三角形底边 k 的长度就是 B 所贡献给 A 的力气，如图 18-14 所示。

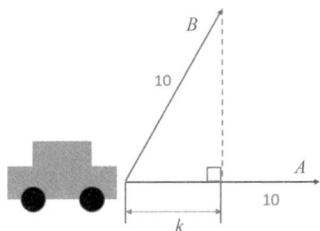

图 18-14　绘垂直线

在上述 B 协助拖车辆的图形中，如果 B 所施力气越靠近 A，k 值越长，对 A 的帮助越大，可以参考图 18-15。

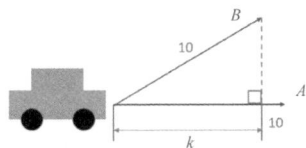

图 18-15　越靠近 A 贡献越大

如果 B 所施力气离 A 越远，k 值越小，对 A 的帮助越小，可以参考图 18-16。

如果 B 所施力气方向与 A 方向呈 90°，则是完全没有帮到忙，如果是超过 90°，则是在帮倒忙，可以参考图 18-17。

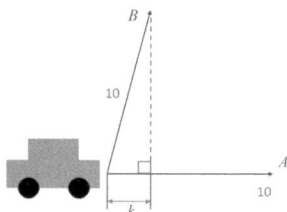

图 18-16　越远离 *A* 贡献越小

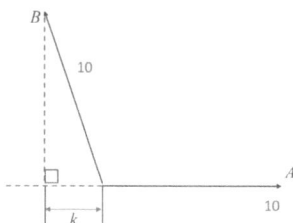

图 18-17　超过 90°

18-5-2　计算 *B* 所帮的忙

假设 *B* 所使用的力气是向量 ***b***，则 *B* 所贡献的力气 *k* 的计算方式可以参考三角函数 cos，如图 18-18 所示。

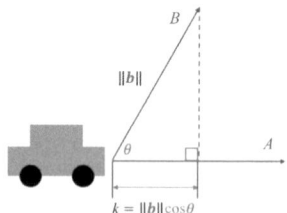

图 18-18　*B* 所贡献的力气

因为：

$$\cos\theta = \frac{k}{\|\boldsymbol{b}\|}$$

所以：

$$k = \|\boldsymbol{b}\|\cos\theta$$

假设 *B* 帮忙施力的方向与 *A* 施力的方向呈 60°，假设所施的力是 10，则可以用下列方式计算 *k* 值。

```
>>> import math
>>> 10 * math.cos(math.radians(60))
5.000000000000001
```

18-5-3　向量内积的定义

向量内积的英文是 inner product，数学表示方法如下：

$$\boldsymbol{a} \cdot \boldsymbol{b}$$

可以念作 a dot b，向量内积的计算结果是标量。

几何角度定义向量内积：

向量内积是两个向量长度与它们夹角余弦值 (cos) 的乘积，概念如下：

$$a \cdot b = \|a\|\|b\|\cos\theta$$

看了内积的几何定义，我们可以了解向量内积另一层解释是，第一个向量投影到第二个向量的长度，乘以第二个向量的长度，如图 18-19 所示。

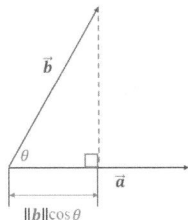

图 18-19　几何定义

所以向量内积的公式如下：

$$a \cdot b = \|a\|\|b\|\cos\theta$$

在向量内积应用上，下列几个规则是成立的：

（1）交换律成立：

$$a \cdot b = b \cdot a$$

不论是向量 a 投影到向量 b 或是向量 b 投影到向量 a，都可以得到下列结果公式：

$$a \cdot b = b \cdot a = \|a\|\|b\|\cos\theta$$

（2）分配律成立：

$$a \cdot (b + c) = a \cdot b + a \cdot c$$

请参考图 18-20。

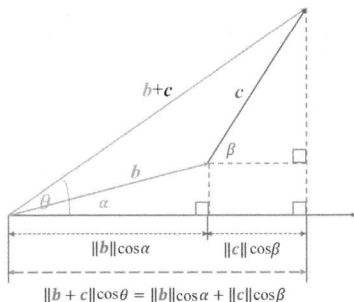

图 18-20　分配律

从上述图形可以看到下列最重要的公式：

$$\|b + c\| \cos\theta = \|b\| \cos\alpha + \|c\| \cos\beta$$

所以分配律成立。

代数定义向量内积：

代数定义向量内积的概念是，对两个等维度的向量，每组对应的元素求积，然后再求和。假设向量 a 与 b 数据如下：

$$a = (a_1, a_2, \cdots, a_n)$$
$$b = (b_1, b_2, \cdots, b_n)$$

向量内积定义如下：

$$a \cdot b = \sum_{i=1}^{n} a_i b_i = a_1 b_1 + a_2 b_2 + \cdots + a_n b_n$$

如果是二维空间，相当于定义如下：

$$a \cdot b = a_1 b_1 + a_2 b_2$$

例如：两个向量是 (1，3)，(4，2)，向量内积计算方式如下：

$1 \times 4 + 3 \times 2 = 10$

计算向量内积可以使用 Numpy 模块的 dot( ) 方法，下列是使用相同数据计算的内积结果。

```
>>> import numpy as np
>>> a = np.array([1, 3])
>>> b = np.array([4, 2])
>>> np.dot(a, b)
10
```

因为代数定义与几何定义相等，所以可以得到下列公式：

$$a \cdot b = \|a\|\|b\| \cos\theta = a_1 b_1 + a_2 b_2$$

接下来笔者要证明代数定义与几何定义相同，假设有两个向量 $x(1\ 0)$ 与 $y(0\ 1)$ 长度皆是 1。

从坐标可以计算长度如下：

$$\|x\| = \sqrt{1^2 + 0^2} = 1$$
$$\|y\| = \sqrt{0^2 + 1^2} = 1$$

由于 x 与 y 的夹角是 90°，所以可以得到下列推导结果：

$$x \cdot y = \|x\|\|y\| \cos\frac{\pi}{2} = 1 \cdot 1 \cdot 0 = 0$$

角度90°转弧度

上述概念也可以用在 $x \cdot y$。

因为 x 与 x 的夹角是 0，所以可以得到下列结果。

$$x \cdot x = \|x\|\|x\| \cos 0 = 1 \cdot 1 \cdot 1 = 1$$

上述概念也可以用在 $y \cdot y$。

现在使用下列方式表示向量 a 和 b。

$$a = (a_1, a_2) = a_1 x + a_2 y$$
$$b = (b_1, b_2) = b_1 x + b_2 y$$

接着可以执行推导：

$$a \cdot b = (a_1 x + a_2 y) \cdot (b_1 x + b_2 y)$$

展开可以得到下列结果：

$$a \cdot b = a_1 b_1 x \cdot x + a_1 b_2 x \cdot y + a_2 b_1 y \cdot x + a_2 b_2 y \cdot y$$

1　　0　　0　　1

所以可以得到下列推导结果：

$a \cdot b = a_1 b_1 + a_2 b_2$

18-5-4 两条直线的夹角

继续推导前一节的公式可以得到下列公式：

$$\cos\theta = \frac{a_1 b_1 + a_2 b_2}{\|a\|\|b\|}$$

有了上述公式，相当于坐标上有两个向量，可以利用上述概念计算这两个向量的夹角。

程序实例 ch18_2.py：假设坐标平面有 A, B, C, D 四个点，这四个点的坐标如下：

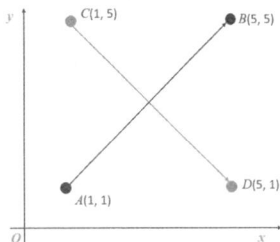

其中 AB 组成向量 $\overrightarrow{AB}$，CD 组成向量 $\overrightarrow{CD}$，请计算这两个向量的夹角。

```
1   # ch18_2.py
2   import numpy as np
3   import math
4
5   a = np.array([1, 1])
6   b = np.array([5, 5])
7   c = np.array([1, 5])
8   d = np.array([5, 1])
9
10  ab = b - a                              # 向量ab
11  cd = d - c                              # 向量bc
12
13  norm_a = np.linalg.norm(ab)             # 计算向量大小
14  norm_b = np.linalg.norm(cd)             # 计算向量大小
15
16  dot_ab = np.dot(ab, cd)                 # 计算向量内积
17
18  cos_angle = dot_ab / (norm_a * norm_b)  # 计算cosθ值
19  rad = math.acos(cos_angle)              # acos转成弧度
20  deg = math.degrees(rad)                 # 转成角度
21  print(f'角度是 = {deg}')
```

执行结果

```
================== RESTART: D:\Machine\ch18\ch18_2.py ==================
角度是 = 90.0
```

上述程序第 18 行我们计算了 $\cos\theta$，因为要计算角度，所以第 19 行使用 math 数学模块的 acos( ) 计算 $\cos\theta$ 的弧度，第 20 行则是将弧度转成角度。18-5-6 节笔者会更进一步解说向量夹角的相关应用。

18-5-5 向量内积的性质

请再看一次下列公式：

$$\cos\theta = \frac{a_1 b_1 + a_2 b_2}{\|a\|\|b\|}$$

上述分母是向量长度所以一定大于 0，上述可以推导得到下列关系：

向量内积是正值，两向量的夹角小于 90°。

向量内积是 0，两向量的夹角等于 90°。

向量内积是负值，两向量的夹角大于 90°。

用图形表示如图 18-21 所示。

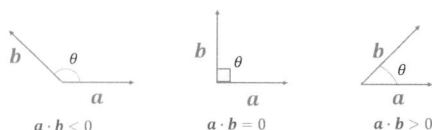

图 18-21　向量内积

上述夹角应用的功能对设计 3D 游戏是有帮助的，假设玩家观测点在超过 90° 的角度才看得到角色动画表情，可以绘制，这时当角度小于 90° 时表示玩家看不到角色动画表情，表示可以不用绘制。

18-5-6　余弦相似度

假设有 a，b 两个向量，向量 a 的方向是水平往右，如图 18-22 所示。

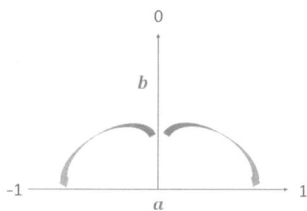

图 18-22　余弦相似度

当 a 与 b 向量内积是 0 时，两向量是垂直相交，可以参考上图。当向量内积值往 1 靠近时向量 b 方向则也会靠近向量 a。如果向量内积是 1 时，表示两个向量方向相同。如果向量内积是 -1，表示 a 与 b 两个向量方向相反。使用这个特性判断两个向量的相似程度称余弦相似度 (cosine similarity)。

余弦相似度 $= \cos\theta = \frac{a_1 b_1 + a_2 b_2}{\|a\|\|b\|}$

程序实例 ch18_3.py：判断下列句子的相似度。

（1）机器与机械；

（2）学习机器码；

（3）机器人学习。

表 18-1 是每个单字出现的频率。

表 18-1　单字出现频率

编号	句子	机	器	与	械	学	习	码	人
1	机器与机械	2	1	1	1	0	0	0	0
2	学习机器码	1	1	0	0	1	1	1	0
3	机器人学习	1	1	0	0	1	1	0	1

这时可以建立下列向量：

a = (2 1 1 1 0 0 0 0)

b = (1 1 0 0 1 1 1 0)

c = (1 1 0 0 1 1 0 1)

```
1   # ch18_3.py
2   import numpy as np
3
4   def cosine_similarity(va, vb):
5       norm_a = np.linalg.norm(va)                    # 计算向量大小
6       norm_b = np.linalg.norm(vb)                    # 计算向量大小
7       dot_ab = np.dot(va, vb)                        # 计算向量内积
8       return (dot_ab / (norm_a * norm_b))            # 回传相似度
9
10  a = np.array([2, 1, 1, 1, 0, 0, 0, 0])
11  b = np.array([1, 1, 0, 0, 1, 1, 1, 0])
12  c = np.array([1, 1, 0, 0, 1, 1, 0, 1])
13  print(f'a 和 b 相似度 = {cosine_similarity(a, b):.3f}')
14  print(f'a 和 c 相似度 = {cosine_similarity(a, c):.3f}')
15  print(f'b 和 c 相似度 = {cosine_similarity(b, c):.3f}')
```

执行结果

```
==================== RESTART: D:\Machine\ch18\ch18_3.py ====================
a 和 b 相似度 = 0.507
a 和 c 相似度 = 0.507
b 和 c 相似度 = 0.800
```

其实上述实例是 8 维向量的简单应用，后续机器学习将扩展至几百或更高维度。

18-6 皮尔逊相关系数

在统计学中皮尔逊相关系数 (Pearson correlation coefficient) 常用在度量两个变量 x 和 y 之间的相关程度，此系数值范围是在 -1 和 1 之间，基本概念如下：

● 系数值为 1：代表所有数据皆是在一条直线上，同时 y 值随 x 值增加而增加。系数值越接近 1，代表 x 与 y 变量的正相关程度越高。

● 系数值为 -1：代表所有数据皆是在一条直线上，同时 y 值随 x 值增加而减少。系数越接近 -1，代表 x 与 y 变量的负相关程度越高。

● 系数值为 0：代表两个变量间没有线性关系，也就是 y 值的变化与 x 值完全不相关。系数越接近 0，代表 x 与 y 变量的完全不相关程度越高。

表 18-2 是相关性系数常见的定义。

表 18-2　相关性系数

相关性	正	负
强	0.7 ~ 1.0	-1.0 ~ -0.7
中	0.3 ~ 0.7	-0.7 ~ -0.3
弱	0.1 ~ 0.3	-0.3 ~ -0.1
无	0 ~ 0.1	-0.1 ~ 0

18-6-1 皮尔逊相关系数定义

皮尔逊相关系数是两个变量之间共方差和标准差的商，一般常用 r 当作皮尔逊相关系数的变量，公式如下：

$$r = \frac{\sum_{i=1}^{n}(x_i - \bar{x})(y_i - \bar{y})}{\sqrt{\sum_{i=1}^{n}(x_i - \bar{x})^2}\sqrt{\sum_{i=1}^{n}(y_i - \bar{y})^2}}$$

18-6-2　网络购物问卷调查案例解说

一家网络购物公司在 2019 年 12 月做了一个问卷调查，询问消费者对于整个购物的满意度，同时在 2021 年 1 月再针对前一年调查对象询问在 2020 年间继续购买商品的次数。所获得的数据如表 18-3 所示。

表 18-3　问卷调查

问卷编号	满意度	继续购买次数
1	8	12
2	9	15
3	10	16
4	7	18
5	8	6
6	9	11
7	5	3
8	7	12
9	9	11
10	8	16

表 18-4 是计算下列数据的表格。

（1）满意度 – 平均满意度（经计算平均满意度是 8）：

$$(x_i - \bar{x})$$

（2）再度购买次数 – 平均再度购买次数（经计算平均购买次数是 12）：

$$(y_i - \bar{y})$$

表 18-4　相关数据

问卷编号	满意度 – 平均满意度	再度购买次数 – 平均再度购买次数
1	0	0
2	1	3
3	2	4
4	−1	6
5	0	−6
6	1	−1
7	−3	−9
8	−1	0
9	1	−1
10	0	4

将数据代入 18-6-1 节的皮尔逊相关系数公式，可以得到表 18-5。

表 18-5　皮尔逊相关系数

问卷编号	$(x_i - \bar{x})(y_i - \bar{y})$	$(x_i - \bar{x})^2$	$(y_i - \bar{y})^2$
1	0	0	0
2	3	1	9

问卷编号	$(x_i - \bar{x})(y_i - \bar{y})$	$(x_i - \bar{x})^2$	$(y_i - \bar{y})^2$
3	8	4	16
4	−6	1	36
5	0	0	36
6	−1	1	1
7	27	9	81
8	0	1	0
9	−1	1	1
10	0	0	16
总计	30	18	196

将上述值代入公式，可以得到下列结果：

$$r = \frac{30}{\sqrt{18}\sqrt{196}} \approx 0.505$$

从上述执行结果可以看到消费满意度与下次购买是有正相关关系，不过相关强度是中等。

程序实例 ch18_4.py：用 Python 程序验证上述结果。

```
1  # ch18_4.py
2  import numpy as np
3
4  x = np.array([8, 9, 10, 7, 8, 9, 5, 7, 9, 8])
5  y = np.array([12, 15, 16, 18, 6, 11, 3, 12, 11, 16])
6  x_mean = np.mean(x)
7  y_mean = np.mean(y)
8
9  xi_x = [v - x_mean  for v in x]
10 yi_y = [v - y_mean  for v in y]
11
12 data1 = [0]*10
13 data2 = [0]*10
14 data3 = [0]*10
15 for i in range(len(x)):
16     data1[i] = xi_x[i] * yi_y[i]
17     data2[i] = xi_x[i]**2
18     data3[i] = yi_y[i]**2
19
20 v1 = np.sum(data1)
21 v2 = np.sum(data2)
22 v3 = np.sum(data3)
23 r = v1 / ((v2**0.5)*(v3**0.5))
24 print(f'coefficient = {r:.3f}')
```

执行结果

```
==================== RESTART: D:\Machine\ch18\ch18_4.py ====================
coefficient = 0.505
```

程序实例 ch18_5.py：绘制消费满意度与再购买次数的散点图。

执行结果

```
1  # ch18_5.py
2  import numpy as np
3  import matplotlib.pyplot as plt
4
5  plt.rcParams["font.family"] = ["Microsoft JhengHei"]
6
7  x = np.array([8, 9, 10, 7, 8, 9, 5, 7, 9, 8])
8  y = np.array([12, 15, 16, 18, 6, 11, 3, 12, 11, 16])
9  x_mean = np.mean(x)
10 y_mean = np.mean(y)
11 xpt1 = np.linspace(0, 12, 12)
12 ypt1 = [y_mean for xp in xpt1]     # 平均再购买次数
13 ypt2 = np.linspace(0, 20, 20)
14 xpt2 = [x_mean for yp in ypt2]     # 平均满意度
15
16 plt.scatter(x, y)                   # 满意度 vs 再购买次数
17 plt.plot(xpt1, ypt1, 'g')           # 平均再购买次数
18 plt.plot(xpt2, ypt2, 'r')           # 平均满意度
19 plt.title("满意度 vs 再购买次数")
20 plt.xlabel("满意度")
21 plt.ylabel("再购买次数")
22 plt.grid()
23 plt.show()
```

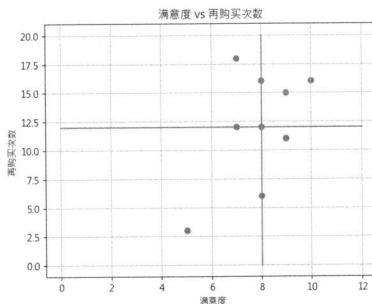

程序实例 ch18_5.py
执行结果彩图

上述实例应该有 10 个点，但是有 (9, 11) 数据重叠，如果是高度相关应该是满意度高购买次数也高，这表示数据在绿色交叉线的右上方。或是满意度低，数据是在绿色交叉线的左下方。

18-6-3　向量内积计算系数

其实可以使用 x 和 y 与平均值的偏差距离当作向量，然后由这两个向量的内积计算夹角 θ，此 $\cos\theta$ 值就是皮尔逊相关系数值。假设使用 a 与 b 向量，如下所示：

$$a = (x_1 - \bar{x} \quad x_2 - \bar{x} \quad ... \quad x_n - \bar{x})$$
$$b = (y_1 - \bar{y} \quad y_2 - \bar{y} \quad ... \quad y_n - \bar{y})$$

假设向量 a 与 b 的夹角是 θ，则皮尔逊相关系数计算公式如下：

$$r = \cos\theta = \frac{\|a\|\|b\|\cos\theta}{\|a\|\|b\|} = \frac{a \cdot b}{\|a\|\|b\|}$$

向量内积推导皮尔逊相关系数的分子：

下列是推导分子部分的过程与结果。

$$a \cdot b = (x_1 - \bar{x})(y_1 - \bar{y}) + (x_2 - \bar{x})(y_2 - \bar{y}) + \cdots + (x_n - \bar{x})(y_n - \bar{y})$$

$$= \sum_{i=1}^{n} (x_i - \bar{x})(y_i - \bar{y})$$

向量内积推导皮尔逊相关系数的分母：

$$\|a\| = \sqrt{(x_1 - \bar{x})^2 + (x_2 - \bar{x})^2 + \cdots + (x_n - \bar{x})^2}$$

$$= \sqrt{\sum_{i=1}^{n} (x_i - \bar{x})^2}$$

$$\|b\| = \sqrt{(y_1 - \bar{y})^2 + (y_2 - \bar{y})^2 + \cdots + (y_n - \bar{y})^2}$$

$$= \sqrt{\sum_{i=1}^{n} (y_i - \bar{y})^2}$$

推导结果：

最后将分子与分母组合可以得到下列皮尔逊相关系数推导结果：

$$\frac{a \cdot b}{\|a\|\|b\|} = \frac{\sum_{i=1}^{n} (x_i - \bar{x})(y_i - \bar{y})}{\sqrt{\sum_{i=1}^{n} (x_i - \bar{x})^2 \sum_{i=1}^{n} (y_i - \bar{y})^2}}$$

<table>
<tr><td>18-7</td><td>向量外积</td></tr>
</table>

向量外积又称叉积 (cross product) 或是矢量积 (vector product)，这是三维空间中对于两个向量的二维运算。所以要执行 *a* 与 *b* 的外积运算，首先要假设 *a* 与 *b* 是在同一平面上，两个向量 *a* 与 *b* 执行外积，所使用的符号是 ×，表示方法如下：

a×*b*

向量外积常被应用在数学、物理与机器学习。关于外积，读者需了解下列三点：

（1）向量外积结果不是标量而是向量。

（2）对于 *a* 与 *b* 向量外积是垂直于两个向量的向量，又称法线向量。

（3）上述第（2）点法线向量的大小是 *a* 与 *b* 向量所组成平行四边形的面积。

18-7-1　法线向量

a 与 *b* 向量外积是垂直于两个向量的向量，可以参考图 18-23。

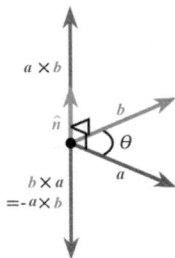

图 18-23　法线向量

假设 *a* 与 *b* 向量内容如下：

$$a = \begin{pmatrix} a_1 \\ a_2 \\ a_3 \end{pmatrix} \quad b = \begin{pmatrix} b_1 \\ b_2 \\ b_3 \end{pmatrix}$$

向量 *a* 与 *b* 的外积计算公式如下：

$$a \times b = \begin{pmatrix} a_2 b_3 - a_3 b_2 \\ a_3 b_1 - a_1 b_3 \\ a_1 b_2 - a_2 b_1 \end{pmatrix}$$

由于法向量代表是平面朝向，在 3D 游戏设计中常被用在角色背光照射的角度，然后计算与绘制阴影大小。

Numpy 模块有 cross( ) 方法可以执行此向量外积计算，可以参考下列实例。

```
>>> import numpy as np
>>> a = np.array([0, 1, 2])
>>> b = np.array([2, 0, 2])
>>> np.cross(a, b)
array([ 2,  4, -2])
```

18-7-2　计算面积

18-7 节第（3）点，法线向量大小等于两个向量边的平行四边形面积，请参考图 18-24。

图 18-24　计算面积

从上图我们可以得到下列公式：

$$\|a \times b\| = \|a\| \|b\| \sin \theta$$

程序实例 ch18_6.py：计算两个向量组成的三角形面积，步骤概念如下。

（1）计算两个向量长度。

（2）计算两个向量的夹角，可以使用 ch18_2.py 概念。

（3）套用上述公式，计算平行四边形面积。

（4）将步骤（3）结果除以 2，即可得到两个向量组成的三角形面积。

```
1   # ch18_6.py
2   import numpy as np
3   import math
4
5   a = np.array([4, 2])
6   b = np.array([1, 3])
7
8   norm_a = np.linalg.norm(a)                  # 计算向量大小
9   norm_b = np.linalg.norm(b)                  # 计算向量大小
10
11  dot_ab = np.dot(a, b)                       # 计算向量内积
12
13  cos_angle = dot_ab / (norm_a * norm_b)      # 计算cos值
14  rad = math.acos(cos_angle)                  # acos转成弧度
15
16  area = norm_a * norm_b * math.sin(rad) / 2
17  print(f'area = {area:.2f}')
```

执行结果

```
==================== RESTART: D:\Machine\ch18\ch18_6.py ====================
area = 5.00
```

另一种计算三角形面积的方式是先计算两个向量的外积，然后使用 norm( ) 求此垂直向量的长度，最后除以 2，就可以得到两个向量所组成三角形的面积。

程序实例 ch18_7.py：使用向量外积概念计算两向量所组成三角形的面积。

```
1   # ch18_7.py
2   import numpy as np
3
4   a = np.array([4, 2])
5   b = np.array([1, 3])
6
7   ab_cross = np.cross(a, b)                   # 计算向量外积
8   area = np.linalg.norm(ab_cross) / 2         # 向量长度除以2
9
10  print(f'area = {area:.2f}')
```

执行结果

```
==================== RESTART: D:\Machine\ch18\ch18_7.py ====================
area = 5.00
```

第 19 章
机器学习的矩阵

平时等公交车、上地铁、买快餐等时，我们期待大家要排队，如果将人改为数字，也就是数字排队，这个就是矩阵 (matrix)。

19-1 矩阵的表达方式

19-1-1 矩阵的行与列

矩阵由 row×col(column 的简写) 组成，下列是矩形定义。

$$
\begin{array}{c}
\quad\begin{array}{ccc}\text{第} & \text{第} & \text{第}\\ 1 & 2 & 3\\ \text{列} & \text{列} & \text{列}\end{array}\\
\begin{array}{c}\text{第1行}\\ \text{第2行}\\ \text{第3行}\end{array}\quad
\begin{pmatrix} 1 & 2 & 3\\ 4 & 5 & 6\\ 7 & 8 & 9 \end{pmatrix}
\end{array}
$$

有时候描述方法是 $m×n$ 矩阵，m 是代表行 (row)，n 是代表列 (column)。所以上述是 $3×3$ 矩阵，下列是 $2×3$ 与 $3×2$ 矩阵。

$$
\begin{pmatrix} 1 & 2 & 3\\ 4 & 5 & 6 \end{pmatrix}
\qquad\qquad
\begin{pmatrix} 1 & 4\\ 2 & 5\\ 3 & 6 \end{pmatrix}
$$

$$\text{2x3矩阵}\qquad\qquad\qquad\text{3x2矩阵}$$

19-1-2 矩阵变量名称

矩阵的变量名称常用大写英文字母，下列是设定矩阵的变量名称 A。

$$
A = \begin{pmatrix} 1 & 2 & 3\\ 4 & 5 & 6 \end{pmatrix}
$$

19-1-3 常见的矩阵表达方式

上述笔者用小括号表达矩阵，下列是其他矩阵表达格式：

$$
\begin{bmatrix} 1 & 2\\ 3 & 4 \end{bmatrix}
\qquad
\begin{vmatrix} 1 & 2\\ 3 & 4 \end{vmatrix}
\qquad
\begin{Vmatrix} 1 & 2\\ 3 & 4 \end{Vmatrix}
$$

19-1-4 矩阵元素表达方式

矩阵元素常用下标表示，可以参考下列书写方式：

a_{ij}

上述 i 是行号，j 是列号，所以常可以看到类似下列的矩阵，有的书籍在叙述下标时，省略下标间的逗号，可以参考下方右图，这也是可以的。

$$
\begin{pmatrix} a_{1,1} & a_{1,2}\\ a_{2,1} & a_{2,2} \end{pmatrix}
\longrightarrow
\begin{pmatrix} a_{11} & a_{12}\\ a_{21} & a_{22} \end{pmatrix}
$$

如果是 $m×n$ 矩阵，所看到的矩阵将如下所示：

$$
\begin{pmatrix} a_{1,1} & \cdots & a_{1,n}\\ \vdots & \ddots & \vdots\\ a_{m,1} & \cdots & a_{m,n} \end{pmatrix}
$$

19-2 矩阵相加与相减

19-2-1 基础概念

有两个矩阵如下：

$$A = \begin{pmatrix} a_{1,1} & \cdots & a_{1,n} \\ \vdots & \ddots & \vdots \\ a_{m,1} & \cdots & a_{m,n} \end{pmatrix} \qquad B = \begin{pmatrix} b_{1,1} & \cdots & b_{1,n} \\ \vdots & \ddots & \vdots \\ b_{m,1} & \cdots & b_{m,n} \end{pmatrix}$$

矩阵相加或相减，相当于相同位置的元素执行相加或是相减，所以不同大小的矩阵是无法执行相加减的，如下所示：

$$A + B = \begin{pmatrix} a_{1,1} + b_{1,1} & \cdots & a_{1,n} + b_{1,n} \\ \vdots & \ddots & \vdots \\ a_{m,1} + b_{m,1} & \cdots & a_{m,n} + b_{m,n} \end{pmatrix}$$

$$A - B = \begin{pmatrix} a_{1,1} - b_{1,1} & \cdots & a_{1,n} - b_{1,n} \\ \vdots & \ddots & \vdots \\ a_{m,1} - b_{m,1} & \cdots & a_{m,n} - b_{m,n} \end{pmatrix}$$

矩阵加或减运算的交换律与结合律是成立的。

交换律：$A + B = B + A$

结合律：$(A + B) + C = A + (B + C)$

19-2-2 Python 实操

定义矩阵可以使用 Numpy 的 matrix( ) 方法，有一个矩阵如下：

$$A = \begin{pmatrix} 1 & 2 & 3 \\ 4 & 5 & 6 \end{pmatrix}$$

定义方式如下：

```
>>> import numpy as np
>>> A = np.matrix([[1, 2, 3], [4, 5, 6]])
>>> A
matrix([[1, 2, 3],
        [4, 5, 6]])
```

定义矩阵时也可分两行定义。

```
>>> import numpy as np
>>> A = np.matrix([[1, 2, 3],
                   [4, 5, 6]])
>>> A
matrix([[1, 2, 3],
        [4, 5, 6]])
```

程序实例 ch19_1.py：矩阵相加与相减的应用。

```
1  # ch19_1.py
2  import numpy as np
3
4  A = np.matrix([[1, 2, 3], [4, 5, 6]])
5  B = np.matrix([[4, 5, 6], [7, 8, 9]])
6
7  print(f'A + B = {A + B}')
8  print(f'A - B = {A - B}')
```

执行结果

```
==================== RESTART: D:\Machine\ch19\ch19_1.py ====================
A + B = [[ 5  7  9]
 [11 13 15]]
A - B = [[-3 -3 -3]
 [-3 -3 -3]]
```

19-3　矩阵乘以实数

矩阵可以乘以实数，操作方式是每个矩阵元素乘以该实数，下列是将矩阵乘以实数 k 的实例。

$$kA = \begin{pmatrix} ka_{1,1} & \cdots & ka_{1,n} \\ \vdots & \ddots & \vdots \\ ka_{m,1} & \cdots & ka_{m,n} \end{pmatrix}$$

矩阵乘以实数的交换律、结合律与分配律是成立的。

交换律：$kA = Ak$

结合律：$jkA = j(kA)$

分配律：$(j + k)A = jA + kA$

$\qquad k(A + B) = kA + kB$

程序实例 ch19_2.py：矩阵乘以 2。

```python
1  # ch19_2.py
2  import numpy as np
3
4  A = np.matrix([[1, 2, 3], [4, 5, 6]])
5
6  print(f'2 * A   = {2 * A}')
7  print(f'0.5 * A = {0.5 * A}')
```

执行结果

```
==================== RESTART: D:\Machine\ch19\ch19_2.py ====================
2 * A   = [[ 2  4  6]
 [ 8 10 12]]
0.5 * A = [[0.5 1.  1.5]
 [2.  2.5 3. ]]
```

19-4　矩阵乘法

矩阵相乘很重要的一点是，左侧矩阵的列数与右侧矩阵的行数相同，才可以执行矩阵相乘。坦白说，矩阵乘法比较复杂，所以将分成多个小节说明。

19-4-1　乘法基本规则

有一个 $m \times n$ 的矩阵 A 要与 $i \times j$ 的矩阵 B 相乘，n 必须等于 i 才可以相乘，相乘结果是 $m \times j$ 的矩阵。

$$A = \begin{pmatrix} a_{1,1} & \cdots & a_{1,n} \\ \vdots & \ddots & \vdots \\ a_{m,1} & \cdots & a_{m,n} \end{pmatrix} \overset{n}{\quad} \qquad B = \begin{pmatrix} b_{1,1} & \cdots & b_{1,j} \\ \vdots & \ddots & \vdots \\ b_{i,1} & \cdots & b_{i,j} \end{pmatrix} \overset{i}{\quad}$$

假设 2×3 的矩阵 A 与 3×2 的矩阵 B 相乘，如下所示：

$$A = \begin{pmatrix} a_{1,1} & a_{1,2} & a_{1,3} \\ a_{2,1} & a_{2,2} & a_{2,3} \end{pmatrix} \qquad B = \begin{pmatrix} b_{1,1} & b_{1,2} \\ b_{2,1} & b_{2,2} \\ b_{3,1} & b_{3,2} \end{pmatrix}$$

计算规则如下：

$$AB = \begin{pmatrix} a_{1,1}b_{1,1} + a_{1,2}b_{2,1} + a_{1,3}b_{3,1} & a_{1,1}b_{1,2} + a_{1,2}b_{2,2} + a_{1,3}b_{3,2} \\ a_{2,1}b_{1,1} + a_{2,2}b_{2,1} + a_{2,3}b_{3,1} & a_{2,1}b_{1,2} + a_{2,2}b_{2,2} + a_{2,3}b_{3,2} \end{pmatrix}$$

矩阵可以用一般式表达，假设矩阵 A 是 $i\times j$，矩阵 B 是 $j\times k$，同时可以得到下列结果：

$$矩阵第\ i\ 行第\ k\ 列的元素 \boldsymbol{AB}_{ij} = \sum_{j=1}^{j} \boldsymbol{a}_{ij}\boldsymbol{b}_{jk}$$

下列是整个矩阵相乘的通式：

$$AB = \begin{pmatrix} a_{1,1} & a_{1,2} & \cdots & a_{1,j} \\ a_{2,1} & a_{2,2} & \cdots & a_{2,j} \\ \vdots & \vdots & \ddots & \vdots \\ a_{i,1} & a_{i,2} & \cdots & a_{i,j} \end{pmatrix} \begin{pmatrix} b_{1,1} & b_{1,2} & \cdots & b_{1,k} \\ b_{2,1} & b_{2,2} & \cdots & b_{2,k} \\ \vdots & \vdots & \ddots & \vdots \\ b_{j,1} & b_{j,2} & \cdots & b_{j,k} \end{pmatrix}$$

$$= \begin{pmatrix} \sum_{j=1}^{j} a_{1,j}b_{j1} & \sum_{j=1}^{j} a_{1,j}b_{j2} & \cdots & \sum_{j=1}^{j} a_{1,j}b_{jk} \\ \sum_{j=1}^{j} a_{2,j}b_{j1} & \sum_{j=1}^{j} a_{2,j}b_{j2} & \cdots & \sum_{j=1}^{j} a_{2,j}b_{jk} \\ \vdots & \vdots & & \vdots \\ \sum_{j=1}^{j} a_{i,j}b_{j1} & \sum_{j=1}^{j} a_{i,j}b_{j2} & \cdots & \sum_{j=1}^{j} a_{i,j}b_{jk} \end{pmatrix}$$

下列是数据代入的计算实例，假设矩阵 A 与 B 数据如下：

$$A = \begin{pmatrix} 1 & 0 & 2 \\ -1 & 3 & 1 \end{pmatrix} \qquad B = \begin{pmatrix} 3 & 1 \\ 2 & 1 \\ 1 & 0 \end{pmatrix}$$

下列是各元素的计算过程：

计算过程与结果如下：

$$AB = \begin{pmatrix} 1\times3 + 0\times2 + 2\times1 & 1\times1 + 0\times1 + 2\times0 \\ -1\times3 + 3\times2 + 1\times1 & -1\times1 + 3\times1 + 1\times0 \end{pmatrix} = \begin{pmatrix} 5 & 1 \\ 4 & 2 \end{pmatrix}$$

使用 Numpy 模块时，可以使用 * 或是 @ 运算符执行矩阵的乘法。

程序实例 ch19_3.py：执行矩阵运算，同时验证上述结果，下列第 2 个矩阵运算就是上述的验证。

```
1  # ch19_3.py
2  import numpy as np
3
4  A = np.matrix([[1, 2], [3, 4]])
5  B = np.matrix([[5, 6], [7, 8]])
6  print(f'A * B = {A * B}')
7
8  C = np.matrix([[1, 0, 2], [-1, 3, 1]])
9  D = np.matrix([[3, 1], [2, 1], [1, 0]])
10 print(f'C @ D = {C @ D}')
```

执行结果

```
=============== RESTART: D:\Machine\ch19\ch19_3.py ===============
A * B = [[19 22]
 [43 50]]
C @ D = [[5 1]
 [4 2]]
```

19-4-2 乘法案例

表 19-1 是甲与乙要采买水果的数量。

表 19-1 采买水果数量

名字	香蕉	芒果	苹果
甲	2	3	1
乙	3	2	5

表 19-2 是超市与百货公司的水果价格。

表 19-2 水果价格

水果名称	超市价格	百货公司价格
香蕉	30	50
芒果	60	80
苹果	50	60

程序实例 ch19_4.py：计算甲和乙在超市和百货公司购买各需要多少金额。

```
1  # ch19_4.py
2  import numpy as np
3
4  A = np.matrix([[2, 3, 1], [3, 2, 5]])
5  B = np.matrix([[30, 50], [60, 80], [50, 60]])
6  print(f'A * B = {A * B}')
```

执行结果

```
=============== RESTART: D:\Machine\ch19\ch19_4.py ===============
A * B = [[290 400]
 [460 610]]
```

若是将上述计算结果用表格表达可以得到表 19-3。

表 19-3 所需金额

名字	超市	百货公司
甲	290	400
乙	460	610

相当于如果甲在超市采购上述水果需要 290 元，在百货公司采购相同水果需要 400 元。如果乙在超市采购上述水果需要 460 元，在百货公司采购相同水果需要 610 元。

矩阵运算时，可能会有 $m×n$ 矩阵与 $n×1$ 矩阵的运算，相关写法可以参考下列实例。

程序实例 ch19_5.py：假设各种水果热量如表 19-4 所示。

表 19-4　热量

水果	热量
香蕉	30 卡路里
芒果	50 卡路里
苹果	20 卡路里

甲和乙各吃水果数量如表 19-5 所示，请计算会产生多少卡路里。

表 19-5　所吃水果数量

名字	香蕉	芒果	苹果
甲	1	2	1
乙	2	1	2

```
1  # ch19_5.py
2  import numpy as np
3
4  A = np.matrix([[1, 2, 1], [2, 1, 2]])
5  B = np.matrix([[30], [50], [20]])
6  print(f'A * B = {A * B}')
```

执行结果

```
==================== RESTART: D:\Machine\ch19\ch19_5.py ====================
A * B = [[150]
 [150]]
```

若是将上述计算结果用表格表达可以得到表 19-6。

表 19-6　热量

名字	卡路里
甲	150
乙	150

19-4-3　矩阵乘法规则

矩阵运算时，结合律与分配律是成立的。

结合律：$A×B×C = (A×B)×C = A×(B×C)$

分配律：$A×(B-C) = A×B - A×C$

矩阵运算时，交换律是不成立的。

$A×B$ 不等于 $B×A$。

程序实例 ch19_6.py：验证 $A×B$ 不等于 $B×A$。

```
1  # ch19_6.py
2  import numpy as np
3
4  A = np.matrix([[1, 2], [3, 4]])
5  B = np.matrix([[5, 6], [7, 8]])
6  print(f'A * B = {A * B}')
7  print(f'B * A = {B * A}')
```

执行结果

```
===================== RESTART: D:\Machine\ch19\ch19_6.py =====================
A * B = [[19 22]
 [43 50]]
B * A = [[23 34]
 [31 46]]
```

19-5 方阵

一个矩阵如果行数 (row) 等于列数 (column)，我们称这是方阵 (square matrix)，例如：下方矩阵 A 行数与列数皆是 2。下方矩阵 B 行数与列数皆是 3。

$$A = \begin{pmatrix} 1 & 2 \\ 3 & 4 \end{pmatrix} \qquad\qquad B = \begin{pmatrix} 1 & 2 & 3 \\ 4 & 5 & 6 \\ 7 & 8 & 9 \end{pmatrix}$$

上述皆是方阵。

19-6 单位矩阵

一个方阵如果从左上至右下对角线的元素皆是 1，其他元素皆是 0，这个矩阵称单位矩阵 (identity matrix)，如下所示：

$$A = \begin{pmatrix} 1 & 0 \\ 0 & 1 \end{pmatrix} \qquad\qquad B = \begin{pmatrix} 1 & 0 & 0 \\ 0 & 1 & 0 \\ 0 & 0 & 1 \end{pmatrix}$$

单位矩阵有时用大写英文 E 或 I 表示。

单位矩阵就类似阿拉伯数字 1，任何矩阵与单位矩阵相乘，结果皆是原来的矩阵，如下所示：

$A \times E = A$

$E \times A = A$

程序实例 ch19_7.py：验证单位矩阵。

```
1  # ch19_7.py
2  import numpy as np
3
4  A = np.matrix([[1, 2], [3, 4]])
5  B = np.matrix([[1, 0], [0, 1]])
6  print(f'A * B = {A * B}')
7  print(f'B * A = {B * A}')
```

执行结果

```
===================== RESTART: D:\Machine\ch19\ch19_7.py =====================
A * B = [[1 2]
 [3 4]]
B * A = [[1 2]
 [3 4]]
```

19-7 逆矩阵

19-7-1 基础概念

只有方形矩阵 (square matrix) 才可以有逆矩阵 (inverse matrix)，一个矩阵乘以它的逆矩阵，可以得到单位矩阵 E，方形矩阵 A 的逆矩阵以符号 A^{-1} 表示，可以参考下列概念。

$$A \times A^{-1} = E$$

或是

$$A^{-1} \times A = E$$

如果一个 2×2 的矩阵，它的逆矩阵公式如下：

$$A = \begin{pmatrix} a_{1,1} & a_{1,2} \\ a_{2,1} & a_{2,2} \end{pmatrix} \qquad A^{-1} = \frac{1}{a_{1,1}a_{2,2} - a_{1,2}a_{2,1}} \begin{pmatrix} a_{2,2} & -a_{1,2} \\ -a_{2,1} & a_{1,1} \end{pmatrix}$$

逆矩阵另一个存在条件是 $a_{1,1}a_{2,2} - a_{1,2}a_{2,1}$ 不等于 0。下列是一个矩阵 A 与逆矩阵 A^{-1} 的实例。

$$A = \begin{pmatrix} 2 & 3 \\ 5 & 7 \end{pmatrix} \qquad A^{-1} = \frac{1}{14-15} \begin{pmatrix} 7 & -3 \\ -5 & 2 \end{pmatrix} = \begin{pmatrix} -7 & 3 \\ 5 & -2 \end{pmatrix}$$

19-7-2 Python 实操

导入 Numpy 模块，可以使用 inv( ) 方法计算逆矩阵。

程序实例 ch19_8.py：计算逆矩阵，验证前一小节的运算。同时将矩阵乘以逆矩阵，验证这是单位矩阵。

```
1  # ch19_8.py
2  import numpy as np
3
4  A = np.matrix([[2, 3], [5, 7]])
5  B = np.linalg.inv(A)
6  print(f'A_inv = {B}'.format())
7  print(f'E     = {(A * B).astype(np.int64)}')
```

执行结果

```
==================== RESTART: D:\Machine\ch19\ch19_8.py ====================
A_inv = [[-7.  3.]
 [ 5. -2.]]
E     = [[1 0]
 [0 1]]
```

上述 astype( ) 可以将计算结果转成整数。

19-8 用逆矩阵解联立方程式

坦白说逆矩阵是有一点麻烦，但是逆矩阵可以用来解联立方程式，假设有一个联立方程式如下：

$3x + 2y = 5$

$x + 2y = -1$

可以将上述联立方程式使用下列矩阵表达：

$$\begin{pmatrix} 3 & 2 \\ 1 & 2 \end{pmatrix}\begin{pmatrix} x \\ y \end{pmatrix} = \begin{pmatrix} 5 \\ -1 \end{pmatrix}$$

$\begin{pmatrix} 3 & 2 \\ 1 & 2 \end{pmatrix}$ 的逆矩阵是 $\begin{pmatrix} 0.5 & -0.5 \\ -0.25 & 0.75 \end{pmatrix}$，在等号两边乘以相同的逆矩阵，可以得到下列结果：

$$\begin{pmatrix} 0.5 & -0.5 \\ -0.25 & 0.75 \end{pmatrix}\begin{pmatrix} 3 & 2 \\ 1 & 2 \end{pmatrix}\begin{pmatrix} x \\ y \end{pmatrix} = \begin{pmatrix} 0.5 & -0.5 \\ -0.25 & 0.75 \end{pmatrix}\begin{pmatrix} 5 \\ -1 \end{pmatrix}$$

上述推导可以得到下列结果：

$$\begin{pmatrix} 1 & 0 \\ 0 & 1 \end{pmatrix}\begin{pmatrix} x \\ y \end{pmatrix} = \begin{pmatrix} 3 \\ -2 \end{pmatrix}$$

可以得到上述联立方程式的解是 $x = 3$，$y = -2$。

程序实例 ch19_9.py：使用逆矩阵概念验证上述执行结果。

```
1  # ch19_9.py
2  import numpy as np
3
4  A = np.matrix([[3, 2], [1, 2]])
5  A_inv = np.linalg.inv(A)
6  B = np.matrix([[5], [-1]])
7  print('{}'.format(A_inv * B))
```

执行结果

```
==================== RESTART: D:\Machine\ch19\ch19_9.py ====================
[[ 3.]
 [-2.]]
```

19-9 张量

在机器学习过程常可以看到张量 (tensor)，所谓张量其实就是数字的堆栈结构，可以参考图 19-1。

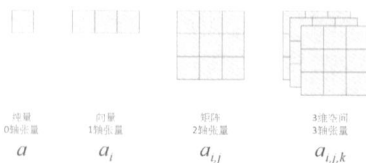

图 19-1　张量

张量可以用轴空间表示，如果是标量则是 0 维张量，向量称 1 维张量，矩阵称 2 维张量，3 维空间称 3 维张量，……，可依此类推。

程序实例 ch19_10.py：使用 array( ) 方法定义 3 维数据，同时使用 shape( ) 方法列出数据外形。

```
1  # ch19_10.py
2  import numpy as np
3
4  A = np.array([[[1, 2],
5                 [3, 4]],
6                [[5, 6],
7                 [7, 8]],
8                [[9, 10],
9                 [11, 12]]])
10
11 print('{}'.format(A))
12 print('shape = {}'.format(np.shape(A)))
```

执行结果

```
==================== RESTART: D:\Machine\ch19\ch19_10.py ====================
[[[ 1  2]
  [ 3  4]]

 [[ 5  6]
  [ 7  8]]

 [[ 9 10]
  [11 12]]]
shape = (3, 2, 2)
```

19-10　转置矩阵

19-10-1　基础概念

转置矩阵的概念就是将矩阵内行的元素与列的元素对调，所以 $n \times m$ 的矩阵就可以转成 $m \times n$ 的矩阵，例如有一个 2×4 的矩阵如下：

$$\begin{pmatrix} 0 & 2 & 4 & 6 \\ 1 & 3 & 5 & 7 \end{pmatrix}$$

经过转置后可以得到下列 4×2 的矩阵结果：

$$\begin{pmatrix} 0 & 1 \\ 2 & 3 \\ 4 & 5 \\ 6 & 7 \end{pmatrix}$$

假设矩阵是 A，转置矩阵的表达方式是 A^{T}，我们也可以使用下列方式表达：

$$\begin{pmatrix} 0 & 2 & 4 & 6 \\ 1 & 3 & 5 & 7 \end{pmatrix}^{\mathrm{T}} = \begin{pmatrix} 0 & 1 \\ 2 & 3 \\ 4 & 5 \\ 6 & 7 \end{pmatrix}$$

19-10-2　Python 实操

设计转置矩阵时可以使用 Numpy 模块的 transpose( ) 也可以使用 T，可以参考下列实例。

程序实例 ch19_11.py：转置矩阵的应用。

```
1  # ch19_11.py
2  import numpy as np
3
4  A = np.array([[0, 2, 4, 6],
5                [1, 3, 5, 7]])
6  B = A.T
7  print(f'{B}')
8  C = np.transpose(A)
9  print(f'{C}')
```

执行结果

```
==================== RESTART: D:\Machine\ch19\ch19_11.py ====================
[[0 1]
 [2 3]
 [4 5]
 [6 7]]
[[0 1]
 [2 3]
 [4 5]
 [6 7]]
```

19-10-3　转置矩阵的规则

有关矩阵 A、B 与标量 c，相关转置矩阵规则与特性如下。

（1）转置矩阵可以再转置还原成原来矩阵内容：

$(A^T)^T = A$

（2）矩阵相加再转置等于各个矩阵转置再相加：

$(A + B)^T = A^T + B^T$

（3）标量 c 乘矩阵再转置与先转置再乘以标量结果相同：

$(cA)^T = cA^T$

（4）转置矩阵后再做逆矩阵等于逆矩阵后转置：

$(A^T)^{-1} = (A^{-1})^T$

（5）矩阵相乘再转置，等于各个矩阵转置交换次序再相乘：

$(AB)^T = B^T A^T$

可以扩展到下列概念：

$(AB \cdots YZ)^T = Z^T Y^T \cdots B^T A^T$

19-10-4　转置矩阵的应用

请参考 18-6-3 节向量内积计算：

$$a = (x_1 - \bar{x} \quad x_2 - \bar{x} \quad ... \quad x_n - \bar{x})$$
$$b = (y_1 - \bar{y} \quad y_2 - \bar{y} \quad ... \quad y_n - \bar{y})$$

皮尔逊相关系数计算如下：

$$r = cos\,\theta = \frac{\|a\|\|b\|cos\theta}{\|a\|\|b\|} = \frac{a \cdot b}{\|a\|\|b\|}$$

上述 $a \cdot b$ 其实是两个向量做内积，如果要改为矩阵相乘，由于这两个皆是 $1 \times n$ 矩阵，所以无法相乘。在线性代数概念中，我们先将向量 a 和 b 改写如下：

$$a = \begin{pmatrix} x_1 - \bar{x} \\ x_2 - \bar{x} \\ \vdots \\ x_n - \bar{x} \end{pmatrix} \qquad b = \begin{pmatrix} y_1 - \bar{y} \\ y_2 - \bar{y} \\ \vdots \\ y_n - \bar{y} \end{pmatrix}$$

从矩阵概念可以将 a 作转置矩阵 a^T，这样就可以相乘，如下所示：

$$a^T \cdot b = (x_1 - \bar{x} \quad x_2 - \bar{x} \quad ... \quad x_n - \bar{x}) \begin{pmatrix} y_1 - \bar{y} \\ y_2 - \bar{y} \\ \vdots \\ y_n - \bar{y} \end{pmatrix}$$

上述是 $1 \times n$ 矩阵与 $n \times 1$ 矩阵，所以可以相乘然后得到标量（或称实数），所以皮尔逊相关系数可以改写如下：

$$r = cos\,\theta = \frac{\|a\|\|b\|cos\theta}{\|a\|\|b\|} = \frac{a \cdot b}{\|a\|\|b\|} = \frac{a^T \cdot b}{\sqrt{a^T \cdot a} \cdot \sqrt{b^T \cdot b}}$$

第 20 章
向量、矩阵与多元线性回归

第 8 章笔者讲解了最小二乘法，然后计算了回归直线，而在真实世界往往会收集更多信息，这一章要讲解如何从多元的数据中寻找误差平方和最小的线性回归。

20-1 向量应用于线性回归

请参考 8-2 节业务员销售国际证照的数据，单纯的线性方程式如下：

$$y = ax + b$$

x 代表每年的拜访数据，y 是每年国际证照的销售数据，如果数据量庞大收集了 n 年的数据，则可以使用向量表达此数据。

$\boldsymbol{x} = (x_1,\ x_2,\ \cdots,\ x_n)$ （下标代表第 n 年，第 n 年拜访客户次数）

$\boldsymbol{y} = (y_1,\ y_2,\ \cdots,\ y_n)$ （下标代表第 n 年，第 n 年拜访销售考卷数）

由于上述 x_n 和 y_n 代入 $y = ax + b$ 会有误差 ε，所以可以为误差加上下标，这样误差也可以使用误差向量表示：

$$\boldsymbol{\varepsilon} = (\varepsilon_1, \varepsilon_2, \ldots, \varepsilon_n)$$

所以现在的线性方程式如下：

$$\boldsymbol{y} = a\boldsymbol{x} + \boldsymbol{b} + \boldsymbol{\varepsilon}$$

现在斜率 a 与截距 b 是标量，由于斜率 a 乘以向量 $\boldsymbol{x}$ 后会是 n 维向量，所以必须将标量 b 改为向量，如下所示：

$$\boldsymbol{b} = (b_1,\ b_2,\ \cdots,\ b_n) = (b,\ b,\ \cdots,\ b)$$

所以整个线性方程式如下所示，同时可以执行下列推导。

$$\boldsymbol{y} = a\boldsymbol{x} + \boldsymbol{b} + \boldsymbol{\varepsilon}$$

$$\boldsymbol{\varepsilon} = \boldsymbol{y} - a\boldsymbol{x} - \boldsymbol{b}$$

现在使用最小二乘法计算误差平方的总和，如下所示：

$$\varepsilon_i^2 = \sum_{i=1}^{n} \varepsilon_i^2$$

上述公式就是误差向量 ε 的内积，所以推导公式如下：

$$\varepsilon_i^2 = \sum_{i=1}^{n} \varepsilon_i^2 = \|\boldsymbol{\varepsilon}\|^2$$

使用下列公式：

$$\boldsymbol{\varepsilon} = \boldsymbol{y} - a\boldsymbol{x} - \boldsymbol{b}$$

执行误差平方最小化，等同于计算向量内积，如下所示：

$$\boldsymbol{\varepsilon} \cdot \boldsymbol{\varepsilon} = (\boldsymbol{y} - a\boldsymbol{x} - \boldsymbol{b}) \cdot (\boldsymbol{y} - a\boldsymbol{x} - \boldsymbol{b})$$

接着只要计算出可以让等号右边最小的 a 和 b 值即可，上述是将线性回归使用向量表示的，其实可以使用微分很轻易解此方程式，这将是后续机器学习微积分篇的主题。

20-2　向量应用于多元线性回归

在先前的实例应用中，我们使用一位业务员的经历建立了回归直线，而在真实的公司内部数据中一定累积了许多业务员的销售信息，例如：不同业务员的年薪、男性或女性业务员、销售地区等。这相当于有许多自变量 x，假设自变量 x_1，内含过去所有业务员的年薪数据，内部有 $(7, 8, \cdots, 10)$ 年薪的数据，那么此自变量 x_1 的数据将如下所示：

$x_1 = (7, 8, \cdots, 10)$

用通式表达，假设有 m 个业务数据可以得到下列结果：

$x_1 = (x_{1,1}, x_{2,1}, \cdots, x_{m,1})$

假设每个员工的自变量有 n 种，可以得到下列完整的自变量：

$x_1 = (x_{1,1}, x_{2,1}, \cdots, x_{m,1})$

$x_2 = (x_{1,2}, x_{2,2}, \cdots, x_{m,2})$

$\cdots$

$x_n = (x_{1,n}, x_{2,n}, \cdots, x_{m,n})$

相当于每个业务员有 n 个自变量，如果转直向，如下所示：

$$
\begin{array}{l}
\text{第1位业务员的}n\text{个自变量} \rightarrow \\
\text{第2位业务员的}n\text{个自变量} \rightarrow \\
\\
\text{第}m\text{位业务员的}n\text{个自变量} \rightarrow
\end{array}
\begin{pmatrix} x_{1,1} \\ x_{2,1} \\ \vdots \\ x_{m,1} \end{pmatrix}
\begin{pmatrix} x_{1,2} \\ x_{2,2} \\ \vdots \\ x_{m,2} \end{pmatrix}
\cdots
\begin{pmatrix} x_{1,n} \\ x_{2,n} \\ \vdots \\ x_{m,n} \end{pmatrix}
$$

第1个自变量的 m 个观测值(或数据)

在多元回归中，习惯用 β 当作斜率的系数，截距则用 β_0 代替，所以整个多元回归通式可以使用下列公式代替：

$$y = \beta_0 + \beta_1 x_1 + \beta_2 x_2 + \cdots + \beta_n x_n + \varepsilon$$

20-3　矩阵应用于多元线性回归

在第 19 章笔者介绍了矩阵，我们可以将 m 个 $(n+1)$ 维向量表达如下：

$$X = (1\ x_1\ x_2\ \cdots\ x_n)$$

上述 $x_1, x_2, \cdots, x_n$ 皆是 m 维向量，直向表示如下：

$$
x_1 = \begin{pmatrix} x_{1,1} \\ x_{2,1} \\ \vdots \\ x_{m,1} \end{pmatrix}, \quad
x_2 = \begin{pmatrix} x_{1,2} \\ x_{2,2} \\ \vdots \\ x_{m,2} \end{pmatrix} \cdots
x_n = \begin{pmatrix} x_{1,n} \\ x_{2,n} \\ \vdots \\ x_{m,n} \end{pmatrix}
$$

将之转写成矩阵 X，如下所示：

$$X = (1\ x_1\ x_2\ \cdots\ x_n)$$

$$
= \begin{pmatrix}
1 & x_{1,1} & x_{1,2} & \cdots & x_{1,n} \\
1 & x_{2,1} & x_{2,2} & \cdots & x_{2,n} \\
\vdots & \vdots & & \ddots & \vdots \\
1 & x_{m,1} & x_{m,2} & \cdots & x_{m,n}
\end{pmatrix}
$$

然后将因变量 y 改写成向量，如下所示：

$$y = \begin{pmatrix} y_1 \\ y_2 \\ \vdots \\ y_m \end{pmatrix}$$

将回归斜率系数 β 改写成向量，同时将截距 β_0 也写入，如下所示：

$$\boldsymbol{\beta} = \begin{pmatrix} \beta_0 \\ \beta_1 \\ \vdots \\ \beta_n \end{pmatrix}$$

然后将误差 ε 改写成向量，如下所示：

$$\boldsymbol{\varepsilon} = \begin{pmatrix} \varepsilon_1 \\ \varepsilon_2 \\ \vdots \\ \varepsilon_m \end{pmatrix}$$

现在可以将前一小节导出的多元线性回归公式改写为以下比较简洁的公式：

$$y = X\beta + \varepsilon$$

20-4 将截距放入矩阵

前一小节推导的公式中，由于多了截距 β_0，所以无法执行矩阵相乘，必须在原先定义矩阵 X 内多一列，这一列是要给截距 β_0 相乘的，此列可以全放数字 1，如下所示：

$$X = \begin{pmatrix} 1 & x_{1,1} & x_{1,2} & \cdots & x_{1,n} \\ 1 & x_{2,1} & x_{2,2} & & x_{2,n} \\ & \vdots & & \ddots & \vdots \\ 1 & x_{m,1} & x_{m,2} & \cdots & x_{m,n} \end{pmatrix}$$

所以有下列公式：

$$y = X\beta + \varepsilon$$

可以推导得到下列结果：

$$\begin{pmatrix} y_1 \\ y_2 \\ \vdots \\ y_m \end{pmatrix} = \begin{pmatrix} 1 & x_{1,1} & x_{1,2} & \cdots & x_{1,n} \\ 1 & x_{2,1} & x_{2,2} & & x_{2,n} \\ & \vdots & & \ddots & \vdots \\ 1 & x_{m,1} & x_{m,2} & \cdots & x_{m,n} \end{pmatrix} \begin{pmatrix} \beta_0 \\ \beta_1 \\ \vdots \\ \beta_n \end{pmatrix} + \begin{pmatrix} \varepsilon_1 \\ \varepsilon_2 \\ \vdots \\ \varepsilon_m \end{pmatrix}$$

将 X 和 β 相乘，可以得到下列结果：

$$\begin{pmatrix} y_1 \\ y_2 \\ \vdots \\ y_m \end{pmatrix} = \begin{pmatrix} \beta_0 + \beta_1 x_{1,1} + \cdots + \beta_n x_{1,n} \\ \beta_0 + \beta_1 x_{2,1} + \cdots + \beta_n x_{2,n} \\ \vdots \\ \beta_0 + \beta_1 x_{m,1} + \cdots + \beta_n x_{m,n} \end{pmatrix} + \begin{pmatrix} \varepsilon_1 \\ \varepsilon_2 \\ \vdots \\ \varepsilon_m \end{pmatrix}$$

我们可以将上述概念与下列联立方程式对照，彼此完全相同：

$$y_1 = \beta_0 + \beta_1 x_{1,1} + \cdots + \beta_n x_{1,n} + \varepsilon_1$$
$$y_2 = \beta_0 + \beta_1 x_{2,1} + \cdots + \beta_n x_{2,n} + \varepsilon_2$$
$$\cdots$$
$$y_m = \beta_0 + \beta_1 x_{m,1} + \cdots + \beta_n x_{m,n} + \varepsilon_m$$

从上述推导我们可以得到以矩阵表示的公式 $y = X\beta + \varepsilon$，整体简洁许多。

20-5　简单的线性回归

了解上述 $y = X\beta + \varepsilon$ 概念后，也可以使用下列公式表达简单的线性回归：

$$\begin{pmatrix} y_1 \\ y_2 \\ \vdots \\ y_n \end{pmatrix} = \begin{pmatrix} 1 & x_1 \\ 1 & x_2 \\ & \vdots \\ 1 & x_n \end{pmatrix} \begin{pmatrix} b \\ a \end{pmatrix} + \begin{pmatrix} \varepsilon_1 \\ \varepsilon_2 \\ \vdots \\ \varepsilon_n \end{pmatrix}$$

请记住因为线性回归是：

$$y = b + ax + \varepsilon$$

上述矩阵 X 每一列第 1 个元素是 1，第 2 个元素是自变量的第 i 个观察值 x_i，β 是截距及回归系数 a 的向量 $\begin{pmatrix} b \\ a \end{pmatrix}$，在这个小节的 n 代表我们的自变量有 n 笔观察数据，与上一节的 n 定义不同。

第 21 章
三次函数回归曲线的程序实操

有时候我们收集的数据不适合一次或二次线性函数，这时可以考虑更高次数的线性函数，以便可以找出适合的回归函数，可以参考图 21-1。

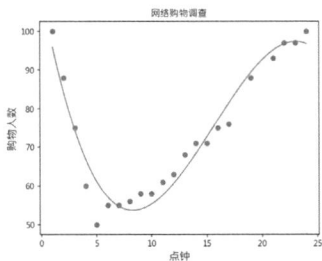

图 21-1 网络购物调查

21-1 绘制数据的散点图

这一小节笔者将以一天 24 小时，每小时网站购物人数为依据，绘制散点图。

程序实例 ch21_1.py：以表 21-1 为依据，绘制散点图，其中 x 轴是时间，y 轴是购物人数。

表 21-1 每小时网站购物人数

时间	人数	时间	人数	时间	人数	时间	人数
1	100	7	55	13	68	19	88
2	88	8	56	14	71	20	
3	75	9	58	15	71	21	93
4	60	10	58	16	75	22	97
5	50	11	61	17	76	23	97
6	55	12	63	18		24	100

注 上述 18 点和 20 点有空白，这是本章后续要做预测之用。

执行结果

```
1  # ch21_1.py
2  import matplotlib.pyplot as plt
3  import numpy as np
4
5  x = [1,2,3,4,5,6,7,8,9,10,11,12,13,14,15,16,17,19,21,22,23,24]
6  y = [100,88,75,60,50,55,55,56,58,58,61,63,68,71,71,75,76,88,93,97,97,100]
7
8  plt.rcParams["font.family"] = ["Microsoft JhengHei"]    # 微软正黑体
9  plt.scatter(x,y)
10 plt.title('网络购物调查')
11 plt.xlabel("点钟", fontsize=14)
12 plt.ylabel("购物人数", fontsize=14)
13 plt.show()
```

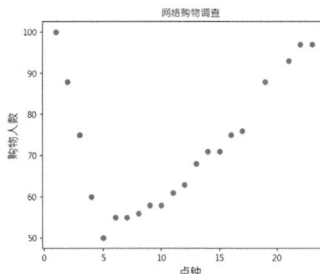

21-2 三次函数的回归曲线模型

在 17-8-3 节笔者介绍了二次函数的回归模型，而如果要建立三次函数，主要是在 polyfit( ) 函数的第 3 个参数输入 3，如下所示：

coef = polyfit(x, y, 3) （建立三次函数的回归模型系数）

reg = poly1d(coef) （建立回归曲线函数）

上述 poly1d( ) 函数的回传变量 reg，就是回归模型，在机器学习的概念中，许多时候将此 reg 用 model 取代，表示这是机器学习的模型。

程序实例 ch21_2.py：扩充设计 ch21_1.py，建立该网购数据的三次函数，同时绘制此函数的回归曲线。

```python
1   # ch21_2.py
2   import matplotlib.pyplot as plt
3   import numpy as np
4
5   x = [1,2,3,4,5,6,7,8,9,10,11,12,13,14,15,16,17,19,21,22,23,24]
6   y = [100,88,75,60,50,55,55,56,58,58,61,63,68,71,71,75,76,88,93,97,97,100]
7
8   coef = np.polyfit(x, y, 3)              # 回归直线系数
9   model = np.poly1d(coef)                 # 线性回归方程式
10  print(model)                           # 输出回归方程式
11  x_reg = np.linspace(1,24,100)
12
13  plt.rcParams["font.family"] = ["Microsoft JhengHei"]    # 微软正黑体
14  plt.scatter(x,y)
15  plt.title('网络购物调查')
16  plt.xlabel("点钟", fontsize=14)
17  plt.ylabel("购物人数", fontsize=14)
18  plt.plot(x_reg,model(x_reg),color='red')
19
20  plt.show()
```

执行结果

```
==================== RESTART: D:\Machine\ch21\ch21_2.py ====================
           3         2
-0.02715 x + 1.275 x - 15.51 x + 110.2
```

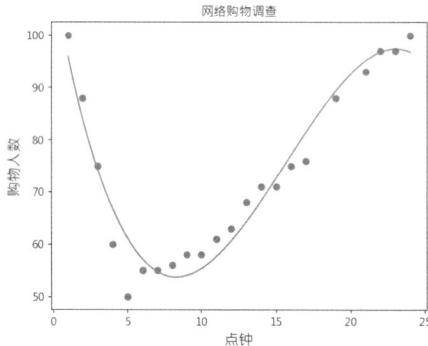

21-3 使用 Scikit-learn 模块评估回归模型

Scikit-learn 是一个机器学习常用的模块，使用此模块前需要安装此模块，由于笔者计算机安装多个 Python 版本，目前使用下列指令安装此模块：

py － 版本 –m pip install scikit-learn

如果你的计算机没有安装多个 Python 版本，可以只写 pip install scikit-learn。

21-3-1　评估机器学习模型的概念

本书将从本章开始逐步教导读者设计机器学习的模型，所设计的模型优劣，可以使用 Scikit-learn 的 sklearn.metrics 模块内一系列方法做评估，这系列的评估方法可以分成两大类，有的评估方法适合评估回归模型的准确率，有的评估方法适合评估分类标签，这一节主要介绍适合评估回归模型是否精确的函数。

21-3-2　评估模型

21-2 节我们建立了三次函数的回归模型，究竟是好还是不好，有几个评估指标。Scikit-learn 提供了几种评估指标的方法，下列是比较常用的方法：

（1）均方误差 (Mean Square Error, MSE)。

MSE 是观察值与预测值之间差值平方的平均值。MSE 越小，表示模型的预测能力越好，计算 MSE 的公式如下：

$$MSE = \frac{1}{n}\sum_{i=1}^{n}(y_i - \hat{y}_i)^2$$

其中 y_i 是观察值，$\hat{y}_i$ 是预测值，n 是样本数量。以 MSE 进行评价时，可以从以下几个方面来判断：

- 数值大小：MSE 越小，表示模型的预测能力越好。如果 MSE 接近 0，表示模型对数据的拟合程度较高，预测误差较小。然而，MSE 的数值范围可能因目标变量的量级不同而有很大差异，因此仅凭 MSE 数值大小无法直接判断模型的好坏。
- 比较不同模型：在选择多个模型中的最佳模型时，可以根据 MSE 进行比较。通常情况下，具有较低 MSE 的模型具有较好的预测能力。但需要注意的是，过于追求 *MSE* 的降低可能导致模型过拟合，因此还应该考虑模型的复杂性。
- 结合其他评估指标：单独使用 MSE 可能无法全面评估模型的性能。为了更准确地评估模型，可以结合其他指针，如 R 平方判定（也有人称决定）系数等。
- 模型改进：通过比较模型在训练集和测试集上的 MSE，可以判断模型是否出现过拟合或欠拟合。如果训练集 MSE 远低于测试集 MSE，可能存在过拟合问题，可以尝试简化模型或增加正则化来降低模型复杂度。如果训练集和测试集上的 MSE 都很高，可能存在欠拟合问题，可以尝试增加模型复杂度或添加更多特征。

总之，以 MSE 进行评价时，应将其与其他指标一同考虑，并根据 MSE 的变化来优化和调整模型。在 Scikit-learn 模块中，此 MSE 方法的函数是 mean_squared_error( ) 函数，位于 sklearn.metrics 模块，此函数语法如下：

from sklearn.metrics import mean_squared_error

...

MSE = mean_squared_error(y_true, y_pred)

语法名词解释：from xxx import mean_squared_error 这个指令在 Python 语言称为"导入模块 mean_squared_error"，所以可以将 mean_squared_error 称为模块。导入此模块后，未来使用 mean_squared_error( )，我们称此为方法。所以有时候我们可以以称"使用 mean_squared_error 模块"，也可以称"使用 mean_squared_error( ) 方法"，意义是一样的。

上述函数 y_true 是测试数据，y_pred 是预测数据，返回值就是 MSE，此值越小表示模型的预测结果与真实值越接近，模型的表现越好。如果用来比较两个或多个模型，MSE 越小的模型通常被认为是效果更好的模型。

（2）均方根误差 (Root Mean Squared Error, RMSE)。

这是 MSE 的平方根，与 MSE 相比，RMSE 对较大的误差有更强的惩罚效果。同样，值越小代表模型的预测性能越好。可以使用 MSE 的计算结果，搭配 Numpy 的计算公式，如下：

RMSE = np.sqrt(MSE)

（3）平均绝对误差 (Mean Absolute Error, MAE)。

这是预测值与实际值之间的绝对差的平均值，这个指标能够更好地反映预测误差的实际大小，其语法如下：

from sklearn.metrics import mean_absolute_error

...

MAE = mean_absolute_error(y_true, y_pred)

（4）R 平方判定系数 (coefficient of determination)。

R 平方判定系数简称"判定系数"，是一个回归模型性能评估指针，用于衡量模型解释数据变异的程度。R 平方判定系数的值在 0 到 1 之间，数值越接近 1，表示模型对数据的拟合程度越好。以 R 平方判定系数进行评价时，可以从以下几个方面来判断：

● 数值范围：R 平方判定系数的值在 0 到 1 之间。如果接近 1，表示模型对数据的拟合程度较高，解释了数据中大部分变异。如果接近 0 则表示模型对数据的拟合程度较低，无法有效解释数据中的变异。

● 比较不同模型：在选择多个模型中的最佳模型时，可以根据 R 平方判定系数进行比较。通常情况下，具有较高 R 平方判定系数的模型具有较好的预测能力。然而需要注意的是，过于追求 R 平方系数的提高可能导致模型过拟合，因此还应该考虑模型的复杂性。

● 结合其他评估指标：仅凭 R 平方系数可能无法全面评估模型的性能。为了更准确地评估模型，可以结合其他指针，例如均方误差（MSE）、均方根误差（RMSE）或平均绝对误差（MAE）等。

● 调整 R 平方判定系数：在多元线性回归中，随着特征数量 (或自变量) 的增加，R 平方判定系数可能会不断提高，但这并不一定意味着模型性能的实际提升。为了解决这个问题，可以调整 R 平方系数来评估模型，它会根据特征数量和样本数量进行调整，更能反映模型的真实性能，此调整公式如下。

$$Adjusted\ R^2 = 1 - \frac{(1-R^2) \times (n-1)}{(n-k-1)}$$

上述公式 n 表示样本数量，k 表示特征数量，R 表示原始的平方判定系数。

总之以 R 平方判定系数进行评价时，应将其与其他指标一同考虑，并根据 R 平方判定系数的变化来优化和调整模型。

本节将使用 MSE 和 R 平方判定系数做评估，此方法简单地说就是计算数据与回归线的贴近程度。此系数的范围是 0 ~ 1 之间，0 表示无关，1 表示 100% 相关，相当于值越大此回归模型预测能力越好，此 R 平方判定系数公式如下：

$$R^2(y,\hat{y}) = 1 - \frac{\sum_{i=1}^{n}(y_i - \hat{y}_i)^2}{\sum_{i=1}^{n}(y_i - y)^2}$$

上述 n 是数据量，$\hat{y}_i$ 是回归函数的预估值，y 是所有 y 的平均值，sklearn.metrics 模块的 R 平方判定系数函数语法如下：

from sklearn.metrics import r2_score

...

R2_score = r2_score(y_true, y_pred)

上述函数 y_true 是测试数据，y_pred 是预测数据，返回值就是 R 平方判定系数。

程序实例 ch21_3.py：延续 ch21_2.py 实例，计算 MSE 和 R 平方判定系数。

```
1  # ch21_3.py
2  from sklearn.metrics import r2_score, mean_squared_error
3  import numpy as np
4
5  x = [1,2,3,4,5,6,7,8,9,10,11,12,13,14,15,16,17,19,21,22,23,24]
6  y = [100,88,75,60,50,55,55,56,58,58,61,63,68,71,71,75,76,88,93,97,97,100]
7
8  coef = np.polyfit(x, y, 3)                    # 回归直线系数
9  model = np.poly1d(coef)                       # 线性回归方程式
10 print(f"MSE      : {mean_squared_error(y, model(x)):.3f}")
11 print(f"R2_Score : {r2_score(y, model(x)):.3f}")
```

执行结果

```
==================== RESTART: D:\Machine\ch21\ch21_3.py ====================
MSE      : 14.803
R2_Score : 0.944
```

上述程序第 9 行，我们获得了回归方程式模型 model，第 10 行将 x 代入此 model(x)，可以获得 y_pred(模型的预测值)。原先第 6 行的 y 其实就是 y_true，有了此 y_pred，现在可以将 y_true 和 y_pred 分别代入 mean_squared_error( ) 和 r2_score( ) 计算 MSE 和 R 平方判定系数。从上述评估值可以得到 MSE 是 14.803，此值是越小越好，但是此值无法直接判断模型的优劣。R 平方系数是 0.944，因为非常接近 1，所以可以说这是很好的回归模型。

21-4 预测未来值

有了好的回归模型，我们就可以使用此模型预测未来的值。

程序实例 ch21_4.py：预测 18 点和 20 点的值。

```
1  # ch23_4.py
2  from sklearn.metrics import r2_score
3  import numpy as np
4
5  x = [1,2,3,4,5,6,7,8,9,10,11,12,13,14,15,16,17,19,21,22,23,24]
6  y = [100,88,75,60,50,55,55,56,58,58,61,63,68,71,71,75,76,88,93,97,97,100]
7
8  coef = np.polyfit(x, y, 3)                    # 回归直线系数
9  model = np.poly1d(coef)                       # 线性回归方程式
10 print(f"18点购物人数预测 = {model(18):.2f}")
11 print(f"20点购物人数预测 = {model(20):.2f}")
```

执行结果

```
==================== RESTART: D:\Machine\ch21\ch21_4.py ====================
18点购物人数预测 = 85.63
20点购物人数预测 = 92.62
```

上述实例中我们预测了 18 点和 20 点的购物人数，购物人数应该是整数，但是笔者保留了小数，这是因为未来读者所面对的数值会非常庞大，所以保留小数可以让数据更真实，下列是上述预测的图表结果。

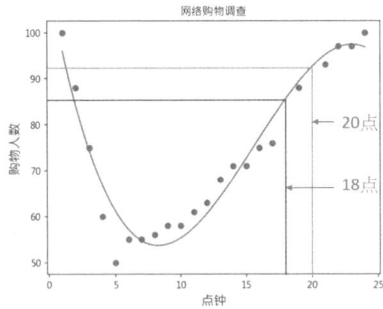

21-5 不适合三次函数回归的数据

其实并不是所有的数据皆可以使用三次函数求解回归模型，下列将直接以实例介绍。

21-5-1 绘制三次函数回归线

程序实例 ch21_5.py：使用新的数据绘制三次函数回归曲线。

```
1  # ch21_5.py
2  import matplotlib.pyplot as plt
3  import numpy as np
4
5  x = [1,2,3,4,5,6,7,8,9,10,11,12,13,14,15,16,17,19,21,22,23,24]
6  y = [100,21,75,49,15,98,55,31,33,82,61,80,32,71,99,15,66,88,21,97,30,5]
7
8  coef = np.polyfit(x, y, 3)                              # 回归直线系数
9  model = np.poly1d(coef)                                 # 线性回归方程式
10 x_reg = np.linspace(1,24,100)
11
12 plt.rcParams["font.family"] = ["Microsoft JhengHei"]    # 微软正黑体
13 plt.scatter(x,y)
14 plt.title('网络购物调查')
15 plt.xlabel("点钟", fontsize=14)
16 plt.ylabel("购物人数", fontsize=14)
17 plt.plot(x_reg,model(x_reg),color='red')
18
19 plt.show()
```

执行结果

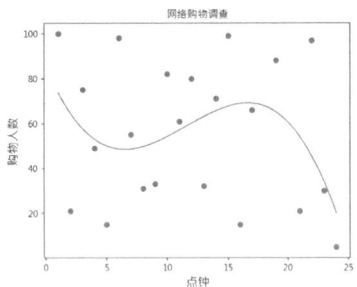

其实上述实例就是拟合度非常差的实例，如果针对此模型执行预测，得到的结果不会很精确。

21-5-2 计算 R 平方判定系数

从 ch21_5.py 实例我们得到一个不是太好的三次函数回归曲线模型，但是究竟有多差，可以使用 R 平方判定系数做计算。

程序实例 ch21_6.py：计算前一个实例的 R 平方判定系数。

```
1  # ch21_6.py
2  from sklearn.metrics import r2_score, mean_squared_error
3  import numpy as np
4
5  x = [1,2,3,4,5,6,7,8,9,10,11,12,13,14,15,16,17,19,21,22,23,24]
6  y = [100,21,75,49,15,98,55,31,33,82,61,80,32,71,99,15,66,88,21,97,30,5]
7
8  coef = np.polyfit(x, y, 3)                          # 回归直线系数
9  model = np.poly1d(coef)                             # 线性回归方程式
10 print(f"MSE      : {mean_squared_error(y, model(x)):.3f}")
11 print(f"R2_Score : {r2_score(y, model(x)):.3f}")
```

执行结果

```
==================== RESTART: D:\Machine\ch21\ch21_6.py ====================
MSE      : 813.885
R2_Score : 0.151
```

由计算结果可以得到 MSE 值是 813.886，R 平方判定系数的值是 0.151，所以更可以肯定三次函数的回归曲线模型不适合程序的数据，表 21-2 是这个实例与 ch21_3.py 比较的结果。

表 21-2 与 ch21_3.py 比较

	MSE	R 平方系数
ch21_3.py	14.803	0.944
ch21_6.py	813.885	0.151

第 22 章
机器学习使用 Scikit-learn 入门

Scikit-learn 是一个开源的 Python 机器学习库，提供了一系列监督和非监督学习算法。Scikit-learn 提供了大量用于分类、回归、群集、降维、模型选择和预处理的工具，并广泛应用于数据挖掘和数据分析。其接口一致且丰富，且强调在实践中的效率与可用性，这使得 Scikit-learn 在学术界和产业界都十分受欢迎。

22-1　Scikit-learn 的历史

Scikit-learn 是一个在 Python 小区广泛使用的机器学习库。它的名称来源于 "SciPy Toolkit"，原始的开发目标是作为 SciPy 的一个扩充包。

Scikit-learn 的开发始于 2007 年，当时在法国巴黎的一个研究实验室中，一群研究人员和工程师开始为 Python 构建一个机器学习库，以补足当时 Python 在此领域的不足。这个计划很快得到了 INRIA(法国国家信息与自动化研究所) 的支持和赞助。

Scikit-learn 的第一个公开版本 (0.1 版) 在 2010 年发布，其提供了一个高效且易于使用的接口，供开发者实现多种标准的机器学习算法。随着时间的推移，许多新的特性和算法被加入到了此模块中，并且有更多的贡献者参与到开发中来。

Scikit-learn 从一开始就非常注重开放源码和社区驱动的开发方式，其代码公开在 GitHub 上，并鼓励开发者参与到开发和改进。因此，Scikit-learn 得以快速成长，并在 Python 社区中建立了强大的地位。至今 Scikit-learn 已经成为一个成熟且广泛使用的机器学习库，提供了大量的监督学习、非监督学习算法，以及与机器学习相关的实用工具。它在学术界和产业界都有广泛的应用，并且有着活跃的社群支持和持续的开发。

22-2　机器学习的数据集

机器学习过程中，很重要的是数据集，当我们学习一种算法时，可以使用这些数据集测试，然后评估是否依据我们理解的方式运作，前面章节的数据，大都是笔者自行假设的，这种方法虽然可用，不过无法生成大量数据。建议读者使用下列方式获得数据集：
- Scikit-learn 内建的数据集；
- Kaggle 数据集；
- UCI 数据集；
- 函数生成数据集，Scikit-learn 内建函数 (方法) 可以帮助我们完成这类工作。

22-2-1　Scikit-learn 内建的数据集

Scikit-learn 模块内建了一些标准数据集，主要用于测试机器学习模型和演示如何使用该模块。这些数据集可以从 sklearn.datasets 模块中获取，以下是一些内置数据集的概述：
- 鸢尾花 (Iris)：这是一个常用的分类数据集，包含了三种不同的鸢尾花，然后有 4 个特征，每种有 50 个样本。特征包括花萼长度、花萼宽度、花瓣长度和花瓣宽度。
- 手写数字 (Digits)：这是一个手写数字识别的数据集，由 1797 个 8×8 像素的图像组成，每个像素的值介于 0 到 16 之间。
- 葡萄酒 (Wine)：这是一个用于分类的数据集，包含了三种不同的葡萄酒的化学成分。

- 威斯康星州乳癌 (Breast Cancer Wisconsin)：这是一个二元分类的数据集，包含 569 个样本，30 个特征，用于预测乳腺肿瘤是恶性的还是良性的。
- 波士顿房价 (Boston House Prices)：这是一个回归数据集，包含 506 个样本，13 个特征，用于预测波士顿地区的房价，可参考第 23 章。

使用 Scikit-learn 内置的数据集十分方便，因为它们已经被处理成方便使用的格式，并且附带有描述数据集的文件，后续笔者会做完整说明。

22-2-2 Kaggle 数据集

Kaggle 是一个著名的数据科学平台，它提供了一个方便的地方，让使用者可以找到和分享大量的公开数据集。在 Kaggle 上，数据集涵盖了许多不同的主题，包括但不限于金融、医疗、影像识别、自然语言处理、音频分析等。

Kaggle 数据集的特点：

- 多样性：Kaggle 的数据集来自各种领域，可以满足不同的数据需求。
- 易于使用：数据集通常已经清理并格式化为常见的 CSV、JSON 或者 SQLite 等格式，使用者可以方便地下载并用于机器学习项目。
- 小区活跃：Kaggle 拥有活跃的小区，使用者可以参加由 Kaggle 或者其他机构主办的数据科学竞赛，并可以查看其他用户对数据集的分析和模型。
- 资源丰富：对于每个数据集，用户可以找到相关的核心笔记本 (Kernels)、讨论和新闻，这些可以帮助用户理解和使用数据集。

为了使用 Kaggle 数据集，首先需要在 Kaggle 网站上注册一个账号。然后，你可以通过 Kaggle 的数据集浏览器找到你感兴趣的数据集，并直接在网页上下载，或者使用 Kaggle 的 API 下载到本地。使用 API 下载数据需要一个 API 密钥，你可以在 Kaggle 账号的设定页面获得。

22-2-3 UCI 数据集

UCI 数据集是指由加州大学尔湾分校（University of California, Irvine）机器学习储存库所提供的一系列数据集合。这个储存库是为了促进机器学习和数据挖掘研究而建立的，涵盖了各种不同的问题和应用场景，如医学、金融、生物学、社会科学等。

UCI 数据集通常以结构化的表格形式呈现，其中每一列 (row) 代表一个样本或实例，而每一字段则代表一个特征或属性。这些数据集涉及的领域包括机器学习、统计学、模式识别、数据挖掘等。可以用于不同的机器学习任务，如分类、回归、聚类等。

UCI 数据集的使用对于机器学习研究和实践非常有价值。研究人员和学生可以利用这些数据集来开展实验、训练和测试机器学习算法，并进行性能比较和评估。这些数据集也可以作为学习资源，帮助初学者理解和应用机器学习的基本概念和技术。

UCI 数据集可以在以下网址中获取：

https://archive.ics.uci.edu/ml/index.php

这个网站是 UCI 机器学习储存库的官方网站，你可以在该网站上浏览不同领域的数据集，并下载所需的数据文件。每个数据集都有相关的描述和属性信息，让你可以更好地理解和应用这些数据。

22-2-4　Scikit-learn 函数生成数据

我们也可以使用 Scikit-learn 内建的函数生成下列类型的数据集：

● 线性分布数据集；
● 集群分布数据集；
● 交错半月群集数据；
● 环形结构分布的群集数据；
● 产生 n-class 分类数据集。

下一小节会分别说明。

22-3　Scikit-learn 生成数据实操

这一节将介绍 Scikit-learn 生成三类数据的函数与实操。

22-3-1　线性分布数据

在 Scikit-learn 中，可以使用 sklearn.datasets 模块的 make_regression( ) 函数来生成线性分布的数据，下面是 make_regression( ) 函数的基本语法：

from sklearn.datasets import make_regression

…

X, y = make_regression(n_samples, n_features, noise, random_state)

上述各个参数的说明如下：

● n_samples：这是可选参数，生成的样本数量，默认值是 100。
● n_features：这是可选参数，生成的特征数量，这些特征都会影响输出值，默认值是 100。
● noise：这是可选参数，加入到输出值的高斯噪声的标准差，默认值是 0。
● random_state：这是可选参数，随机数生成器的种子，设定此参数可以确保每次生成的数据是一致的。默认值是 None，表示每次生成不同的数据。

上述函数的返回值 X 和 y 分别是生成的特征矩阵 (X) 和输出向量 (y)，程序 ch22_1.py 还会用实例说明。这些数据可以直接用于训练和测试回归模型，未来章节会说明训练数据与测试数据。需要留意的是 make_regression( ) 生成的是理想的线性分布数据，可能不会完全反映真实世界的情况，在实际应用中，你可能需要使用更复杂的数据生成或者数据搜集方式。

程序实例 ch22_1.py：认识 make_regression( ) 函数与返回值 X 和 y，这个程序会生成默认的 100 个样本数量，1 个特征 (n_features = 1) 的线性数据，程序主要是解析 X 和 y 返回值的结构。

```
1  # ch22_1.py
2  from sklearn.datasets import make_regression
3
4  # 生成线性数据
5  X, y = make_regression(n_features=1, noise=0, random_state=10)
6
7  # 输出 X 的数据格式
8  print("输出 X 的数据格式 :")
9  print(type(X))
10  print(f"数组维度 = {X.ndim}")
11  print(f"数组形状 = {X.shape}")
12  print(f"数组大小 = {X.size}")
13  # 输出前 5 个 X1 的样本
```

```
14  print("前 5 个 X 的样本 :")
15  print(X[:5])
16  print("="*70)
17
18  # 输出 y 的数据格式
19  print("输出 y 的数据格式 :")
20  print(type(y))
21  print(f"数组维度 = {y.ndim}")
22  print(f"数组形状 = {y.shape}")
23  print(f"数组大小 = {y.size}")
24  # 输出前 5 个 y 的样本
25  print("前 5 个 y 的样本 :")
26  print(y[:5])
```

执行结果

```
==================== RESTART: D:\Machine\ch22\ch22_1.py ====================
输出 X 的数据格式 :
<class 'numpy.ndarray'>
数组维度 = 2
数组形状 = (100, 1)
数组大小 = 100
前 5 个 X 的样本 :
[[ 2.38496733]
 [ 0.91826915]    ← 含一个元素的一维数组
 [ 0.21726515]      二维数组
 [ 1.25647226]
 [-0.12190569]]
==================================================
输出 y 的数据格式 :
<class 'numpy.ndarray'>
数组维度 = 1
数组形状 = (100,)
数组大小 = 100
前 5 个 y 的样本 :
[71.48459538 27.52326956  6.51208542 37.66022713 -3.65387773]  ← 一维数组
```

从上述执行结果可以看到，X 是二维数组，相当于数组内的元素是数组，因为只有一个特征，所以内部数组元素只有一个。从执行结果可以看到，y 是一维数组。若是从线性代数眼光看，可以将 X 看成是自变量，y 是因变量或称目标变量。

程序实例 ch22_2.py：使用 make_regression( ) 建立 2 个线性分布的数据，这 2 组数据样本数皆是 100 个，分别使用噪声 noise = 0 和 noise = 20，同时绘制这 2 个图表。

```python
1   # ch22_2.py
2   import matplotlib.pyplot as plt
3   from sklearn.datasets import make_regression
4
5   plt.rcParams["font.family"] = ["Microsoft JhengHei"]
6   plt.rcParams["axes.unicode_minus"] = False  # 负数符号
7
8   # 生成两组数据
9   X1, y1 = make_regression(n_features=1, noise=0, random_state=10)
10  X2, y2 = make_regression(n_features=1, noise=20, random_state=10)
11
12  # 建立一个含有两个子图的画布，这里 nrows=1, ncols=2
13  fig, axs = plt.subplots(nrows=1, ncols=2, figsize=(10, 5))
14
15  # 在第一个子图绘制 noise 为 0 的数据
16  axs[0].scatter(X1, y1)
17  axs[0].set_title('Noise = 0')
18
19  # 在第二个子图绘制 noise 为 20 的数据
20  axs[1].scatter(X2, y2)
21  axs[1].set_title('Noise = 20')
22
23  # 设置图表标题和卷标
24  for ax in axs:
25      ax.set_xlabel('特征')
26      ax.set_ylabel('目标')
27
28  # 自动调整子图间距
29  plt.tight_layout()
30  plt.show()
```

执行结果

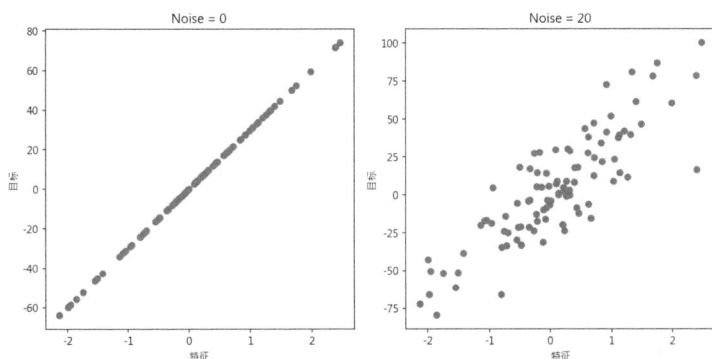

上述图表绘制基本上是将返回值的 X 当作 X 轴数据，此轴标签是"特征"。y 当作 Y 轴数据，此轴标签是"目标"。

22-3-2 群集分布数据

群集数据 (或称为聚类数据) 是一种常见的数据类型，其中相似的数据点会自然地分组或聚集在一起。这种聚集通常基于一些相似性度量，如欧氏距离 (在二维或三维空间中的直线距离)、余弦相似性 (角度或方向的相似性)、曼哈顿距离 (网格距离) 等。

在群集数据中，每个群集都可以被视为一个类或组。然而，与分类问题不同的是，我们在群集数据中通常不知道每个群集的确切标签，而是希望通过分析数据找到自然的分组。这种方法被称为聚类分析或聚类，是一种常见的非监督学习方法。

例如，在消费者行为分析中，我们可能有一份客户的购物纪录数据，我们可以使用聚类算法来将客户分为不同的群组，如高频购买者、低频购买者、高消费者等，然后针对不同的群组采取不同的市场策略。

Scikit-learn 提供了多种工具来处理聚类问题，包括 K 均值、层次聚类、DBSCAN 等聚类算法，也提供了用于生成群集数据的工具。例如：make_blobs( )，此函数在 sklearn.datasets 模块内，其语法如下：

from sklearn.datasets import make_blobs

…

X, y = make_blobs(n_samples, n_features, centers, random_state)

这个函数主要参数说明如下：

● n_samples：这是可选参数，如果是整数，表示总共生成的点的数量。如果是一个由整数组成的列表，则每个元素表示每个集群的点的数量。默认值是 100。

● n_features：这是可选参数，表示每个样本的特征数，默认值是 2。

● centers：这是可选参数，整数或者一组形状为 [n_centers, n_features] 的数组。表示生成的数据中心数量或固定中心的位置，默认值是 3。

● random_state：这是可选参数，随机数生成器的种子，设定此参数可以确保每次生成的数据是一致的。默认值是 None，表示每次生成不同的数据。

这个函数的返回值是一个元组，第一个元素是 X(形状为 [n_samples, n_features] 的数组)，它表示生成的样本，第二个元素是 y(形状为 [n_samples] 的数组)，它表示每个样本的标签。

程序实例 ch22_3.py：认识 make_blobs( ) 函数与返回值 X 和 y，这个程序会生成默认的 500 个样本数量，2 个特征 (n_features = 2) 的线性数据，程序主要是解析 X 和 y 返回值的结构。

```python
1  # ch22_3.py
2  from sklearn.datasets import make_blobs
3
4  # 生成数据集
5  X, y = make_blobs(n_samples=500,n_features=2,centers=5,random_state=1)
6  # 输出 X1 的数据格式
7  print("输出 X 的数据格式 :")
8  print(type(X))
9
10 # 输出前 5 个 X1 的样本
11 print("前 5 个 X 的样本 :")
12 print(X[:5])
13 print("="*70)
14
15 # 二维数组切片输出前 5 个 X[:,0], 结果是降维度索引 0 的一维数组
16 print("前 5 个 X[:,0] 的样本 :")
17 xx = X[:5]
18 print(xx[:,0])
19 print("="*70)
20
21 # 二维数组切片输出前 5 个 X[:,1], 结果是降维度索引 1 的一维数组
22 print("前 5 个 X[:,1] 的样本 :")
23 print(xx[:,1])
24 print("="*70)
25
26 # 输出前 5 个 y 的样本
27 print("前 5 个 y 的样本 :")
28 print(y[:5])
```

执行结果

上述程序第 5 行的 "n_features = 2" 表示每个 X 样本有 2 个特征，所以内部数组有 2 个元素。这个程序第 17 行先设定 "xx = X[:5]"，第 18 行使用切片概念 xx[:,0]，取得 xx 所有索引 0 的数组，这个切片会有降维的效果。第 23 行使用切片概念 xx[:,1]，取得 xx 所有索引 1 的数组，这个切片同样会有降维的效果。有了上述概念后，下一个程序可以将 X[:,0] 当 *X* 轴数据，将 X[:,1] 当 *Y* 轴数据，绘制群集数据。

程序实例 ch22_4.py：生成 2 组群集分布数据，同时绘制这 2 个图表。第一组数据有 500 个点、2 组特征、5 个数据中心。第二组数据有 300 个点、2 组特征、3 个数据中心。

```python
1  # ch22_4.py
2  from sklearn.datasets import make_blobs
3  import matplotlib.pyplot as plt
4
5  # 生成 2 个数据集
6  X1, y1 = make_blobs(n_samples=500,n_features=2,centers=5,random_state=1)
7  X2, y2 = make_blobs(n_samples=300,n_features=2,centers=3,random_state=1)
8
9  # 建立子图
10 fig, axs = plt.subplots(1, 2, figsize=(10, 5))
```

```
11
12  # 绘制第 1 个数据集
13  axs[0].scatter(X1[:, 0], X1[:, 1], c=y1)
14  axs[0].set_title('First dataset')
15
16  # 绘制第 2 个数据集
17  axs[1].scatter(X2[:, 0], X2[:, 1], c=y2)
18  axs[1].set_title('Second dataset')
19
20  # 显示图形
21  plt.show()
```

执行结果

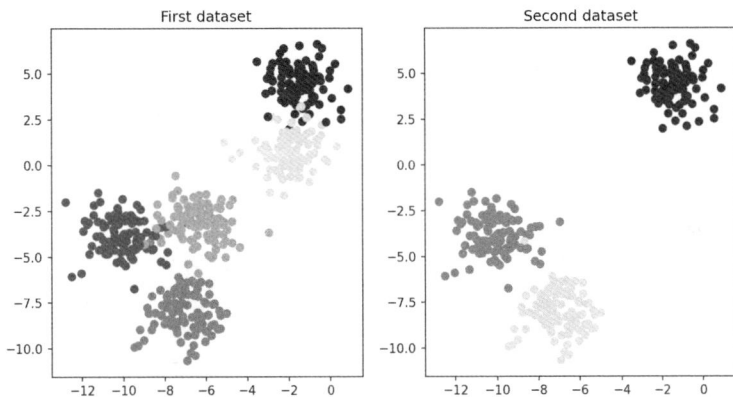

22-3-3 交错半月群集数据

"玩具数据集"是机器学习和数据科学中一个常见的术语,它们通常用来指那些简单、小型且通常是人造的数据集。这些数据集的主要目的是提供一个清晰且容易理解的方式来示范和学习算法的基本概念,或者测试和比较不同的机器学习方法。这些数据集简单到足以让你完全理解数据的结构和它们可能的隐含模式。

Scikit-learn 的 make_moons( ) 就是这样一个玩具数据集的例子。这个函数会生成一个简单的二分类问题的数据集,数据集中的两个类别在二维空间中会形成两个交错的半圆形。虽然这个数据集非常简单,但它能够很好地展示一些机器学习算法 (尤其是那些可以解决非线性问题的算法) 的效果。make_moons( ) 语法如下:

from sklearn.datasets import make_moons

…

X, y = make_moons(n_samples, noise, random_state)

这个函数主要参数说明如下:

● n_samples:生成的总数据点数。默认值是 100。它等于两个类别中的点的总和 (每个类别的点数相等)。

● noise:数据中的高斯噪声的标准差。默认值是 None,则数据中没有噪声。这可以使数据更具现实性,因为真实世界的数据往往含有噪声。

● random_state:这是可选参数,随机数生成器的种子,设置此参数可以确保每次生成的数据是一致的。默认值是 None,表示每次生成不同的数据。

程序实例 ch22_4_1.py:交错半月形结构数据集的生成。

```
1   # ch22_4_1.py
2   from sklearn.datasets import make_moons
3   import matplotlib.pyplot as plt
4
5   # 生成数据
6   X, y = make_moons(n_samples=200, noise=0.05, random_state=0)
7
8   # 可视化数据
9   plt.scatter(X[:, 0], X[:, 1], c=y)
10  plt.show()
```

执行结果

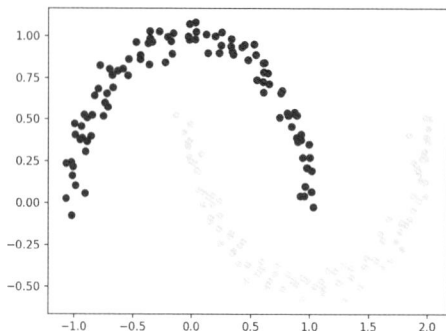

22-3-4 环形结构分布的群集数据

环形方式分布的数据集是一种特殊的数据分布，这种数据通常在二维空间中形成一个或多个环形结构。在这种数据集中，数据点在空间中的位置（也就是它的特征值），决定了它属于哪个环形结构（也就是它的标签或类别）。

Scikit-learn 提供了 make_circles( ) 函数，可以用来生成两个环状结构的数据集：一个圆内部的点和一个圆外部的点。这种数据集在可视化中往往很直观，并且常常被用来测试机器学习算法，特别是分类算法，make_circles( ) 语法如下：

from sklearn.datasets import make_circles

…

X, y = make_circles(n_samples, noise, random_state)

这个函数主要参数说明如下：

● n_samples：生成的总数据点数。默认值是 100。它等于两个类别中的点的总和（每个类别的点数相等）。

● noise：数据中的高斯噪声的标准差。默认值是 None，则数据中没有噪声。这可以使数据更具现实性，因为真实世界的数据往往含有噪声。

● random_state：这是可选参数，随机数生成器的种子，设定此参数可以确保每次生成的数据是一致的。默认值是 None，表示每次生成不同的数据。

程序实例 ch22_4_2.py：环形结构数据集的生成。

```
1   # ch22_4_2.py
2   from sklearn.datasets import make_circles
3   import matplotlib.pyplot as plt
4
5   # 生成数据
6   X, y = make_circles(n_samples=100, noise=0.05, random_state=10)
7
8   # 绘制数据
9   plt.scatter(X[:, 0], X[:, 1], c=y)
10  plt.show()
```

执行结果

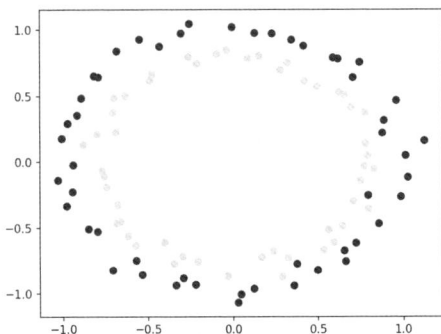

22-3-5　产生 n-class 分类数据集

make_classification 是一个从 Scikit-learn 库中生成随机的 n-class 分类数据集的方法。此功能非常有用，因为它可以帮助读者建立和测试机器学习分类模型。以下是对其语法和一些重要参数的详细解释：

rom sklearn.datasets import make_classification

…

X, y = sklearn.datasets.make_classification(n_samples=100, n_features=20,

n_informative=2, n_redundant=2, n_repeated=0, n_classes=2,

n_clusters_per_class=2, weights=None, hypercube=True,

shift=0.0, scale=1.0, shuffle=True, random_state=None)

这个方法参数说明如下：

● n_samples：数据集中的样本数。默认值为 100。

● n_features：整个数据集中的特征数。默认值为 20。

● n_informative：有信息的特征数，这些特征对于分类来说是有意义的。默认值为 2。

● n_redundant：冗余特征数，这些特征可以从信息特征中生成。默认值为 2。

● n_repeated：重复的特征数，这些特征是随机挑选的信息或冗余特征。默认值为 0。

● n_classes：数据集中的类别数。默认值为 2。

● n_clusters_per_class：每个类别的簇数。默认值为 2。

● weights：每个类别的样本数所占的比例。默认值为 None。

● hypercube：如果为 True，则将簇放置在超立方体的顶点上。如果为 False，则将簇放置在随机多维标准常规中。默认值为 True。

● shift：特征的均值。默认值为 0.0。

● scale：特征的标准差。默认值为 1.0。

程序实例 ch22_5.py：生成一个 100 个样本、2 个特征的数据集，并绘制在二维平面上。

```
1   # ch22_5.py
2   from sklearn.datasets import make_classification
3   import matplotlib.pyplot as plt
4
5   # 生成一个 100 个样本、2 个特征(因此可以在二维平面上绘制)的数据集
6   # 有 2 个信息特征、无冗余特征、无重复特征,并且有 2 个类别
7   X, y = make_classification(n_samples=100, n_features=2,
8       n_informative=2, n_redundant=0, n_repeated=0, n_classes=2,
9       random_state=1)
10
11  # 绘制生成的数据集
12  plt.scatter(X[:, 0], X[:, 1], marker='o', c=y, s=25, edgecolor='k')
13  plt.show()
```

执行结果

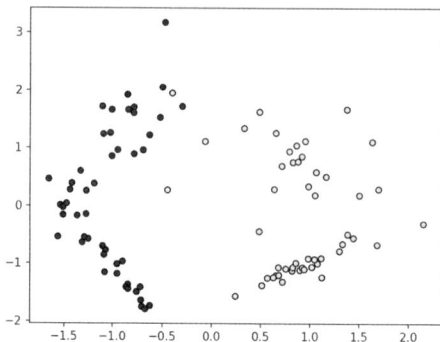

22-4 Scikit-learn 数据预处理

Scikit-learn 的数据预处理的主要目的有以下几点:

● 数据清洗:消除数据中的噪声,如遗漏值、异常值或者不一致的数据等。

● 数据转换:将数据转换为适合模型学习的格式。例如,某些算法只能处理数值数据,因此我们需要将类别数据进行编码。

● 数据标准化/正规化:这可以消除数据的尺度差异,让所有特征都在相同的尺度范围内。这对许多机器学习算法都是必须的,如支持向量机 (SVM) 或者深度学习等。注:数据标准化也称数据缩放。

● 特征选择/提取:有时我们需要减少数据的维度以减少运算量,或者将原始特征转换成能更好地表示数据的新特征。

这些预处理步骤可以帮助我们更有效地使用机器学习算法,提高模型的性能,这一节将说明数据标准化与正规划相关的方法,其他概念则会在未来章节按需要逐步解说。在 Scikit-learn 模块内有 sklearn.preprocessing 模块,这个模块常用的方法有 StandardScaler、Normalizer、MinMaxScaler、RobustScaler,下列各小节会分别介绍。

22-4-1 标准化数据 StandardScaler

有时候使用 make_blobs( ) 方法产生的数据,特征数据的差异会很大,这时可以使用 StandardScaler( ) 标准化方法,将数据标准化为平均数是 0、方差是 1 的数据。

from sklearn.preprocessing import StandardScaler

…

StandardScaler( ).fit_transform(data)

上述参数 data 是要做标准化的数据，fit_transform( ) 其实隐含着 fit( ) 和 transform( ) 方法，这个方法 fit_transform(data) 首先用 fit( ) 将拟合和转换的参数计算出来，然后立即将这个参数应用于 transform( ) 数据转换。上述也可以分成两行：

scaler = StandardScaler( )　　　　　　# 建立标准化的实例对象

data = scaler.fit_transform(data)　　　# data 就算是标准化了

注　后续几个小节中可以看到许多 fit_transform( ) 方法，使用概念相同。

程序实例 ch22_5_1.py：生成 200 个点的群集数据，然后将数据标准化。

```
1   # ch22_5_1.py
2   from sklearn.datasets import make_blobs
3   from sklearn.preprocessing import StandardScaler
4   import matplotlib.pyplot as plt
5
6   # 生成数据集
7   X, y = make_blobs(n_samples=200,n_features=2,centers=2,random_state=0)
8
9   # 标准化数据集
10  X_sta = StandardScaler().fit_transform(X)
11
12  # 建立子图
13  plt.rcParams["font.family"] = ["Microsoft JhengHei"]
14  plt.rcParams["axes.unicode_minus"] = False   # 负数符号
15  fig, axs = plt.subplots(1, 2, figsize=(10, 5))
16
17  # 绘制数据集
18  axs[0].scatter(X[:, 0], X[:, 1], c=y)
19  axs[0].set_title('一般数据集')
20  axs[0].grid()
21
22  # 绘制标准化数据集
23  axs[1].scatter(X_sta[:, 0], X_sta[:, 1], c=y)
24  axs[1].set_title('标准化数据集')
25  axs[1].grid()
26
27  plt.show()
```

执行结果

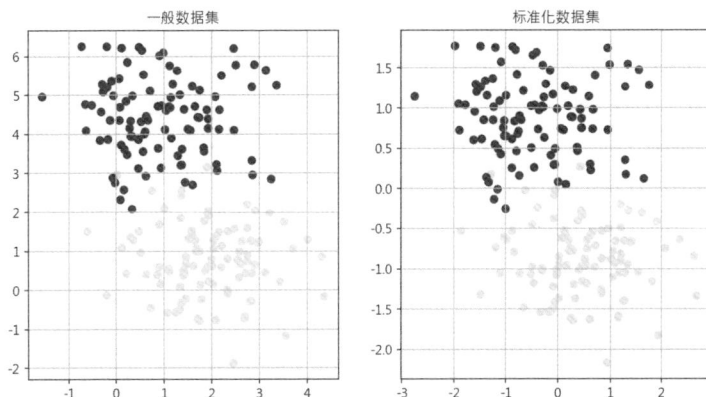

从上图可以看到数据中心点在 (0, 0) 位置。

22-4-2　设定数据区间 MinMaxScaler

MinMaxScaler( ) 主要是将特征数据缩放到给定的最小值和最大值之间，通常是 0~1，或者也可以是任意其他范围。

from sklearn.preprocessing import MinMaxScaler

...

MinMaxScaler( ).fit_transform(data)

程序实例 ch22_5_2.py：更改设计 ch22_5_1.py，改为使用 MinMaxScaler( ) 设定数据在 0 和 1 之间，其他程序代码与 ch22_5_1.py 相同。

```
 9  # 设定数据缩放到0和1之间
10  X_sta = MinMaxScaler().fit_transform(X)
```

执行结果

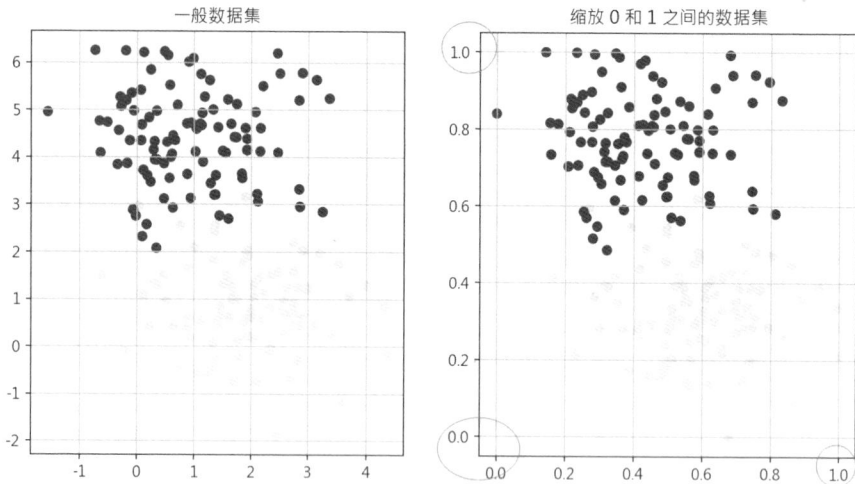

22-4-3　特殊数据缩放 RobustScaler

RobustScaler( ) 是一种特殊的数据缩放器，特别适用于处理含有异常值的数据。对于包含异常值的数据，一般的缩放方法 (如最小最大缩放或标准化) 可能会受到异常值的影响，导致缩放结果不准确。RobustScaler( ) 可以有效解决这个问题，它的工作原理是数值减去中位数并除以四分位距 (IQR)，IQR 是第 3 四分位数 (75% 处的数值) 和第 1 四分位数 (25% 处的数值) 之间的差。因为它根据数据的中位数和四分位数范围来进行缩放，这两个参数对异常值的敏感度较低。

from sklearn.preprocessing import RobustScaler

...

RobustScaler( ).fit_transform(data)

程序实例 ch22_5_3.py：更改设计 ch22_5_1.py，改为使用 RobustScaler( ) 设定数据在 0~1 之间，其他程序代码与 ch22_5_1.py 相同。

```
 9  # RobustScaler 缩放数据之间
10  X_sta = RobustScaler().fit_transform(X)
```

执行结果

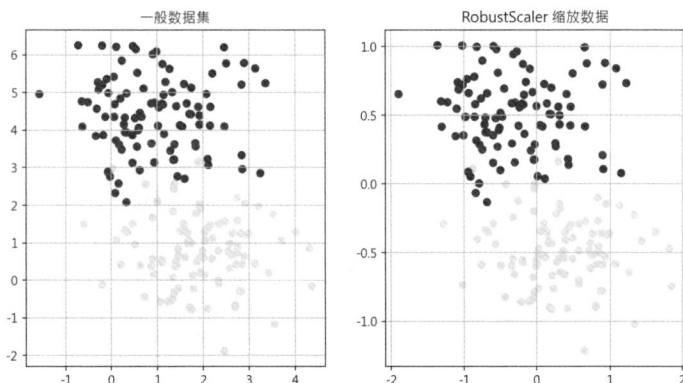

一般数据集　　　　　　　　RobustScaler 缩放数据

22-5 机器学习 Scikit-learn 入门

这一节将使用 Scikit-learn 模块，一步一步引导读者阅读机器学习最基本的概念"线性回归。"

22-5-1 身高与体重的数据

假设有一个身高与体重的统计数据如表 22-1 所示。

表 22-1　身高与体重

身高 (m)	1.6	1.63	1.71	1.73	1.83
体重 (kg)	55	58	62	65	71

程序实例 ch22_6.py：绘制上述身高与体重的数据。

执行结果

```
1  # ch22_6.py
2  import matplotlib.pyplot as plt
3
4  plt.rcParams["font.family"] = ["Microsoft JhengHei"]
5
6  height = [1.6, 1.63, 1.71, 1.73, 1.83]
7  weight = [55, 58, 62, 65, 71]
8
9  plt.plot(height, weight, 'ko')
10 plt.axis([1.5, 1.85, 50, 90])
11 plt.xlabel("身高")
12 plt.ylabel("体重")
13 plt.title("身高 vs 体重")
14 plt.grid()
15 plt.show()
```

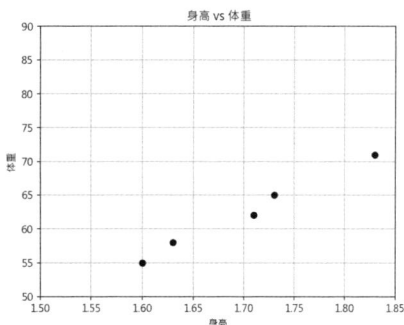

22-5-2 线性拟合数据 LinearRegression

使用 Scikit-learn 模块的 LinearRegression 类，可以建立线性回归模型，此函数的语法如下：

from sklearn.linear_model import LinearRegression

model = LinearRegression()　　　　　　　　　　　# 建立线性回归模型实例

有了上述线性回归模型实例 model，就可以使用 fit( ) 方法做数据拟合的模型：

model.fit(X, y)   # 数据拟合模型

上述参数 X 是一个形状为 [n_samples, n_features] 的二维数组，通常用来表示样本的特征。n_samples 是样本数量，n_features 是每个样本的特征数量。y 是一个形状为 [n_samples] 的一维数组，通常用来表示每个样本的目标变量 (或称因变量) 或标签。

上述执行 model.fit(X, y) 后，model 就是我们的线性回归模型对象，这个由模型对象呼叫 fit( ) 方法，对 (X, y)(训练数据，训练目标值) 训练数据的概念，可以应用在其他机器学习模型中。此外，当训练数据完成后，有一些方法与属性可以使用，使用时须用模型对象名称调用这些方法或属性，下列中假设模型对象名称是 model：

● model.predict(new_X)：预测新数据 new_X，这一节和下一节会用实例介绍。
● model.score(X_test, y_test)：获得 (X_test, y_test) 数据的 R 平方值，这是模型评估的方法，可以参考 22-5-6 节。
● model.coef_：模型方程式的回归系数，可用于组织模型的方程式，可以参考 22-5-5 节。
● model.intercept_：模型方程式的截距，有时候也可称偏置 (bias)，可以参考 22-5-5 节。

当训练好机器学习模型 model 后，可以使用此 model 调用 predict( )，执行数据预测，下列是预测数据语法。

y_pred = model.predict(X)   # X 必须是二维数组

因为 model.fit(X,y) 的 X 是一个二维数据，对于一般一维的数据，可以使用 Numpy 模块的 reshape(-1,1)，将一维转为二维数组，可以参考下方实例第 8 行。

程序实例 ch22_7.py：扩充 ch22_6.py，增加绘制预测回归直线。

```
1  # ch22_7.py
2  import matplotlib.pyplot as plt
3  from sklearn.linear_model import LinearRegression
4  import numpy as np
5
6  plt.rcParams["font.family"] = ["Microsoft JhengHei"]
7
8  height = np.array([1.6, 1.63, 1.71, 1.73, 1.83]).reshape(-1,1)
9  weight = np.array([55, 58, 62, 65, 71])
10
11  plt.plot(height, weight, 'ko')
12  plt.axis([1.5, 1.85, 50, 90])
13  plt.xlabel("身高")
14  plt.ylabel("体重")
15  plt.title("身高 vs 体重")
16
17  model = LinearRegression()              # 建立线性回归的模型
18  model.fit(X=height, y=weight)           # 数据拟合模型
19  y_pred = model.predict(height)          # 预测 体重 数据
20  plt.plot(height, y_pred, c='r')         # 绘制预测回归线
21
22  plt.grid()
23  plt.show()
```

执行结果

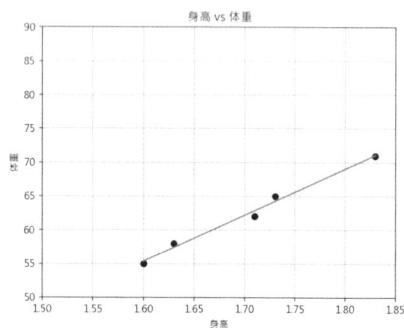

上述程序第 18 行执行 model.fit(X=height, y=weight) 之后，model 就是一个依据 height 和 weight 数据，建立的线性模型。

22-5-3 数据预测 predict( )

前一小节我们建立了线性模型 model，有了这个线性模型我们就可以输入身高数据，计算体重。

程序实例 ch22_8.py：输入身高数据，然后输出此线性模型的体重数据。

```
1   # ch22_8.py
2   from sklearn.linear_model import LinearRegression
3   import numpy as np
4
5   height = np.array([1.6, 1.63, 1.71, 1.73, 1.83]).reshape(-1,1)
6   weight = np.array([55, 58, 62, 65, 71])
7
8   model = LinearRegression()              # 建立线性回归的模型
9   model.fit(X=height, y=weight)           # 数据拟合模型
10
11  h = eval(input("请输入身高(公分) : "))
12  h /= 100
13  weight_pred = model.predict([[h]])  # 预测 体重 数据
14  print(f"预估体重是 : {weight_pred[0]:.2f} 千克")
```

执行结果

```
==================== RESTART: D:\Machine\ch22\ch22_8.py ====================
请输入身高(公分) : 175
预估体重是 : 65.61 公斤
```

22-5-4 模型的存储与开启

模型的存储可以使用 Python 的 pickle 模块，或是使用 Scikit-learn 官方推荐的 joblib 模块，下面将分别说明。

（1）pickle 模块。

pickle 原意是腌菜，也是 Python 的一种原生数据型态，pickle 文件内部是以二进制格式将数据储存，虽然以二进制方式储存不符合人类阅读习惯，但是这种数据格式最大的优点是方便保存，以及方便未来调用。

程序设计师可以很方便地将所建立的数据 (如字典、列表、数据库等) 直接以 pickle 文件储存，未来也可以很方便地直接读取此 pickle 文件。使用 pickle 文件时需要先导入 pickle 模块，然后可以使用下列两个方法将 Python 对象转成 pickle 文件，以及将 pickle 文件复原为原先的 Python 对象。

pickle.dump(model, save_file)   # 将 model 转成 pickle 文件 save_file

model = pickle.load(load_file)   # 将 pickle 文件 load_file 转成 model

我们又将 dump( ) 的过程称为串行化 (serialize)，可以参考 ch22_9.py。将 load( ) 的过程称为反串行化 (deserialize)，可以参考 ch22_10.py。

程序实例 ch22_9.py：使用 pickle 模块，存储线性模型。注：所存文件的扩展名可以自行指定。

```
1   # ch22_9.py
2   import pickle
3   from sklearn.linear_model import LinearRegression
4   import numpy as np
5
6   height = np.array([1.6, 1.63, 1.71, 1.73, 1.83]).reshape(-1,1)
7   weight = np.array([55, 58, 62, 65, 71])
8
9   model = LinearRegression()              # 建立线性回归的模型
10  model.fit(X=height, y=weight)           # 数据拟合模型
11
12  # 存储模型
13  with open('model_ch22_9.pkl', 'wb') as f:
14      pickle.dump(model, f)
```

执行结果

这个程序没有输出结果。

程序实例 ch22_10.py： 开启前一个实例所储存的 model_ch22_9.pkl，然后输入身高数据，预估体重结果。

```
1   # ch22_10.py
2   import pickle
3
4   # 加载模型
5   with open('model_ch22_9.pkl', 'rb') as f:
6       model = pickle.load(f)
7
8   h = eval(input("请输入身高(公分) : "))
9   h /= 100
10  weight_pred = model.predict([[h]])    # 预测 体重 数据
11  print(f"预估体重是 : {weight_pred[0]:.2f} 千克")
```

执行结果

```
==================== RESTART: D:\Machine\ch22\ch22_10.py ====================
请输入身高(公分) : 175
预估体重是 : 65.61 公斤
```

上述加载模型后，输入身高，可以得到和 ch22_8.py 相同的结果，则表示我们成功地使用 pickle 模块存储与加载模型了。

（2）joblib 模块。

Scikit-learn 官方推荐使用 joblib 模块执行机器学习模型的存储与加载模型，特别是大型数据或是需要大量计算的模型，可以有比较好的效率。joblib 模块存储模型的语法如下：

from joblib import dump

…

dump(model, 'model_name.joblibl')　　　　　　　　# 存储 model 模型

程序实例 ch22_11.py： 使用 joblib 模块存储身高与体重的 model 模型。

```
1   # ch22_11.py
2   from joblib import dump
3   from sklearn.linear_model import LinearRegression
4   import numpy as np
5
6   height = np.array([1.6, 1.63, 1.71, 1.73, 1.83]).reshape(-1,1)
7   weight = np.array([55, 58, 62, 65, 71])
8
9   model = LinearRegression()          # 建立线性回归的模型
10  model.fit(X=height, y=weight)       # 数据拟合模型
11
12  # 存储模型
13  dump(model, 'model_ch22_11.joblib')
```

执行结果

这个程序没有输出结果。

joblib 模块加载模型的语法如下：

from joblib import load

…

model = load('model_name.joblib')　　　　　　　　# 载入 model_name.joblib 模型

程序实例 ch22_12.py： 开启前一个实例所存储的 model_ch22_11.joblib，然后输入身高数据，预估体重结果。

```
1  # ch22_12.py
2  from joblib import load
3
4  # 加载模型
5  model = load('model_ch22_11.joblib')
6
7  h = eval(input("请输入身高(公分)："))
8  h /= 100
9  weight_pred = model.predict([[h]])    # 预测 体重 数据
10 print(f"预估体重是：{weight_pred[0]:.2f} 千克")
```

执行结果

```
==================== RESTART: D:\Machine\ch22\ch22_12.py ====================
请输入身高(公分)：175
预估体重是：65.61 千克
```

从上述实例可以得到和 ch22_8.py 相同的结果，则表示我们成功地使用 joblib 模块存储与加载模型了。

22-5-5　计算线性回归线的斜率和截距

第 3 章笔者介绍过斜率与截距的知识，程序实例 ch22_7.py 中因为我们只取了 *x*(身高) 的 1.5～1.85 区间，无法看出截距，可以参考下列实例，获得更完整的线性回归线。

程序实例 ch22_13.py：扩充设计 ch22_7.py，取 *x* 的区间在 0～190 之间。

```
1  # ch22_13.py
2  import matplotlib.pyplot as plt
3  from sklearn.linear_model import LinearRegression
4  import numpy as np
5
6  plt.rcParams["font.family"] = ["Microsoft JhengHei"]
7  plt.rcParams["axes.unicode_minus"] = False  # 负数符号
8
9  height = np.array([1.6, 1.63, 1.71, 1.73, 1.83]).reshape(-1,1)
10 weight = np.array([55, 58, 62, 65, 71])
11
12 plt.plot(height, weight, 'ko')
13 plt.axis([0, 1.9, -150, 150])
14 plt.xlabel("身高")
15 plt.ylabel("体重")
16 plt.title("身高 vs 体重")
17
18 model = LinearRegression()        # 建立线性回归的模型
19 model.fit(X=height, y=weight)     # 数据拟合模型
20
21 x_line = np.array([0, 1.9]).reshape(-1,1)
22 y_pred = model.predict(x_line)    # 0 和 190的预测数据
23 plt.plot(x_line, y_pred, c='r')   # 绘制预测回归线
24
25 plt.grid()
26 plt.show()
```

执行结果

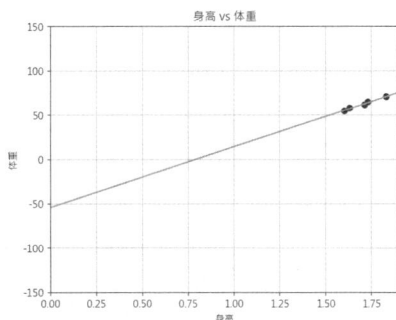

243

从上图可以看到截距的大约值，其实当我们建立线性模型后，就可以使用下列属性获得截距与斜率。

model.intercept_   # 截距

model.coef_   # 斜率，数据类型是一维数组

程序实例 ch22_14.py：输出线性模型的截距与斜率。

```
1   # ch22_14.py
2   from sklearn.linear_model import LinearRegression
3   import numpy as np
4
5   height = np.array([1.6, 1.63, 1.71, 1.73, 1.83]).reshape(-1,1)
6   weight = np.array([55, 58, 62, 65, 71])
7
8   model = LinearRegression()                # 建立线性回归的模型
9   model.fit(X=height, y=weight)             # 数据拟合模型
10
11  print(f"截距 : {model.intercept_:.2f}")
12  print(f"斜率 : {model.coef_[0]:.2f}")
```

执行结果

```
=================== RESTART: D:\Machine\ch22\ch22_14.py ===================
截距 : -53.90
斜率 : 68.29
```

有了上述截距和斜率，就算是获得了拟合的线性方程式，所以我们可以说所获得的回归方程式如下。

体重 = 68.29× 身高 – 53.90

22-5-6　R 平方判定系数检验模型的性能

21-3-2 节介绍过 R 平方判定系数的公式，其实如果再仔细拆解该公式，可以用下列公式表示：

$$R^2(y, \hat{y}) = 1 - \frac{\sum_{i=1}^{n}(y_i - \hat{y}_i)^2}{\sum_{i=1}^{n}(y_i - \bar{y})^2} = 1 - \frac{RSS}{TSS}$$

上述公式 RSS 和 TSS 说明如下：

● RSS：全称为 Residual Sum of Squares，又称为残差平方和 (或称误差平方和)，它衡量了模型的预测值与实际值的差异。换句话说，它表示了模型无法解释的变异性。在一个优秀的模型中，RSS 应该尽可能地小。

● TSS：全称为 Total Sum of Squares，又称为总平方和，它衡量了目标变量的变异性。换句话说，它表示了目标变量的总变异性。TSS 是模型预测值和实际值差异的上限。

这两种指标通常用于计算 R 平方判定系数，即模型的解释变异性比率。R 平方判定系数是由 1 − (RSS / TSS) 计算得出的，它表示模型解释的变异性在目标变量的总变异性中占的比例，在一个优秀的模型中，R 平方判定系数应该尽可能地接近 1。

此外，对于 LinearRegression 模块，可以使用 score( ) 方法计算 R 平方判定系数，此时语法如下：

from sklearn.linear_model import LinearRegression

...

R_score = model.score(X, y)

程序实例 ch22_15.py：使用手工与 score( ) 函数计算 *R* 平方判定系数。

```
1   # ch22_15.py
2   from sklearn.linear_model import LinearRegression
3   import numpy as np
4
5   height = np.array([1.6, 1.63, 1.71, 1.73, 1.83]).reshape(-1,1)
6   weight = np.array([55, 58, 62, 65, 71])
7
8   model = LinearRegression()          # 建立线性回归的模型
9   model.fit(X=height, y=weight)       # 数据拟合模型
10
11  # 手工计算 RSS
12  RSS = np.sum((weight - np.ravel(model.predict(height))) ** 2)
13  print(f"总平方和 RSS : {RSS:.2f}")
14
15  # 手工计算 TSS
16  mean_weight = np.mean(weight)
17  TSS = np.sum((np.ravel(weight) - mean_weight) ** 2)
18  print(f"总平方和 TSS : {TSS:.2f}")
19
20  # 手工计算R平方系数
21  R_square = 1 - (RSS / TSS)
22  print(f"手工计算 - R平方系数 : {R_square:.2f}")
23
24  # 使用 score() 函数计算 R平方系数
25  R_score = model.score(height, weight)
26  print(f"函数计算 - R平方系数 : {R_score:.2f}")
```

执行结果

```
==================== RESTART: D:\Machine\ch22\ch22_15.py ====================
总平方和 RSS : 1.82
总平方和 TSS : 154.80
手工计算 - R平方系数 : 0.99
函数计算 - R平方系数 : 0.99
```

上述程序第 12 行中，使用 np.ravel( ) 函数，主要是为了将二维数组数据转成一维数组。

注　上述 R 平方判定系数是 0.99，这表示我们获得了很好的线性模型，但是上述数据只有 5 笔，这与我们实际遇上的真实数据的差距太大了，后续章节笔者会用实际的数据集做更详细的说明。

22-6　分类算法 – 机器学习模型的性能评估

Scikit-learn 有 metrics 模块，此模块提供一系列适用于分类算法、机器学习模型的性能评估。21-3 节笔者介绍了评估回归模型优劣的一系列方法，而这一节主要是介绍评估分类模型优劣的方法。

22-6-1　计算精确度 accuracy_score( )

accuracy_score() 是 Scikit-learn 的 metrics 模块中的一个函数，它用于计算分类器的准确度，其语法如下：

from sklearn.metrics import accuracy_score

...

accuracy_score(y_true, y_pred, normalize=True, sample_weight=None)

上述语法说明如下：

● y_true：这是一个真实的目标值的数组，即数据集的实际类别标签。

- y_pred：这是分类器或模型预测的类别标签。
- normalize：如果此选项设置为 True(默认)，则函数将返回正确分类的比例。如果设置为 False，则返回正确分类的总数。在大多数情况下，我们都会使用默认值 True。
- sample_weight：这是可选参数，如果提供，则它必须是与 y_true 相同长度的数组，并将在计算准确度时，为每个示例提供权重。默认情况下，所有样本的权重都是相同的。

程序实例 ch22_15_1.py：使用 accuracy_score( ) 计算精确度的应用。

```
1  # ch22_15_1.py
2  from sklearn.metrics import accuracy_score
3
4  y_true = [1, 1, 2, 2, 3, 3]      # 真实的标签
5  y_pred = [1, 1, 2, 2, 3, 2]      # 模型预测的标签
6  # 输出准确度
7  print(f"Accuracy Score : {accuracy_score(y_true, y_pred)}")
```

执行结果

```
==================== RESTART: D:\Machine\ch22\ch22_15_1.py ====================
Accuracy Score : 0.8333333333333334
```

在这个例子中，模型正确预测了 5 个标签，并错误预测了 1 个。因此，准确度为 5/6 或大约 0.83。

22-6-2　召回率 recall_score( )

recall_score( ) 也是 Scikit-learn 的 metrics 模块中的一个函数，用于计算召回率 (recall)，这是一种常用于评估二元分类 (及多标签分类) 模型效能的指标，主要是计算正类别标签正确预估比例，其语法如下：

from sklearn.metrics import recall_score

…

recall_score(y_true, y_pred, sample_weight=None)

上述各参数说明如下：

- y_true：这是真实的目标值的数组，也就是数据集中的实际类别标签。
- y_pred：这是分类器或模型预测的类别标签。
- sample_weight：这是可选参数，如果提供，则它必须是与 y_true 相同长度的数组，并将在计算召回率时，为每个实例提供权重。默认情况下，所有样本的权重都是相同的。

程序实例 ch22_15_2.py：使用 recall_score( ) 函数计算召回率的应用。

```
1  # ch22_15_2.py
2  from sklearn.metrics import recall_score
3
4  y_true = [1, 1, 0, 0, 1, 1]      # 真实的标签
5  y_pred = [1, 0, 0, 0, 1, 1]      # 模型预测的标签
6  # 输出召回率
7  print("Recall Score: ", recall_score(y_true, y_pred))
```

执行结果

```
==================== RESTART: D:/Machine/ch22/ch22_15_2.py ====================
Recall Score:  0.75
```

在这个例子中，正类别的标签 (1) 有 4 个，模型正确预测了 3 个，因此召回率为 0.75。

22-6-3　F1 分数 f1_score( )

f1_score( ) 也是 Scikit-learn 的 metrics 模块中的一个函数，它用于计算 F1 分数，这是一种常用于评估二元分类 (及多标签分类) 模型效能的指标。F1 分数是精确率 (precision) 和召回率 (recall) 的调和平均数，对于不平衡的数据集来说，F1 分数是一个比较好的指标，其语法如下：

from sklearn.metrics import f1_score

...

f1_score(y_true, y_pred, sample_weight=None)

上述各参数说明如下：

● y_true：这是真实的目标值的数组，也就是数据集中的实际类别标签。

● y_pred：这是分类器或模型预测的类别标签。

● sample_weight：这是可选参数，如果提供，则它必须是与 y_true 相同长度的数组，并将在计算 F1 分数时，为每个实例提供权重。默认情况下，所有样本的权重都是相同的。

程序实例 ch22_15_3.py：使用 f1_score( ) 函数计算 F1 分数的应用。

```
1  # ch22_15_3.py
2  from sklearn.metrics import f1_score
3
4  y_true = [1, 1, 0, 0, 1, 1]          # 真实的标签
5  y_pred = [1, 0, 0, 0, 1, 1]          # 模型预测的标签
6  # 输出F1分数
7  print("F1 Score: ", f1_score(y_true, y_pred))
```

执行结果

```
==================== RESTART: D:/Machine/ch22/ch22_15_3.py ====================
F1 Score:  0.8571428571428571
```

上述实例中我们有两个标签：正类别 (1) 和负类别 (0)。

在此精确率被定义为：TP / (TP + FP)，其中 TP 是真正例 (模型预测为正且真实为正的实例数)，FP 是假正例 (模型预测为正但真实为负的实例数)。在这个例子中，TP=3(模型预测为 1 且实际为 1 的实例数)，而 FP=0(模型预测为 1 但实际为 0 的实例数)，因此精确率 =3/(3+0)=1。

召回率被定义为：TP / (TP + FN)，其中 FN 是假负例 (模型预测为负但真实为正的实例数)。在这个例子中，FN=1(模型预测为 0 但实际为 1 的实例数)，因此召回率 =3/(3+1)=0.75。

因此 F1 分数如下：

F1 = 2×(precision × recall) / (precision + recall)

　　= 2×(1.0 × 0.75) / (1.0 + 0.75) = 0.8571428571428571

22-6-4　分类报告 classification_report( )

分类报告提供了每个类别的性能指标，包括精确度 (precision)、召回率 (recall)、F1 分数 (F1-score) 等。这些指标有助于了解分类器在不同类别上的表现，尤其是在数据集不平衡的情况下。

classification_report( ) 方法是 Scikit-learn 中的一个评估函数，用于生成分类模型的分类报告，使用前需要导入，可以参考下列实例第 2 行。分类报告提供了每个类别的性能指标，包括精确度、召回率、F1 分数和支持度。这些指标有助于了解分类器在不同类别上的表现，尤其是在数据集不平衡的情况下。classification_report( ) 方法需要两个参数，分别是实际的目标变量值 (y_true) 和模型预测的目标变量值 (y_pred)。

程序实例 ch22_15_4.py：简单实例说明 classification_report( ) 方法。

```
1  # ch22_15_4.py
2  from sklearn.metrics import classification_report
3
4  # 假设已经有了实际目标变量值和模型预测的目标变量值
5  y_true = [1, 1, 0, 1, 0, 0, 1]
6  y_pred = [1, 0, 1, 1, 1, 0, 1]
7
8  # 生成分类报告
9  report = classification_report(y_true, y_pred)
10 print("分类报告 :")
11 print(report)
```

执行结果

```
================= RESTART: D:\Machine\ch22\ch22_15_4.py =================
分类报告 :
              precision    recall  f1-score   support

           0       0.50      0.33      0.40         3
           1       0.60      0.75      0.67         4

    accuracy                           0.57         7
   macro avg       0.55      0.54      0.53         7
weighted avg       0.56      0.57      0.55         7
```

分类报告中包含了以下性能指标：

● 精确度 (precision)：表示分类器正确预测某类别的样本数与分类器预测为该类别的样本数之间的比例。因为正确预测样本 0 是 1，预测样本 0 是 2，所以 1 / 2 = 0.5。因为正确预测样本 1 是 3，预测样本 1 是 5，所以 3 / 5 = 0.6。

● 召回率 (recall)：表示分类器正确预测某类别的样本数与实际属于该类别的样本数之间的比例。正确预测样本 0 的样本数是 1，实际样本 0 的样本数是 3，所以 1 / 3 ≈ 0.33。正确预测样本 1 的样本数是 3，实际样本 1 的样本数是 4，所以 3 / 4 = 0.75。

● F1 分数 (F1-score)：是精确度和召回率的调和平均值 (harmonic mean)，用于综合评估精确度和召回率。所谓的调和平均值，公式意义是：
  样本 0 的调和平均值是 2×(0.5×0.33) / (0.5 + 0.33) ≈ 0.40。
  样本 1 的调和平均值是 2×(0.6×0.75) / (0.6 + 0.75) ≈ 0.67。

● 支持度 (support)：表示实际属于该类别的样本数，所以样本 0 有 3，样本 1 有 4。

● 准确率 (accuracy)：accuracy 的计算公式如下：
  accuracy = 正确预测的样本数 / 所有样本数

● 算术平均 (macro average)：macro average 不考虑每个类别的样本数量，因此对于数据集不平衡的情况，可能会产生偏差，此计算公式如下：
  macro average = (指标类别 1 + 指标类别 2 +⋯+ 指标类别 n) / n

● 加权平均 (weighted average)：不同于 macro average，weighted average 考虑每个类别的样本数量，因此在数据集不平衡的情况下，可以得到更为合理的评估结果，此计算公式如下：
  Weighted average = (指标类别 1× 样本数类别 1 + 指标类别 2× 样本数类别 2 + ⋯ + 指标类别 n× 样本数类别 n) / (样本数类别 1 + 样本数类别 2 + ⋯ + 样本数类别 n)

22-6-5　混淆矩阵 confusion_matrix( )

混淆矩阵是一个矩阵，可以想成是一个表格，它显示了分类器在各个类别上的表现。矩阵的列 (row) 表示实际类别，行 (column) 表示预测类别数。混淆矩阵可以帮助我们了解分类器在哪些类别上表现良好，以及在哪些类别上容易出现错误。confusion_matrix( ) 方法是 Scikit-learn 中的一个评估函数，用于生成分类模型的混淆矩阵，此函数的语法如下：

from sklearn.metrics import confusion_matrix

...

confusion_matrix(y_true, y_pred, sample_weight=None)

上述函数各参数说明如下：

● y_true：这是真实的目标值的数组，是指数据集中的实际类别标签。

● y_pred：这是分类器或模型预测的类别标签。

● sample_weight：这是一个可选的参数，可指定计算混淆矩阵时，每个样本赋予多少权重，
默认值为 None，即所有样本的权重都是一样的。

程序实例 ch22_15_5.py：用简单的实际与预测目标变量，做 confusion_matrix( ) 方法的
说明。

```
1   # ch22_15_5.py
2   from sklearn.metrics import confusion_matrix
3
4   # 假设已经有了实际目标变量值和模型预测的目标变量值
5   y_true = [1, 1, 0, 1, 0, 0, 1]
6   y_pred = [1, 0, 1, 1, 1, 0, 1]
7
8   # 生成混淆矩阵
9   cm = confusion_matrix(y_true, y_pred)
10  print("混淆矩阵 :")
11  print(cm)
```

执行结果

分类 0 猜对数是 1

```
================= RESTART: D:\Machine\ch22\ch22_15_5.py =================
混淆矩阵 :
[[1 2]          分类 0 猜错数是 2          分类 1 猜对数是 3
 [1 3]]
```

分类 1 猜错数是 1

混淆矩阵的"主对角线"元素表示正确分类的样本数，"非主对角线"元素表示错误分类的
样本数。透过混淆矩阵，我们可以获得分类器在不同类别上的性能，并找出可能的问题点，或者
我们也可以用表 22-2 说明。

表 22-2

	预测为阴性 (0)	预测为阳性 (1)
真实为阴性 (0)	真阴性 (TN)	假阳性 (FP)
真实为阳性 (1)	假阴性 (FN)	真阳性 (TP)

上述每个元素的含义如下：

● 真阳性 (True Positives, 简称 TP)：我们的模型预测结果为阳性 (positive)，且实际值也为
阳性 (positive)。

● 真阴性 (True Negatives, 简称 TN)：我们的模型预测结果为阴性 (negative)，且实际值也为
阴性 (negative)。

● 假阳性 (False Positives, 简称 FP)：我们的模型预测结果为阳性 (positive)，但实际值为阴
性 (negative)。这也被称为"Type I error"。

● 假阴性 (False Negatives, 简称 FN)：我们的模型预测结果为阴性 (negative)，但实际值为
阳性 (positive)。这也被称为"Type II error"。

利用混淆矩阵，我们可以计算出许多其他的评估指标，如准确率、精确率、召回率以及 F1
分数等。举例来说，假设我们有表 22-3 所示的混淆矩阵。

表 22-3

	预测为阴性 (0)	预测为阳性 (1)
真实为阴性 (0)	TN(50)	FP(10)
真实为阳性 (1)	FN(5)	TP(100)

则可以得到下列数值：

真阳性 (TP) = 100

真阴性 (TN) = 50

假阳性 (FP) = 10

假阴性 (FN) = 5

这四个数值能够帮助我们更好地理解分类模型的性能。例如，精确率可以用 TP / (TP + FP) 来计算，即 $100 / (100 + 10) \approx 0.91$。同理，召回率可以用 TP / (TP + FN) 来计算，即 $100 / (100 + 5) \approx 0.95$。

因此，混淆矩阵是一个非常有用的工具，能够帮助我们深入理解分类模型的性能。

22-6-6　ROC_AUC 分数

roc_auc_score( ) 是一种在 Scikit-learn 模块中用于衡量二元分类器性能的函数。ROC (Receiver Operating Characteristic) 是一种用于评价二元分类器的工具，中文可以翻译成"接收者操作特性"，而 AUC (Area Under the Curve) 是 ROC 曲线下的面积。所以可以将 roc_auc_score( ) 翻译成"计算接收者操作特性曲线下的面积分数的方法"。

下面是使用 roc_auc_score( ) 的基本语法：

from sklearn.metrics import roc_auc_score

...

roc_auc_score(y_true, y_scores)

上述语法各参数意义如下：

● y_true：这是真实的标签，通常以 0 和 1 的形式出现，在某些情况下可能是 -1 和 1。

● y_scores：这是分类器预测为正类 (1) 的概率。注：此函数需要分类器的预测概率，而不是预测的标签。

上述函数将返回一个介于 0 和 1 之间的 ROC_AUC 分数。分数越接近 1，模型的性能越好；分数越接近 0，模型的性能越差。如果分数接近 0.5，那么模型的效果相当于随机猜测。

程序实例 ch22_15_5_1.py：ROC_AUC 分数的基本应用。

```
1  # ch22_15_5_1.py
2  from sklearn.metrics import roc_auc_score
3
4  # 这是真实的标签
5  y_true = [0, 0, 1, 1]
6
7  # 这是分类器预测为正类的机率
8  y_scores = [0.1, 0.4, 0.35, 0.8]
9
10 # 使用 roc_auc_score() 函数来计算 ROC AUC 分数
11 auc_score = roc_auc_score(y_true, y_scores)
12 print(f"ROC AUC 分数: {auc_score}")
```

执行结果

```
==================== RESTART: D:\Machine\ch22\ch22_15_5_1.py ====================
ROC AUC 分数: 0.75
```

读者需留意的是 roc_auc_score( ) 方法的第 2 个参数 y_scores 是预测为正类的概率，在真实的机器学习模型中，这个数值需用可回传概率数组的 predict_proba( ) 函数产生，笔者会在第 24-6-4 节介绍。

22-7 机器学习必须会的非数值数据转换

22-7-1　One-hot 编码

One-hot 编码是一种将类别型变量转换为数值型变量的方法，主要用于机器学习模型中。因为很多机器学习算法更适合处理数值数据，所以对类别型数据进行 One-hot 编码是很常见的数据预处理步骤。One-hot 编码的步骤如下：

（1）确定类别型变量中的所有唯一类别。

（2）为每个类别建立一个新的二进制特征，其取值为 0 或 1。

（3）对每个观测值 (样本)，将该观测值的类别特征对应的二进制特征设为 1，其余二进制特征设为 0。

Pandas 模块内的 get_dummies( ) 方法，可用于将类别型变量转换为 One-hot 编码，此方法的基本语法如下：

pd.get_dummies(data, columns=None, prefix=None, prefix_sep='_', drop_first=False)

上述各参数意义如下：

● data：要进行编码的 DataFrame。

● columns：需要进行编码的域名列表。如果为 None，则将对所有类别型字段进行编码。

● prefix：要为虚拟变量添加的前缀，可以是字符串或字符列表。默认值是 None，表示使用原始字段名作为前缀。

● prefix_sep：连接原始字段名和类别名的分隔符，默认值是 '_'。

● drop_first：是否删除第一个类别的虚拟变量，以避免线性相关性，默认值是 False。

实例 ch22_15_6.py：假设有一个字典数据如下：

data = {'color': ['red', 'blue', 'green', 'blue']}

我们可以先将上述数据转成 Pandas 数据。

df = pd.DataFrame(data)

然后可以使用 get_dummies( ) 方法执行 One-hot 编码。

encoded_df = pd.get_dummies(df, columns=['color'])

```
1   # ch22_15_6.py
2   import pandas as pd
3
4   # 建立一个包含类数据的简单数据集
5   data = {'color': ['red', 'blue', 'green', 'blue']}
6   df = pd.DataFrame(data)
7
8   # 使用pandas的get_dummies()方法进行one-hot编码
9   encoded_df = pd.get_dummies(df, columns=['color'])
10
11  # 输出结果
12  print(encoded_df)
```

执行结果

```
=============== RESTART: D:/Machine/ch22/ch22_15_6.py ===============
   color_blue  color_green  color_red
0           0            0          1
1           1            0          0
2           0            1          0
3           1            0          0
```

可以看到，原始的 color 列被分解成了 3 个新的二进制字段（color_blue、color_green 和 color_red），每个新字段表示对应颜色的存在与否，这就是使用 Python 进行 One-hot 编码的过程。

这种编码方法的主要优点是可以将类别数据转换为机器学习算法更容易处理的数值数据，并且可以避免模型对类别的数值大小产生错误的解释。然而，One-hot 编码也会导致数据维度的扩增，特别是在类别数量较多时，可能会增加计算成本和存储成本。

注　第 25-4 节设计泰坦尼克号生存信息时会需要此知识。

22-7-2　特征名称由中文改为英文

在后续学习中，如果碰上中文数据，我们可能会需要将数据转成英文，或是数值化数据内容，此时可以用本节的概念。

程序实例 ch22_15_7.py：有一个 "个人资料 .csv" 文件内容如下：读取文件，然后将特征字段的 "编号" 改为 "ID"，将 "学历" 改为 "Education"。

	A	B
1	编号	学历
2	101	高中
3	102	大学
4	103	硕士
5	104	博士

```
1   # ch22_15_7.py
2   import pandas as pd
3
4   # 读取CSV文件
5   df = pd.read_csv('个人资料.csv')
6
7   # 列出所有的域名
8   print(df.columns)
9
10  # 你可以将下面的字典修改为你需要转换的域名
11  # key为原本的中文名称，value为你想转换成的英文名称
12  columns = {
13      '编号': 'ID',
14      '学历': 'Education'
15  }
16
17  # 重新命名域名
18  df.rename(columns=columns, inplace=True)
19
20  # 检查新的DataFrame, set_option()可以对齐字段
21  pd.set_option('display.unicode.east_asian_width',True)
22  print(df.head())
```

执行结果

```
=================== RESTART: D:\Machine\ch22\ch22_15_7.py ===================
Index(['编号', '学历'], dtype='object')
    ID Education
0  101      高中
1  102      大学
2  103      硕士
3  104      博士
```

上述程序第 18 行使用 rename( ) 方法，将整个域名由中文改为英文，inplace=True 表示我们想在原地修改 DataFrame，而不是创建一个新的 DataFrame。如果你不希望在原变量修改，可以将 inplace=True 删除，然后将 rename 函数的结果赋值给一个新的变量。

上述第 21 行的 set_option( ) 可以设定英文域名与中文内容对齐。

22-7-3　数据对应 map( ) 方法

在数据处理过程中，如果特征字段内容是中文，可以使用 map( ) 方法将数据转为机器学习可以处理的数值数据。处理方式是用字典，字典的键是原始中文数据，字典的值是要替换的结果数据。

程序实例 ch22_15_8.py：扩充 ch22_15_7.py，分别将"高中""大学""硕士""博士"对应到 1、2、3、4。注：下列是部分程序内容。

```
20  # 将字段内容由文字改为数字
21  edu = {'高中':1, '大学':2, '硕士':3, '博士':4}
22  df['Education'] = df['Education'].map(edu)
23
24  # 检查新的DataFrame, set_option()可以对齐字段
25  pd.set_option('display.unicode.east_asian_width',True)
26  print(df.head())
```

执行结果

```
==================== RESTART: D:\Machine\ch22\ch22_15_8.py ====================
Index(['编号', '学历'], dtype='object')
    ID  Education
0  101          1
1  102          2
2  103          3
3  104          4
```

上述 map( ) 也可以将数字转换为文字，下列是将数字还原成学历的转换。

df['Education'] = df['Education'].map(edu)

在机器学习过程中，读者需要了解的是，上述学历"高中""大学""硕士""博士"是有一个学历的排序关系的，所以我们可以将此学历对应到 1、2、3、4。如果特征字段是"猫""狗""鸟"，不适合使用 map( ) 处理此对应关系，这时应该使用 22-7-1 节的 get_dummies( ) 方法。

22-7-4　标签转换 LabelEncoder( )

Scikit-learn 的 LabelEncoder 是一种实用工具，用于将标签 (特别是指目标变量标签) 转换为介于 0 和 n_classes-1 之间的数值。这种转换可以对定性数据进行量化处理，使其能够被机器学习算法使用。LabelEncoder( ) 方法的用法如下：

from sklearn.preprocessing import LabelEncoder

…

label = LabelEncoder( )　　　　　　　　# 建立 LabelEncoder 对象

有了上述 label 对象变量，未来可以使用 LabelEncoder 的 fit_transform( ) 方法对目标变量标签进行转换，细节可参考第 8 ~ 11 行。

程序实例 ch22_15_9.py：LabelEncoder 的基础应用。

```
1  # ch22_15_9.py
2  from sklearn.preprocessing import LabelEncoder
3
4  # 假设我们有一个称为"fruits"的类别型标签列表
5  fruits = ['apple','apple','cherry','apple','cherry','orange']
6
7  # 创建一个LabelEncoder物件
8  label = LabelEncoder()
9
10 # 使用LabelEncoder的fit_transform()方法对fruits进行转换
11 fruits_encoded = label.fit_transform(fruits)
12 print(fruits_encoded)
13
14 # 用inverse_transform()方法将数字标签转换回原来的文字标签
15 print(label.inverse_transform(fruits_encoded))
```

执行结果

```
===================== RESTART: D:/Machine/ch22/ch22_15_9.py =====================
[0 0 1 0 1 2]
['apple' 'apple' 'cherry' 'apple' 'cherry' 'orange']
```

上述程序第 11 行是将 fruits 列表的元素转换成数字，整个转换规则会记录在 LabelEncorder 对象 label 内。第 15 行由 label 对象呼叫 inverse_transform( ) 方法，可以将转换的数字标签，依照 label 对象的规则，还原成原先的文字标签。

注 LabelEncoder 通常被用来转换目标变量 (即 y 变量或者因变量)，它会按照类别在数据中出现的顺序来编码，第一次出现的类别被编码为 0，第二个独特的类别被编码为 1，依此类推。

程序实例 ch22_15_10.py：将 7×3 数组的文字标签转成数字标签。

```
1   # ch22_15_10.py
2   from sklearn.preprocessing import LabelEncoder
3   from sklearn.tree import DecisionTreeClassifier
4   import numpy as np
5
6   # 定义特征
7   features = [['晴', '热', '弱'],
8              ['晴', '热', '强'],
9              ['阴', '热', '弱'],
10             ['雨', '凉', '弱'],
11             ['雨', '冷', '弱'],
12             ['雨', '冷', '强'],
13             ['阴', '冷', '强']]
14
15  # 将特征矩阵转换为数字编码
16  features_encoded = []
17  for i in range(len(features[0])):
18      le = LabelEncoder()
19      feature_encoded = le.fit_transform([row[i] for row in features]) # 建立1x7编码
20      features_encoded.append(feature_encoded)        # 将 1x7 存入 features_encoded
21  features_encoded = np.array(features_encoded).T      # 二维转置，从 3x7 转成 7x3
22  print(f'特征标签编码\n{features_encoded}')
```

执行结果

```
===================== RESTART: D:/Machine\ch22\ch22_15_10.py =====================
特征标签编码
[[0 2 0]
 [0 2 1]
 [1 2 0]
 [2 1 0]
 [2 0 0]
 [2 0 1]
 [1 0 1]]
```

上述 features 是二维列表，features 列表有 7 个子列表元素，子列表内有 3 个元素。元素 1 是天气，"晴"编码为 0，"阴"编码为 1，"雨"编码为 2。元素 2 是温度，"热"编码为 2，"凉"编码为 1，"冷"编码为 0。元素 3 是风速，"弱"编码为 0，"强"编码为 1。

程序第 17 ~ 20 行循环次数是由子列表元素个数 3 设定的。第 19 行则是依据 features 列表元素个数做列表生成，处理文字转数字的编码。所以整个循环完成会生成 3×7 的二维列表。第 21 行先将二维列表转二维数组，然后再转置。

22-8 机器学习算法

1-3-1 节和 1-3-2 节笔者介绍过监督学习与无监督学习常见的算法，如下：

监督学习算法：线性回归、逻辑回归、KNN 算法、支持向量机 (SVM)、决策树和随机森林等。

无监督学习算法：聚类 (或称聚类) 分析 (如 K 均值) 和降维 (如主成分分析 PCA)。

下一节将用随机数据说明线性回归，后续章节则会使用实际的数据讲解上述各种机器学习的算法。

22-9　使用随机数据学习线性回归

22-3-1 节说明过 make_regression( ) 方法，这一节将从使用此方法建立随机数据说起。

程序实例 ch22_16.py：使用 make_regression( ) 建立参数 noise = 20，n_samples = 100(使用默认值)，n_features = 1 的一系列随机数，同时使用 scatter( ) 散点图绘制这些点，未来可以产生相同的随机数。

```
1  # ch22_16.py
2  import matplotlib.pyplot as plt
3  from sklearn.datasets import make_regression
4
5  X, y = make_regression(n_features=1, noise=20, random_state=10)
6  plt.xlim(-3, 3)
7  plt.ylim(-150, 150)
8  plt.scatter(X, y)
9  plt.show()
```

执行结果

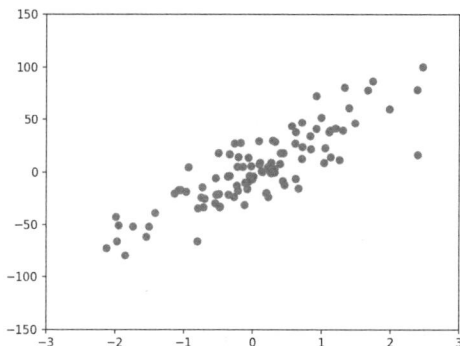

22-9-1　建立训练数据与测试数据使用 train_test_split( )

有了数据后，可以使用 train_test_split( ) 函数将数据分成训练数据与测试数据，这个函数常用参数如下：

from sklearn.model_selection import train_test_split

…

X_train, X_test, y_train, y_test = train_test_split(X, y, test_size, random_state)

在上面的程序代码中，X 是特征数据，y 是目标变量 (或称为标签)。test_size 参数是用来设定测试数据占总体数据比例的。random_state 参数是用来确保每次分割数据时，都能得到相同结果的，这对于确保实验的可重复性非常重要，更改此值也会影响模型精确度。X_train,y_train 是按比例返回的训练数据，X_test, y_test 是按比例返回的测试数据。

注　机器学习过程中，习惯性地将 70%～80% 数据切割成训练数据，30%～20% 数据切割成测试数据。

程序实例 ch22_17.py：设定训练数据是 80%，测试数据是 20%，绘制散点图时用不同颜色显示训练数据与测试数据。

```
1  # ch22_17.py
2  import matplotlib.pyplot as plt
3  from sklearn.datasets import make_regression
4  from sklearn.model_selection import train_test_split
5
6  X, y = make_regression(n_features=1, noise=20, random_state=10)
7
8  # 数据分割为X_train,y_train训练数据, X_test,y_test测试数据
9  X_train, X_test, y_train, y_test = \
10          train_test_split(X, y, test_size=0.2, random_state=10)
11
12 plt.rcParams["font.family"] = ["Microsoft JhengHei"]
13 plt.rcParams["axes.unicode_minus"] = False    # 可以显示负号
14 plt.xlim(-3, 3)
15 plt.ylim(-150, 150)
16 plt.scatter(X_train,y_train,label="训练数据")
17 plt.scatter(X_test,y_test,label="测试数据")
18 plt.legend()
19 plt.show()
```

执行结果

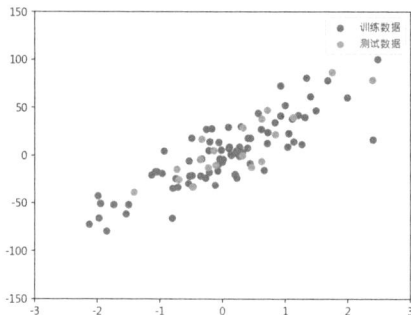

22-9-2　回归模型判断

程序实例 ch22_18.py：扩充 ch22_17.py 绘制 (X_test, y_pred) 的回归直线，同时计算 R 平方判定系数。

```
1  # ch22_18.py
2  import matplotlib.pyplot as plt
3  from sklearn.datasets import make_regression
4  from sklearn.model_selection import train_test_split
5  from sklearn import linear_model
6  from sklearn.metrics import r2_score
7
8  X, y = make_regression(n_features=1, noise=20, random_state=10)
9
10 # 数据分割为X_train,y_train训练数据, X_test,y_test测试数据
11 X_train, X_test, y_train, y_test = \
12          train_test_split(X, y, test_size=0.2, random_state=10)
13
14 model = linear_model.LinearRegression()          # 建立线性模块对象
15 model.fit(X_train, y_train)
16 print(f'斜率  = {model.coef_[0]:.2f}')
17 print(f'截距  = {model.intercept_:.2f}')
18
19 y_pred = model.predict(X_test)
20 plt.rcParams["font.family"] = ["Microsoft JhengHei"]
21 plt.rcParams["axes.unicode_minus"] = False
22 plt.xlim(-3, 3)
```

```
23    plt.ylim(-150, 150)
24    plt.scatter(X_train,y_train,label="训练数据")
25    plt.scatter(X_test,y_test,label="测试数据")
26    # 使用测试数据 X_test 和此 X_test 预测的 y_pred 绘制回归直线
27    plt.plot(X_test, y_pred, color="red")
28
29    # 将测试的 y 与预测的 y_pred 计算决定系数
30    r2 = r2_score(y_test, y_pred)
31    print(f'R平方系数 = {r2:.2f}')
32
33    plt.legend()
34    plt.show()
```

執行結果

```
=================== RESTART: D:\Machine\ch22\ch22_18.py ===================
斜率    = 30.75
截距    = 0.47
R平方系数 = 0.76
```

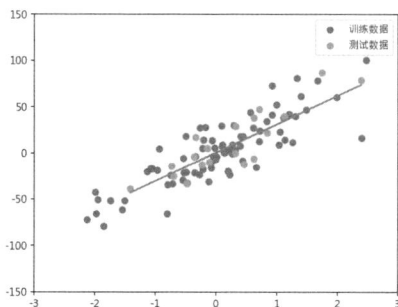

上述程序中获得的 R 平方判定系数是 0.76，判定系数越接近 1，表示回归模型越好，由 0.76 可以得到这也是一个不错的模型。注：第 12 行 random_state 是切割数据的随机数，设定此值可以设定每次使用相同的随机数，当使用不同的值时，会造成不同数据切割，同时也会影响 R 平方判定系数。

22-9-3　score( ) 和 r2_score( ) 方法的差异

前面内容笔者使用了 score( ) 和 r2_score( ) 计算 R 平方判定系数，在 Scikit-learn 中，score( ) 和 r2_score( ) 都可用来计算 R 平方判定系数，但是它们在用法和适用场景上有一些差异。

● score(X, y)：这是 Scikit-learn 回归模型 (如 LinearRegression) 的一个方法。在调用此方法时，你需要提供特征矩阵 X 和目标变量 y。这个方法会先使用模型对 X 进行预测，然后计算预测值和实际值 y 之间的 R 平方判定系数，此方法主要用于在已拟合的模型上进行预测并计算 R 平方判定系数，下列是此方法所使用的程序片段。

from sklearn.linear_model import LinearRegression

model = LinearRegression().fit(X_train, y_train)

r2 = model.score(X_test, y_test)

● r2_score(y_true, y_pred)：这是一个独立的函数，用于计算两个数组之间的 R 平方判定系数，参数是真实的目标变量 y_true 和模型预测的目标变量 y_pred，这个函数在评估和比较多个模型的预测结果时非常有用，下列是此方法所使用的程序片段。

from sklearn.metrics import r2_score

y_pred = model.predict(X_test)

r2 = r2_score(y_test, y_pred)

在实际使用中，你可以根据需要选择适合的方法。如果你只是想快速地在一个模型上计算 R 平方系数，score(X, y) 方法可能更方便。如果你需要更多的灵活性，例如：对比不同模型的预测效果，或者你已经有了预测结果并且想计算其 R 平方判定系数，那么 r2_score(y_true, y_pred) 可能更合适。

第 23 章
线性回归（以波士顿房价为例）

23-1 从线性回归到多元线性回归

23-1-1 简单线性回归

线性回归（linear regression）是一种统计学中的预测分析方法，主要用于研究两个变量之间的线性关系。在线性回归中，我们通常有一个自变量（独立变量，independent variable）X，也可以称为特征值 (feature)，和一个因变量 (dependent)Y，也可以称为目标变量 (target variable)，我们试图找到一条直线来拟合这些数据点，以便可以用来预测未来的数据点。

线性回归的基本方程式如下：

$$Y = aX + b + \varepsilon$$

上述公式各变量意义如下：
● Y：目标变量 (因变量)。
● X：自变量 (独立变量)。
● b：截距 (intercept)。
● a：斜率 (coefficient)。
● ε：误差项 (error term)。

线性回归的目标是找到合适的截距 (b) 和斜率 (a)，使得目标值 (Y 预测) 和实际值 (Y 实际) 之间的误差平方和最小化，这种方法也称为最小二乘法 (least squares method)。

23-1-2 多元线性回归

线性回归可以扩展到多元线性回归（mutiple linear regression），又称复回归，其中有多个自变量，若以下列公式为例，X_1, X_2, $\cdots$, Xn 就是这些自变量：

$$Y = \beta_0 + \beta_1 X_1 + \beta_2 X_2 + \cdots + \beta_n X_n + \varepsilon$$

进行线性回归分析时，需注意以下几个假设：
● 线性关系：自变量和因变量之间存在线性关系。
● 误差项独立：误差项之间没有相互关系。
● 同标准差性：对于所有的自变量，误差项具有相同的标准差。
● 误差项正态性：误差项应该呈正态分布。

线性回归在机器学习和预测分析中广泛应用，如房价预测、销售额预测、学生成绩预测等。

23-2 简单数据测试

23-2-1 身高、腰围与体重的测试

在正式进入本章的主题前，本小节将使用国内成年人的身高、腰围与体重的数据，计算一个多元线性回归模型，然后做一个简单的体重预测。因为有两个自变量 (身高 X_1 和腰围 X_2)，一个目标变量 (体重 Y)，所以这时的多元线性回归方程式如下：

$$Y = \beta_0 + \beta_1 X_1 + \beta_2 X_2 + \varepsilon$$

本节实例所使用的数据有 10 个样本，样本字段有身高 (height)、腰围 (waistline，变量使用缩写 waist)、体重 (weight)，此样本的内容如表 23-1 所示。

表 23-1　身高、腰围、体重

身高 (cm)	162	160	167	180	177	168	189	182	176	169
腰围 (cm)	71	81	70	90	95	80	78	100	84	80
体重 (kg)	53	62	58	71	72	69	80	91	78	70

注　上述身高、腰围与体重是笔者自行编撰，如果要得到一个好的多元线性回归模型，最好是有实际的测量数据当样本。

程序实例 ch23_1.py：10 个样本数对于机器学习或是设计线性回归模型而言，是算很少的，所以在这个实例中将表 23-1 中的 10 笔数据都拿来当作训练数据，然后产生多元回归模型。最后使用此模型，依据用户输入身高与腰围，计算可能的体重，体重输出到小数第 2 位。

```python
1  # ch23_1.py
2  import pandas as pd
3  import numpy as np
4  from sklearn.linear_model import LinearRegression
5
6  # 建立10笔数据的范例
7  data = {
8      'height': [162, 160, 167, 180, 177, 168, 189, 182, 176, 169],
9      'waist': [ 71,  81,  70,  90,  95,  80,  78, 100,  84,  80],
10     'weight': [ 53,  62,  58,  71,  72,  69,  80,  91,  78,  70],
11 }
12
13 # 建立DataFrame
14 df = pd.DataFrame(data)
15
16 # 定义自变量 和 因变量(目标变量)
17 X = df[['height', 'waist']]
18 Y = df['weight']
19
20 # 建立线性回归模型并拟合训练集数据
21 linear_regression = LinearRegression()
22 linear_regression.fit(X, Y)
23
24 # 查看模型的截距和系数
25 intercept = linear_regression.intercept_
26 coefficients = linear_regression.coef_
27
28 print(f"截距 (b0)    : {intercept:.3f}")
29 print(f"系数 (b1, b2): {coefficients.round(3)}")
30 print("-"*70)
31
32 # 请输入身高和腰围，然后预测体重
33 h = eval(input("请输入身高 : "))
34 w = eval(input("请输入腰围 : "))
35 new_weight = pd.DataFrame(np.array([[h, w]]),
36                           columns=["height","waist"])
37 predicted_weight = linear_regression.predict(new_weight)
38 print(f"预测体重 : {predicted_weight[0]:.2f}")
```

执行结果

```
================ RESTART: D:\Machine\ch23\ch23_1.py ================
截距 (b0)    : -90.625
系数 (b1, b2): [0.689 0.504]
-------------------------------------------------------------------
请输入身高 : 170
请输入腰围 : 80
预测体重 : 66.87
```

从上述计算结果可以得到下列多元线性回归模型。

$Y = -90.625 + 0.689X_1 + 0.504X_2$

若读者将 $X_1 = 170$，$X_2 = 80$ 代入上述公式，就可以得到预测体重为 66.87kg。

23-2-2 了解模型的优劣

在 22-9-1 节，介绍过可以使用 80% 的数据做训练，20% 的数据做预测，然后可以了解模型的优劣，下列实例将做说明。

程序实例 ch23_2.py：使用 80% 的数据做训练，20% 的数据做预测，然后计算 R 平方判定系数，了解模型的优劣。

```python
1  # ch23_2.py
2  import pandas as pd
3  from sklearn.model_selection import train_test_split
4  from sklearn.linear_model import LinearRegression
5  from sklearn.metrics import r2_score
6
7  # 建立10笔数据的范例
8  data = {
9      'height': [162, 160, 167, 180, 177, 168, 189, 182, 176, 169],
10     'waist': [ 71,  81,  70,  90,  95,  80,  78, 100,  84,  80],
11     'weight': [ 53,  62,  58,  71,  72,  69,  80,  91,  78,  70],
12  }
13
14  # 建立DataFrame
15  df = pd.DataFrame(data)
16
17  # 定义自变量 和 因变量(目标变量)
18  X = df[['height', 'waist']]
19  Y = df['weight']
20
21  # 将数据分为训练集和测试集（这里使用80-20的比例）
22  X_train,X_test,Y_train,Y_test = \
23              train_test_split(X,Y,test_size=0.2,random_state=1)
24
25  # 建立线性回归模型并拟合训练集数据
26  linear_regression = LinearRegression()
27  linear_regression.fit(X_train, Y_train)
28
29  # 使用测试集进行预测
30  Y_pred = linear_regression.predict(X_test)
31
32  # 计算模型的性能指针
33  r2 = r2_score(Y_test, Y_pred)
34  print(f"R-squared Score    :{r2:.2f}")
35
36  # 查看模型的截距和系数
37  intercept = linear_regression.intercept_
38  coefficients = linear_regression.coef_
39  print(f"截距 (b0)    : {intercept:.3f}")
40  print(f"系数 (b1, b2): {coefficients.round(3)}")
```

执行结果

```
==================== RESTART: D:\Machine\ch23\ch23_2.py ====================
R-squared Score   :0.73
截距 (b0)   : -92.547
系数 (b1, b2): [0.71  0.482]
```

上述执行结果可以得到 R 平方判定系数是 0.73，这是一个非常好的值，所以我们得到的下列多元回归模型是一个很好的公式。

$Y = -92.547 + 0.71X_1 + 0.482X_2$

<table>
<tr><td>**23-3**</td><td>**波士顿房价数据集**</td></tr>
</table>

23-3-1　认识波士顿房价数据集

波士顿房价数据集 (Boston housing dataset) 是一个知名的数据集，常被用于研究房价预测问题。该数据集于 1978 年首次发布，由 Harrison 和 Rubinfeld 收集。波士顿房价数据集包含 506 个样本，每个样本对应波士顿不同地区的房价数据，数据集的目标变量是房屋价格的中位数 (以千美元为单位)。

波士顿房价数据集包含 13 个特征 (自变量)，用于预测房价，和 1 个目标变量，这些特征 (自变量) 包括：

- CRIM：城镇人均犯罪率。
- ZN：住宅用地所占比例 (超过 25000 平方英尺的土地)。
- INDUS：城镇非零售业务占地比例。
- CHAS：查尔斯河虚拟变量 (如果位于河边则为 1，否则为 0)。
- NOX：一氧化氮浓度 (每千万份)。
- RM：每间住宅的平均房间数。
- AGE：1940 年以前建造的自住单位比例。
- DIS：距离波士顿五个就业中心的加权距离。
- RAD：距离高速公路的便捷指数。
- TAX：每 10000 美元的全值财产税率。
- PTRATIO：城镇的师生比例。
- B：$1000(Bk - 0.63)^2$，其中 Bk 是城镇中黑人比例。
- LSTAT：低收入人群比例。

目标变量字段如下，这个字段就是房价：

- MEDV：房屋价格的中位数（以千美元为单位）。

波士顿房价数据集被广泛用于回归分析和机器学习领域，特别是在研究房价预测问题时，由于其知名度和方便性，该数据集已经被包含在许多数据科学和机器学习库中，如 Scikit-learn。由于伦理问题，自 Scikit-learn 1.2 版起已经删除此数据集，可是这个数据集是研究机器学习很好的案例，所以本书会到大学网站下载此数据集。

23-3-2　输出数据集

从上一小节可以知道波士顿数据集有 506 个样本，下列实例会列出样本数和第 1 个样本内容，波士顿房价数据集相关属性说明如下：

- boston.feature_names：特征值名称。
- boston.data：特征值内容。
- boston.target：目标值，这里是指房价。
- boston.DESCR：描述特征值名称。

程序实例 ch23_3.py：输出样本形状和第一笔特征值、目标值。

```
1  # ch23_3.py
2  import pandas as pd
3  import numpy as np
4
5  data_url = "http://lib.stat.cmu.edu/datasets/boston"
6  raw_df = pd.read_csv(data_url, sep="\s+", skiprows=22, header=None)
7  data = np.hstack([raw_df.values[::2, :], raw_df.values[1::2, :2]])
8  target = raw_df.values[1::2, 2]
9
10 # 加载波士顿房价数据集
11 print(f"自变量  样本 形状 : {data.shape}")
12 print(f"目标变量样本 形状 : {target.shape}")
13
14 # 输出第一笔自变数
15 print("自变数 特征值")
16 print(data[0])
17
18 # 输出第一笔目标变量，房价
19 print("目标变量 房价")
20 print(target[0])
```

执行结果

```
============ RESTART: D:/Machine/ch23/ch23_3.py ============
自变量  样本 形状 : (506, 13)
目标变量样本 形状 : (506,)
自变数 特征值
[6.320e-03 1.800e+01 2.310e+00 0.000e+00 5.380e-01 6.575e+00 6.520e+01
 4.090e+00 1.000e+00 2.960e+02 1.530e+01 3.969e+02 4.980e+00]
目标变量 房价
24.0
```

程序实例 ch23_4.py：列出所有波士顿数据集样本的自变量和目标变量。

```
1  # ch23_4.py
2  import pandas as pd
3  import numpy as np
4
5  data_url = "http://lib.stat.cmu.edu/datasets/boston"
6  raw_df = pd.read_csv(data_url, sep="\s+", skiprows=22, header=None)
7  data = np.hstack([raw_df.values[::2, :], raw_df.values[1::2, :2]])
8  target = raw_df.values[1::2, 2]
9
10 # 输出自变量
11 print("自变量 特征值")
12 print(data)
13
14 # 输出目标变量，房价
15 print("目标变量 房价")
16 print(target)
```

执行结果

第1笔特征样本与房价

```
============ RESTART: D:/Machine/ch23/ch23_4.py ============
自变数 特征值
[[6.3200e-03 1.8000e+01 2.3100e+00 ... 1.5300e+01 3.9690e+02 4.9800e+00]
 [2.7310e-02 0.0000e+00 7.0700e+00 ... 1.7800e+01 3.9690e+02 9.1400e+00]
 [2.7290e-02 0.0000e+00 7.0700e+00 ... 1.7800e+01 3.9283e+02 4.0300e+00]
 ...
 [6.0760e-02 0.0000e+00 1.1930e+01 ... 2.1000e+01 3.9690e+02 5.6400e+00]
 [1.0959e-01 0.0000e+00 1.1930e+01 ... 2.1000e+01 3.9345e+02 6.4800e+00]
 [4.7410e-02 0.0000e+00 1.1930e+01 ... 2.1000e+01 3.9690e+02 7.8800e+00]]
目标变量 房价
[24.  21.6 34.7 33.4 36.2 28.7 22.9 27.1 16.5 18.9 15.  18.9 21.7 20.4
 18.2 19.9 23.1 17.5 20.2 18.2 13.6 19.6 15.2 14.5 15.3 18.9 20.  21.  24.7 30.8 34.9 26.6
 18.4 21.  12.7 14.5 13.2 13.1 13.5 18.9 20.  21.  24.7 30.8 34.9 26.6
 25.3 24.7 21.2 19.3 20.  16.6 14.4 19.4 19.7 20.5 25.  23.4 18.9 35.4
 24.7 31.6 23.3 19.6 18.7 16.  22.2 25.  33.  23.5 19.4 22.  17.4 20.9
```

23-4 用 Pandas 显示与预处理数据

当我们使用网络上真实的数据库时，可以使用 Pandas 检视数据细节，如数据类型、是否有缺失值，这个动作称数据预处理。

23-4-1　用 Pandas 显示波士顿房价数据

程序实例 ch23_5.py：将数据转成 Pandas，然后显示前 5 笔数据。

```
1  # ch23_5.py
2  import pandas as pd
3  import numpy as np
4
5  data_url = "http://lib.stat.cmu.edu/datasets/boston"
6  raw_df = pd.read_csv(data_url, sep="\s+", skiprows=22, header=None)
7  data = np.hstack([raw_df.values[::2, :], raw_df.values[1::2, :2]])
8  target = raw_df.values[1::2, 2]
9
10 # 特征值名称
11 feature_names = [
12     "CRIM", "ZN", "INDUS", "CHAS", "NOX", "RM",
13     "AGE", "DIS", "RAD", "TAX", "PTRATIO", "B", "LSTAT"
14 ]
15
16 df = pd.DataFrame(data, columns=feature_names)
17 print(df.head())
```

执行结果

```
      CRIM    ZN  INDUS  CHAS    NOX  ...  RAD    TAX  PTRATIO       B  LSTAT
0  0.00632  18.0   2.31   0.0  0.538  ...  1.0  296.0     15.3  396.90   4.98
1  0.02731   0.0   7.07   0.0  0.469  ...  2.0  242.0     17.8  396.90   9.14
2  0.02729   0.0   7.07   0.0  0.469  ...  2.0  242.0     17.8  392.83   4.03
3  0.03237   0.0   2.18   0.0  0.458  ...  3.0  222.0     18.7  394.63   2.94
4  0.06905   0.0   2.18   0.0  0.458  ...  3.0  222.0     18.7  396.90   5.33

[5 rows x 13 columns]
```

上述执行结果中，并没有完全显示 13 栏的所有数据，如果要显示所有字段，可以增加下列 pd.set_option( ) 方法，在此方法内需要设置 "display.max_columns" 为 None 以确保所有字段都被显示。

程序实例 ch23_6.py：扩充设计 ch23_5.py，增加显示所有字段。

```
1  # ch23_6.py
2  import pandas as pd
3  import numpy as np
4
5  data_url = "http://lib.stat.cmu.edu/datasets/boston"
6  raw_df = pd.read_csv(data_url, sep="\s+", skiprows=22, header=None)
7  data = np.hstack([raw_df.values[::2, :], raw_df.values[1::2, :2]])
8  target = raw_df.values[1::2, 2]
9
10 # 特征值名称
11 feature_names = [
12     "CRIM", "ZN", "INDUS", "CHAS", "NOX", "RM",
13     "AGE", "DIS", "RAD", "TAX", "PTRATIO", "B", "LSTAT"
14 ]
15
16 pd.set_option('display.max_columns', None)        # 显示所有字段
17
18 df = pd.DataFrame(data, columns=feature_names)
19 print(df.head())
```

执行结果

```
      CRIM    ZN  INDUS  CHAS    NOX     RM   AGE     DIS  RAD    TAX  \
0  0.00632  18.0   2.31   0.0  0.538  6.575  65.2  4.0900  1.0  296.0
1  0.02731   0.0   7.07   0.0  0.469  6.421  78.9  4.9671  2.0  242.0
2  0.02729   0.0   7.07   0.0  0.469  7.185  61.1  4.9671  2.0  242.0
3  0.03237   0.0   2.18   0.0  0.458  6.998  45.8  6.0622  3.0  222.0
```

```
4  0.06905    0.0   2.18    0.0  0.458   7.147   54.2  6.0622   3.0  222.0

   PTRATIO      B  LSTAT
0    15.3  396.90   4.98
1    17.8  396.90   9.14
2    17.8  392.83   4.03
3    18.7  394.63   2.94
4    18.7  396.90   5.33
```

上述方法的缺点是字段没有在同一行显示，我们可以使用 pd.set_option( ) 方法，增加设置 "display.width" 选项，该选项用于指定每行的宽度。设置它为一个足够大的数字，以确保所有字段都可以在同一行里面被显示。

程序实例 ch23_7.py：增加设置使同一行显示所有的字段。

```python
1  # ch23_7.py
2  import pandas as pd
3  import numpy as np
4
5  data_url = "http://lib.stat.cmu.edu/datasets/boston"
6  raw_df = pd.read_csv(data_url, sep="\s+", skiprows=22, header=None)
7  data = np.hstack([raw_df.values[::2, :], raw_df.values[1::2, :2]])
8  target = raw_df.values[1::2, 2]
9
10 # 特征值名称
11 feature_names = [
12     "CRIM", "ZN", "INDUS", "CHAS", "NOX", "RM",
13     "AGE", "DIS", "RAD", "TAX", "PTRATIO", "B", "LSTAT"
14 ]
15
16 pd.set_option('display.max_columns', None)      # 显示所有字段
17 pd.set_option('display.width', 200)             # 设置显示宽度
18
19 df = pd.DataFrame(data, columns=feature_names)
20 print(df.head())
```

执行结果

```
      CRIM    ZN  INDUS  CHAS    NOX     RM   AGE     DIS  RAD    TAX  PTRATIO       B  LSTAT
0  0.00632  18.0   2.31   0.0  0.538  6.575  65.2  4.0900  1.0  296.0     15.3  396.90   4.98
1  0.02731   0.0   7.07   0.0  0.469  6.421  78.9  4.9671  2.0  242.0     17.8  396.90   9.14
2  0.02729   0.0   7.07   0.0  0.469  7.185  61.1  4.9671  2.0  242.0     17.8  392.83   4.03
3  0.03237   0.0   2.18   0.0  0.458  6.998  45.8  6.0622  3.0  222.0     18.7  394.63   2.94
4  0.06905   0.0   2.18   0.0  0.458  7.147  54.2  6.0622  3.0  222.0     18.7  396.90   5.33
```

23-4-2 将房价加入 DataFrame

程序实例 ch23_8.py：将目标字段的房价加入 DataFrame。

```python
1  # ch23_8.py
2  import pandas as pd
3  import numpy as np
4
5  data_url = "http://lib.stat.cmu.edu/datasets/boston"
6  raw_df = pd.read_csv(data_url, sep="\s+", skiprows=22, header=None)
7  data = np.hstack([raw_df.values[::2, :], raw_df.values[1::2, :2]])
8  target = raw_df.values[1::2, 2]
9
10 # 特征值名称
11 feature_names = [
12     "CRIM", "ZN", "INDUS", "CHAS", "NOX", "RM",
13     "AGE", "DIS", "RAD", "TAX", "PTRATIO", "B", "LSTAT"
14 ]
15
16 pd.set_option('display.max_columns', None)      # 显示所有字段
17 pd.set_option('display.width', 200)             # 设置显示宽度
18
19 df = pd.DataFrame(data, columns=feature_names)
20 df['MEDV'] = target                             # 加上目标字段的房价字段
21 print(df.head())
```

执行结果

```
     CRIM    ZN  INDUS  CHAS    NOX     RM   AGE     DIS  RAD    TAX  PTRATIO       B  LSTAT  MEDV
0  0.00632  18.0   2.31   0.0  0.538  6.575  65.2  4.0900  1.0  296.0     15.3  396.90   4.98  24.0
1  0.02731   0.0   7.07   0.0  0.469  6.421  78.9  4.9671  2.0  242.0     17.8  396.90   9.14  21.6
2  0.02729   0.0   7.07   0.0  0.469  7.185  61.1  4.9671  2.0  242.0     17.8  392.83   4.03  34.7
3  0.03237   0.0   2.18   0.0  0.458  6.998  45.8  6.0622  3.0  222.0     18.7  394.63   2.94  33.4
4  0.06905   0.0   2.18   0.0  0.458  7.147  54.2  6.0622  3.0  222.0     18.7  396.90   5.33  36.2
```

23-4-3　数据清洗

当使用 Scikit-learn 时，需要将数据转换为数值类型的数据，这时我们可以使用 df.info( ) 显示数据。

注　df 是含波士顿房价的 DataFrame 格式数据。

程序实例 ch23_9.py：使用 df.info( ) 显示所有字段数据类型。

```
1  # ch23_9.py
2  import pandas as pd
3  import numpy as np
4
5  data_url = "http://lib.stat.cmu.edu/datasets/boston"
6  raw_df = pd.read_csv(data_url, sep="\s+", skiprows=22, header=None)
7  data = np.hstack([raw_df.values[::2, :], raw_df.values[1::2, :2]])
8  target = raw_df.values[1::2, 2]
9
10 # 特征值名称
11 feature_names = [
12     "CRIM", "ZN", "INDUS", "CHAS", "NOX", "RM",
13     "AGE", "DIS", "RAD", "TAX", "PTRATIO", "B", "LSTAT"
14 ]
15
16 df = pd.DataFrame(data, columns=feature_names)
17 df['MEDV'] = target              # 加上目标字段的房价字段
18 print(df.info())
```

执行结果

```
<class 'pandas.core.frame.DataFrame'>
RangeIndex: 506 entries, 0 to 505
Data columns (total 14 columns):
 #   Column   Non-Null Count  Dtype
---  ------   --------------  -----
 0   CRIM     506 non-null    float64
 1   ZN       506 non-null    float64
 2   INDUS    506 non-null    float64
 3   CHAS     506 non-null    float64
 4   NOX      506 non-null    float64
 5   RM       506 non-null    float64
 6   AGE      506 non-null    float64
 7   DIS      506 non-null    float64
 8   RAD      506 non-null    float64
 9   TAX      506 non-null    float64
 10  PTRATIO  506 non-null    float64
 11  B        506 non-null    float64
 12  LSTAT    506 non-null    float64
 13  MEDV     506 non-null    float64
dtypes: float64(14)
memory usage: 55.5 KB
None
```

从上述执行结果可以看到所有字段的数据类型皆是 float64，所以这是未来可以处理的数据类型。

程序实例 ch23_10.py：使用 isnull( ) 检查是否存在缺失值。

```
1  # ch23_10.py
2  import pandas as pd
3  import numpy as np
4
5  data_url = "http://lib.stat.cmu.edu/datasets/boston"
6  raw_df = pd.read_csv(data_url, sep="\s+", skiprows=22, header=None)
7  data = np.hstack([raw_df.values[::2, :], raw_df.values[1::2, :2]])
8  target = raw_df.values[1::2, 2]
9
10 # 特征值名称
11 feature_names = [
12     "CRIM", "ZN", "INDUS", "CHAS", "NOX", "RM",
13     "AGE", "DIS", "RAD", "TAX", "PTRATIO", "B", "LSTAT"
14 ]
15
16 df = pd.DataFrame(data, columns=feature_names)
17 df['MEDV'] = target
18 print(df.isnull().sum())
```

执行结果

```
CRIM       0
ZN         0
INDUS      0
CHAS       0
NOX        0
RM         0
AGE        0
DIS        0
RAD        0
TAX        0
PTRATIO    0
B          0
LSTAT      0
MEDV       0
dtype: int64
```

从上述执行结果中可以看到每个特征字段返回是 0，所以可以知道数据是齐全的。

23-5　特征选择

波士顿房价有 13 个特征字段，我们可以使用全部的特征字段做房价预估，也可以挑比较具有代表性的特征字段做房价预估。

Pandas DataFrame 的 corr( ) 方法用来计算列或行与其他列或行之间的相关系数。它返回一个新的 DataFrame，该 DataFrame 的每个元素都是两个不同列之间的相关性，默认情况下，corr( )

是使用皮尔逊相关系数 (可以参考 18-6 节)。

程序实例 ch23_11.py： 显示各字段间的皮尔逊相关系数。

```
1   # ch23_11.py
2   import pandas as pd
3   import numpy as np
4
5   data_url = "http://lib.stat.cmu.edu/datasets/boston"
6   raw_df = pd.read_csv(data_url, sep="\s+", skiprows=22, header=None)
7   data = np.hstack([raw_df.values[::2, :], raw_df.values[1::2, :2]])
8   target = raw_df.values[1::2, 2]
9
10  # 特征值名称
11  feature_names = [
12      "CRIM", "ZN", "INDUS", "CHAS", "NOX", "RM",
13      "AGE", "DIS", "RAD", "TAX", "PTRATIO", "B", "LSTAT"
14  ]
15
16  pd.set_option('display.max_columns', None)    # 显示所有字段
17  pd.set_option('display.width', 200)           # 设置显示宽度
18
19  df = pd.DataFrame(data, columns=feature_names)
20  df['MEDV'] = target
21  print(df.corr())
```

执行结果

现在笔者从上述执行结果挑选比较相关的部分，从执行结果中我们发现 MEDV(房价) 与 RM(房间数) 的皮尔逊相关系数是 0.69536，这是正相关值，相当于房间数增加，房价也会升高。 MEDV(房价) 与 LSTAT(低收入人口比例) 的皮尔逊相关系数是 –0.737663，这是负相关值，相当于低收入人口比例增加，房价会降低。

虽然可以从执行结果挑选特征值，但是特征值更多时，建议用程序挑选特征值。

程序实例 ch23_12.py： 使用程序挑选相关系数最有关的 2 个特征。

```
1   # ch23_12.py
2   import pandas as pd
3   import numpy as np
4
5   data_url = "http://lib.stat.cmu.edu/datasets/boston"
6   raw_df = pd.read_csv(data_url, sep="\s+", skiprows=22, header=None)
7   data = np.hstack([raw_df.values[::2, :], raw_df.values[1::2, :2]])
8   target = raw_df.values[1::2, 2]
9
10  # 特征值名称
11  feature_names = [
12      "CRIM", "ZN", "INDUS", "CHAS", "NOX", "RM",
13      "AGE", "DIS", "RAD", "TAX", "PTRATIO", "B", "LSTAT"
14  ]
15
16  df = pd.DataFrame(data, columns=feature_names)
17  df['MEDV'] = target
18  # 挑出最相关的 3 个索引
19  print(df.corr().abs().nlargest(3,'MEDV').index)
20  # 输出最相关的 3 个值
21  print(df.corr().abs().nlargest(3,'MEDV').values[:,13])
```

执行结果

```
Index(['MEDV', 'LSTAT', 'RM'], dtype='object')
[1.         0.73766273 0.69535995]
```

上述程序中，笔者挑选了 3 个最相关的字段，因为必须舍去 MEDV 与自身的相关性，所以程序挑选了 LSTAT 和 RM 字段。

23-6　使用最相关的特征做房价预估

23-6-1　绘制散点图

程序实例 ch23_13.py：绘制"低收入人口比例 vs 房价"与"房间数 vs 房价"的散点图。

```python
1  # ch23_13.py
2  import pandas as pd
3  import numpy as np
4  import matplotlib.pyplot as plt
5
6  data_url = "http://lib.stat.cmu.edu/datasets/boston"
7  raw_df = pd.read_csv(data_url, sep="\s+", skiprows=22, header=None)
8  data = np.hstack([raw_df.values[::2, :], raw_df.values[1::2, :2]])
9  target = raw_df.values[1::2, 2]
10
11 # 特征值名称
12 feature_names = [
13     "CRIM", "ZN", "INDUS", "CHAS", "NOX", "RM",
14     "AGE", "DIS", "RAD", "TAX", "PTRATIO", "B", "LSTAT"
15 ]
16
17 df = pd.DataFrame(data, columns=feature_names)
18 df['MEDV'] = target
19
20 # 建立一个含有两个子图的画布，这里 nrows=1, ncols=2
21 plt.rcParams["font.family"] = ["Microsoft JhengHei"]
22 fig, axs = plt.subplots(nrows=1, ncols=2, figsize=(10, 5))
23
24 # 在第一个子图绘制 低收入人口比例 vs 房价
25 axs[0].scatter(df['LSTAT'],df['MEDV'])
26 axs[0].set_xlabel('低收入人口比例')
27 axs[0].set_ylabel('房价')
28 axs[0].set_title('低收入人口比例 vs 房价')
29
30 # 在第二个子图绘制 房间数 vs 房价
31 axs[1].scatter(df['RM'],df['MEDV'])
32 axs[1].set_xlabel('房间数')
33 axs[1].set_ylabel('房价')
34 axs[1].set_title('房间数 vs 房价')
35
36 # 自动调整子图间距
37 plt.tight_layout()
38 plt.show()
```

执行结果

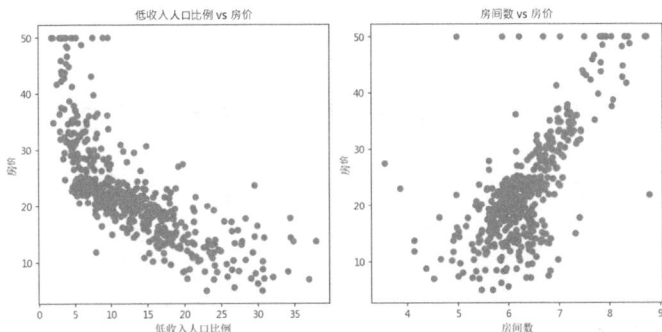

从执行结果可以看到，上方左图是"低收入人口比例"与"房价"呈现负相关的散点图，上方右图是"房间数"与"房价"呈现正相关的散点图。

程序实例 ch23_14.py：使用"低收入人口比例""房间数""房价"绘制 3D 的散点图。

```
1  # ch23_14.py
2  import pandas as pd
3  import numpy as np
4  import matplotlib.pyplot as plt
5
6  data_url = "http://lib.stat.cmu.edu/datasets/boston"
7  raw_df = pd.read_csv(data_url, sep="\s+", skiprows=22, header=None)
8  data = np.hstack([raw_df.values[::2, :], raw_df.values[1::2, :2]])
9  target = raw_df.values[1::2, 2]
10
11 # 特征值名称
12 feature_names = [
13     "CRIM", "ZN", "INDUS", "CHAS", "NOX", "RM",
14     "AGE", "DIS", "RAD", "TAX", "PTRATIO", "B", "LSTAT"
15 ]
16
17 df = pd.DataFrame(data, columns=feature_names)
18 df['MEDV'] = target
19
20 # 绘制 3D 图表
21 fig = plt.figure()
22 plt.rcParams["font.family"] = ["Microsoft JhengHei"]
23 ax = fig.add_subplot(projection='3d')
24 ax.scatter(df['LSTAT'],df['RM'],df['MEDV'])
25 ax.set_xlabel('低收入人口比例')
26 ax.set_ylabel('房间数')
27 ax.set_zlabel('房价')
28 plt.show()
```

执行结果

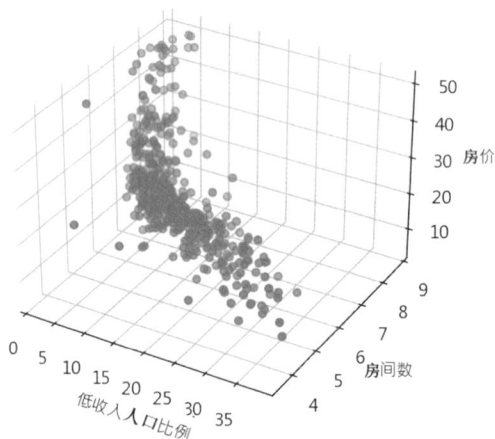

从上述 3D 图可以看到"低收入人口比例""房间数""房价"之间的关系。

23-6-2 建立模型获得 R 平方判定系数、截距与系数

程序实例 ch23_15.py：使用 80% 的训练数据，20% 测试数据，建立模型获得截距与系数，同时使用 R 平方判定系数评估模型性能。

注 这个程序同时会储存模型。

```
1  # ch23_15.py
2  import pandas as pd
3  import numpy as np
4  from sklearn.model_selection import train_test_split
5  from sklearn.linear_model import LinearRegression
6  from sklearn.metrics import r2_score
7  from joblib import dump
8
9  # 加载波士顿房价数据集
10 data_url = "http://lib.stat.cmu.edu/datasets/boston"
11 raw_df = pd.read_csv(data_url, sep="\s+", skiprows=22, header=None)
12 data = np.hstack([raw_df.values[::2, :], raw_df.values[1::2, :2]])
13 target = raw_df.values[1::2, 2]
14
15 # 特征值名称
16 feature_names = [
17     "CRIM", "ZN", "INDUS", "CHAS", "NOX", "RM",
18     "AGE", "DIS", "RAD", "TAX", "PTRATIO", "B", "LSTAT"
19 ]
20
21 df = pd.DataFrame(data, columns=feature_names)
22 X = pd.DataFrame(np.c_[df['LSTAT'],df['RM']], columns=['LSTAT','RM'])
23 Y = target
24
25
26 # 将数据分为训练集和测试集（这里使用80-20的比例）
27 X_train, X_test, Y_train, Y_test = \
28         train_test_split(X, Y, test_size=0.2, random_state=1)
29
30 # 建立线性回归模型并拟合训练集数据
31 model = LinearRegression()
32 model.fit(X_train, Y_train)
33
34 # 使用测试集进行预测
35 Y_pred = model.predict(X_test)
36
37 # 计算模型的性能指针
38 r2 = r2_score(Y_test, Y_pred)
39 print(f"R-squared Score    :{r2:.3f}")
40 plt.scatter(Y_test,Y_pred)
41 plt.xlabel('实际房价')
42 plt.ylabel('预估房价')
43 plt.title('实际房价 vs 预估房价')
44 plt.show()
```

执行结果

```
R-squared Score    :0.675
截距 (b0)    : 2.493
系数 (b1, b2): [-0.659  4.539]
```

从上述执行结果可以得到 R 平方判定系数是 0.675，其实这是一个很好的数据，此外，我们得到的下列多元回归模型是一个很好的公式。

$$MEDV = 2.493 - 0.659 \times LSTAT + 4.539 \times RM$$

上述程序第 22 行的 "np.c_" 是将两个一维数组组成二维数组，可以参考下列实例。

程序实例 ch23_15_1.py：将两个一维数组组成二维数组。

```
1  # ch23_15_1.c
2  import numpy as np
3
4  a = np.array([1, 2, 3])
5  b = np.array([4, 5, 6])
6
7  c = np.c_[a, b]
8  print(c)
```

执行结果

```
=============== RESTART: D:/Machine/ch23/ch23_15_1.py ===============
[[1 4]
 [2 5]
 [3 6]]
```

23-6-3　计算预估房价

程序实例 ch23_15.py 计算了 R 平方判定系数、回归公式的系数与截距，同时储存了回归模型，这将有助于我们设计计算预估房价的程序。

程序实例 ch23_16.py：设计一个程序，输入低收入人口比例和房间数时，可以使用回归模型和回归公式计算预估房价。

```
1   # ch23_16.py
2   from joblib import load
3   import pandas as pd
4   import numpy as np
5
6   # 加载模型
7   model = load('boston_model.joblib')
8   lstat = eval(input("请输入低收入人口比例 ： "))
9   rooms = eval(input("请输入 房间数        ： "))
10
11  # 用 model 模型计算房价
12  data = pd.DataFrame(np.c_[[lstat], [rooms]], columns=['LSTAT','RM'])
13  price_pred = model.predict(data)
14  print(f"用储存模式 - 预估房价是 ： {price_pred[0]:.2f}")
15
16  # 用 回归公式 计算房价
17  intercept = model.intercept_
18  coeff = model.coef_
19  price_cal = intercept + coeff[0] * lstat + coeff[1] * rooms
20  print(f"用回归公式 - 预估房价是 ： {price_cal:.2f}")
```

执行结果

```
==================== RESTART: D:\Machine\ch23\ch23_16.py ====================
请输入低收入人口比例 ： 4.98
请输入 房间数        ： 6
用储存模式 - 预估房价是 ： 26.44
用回归公式 - 预估房价是 ： 26.44
```

23-6-4　绘制实际房价与预估房价

程序实例 ch23_17.py：绘制"实际房价 vs 预估房价"图表。

```
1   # ch23_17.py
2   import pandas as pd
3   import numpy as np
4   from sklearn.model_selection import train_test_split
5   from sklearn.linear_model import LinearRegression
6   import matplotlib.pyplot as plt
7
8   # 加载波士顿房价数据集
9   data_url = "http://lib.stat.cmu.edu/datasets/boston"
10  raw_df = pd.read_csv(data_url, sep="\s+", skiprows=22, header=None)
11  data = np.hstack([raw_df.values[::2, :], raw_df.values[1::2, :2]])
12  target = raw_df.values[1::2, 2]
13
14  # 特征值名称
15  feature_names = [
16      "CRIM", "ZN", "INDUS", "CHAS", "NOX", "RM",
17      "AGE", "DIS", "RAD", "TAX", "PTRATIO", "B", "LSTAT"
18  ]
19
20  df = pd.DataFrame(data, columns=feature_names)
21  X = pd.DataFrame(np.c_[df['LSTAT'],df['RM']], columns=['LSTAT','RM'])
22  Y = target
23
24  # 将数据分为训练集和测试集（这里使用80-20的比例）
25  X_train, X_test, Y_train, Y_test = \
26          train_test_split(X, Y, test_size=0.2, random_state=1)
27
28  # 建立线性回归模型并拟合训练集数据
29  model = LinearRegression()
30  model.fit(X_train, Y_train)
31
32  # 使用测试集进行预测
33  Y_pred = model.predict(X_test)
34  print(f"测试的真实房价\n{Y_test}")
35  print("-"*70)
```

```
36   print(f"预测的目标房价\n{Y_pred.round(1)}")
37
38   # 绘制图表
39   plt.rcParams["font.family"] = ["Microsoft JhengHei"]
40   plt.scatter(Y_test,Y_pred)
41   plt.xlabel('实际房价')
42   plt.ylabel('预估房价')
43   plt.title('实际房价 vs 预估房价')
44   plt.show()
```

执行结果

```
===================== RESTART: D:\Machine\ch23\ch23_17.py =====================
测试的真实价
[28.2  23.9  16.6  22.   20.8  23.   27.9  14.5  21.5  22.6  23.7  31.2  19.3  19.4
 19.4  27.9  13.9  50.   24.1  14.6  16.2  15.8  23.8  25.   23.5   8.3  13.5  17.5
 43.1  11.5  24.1  18.5  50.   12.6  19.8  24.5  14.9  36.2  11.9  19.1  22.6  20.7
 30.1  13.3  14.6   8.4  50.   12.7  25.   18.6  29.8  22.2  28.7  23.8   8.1  22.2
  6.3  22.1  17.5  48.3  16.7  26.6   8.5  14.5  23.7  37.2  41.7  16.5  21.7  22.7
 23.   10.5  21.9  21.   20.4  21.8  50.   22.   23.3  37.3  18.   19.2  34.9  13.4
 22.9  22.5  13.   24.6  18.3  18.1  23.9  50.   13.6  22.9  10.9  18.9  22.4  22.9
 44.8  21.7  10.2  15.4]

预测的目标房价
[28.6  28.2  17.5  23.8  20.1  24.1  29.5  21.5  17.7  25.8  28.   30.7  19.5  22.
 22.1  20.   17.4  39.   25.6   5.4  20.8  17.1  26.2  27.6  28.   13.2  16.8  22.8
 31.8  13.2  28.7  15.8  37.1  20.   24.4  20.4  19.5  31.4   5.9  20.4  26.4  26.7
 27.5  14.6  18.7  18.5  36.6  18.4  23.7  24.6  26.5  24.   28.2  23.9   6.   27.4
  9.3  26.3  20.   37.3  21.7  28.3  15.4  19.7   7.6  30.9  38.7  26.5  22.9  21.4
 27.1   5.   15.8  24.9  21.   21.8  32.4  26.4  27.2  32.6  21.5  23.   31.6  17.2
 28.   28.   18.9  28.3  19.5  20.1  30.4  38.6  17.7  21.6  21.1  21.   26.   26.4
 37.3  22.   18.6  19.5]
```

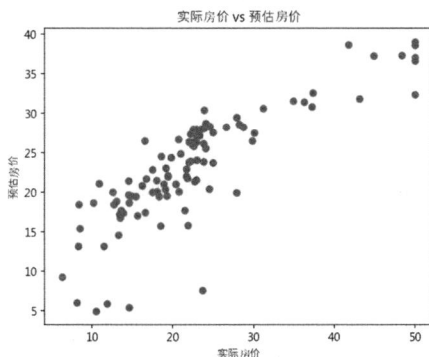

理想情况下，应该是一条直线，不过这已经是很好的结果了。

23-6-5　绘制 3D 的实际房价与预估房价

程序实例 ch23_18.py：用 3D 散点图绘制实际房价，用 3D 平面图绘制预估房价。

```
1   # ch23_18.py
2   import pandas as pd
3   import numpy as np
4   from sklearn.model_selection import train_test_split
5   from sklearn.linear_model import LinearRegression
6   import matplotlib.pyplot as plt
7   # 加载波士顿房价数据集
8   data_url = "http://lib.stat.cmu.edu/datasets/boston"
9   raw_df = pd.read_csv(data_url, sep="\s+", skiprows=22, header=None)
10  data = np.hstack([raw_df.values[::2, :], raw_df.values[1::2, :2]])
11  target = raw_df.values[1::2, 2]
12
13  # 特征值名称
14  feature_names = [
15      "CRIM", "ZN", "INDUS", "CHAS", "NOX", "RM",
16      "AGE", "DIS", "RAD", "TAX", "PTRATIO", "B", "LSTAT"
```

```
17    ]
18
19    df = pd.DataFrame(data, columns=feature_names)
20    X = pd.DataFrame(np.c_[df['LSTAT'],df['RM']], columns=['LSTAT','RM'])
21    Y = target
22
23    # 将数据分为训练集和测试集（这里使用80-20的比例）
24    X_train, X_test, Y_train, Y_test = \
25            train_test_split(X, Y, test_size=0.2, random_state=1)
26
27    # 建立线性回归模型并拟合训练集数据
28    model = LinearRegression()
29    model.fit(X_train, Y_train)
30
31    # 绘制 3D 图表 —— 散点图是真实房价
32    fig = plt.figure()
33    plt.rcParams["font.family"] = ["Microsoft JhengHei"]
34    plt.rcParams["axes.unicode_minus"] = False  # 负数符号
35    ax = fig.add_subplot(projection='3d')
36    ax.scatter(df['LSTAT'],df['RM'],Y)
37
38    # 绘制 3D 图表 —— 平面是预估房价
39    x = np.arange(0, 40, 1)      # 低收入人口比例
40    y = np.arange(0, 10, 1)      # 房间数
41    x_surf, y_surf = np.meshgrid(x, y)
42    z = lambda x, y: (model.intercept_ + model.coef_[0] * x + model.coef_[1] * y)
43    ax.plot_surface(x_surf, y_surf, z(x_surf, y_surf), color='None', alpha=0.2)
44    ax.set_xlabel('低收入人口比例')
45    ax.set_ylabel('房间数')
46    ax.set_zlabel('房价')
47    ax.set_title('Boston真实房价 与 预估房价')
48    plt.show()
```

执行结果

下方左图是实际执行结果，下方右图是旋转 3D 图的结果。

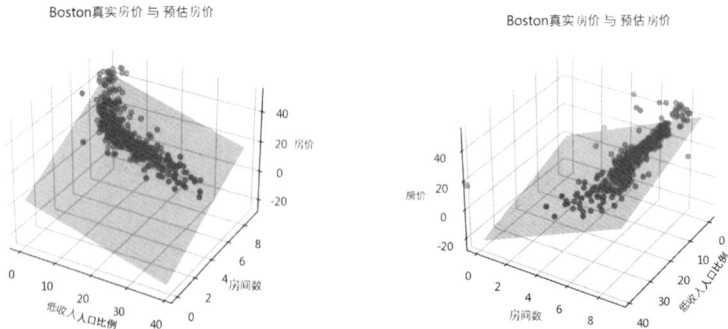

3D 绘图是一种在 2D 平面上绘制 3D 曲面的方法，其概念是在一个 x-y 平面上依据一个公式，产生 z 轴值。

$$z = f(x,y)$$

也就是我们需先有平面上所有点的 (x,y) 坐标，这个工作可以通过使用 Numpy 模块的 meshgrid( ) 函数完成，可以参考程序 ch32_18.py 第 41 行，然后依据 $z = f(x,y)$ 公式建立 z 轴值，最后再将 x、y 和 z 轴值代入 3D 绘图函数即可。例如：假设 3D 图形的 z 坐标公式是 $z = x + 5y$，如果 3D 图形的 x 坐标是 0～5，y 坐标是从 0～3，间距是 1，这时可以用列表建立 x 和 y 的值。
注：如果点比较多可以使用列表生成式的概念。

```
>>> x = [0, 1, 2, 3, 4, 5]
>>> y = [0, 1, 2, 3]
```

这时可以使用 meshgrid( ) 建立下列所有平面点的 (x,y) 坐标。

```
>>> XX, YY = np.meshgrid(x,y)
>>> print(XX)
[[0 1 2 3 4 5]
 [0 1 2 3 4 5]
 [0 1 2 3 4 5]
 [0 1 2 3 4 5]]
>>> print(YY)
[[0 0 0 0 0 0]
 [1 1 1 1 1 1]
 [2 2 2 2 2 2]
 [3 3 3 3 3 3]]
```

有了上述 (x,y) 坐标，可以使用下列方式建立每一个点的 z 坐标。

```
>>> ZZ = XX + 5 * YY
>>> print(ZZ)
[[ 0  1  2  3  4  5]
 [ 5  6  7  8  9 10]
 [10 11 12 13 14 15]
 [15 16 17 18 19 20]]
```

现在只要将上述 XX、YY 和 ZZ 坐标值代入 3D 绘图函数即可产生 3D 绘图。在这个实例中绘制 3D 图形的方法是第 43 行的 plot_surface( )，这个函数的前 3 个参数分别是 XX, YY, ZZ，第 4 个参数 "color='None'" 表示不设定颜色，第 5 个参数 "alpha=0.2" 表示设定颜色透明度是 0.2。

23-7　多项式回归

第 7 章笔者介绍了二次函数，我们可以看到使用二次函数可以有比较好的数据拟合效果，这一章将从简单的数据开始，使用 Scikit-learn 一步一步验证多项式回归可以获得比较好的波士顿房价预估。

23-7-1　绘制散点图和回归直线

这一节的程序需要读取 data23_19.csv，此文件内容如图 23-1 所示。

图 23-1　文件内容

程序实例 ch23_19.py：绘制 data23_19.csv 文件的散点图、回归直线，同时输出 R 平方判定系数。

```
1  # ch23_19.py
2  import pandas as pd
3  import matplotlib.pyplot as plt
4  from sklearn.linear_model import LinearRegression
5
6  df = pd.read_csv('data23_19.csv')
7
8  X = pd.DataFrame(df.x)
9  y = df.y
10
11 # 建立线性 model
```

```
12  model = LinearRegression()
13  model.fit(X, y)
14  y_pred = model.predict(X)
15  print(f"R2_score = {model.score(X, y):.3f}")
16
17  plt.plot(X, y_pred, color='g')        # 绘制回归直线
18  plt.scatter(df.x, df.y)               # 绘制散点图
19  plt.show()
```

执行结果

```
==================== RESTART: D:/Machine/ch23/ch23_19.py ====================
R2_score = 0.880
```

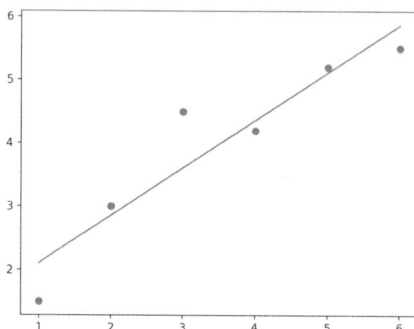

23-7-2　多项式回归公式

一元一次回归公式如下：

$$y = \beta_0 + \beta_1 x + \varepsilon$$

一元二次回归公式如下：

$$y = \beta_0 + \beta_1 x + \beta_2 x^2 + \varepsilon$$

一元三次回归公式如下：

$$y = \beta_0 + \beta_1 x + \beta_2 x^2 + \beta_3 x^3 + \varepsilon$$

一元 n 次回归公式如下：

$$y = \beta_0 + \beta_1 x + \beta_2 x^2 + \beta_3 x^3 + \cdots + \beta_n x^n + \varepsilon$$

上述是一元一次到 n 次的多项式回归公式，主要是要算出拟合数据的系数。

23-7-3　生成一元二次回归公式的多个特征项目

PolynomialFeatures 是 Scikit-learn 的一个类别，用于生成多项式和交互项特征。这对于将线性模型扩展为非线性模型特别有用，因为它可以建立原始特征的更高次数和相互作用项。

首先，我们使用 PolynomialFeatures 生成的是二次多项式特征。这意味着我们将创建原始特征的所有二次组合。如果我们的原始数据只有一个特征 x，那么这些二次组合将包括 1(这是偏差项或常数项)、x(这是原始特征) 和 x^2(这是原始特征的平方)。

为什么我们要创建这些特征呢？因为这些新的特征可以帮助我们的模型拟合更复杂的数据。例如，假设我们的数据并不完全符合直线，而是有一些曲线形状。在这种情况下，只使用原始的

x 特征可能无法达到很好的效果，因为直线无法很好地拟合曲线。但是，如果我们添加了 x^2 这个特征，那么我们的模型就可以拟合二次曲线，从而能够更好地拟合数据。

程序实例 ch23_20.py：生成一元二次多项式的特征值。

```
1   # ch23_20.py
2   import numpy as np
3   from sklearn.preprocessing import PolynomialFeatures
4
5   # 创建原始的 'x' 特征
6   X = np.array([[1], [2], [3], [4]])
7
8   # 使用 PolynomialFeatures 生成一元二次多项式特征
9   degree = 2                              # 设定生成二次多项式
10  poly = PolynomialFeatures(degree)
11  X_poly = poly.fit_transform(X)
12
13  # 打印生成的多项式特征
14  print(poly.get_feature_names_out(input_features=['x']))
15  print(X_poly)
```

执行结果

```
==================== RESTART: D:/Machine/ch23/ch23_20.py ====================
['1' 'x' 'x^2']
[[ 1.  1.  1.]
 [ 1.  2.  4.]
 [ 1.  3.  9.]
 [ 1.  4. 16.]]
```

上述程序第 9 行设定 degree = 2，主要是设定二次多项式。从执行结果中可以看到，我们得到了三个特征：第 1 个字段是 1(偏差项)，第 2 个字段是 x(原始特征)，第 3 个字段是 x^2(原始特征的平方)。现在，我们可以使用这些特征来拟合我们的模型，并且我们的模型将能够拟合比直线更复杂的形状。

第 11 行 fit_transform( ) 是 Sklearn-learn 中很常见的一种方法，这个方法结合了 fit( ) 和 transform( ) 两个步骤。首先，让我们认识一下这两个步骤的含义：

- fit( )：这个方法主要用于学习模型的参数。例如，在一些预处理步骤中 (如特征标准化)，fit( ) 会计算训练数据的平均值和标准差，用于后续的数据标准化。在 PolynomialFeatures 的情况下，fit( ) 方法会学习要创建的多项式特征的次数和交互项。
- transform( )：这个方法会根据 fit( ) 中学到的参数来变换数据。例如，在特征标准化中，transform( ) 会使用 fit() 计算得到的平均值和标准差来标准化数据。在 PolynomialFeatures 的情况下，transform( ) 方法根据 fit( ) 学到的参数来生成多项式特征。

而 fit_transform( ) 就是将这两个步骤结合在一起。这个方法首先调用 fit( ) 来学习参数，然后立即调用 transform( ) 来变换数据。所以当你调用 poly.fit_transform(X) 时，你是在对 X 先进行拟合 (即学习多项式特征的参数)，然后立即将这些参数用于变换 X，生成多项式特征。这个方法对于机器学习中的许多预处理步骤都非常有用，因为它可以简化我们的程序代码，并且确保我们在同一个步骤中同时进行拟合和变换。

第 14 行 get_feature_names_out( ) 方法的目的是生成多项式特征的名称，这些名称反映了每个特征是如何从原始特征组合和次方运算得到的，参数 "input_features=['x']"，主要是告知这个程序使用的特征是 "x"。

程序实例 ch23_21.py：生成 data23_19.csv 数据的一元二次多项式的域名和特征值。

```
1   # ch23_21.py
2   import pandas as pd
3   import matplotlib.pyplot as plt
4   from sklearn.preprocessing import PolynomialFeatures
5
6   df = pd.read_csv('data23_19.csv')
7   X = pd.DataFrame(df.x)
8
```

```
 9  # 使用 PolynomialFeatures 生成一元二次多项式特征
10  degree = 2
11  poly = PolynomialFeatures(degree)
12  X_poly = poly.fit_transform(X)
13
14  # 打印生成的多项式特征
15  print(poly.get_feature_names_out())
16  print(X_poly)
```

执行结果

```
===================== RESTART: D:/Machine/ch23/ch23_21.py =====================
['1' 'x' 'x^2']
[[ 1.  1.  1.]
 [ 1.  2.  4.]
 [ 1.  3.  9.]
 [ 1.  4. 16.]
 [ 1.  5. 25.]
 [ 1.  6. 36.]]
```

23-7-4 多项式特征应用在 LinearRegression

现在我们可以将前一小节生成的多项式特征，应用到 LinearRegression 建立的线性模型，可以参考下列实例。

程序实例 ch23_22.py：这个程序是 ch23_19.py 的扩充，将多项式的特征应用在 LinearRegression，输出 R 平方判定系数、截距和一元二次多项式的系数，同时绘制散点图、一元二次多项式点的联机和曲线。

```
 1  # ch23_22.py
 2  import pandas as pd
 3  import numpy as np
 4  import matplotlib.pyplot as plt
 5  from sklearn.preprocessing import PolynomialFeatures
 6  from sklearn.linear_model import LinearRegression
 7
 8  df = pd.read_csv('data23_19.csv')
 9  X = pd.DataFrame(df.x)
10  y = df.y
11
12  # 使用 PolynomialFeatures 生成一元二次多项式特征
13  degree = 2
14  poly = PolynomialFeatures(degree)
15  X_poly = poly.fit_transform(X)
16
17  # 建立一元二次多项式的回归模型
18  model = LinearRegression()
19  model.fit(X_poly, y)
20  y_poly_pred = model.predict(X_poly)        # 预估值供图表使用
21
22  # 输出 R 平方系数
23  print(f"R2_score = {model.score(X_poly, y):.2f}")
24
25  # 查看模型的截距和系数
26  intercept = model.intercept_
27  coeff = model.coef_
28  print(f"截距 (b0)         : {intercept:.3f}")
29  print(f"系数 (b0, b1, b2) : {coeff.round(3)}")
30
31  # 绘图表
32  plt.rcParams["font.family"] = ["Microsoft JhengHei"]
33  fig, ax = plt.subplots(nrows=1, ncols=2, figsize=(10, 5))
34
35  # 在第一个子图绘制散点图和点的联机
36  ax[0].plot(X, y_poly_pred, color='g')   # 绘制一元二次回归线
37  ax[0].scatter(df.x, df.y)
38  ax[0].set_title("一元二次回归模型 - 点的联机")
39
40  # 在第二个子图绘制散点图和曲线
41  xx = np.linspace(1, 6 , 100)
42  y_curf = lambda x: (intercept + coeff[1] * x + coeff[2] * x * x)
43  ax[1].plot(xx, y_curf(xx))
44  ax[1].scatter(df.x, df.y)
45  ax[1].set_title("一元二次回归模型 - 曲线")
46
47  plt.show()
```

执行结果

```
==================== RESTART: D:\Machine\ch23\ch23_22.py ====================
R2_score = 0.95
截距 (b0)       : 0.020
系数 (b0, b1, b2) : [ 0.    1.751 -0.143]
```

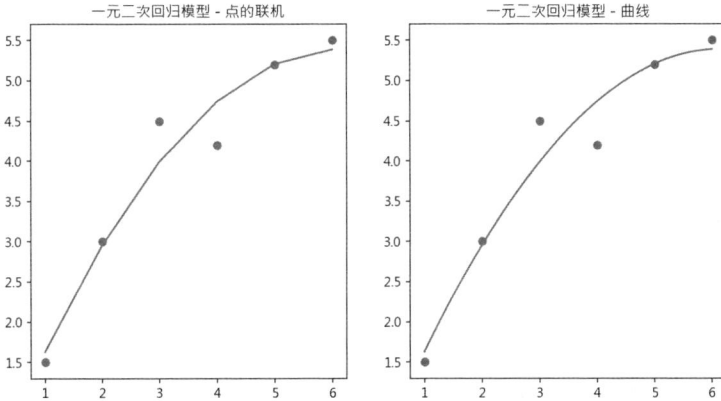

在输出模型的 coef_ 和 intercept_ 时，你会发现 coef_ 的第一个元素是 0，这是因为 Scikit-learn 的 LinearRegression 模型会将常数项的系数 (即截距) 分开，存放在 intercept_ 中，而不是放在 coef_ 里。所以，coef_ 中索引为 0 的元素是 0，而真正的截距项则存放在 intercept_ 中。所以上述程序执行结果中，拟合数据的一元二次多项式回归模型如下：

$$y = 0.02 + 1.751x - 0.143x^2$$

同时我们可以得到，R 平方判定系数是 0.95，相较于 ch23_19.py 的 R 平方判定系数是 0.88，可以知道模型的 R 平方判定系数获得了很大的改良。

本书内附的程序实例 ch23_22_1.py 中，设定 "degree=3"，这时 R 平方判定系数是 0.96，图 23-2（a）是 6 个点的联机，如果扩充到 100 个点可以看到回归模型是一个曲线 [见图 23-2(b)]，回归模型获得了更进一步的改良。

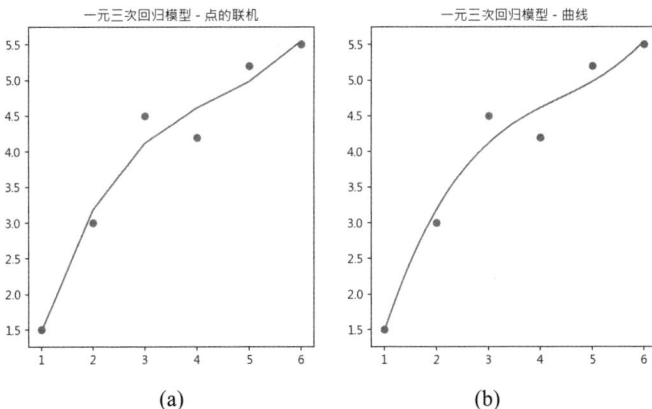

图 23-2　一元三次回归模型

程序实例 ch23_22_2.py 中，设定 "degree=5"，这时 R 平方判定系数是 1，图 23-3（a）是 6

个点的联机，如果扩充到 100 个点可以看到回归模型是一个曲线 [见图 23-3(b)]。

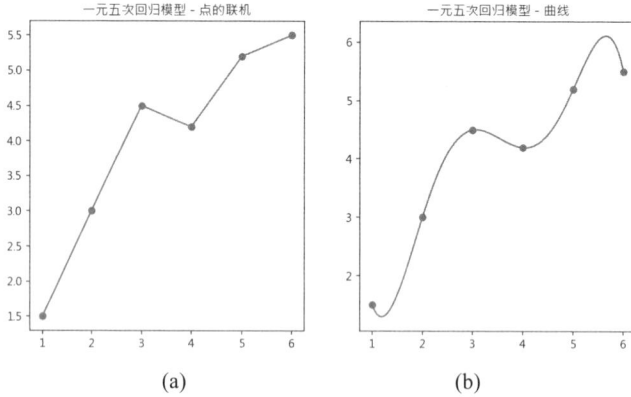

图 23-3　一元五次回归模型

虽然当"degree=5"时我们获得了完美数据的拟合，但是对于新的数据，不一定可以获得比较好的结果，这种概念就是过度拟合。

23-7-5　机器学习理想模型

直线 (一次多项式) 与曲线 (五次多项式) 的回归模型如图 23-4 所示。

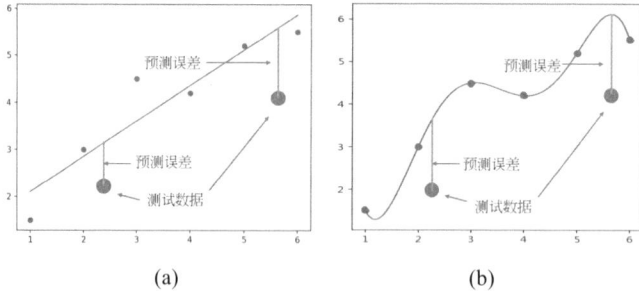

图 23-4　回归模型

假设有 2 个大的新数据圆点，从图 23-4 可以看到使用直线的回归模型的预测误差，比使用五次多项式曲线的回归模型的预测误差更小，即有更好的结果。在机器学习概念中，图 23-4(b) 就是一个过度拟合的典型实例。另外，如果一条线不能拟合大多数的点，我们称之为拟合度不够。因此理想的回归方程式应该具备下列条件：

● 低偏差和低方差：理想的模型应该能够很好地捕捉到数据中的基本趋势 (低偏差)，并且对新的、未见过的数据具有良好的预测能力 (低方差)。这就意味着模型既没有过度简化问题 (避免欠拟合，也就是高偏差)，也没有过度复杂化问题 (避免过拟合，也就是高方差)。

● 模型的可解释性：线性回归模型的一个优点是它的预测可以很容易地解释。模型的每个特征都有一个相对应的权重，这个权重反映了该特征对预测结果的影响。

● 适应性和灵活性：理想的模型应该能够适应不同的数据集和问题。例如，如果数据实际上是非线性的，那么线性回归模型可能需要通过添加多项式特征或者进行其他形式的转换来适应这种非线性。

● 良好的性能指针：理想的模型在各种性能指针上都应该表现得很好，如均方误差 (MSE)、R 平方判定系数等。

最后要注意的是，现实中可能很难找到一个"完美"的模型。机器学习的一个重要部分就是对不同的模型做出妥协和选择，并尽可能地使模型适应给定的数据和问题。

23-7-6　多元多项式的回归模型

次数为 2 的二元二次多项式，公式如下：

$$y = \beta_0 + \beta_1 x_1 + \beta_2 x_2 + \beta_3 x_1^2 + \beta_4 x_1 x_2 + \beta_5 x_2^2 + \varepsilon$$

上述 y 是因变量 (或是称目标变量)，如果将此多项式应用到波士顿房价，y 就代表 MEDV 字段的房价。β_0 是截距，β_1、β_2、β_3、β_4 和 β_5 分别是两个特征变量 x_1 和 x_2 各种组合的系数，x_1 特征变量是 LSTAT(低收入比例)，x_2 特征变量是 (房间数)。

程序实例 ch23_23.py：使用二元二次多项式的概念当作回归模型，重新设计 ch23_15.py。

```
1  # ch23_23.py
2  import pandas as pd
3  import numpy as np
4  from sklearn.model_selection import train_test_split
5  from sklearn.linear_model import LinearRegression
6  from sklearn.preprocessing import PolynomialFeatures
7  from sklearn.metrics import r2_score
8
9  # 加载波士顿房价数据集
10 data_url = "http://lib.stat.cmu.edu/datasets/boston"
11 raw_df = pd.read_csv(data_url, sep="\s+", skiprows=22, header=None)
12 data = np.hstack([raw_df.values[::2, :], raw_df.values[1::2, :2]])
13 target = raw_df.values[1::2, 2]
14
15 # 特征值名称
16 feature_names = [
17     "CRIM", "ZN", "INDUS", "CHAS", "NOX", "RM",
18     "AGE", "DIS", "RAD", "TAX", "PTRATIO", "B", "LSTAT"
19 ]
20
21 df = pd.DataFrame(data, columns=feature_names)
22 X = pd.DataFrame(np.c_[df['LSTAT'],df['RM']], columns=['LSTAT','RM'])
23 Y = target
24
25 # 将数据分为训练集和测试集（这里使用80-20的比例）
26 X_train, X_test, Y_train, Y_test = \
27           train_test_split(X, Y, test_size=0.2, random_state=1)
28
29 # 使用 PolynomialFeatures 生成二元二次多项式特征
30 degree = 2
31 poly = PolynomialFeatures(degree)
32 X_train_poly = poly.fit_transform(X_train)
33
34 # 拟合训练集数据建立二元二次多项式回归模型
35 model = LinearRegression()
36 model.fit(X_train_poly, Y_train)
37
38 # 用测试数据计算模型的性能指针
39 X_test_poly = poly.fit_transform(X_test)
40 print(f"测试数据R-squared Score:{model.score(X_test_poly, Y_test)}")
41
42 # 查看模型的截距和系数
43 intercept = model.intercept_
44 coeff = model.coef_
45 print(f"截距 (b0)    : {intercept:.3f}")
46 print(poly.get_feature_names_out())    # 二元二次的多项式特征
47 print(f"系数 (b0, b1, b2, b3, b4, b5, b6): {coeff}")
```

白话机器学习——统计＋概率＋算法原理

执行结果

```
=============== RESTART: D:\Machine\ch23\ch23_23.py ===============
测试数据R-squared Score:0.8217783992497054
截距 (b0)    : 62.510
[ '1' 'LSTAT' 'RM' 'LSTAT^2' 'LSTAT RM' 'RM^2']
系数 (b0, b1, b2, b3, b4, b5, b6): [ 0.00000000e+00  3.28222887e-01 -1.54871817e
+01  8.58456016e-03
 -2.22945786e-01  1.71576436e+00]]
```

由 R 平方判定系数值可以看到，我们获得了更好的模型，下面我们实际预估房价，然后和
ch23_15.py 的执行结果做比较。

程序实例 ch23_24.py： 使用二元二次多项式，重新设计 ch23_17.py，输出实际房价与预估
房价。

```python
1   # ch23_24.py
2   import pandas as pd
3   import numpy as np
4   from sklearn.model_selection import train_test_split
5   from sklearn.linear_model import LinearRegression
6   from sklearn.preprocessing import PolynomialFeatures
7   import matplotlib.pyplot as plt
8
9   # 加载波士顿房价数据集
10  data_url = "http://lib.stat.cmu.edu/datasets/boston"
11  raw_df = pd.read_csv(data_url, sep="\s+", skiprows=22, header=None)
12  data = np.hstack([raw_df.values[::2, :], raw_df.values[1::2, :2]])
13  target = raw_df.values[1::2, 2]
14
15  # 特征值名称
16  feature_names = [
17      "CRIM", "ZN", "INDUS", "CHAS", "NOX", "RM",
18      "AGE", "DIS", "RAD", "TAX", "PTRATIO", "B", "LSTAT"
19  ]
20
21  df = pd.DataFrame(data, columns=feature_names)
22  X = pd.DataFrame(np.c_[df['LSTAT'],df['RM']], columns=['LSTAT','RM'])
23  Y = target
24
25  # 将数据分为训练集和测试集（这里使用80-20的比例）
26  X_train, X_test, Y_train, Y_test = \
27          train_test_split(X, Y, test_size=0.2, random_state=1)
28
29  # 使用 PolynomialFeatures 生成二元二次多项式特征
30  degree = 2
31  poly = PolynomialFeatures(degree)
32  X_train_poly = poly.fit_transform(X_train)
33
34  # 拟合训练集数据建立二元二次多项式回归模型
35  model = LinearRegression()
36  model.fit(X_train_poly, Y_train)
37
38  # 使用测试集进行预测
39  X_test_poly = poly.fit_transform(X_test)
40  Y_pred = model.predict(X_test_poly)
41  print(f"测试的真实房价\n{Y_test}")
42  print("-"*70)
43  print(f"预测的目标房价\n{Y_pred.round(1)}")
44
45  # 绘制图表
46  plt.rcParams["font.family"] = ["Microsoft JhengHei"]
47  plt.scatter(Y_test,Y_pred)
48  plt.xlabel('实际房价')
49  plt.ylabel('预估房价')
50  plt.title('实际房价 vs 预估房价')
51  plt.show()
```

执行结果

```
=============== RESTART: D:\Machine\ch23\ch23_24.py ===============
测试的真实房价
[28.2 23.9 16.6 22.  20.8 23.  27.9 14.5 21.5 22.6 23.7 31.2 19.3 19.4
 19.4 27.9 13.9 50.  24.1 14.6 16.2 15.6 23.8 25.  23.5  8.3 13.5 17.5
 43.1 11.5 24.1 18.5 50.  12.6 19.8 24.5 14.9 36.2 11.9 19.1 22.6 20.7
 30.1 13.3 14.6  8.4 50.  12.7 25.  18.6 29.8 22.2 28.7 23.8  8.1 22.2
  6.3 22.1 17.5 48.3 16.7 26.6  8.5 14.5 23.7 37.2 41.7 16.5 21.7 22.7
 23.  10.5 21.9 21.  20.4 21.8 50.  22.  23.3 37.3 18.  19.2 34.9 13.4
 22.9 22.5 13.  24.6 18.3 23.9 50.  13.6 22.9 10.9 18.9 22.4 22.9
 44.8 21.7 10.2 15.4]
```

282

```
预测的目标房价
[28.4] 27.8 15.4 23.4 20.9 22.4 30.  19.8 16.  24.7 27.6 31.8 18.8 21.4
20.8 19.7 13.2 50.7 24.9 12.6 20.3 16.6 25.  27.3 28.1 11.9 14.4 21.7
33.7 14.4 28.9 15.5 44.7 17.5 23.4 19.1 16.7 33.  18.6 18.4 25.8 26.2
26.9 12.  16.2 14.  43.7 17.  22.6 23.  24.9 22.3 28.3 22.2 11.7 26.9
 9.1 26.1 18.4 45.6 19.1 14.6 16.8 10.5 32.  48.9 25.5 21.8 20.4
26.8 14.4 18.7 22.9 19.1 21.2 34.7 25.5 26.6 35.1 18.9 21.9 33.2 13.1
27.9 28.1 15.7 28.5 18.5 17.3 31.3 49.7 15.9 20.2 19.  19.5 24.7 25.5
45.6 20.2 17.4 16.2]
```

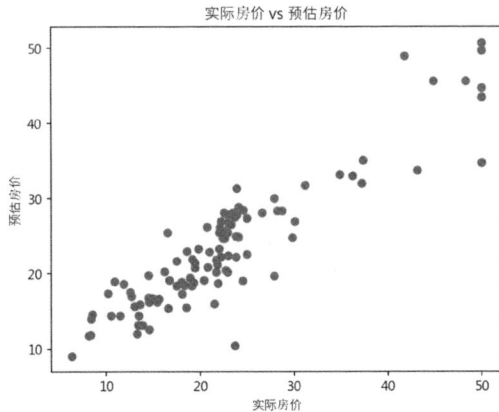

实际房价 vs 预估房价

如果和 ch23_17.py 的执行结果做比较，我们获得的预估房价更接近实际房价了。

23-7-7　绘制 3D 的实际房价与预估房价

程序实例 ch23_25.py： 用 3D 散点图绘制实际房价，用 3D 曲面图绘制预估房价。

```python
1  # ch23_25.py
2  import pandas as pd
3  import numpy as np
4  from sklearn.model_selection import train_test_split
5  from sklearn.linear_model import LinearRegression
6  from sklearn.preprocessing import PolynomialFeatures
7  import matplotlib.pyplot as plt
8
9  # 加载波士顿房价数据集
10 data_url = "http://lib.stat.cmu.edu/datasets/boston"
11 raw_df = pd.read_csv(data_url, sep="\s+", skiprows=22, header=None)
12 data = np.hstack([raw_df.values[::2, :], raw_df.values[1::2, :2]])
13 target = raw_df.values[1::2, 2]
14
15 # 特征值名称
16 feature_names = [
17     "CRIM", "ZN", "INDUS", "CHAS", "NOX", "RM",
18     "AGE", "DIS", "RAD", "TAX", "PTRATIO", "B", "LSTAT"
19 ]
20
21 df = pd.DataFrame(data, columns=feature_names)
22 X = pd.DataFrame(np.c_[df['LSTAT'],df['RM']], columns=['LSTAT','RM'])
23 Y = target
24
25 # 将数据分为训练集和测试集（这里使用80-20的比例）
26 X_train, X_test, Y_train, Y_test = \
27         train_test_split(X, Y, test_size=0.2, random_state=1)
28
29 # 使用 PolynomialFeatures 生成二元二次多项式特征
30 degree = 2
31 poly = PolynomialFeatures(degree)
```

```
32  X_train_poly = poly.fit_transform(X_train)
33
34  # 拟合训练集数据建立二元二次多项式回归模型
35  model = LinearRegression()
36  model.fit(X_train_poly, Y_train)
37
38  # 查看模型的截距和系数
39  intercept = model.intercept_
40  coeff = model.coef_

41
42  # 绘制 3D 图表 -- 散点图是真实房价
43  fig = plt.figure()
44  plt.rcParams["font.family"] = ["Microsoft JhengHei"]
45  plt.rcParams["axes.unicode_minus"] = False  # 负数符号
46  ax = fig.add_subplot(projection='3d')
47  ax.scatter(df['LSTAT'],df['RM'],Y)
48
49  # 绘制 3D 图表 -- 曲面是预估房价
50  x = np.arange(0, 40, 1)      # 低收入人口比例
51  y = np.arange(0, 10, 1)      # 房间数
52  x_surf, y_surf = np.meshgrid(x, y)
53  z = lambda x, y: (model.intercept_ + \
54                    model.coef_[1] * x + \
55                    model.coef_[2] * y + \
56                    model.coef_[3] * x ** 2 + \
57                    model.coef_[4] * x * y + \
58                    model.coef_[5] * y ** 2)
59  ax.plot_surface(x_surf, y_surf, z(x_surf, y_surf), color='None', alpha=0.2)
60  ax.set_xlabel('低收入人口比例')
61  ax.set_ylabel('房间数')
62  ax.set_zlabel('房价')
63  ax.set_title('Boston真实房价 与 预估房价')
64  plt.show()
```

执行结果

下方左图是实际执行结果，下方右图是旋转 3D 图的结果。

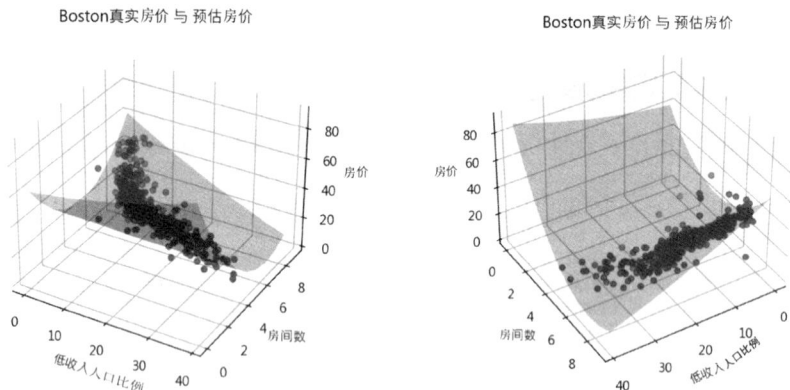

Boston真实房价 与 预估房价

23-8 用所有特征执行波士顿房价预估

这一节将使用波士顿房价数据集所有的特征变量，然后使用线性回归执行房价预估，同时输出实际房价与预测房价的图表，这一个程序会增加计算 21-3-2 节介绍的均方误差 (mean square error，简称 MSE)，计算 MSE 可以使用 mean_squared_error( ) 方法，细节可以参考下列程序第31 行。

程序实例 ch23_26.py：使用多元回归计算 R 平方判定系数、截距、系数，同时输出测试的真实房价与预测的目标房价。最后，绘制实际房价与预估房价的图表，同时绘制对角线，如果实际房价与预估房价相同，则此点将落在对角线上。

```
1  # ch23_26.py
2  import pandas as pd
3  import numpy as np
4  import matplotlib.pyplot as plt
5  from sklearn.model_selection import train_test_split
6  from sklearn.linear_model import LinearRegression
7  from sklearn.metrics import mean_squared_error, r2_score
8
9  # 下载波士顿房价数据集
10 data_url = "http://lib.stat.cmu.edu/datasets/boston"
11 raw_df = pd.read_csv(data_url, sep="\s+", skiprows=22, header=None)
12 data = np.hstack([raw_df.values[::2, :], raw_df.values[1::2, :2]])
13 target = raw_df.values[1::2, 2]
14
15 X = data
16 Y = target
17
18 # 将数据分为训练集和测试集（80-20的比例）
19 X_train, X_test, Y_train, Y_test = train_test_split(X, Y, test_size=0.2,
20                                                     random_state=1)
21 # 建立线性回归模型并拟合训练集数据
22 linear_regression = LinearRegression()
23 linear_regression.fit(X_train, Y_train)
24
25 # 使用测试集进行预测
26 Y_pred = linear_regression.predict(X_test)
27
28 # 计算模型的性能指针
29 r2 = r2_score(Y_test, Y_pred)
30 print(f"R-squared Score:{r2.round(3)}")
31 mse = mean_squared_error(Y_test, Y_pred)
32 print(f"Mean Squared Error (MSE):{mse.round(3)}")
33
34 # 查看模型的截距和系数
35 intercept = linear_regression.intercept_
36 coefficients = linear_regression.coef_
37 print(f"截距 (b0)       : {intercept:5.3f}")
38 print(f"系数 (b1, b2, ... ): {coefficients.round(3)}")
39 print("-"*70)
40 print(f"测试的真实房价\n{Y_test}")
41 print("-"*70)
42 print(f"预测的目标房价\n{Y_pred.round(1)}")
43
44 # 绘制实际房价与预测房价的图表
45 plt.rcParams["font.family"] = ["Microsoft JhengHei"]
46 plt.scatter(Y_test, Y_pred)
47 plt.xlabel("实际房价")
48 plt.ylabel("预测房价")
49 plt.title("实际房价 vs 预测房价")
50
51 # 绘制对角线
52 plt.plot([min(Y_test),max(Y_test)],[min(Y_test),max(Y_test)],
53         color='red',linestyle='--',lw=2)
54 plt.show()
```

执行结果

从上述执行结果可以得到 R 平方判定系数是 0.763，这是一个不错的模型表现。另外上述程序也计算了 MSE = 23.381，此值越小表示模型越好，其实 23.381 也是很好的结果。上述除了列出截距、系数，也列出了原先房价与模型预估房价。从上述我们可以得到多元线性模型如下：

MEDV = 42.934 + (−0.112×CRIM) + (0.058×ZN) + ⋯

下列是实际房价与预测房价的对照图。

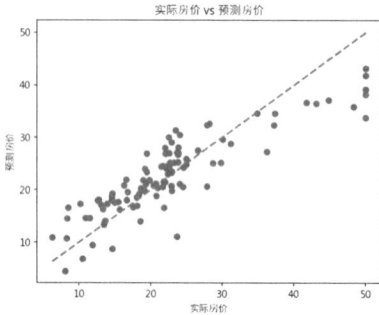

实际房价 vs 预测房价

如果将上述执行结果和 ch23_15.py 的执行结果做比较，我们获得了更高的 R 平方判定系数，好像获得了更好的模型。但是若是将预估房价与 ch23_17.py 的结果做比较，可以看到反而是 ch23_17.py 的预估房价更接近实际房价。

当使用所有 13 个特征来预测波士顿房价时，你确实可能会得到一个更高的 R 平方值，因为你的模型有更多的信息来学习和理解数据。R 平方衡量的是模型解释变异的比例，当你使用更多的特征时，模型有更大的机会捕捉到更多的变异。然而，更高的 R 平方值不一定意味着模型在实际预测中的表现会更好。有可能模型在训练数据上过度拟合，使得在新的未见过的数据上的表现变差。这就是过拟合 (overfitting) 问题。

另一方面，如果我们仅使用与目标最相关的 2 个特征进行预测，模型可能无法捕捉到其他重要特征的信息，这可能导致模型的表现变差。但是，如果这 2 个特征确实能够很好地捕捉到房价的变动，那么简单的模型可能在实际预测中表现得相对较好。

这就是为什么在机器学习中，我们经常需要在模型的复杂性和预测性之间进行权衡。很多时候，较为简单的模型在预测新的未见过的数据时可能表现得更好。这就是奥卡姆剃刀 (Occam's razor) 原则的概念，即在解释同一个现象时，如果有多种解释方式，那么最简单的那一种解释通常是最好的。

23-9 残差图

残差图 (residual plot) 是一种图形化的方法，用于分析回归模型的拟合效果和残差 (即实际值与预测值之间的差距) 的分布特征。在残差图中，横轴通常表示模型的预测值或自变量 (特征)，而纵轴表示对应的残差。

残差图的主要目的是检查模型的假设是否成立，并识别潜在的问题。以下是观察残差图可以获得的一些重要信息：

● 拟合效果：如果模型的拟合效果良好，那么残差图中的点应该随机分布在横轴的两侧，没有明显的模式或趋势。这意味着模型能够捕捉数据中的大部分变异，残差主要由随机噪声引起。

● 线性关系：如果残差图中的点呈现某种规律性的模式，如曲线、波纹等，这可能表示模型未能完全捕捉自变量和目标变量之间的线性关系。在这种情况下，可能需要寻找其他变量或使用非线性模型。

● 异方差性 (heteroscedasticity)：如果残差图中的点呈现出随预测值或自变量变化而变化的分布 (如分布变窄或变宽)，这可能表示数据具有异方差性 (方差不相等)。异方差性违反了线性回归的常数方差假设，可能导致模型参数估计不准确。在这种情况下，可以尝试对数据进行变换 (如对数变换、Box-Cox 变换等) 或使用其他能够处理异方差性的模型。

● 异常值和杠杆点：残差图还可以帮助我们识别潜在的异常值和杠杆点。异常值是具有较大残差的观测值，可能对模型产生不利影响；杠杆点则是具有极端自变量值的观测点，可能对回归线产生过大的影响。在残差图中，异常值可能会出现在图形的上方或下方，而杠杆点则可能在横轴的两端。识别异常值和杠杆点后，可以进一步检查这些观测点的原因，以判断是否需要对数据进行清理或修正。

总之，残差图是一个有用的工具，可以帮助我们了解回归模型的拟合效果，检查模型假设是否成立，并识别潜在的问题。通过对残差图进行分析，我们可以评估模型的适用性，并在需要时对模型或数据进行调整。

程序实例 ch23_27.py：延续前一个实例的概念，绘制波士顿数据集的残差图。

```python
1  # ch23_27.py
2  import pandas as pd
3  import numpy as np
4  import matplotlib.pyplot as plt
5  from sklearn import datasets
6  from sklearn.model_selection import train_test_split
7  from sklearn.linear_model import LinearRegression
8  from sklearn.metrics import mean_squared_error, r2_score
9
10 # 下载波士顿房价数据集
11 data_url = "http://lib.stat.cmu.edu/datasets/boston"
12 raw_df = pd.read_csv(data_url, sep="\s+", skiprows=22, header=None)
13 data = np.hstack([raw_df.values[::2, :], raw_df.values[1::2, :2]])
14 target = raw_df.values[1::2, 2]
15
16 X = data
17 Y = target
18
19 # 将数据分为训练集和测试集（80-20的比例）
20 X_train,X_test,Y_train,Y_test = train_test_split(X,Y,test_size=0.2,
21                                                   random_state=1)
22
23 # 建立线性回归模型并拟合训练集数据
24 linear_regression = LinearRegression()
25 linear_regression.fit(X_train, Y_train)
26
27 # 使用测试集进行预测
28 Y_pred = linear_regression.predict(X_test)
29
30 # 计算残差
31 residuals = Y_test - Y_pred
32
33 # 绘制残差图
34 plt.rcParams["font.family"] = ["Microsoft JhengHei"]
35 plt.rcParams["axes.unicode_minus"] = False
36 plt.scatter(Y_pred, residuals, alpha=0.5)
37 plt.xlabel('预测房价')
38 plt.ylabel('残差')
39 plt.title('波士顿房价的残差图')
40 plt.axhline(y=0, color='r', linestyle='--')
41 plt.show()
```

执行结果

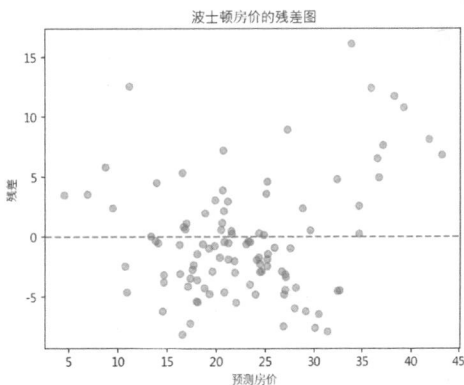

波士顿房价的残差图

一个好的模型，残差值会很小，相当于上述各点会趋近于 0，各种不同的模型可以用残差图做比较。

23-10 梯度下降回归 SGDRegressor( )

在机器学习中，我们的目标是找到一种能够最好地描述数据的模型。例如，在回归问题中，我们希望找到一种函数，该函数能以一种对我们的目标变量 (如销售量、股票价格等) 的最佳估计的方式，描述输入特征 (如广告支出、市场状况等)。

为了找到这样的函数，我们需要定义一种衡量模型好坏的方式，这就是所谓的损失函数（或称成本函数），或是读者可以想成这是误差函数，目标就是找出误差最小的函数时的参数。对于回归问题，一种常见的损失函数是平方误差损失，它计算的是模型预测和真实值之间的平方差的平均值。我们的目标是找到一组模型参数，使得损失函数的值最小。

梯度下降是一种用来找到这样一组参数的优化算法。它从一个随机选择的起始点开始，然后反复地计算损失函数在当前点的梯度（即方向和速度），并沿着梯度的反方向（也就是说，沿着使损失函数值下降最快的方向）更新模型的参数。这个过程一直持续到损失函数的值不再显著下降（或者达到预定的迭代次数）为止。

图 23-5　误差函数

若是以图 23-5 而言，斜率最低点就是在底部位置。读者可以想象你现在站在一座大山的顶部，你的目标是找到一条路径，让你可以顺利下山到达最低点，但是你被蒙上了眼睛，所以只能凭借着脚下感觉去寻找路径。

现在你开始尝试一步一步地移动，你会尝试各种方向的步伐，找到一种方式让你感觉到下一步会让你下降得最多，这就是你选择前进的方向。你会重复这个过程，一直到你感觉不再下降，也就是你可能已经到达山谷的最底部。

这就是梯度下降法的基本概念。在这个比喻中，山顶是你一开始的猜测或者初始值，山谷的最底部就像是你想要找的答案，也就是使得误差最小的那组参数值。你一步步往下走，就像是一次又一次地调整参数，试图找到最佳解。而你尝试找到让你下降最多的方向，这就像是计算误差函数的梯度，并依此更新你的参数。

机器学习模型的训练过程其实就像这样的一种尝试过程，我们希望找到最佳的模型参数，让预测的误差最小。

SGDRegressor 就是一种利用梯度下降进行训练的机器学习模型。SGD 英文全名是 Stochastic Gradient Descent，意思是“随机梯度下降”。它的“随机”一词源于每一步中用于计算梯度的样本是随机选取的，而不是用整个数据集。这种做法有两个主要优点：一是计算效率高，因为每一步只需要一个（或一小批）样本；二是能够避免陷入局部最小值，因为随机性引入了一些噪声，有助于算法跳出局部最优并找到全局最优。所以，简单地说，SGDRegressor 是一种使用梯度下降算法进行训练的线性模型。其语法和主要参数如下：

from sklearn.linear_model import SGDRegressor

…

model = SGDRegressor(loss, penalty=, alpha, max_iter)

上述程序可以建立一个 SGDRegressor 的实例对象，各参数意义如下：

● loss：这定义了所使用的损失函数，默认情况下，这是“平方损失（'squared_loss'）”，这对应于普通最小平方回归。

● penalty：这定义了所使用的惩罚项，默认情况是“L2”，这对应于线性模型的权重的平方和。其他可能的选项包括“L1”（对应于权重的绝对值之和）和“elasticnet”（这是 L1 和 L2 的组合）。所谓的“惩罚”，我们可以把机器学习模型想象成一个小学生正在学习拼字。每当他学到一个新的单词，他就会试着记住它。如果他只记住了几个单词，那他可能会很容易把它们拼对。但是如果他试图记住太多的单词，那么他可能会开始混淆，并且拼错一些单词。在这里，我们可以把"试图记住太多的单词"看作是模型"过拟合"训练数据。也就是说，模型可能过于复杂，试图拟合训练数据中的每一个细节，甚至包括噪声，从而失去了对新数据的预测能力。这时候，我们就需要一种"惩罚"来限制模型的复杂度，让它不要试图记住太多的单词。这就是所谓的 penalty。我们可以通过增加模型错误的"成本"或"惩罚"来阻止它记住太多的单词。这样，模型会更加专注于学习最重要的特征，而不是训练数据中的每一个细节。这就是我们在机器学习模型中使用惩罚或正则化的原因。

- alpha：这是惩罚项的强度，默认值是 0.0001。
- learning_rate：这定义了学习率的调整策略。默认情况下，它被设置为"invscaling"，这表示使用的是逆比例缩放学习率，也就是说，每一步的学习率会随着迭代次数的增加而减小。这种学习率的调整策略有一个特点，就是在算法开始时，给予较大的学习率以快速接近最优解，然后随着迭代次数增加，逐渐减小学习率，以防止在最优解附近震荡，更精确地找到最优解，此学习率将由默认的学习速率时间表来确定。其他选项包括 'constant'、'optimal' 和 'adaptive'。如果学习率太高可能造成梯度无法进入局部最低点，也就是无法找出错误最小的参数。如果学习率太低，需要比较多次的迭代，才可以进入局部最低点，也就是找出错误最小的参数。
- max_iter：这是要执行的最大迭代次数，默认值是 1000。
- random_state：随机种子值。

程序实例 ch23_28.py：使用 SGDRegressor( ) 重新设计 ch23_26.py，输出训练数据和测试数据的 R 平方系数。

```
1   # ch23_28.py
2   import pandas as pd
3   import numpy as np
4   from sklearn.model_selection import train_test_split
5   from sklearn.linear_model import SGDRegressor
6   from sklearn.metrics import mean_squared_error, r2_score
7   from sklearn.preprocessing import StandardScaler
8
9   # 下载波士顿房价数据集
10  data_url = "http://lib.stat.cmu.edu/datasets/boston"
11  raw_df = pd.read_csv(data_url, sep="\s+", skiprows=22, header=None)
12  data = np.hstack([raw_df.values[::2, :], raw_df.values[1::2, :2]])
13  target = raw_df.values[1::2, 2]
14
15  X = data
16  Y = target
17
18  # 将数据分为训练集和测试集（80-20的比例）
19  X_train, X_test, Y_train, Y_test = train_test_split(X, Y, test_size=0.2, random_state=1)
20
21  # SGDRegressor对特征尺度敏感，因此先进行标准化
22  scaler = StandardScaler()
23  X_train = scaler.fit_transform(X_train)
24  X_test = scaler.transform(X_test)
25
26  # 建立回归模型并拟合训练集数据
27  sgd_regressor = SGDRegressor(max_iter=1000, random_state=1)
28  sgd_regressor.fit(X_train, Y_train)
29
30  # 使用测试集进行预测
31  Y_pred_sgd = sgd_regressor.predict(X_test)
32
33  # 计算训练数据的R平方系数
34  Y_train_pred = sgd_regressor.predict(X_train)
35  r2_train = r2_score(Y_train, Y_train_pred)
36  print(f"训练数据 R-squared Score: {r2_train.round(3)}")
37
38  # 计算测试数据的R平方系数
39  r2_test = r2_score(Y_test, Y_pred_sgd)
40  print(f"测试数据 R-squared Score: {r2_test.round(3)}")
41
42  # 计算模型的性能指标
43  mse_sgd = mean_squared_error(Y_test, Y_pred_sgd)
44  print(f"SGD Regressor mse: {mse_sgd.round(3)}")
```

执行结果

```
================ RESTART: D:\Machine\ch23\ch23_28.py ================
训练数据 R-squared Score: 0.725
测试数据 R-squared Score: 0.764
SGD Regressor mse: 23.353
```

从上述执行结果可以得到几乎和 ch23_26.py 一样的结果。

数据泄露说明：

在这个程序中，读者可能会想是不是在第 19 行将数据分割为训练数据和测试数据前，先用下列语法做特征缩放，以达到标准化的目的。

scaler = StandardScaler( )

X = scaler.fit_transform(X)

然后再分割数据，这样可以省去第 22 ~ 24 行分别做特征缩放，以达到标准化的目的。

其实你可以先对数据进行标准化，然后再进行训练集和测试集的分割，但这样做可能会导致数据泄露 (data leakage) 的问题。数据泄露指的是在机器学习建模过程中，模型提前接触到测试集的信息，这会导致模型对测试集的预测性能过高，但实际上这种性能并不能在新的、未见过的数据上得到保证。

在实际的机器学习流程中，我们通常会先将数据集分割成训练集和测试集，然后对训练集进行各种处理 (如标准化)，并用同样的方式处理测试集。也就是说，我们会在训练集上拟合标准化模型，然后用这个模型的参数来转换训练集和测试集。这样可以确保测试集的信息不会在模型训练阶段被接触到，从而避免数据泄露的问题。

在训练模型时，测试集的作用是提供一个仿真"新数据"的环境，以评估模型对新数据的泛化能力。如果我们在训练过程中提前接触到测试集的信息，就等于是在考试之前就看到了答案，这样得到的模型性能评估就不具有参考价值了。因此，我们需要确保在整个模型训练和评估过程中，测试集的信息始终不被模型接触到。

在许多机器学习算法中，我们需要对数据进行一些前处理，如标准化、编码转换、主成分分析等。这些处理通常由 fit( ) 和 transform( ) 两个方法来完成，这两个方法的主要区别在于：

● fit( )：主要用来计算训练集的一些统计特性，如平均值、标准差等。这些统计特性通常用于数据转换。例如，在标准化数据时，fit( ) 会计算训练集的平均值和标准差，并将其保存起来以供后续使用。

● transform( )：在 fit( ) 方法之后，我们可以使用 transform( ) 方法将这些计算出的统计特性应用到训练集，从而对数据进行转换。例如，标准化会将每个特征的数据减去平均值，再除以标准差，从而将数据转换为均值为 0，标准差为 1 的标准分布。此外，这个方法也可以用来对测试集进行相同的转换。

● fit_transform( )：这个方法是 fit( ) 和 transform( ) 的结合。它先对数据进行 fit( )，然后对同一份数据进行 transform( )。这种方式比分别调用 fit( ) 和 transform( ) 更简洁，且可以保证转换的一致性。但是需要注意的是，只有在确定我们会对同一份数据进行 fit( ) 和 transform( ) 时，才应该使用 fit_transform( )。

在大多数情况下，我们只对训练数据使用 fit_transform( )，然后使用 transform( ) 将同样的转换应用到测试数据或新数据上。原因是我们必须使用与训练数据相同的转换参数来转换测试数据。这是因为在实际的机器学习应用中，我们并不会知道测试数据 (或者说，新的观测数据) 的实际值。因此，我们不能根据测试数据的值来调整我们的转换参数。如果这样做，我们的模型可能会过度拟合测试数据，导致我们对模型的"泛化能力"产生过于乐观的评估。

在机器学习领域，常常会提到"泛化能力 (generalization ability)"，这是机器学习模型的一种重要特性，它指的是一个模型对新的、未见过的 (训练时未用到) 数据的处理能力。如果一个模型的泛化能力强，那么它在训练数据集上的表现就有可能延伸到测试数据集或其他新的数据上。所以上述程序中，当我们了解了训练集的准确率后，由测试集的准确度可以了解这个机器学习模型的泛化能力。

换句话说，fit( ) 是用来计算转换所需的参数的，transform( ) 是用来实际进行转换的，而 fit_transform( ) 是这两者的结合。而训练数据用 fit_transform( ) 做标准化，测试数据用 transform( ) 标准化。

第 24 章
逻辑回归（以信用卡、葡萄酒、糖尿病为例）

对于简单的数据可以使用回归分析，将数据拟合成一条直线或是曲线，线性回归同时假设所有的数据是分布在这条直线周边，所以可以完成基本的预测工作。在机器学习时，有时候会面临我们想了解的数据点是在线条的左边或是右边、上边或是下边的问题，也就是我们必须为数据做分类，这时可以使用本节所述的逻辑回归的概念。

24-1 浅谈线性回归的问题

银行发行信用卡，对于每个申请者，所获得的评分只有通"通过"或是"不通过"，这相当于是分类问题，有 2 种结果，所以又称二分类的问题。当我们依据系列数据做判定时，我们可以想办法以一个阈值做切割，大于此阈值给予"通过"，小于此阈值则"不通过"。假设有一个信用判定的线性回归图表如图 24-1 所示，此回归直线的 y 值在 0 和 1 之间。

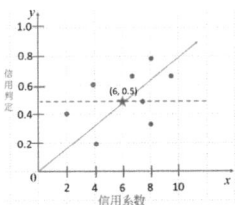

图 24-1　信用判定

从上述图表我们建立了回归线，可以假设当信用系数大于 (或等于)6 时，可以得到信用判定分数大于 0.5，信用卡申请给予"通过"。当信用系数是小于 6 时，则信用判定分数小于 0.5，信用卡申请"不通过"。

假设我们收集样本时，出现了图 24-2 所示 A 和 B 两点，这时所建立的回归线也将受影响。

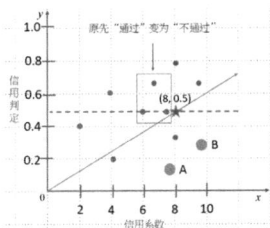

图 24-2　增加数据

从上述可以看到增加了 A 和 B 异常的数据后，信用审查"通过"门槛的信用系数从 6 升到 8，因此有 3 个原先通过审查的数据，变为"不通过"。因此可以知道，线性回归受到异常值的影响会比较大，这也造成了线性回归的性能精确度受到影响。

此外，在上述的线性回归图表，笔者假设输出的 y 值在 0~1 之间，要想得到这个输出结果，可以使用第 15 章介绍的逻辑 (logistic) 函数。

24-2 逻辑回归概念回顾

逻辑回归 (logistic regression) 是一种常见的统计分析模型，常用于二元或多元分类问题。与一般的线性回归模型相比，逻辑回归的主要差异在于它的输出值经过一个逻辑 (或称 Sigmoid) 函数转换，将限制在 0 到 1 之间，因此常常被解释为概率。在二分类问题中，我们通常会设定一个阈值 (如 0.5)，大于此阈值则将输出类别标记为 1，小于此阈值则将输出类别标记为 0。

24-2-1　基础概念复习

第 15 章笔者介绍了逻辑 (logisitc) 函数，此函数的定义可以参考下方左边的方程式，同时此函数输出可以参考图 24-3。

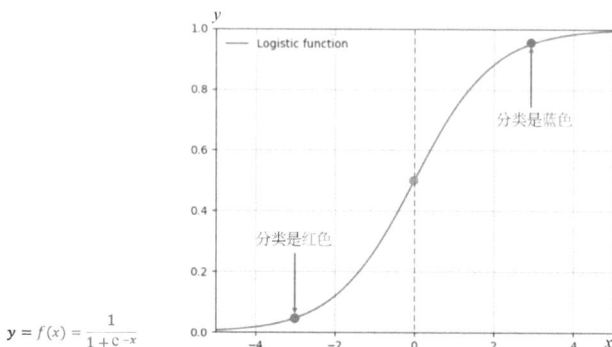

图 24-3　逻辑函数

上述图表中，当 x 趋近无限大时，y 值趋近 1。当 x 趋近无限小时，y 值趋近 0。同时我们可以用 y 轴划分，当右半部的 y 值大于 0.5 时判定是 1，即 "信用卡审核通过"，当左半部的 y 值小于 0.5 时判定是 0，即 "信用卡审核不通过"，这样就可以完成数据分类。

从逻辑函数可以看到它的外形是 S 形，因此有的人就将逻辑 (logistic) 函数称 Sigmoid 函数，简称 S 形函数。

24-2-2　应用逻辑函数

线性函数的概念如下：

$$y = \beta_0 + \beta_1 x$$

将上述函数代入 Sigmoid 函数，可以得到下列结果：

$$f(x) = \frac{1}{1+e^{-x}} = \frac{1}{1+e^{-(\beta_0+\beta_1 x)}}$$

上述函数表示已经将原先线性函数的执行结果，映射到 "0" 与 "1" 之间了，接下来可以使用阈值将结果转换成 0 和 1，就可以完成二分类问题的结果。有时候也可以用下列公式表示逻辑回归模型：

$$P(Y=1|X) = \frac{1}{1+e^{-(\beta_0+\beta_1 X)}}$$

上述是说明 $P(Y=1|X)$ 代表给定输入变量 X 下，Y 等于 1 的概率。实际上逻辑回归模型的参数通常使用最大似然估计法（maximum likelihood estimation, 简称 MLE）来进行求解，我们希望找到一组参数值使得观察到的数据出现的概率最大。不过目前 Scikit-learn 已经有提供逻辑函数的方法，我们可以直接使用，这也会是本章的主题，下列将用实例说明。

程序实例 ch24_1.py：假设我们现在建立回归模型，得到 4000 和 80000 的目标值。并且假设我们使用逻辑回归获得了相关系数，β_0=-6.5 和 β_1=0.002，请执行逻辑回归运算，同时输出结果。

```
1  # ch24_0.py
2  import numpy as np
3
4  def logistic_regression(beta0, beta1, x):
5      return 1 / (1 + np.exp(-(beta0 + beta1 * x)))
6
7  beta0 = -6.5
8  beta1 = 0.0002
9
10 x_values = [4000, 80000]
11
12 for x in x_values:
13     print(f'x = {x:5d}, logistic回归输出 {logistic_regression(beta0,beta1,x)}')
```

执行结果

```
==================== RESTART: D:\Machine\ch24\ch24_0.py ====================
x =  4000, logistic回归输出 0.0033348073074133443
x = 80000, logistic回归输出 0.9999251537724895
```

从上述执行结果可以得到相较于 4000 和 80000，若是有适当的 β 系数，改为使用逻辑回归，我们可以由概率的输出很容易执行数据分类。逻辑回归广泛应用于各种领域，如医疗、金融、社会科学等，是一种非常重要的统计与机器学习工具。

24-2-3　线性回归与逻辑回归的差异

线性回归所回传的是一个数值，是连续的。逻辑回归则是将所回传的值映射到 0 或 1 的集合。

例如：目前天空是乌云，气象局可以预测明天下雨的概率，这时可以使用线性回归做预测。如果要求气象局公告明天的天气是晴天或是雨天，这时就需要使用逻辑回归。

24-3　逻辑回归模型基础应用

24-3-1　语法基础

建立逻辑回归模型语法和主要参数如下：

from sklearn.linear_model import LogisticRegression

…

model = LogisticRegression(random_state, multi_class)

上述若是设定 random_state 参数，是设定种子值，可以确保每次可以获得一定的结果。multi_class 用于处理多分类的问题，将在 24-3-2 节介绍。

在金融行业，信用风险评估是一项关键的任务。银行或其他贷款机构需要确定某人是否有能力偿还他们的贷款。为此，他们可能需要根据多种因素 (如申请人的年龄、收入、职业、信用历史等) 来评估个体的信用风险。

我们可以将这个问题形式化为一个二分类问题：给定一个申请人的信息，预测他们是否会违约 (未能按时还款)。对于这个问题，我们可以使用逻辑回归模型来处理。

首先，我们将每个申请人的信息转换为数值特征 (例如，将收入转换为数值，将职业转换为数字代码等)。然后，我们将这些特征作为逻辑回归模型的输入，将是否违约作为目标变量。

通过学习数据集中的数据，逻辑回归模型会找出特征与目标变量之间的关系。例如，模型可能发现收入较高的申请人较不可能违约，而信用历史不良的申请人较可能违约。这种关系可以用来预测新申请人的违约风险。

一旦模型被训练好，我们就可以用它来评估新的贷款申请。例如，给定一个新申请人的信息，我们可以将其特征输入模型中，得到一个违约的概率。如果这个概率高于某个阈值（如0.5），我们就可能拒绝这个申请。否则，我们就可能批准这个申请。

程序实例 ch24_1.py：假设我们有一些信用卡申请人的数据，包括他们的年龄、年收入、已有的债务金额，以及他们是否有过违约的记录（违约为 1，未违约为 0）。然后我们用这些数据训练一个逻辑回归模型，以预测新的申请人是否会违约，这个程序同时会储存所训练的模型。

```python
1  # ch24_1.py
2  from joblib import dump
3  from sklearn.linear_model import LogisticRegression
4  from sklearn.model_selection import train_test_split
5  from sklearn.metrics import accuracy_score
6  import numpy as np
7
8  # 20个申请人，包括年龄、年收入、已有的债务金额
9  applicants = np.array([
10     [25, 50000, 10000],
11     [35, 60000, 8000],
12     [45, 70000, 12000],
13     [55, 80000, 10000],
14     [65, 60000, 9000],
15     [30, 40000, 12000],
16     [40, 70000, 8000],
17     [50, 60000, 10000],
18     [60, 80000, 8000],
19     [33, 50000, 11000],
20     [26, 55000, 15000],
21     [36, 65000, 7500],
22     [46, 75000, 13000],
23     [56, 85000, 10000],
24     [66, 65000, 8500],
25     [31, 45000, 11000],
26     [41, 75000, 8500],
27     [51, 65000, 9500],
28     [61, 85000, 8500],
29     [34, 55000, 12000]
30  ])
31
32  # 对应的违约记录，1 表示违约，0 表示未违约
33  defaults = np.array([1,0,0,0,1,1,0,0,0,1,1,0,0,0,1,1,0,0,0,1])
34
35  # 拆分数据集为训练集和测试集
36  X_train, X_test, y_train, y_test = train_test_split(applicants,
37                                     defaults, test_size=0.2, random_state=10)
38
39  # 建立逻辑回归模型
40  model = LogisticRegression()
41
42  # 使用训练集训练模型
43  model.fit(X_train, y_train)
44
45  # 使用模型对测试集进行预测
46  y_pred = model.predict(X_test)
47  print(f"准确度 Accuracy : {accuracy_score(y_test, y_pred)}")
48  print(f"测试数据真实\n{y_test}")
49  print(f"测试数据预估\n{y_pred}")
50
51  dump(model, 'bank_ch24_1.joblib')     # 储存模型
```

执行结果

```
准确度 Accuracy : 0.75
测试数据真实
[0 1 1 0]
测试数据预估
[1 1 1 0]
```

这个程序将首先读取申请人的数据和对应的违约记录，然后将数据切分为训练集和测试集，其中 80% 是训练数据，20% 是测试数据。接着它将建立一个逻辑回归模型并使用训练集进行训练，最后使用这个模型对测试集进行预测，上述执行结果中，列出了所训练的逻辑模型应用到实际测试数据的精度，同时列出真实数据与测试数据的比较。程序第 51 行是将模型储存到"bank_ch24_1.joblib"。

需要注意的是，这只是一个很简单的实例。在实际的信用风险评估中，可能需要考虑更多的

特征，如申请人的信用评分、工作稳定性、住房情况等。而且，这里的训练数据非常少，实际的机器学习模型需要大量的数据才能有足够的表现。

程序实例 ch24_2.py：设计一个程序，输入年龄、年收入和债务时，这个程序会输出是否违约的预测。

```python
1   # ch24_2.py
2   from joblib import load
3
4   model = load('bank_ch24_1.joblib')
5   age = eval(input("请输入年龄 : "))
6   income = eval(input("请输入年收入 : "))
7   debt = eval(input("请输入债务 : "))
8
9   y_pred = model.predict([[age, income, debt]])
10  if y_pred[0] == 1:
11      print("违约")
12  else:
13      print("未违约")
```

執行結果

```
==================== RESTART: D:\Machine\ch24\ch24_2.py ====================
请输入年龄 : 50
请输入年收入 : 100000
请输入债务 : 3000
未违约

==================== RESTART: D:\Machine\ch24\ch24_2.py ====================
请输入年龄 : 50
请输入年收入 : 60000
请输入债务 : 5000
违约
```

24-3-2 多分类算法解说

研究机器学习时，除了前一小节的二分类问题，还会有多分类问题，例如：24-5 节会介绍葡萄酒分类问题。这时调用 LogisticRegression( ) 可以增加 multi_class 参数，此参数有以下几种取值：

● auto：这是默认值，如果是二元问题，会自动选择"ovr" (one-vs-rest)。其他情况下，则自动选择"multinomial"。

● ovr：可以用在多元分类，其中"ovr"表示"one-vs-rest"，即对于每个类别，都训练一个二元分类器。

● multinomial：表示我们要使用的是 multinomial logistic regression，也称为 softmax regression，这是一种直接对多个类别的概率进行建模和优化的方法。

ovr 概念：

"one-vs-rest" (ovr) 是一种处理多类别分类问题的策略。在这种策略下，我们为每个类别 k 训练一个单独的二分类器。这个二元分类器的任务是将类别 k 与所有其他类别分开，因此它只需要回答一个问题："这个样本是否属于类别 k？"这就是为什么这种策略被称为"one-vs-rest"的原因。

如果我们有 k 个类别，那么我们需要训练 k 个这样的二分类器。每个分类器都会有一个决策分数，表示它有多确信一个给定的样本属于其对应的类别。在预测阶段，我们让所有的分类器对给定的样本进行评分，然后我们选择分数最高的分类器的类别作为最终的预测结果。

尽管 ovr 策略比较简单，且在训练和预测时都相当高效，但它有一个主要的缺点，就是每个分类器都在相对于所有其他类别的情况下进行训练，并未考虑其他分类器的训练情况，这可能导致模型在某些类别之间的决策边界不是很清晰。然而，在许多实际的情况下，ovr 策略仍然能够工作得很好，并且由于其简单性和高效性，仍然是处理多类别问题的常用策略之一。

若以图 24-4 而言，这是三分类的问题，所谓的 ovr 策略，基本上会将一类视为正样本，其他类则当作负样本。例如：对图 24-4(a) 的三角形而言，三角形是正样本，其他 2 类的图是负样本，这样就可以将三分类的问题转为二分类的问题，因此可以用逻辑回归方式训练模型。对图 24-4(b) 的星形而言，星形是正样本，其他 2 类的图是负样本，这样就可以将三分类的问题转为二分类的问题，因此可以用逻辑回归方式训练模型。

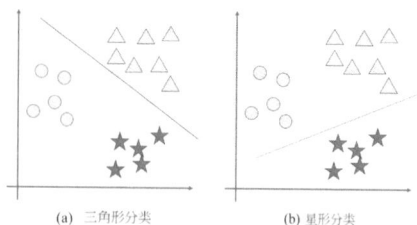

图 24-4　三分类转为二分类

依照上述原则，可以分 3 次处理分类，得到 3 个逻辑回归模型。未来可以将所有数据分别输入这 3 个逻辑回归模型，得到最大的概率的就是该数据所属的类别。当然这是 LogisticRegression( ) 方法内部处理，使用者只要设定 multi_class='ovr' 即可。

multinomial(softmax regression) 概念：

对于多元分类，除了 ovr 方法外，另一个方法就是 multinomial，选择 "multinomial" 表示我们要使用的是 multinomial logistic regression，也称为 softmax regression，这是一种直接对多个类别的概率进行建模和优化的方法。

对于一个具有 k 个类别 $(k > 2)$ 的分类问题，multinomial logistic regression 模型会直接估计每个类别的概率。每个类别 k，我们都有一个模型权重向量，并且对每个样本，我们都计算每个类别的分数 (通常是特征和权重的线性组合)。然后我们将这些分数通过 Softmax 函数转换成概率，Softmax 函数的定义如下：

$$Softmax(z)_i = \frac{\exp(z_i)}{\sum_{j=1}^{n} \exp(z_j)}$$

Softmax 函数的主要特性：

● 输出范围在 0 和 1 之间：Softmax 函数的输出值是一组概率，每个概率都在 0 和 1 之间，表示该类别的可能性。

● 输出概率的总和为 1：Softmax 函数的输出是一组概率，这些概率的总和恰好为 1，因此可以解释为一个概率分布。

● 对于输入值的大小敏感：输入值较大的类别将对应较高的概率值。换句话说，Softmax 函数可以放大输入值之间的差异。

● 可微分性：Softmax 函数是可微分的，这一特性使得它可以方便地用于优化问题，例如在神经网络中通过反向传播来更新权重。

假设一个样本数据 x 有 4 个特征，分别是 x_1、x_2、x_3 和 x_4，并且有 3 个分类可以选择，如图 24-5 所示。

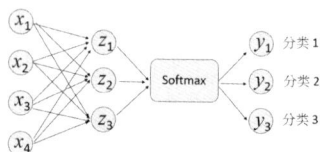

图 24-5　4 个特征，3 个类别

上述图形其实就是一个简单的神经网络，首先我们可以使用下列公式计算 z_i 的值，此值的计算公式如下 (β 代表权重)：

$$z_i = \beta_{i1}x_1 + \beta_{i2}x_2 + \beta_{i3}x_3 + \beta_{i4}x_4,\quad i = 1, 2, 3$$

通过上述计算得到 z_i 后，就可以将值 z_i 代入 Softmax 函数，然后可以得到预测值 y_1、y_2 和 y_3，最后概率最大的值就是所属的分类。读者可能会思考，为何要使用 Softmax 函数，在 Softmax 函数特性第三点笔者说过，Softmax 函数可以放大输入值之间的差异。假设 z_1=1、z_2=3 和 z_3=6，如果省略 Softmax 函数，则使用下列公式计算：

$$\frac{z_i}{\sum_{j=1}^{n} z_j}$$

这时可以得到对应的 y_1、y_2 和 y_3 的概率是 0.1、0.3 和 0.6。如果改为 Softmax 函数，可以得到对应的 y_1、y_2 和 y_3 的概率是 0.006、0.047 和 0.946，细节可以参考下列程序。

程序实例 ch24_2_1.py：使用一般公式与 Softmax 公式，计算当 z_1=1、z_2=3 和 z_3=6 时，输出的 y_1、y_2 和 y_3 的概率。

```
# ch24_2_1.py
from math import exp
def non_softmax(input_vector):
    molecular = [j for j in input_vector]
    p = [round(i/sum(molecular),3) for i in input_vector]
    return p

def softmax(input_vector):
    # 计算分子
    exponents = [exp(j) for j in input_vector]
    # 先加总分母
    # 分子除以分母
    p = [round(exp(i)/sum(exponents),3) for i in input_vector]
    return p
print(f'一般公式     : {non_softmax([1,3,6])}')
print(f'softmax公式 : {softmax([1,3,6])}')
```

执行结果

```
==================== RESTART: D:/Machine/ch24/ch24_2_1.py ====================
一般公式     : [0.1, 0.3, 0.6]
softmax公式 : [0.006, 0.047, 0.946]
```

从上述执行结果可以看到使用 Softmax 公式，可以将数据差距拉大，最大的好处是可以比较容易做分类。

24-4 中国台湾信用卡持卡人数据集

24-4-1 认识 UCI_Credit_Card.csv 数据

UCI_Credit_Card.csv 是 UCI Machine Learning Repository 提供的一个公开数据集，这个数据集包含了中国台湾的信用卡持卡人的信息。数据集内包含了 30000 个客户的信息，以及各种特征，如性别、教育、婚姻状态、年龄、还款状况、账单金额、支付金额等。

这个数据集的目标变量是每个客户下个月的违约支付情况，这意味着我们可以用这个数据集来建立一个模型，预测客户是否会在下个月违约。读者也可以从 Kaggle 网站下载，图 24-6 是文件内容。

ID	LIMIT_B	SEX	EDUCATI	MARRIA	AGE	PAY_0	PAY_2	PAY_3	PAY_4	PAY_5	PAY_6	BILL_AM	BILL_AM	BILL_AM	BILL_AM	BILL_AM	BILL_AM	PAY_AM	PAY_AM	PAY_AM	PAY_AM	PAY_AM	PAY_AM	default.payment.next.month
1	20000	2	2	1	24	2	2	-1	-1	-2	-2	3913	3102	689	0	0	0	0	689	0	0	0	0	1
2	120000	2	2	2	26	-1	2	0	0	0	2	2682	1725	2682	3272	3455	3261	0	1000	1000	1000	0	2000	1
3	90000	2	2	2	34	0	0	0	0	0	0	29239	14027	13559	14331	14948	15549	1518	1500	1000	1000	1000	5000	0
4	50000	2	2	1	37	0	0	0	0	0	0	46990	48233	49291	28314	28959	29547	2000	2019	1200	1100	1069	1000	0
5	50000	1	2	1	57	-1	0	-1	0	0	0	8617	5670	35835	20940	19146	19131	2000	36681	10000	9000	689	679	0
6	50000	1	1	2	37	0	0	0	0	0	0	64400	57069	57608	19394	19619	20024	2500	1815	657	1000	1000	800	0

图 24-6　持卡人数据集

这个数据集所有字段说明如下：

● ID：每个客户的 ID 号。

● LIMIT_BAL：信用卡额度 (台币元)。

● SEX：性别 (1 = 男性 , 2 = 女性)。

● EDUCATION：教育程度 (1 = 研究所 , 2 = 大学 , 3 = 高中 , 4 = 其他 , 5 = 未知 , 6 = 未知)。

● MARRIAGE：婚姻状态 (1 = 已婚 , 2 = 单身 , 3 = 其他)。

● AGE：年龄 (年)。

● PAY_0, PAY_2 - PAY_6：从 4 月到 9 月的还款状况。量表如下：–2 = 无消费 , –1 = 付清 , 0 = 透明度 , 1 = 延迟一个月 , 2 = 延迟两个月 , ... , 8 = 延迟八个月 , 9 = 延迟九个月以上。

● BILL_AMT1 - BILL_AMT6：从 4 月到 9 月的账单金额 (台币元)。

● PAY_AMT1 - PAY_AMT6：从 4 月到 9 月的支付金额 (台币元)。

● default.payment.next.month：下一个月的违约情况 (1 = 是 , 0 = 否)。

这个数据集可以用来做信用违约风险的预测。你可以使用数据中的各种特征来训练一个模型 (例如：逻辑回归模型，这将是本节的重点)，然后用这个模型来预测 default.payment.next.month 这个目标变量。

程序实例 ch24_3.py：输出前 5 笔数据。

```
1  # ch24_3.py
2  import pandas as pd
3
4  # 读取数据
5  data = pd.read_csv('UCI_Credit_Card.csv')
6
7  # 查看数据的前5行
8  print(data.head())
```

执行结果

```
=================== RESTART: D:/Machine/ch24/ch24_3.py ===================
   ID  LIMIT_BAL  SEX  ...  PAY_AMT5  PAY_AMT6  default.payment.next.month
0   1    20000.0    2  ...       0.0       0.0                           1
1   2   120000.0    2  ...       0.0    2000.0                           1
2   3    90000.0    2  ...    1000.0    5000.0                           0
3   4    50000.0    2  ...    1069.0    1000.0                           0
4   5    50000.0    1  ...     689.0     679.0                           0

[5 rows x 25 columns]
```

从上述执行结果可以知道，数据集内总共有 25 个字段。

24-4-2 挑选最重要的特征

第 23 章介绍过用最相关的特征预测波士顿房价，现在数据有 25 个字段，其中字段 ID 对于分析是否违约是不需要的，另外 default.payment.next.month 是目标字段，排除这 2 个字段后，我们可以用模型系数的方式挑选最重要的特征。

程序实例 ch24_4.py：挑选最重要的特征，同时绘制特征直方图。

```
1   # ch24_4.py
2   import pandas as pd
3   from sklearn.model_selection import train_test_split
4   from sklearn.linear_model import LogisticRegression
5   from sklearn.preprocessing import StandardScaler
6   import matplotlib.pyplot as plt
7
8   # 读取数据
9   data = pd.read_csv('UCI_Credit_Card.csv')
10
11  # 定义特征和目标变量，主要是移除目标变量default.payment.next.month与ID
```

```
12  features = data.drop(['default.payment.next.month','ID'], axis=1)
13  X = features
14  y = data['default.payment.next.month']              # 设定目标变量
15
16  # 将数据分割为训练集和测试集
17  X_train, X_test, y_train, y_test = train_test_split(X, y,
18                        test_size=0.2, random_state=10)
19
20  # 特征缩放
21  scaler = StandardScaler()
22  X_train = scaler.fit_transform(X_train)
23  X_test = scaler.transform(X_test)
24
25  # 创建并训练逻辑回归模型
26  model = LogisticRegression()
27  model.fit(X_train, y_train)
28
29  # 获取特征重要性 - 对于逻辑回归模型，用查看模型系数来判断特征的重要性
30  importance = model.coef_[0]
31
32  # 总结特征重要性
33  for i, score in enumerate(importance):
34      print(f'特征: {features.columns[i]:10s}, 分数: {score:.5f}')
35
36  # 绘制特征重要性
37  plt.figure(figsize=(10, 6))                          # 设置图表大小
38  plt.bar([x for x in range(len(importance))], importance)
39  plt.xticks([x for x in range(len(importance))],
40          features.columns, rotation='vertical')       # 在X轴上加上特征名称
41  plt.title('UCI_Credit_Card Data')
42  plt.show()
```

执行结果

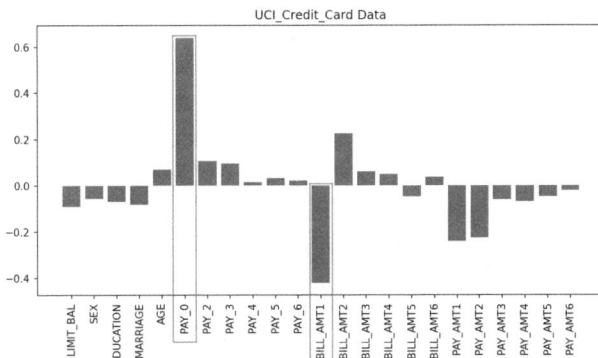

此程序代码将输出模型中每个特征的重要性得分，此例是使用系数当作得分，得分越高的特征对模型的影响越大，这意味着这些特征对于预测客户是否会在下个月违约更重要。请注意，这

301

个重要性得分是基于训练的逻辑回归模型，如果你使用其他的模型，可能会得到不同的结果。

然而，这仅仅是特征选择的一种方法。在实际的机器学习项目中，特征选择通常是一个反复的过程，可能需要使用多种方法来确定最佳的特征组合。在逻辑回归模型中，系数的大小确实表示了特征对预测结果的影响程度，但要注意的是，系数可以是正数也可以是负数。

如果一个特征的系数是正的，那么当这个特征的值增加时，被预测为正类（如违约）的概率就会增加；如果一个特征的系数是负的，那么当这个特征的值增加时，被预测为正类的概率就会减少。

因此，系数的绝对值越大，该特征对预测结果的影响越大。但系数的正负号会影响该特征对预测结果的方向。所以，当评估特征的重要性时，我们通常会考虑系数的绝对值。从上述我们得到 PAY_0(4 月到 9 月的还款状况) 和 BILL_AMT1(4 月账单金额)，将是影响下个月是否会违约最重要的因素。

另外，要注意的是，这种诠释方式是建立在已经将所有特征正规化或标准化的前提下的，可以参考第 21 ～ 23 行。如果数据的尺度 (scale) 没有被正规化或标准化，那么直接比较系数是没有意义的，因为尺度较大的特征可能会有较小的系数，但这不表示该特征不重要。

24-4-3　用最相关的 2 个特征设计逻辑回归模型

程序实例 ch24_5.py： 用最相关的 2 个特征建立逻辑回归模型，同时计算准确率。

```
1   # ch24_5.py
2   import pandas as pd
3   from sklearn.model_selection import train_test_split
4   from sklearn.linear_model import LogisticRegression
5   from sklearn.preprocessing import StandardScaler
6   from sklearn.metrics import accuracy_score
7
8   # 读取数据
9   data = pd.read_csv('UCI_Credit_Card.csv')
10
11  # 定义特征和目标变量
12  X = data[['PAY_0', 'BILL_AMT1']]    # 只使用 'PAY_0' 和 'BILL_AMT1'
13  y = data['default.payment.next.month']
14
15  # 将数据分割为训练集和测试集
16  X_train, X_test, y_train, y_test = train_test_split(X, y,
17                          test_size=0.2, random_state=10)
18
19  # 特征缩放(标准化)
20  scaler = StandardScaler()
21  X_train = scaler.fit_transform(X_train)
22  X_test = scaler.transform(X_test)
23
24  # 创建并训练逻辑回归模型
25  model = LogisticRegression()
26  model.fit(X_train, y_train)
27
28  # 在训练集上进行预测并计算准确率
29  train_pred = model.predict(X_train)
30  train_accuracy = accuracy_score(y_train, train_pred)
31  print(f'训练集数据准确率 Accuracy: {train_accuracy*100:.2f}%')
32
33  # 在测试集上进行预测并计算准确率
34  test_pred = model.predict(X_test)
35  test_accuracy = accuracy_score(y_test, test_pred)
36  print(f'测试集数据准确率 Accuracy: {test_accuracy*100:.2f}%')
```

执行结果

```
==================== RESTART: D:\Machine\ch24\ch24_5.py ====================
训练集数据准确率 Accuracy: 81.15%
测试集数据准确率 Accuracy: 81.67%
```

从上述执行结果，我们可以看到训练集和测试集的准确率皆约 81%，这表示是一个很好的准确率。上述程序代码将分别输出训练集和测试集上的准确率。如果你发现训练集上的准确率远大于测试集上的准确率，那么可能存在过拟合 (overfitting) 的问题，这时就需要调整模型了。

24-4-4 使用全部的特征设计逻辑回归模型

程序实例 ch24_6.py：用全部的特征建立逻辑回归模型，同时计算准确率。

```
11  # 定义特征和目标变量, # 移除目标变量与ID
12  X = data.drop(['default.payment.next.month', 'ID'], axis=1)
13  y = data['default.payment.next.month']
```

执行结果

```
==================== RESTART: D:\Machine\ch24\ch24_6.py ====================
训练集数据准确率 Accuracy: 81.01%
测试集数据准确率 Accuracy: 81.30%
```

从上述执行结果可以看到，训练集和测试集的准确率也皆约 81%，这表示是一个很好的准确率。若是和 ch24_5.py 相比较，可以看到使用全部的特征计算准确率，并不会更好。上述程序第 12 行的 drop( ) 方法可以删除指定的特征。

24-5 葡萄酒数据

24-5-1 认识葡萄酒数据

Scikit-learn 提供了一个内建的葡萄酒数据集 (wine dataset)，这是一个用于分类问题的数据集。葡萄酒数据集包含了来自意大利同一地区的 178 个葡萄酒样本，这些样本分为 3 个不同的葡萄酒类别。

葡萄酒数据集包含 13 个特征，即自变量，此自变量字段顺序分别是：
- alcohol：酒精浓度。
- malic acid：苹果酸含量。
- ash：灰分。
- alcalinity of ash：灰分的碱度。
- magnesium：镁含量。
- total phenols：总酚含量。
- flavanoids：类黄酮含量。
- nonflavanoid phenols：非类黄酮酚含量。
- proanthocyanins：原花青素含量。
- color intensity：颜色强度。
- hue：色调。
- od280/od315 of diluted wines：稀释葡萄酒的 od280/od315 比值。

● proline：脯氨酸含量。

目标变量 (y) 是葡萄酒的类别，葡萄酒数据集的目标变量表示葡萄酒的类别，共有三个类别，分别代表三个不同的葡萄酒品种。这些品种来自意大利同一地区的葡萄园，可以透过葡萄酒的化学成分和特性来区分。在数据集中，这些类别被表示为 0、1 和 2，具体对应的品种如下：

类别 0——Barolo(巴洛洛)。

类别 1——Grignolino(格里诺利诺)。

类别 2——Barbera(巴贝拉)。

这些葡萄酒品种具有不同的风味、颜色、酒精度和其他化学特性，这些特性被表示为 13 个不同的特征，使用这些特征，我们可以应用机器学习算法来对葡萄酒品种进行分类。

程序实例 ch24_7.py：输出葡萄酒数据的重要特征。

```
1  # ch24_7.py
2  from sklearn import datasets
3
4  # 加载葡萄酒数据集
5  wine = datasets.load_wine()
6  print(f"自变量　样本形状：{wine.data.shape}")
7  print(f"目标变量样本形状：{wine.target.shape}")
8
9  # 输出特征值名称
10 print("自变量特征值名称")
11 print(wine.feature_names)
12
13 # 输出前 3 笔自变量
14 print("自变量 特征值")
15 print(wine.data[:3])
16
17 # 输出前 3 笔目标变量,
18 print("目标变量 品种")
19 print(wine.target[:3])
20
21 # 描述特征值名称
22 print("描述特征值名称")
23 print(wine.DESCR)
```

执行结果

```
==================== RESTART: D:\Machine\ch24\ch24_7.py ====================
自变量 样本形状：(178, 13)
目标变量样本形状：(178,)
自变量特征值名称
['alcohol', 'malic_acid', 'ash', 'alcalinity_of_ash', 'magnesium', 'total_phenol
s', 'flavanoids', 'nonflavanoid_phenols', 'proanthocyanins', 'color_intensity',
'hue', 'od280/od315_of_diluted_wines', 'proline']
自变量 特征值
[[1.423e+01 1.710e+00 2.430e+00 1.560e+01 1.270e+02 2.800e+00 3.060e+00
  2.800e-01 2.290e+00 5.640e+00 1.040e+00 3.920e+00 1.065e+03]
 [1.320e+01 1.780e+00 2.140e+00 1.120e+01 1.000e+02 2.650e+00 2.760e+00
  2.600e-01 1.280e+00 4.380e+00 1.050e+00 3.400e+00 1.050e+03]
 [1.316e+01 2.360e+00 2.670e+00 1.860e+01 1.010e+02 2.800e+00 3.240e+00
  3.000e-01 2.810e+00 5.680e+00 1.030e+00 3.170e+00 1.185e+03]]
目标变量 品种
[0 0 0]
描述特征值名称
Squeezed text (98 lines).
```

从上述执行结果可以看到葡萄酒数据集有 178 个样本，13 个特征。点选上述 Squeezed text (95 lines)，可以看到描述特征值名称的所有数据。

```
描述特征值名称
.. _wine_dataset:

Wine recognition dataset
------------------------

**Data Set Characteristics:**

:Number of Instances: 178
:Number of Attributes: 13 numeric, predictive attributes and the class
:Attribute Information:
    - Alcohol
    - Malic acid
    - Ash
    - Alcalinity of ash
```

```
        - Magnesium
        - Total phenols
        - Flavanoids
        - Nonflavanoid phenols
        - Proanthocyanins
        - Color intensity
        - Hue
        - OD280/OD315 of diluted wines
        - Proline
        - class:
            - class_0
            - class_1
            - class_2

    :Summary Statistics:

    ============================= ==== ===== ====== =====
                                   Min   Max   Mean    SD
                                  ==== ===== ====== =====
    Alcohol:                      11.0  14.8   13.0   0.8
    Malic Acid:                   0.74  5.80   2.34  1.12
    Ash:                          1.36  3.23   2.36  0.27
```

24-5-2　使用逻辑回归算法执行葡萄酒分类

前面介绍了逻辑回归 (logistic regression) 算法的概念，读者可能会思考，逻辑回归是二分法，葡萄酒有 3 个分类，应该如何处理？

对于具有 3 个类别的葡萄酒分类问题，要使用二元逻辑回归，可以选择一对多策略 (one-vs-rest, 简称 ovr)。这种方法将多类分类问题分解为多个二分类问题。对于每个类别，都会训练一个单独的逻辑回归模型，该模型将该类别与其他所有类别区分开。

程序实例 ch24_8.py： 使用逻辑回归模型执行葡萄酒分类。

```
1  # ch24_8.py
2  from sklearn.datasets import load_wine
3  from sklearn.model_selection import train_test_split
4  from sklearn.linear_model import LogisticRegression
5  from sklearn.metrics import accuracy_score, classification_report
6  from sklearn.metrics import confusion_matrix
7
8  # 加载葡萄酒数据集
9  wine = load_wine()
10
11 # 分割数据集
12 X_train,X_test,y_train,y_test = train_test_split(wine.data,wine.target,
13                                  test_size=0.2,random_state=9)
14
15 # 建立逻辑回归分类器，使用 ovr 策略
16 log_reg = LogisticRegression(multi_class='ovr', max_iter=10000)
17
18 # 训练分类器
19 log_reg.fit(X_train, y_train)
20
21 # 进行预测
22 y_pred = log_reg.predict(X_test)
23 print(f"测试的真实分类\n{y_test}")
24 print("-"*70)
25 print(f"预测的目标分类\n{y_pred}")
26 print("="*70)
27
28 # 计算 accuracy
29 acc = accuracy_score(y_test, y_pred)
30 print(f"准确率(Accuracy Score) : {acc:.2f}")
31 print("-"*70)
32
33 # 计算混淆矩阵并输出
34 conf_mat = confusion_matrix(y_test, y_pred)
35 print(f"混淆矩阵(Confusion Matrix):\n{conf_mat}")
36 print("-"*70)
37
38 # 生成分类报告
39 report = classification_report(y_test, y_pred)
40 print(f"分类报告(Classification Report)\n{report}")
```

执行结果

```
================== RESTART: D:\Machine\ch24\ch24_8.py ==================
测试的真实分类
[0 0 0 2 0 0 2 2 2 1 2 0 2 1 1 0 1 1 0 0 0 0 0 0 0 2 1 1 0 1 0 1 1 0 1 2]
预测的目标分类
[0 0 0 2 0 0 2 2 2 1 2 0 2 1 1 0 1 1 0 0 0 0 0 0 0 2 1 1 0 1 0 1 1 0 1 2]
准确率(Accuracy Score) : 1.00
混淆矩阵(Confusion Matrix):
[[17  0  0]
 [ 0 11  0]
 [ 0  0  8]]
分类报告(Classification Report)
              precision    recall  f1-score   support

           0       1.00      1.00      1.00        17
           1       1.00      1.00      1.00        11
           2       1.00      1.00      1.00         8

    accuracy                           1.00        36
   macro avg       1.00      1.00      1.00        36
weighted avg       1.00      1.00      1.00        36
```

从上述执行结果可以看到准确率是 1.0，相当于是 100%。此外，上述程序第 16 行的 LogisticRegression( ) 方法，使用了下列两个参数：

● multi_class：这个参数决定了在多类分类问题中，逻辑回归模型采用的策略，它可以有以下三个选项：

■ 'ovr'(one-vs-rest)：对于多类分类问题，该策略将问题分解为多个二元分类问题。对于每个类别，都训练一个单独的逻辑回归模型，将该类别与其他所有类别区分开。预测时，选择具有最高预测概率的类别作为最终类别。

■ 'multinomial'：这是一种直接处理多类分类问题的方法，也称为多项式逻辑回归或 Softmax 回归。在这种情况下，模型将直接学习多个类别之间的概率，并在预测时输出最高概率的类别。

■ 'auto'：这是默认项，将根据数据的情况自动选择策略。对于二元分类问题，它会使用 'ovr'，而对于具有多个类别的问题，它会根据求解器 (solver) 选择策略。例如，如果求解器是 'liblinear'，则会选择 'ovr'；对于其他求解器，选择 'multinomial'。

● max_iter：这个参数表示逻辑回归模型在优化过程中的最大迭代次数。优化过程会尝试找到使损失函数最小化的参数。当迭代次数达到 max_iter 时，优化过程将停止，即使损失函数尚未完全收敛。较大的 max_iter 值可能会导致更好的收敛，但也可能增加计算时间。此参数的默认值为 100，根据问题和数据的不同，可能需要增加或减少这个值。如果在训练过程中收到关于收敛的警告，可以尝试增加 max_iter 的值。

注 这个实例若是省略上述参数，使用默认的 'auto'，其实也可以得到 1.0 的辨识结果，读者可以参考本书 ch24 文件夹的 ch24_8_1.py。

总之，当使用 LogisticRegression( ) 方法时，multi_class 参数允许你选择用于多类分类问题的策略，而 max_iter 参数允许你控制优化过程中的最大迭代次数。根据你的具体问题和数据，你可能需要调整这些参数以获得最佳性能。

24-6 糖尿病数据

24-6-1 认识糖尿病数据

Pima Indians Diabetes Database 是一个公开的医学数据集，由美国凤凰城的美国印第安人的皮马印第安人部落的医学记录组成。这个数据集的目的是根据某些诊断测量来预测 21 岁以上的女性是否患有糖尿病。

此数据集包含 768 个样本，每个样本有以下八个特征和一个目标变量：

● Pregnancies：女性怀孕的次数。

● Glucose：口服葡萄糖耐受试验中 2 小时的血浆葡萄糖浓度。

● BloodPressure：血压 (mmHg) 舒张压。

● SkinThickness：三头肌皮肤褶层厚度 (mm)，用来衡量体脂肪的一种方式。

● Insulin：2 小时血清胰岛素 (mI U/ml)。

● BMI：身体质量指数，体重 (kg) 除以身高 (m) 的平方。

● DiabetesPedigreeFunction：糖尿病遗传函数，数据来源中描述它为 "患病可能性与血缘关系的函数"。

● Age：年龄。

目标变量：

● Outcome：是否有糖尿病，根据世界卫生组织的标准，5 年内被确诊为糖尿病的病例，1 表示阳性 (患有糖尿病)，0 表示阴性 (没有糖尿病)。

这个糖尿病数据集可以在 Kaggle 网站下载，文件名称是 diabetes.csv。

程序实例 ch24_9.py：读取 diabetes.csv，输出前 5 笔数据，同时输出统计数据。

```
1   # ch24_9.py
2   import pandas as pd
3
4   # 读取和输出糖尿病数据集
5   df = pd.read_csv('diabetes.csv')
6   pd.set_option('display.max_columns', None)   # 显示所有字段
7   pd.set_option('display.width', 200)          # 设置显示宽度
8   print(df.head())                             # 前 5 笔资料
9   print('-'*70)
10
11  # 设置输出到小数第 2 位
12  pd.set_option('display.float_format', '{:.2f}'.format)
13  print('输出数据集的统计信息')
14  print(df.describe())
```

执行结果

```
==================== RESTART: D:\Machine\ch24\ch24_9.py ====================
   Pregnancies  Glucose  BloodPressure  SkinThickness  Insulin   BMI  DiabetesPedigreeFunction  Age  Outcome
0            6      143             72             35        0  33.6                     0.627   50        1
1            1       85             66             29        0  26.6                     0.351   31        0
2            8      183             64              0        0  23.3                     0.672   32        1
3            1       89             66             23       94  28.1                     0.167   21        0
4            0      137             40             35      168  43.1                     2.288   33        1

输出数据集的统计信息
       Pregnancies  Glucose  BloodPressure  SkinThickness  Insulin     BMI  DiabetesPedigreeFunction     Age  Outcome
count       768.00   768.00         768.00         768.00   768.00  768.00                    768.00  768.00   768.00
mean          3.85   120.89          69.11          20.54    79.80   31.99                      0.47   33.24     0.35
std           3.37    31.97          19.36          15.95   115.24    7.88                      0.33   11.76     0.48
min           0.00     0.00           0.00           0.00     0.00    0.00                      0.08   21.00     0.00
25%           1.00    99.00          62.00           0.00     0.00   27.30                      0.24   24.00     0.00
50%           3.00   117.00          72.00          23.00    30.50   32.00                      0.37   29.00     0.00
75%           6.00   140.25          80.00          32.00   127.25   36.60                      0.63   41.00     1.00
max          17.00   199.00         122.00          99.00   846.00   67.10                      2.42   81.00     1.00
```

上述统计信息包含了数据笔数 (count)、平均值 (mean)、标准差 (std)、最小值 (min)、百分位数 (25%, 50%, 75%) 和最大值 (max)。

24-6-2　缺失值检查与处理

在 ch23_10.py 笔者介绍过使用 isnull( ) 检查是否有缺失值，我们也可以将该程序概念应用在检查 diabetes.csv 文件上。

程序实例 ch24_10.py：检查是否有缺失值。

```
1   # ch24_10.py
2   import pandas as pd
3
4   # 读取糖尿病数据集
5   df = pd.read_csv('diabetes.csv')
6
7   # 检查是否有缺失值
8   print(df.isnull().sum())
```

执行结果

```
==================== RESTART: D:/Machine/ch24/ch24_10.py ====================
Pregnancies                  0
Glucose                      0
BloodPressure                0
SkinThickness                0
Insulin                      0
BMI                          0
DiabetesPedigreeFunction     0
Age                          0
Outcome                      0
dtype: int64
```

从上述执行结果我们得到此数据集没有缺失值，可是如果仔细看此 csv 文件，可以看到数据集中有些特征的最小值为 0，这在实际生物学情境中可能并不合理。例如，血浆葡萄糖浓度 (Glucose)、舒张压 (BloodPressure)、皮肤褶厚度 (SkinThickness)、血清胰岛素 (Insulin) 和身体质量指数 (BMI) 都不可能真正地为 0。在这种情况下，我们可以推测这些 0 值可能表示原始数据中的缺失值。

	A	B	C	D	E	F	G	H	I
1	Pregnanci	Glucose	BloodPres	SkinThick	Insulin	BMI	DiabetesP	Age	Outcome
2	6	148	72	35	0	33.6	0.627	50	1
3	1	85	66	29	0	26.6	0.351	31	0
4	8	183	64	0	0	23.3	0.672	32	1
5	1	89	66	23	94	28.1	0.167	21	0
6	0	137	40	35	168	43.1	2.288	33	1
7	5	116	74	0	0	25.6	0.201	30	0
8	3	78	50	32	88	31	0.248	26	1
9	10	115	0	0	0	35.3	0.134	29	0
10	2	197	70	45	543	30.5	0.158	53	1
11	8	125	96	0	0	0	0.232	54	1
12	4	110	92	0	0	37.6	0.191	30	0

要处理这些潜在的缺失值，我们可以采用以下几种方法：

● 删除含有缺失值的观测：这种方法很直接，但可能导致大量数据的丢失。

● 用某个固定值 (如中位数、平均数或众数) 填补缺失值：这种方法简单易行，但可能会改变数据分布。

● 用预测模型，如 KNN 算法 (将在第 27 章说明此算法)，来预测并填补缺失值，这种方法可能比较精确，但计算成本比较高，且需要对潜在的误差有所意识。

无论采取何种处理方法，都需要对数据和目标问题有深入的理解，并考虑到可能的影响。

程序实例 ch24_11.py：用中位数填补缺失值，同时将执行结果存入 diabetes_new.csv 文件内。

```
1   # ch24_11.py
2   import pandas as pd
3
4   # 读取数据
5   df = pd.read_csv('diabetes.csv')
6
7   # 设定可能存在缺失值的特征
8   columns_with_potential_missing_values = ['Glucose', 'BloodPressure',
9                        'SkinThickness', 'Insulin', 'BMI']
10
11  # 将可能存在缺失值的特征中的0值替换为该特征的中位数
12  for column in columns_with_potential_missing_values:
13      median = df[column].median()
14      df[column] = df[column].replace(to_replace=0, value=median)
15
16  # 将处理过的数据存入新的CSV档案
17  df.to_csv('diabetes_new.csv', index=False)
```

这个程序没有执行输出，不过可以开启 diabetes_new.csv，可以看到血浆葡萄糖浓度 (Glucose)、舒张压 (BloodPressure)、皮肤褶厚度 (SkinThickness)、血清胰岛素 (Insulin) 和身体质量指数 (BMI) 字段不再有 0 值存在。

	A	B	C	D	E	F	G	H	I
1	Pregnanci	Glucose	BloodPres	SkinThick	Insulin	BMI	DiabetesP	Age	Outcome
2	6	148	72	35	30.5	33.6	0.627	50	1
3	1	85	66	29	30.5	26.6	0.351	31	0
4	8	183	64	23	30.5	23.3	0.672	32	1
5	1	89	66	23	94	28.1	0.167	21	0
6	0	137	40	35	168	43.1	2.288	33	1
7	5	116	74	23	30.5	25.6	0.201	30	0
8	3	78	50	32	88	31	0.248	26	1
9	10	115	72	23	30.5	35.3	0.134	29	0
10	2	197	70	45	543	30.5	0.158	53	1
11	8	125	96	23	30.5	32	0.232	54	1
12	4	110	92	23	30.5	37.6	0.191	30	0

上述文件也将是接下来设计程序使用的数据。

24-6-3　用直方图了解特征分布

我们也可以使用 hist( ) 函数产生的直方图查看每个特征的分布，例如：我们可以绘制血浆葡萄糖浓度的直方图。

程序实例 ch24_12.py：列出血糖分布的直方图。

```
1  # ch24_12.py
2  import pandas as pd
3  import matplotlib.pyplot as plt
4
5  # 读取糖尿病数据集
6  df = pd.read_csv('diabetes_new.csv')
7
8  plt.rcParams["font.family"] = ["Microsoft JhengHei"]
9  plt.hist(df['Glucose'], bins=10, edgecolor='black')
10 plt.xlabel('血糖值 Glucose')
11 plt.ylabel('人数 Frequency')
12 plt.title('血糖分布 Distribution of Glucose')
13 plt.show()
```

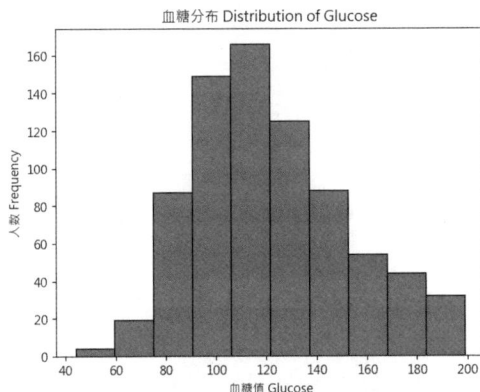

程序实例 ch24_12_1.py：用直方图绘制所有特征的分布图。

```
1  # ch24_12_1.py
2  import pandas as pd
3  import matplotlib.pyplot as plt
4
```

```
5   # 读取数据
6   df = pd.read_csv('diabetes_new.csv')
7
8   # 定义中文标题
9   titles = ['怀孕次数', '血糖值', '血压', '皮肤厚度', '胰岛素',
10           'BMI', '糖尿病家族函数', '年龄', '是否有糖尿病']
11
12  # 建立一个新的 figure，并设定其大小
13  plt.rcParams["font.family"] = ["Microsoft JhengHei"]
14  fig = plt.figure(figsize=(15, 10))
15
16  # 为每个特征绘制一个子图
17  for i, col in enumerate(df.columns, 1):        # 包含 'Outcome'
18      ax = fig.add_subplot(3, 3, i)
19      df[col].hist(bins=10, ax=ax)
20      ax.set_title(titles[i-1], fontsize=14)
21
22  # 显示图形
23  plt.subplots_adjust(wspace=0.3, hspace=0.5)  # 调整子图间的间距
24  plt.show()
```

执行结果

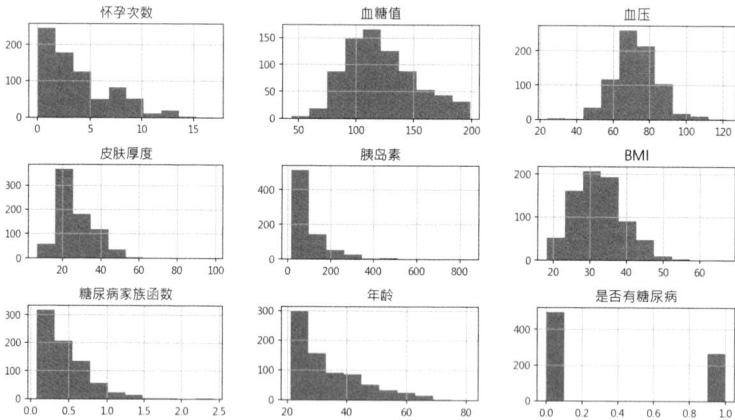

24-6-4　用箱形图了解异常值

我们也可以使用箱形图来查看各变量的分布和异常值。

程序实例 ch24_13.py：使用箱形图来查看各变量的分布和异常值。

```
1   # ch24_13.py
2   import pandas as pd
3   import matplotlib.pyplot as plt
4
5   # 读取数据
6   df = pd.read_csv('diabetes_new.csv')
7
8   # 将英文域名转换为中文
9   df.columns = ['怀孕次数','血糖值','血压','皮肤厚度',
10              '胰岛素','BMI','糖尿病家族函数','年龄',
11              '是否有糖尿病']
```

```
12
13 # 使用 pandas 的 boxplot() 方法绘制箱形图
14 plt.rcParams["font.family"] = ["Microsoft JhengHei"]
15 plt.figure(figsize=(12,8)) # 设定图形大小
16 df.boxplot() # 绘制箱形图
17
18 # 显示标题并设定字体大小
19 plt.title('糖尿病数据特征箱形图', fontsize=20)
20
21 # 设定 x 轴和 y 轴的标签
22 plt.xlabel('糖尿病数据特征字段', fontsize=15)
23 plt.ylabel('数值', fontsize=15)
24
25 # 旋转 x 轴的标签，使其更易读
26 plt.xticks(rotation=30, ha='right')
27 plt.show()
```

執行結果

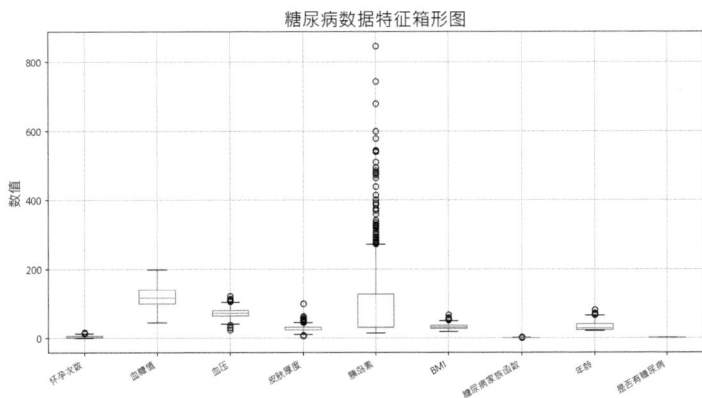

糖尿病数据特征箱形图

24-6-5　用所有特征值做糖尿病患者预估

程序实例 ch24_14.py：使用逻辑回归，同时用所有的特征值设计机器学习的模型，然后预估是否有糖尿病。列出测试数据集真实标签和预测标签并做比对，同时使用 accuracy_score( )、混淆矩阵、roc_auc_score( ) 分数做模型评估。

```
1  # ch24_14.py
2  import pandas as pd
3  from sklearn.model_selection import train_test_split
4  from sklearn.preprocessing import StandardScaler
5  from sklearn.linear_model import LogisticRegression
6  from sklearn.metrics import accuracy_score, confusion_matrix, roc_auc_score
7
8  # 读取数据
9  df = pd.read_csv('diabetes_new.csv')
10
11 # 定义特征和目标
12 X = df.drop('Outcome', axis=1)
13 y = df['Outcome']
14
15 # 分割训练集和测试集
16 X_train, X_test, y_train, y_test = train_test_split(X, y, test_size=0.2,
17                                                     random_state=5)
18
19 # 特征缩放(标准化)
20 scaler = StandardScaler()
21 X_train = scaler.fit_transform(X_train)
22 X_test = scaler.transform(X_test)
23
```

```
24  # 建立逻辑回归模型
25  model = LogisticRegression()
26  model.fit(X_train, y_train)
27
28  # 预测测试集
29  y_pred = model.predict(X_test)
30  print(f"测试的真实分类\n{y_test.to_numpy()}")          # 将Series对象转成数组
31  print("-"*70)
32  print(f"预测的目标分类\n{y_pred}")
33  print("="*70)
34
35  # 计算并打印评估指标
36  print(f"Accuracy: {accuracy_score(y_test, y_pred):.5f}")
37  print("="*70)
38
39  print("混淆矩阵Confusion Matrix:")
40  print(confusion_matrix(y_test, y_pred))
41  print("="*70)
42
43  # 预测测试集样本为正类的概率
44  y_scores = model.predict_proba(X_test)[:,1]
45  print(f"AUC-ROC: {roc_auc_score(y_test, y_scores):.5f}")
```

执行结果

```
================= RESTART: D:\Machine\ch24\ch24_14.py ================
测试的真实分类
[0 0 0 0 0 1 0 1 0 1 1 0 0 0 0 0 0 1 0 1 0 0 0 0 0 0 0 0 0 1 0 0
 1 0 0 1 0 0 1 1 0 1 0 1 1 0 1 0 0 0 1 0 1 0 1 0 0 1 0 1 1 0 0 1
 1 0 0 1 1 0 0 0 0 0 0 0 0 1 1 0 0 1 1 1 0 1 0 0 1 1 1 0 1 0 1 1
 1 0 0 0 1 0 0 1 1 0 1 1 0 1 1 1 1 0 1 0 0 1 1 1 0 1 0 0 1 1 0 0 1 1
 0 0 1 0 0]
预测的目标分类
[0 0 0 0 0 0 0 1 0 0 0 0 0 0 0 0 0 1 0 1 0 0 0 0 0 0 0 0 0 1 0 0
 0 0 0 0 0 0 1 1 0 1 0 1 0 0 1 0 1 0 0 0 1 0 1 0 0 1 0 1 1 0 0 1
 0 0 0 1 0 1 0 0 0 0 0 0 0 1 1 0 0 1 0 1 0 1 0 0 1 1 1 1 0 1 0 0 0
 0 1 0 0]
Accuracy: 0.82468
混淆矩阵Confusion Matrix:
[[91  9]
 [18 36]]
AUC-ROC: 0.88611
```

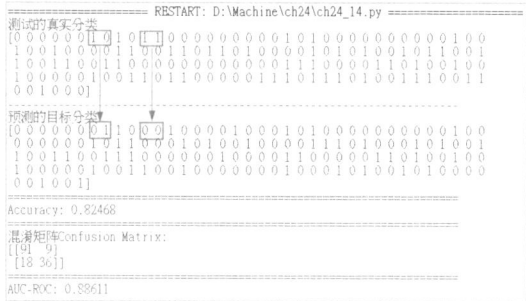

从上述执行结果我们可以得到准确率是 0.82468，也就是 82.468%。从混淆矩阵可以看到，相当于有 154 个标签，其中预测正确 127 个、错误 27 个，其实这是非常好的结果。

上述程序第 44 行 predict_proba( ) 函数是 Scikit-learn 分类器中的一个方法。这个方法返回一个概率数组，概率数组的每一列对应于输入样本，每一行代表着该样本属于该类别的概率。

在二分类的情况下，predict_proba() 返回一个二维数组，其中，第一列是样本被预测为负类 (即标签为 0) 的概率，第二列是样本被预测为正类 (即标签为 1) 的概率，两列的和为 1。

所以在 y_scores = model.predict_proba(X_test)[:, 1] 这个程序代码中，我们使用 [:, 1] 索引取出了每个样本被预测为正类的概率，并将其存入 y_scores 中。

这个 y_scores 分数是用来计算 ROC_AUC 分数的，因为 ROC_AUC 需要的不是模型的预测标签 (0 或 1)，而是预测为正类的概率。最后可以看到 ROC_AUC 分数是 0.88611，这也是非常好的结果，有关这个分数的细节读者可以复习 22-6-6 节。

24-6-6　绘制皮尔逊相关系数热力图

本书 18-6 节笔者介绍了皮尔逊相关的数学原理，23-5 节笔者介绍了 pandas 模块的 corr( ) 方法获得了皮尔逊相关。这一节将再进一步拓展，使用 seaborn 模块的 heatmap( ) 方法，绘制皮尔逊相关的热力图 (heatmap)。所谓的热力图是一种数据可视化方法，它使用颜色来表示数据的大小，这对于查看和探索数据特征之间的相关性很有用。heatmap( ) 函数的基本语法如下：

seaborn.heatmap(data, annot=None, cmap=None)

上述只用了常用的参数，其意义如下：

● data：绘制热力图的数据集，通常是一个二维数据结构，如数据框或二维数组。

● annot：如果为 True，则在每个热力图格子中写入数据值。

● cmap：一个 matplotlib 的色彩映像对象或名称，表示热力图的颜色方案。

程序实例 ch24_15.py：绘制糖尿病特征皮尔逊相关的热力图。

```
1  # ch24_15.py
2  import pandas as pd
3  import matplotlib.pyplot as plt
4  import seaborn as sns
5
6  # 读取糖尿病数据集
7  df = pd.read_csv('diabetes.csv')
8
9  # 将特征名称改成对应的繁体中文
10 df.columns = ['怀孕次数', '血糖值', '血压', '皮肤厚度',
11              '胰岛素', 'BMI', '糖尿病家族函数', '年龄',
12              '是否有糖尿病']
13
14 # 绘制皮尔逊相关系数热力图
15 plt.rcParams["font.family"] = ["Microsoft JhengHei"]
16 plt.figure(figsize=(12,10))
17 sns.heatmap(df.corr(), annot=True, cmap='coolwarm')
18 plt.title('糖尿病特征皮尔逊相关系数热力图')
19 plt.yticks(rotation=30)           # 旋转标签文字
20 plt.show()
```

执行结果

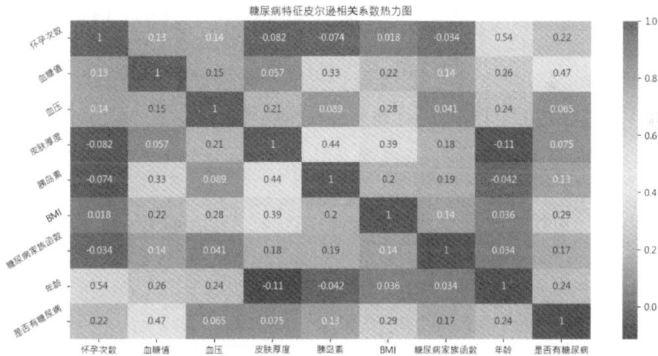

上述任一特征与自己的相关系数是 1，所以左上到右下对角线的格子是 1。读者可以从最右字段和最下方行看到每一个特征与是否有糖尿病的皮尔逊相关系数，例如：最有关的特征是"血糖值"，相关系数是 0.47。

23-6 节我们使用 2 个最相关的特征预估房价，获得非常好的结果，下一节笔者将依此概念做测试。

24-6-7　用最相关的皮尔逊系数做糖尿病预估

程序实例 ch24_16.py：使用最相关的 2 个皮尔逊相关系数做糖尿病的预估。

```
1  # ch24_16.py
2  import pandas as pd
3  from sklearn.model_selection import train_test_split
4  from sklearn.preprocessing import StandardScaler
5  from sklearn.linear_model import LogisticRegression
6  from sklearn.metrics import accuracy_score, confusion_matrix, roc_auc_score
```

```
 7
 8   # 读取数据
 9   df = pd.read_csv('diabetes_new.csv')
10
11   # 以与'Outcome'的皮尔逊相关系数为基础，从大到小将特征排序
12   correlations = df.corr()['Outcome'].sort_values(ascending=False)
13
14   # 选择最相关的特征数量
15   cor_nums = 2                                    # 可由此控制特征数量
16   features = correlations.index[1:(cor_nums+1)]
17   print(f'输出相关系数 : {features}')
18
19   # 定义特征和目标
20   X = df[features]
21   y = df['Outcome']
22
23   # 分割训练集和测试集
24   X_train, X_test, y_train, y_test = train_test_split(X, y,
25                                       test_size=0.2, random_state=5)
26
27   # 特征缩放(标准化)
28   scaler = StandardScaler()
29   X_train = scaler.fit_transform(X_train)
30   X_test = scaler.transform(X_test)
31
32   # 建立逻辑回归模型
33   model = LogisticRegression()
34   model.fit(X_train, y_train)
35
36   # 预测测试集
37   y_pred = model.predict(X_test)
38   print(f"测试的真实分类\n{y_test.to_numpy()}")        # 将Series对象转成数组
39   print("-"*70)
40   print(f"预测的目标分类\n{y_pred}")
41   print("="*70)
42
43   # 计算并打印评估指标
44   print(f"Accuracy: {accuracy_score(y_test, y_pred):.5f}")
45   print("="*70)
46
47   print("混淆矩阵Confusion Matrix:")
48   print(confusion_matrix(y_test, y_pred))
49   print("="*70)
50
51   # 预测测试集样本为正类的概率
52   y_pred_prob = model.predict_proba(X_test)[:,1]
53   print(f"AUC-ROC: {roc_auc_score(y_test, y_pred_prob):.5f}")
```

执行结果

```
================== RESTART: D:\Machine\ch24\ch24_16.py ==================
输出相关系数 : Index(['Glucose', 'BMI'], dtype='object')
测试的真实分类
[0 0 0 0 0 0 1 0 1 0 1 1 0 0 0 0 0 0 0 1 0 1 0 0 0 0 0 0 0 0 1 0 0
 0 0 1 0 0 0 0 1 1 0 0 1 1 0 1 1 0 1 0 0 0 0 1 0 1 0 1 0 0 1 0 1 1 0 0 1
 1 0 0 1 1 0 0 1 1 0 0 0 0 1 1 1 0 1 1 1 0 1 0 0 1 1 0 1 0 0
 1 0 0 0 0 1 0 0 1 1 0 1 1 0 0 0 0 0 1 1 1 0 1 1 1 0 1 0 0 1 1 1 0 0 1 1
 0 0 1 0 0 0]
------------------------------------------------------------------------
预测的目标分类
[0 0 0 0 0 0 1 0 1 1 0 0 0 0 0 0 0 0 0 0 1 0 1 0 0 0 1 0 0 0 0 0 0 1 0 0
 0 0 0 0 1 0 1 1 0 0 1 0 1 0 1 0 0 0 1 0 0 0 1 1 1 0 1 0 1 0 1 0 1 0 1 0 0 1
 1 1 0 1 0 0 0 0 1 1 0 1 0 0 0 0 0 0 1 0 0 0 0 0 1 1 0 0 1 1 0 0 0 0 0
 1 0 0 0 0 1 0 0 1 1 0 0 0 0 0 0 0 0 0 0 0 0 1 0 1 0 0 1 0 1 0 0 0
 0 0 1 0 0 1]
========================================================================
Accuracy: 0.79870
========================================================================
混淆矩阵Confusion Matrix:
[[90 10]
 [21 33]]
========================================================================
AUC-ROC: 0.87306
```

　　上述程序第 17 行表示输出所选择的相关系数，当只使用 2 个最相关的特征时所获得的结果准确率是 0.7987，虽然相较于 ch24_14.py 是略逊一筹，但是这也是很好的结果了。读者可以更改第 15 行的 cor_nums 变量，更改最相关的特征数，下列 ch24_16_1.py 是将 cor_nums 改为 4 的结果，结果更接近 ch24_14.py。

```
=============== RESTART: D:\Machine\ch24\ch24_16_1.py ===============
输出相关系数：Index([['Glucose', 'BMI', 'Age', 'Pregnancies'], dtype='object')
测试的真实分类
[0 0 0 0 0 1 0 1 0 1 1 0 0 0 0 0 0 0 1 0 1 0 0 0 0 0 0 0 0 1 0 0
 1 0 0 1 0 0 0 1 1 0 0 1 1 0 1 1 0 1 0 0 0 0 0 0 0 0 1 0 1 1 0 0 1
 1 0 0 1 1 0 0 1 1 0 0 0 0 0 0 0 1 1 1 0 0 0 0 1 1 0 1 0 0 1 0 0
 1 0 0 0 0 0 1 0 0 1 1 0 1 1 0 0 0 0 0 1 1 1 0 1 1 1 1 0 1 0 0 1 1 1 0 0 1 1
 0 0 1 0 0 0]

-----------------------------------------------------------------
预测的目标分类
[0 0 0 0 0 0 1 1 0 0 0 1 0 0 0 0 1 0 0 0 1 0 0 0 1 0 0 0 0 0 0 1 0 0
 0 0 0 0 1 0 1 0 1 1 0 0 1 0 0 0 1 1 1 0 1 0 1 0 0 1 0 1 0 0 1
 1 0 0 1 1 0 0 1 1 1 0 0 0 0 0 0 1 0 0 0 0 1 1 0 1 0 0 1 0 1 0 0
 1 0 0 0 0 0 1 0 0 1 1 0 0 0 0 0 0 1 0 0 0 0 1 0 1 0 0 1 0 1 0 0 0 0
 0 0 1 0 0 1]

=================================================================
Accuracy: 0.81818
=================================================================
混淆矩阵Confusion Matrix:
[[90 10]
 [18 36]]
-----------------------------------------------------------------
AUC-ROC: 0.88370
```

　　从上述执行结果可以看到，糖尿病数据使用所有的特征做机器学习的模型仍是最好的选择。

第 25 章
决策树（以葡萄酒、泰坦尼克号、Telco、Retail 为例）

决策树 (decision tree) 是一种被经常使用的监督学习方法，可以用于回归和分类问题。决策树是一种模型，它会根据数据的特征来制作决策，并以树状结构表示出来。在决策树中，每个节点代表一个特征，每条边代表一种决策规则，每个叶节点代表一个预测结果。

25-1　决策树基本概念

决策树可以用于回归和分类问题。

● 分类决策树：决策树应用在分类时，是用 DecisionTreeClassifier( ) 方法。当目标变量是离散时使用，如判断一封邮件是不是垃圾邮件，这种决策树称为分类决策树。它会通过一系列的问题来做出决策，每一个问题都会将数据集进一步分割，问题的形式一般为"特征 X 的值是否大于 a ？"，最后在叶节点给出一个类别作为预测结果。

● 回归决策树：决策树应用在回归时，是用 DecisionTreeRegression( ) 方法。当目标变量是连续时使用，比如预测房价，这种决策树被称为回归决策树。其工作原理与分类决策树类似，但它在每个叶子节点给出的是一个实数值。

25-1-1　决策树应用在分类问题

依照自己设定条件找工作，用决策树思考的决策树图如图 25-1 所示。

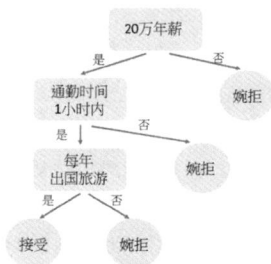

图 25-1　决策树

这个决策树有 1 个根节点、2 个中间节点和 4 个叶节点。叶节点就是机器学习最后的分类，所以从叶节点可以看到这个决策树有多少个分类，从上述可以看到 4 个叶节点中有 2 个分类，分别是"接受"和"婉拒"。

上述职场就业工作决策树中，可以很明显地看到 3 个条件：① 20 万年薪；②通勤时间 1 小时内；③每年出国旅游。决策树是从根节点开始，所以最上方的条件最重要，例如：如果年薪少于 20 万就直接婉拒。如果年薪有 20 万，下一步是考虑通勤时间是否在 1 小时内，如果是否，则直接婉拒。最后是考虑每年出国旅游，如果是否也婉拒，如果有每年出国旅游，则接受此工作。

上述决策树有 3 个非叶节点，每个非叶节点就是处理一个条件，在机器学习概念中，这个条件就是特征，所以从上图我们也可以说，上述决策树有 3 个特征。如果我们使用这个决策树当作机器学习的模型，可以将年薪、通勤时间和出国旅游等 3 个条件当作特征，一步一步由根节点往叶节点前进，最后得到预测结果。

决策树算法在分类的应用中，可应用于许多真实世界的问题和数据集，以下是一些例子：

● 银行信用风险评估：银行经常使用决策树来预测贷款违约的风险。他们将用客户的个人信息 (如年龄、收入、信用纪录等) 作为特征来训练模型。你可以在 UCI 机器学习存储库找到一些类似的数据集，如德国信用数据集 (German Credit Data)。

● 医学诊断：决策树也常用于预测疾病。例如，预测一个人是否有糖尿病。使用这种模型的优点是，它可以给出一个明确的决策过程，医生可以轻易理解并解释给病人。例如，Pima Indians Diabetes 数据集就是一个用来预测糖尿病的常用数据集。

● 客户留存分析：决策树可以用来预测一个客户是否会持续使用产品或服务。特征可能包括客户的使用频率、购买行为等。这可以帮助公司理解客户流失的原因，并针对性地进行改进。

以上都是决策树可以被应用的真实情境，你可以依照自己的需求和兴趣选择适合的数据集来实践。

25-1-2　决策树应用在回归问题

以下是一个用决策树处理回归问题的简单例子：预测房价。

假设我们有一个数据集，里面包含一些与房屋相关的特征，如房屋的面积 (平方米)、房间的数量、地点 (如该地区的平均收入水平)，以及实际的房价。

● 特征选择：决策树会选择一个特征来分割数据，并且根据该特征对房价的影响程度来选择特征。例如，如果房屋面积与房价的相关性最强，那么决策树可能会选择"房屋面积是否大于 50 平方米？"作为第一个问题。

● 分割数据：根据第一个问题，数据被分成两部分，一部分的房屋面积大于 50 平方米，另一部分的房屋面积小于或等于 50 平方米。

● 继续选择特征：对于分割后的每个子集，决策树会继续选择下一个与房价最相关的特征来进行分割，这个过程会持续到达到某个停止条件为止 (例如，当每个子集只包含一个样本，或者当树达到最大深度时)。

● 预测：在每个叶节点，模型会给出一个预测值，这个值是该节点上所有训练样本的房价的平均值。

上述是以预测房价做说明，这种决策树被称为回归决策树。其工作原理与分类决策树类似，但它在每个叶节点给出的是一个实数值。除了将决策树算法应用在预测房价，也可将决策树应用于许多真实世界的问题和数据集，以下是一些例子：

● 预测顾客消费：假设一个零售业者想要根据顾客的年龄、性别、职业、地理位置等因素来预测顾客未来一个月的消费金额。这种场景下可以使用回归决策树来解决。例如，决策树可能会首先根据顾客的职业将数据分成两部分，然后在这两部分中分别根据年龄或地理位置进行进一步的分割。在叶节点处，模型会给出预测的消费金额。例如："Online Retail" 数据集，这个数据集来自于 UCI 机器学习数据库，包含了一个在线零售商的 2010—2011 年间的所有交易。数据集中包含了交易时间、产品描述、单价、顾客 ID 等信息，可以用于预测未来的顾客消费。

● 预测医疗费用：在医疗保险领域，可能需要根据个人的年龄、性别、BMI 指数、吸烟习惯等因素来预测他们的医疗费用。同样可以使用回归决策树来解决这个问题。例如，决策树可能会首先根据是否吸烟来分割数据，然后在这两个分组中分别根据年龄或 BMI 进行进一步的分割。在叶节点处，模型会给出预测的医疗费用。例如："Medical Cost Personal Datasets"，这是一个在 Kaggle 平台上可获得的数据集。这个数据集包含了个人的年龄、性别、BMI 指数、孩子数量、是否吸烟，以及所在地区等特征，以及他们的个人医疗费用。这个数据集非常适合用于回归任务，特别是用于预测医疗费用。

25-2 从天气数据认识决策树设计流程——分类应用

25-2-1 建立决策树模型对象

使用决策树需先建立决策树模型对象，其语法和主要参数如下：

from sklearn.linear_model import DecisionTreeClassifier

...

model = DecisionTreeClassifier(criterion, max_depth, min_samples_split, random_state)

上述几个参数意义如下：

● criterion：这是一个字符串，指定切割节点的策略。可以是 'gini' 或者 'entropy'。选择 'gini' 选项的话，会使用基尼不纯度 (Gini impurity) 来衡量。基尼不纯度是一种统计量，用来衡量从数据集中随机选择的两个样本是否属于同一类别。如果所有样本都是同一个类别，则基尼不纯度为 0。criterion 参数也可以设置为 'entropy'，这时会使用信息熵来衡量分裂质量。信息熵是源于信息理论的一种度量方式，用于衡量随机变量的不确定性。当某个节点中包含的样本全为同一类别时，该节点的熵为 0。

● max_depth：这是一个整数，指定决策树的最大深度，默认值是 None。当 max_depth 设为 None 时，决策树会在所有叶节点都是纯的（也就是每个叶节点中的所有样本都属于同一个类别）或者所有叶节点包含的样本数少于 min_samples_split 参数指定的数量时，才停止扩展。换句话说，当 max_depth 为 None 时，决策树可能会变得非常深，甚至可能过度拟合训练数据，这个动作又称 "剪枝 (pruning)"。如果你将 max_depth 设为一个正整数，那么决策树的深度将不会超过这个数值。这可以防止树过于复杂，有助于防止过拟合。然而，如果设定的数值太小，可能会导致决策树不能完全拟合数据，也就是产生欠拟合的问题。在实际应用中，选择适合的 max_depth 参数值需要经过一定的尝试和调整。

● min_samples_split：这是一个整数，默认值是 2，这个参数用于规定分割内部节点所需的最小样本数量。默认值为 2 意味着每个内部节点至少需要有两个样本才能进行分割。换句话说，如果一个节点的样本数小于这个参数设定的数量，则这个节点不会被分割，即使分割可能会降低树的不纯度。如果你把 min_samples_split 设为大于 2 的值，则意味着决策树在建立分支时会更谨慎，只有当分支下的节点包含足够多的样本时，才会进行分支。这会使得树的结构变得更简单，可能有助于防止过度拟合。然而，如果设定的值太大，可能会导致树不能很好地拟合数据，这可能会导致欠拟合。在实际应用中，找到最优的 min_samples_split 值需要进行试验和调整。

● random_state：随机种子值，设定此值，可以让每次得到的结果相同。

决策树的优缺点如下：

● 优点：决策树易于理解和解释，因为它们在本质上是人类决策过程的模型。此外，决策树能够处理数值和类别数据。

● 缺点：决策树可能会过于复杂，导致过度拟合。此外，对于某些类型的问题，决策树可能并不是最适合的模型。

25-2-2 天气数据实例

以下是一个使用较少数据来说明决策树运作方式的范例，我们来看一个依据天气预测是否外出的数据集（见表 25-1）。

表 25-1　天气数据

天气	温度	风速	外出
晴	热	弱	是
晴	热	强	否
阴	热	弱	是
雨	凉	弱	是
雨	冷	弱	否
雨	冷	强	否
阴	冷	强	是

程序实例 ch25_1.py：使用上述表格数据，然后使用决策树判断 [[' 晴 ',' 凉 ',' 弱 ']] 是否外出。

```
1   # ch25_1.py
2   from sklearn.preprocessing import LabelEncoder
3   from sklearn.tree import DecisionTreeClassifier
4   import numpy as np
5
6   # 定义特征和目标变量
7   features = [['晴', '热', '弱'], ['晴', '热', '强'], ['阴', '热', '弱'],
8              ['雨', '凉', '弱'], ['雨', '冷', '弱'], ['雨', '冷', '强'],
9              ['阴', '冷', '强']]
10  labels = ['是', '否', '是', '是', '否', '否', '是']
11
12  # 将特征矩阵转换为数字编码
13  label_encoders = []
14  features_encoded = []
15  for i in range(len(features[0])):
16      le = LabelEncoder()
17      feature_encoded = le.fit_transform([row[i] for row in features])    # 建立1x7编码
18      features_encoded.append(feature_encoded)        # 将 1x7 存入 features_encoded
19      label_encoders.append(le)                       # 储存每列特征的文字转数字编码规则
20  features_encoded = np.array(features_encoded).T      # 二维转置，从 3 x 7 转成 7 x 3
21  print(f'特征卷标编码\n{features_encoded}')
22
23  # 将目标变量转换为数字编码
24  label_encoder_label = LabelEncoder()
25  labels_encoded = label_encoder_label.fit_transform(labels)
26  print(f'目标变量编码\n{labels_encoded}')
27
28  # 建立决策树模型并进行训练
29  dtc = DecisionTreeClassifier()
30  dtc.fit(features_encoded, labels_encoded)
31
32  # 用新的观察值来进行预测
33  test_features = [['晴', '凉', '弱']]
34  test_features_encoded = np.zeros((1, len(test_features[0])))  # 建立二维数组,暂定元素为 0
35
36  # 应用 19 行储存的编码规则，将文字转成数字
37  for i in range(len(test_features[0])):
38      test_features_encoded[0, i] = label_encoders[i].transform([test_features[0][i]])
39  print(f'测试数据编码\n{test_features_encoded}')
40
41  # 输出数字标签
42  pred = dtc.predict(test_features_encoded)
43  print(f'预测结果 : {pred}')
44
45  # 应用24 ~ 25行的编码规则，将数字卷标反转为文字标签
46  print(f'预测结果 : {label_encoder_label.inverse_transform(pred)[0]}')
```

执行结果

```
======= RESTART: D:\Machine\ch25\ch25_1.py =======
特征卷标编码
[[0 2 0]
 [0 2 1]
 [1 2 0]
 [2 1 0]
 [2 0 0]
 [2 0 1]
 [1 0 1]]
目标变量编码
[1 0 1 1 0 0 1]
测试数据编码
[[0. 1. 0.]]
预测结果 : [1]
预测结果 : 是
```

25-3　葡萄酒数据——分类应用

25-3-1　默认条件处理葡萄酒数据

24-5 节笔者介绍过葡萄酒数据，下面使用默认条件处理葡萄酒数据。

程序实例 ch25_2.py：使用默认决策树处理葡萄酒分类，输出训练数据和测试数据的准确率。同时输出第 1 个样本的分类，以及属于各分类的概率。

```python
1   # ch25_2.py
2   from sklearn.datasets import load_wine
3   from sklearn.model_selection import train_test_split
4   from sklearn.tree import DecisionTreeClassifier
5   from sklearn.metrics import accuracy_score
6
7   # 加载葡萄酒数据集
8   wine = load_wine()
9
10  # 分割数据集
11  X_train,X_test,y_train,y_test = train_test_split(
12      wine.data,wine.target, test_size=0.2,random_state=9)
13
14  # 建立决策树
15  dtc = DecisionTreeClassifier()
16
17  # 训练分类器
18  dtc.fit(X_train, y_train)
19
20  # 进行预测
21  y_pred = dtc.predict(X_test)
22  print(f"测试的真实分类\n{y_test}")
23  print("-"*70)
24  print(f"预测的目标分类\n{y_pred}")
25  print("="*70)
26  print(f'预测第 1 个标签                    : {y_pred[0]}')
27  print(f'预测第 1 个标签属于各分类的概率 : {dtc.predict_proba(X_test[:1])}')
28  print("="*70)
29
30  # 计算 accuracy
31  acc = accuracy_score(y_test, y_pred)
32  print(f"方法 1 测试数据准确率(Accuracy Score) : {acc}")
33
34  # 另一种方法输出准确率
35  print(f'方法 2 训练数据准确率 : {dtc.score(X_train, y_train)}')
36  print(f'方法 2 测试数据准确率 : {dtc.score(X_test, y_test)}')
```

执行结果

```
================== RESTART: D:\Machine\ch25\ch25_2.py ==================
测试的真实分类
[0 0 2 0 0 2 2 2 1 2 0 2 1 1 0 1 1 0 0 0 0 0 0 2 1 1 0 1 0 1 1 0 1 2]

预测的目标分类
[0 0 2 0 0 2 2 2 1 2 0 2 1 1 0 1 1 0 1 0 0 0 0 2 1 1 0 1 0 1 1 0 1 2]

预测第 1 个标签               : 0
预测第 1 个标签属于各分类的概率 : [[1. 0. 0.]]

方法 1 测试数据准确率(Accuracy Score) : 0.9722222222222222
方法 2 训练数据准确率 : 1.0
方法 2 测试数据准确率 : 0.9722222222222222
```

从上述执行结果可以看到预测只有一个分类错误，整体准确率是 0.97，这是非常好的结果。上述程序第 27 行 dtc.predict_proba( ) 是返回第 1 个标签属于各分类的概率。第 31 行的 accuracy_score( ) 和 36 行的 score( ) 则是输出准确率的两个方法，最后可以得到一样的结果。从第 35 行的输出可以看到，使用决策树可以得到 100% 正确的训练数据；从第 36 行的输出可以得到测试数据准确率是 0.972 的结果，所以可以判断这是一个很好的机器学习模型。

25-3-2　进一步认识决策树深度

决策树中每一个决策点其实就是处理一个问题，然后依据此问题将分类结果送往下一个决策点做判断，如果问题越多则决策树深度越深，直到叶节点可以分类，这一节将用 2 个特征让读者进一步认识决策树深度。

程序实例 ch25_3.py：使用葡萄酒前 2 个特征，然后设定 max_depth=1 和 3，同时观察执行结果。最后将决策树 max_depth=3 的模型存入 dtc3.joblib。

```python
1   # ch25_3.py
2   from sklearn.datasets import load_wine
3   from sklearn.model_selection import train_test_split
4   from sklearn.tree import DecisionTreeClassifier
5   from sklearn.metrics import accuracy_score
6   from joblib import dump
7
8   # 加载葡萄酒数据集
9   wine = load_wine()
10  X = wine.data[:,:2]            # 使用前 2 个特征
11
12  # 分割数据集
13  X_train,X_test,y_train,y_test = train_test_split(
14      X, wine.target, test_size=0.2,random_state=9)
15
16  # 建立 max_depth=1 决策树
17  dtc1 = DecisionTreeClassifier(max_depth=1)
18  dtc1.fit(X_train, y_train)
19  y_pred = dtc1.predict(X_test)
20  print(f"测试的真实分类\n{y_test}")
21  print("-"*70)
22  print(f"预测的目标分类\n{y_pred}")
23  print("-"*70)
24  acc = accuracy_score(y_test, y_pred)
25  print(f"max_depth=1 准确率(Accuracy Score) : {acc:.2f}")
26  print("="*70)
27
28  # 建立 max_depth=3 决策树
29  dtc3 = DecisionTreeClassifier(max_depth=3)
30  dtc3.fit(X_train, y_train)
31  y_pred = dtc3.predict(X_test)
32  print(f"测试的真实分类\n{y_test}")
33  print("-"*70)
34  print(f"预测的目标分类\n{y_pred}")
35  print("-"*70)
36  acc = accuracy_score(y_test, y_pred)
37  print(f"max_depth=3 准确率(Accuracy Score) : {acc:.2f}")
38
39  # 储存 max_depth=3 决策树模型
40  dump(dtc3, 'dtc3.joblib')
```

执行结果

```
================ RESTART: D:\Machine\ch25\ch25_3.py ================
测试的真实分类
[0 0 0 2 0 0 2 2 2 1 2 0 2 1 0 1 1 0 0 0 0 0 0 2 1 1 0 1 0 1 1 0 1 2]
------------------------------------------------------------------
预测的目标分类
[0 0 0 0 0 0 0 0 1 1 1 0 1 1 1 0 1 1 0 0 0 0 0 0 0 1 1 0 1 0 1 1 0 1 0]
------------------------------------------------------------------
max_depth=1 准确率(Accuracy Score) : 0.78
测试的真实分类
[0 0 0 2 0 0 2 2 2 1 2 0 2 1 0 1 1 0 0 0 0 0 0 2 1 1 0 1 0 1 1 0 1 2]
------------------------------------------------------------------
预测的目标分类
[0 0 0 2 0 0 0 2 1 1 1 0 1 1 1 0 1 1 0 0 0 0 0 0 2 1 1 0 1 0 1 1 0 1 2]
------------------------------------------------------------------
max_depth=3 准确率(Accuracy Score) : 0.89
```

从上述执行结果可以看到当 max_depth=1 时，准确率是 0.78，这表示是欠拟合。当 max_depth=3 时，准确率已经提升到 0.89 了。读者可以增加 max_depth 值，了解是否可以提升准确率，如果无法提升表示已经到顶了，这时继续增加 max_depth，反而会造成准确率变差，这时表示是过拟合。

上述程序第 40 行是将决策树模型 dtc3，存入 dtc3.joblib 文件内，供下一小节绘制决策树使用。

25-3-3　绘制决策树图

程序设计时绘制决策树模型，需要导入 graphviz 模块，如下所示：

py -3.11 -m pip install Graphviz

上述是假设读者计算机安装了多个 Python 版本，且其中有 3.11 版本。要绘制决策树须将决策树模型转换用 dot 语言描述的图形。这时可以参考 ch25_4.py。程序第 8 行使用 Source( ) 建立了一个 dot 语言描述的图形，其中参数 export_graphviz( ) 的第 1 个参数是设定使用 dtc 模型产生 dot 图形，第 2 个参数是不设定输出图形 dot 文件。第 9 行是设定图形的格式，第 10 行是使用 render(filename='dtc_tree', view=True) 显示图形，其中参数 filename 可以储存此图形文件，参数 view=True 表示可以显示图形。

程序实例 ch25_4.py：使用决策树模型建立 dot 图形，然后显示决策树图形。

```
1   # ch25_4.py
2   from joblib import load
3   from sklearn import tree
4   from graphviz import Source
5
6   dtc = load('dtc3.joblib')            # 开启max_depth=3的决策树模型
7
8   graph = Source(tree.export_graphviz(dtc, out_file=None))
9   graph.format = 'png'
10  graph.render(filename='dtc_tree', view=True)
```

执行结果

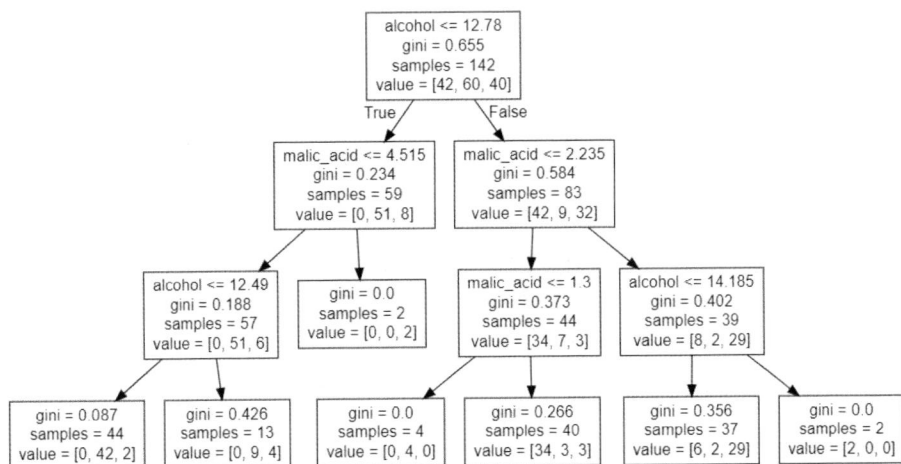

我们可以先从根节点看起，目前的决策树是使用 gini 算法，可以看到有 142 个样本 (samples)，这些样本有 42 个是 class_0，60 个是 class_1，40 个是 class_2，决策点是酒精浓度 "alcohol<=12.78"。

注　从 24-5-1 节知道葡萄酒数据有 178 个样本，第 8 行的参数 dtc 是 80% 的训练数据所建立的模型，所以有 142 个样本。

根节点如果是 True，下一步是用苹果酸含量"malic_acid<=4.515"做比较，有 59 个样本 (samples)，这些样本有 0 个是 class_0，51 个是 class_1，8 个是 class_2。这个决策点如果是 False，可以往右，可以看到只有 2 个样本，同时这 2 个样本是分到 class_2，相当于这是分类完成的结果。

根节点如果是 False，下一步是用苹果酸含量"malic_acid<=2.235"做比较，有 83 个样本 (samples)，这些样本有 42 个是 class_0，9 个是 class_1，32 个是 class_2。读者可以参考上述概念逐步往下分析。

执行 ch25_4.py 后，可以在文件夹中看到 dtc_tree.png，可以直接单击这个文件显示决策树图形。另外可以看到 dtc_tree.dot 文件，也可以将此文件复制到下列网站，显示决策树图形。

https://dreampuf.github.io/GraphvizOnline/

25-4 泰坦尼克号——分类应用

25-4-1 认识泰坦尼克号数据集

Scikit-Learn 模块没有提供 Titanic 数据集，不过可以使用 Seaborn 模块的数据集，此数据集原始字段有 15 项，内容如下：

- survived：是否生还，0 表示没有生还，1 表示生还。
- pclass：船票类别，1 表示一等舱，2 表示二等舱，3 表示三等舱。
- sex：性别，male 表示男性，female 表示女性。
- age：年龄。
- sibsp：船上兄弟姐妹和配偶的数量。
- parch：船上父母和子女的数量。
- fare：船票价格。
- embarked：登船港口，C 表示 Cherbourg，Q 表示 Queenstown，S 表示 Southampton。
- class：舱等，与 pclass 相同，但以文字表示，如 First、Second 和 Third。
- who：乘客类型，分为 man（成年男性）、woman（成年女性）和 child（儿童）。
- adult_male：是否为成年男性，布尔值，True 表示是，False 表示否。
- deck：舱位编号的首字母，表示所在甲板，可能包含 NaN（缺失值）。
- embark_town：登船港口城市名称，与 embarked 相同，但以全名表示，如 Cherbourg、Queenstown 和 Southampton。
- alive：存活状态，与 survived 相同，但以文字表示，例如 yes 表示存活，no 表示死亡。
- alone：是否独自一人，布尔值，True 表示是，False 表示否。

程序实例 ch25_5.py：输出特征字段信息、数值特征数据的统计信息和前 5 笔数据。

从上述执行结果可以看到有 15 项原始字段，同时列出了每个 non-null 内容的数据数，从数据数可以看到有 891 笔，若是数据数少于 891 表示这个字段有缺失值，如 age、embarked、deck、embark_town，未来如果使用这个字段必须补上缺失值。

执行结果

```
 1  # ch25_5.py
 2  import seaborn as sns
 3  import pandas as pd
 4
 5  # 设置pandas的显示选项以便可以看到所有列
 6  pd.set_option('display.max_columns', None)
 7  pd.set_option('display.width', 200)        # 设定显示宽度
 8
 9  # 加载泰坦尼克号数据集
10  titanic = sns.load_dataset('titanic')
11
12  # 查看数据集的一些基本字段数据
13  print(titanic.info())
14  print('-'*75)
15
16  # 查看数据集的统计数据
17  print(titanic.describe())
18  print('-'*75)
19
20  # 显示前 5 行数据
21  print(titanic.head())
```

25-4-2　决策树设计泰坦尼克号生存预测

泰坦尼克号生存预测是一个二元分类问题，这一节将使用决策树做预测，还有许多其他的机器学习算法可以应用在这个问题上，如逻辑回归 (logistic regression)、随机森林 (random forest)、梯度提升树 (gradient boosting trees)、K- 近邻算法 (K-Nearest Neighbors, 简称 KNN)、人工神经网络 (Artificial Neural Networks, 简称 ANN)、非线性支持向量机 (non-linear support vector machines)、贝叶斯分类器 (naive bayes) 等。

程序实例 ch25_6.py：使用决策树算法，设计泰坦尼克号生存预测程序。

```
 1  # ch25_6.py
 2  import numpy as np
 3  import seaborn as sns
 4  import pandas as pd
 5  from sklearn.model_selection import train_test_split
 6  from sklearn.tree import DecisionTreeClassifier
 7  from sklearn.metrics import accuracy_score,classification_report,confusion_matrix
 8
 9  # 读取Seaborn中的titanic数据集
10  titanic_data = sns.load_dataset('titanic')
11  # 数据预处理
12  titanic_data = titanic_data[['survived', 'pclass', 'sex', 'age', 'sibsp',
13                               'parch', 'fare', 'embarked']]
14  # 年龄缺失值补上中位数年龄
15  titanic_data['age'].fillna(titanic_data['age'].median(), inplace=True)
16  # 数据预处理，用众数取代缺失值，这里假设只有一个众数
17  titanic_data['embarked'].fillna(titanic_data['embarked'].mode()[0],
18                                  inplace=True)
19  # 对类别特征进行one-hot编码
20  titanic_data = pd.get_dummies(titanic_data, columns=['sex', 'embarked'])
21  # 分割数据为训练集和测试集
22  X = titanic_data.drop('survived', axis=1)
23  y = titanic_data['survived']
24  X_train,X_test,y_train,y_test = train_test_split(X,y,
25                                  test_size=0.2,random_state=5)
26  # 建立决策树模型
27  dt_classifier = DecisionTreeClassifier(random_state=5)
28  dt_classifier.fit(X_train, y_train)
29  # 进行预测
30  y_pred = dt_classifier.predict(X_test)
31  print(f"测试的真实分类\n{np.array(y_test)}")
32  print("-"*70)
33  print(f"预测的目标分类\n{y_pred}")
34  print("="*70)
35  # 评估模型
36  print(f"准确率(Accuracy Score) : {accuracy_score(y_test, y_pred):.2f}")
37  print("-"*70)
38  print("混淆矩阵(Confusion Matrix):")
39  print(confusion_matrix(y_test, y_pred))
40  print("-"*70)
41  print("分类报告(Classification Report):")
42  print(classification_report(y_test, y_pred))
```

执行结果

```
================== RESTART: D:\Machine\ch25\ch25_6.py ==================
测试的真实分类
[0 0 0 0 0 1 0 0 1 0 1 0 1 0 1 0 1 0 0 0 1 1 0 0 1 0 0 1 0 0 0 1 1 1 1 0
 1 0 0 1 0 0 1 0 0 1 0 1 0 1 0 1 0 0 0 1 1 0 0 1 0 1 0 0 1 1 0 0 1 1 1 1 0
 1 0 0 1 1 0 1 0 1 1 0 1 0 0 1 1 0 0 0 0 1 0 0 1 0 0 1 1 0 0 1 0 0 1 1 1 1 0
 0 0 1 1 1 1 1 1 1 0 1 0 1 1 0 0 0 1 0 0 1 0 0 1 0 0 0 0 0 0 0 1 0 1
 0 1 1 0 0 0 0 1 0 0 1 0 1 0 0 0 1 0 1 1 1 0 0 1 0 0 1 0]
预测的目标分类
[0 0 0 0 1 0 1 0 1 0 1 0 0 0 1 0 1 0 0 0 1 1 0 0 0 1 0 0 1 0 0 0 1 0 1 1 0
 0 0 0 1 1 0 0 1 0 0 1 0 0 0 1 0 0 0 0 1 0 0 1 0 0 1 0 1 0 0 1 1 1 1 0
 1 0 0 1 1 0 1 0 1 0 0 1 0 0 1 1 0 0 0 0 1 0 0 1 0 0 1 1 0 0 1 0 0 1 1 1 1 0
 0 0 1 1 0 1 1 1 1 0 1 0 0 1 0 0 0 1 0 0 0 0 0 1 0 0 0 0 0 0 0 1 0 1 1 1
 0 1 0 0 0 0 0 1 0 0 1 0 1 0 0 0 1 1 1 1 1 0 0 1 1 1 1 0]
准确率(Accuracy Score): 0.82
混淆矩阵(Confusion Matrix):
[[98 13]
 [19 49]]
分类报告(Classification Report):
             precision   recall   f1-score   support

          0      0.84     0.88       0.86       111
          1      0.79     0.72       0.75        68

   accuracy                          0.82       179
  macro avg      0.81     0.80       0.81       179
weighted avg     0.82     0.82       0.82       179
```

从上述执行结果可以看到预测的准确率是 0.82，这是一个非常好的模型。细看此模型，可以看到测试数据有 111 位没有存活，结果有 98 个预测正确。有 68 位存活，结果有 49 个预测正确。

这个程序在进行预处理时，删除了一些不需要的特征，可以参考第 12 ~ 13 行 (只取需要的特征)，如 'deck'、'embark_town'、'alive'、'class'、'who'、'adult_male'、'alone'。第 15 行特征 age 的缺失值补上中位数年龄，第 16 ~ 17 行特征 embarked(登船港口) 补上众数。第 20 行对特征 (性别 sex 和登船港口 embarked) 进行了 One-hot 编码 (可以参考 22-7-1 节)。经过预处理后，数据集的字段如下：

- survived：是否存活，0 表示没有存活，1 表示存活。
- pclass：船票类别，1 表示一等舱，2 表示二等舱，3 表示三等舱。
- age：年龄。
- sibsp：船上兄弟姐妹和配偶的数量。
- parch：船上父母和子女的数量。
- fare：船票价格。
- sex_female：性别编码，女性为 1，否则为 0。
- sex_male：性别编码，男性为 1，否则为 0。
- embarked_C：登船港口编码，从 Cherbourg 登船为 1，否则为 0。
- embarked_Q：登船港口编码，从 Queenstown 登船为 1，否则为 0。
- embarked_S：登船港口编码，从 Southampton 登船为 1，否则为 0。

至于评估模型的准确率 (accuracy)、混淆矩阵 (confusion matrix) 与分类报表 (classification report)，读者可以复习 22-6 节。

25-4-3 交叉分析

Pandas 的 crosstab( ) 函数是一种用来计算两个或更多序列的交叉表格的便利工具，这主要用于将分类变量分组计数，此函数的语法如下：

crosstab(index, columns)

上述参数的意义如下：

- index：这是主要的键，或者我们可以将其视为列 (row) 标签，我们可以传入一个或多个数组。
- columns：这是交叉表的行 (column) 标签。

程序实例 ch25_7.py：建立"性别"与"喜好"特征，"性别"特征内容可以是"男、女"，
"喜好"特征内容可以是"篮球、足球、棒球"，然后做交叉分析函数 crosstab( ) 的基础应用。

```
1   # ch25_7.py
2   import pandas as pd
3
4   # 创建一个数据框
5   df = pd.DataFrame({
6       '性别':['男', '男', '女', '男', '女', '女', '女', '男', '男', '女'],
7       '喜好':['篮球', '足球', '篮球', '足球', '篮球', '足球', '篮球', '篮球',
8               '棒球', '棒球']
9   })
10
11  # 创建交叉分析表
12  cross_tab = pd.crosstab(df['性别'], df['喜好'])
13  pd.set_option('display.unicode.east_asian_width',True)
14  print(cross_tab)
```

执行结果

```
================================= RESTART: D:\Machine\ch25\ch25_7.py =================================
喜好    棒球   篮球   足球
性别
女      1     3     1
男      1     2     2
```

读者了解了上述交叉分析的概念后，现在我们可以使用"舱等 pclass"和"性别 sex"建立
交叉分析表。

程序实例 ch25_8.py：建立不同"舱等 pclass"和"性别 sex"的死亡人数和比例，同时建
立决策树的 dot 文件。

```
1   # ch25_8.py
2   import numpy as np
3   import seaborn as sns
4   import pandas as pd
5   from sklearn.model_selection import train_test_split
6   from sklearn.tree import DecisionTreeClassifier
7   from sklearn.metrics import accuracy_score
8   from sklearn.preprocessing import LabelEncoder
9   from sklearn import tree
10  from graphviz import Source
11
12  # 读取Seaborn中的titanic数据集
13  titanic_data = sns.load_dataset('titanic')
14
15  # 数据预处理
16  titanic_data = titanic_data[['survived', 'pclass', 'sex']]
17
18  # 将 sex 变量转换为数字编码
19  sex_encoder = LabelEncoder()
20  sex_encoded = sex_encoder.fit_transform(titanic_data['sex'])
21  titanic_data['sex'] = sex_encoded
22
23  # 分割数据为训练集和测试集
24  X = titanic_data.drop('survived', axis=1)
25  y = titanic_data['survived']
26  X_train,X_test,y_train,y_test = train_test_split(X,y,
27                          test_size=0.2,random_state=5)
28
29  # 建立决策树模型
30  dt_classifier = DecisionTreeClassifier()
31  dt_classifier.fit(X_train, y_train)
32
33  # 进行预测
34  y_pred = dt_classifier.predict(X_test)
35  print(f"测试的真实分类\n{np.array(y_test)}")
36  print("-"*70)
37  print(f"预测的目标分类\n{y_pred}")
38  print("="*70)
39
40  # 评估模型
```

```
41  print(f"准确率(Accuracy Score):{accuracy_score(y_test,y_pred):.2f}")
42
43  # 交叉分析
44  pred_rate = dt_classifier.predict_proba(X_test)
45  print(pd.crosstab(pred_rate[:,0], columns=[X_test['pclass'],
46                                              X_test['sex']]))
47
48  # 绘制决策树
49  graph = Source(tree.export_graphviz(dt_classifier, out_file=None))
50  graph.format = 'png'
51  graph.render(filename='dt_classifier_tree', view=True)
```

执行结果

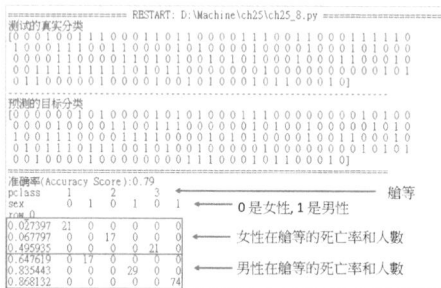

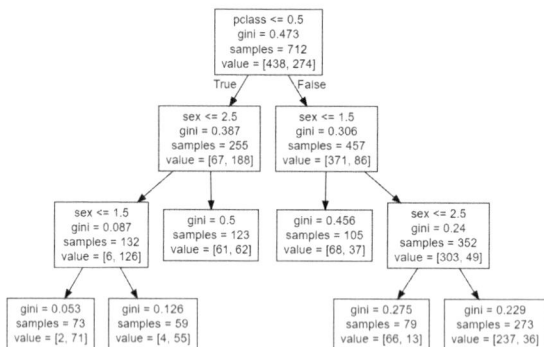

25-5 Telco 电信公司——分类应用

25-5-1 认识 WA_Fn-UseC_-Telco-Customer-Churn.csv 数据

这个数据集称为"Telco Customer Churn"，来自 Telco(Telecommunications Company 的缩写)
电信公司，用于记录客户的各种信息和他们是否选择取消(流失)公司的服务。在电信行业中，
客户流失是一个重要的问题，因为获取新客户的成本远高于保留现有客户。因此，对于电信公司
来说，理解哪些因素可能导致客户流失，并针对这些因素进行补救，是十分重要的。

这个数据集包含了 7043 位客户的信息，每一位客户都有 21 个特征，这些特征包括客户的基
本信息(如性别、是否为老年人)、使用的产品与服务(如是否有开通电话服务、网络服务的类
型等)、合约与付款信息(如合约的类型、付款方式等)，以及客户是否已经流失。

WA_Fn-UseC_-Telco-Customer-Churn.csv 这个数据集为我们提供了一个实际的案例，可以用

来了解如何进行客户流失分析。我们可以用这个数据集来训练一个机器学习模型，预测客户是否可能会流失，并理解影响客户流失的主要因素。读者也可以从 Kaggle 网站下载，图 25-2 是文件内容。

图 25-2　数据集

这个数据集所有字段说明如下：

● customerID：客户 ID，这是每个客户的唯一标识符。

● gender：性别，顾客的性别（男性或女性）。

● SeniorCitizen：是否为老年人，如果顾客是老年人（65 岁以上）则为 1，否则为 0。

● Partner：是否有伴侣，如果顾客有配偶或同居伴侣，则为"Yes"，否则为"No"。

● Dependents：是否有依赖人，如果顾客有依赖他们的家庭成员（如孩子、老人、残疾人等），则为"Yes"，否则为"No"。

● tenure：在该公司的总月份，表示顾客已经使用该公司服务的月数。

● PhoneService：是否开通了电话服务，如果顾客开通了电话服务则为"Yes"，否则为"No"。

● MultipleLines：是否开通了多线服务，如果顾客开通了多线电话服务，则为"Yes"，否则为"No"。如果顾客未开通电话服务，则为"No phone service"。

● InternetService：网络服务供货商，顾客的网络服务供货商，可以是"DSL"（数字用户线）、"Fiber optic"（光纤）或"No"（无网络服务）。

● OnlineSecurity：是否开通了网络安全服务，如果顾客开通了网络安全服务，则为"Yes"，否则为"No"。如果顾客未开通网络服务，则为"No internet service"。

● OnlineBackup：是否开通了在线备份服务，如果顾客开通了在线备份服务，则为"Yes"，否则为"No"。如果顾客未开通网络服务，则为"No internet service"。

● DeviceProtection：是否开通了设备保护服务，如果顾客开通了设备保护服务，则为"Yes"，否则为"No"。如果顾客未开通网络服务，则为"No internet service"。

● TechSupport：是否开通了技术支持服务，如果顾客开通了技术支持服务，则为"Yes"，否则为"No"。如果顾客未开通网络服务，则为"No internet service"。

● StreamingTV：是否开通了串流电视服务，如果顾客开通了串流电视服务，则为"Yes"，否则为"No"。如果顾客未开通网络服务，则为"No internet service"。

● StreamingMovies：是否开通了串流电影服务，如果顾客开通了串流电影服务，则为"Yes"，否则为"No"。如果顾客未开通网络服务，则为"No internet service"。

● Contract：合约期限，顾客的合约期限，可以是"Month-to-month"（按月计费）、"One year"（一年合约）或"Two year"（两年合约）。

● PaperlessBilling：是否使用无纸化账单，如果顾客选择使用无纸化账单，则为"Yes"，否则为"No"。

● PaymentMethod：付款方式，顾客的付款方式，可以是"Electronic check"（电子支票）、"Mailed check"（邮寄支票）、"Bank transfer (automatic)"[银行转账（自动）]或"Credit card (automatic)"[信用卡（自动）]。

● MonthlyCharges：每月费用，顾客每月需支付的金额。

● TotalCharges：总费用，顾客至今为止支付的总金额。

● Churn：是否流失，如果顾客已经流失，则为“Yes”，否则为“No”。

程序实例 ch25_9.py：读取 WA_Fn-UseC_-Telco-Customer-Churn.csv，执行数据预处理，同时删除缺失值。注：数据预处理时可以采用中位数、平均数或是众数填补缺失值，这一个实例则采用删除缺失值方式。

```
1   # ch25_9.py
2   import pandas as pd
3   from sklearn.preprocessing import LabelEncoder
4
5   # 读取数据
6   df = pd.read_csv('WA_Fn-UseC_-Telco-Customer-Churn.csv')
7
8   # 删除客户ID列，因为它对我们的分析没有帮助
9   df = df.drop(['customerID'], axis=1)
10
11  # 循环处理多个特征，使用 LabelEncoder 进行数值转换
12  for column in df.columns:
13      if df[column].dtype == 'object':
14          le = LabelEncoder()
15          df[column] = le.fit_transform(df[column])
16
17  # 用删除缺失值方式，处理缺失数据
18  df = df.dropna()
19
20  # 输出前 5 笔数据
21  print(df.head())
```

执行结果

```
==================== RESTART: D:/Machine/ch25/ch25_9.py ====================
   gender  SeniorCitizen  Partner  ...  MonthlyCharges  TotalCharges  Churn
0       0              0        1   ...           29.85          2505      0
1       1              0        0   ...           56.95          1466      0
2       1              0        0   ...           53.85           157      1
3       1              0        0   ...           42.30          1400      0
4       0              0        0   ...           70.70           925      1

[5 rows x 20 columns]
```

在上述程序实例，第 13 行 df[column].dtype 是用来检查 DataFrame 中某一字段 (特征) 的数据类型。如果该特征的数据类型是 'object'，也就是说，该特征是类别型或者字符串型 (比如说，'Yes' 或 'No')，那么 df[column].dtype == 'object' 会返回 True，这时就会执行第 14 和 15 行，将文字转成数字编码。注：上述预处理结果 Churn 特征如果是 0 表示 No(未流失)，如果是 1 表示 Yes(已经流失)。

第 18 行则是删除有缺失值的数据。

25-5-2　决策树数据分析

程序实例 ch25_10.py：使用所有特征，应用决策树算法，设计客户是否流失的机器学习模型。

```
1   # ch25_10.py
2   import pandas as pd
3   from sklearn.model_selection import train_test_split
4   from sklearn.preprocessing import LabelEncoder
5   from sklearn.tree import DecisionTreeClassifier
6   from sklearn.metrics import accuracy_score
7   from sklearn.metrics import confusion_matrix
8   from sklearn.metrics import classification_report
9
10  # 读取数据
11  df = pd.read_csv('WA_Fn-UseC_-Telco-Customer-Churn.csv')
12  # 数据预处理
13  for column in df.columns:
14      if df[column].dtype == type(object):
15          le = LabelEncoder()
```

```
16              df[column] = le.fit_transform(df[column])
17  # 定义特征和目标变量
18  X = df.drop('Churn', axis=1)
19  y = df['Churn']
20  # 分割数据集
21  X_train, X_test, y_train, y_test = train_test_split(X, y,
22                            test_size=0.3, random_state=5)
23  # 建立决策树模型并进行训练
24  dtc = DecisionTreeClassifier()
25  dtc.fit(X_train, y_train)
26  # 进行预测
27  y_pred = dtc.predict(X_test)
28  # 评估模型
29  print(f"准确率(Accuracy Score):{accuracy_score(y_test,y_pred):.2f}")
30  print("-"*70)
31  # 计算混淆矩阵并输出
32  conf_mat = confusion_matrix(y_test, y_pred)
33  print(f"混淆矩阵(Confusion Matrix):\n{conf_mat}")
34  print("-"*70)
35  # 输出分类报告
36  print(classification_report(y_test, y_pred))
```

执行结果

```
================= RESTART: D:\Machine\ch25\ch25_10.py =================
准确率(Accuracy Score):0.73
----------------------------------------------------------------------
混淆矩阵(Confusion Matrix):
[[1268  276]
 [ 293  276]]
----------------------------------------------------------------------
              precision    recall  f1-score   support

           0       0.81      0.82      0.82      1544
           1       0.50      0.49      0.49       569

    accuracy                           0.73      2113
   macro avg       0.66      0.65      0.65      2113
weighted avg       0.73      0.73      0.73      2113
```

从上述执行结果可以看到，使用决策树分析数据时，整体准确率是 0.73，算是不差的模型，但是若是细看目标变量 Churn，预测客户没有流失的精确度是 0.81，相当于有 1251 个预测正确，293 个预测错误。预测客户流失的精确度是 0.49，相当于有 282 个预测正确，287 个预测错误，这个部分就不是太好的结果。

程序实例 ch25_10_1.py 中，增加了 "max_depth=5"，从而整体预测的准确率增加到 0.79，同时预测客户流失的精确度是 0.62，有大幅度改进。

```
================ RESTART: D:\Machine\ch25\ch25_10_1.py ================
准确率(Accuracy Score):0.79
----------------------------------------------------------------------
混淆矩阵(Confusion Matrix):
[[1336  208]
 [ 234  335]]
----------------------------------------------------------------------
              precision    recall  f1-score   support

           0       0.85      0.87      0.86      1544
           1       0.62      0.59      0.60       569

    accuracy                           0.79      2113
   macro avg       0.73      0.73      0.73      2113
weighted avg       0.79      0.79      0.79      2113
```

25-5-3 了解特征对模型的重要性

Scikit-learn 的决策树模型对象，有一个属性称 feature_importances_，这是 Numpy 的数组结构，数组求和是 1，储存的内容是每个特征的重要性。它会为每一个特征提供一个分数，这个分数表示该特征在模型决策过程中的重要程度。

程序实例 ch25_11.py：使用直方图了解特征对模型的重要性。

```
1   # ch25_11.py
2   import pandas as pd
3   from sklearn.model_selection import train_test_split
4   from sklearn.preprocessing import LabelEncoder
5   from sklearn.tree import DecisionTreeClassifier
6   import matplotlib.pyplot as plt
7
8   # 读取数据
9   df = pd.read_csv('WA_Fn-UseC_-Telco-Customer-Churn.csv')
10
11  # 将类别型特征转换为数字
12  label_encoders = {}
13  for column in df.columns:
14      if df[column].dtype == type(object):
15          label_encoders[column] = LabelEncoder()
16          df[column] = label_encoders[column].fit_transform(df[column])
17
18  # 分割特征和卷标
19  X = df.drop('Churn', axis=1)
20  y = df['Churn']
21
22  # 切割训练集和测试集
23  X_train, X_test, y_train, y_test = train_test_split(X, y,
24                                      test_size=0.2, random_state=5)
25
26  # 建立并训练决策树模型
27  dtc = DecisionTreeClassifier(max_depth=5)
28  dtc.fit(X_train, y_train)
29
30  # 输出每个特征的重要性
31  importances = dtc.feature_importances_
32  for feat, importance in zip(X.columns, importances):
33      print(f'特征 : {feat:20s} 重要性 : {importance}')
34
35  # 将特征重要性绘制为直方图
36  feature_imp = pd.Series(dtc.feature_importances_,
37                          index=X.columns).sort_values(ascending=False)
38  feature_imp.plot(kind='bar')
39  plt.show()
```

执行结果

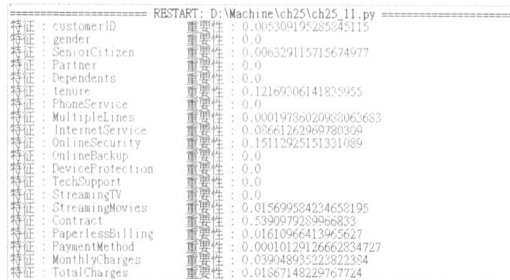

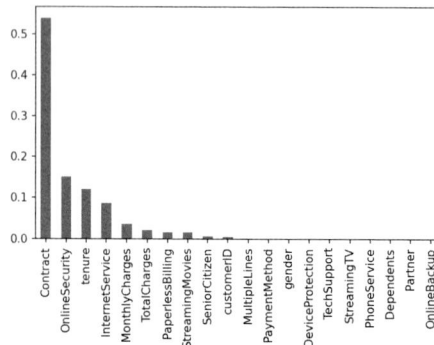

　　从上述执行结果中，可以看到客户是否会流失，Contract 约占了 0.539 的重要性，也就是超过 5 成的比重，其他依次是 OnlineSercurity、tenure 等，同时也可以看到约一半特征是完全不影响。

程序实例 ch25_12.py：使用前 5 个重要特征与决策树，重新设计机器学习的模型。

```
1   # ch25_12.py
2   import pandas as pd
3   from sklearn.model_selection import train_test_split
4   from sklearn.tree import DecisionTreeClassifier
5   from sklearn.metrics import classification_report, accuracy_score
6   from sklearn.preprocessing import LabelEncoder
7
8   # 读取数据
9   df = pd.read_csv('WA_Fn-UseC_-Telco-Customer-Churn.csv')
10
11  # 选择特征
12  selected_features = ['Contract', 'OnlineSecurity', 'tenure',
13                       'InternetService', 'MonthlyCharges']
14  target = 'Churn'
15
16  # 对类别特征进行编码
17  label_encoders = {}
18  for column in selected_features:
19      if df[column].dtype == 'object':
20          label_encoders[column] = LabelEncoder()
21          df[column] = label_encoders[column].fit_transform(df[column])
22
23  # 对目标变量进行编码
24  label_encoder_target = LabelEncoder()
25  df[target] = label_encoder_target.fit_transform(df[target])
26
27  # 分割数据集
28  X_train, X_test, y_train, y_test = train_test_split(df[selected_features],
29                          df[target], test_size=0.2, random_state=1)
30
31  # 建立决策树模型
32  clf = DecisionTreeClassifier(max_depth=5)
33  clf.fit(X_train, y_train)
34
35  # 进行预测
36  y_pred = clf.predict(X_test)
37
38  # 模型评估
39  print('Accuracy:', accuracy_score(y_test, y_pred))
40  print("-"*70)
41  print(classification_report(y_test, y_pred))
```

执行结果

```
================== RESTART: D:/Machine/ch25/ch25_12.py ==================
Accuracy: 0.8090844570617459
--------------------------------------------------------------------
              precision    recall  f1-score   support

           0       0.85      0.91      0.88      1061
           1       0.64      0.51      0.57       348

    accuracy                           0.81      1409
   macro avg       0.75      0.71      0.72      1409
weighted avg       0.80      0.81      0.80      1409
```

　　从上述执行结果可以看到，只使用重要的特征，准确率是约 0.809，整体机器学习模型的表现比使用全部特征的 ch25_10.py 要好，只是客户流失的精确度是 0.64，依旧没有那么好。

25-5-4　交叉验证——决策树最佳深度调整

　　在使用决策树算法时，有时我们需要不断调整 max_depth 的值，寻找最佳参数，Scikit-learn 模块提供了 GridSearchCV( ) 方法，可以有系统地遍历多种参数组合，通过交叉验证确定最佳效果参数。

　　交叉验证 (cross-validation) 是一种统计学上的模型验证技术，用于评估机器学习模型在独立数据集上的性能。它主要用于检查模型是否过度拟合 (overfitting) 训练数据，并验证模型对未见过数据的泛化能力。

交叉验证的基本概念是将原始数据集分成两部分，即训练集和测试集。训练集用于训练模型，而测试集用于验证模型的预测效果。

交叉验证的一种常见方式是 *k*- 折交叉验证 (*k*-fold cross-validation)，在这种方法中，原始数据被均匀地分为 *k* 个子集。然后进行 *k* 次单独的学习实验。在每次实验中，我们从 *k* 个子集中选择一个作为测试集，其余 (*k* − 1) 个子集合并成一个训练集。然后，我们在训练集上训练模型，并在测试集上测试模型。这个过程会重复 *k* 次，每个子集都会作为测试集使用一次。最后，*k* 次实验的结果 (如准确度) 会被平均，得到一个总体的模型性能指标。假设 *k* 值是 5，则可以绘制表 25-2。

表 25-2　5-fold 说明

Run 1	测试数据	训练数据	训练数据	训练数据	训练数据
Run 2	训练数据	测试数据	训练数据	训练数据	训练数据
Run 3	训练数据	训练数据	测试数据	训练数据	训练数据
Run 4	训练数据	训练数据	训练数据	测试数据	训练数据
Run 5	训练数据	训练数据	训练数据	训练数据	测试数据

这对于我们找出最佳的模型参数非常有帮助，可以节省大量手动尝试参数的时间。其语法和主要参数如下：

from sklearn.model_selection import GridSearchCV

…

grid = GridSearchCV(estimator, param_grid, cv, refit)

上述各参数说明如下：

● estimator：想要优化的机器学习模型。

● param_grid：一个字典或者字典的列表，包含了想要优化的参数和范围。

● cv：交叉验证的折数，即将整个样本分为多少份，进行交叉验证。

● refit：预设为 True，这意味着在找到最佳参数后，使用最佳参数重新对所有数据进行 fit，建立一个新的模型。

使用 GridSearchCV( ) 对模型进行训练后，会回传下列参数供模型引用：

● grid.best_params_：最佳的参数组合。

● grid.best_score_：最佳准确率。

● grid.best_estimator_：最佳组合。

● grid.cv_results_：这是一个字典，包含了交叉验证过程中的所有详细信息。这包括每一个参数组合的平均评分、评分的标准差，以及每次训练和验证所用的时间等。这个字典可以转换成一个 Pandas DataFrame，方便进行进一步的分析和可视化。

程序实例 ch25_13.py：使用 GridSearchCV( ) 方法，然后将样本分为 5 份，同时设定 max_depth 参数分别为 3、5、7、10、15、20，最后计算最佳的参数、准确率和组合，同时输出结果。

```
1  # ch25_13.py
2  import pandas as pd
3  from sklearn.model_selection import train_test_split, GridSearchCV
4  from sklearn.tree import DecisionTreeClassifier
5  from sklearn.preprocessing import LabelEncoder
6
7  # 读取数据
8  df = pd.read_csv('WA_Fn-UseC_-Telco-Customer-Churn.csv')
9  # 选择特征
10 selected_features = ['Contract', 'OnlineSecurity', 'tenure',
11                      'InternetService', 'MonthlyCharges']
12 target = 'Churn'
```

```
13  # 对类别特征进行编码
14  label_encoders = {}
15  for column in selected_features:
16      if df[column].dtype == 'object':
17          label_encoders[column] = LabelEncoder()
18          df[column] = label_encoders[column].fit_transform(df[column])
19  # 对目标变量进行编码
20  label_encoder_target = LabelEncoder()
21  df[target] = label_encoder_target.fit_transform(df[target])
22  # 分割数据集
23  X_train, X_test, y_train, y_test = train_test_split(df[selected_features],
24                      df[target], test_size=0.2, random_state=1)
25  # 设定要调整的参数
26  params = {'max_depth': [3, 5, 7, 10, 15, 20]}
27  # 建立决策树模型
28  clf = GridSearchCV(DecisionTreeClassifier(), params, cv=5)
29  clf.fit(X_train, y_train)
30  # 显示最佳参数
31  print(f'最佳参数 : {clf.best_params_}')
32  print("-"*70)
33  print(f'最佳准确率: {clf.best_score_}')
34  print("-"*70)
35  print(f'最佳组合 : {clf.best_estimator_}')
```

执行结果

```
==================== RESTART: D:\Machine\ch25\ch25_13.py ====================
最佳参数 : {'max_depth': 5}
-------------------------------------------------------------------
最佳分数 : 0.7923279868747252
-------------------------------------------------------------------
最佳组合 : DecisionTreeClassifier(max_depth=5)
```

从上述执行结果可以得到，最佳参数是 max_depth=5，其中最佳分数就是准确率是 0.792，这是依据交叉验证的最佳准确率。我们可以将"max_depth = 5"，代入 DecisionTreeClassifier( ) 方法，这时可以得到比较好的结果，可以参考 ch25_13_1.py，将获得 0.809 的结果。

25-6 Retail Data Analytics——回归应用

决策树不仅可以用于分类问题，还可以用于回归问题。当我们要预测的是连续值而非离散类别时，我们可以使用称为"决策树回归"的技术。

在决策树回归中，算法会尝试找出一种方式，将数据划分为具有不同目标值 (也就是我们要预测的连续数值) 的子集，这种划分方式会使得每个子集中的目标值的变异最小。

举例来说，如果我们有一个房价预测问题，其中的特征可能包括"房子的大小 (平方米)"、"房子的年龄"等。决策树回归可能会首先根据"房子的大小"这一特征将数据分为两部分，然后再根据"房子的年龄"这一特征将这两部分数据各自再进行分割，如此继续分割，直到达到某种停止条件。

在 Scikit-Learn 中，我们可以使用 DecisionTreeRegressor 来实现决策树回归，它的使用方式与 DecisionTreeClassifier 非常类似。使用时，我们可以指定树的深度、最小样本数等参数来控制模型的复杂度，避免过度拟合。DecisionTreeRegressor( ) 方法的语法和主要参数如下：

from sklearn.tree import DecisionTreeRegressor

…

model = DecisionTreeRegressor(criterion,max_depth,min_samples_sput,random_state)

上述就可以建立变量 model 为决策树回归模型对象，上述几个参数意义如下：

● criterion：这是一个字符串，指定切割节点的策略。预设是 'mse' 均方误差，也可以是改良均方误差的 'friedmas_mse'，或是 'mae' 平均绝对误差。这里并不提供 'gini' 或 'entropy' 选项，因为这些是用于分类问题，而不是回归问题。

● max_depth：这是一个整数，指定决策树的最大深度，预设是 None。这是决策树的最大深度。如果设为 None，则节点会扩展直到所有叶子都是纯的或者直到所有叶子都包含少于 min_samples_split 个样本。

● min_samples_split：这是分割内部节点所需的最少样本数。默认为 2。

● random_state：随机种子值，设定此值，可以让每次得到的结果相同。

注　虽然决策树回归可以处理非线性关系和交互作用，但它可能比线性回归模型更容易受到极端值的影响，并且可能会在训练数据不足的情况下产生过度拟合。

25-6-1　用简单的数据预估房价

程序实例 ch25_14.py：用简单的数据预估房价。

```
1  # ch25_14.py
2  from sklearn.tree import DecisionTreeRegressor
3  from sklearn.model_selection import train_test_split
4  from sklearn.metrics import r2_score
5  import numpy as np
6
7  # 假设我们有一些房地产数据，X代表房子面积，y代表房价
8  X = np.array([50, 60, 70, 80, 90, 100, 110, 120, 130, 140, 150])
9  y = np.array([150000, 180000, 200000, 230000, 260000, 280000,
10               300000, 330000, 360000, 380000, 400000])
11
12 X = X.reshape(-1, 1)    # 改变形状以符合sklearn的要求
13
14 # 分割数据为训练集和测试集
15 X_train, X_test, y_train, y_test = train_test_split(X, y,
16                                    test_size=0.2, random_state=5)
17
18 # 建立决策树回归模型
19 tree_reg = DecisionTreeRegressor(max_depth=3, random_state=10)
20
21 # 拟合模型
22 tree_reg.fit(X_train, y_train)
23
24 # 进行预测
25 y_pred = tree_reg.predict(X_test)
26
27 # R平方系数
28 r2 = r2_score(y_test, y_pred)
29
30 # 输出预测结果
31 print(f'R平方系数 : {r2}')
32 print(f'实际房价 : {y_test}')
33 print(f'预测房价 : {y_pred}')
```

执行结果

```
================ RESTART: D:\Machine\ch25\ch25_14.py ================
R平方系数 : 0.8671875
实际房价 : [230000 360000 200000]
预测房价 : [260000. 330000. 180000.]
```

上述预估获得了 0.8671875 的 R 平方判定系数，这算是一个非常好的结果。

25-6-2　Retail Data Analytics 数据

"Retail Data Analytics" 是一个公开数据集，这个数据集原本由一家大型商业公司所提供，主要目的是支持学术界的研究，这个数据集在 Kaggle 上可以找到并下载。这个数据集包含了该公司 45 个商店在 2010—2012 年间的历史销售数据。每个商店都包含多个部门，数据集里面记录了每一周每一个部门的销售额。数据集也包含了一些附加的信息，比如每周是否有特殊的假日，以及在数据收集期间该地区的相关经济指标（包括失业率、消费者价格指数和燃油价格等）。

"Retail Data Analytics" 是一个由多个商店的销售数据组成的数据集，它包含了该商店在特定日期的周销售数量以及相关的销售特性和环境因素。其他数据集是由一个文件组成，不一样的是，这个数据集主要由三个 CSV 文件组成，下载后将看到图 25-3 所示三个文件。

图 25-3 三个文件

笔者分别将上述文件名称简化为 features.csv、sales.csv 和 stores.csv，以下是这些文件中包含的字段特征的说明：

（1）stores.csv：包含有关商店的特征，如每个商店的大小和类型。

● Store：商店的编号。

● Type：商店的类型。

● Size：商店的大小。

（2）features.csv：包含了与商店销售相关的外部因素的特征，如当地的气温、油价、CPI、失业率，以及是否有特定的降价活动 (MarkDown1-5) 等。

● Store：商店的编号。

● Date：日期。

● Temperature：当天的平均华氏温度。

● Fuel_Price：当天的油价 (每加仑)。

● MarkDown1-5：五种不同的降价活动，缺失值可能表示当天没有进行相应的降价活动。

● CPI：消费者价格指数。

● Unemployment：失业率。

● IsHoliday：当天是否为节假日。

（3）sales.csv：包含了实际的销售数据，如每个商店在特定日期的周销售量。

● Store：商店的编号。

● Dept：部门的编号。

● Date：日期。

● Weekly_Sales：该周的销售量。

● IsHoliday：当天是否为节假日。

这个数据集提供了大量的信息，可以用来分析和预测销售量。例如，我们可以使用机器学习模型来预测未来的销售量，或者分析哪些因素对销售量有最大的影响。

程序实例 ch25_15.py： 使用决策树算法估计周销量 (Weekly_Sales)，由于这个数据集有三个文件，所以程序开始时分别读取三个文件，然后合并，可以参考第 8 ~ 16 行。最后程序会用 "Weekly_Sales" 字段当作目标变量，可以参考第 40 行，未来预估的销量就是和这个字段的销量做比较。

```
1   # ch25_15.py
2   import pandas as pd
3   from sklearn.model_selection import train_test_split
4   from sklearn.tree import DecisionTreeRegressor
5   from sklearn.metrics import r2_score
6
7   # 读取数据
8   stores_df = pd.read_csv('stores.csv')
9   features_df = pd.read_csv('features.csv')
10  sales_df = pd.read_csv('sales.csv')
11
12  # 将 features_df 和 sales_df 在 Store 和 Date 进行字段合并
13  merged_df = pd.merge(sales_df, features_df, on=['Store', 'Date'], how='left')
14
15  # 将 merged_df 和 stores_df 在 Store 进行字段合并
16  final_df = pd.merge(merged_df, stores_df, on=['Store'], how='left')
17
18  # 将日期 "Date" 转换为日期型数据
19  final_df['Date'] = pd.to_datetime(final_df['Date'], format='%d/%m/%Y')
20
```

```
21  # 从日期中提取年份和月份作为新的特征
22  final_df['Year'] = final_df['Date'].dt.year
23  final_df['Month'] = final_df['Date'].dt.month
24
25  # 将商店类型 "Type" 转换为类别型数据
26  final_df['Type'] = final_df['Type'].astype('category').cat.codes
27
28  # 处理缺失值
29  final_df.fillna(0, inplace=True)
30
31  # 删除"IsHoliday_y"字段，将"IsHoliday_x"改为"IsHoliday"
32  final_df = final_df.drop('IsHoliday_y', axis=1)
33  final_df = final_df.rename(columns={'IsHoliday_x': 'IsHoliday'})
34
35  # 将结果存储为"RetailDataAnalytics.csv"
36  final_df.to_csv('RetailDataAnalytics.csv', index=False)
37
38  # 定义特征变量和目标变量
39  X = final_df.drop(['Weekly_Sales', 'Date'], axis=1)
40  y = final_df['Weekly_Sales']
41
42  # 划分训练集和测试集
43  X_train, X_test, y_train, y_test = train_test_split(X, y, test_size=0.2,
44                                                      random_state=5)
45
46  # 创建并训练决策树回归模型
47  model = DecisionTreeRegressor(random_state=5)
48  model.fit(X_train, y_train)
49
50  # 进行预测
51  y_pred = model.predict(X_test)
52
53  # 计算并输出 R 平方（决定系数）
54  r2 = r2_score(y_test, y_pred)
55  print(f'R平方系数：{r2:.3f}')
```

执行结果

```
==================== RESTART: D:\Machine\ch25\ch25_15.py ====================
R平方系数：0.945
```

上述程序第 26 行的作用是将 Type 这一列的数据转换为类别型数据，并将这些类别转换为整数编码。

首先，final_df['Type'].astype('category') 将 'Type' 这一列的数据类型转换为类别型 (categorical) 数据。在 pandas 中，类别型数据是一种特殊的数据类型，适用于具有固定数量的类别的数据。

然后，".cat.codes" 将每一个类别转换为一个整数编码。例如，如果 'Type' 这一列中有三个不同的值 'A'、'B' 和 'C'，则它们可能被转换为 0、1 和 2。

这样做的目的是因为大多数的机器学习模型都不能直接处理类别型数据，必须将这些数据转换为数值型数据才能进行处理。通过这样的转换，我们可以将 'Type' 这一列的数据转换为机器学习模型可以处理的格式。

在 MarkDown1-5 字段中，可以看到许多空白，也可以称缺失值。简单且合理的方法是，可以将缺失值填充为 0，表示在相应的日期和商店，没有进行任何降价活动。整个缺失值的设定可以参考第 29 行。

当你使用 pandas 的 merge( ) 函数合并两个 DataFrame 时，如果这两个 DataFrame 中都存在同名的列 (在这里是 'IsHoliday' 列)，pandas 会自动在列名后面添加后缀以区分这两个列。预设的后缀是 '_x' 和 '_y'，其中 '_x' 表示的是左边 DataFrame 中的字段，'_y' 表示的是右边 DataFrame 中的字段。这个实例，因为 'sales.csv' 和 'features.csv' 中都有 'IsHoliday' 字段，所以合并后的 DataFrame 中就出现了 'IsHoliday_x' 和 'IsHoliday_y' 这两个字段。程序第 32 行就是删除 'IsHoliday_x' 字段，第 33 行是将域名 'IsHoliday_y' 改为 'IsHoliday'。

第 36 行是将合并与预处理数据的结果存入 RetailDataAnalytics.csv 文件内，方便读者后续可以更进一步执行文件分析与预测工作。

这个程序最后得到的 R 平方系数是 0.945，表示使用决策树算法可以得到很好的销售预估。

第 26 章
随机森林（以波士顿房价、泰坦尼克号、Telco、收入分析为例）

决策树简单易懂，可是数据若是有变动常常会有不准确的情况，这就好像做统计民调，如果样本数据太少，可能会有不准的情况。

所谓的随机森林 (random forest) 是将一堆决策树组织起来，这样可以获得比较好的结果，这个也好像统计民调，如果样本数据比较多，最后获得的数据会更准确。因为，这个算法会随机将数据分配给各个决策树，所以称随机森林。

注　随机森林其实是一种集成学习，更多集成学习的概念会在第 30 章做完整解说。

26-1　随机森林的基本概念

随机森林是一种监督学习算法，可以用于分类和回归任务。它是由很多决策树构成的，所以被称为"森林"。在随机森林算法中，每一棵树都在一个随机子集的训练数据上进行训练。此外，每个决策树的分裂点都是从一个随机子集的特征中选择的。这两种随机性的组合使随机森林能够有效地模型化数据的不同方面，并且能够减少过拟合的可能性。

- 回归：随机森林应用在回归时，是用 RandomForestRegressor( ) 方法，会取所有树预测结果的平均值。
- 分类：随机森林应用在分类预测时，是用 RandomForestClassifier( ) 方法，会让所有的树进行投票，最多票数的类别会被选为预测结果。

随机森林的一个主要优点是它能够提供特征的重要性评估，这对于理解模型的决策过程和提取特征非常有用。不过，由于随机森林包含了很多树，所以它的计算需求和模型大小可能会比较大。

26-2　波士顿房价——回归应用

随机森林应用于回归问题时，常见的语法和主要参数如下：

from sklearn.ensemble import RandomForestRegressor

…

rf = RandomForestRegressor(n_estimators, random_state)

上述各参数说明如下：

- n_estimators：可在此设定随机森林中有多少棵树，更多的树可能会使模型有更好的性能，但同时也会增加训练时间和模型的大小，默认值是 100。
- random_state：这是用来控制随机种子值的，可以让每次用的参数相同。

程序实例 ch26_1.py： 对简单数据集执行随机森林的应用。

```
1   # ch26_1.py
2   from sklearn.ensemble import RandomForestRegressor
3   import numpy as np
4
5   # 建立一个小型的数据集
6   X = np.array([[1], [2], [3], [4], [5], [6], [7], [8], [9], [10]])
7   y = np.array([2, 4, 6, 8, 10, 12, 14, 16, 18, 20])
8
9   # 建立随机森林模型
10  rf = RandomForestRegressor(n_estimators=100, random_state=42)
11
12  # 训练模型
13  rf.fit(X, y)
14
15  # 进行预测
16  X_new = np.array([[5.5], [6.5], [7.5]])
```

```
17   predictions = rf.predict(X_new)
18
19   print("预测结果:", predictions)
```

执行结果

```
==================== RESTART: D:\Machine\ch26\ch26_1.py ====================
预测结果: [10.46 12.56 14.4 ]
```

注　上述程序第 10 行设定了参数 n_estimators=100，即使省略此设定也是可以获得一样的结果，因为 n_estimators 的预设是 100。

程序实例 ch26_2.py：使用随机森林重新设计 ch23_15.py，设计波士顿房价的机器学习模型，同时输出 R 平方判定系数。

```
1   # ch26_2.py
2   from sklearn.ensemble import RandomForestRegressor
3   from sklearn.model_selection import train_test_split
4   from sklearn.metrics import mean_squared_error, r2_score
5   import numpy as np
6   import pandas as pd
7
8   # 加载波士顿房价数据集
9   data_url = "http://lib.stat.cmu.edu/datasets/boston"
10  raw_df = pd.read_csv(data_url, sep="\s+", skiprows=22, header=None)
11  data = np.hstack([raw_df.values[::2, :], raw_df.values[1::2, :2]])
12  target = raw_df.values[1::2, 2]
13
14  # 分割数据集为训练集和测试集
15  X_train, X_test, y_train, y_test = train_test_split(data,
16                          target, test_size=0.2, random_state=1)
17
18  # 建立随机森林回归模型
19  rf = RandomForestRegressor(n_estimators=100, random_state=42)
20
21  # 训练模型
22  rf.fit(X_train, y_train)
23
24  # 进行预测
25  y_pred = rf.predict(X_test)
26
27  # 计算评估指标
28  r2 = r2_score(y_test, y_pred)
29  print(f'R-squared          : {r2:.3f}')
30  mse = mean_squared_error(y_test, y_pred)
31  print(f'Mean Squared Error : {mse:.3f}')
```

执行结果

```
R-squared          : 0.913
Mean Squared Error : 8.581
```

从上述执行结果我们获得了比线性回归更好的 R 平方判定系数，同时均方误差 (MSE) 也非常好。

26-3　泰坦尼克号——分类应用

随机森林应用于分类问题时，常见语法和主要参数如下：

from sklearn.ensemble import RandomForestClassifier

…

rf = RandomForestClassifier(n_estimators, random_state)

上述各参数说明如下：

● n_estimators：可在此设定随机森林中有多少棵树，更多的树可能会使模型有更好的性能，但同时也会增加训练时间和模型的大小，默认值是 100。

● random_state：这是用来控制随机种子值的，可以让每次用的参数相同。

程序实例 ch26_3.py：使用随机森林重新设计 ch25_6.py，泰坦尼克号生存预测程序。

```
1   # ch26_3.py
2   import numpy as np
3   import seaborn as sns
4   import pandas as pd
5   from sklearn.model_selection import train_test_split
6   from sklearn.ensemble import RandomForestClassifier
7   from sklearn.metrics import accuracy_score, classification_report, confusion_matrix
8
9   # 读取Seaborn中的titanic数据集
10  titanic_data = sns.load_dataset('titanic')
11  # 数据预处理
12  titanic_data = titanic_data[['survived', 'pclass', 'sex', 'age', 'sibsp',
13                               'parch', 'fare', 'embarked']]
14  # 年龄缺失值补上中位数年龄
15  titanic_data['age'].fillna(titanic_data['age'].median(), inplace=True)
16  # 数据预处理, 用众数取代缺失值, 这里假设只有一个众数
17  titanic_data['embarked'].fillna(titanic_data['embarked'].mode()[0],
18                               inplace=True)
19  # 对类别特征进行one-hot编码
20  titanic_data = pd.get_dummies(titanic_data, columns=['sex', 'embarked'])
21  # 分割数据为训练集和测试集
22  X = titanic_data.drop('survived', axis=1)
23  y = titanic_data['survived']
24  X_train, X_test, y_train, y_test = train_test_split(X, y,
25                                      test_size=0.2, random_state=5)
26  # 建立随机森林模型
27  rf_classifier = RandomForestClassifier(random_state=5)
28  rf_classifier.fit(X_train, y_train)
29  # 进行预测
30  y_pred = rf_classifier.predict(X_test)
31  print(f"测试的真实分类\n{np.array(y_test)}")
32  print("-" * 70)
33  print(f"预测的目标分类\n{y_pred}")
34  print("=" * 70)
35  # 评估模型
36  print(f"准确率(Accuracy Score) : {accuracy_score(y_test, y_pred):.2f}")
37  print("-" * 70)
38  print("混淆矩阵(Confusion Matrix):")
39  print(confusion_matrix(y_test, y_pred))
40  print("-" * 70)
41  print("分类报告(Classification Report):")
42  print(classification_report(y_test, y_pred))
```

执行结果

上述程序第 31 行的 np.array(y_test) 可以将 Series 对象转成一维，此外上述执行结果中我们得到了和决策树相同的准确率。

26-4 Telco 客户流失——分类应用

有关 Telco 电信公司客户流失的数据，读者可以复习 25-5 节。

程序实例 ch26_4.py： 使用随机森林重新设计 ch25_12.py，预测 Telco 客户是否流失的程序。

```
1  # ch26_4.py
2  import pandas as pd
3  from sklearn.model_selection import train_test_split
4  from sklearn.ensemble import RandomForestClassifier
5  from sklearn.metrics import classification_report, accuracy_score
6  from sklearn.preprocessing import LabelEncoder
7
8  # 读取数据
9  df = pd.read_csv('WA_Fn-UseC_-Telco-Customer-Churn.csv')
10
11 # 选择特征
12 selected_features = ['Contract', 'OnlineSecurity', 'tenure',
13                      'InternetService', 'MonthlyCharges']
14 target = 'Churn'
15
16 # 对类别特征进行编码
17 label_encoders = {}
18 for column in selected_features:
19     if df[column].dtype == 'object':
20         label_encoders[column] = LabelEncoder()
21         df[column] = label_encoders[column].fit_transform(df[column])
22
23 # 对目标变量进行编码
24 label_encoder_target = LabelEncoder()
25 df[target] = label_encoder_target.fit_transform(df[target])
26
27 # 分割数据集
28 X_train, X_test, y_train, y_test = train_test_split(df[selected_features],
29                                    df[target], test_size=0.2, random_state=1)
30
31 # 建立随机森林模型
32 clf = RandomForestClassifier(n_estimators=100, max_depth=5, random_state=1)
33 clf.fit(X_train, y_train)
34
35 # 进行预测
36 y_pred = clf.predict(X_test)
37
38 # 模型评估
39 print('Accuracy:', accuracy_score(y_test, y_pred))
40 print("-"*70)
41 print(classification_report(y_test, y_pred))
```

执行结果

```
================== RESTART: D:/Machine/ch26/ch26_4.py ==================
Accuracy: 0.8062455642299503
----------------------------------------------------------------------
              precision    recall  f1-score   support

           0       0.84      0.91      0.88      1061
           1       0.64      0.49      0.55       348

    accuracy                           0.81      1409
   macro avg       0.74      0.70      0.71      1409
weighted avg       0.79      0.81      0.80      1409
```

26-5 美国成年人收入分析——分类应用

26-5-1 认识 adult.csv 数据

"adult.csv" 是一个常用于机器学习训练和数据分析的公共数据集，这个数据集来自 1994 年美国人口普查数据的抽样数据，数据集包含多种特征，如年龄、工作类型、受教育程度、受教育年数、婚姻状态、职业、关系、种族、性别、资本收益、资本损失、每周工作小时数和原籍国家等。其目的是预测一个人的年收入是否超过 50k 美元，这个目标特征是最右的 income 字段。

这是一个用于二元分类的数据集，其中"收入 income"是目标变量，其值为"<=50k"和">50k"。其余的变量可作为预测目标变量的特征。读者也可以从 Kaggle 网站下载，图 26-1 是文件内容。

	A	B	C	D	E	F	G	H	I	J	K	L	M	N	O
1	age	workclass	fnlwgt	education	education-:	marital-st:	occupation	relationshi	race		gender	capital-gai	capital-los	hours-per-	native-cou	income
2	25	Private	226802	11th		7	Never-ma	Machine-c	Own-chilc	Black	Male	0	0	40	United-St:	<=50K
3	38	Private	89814	HS-grad		9	Married-c	Farming-f	Husband	White	Male	0	0	50	United-St:	<=50K
4	28	Local-gov	336951	Assoc-acd		12	Married-c	Protective	Husband	White	Male	0	0	40	United-St:	>50K
5	44	Private	160323	Some-coll		10	Married-c	Machine-c	Husband	Black	Male	7688	0	40	United-St:	>50K
6	18	?	103497	Some-coll		10	Never-ma	?	Own-chilc	White	Female	0	0	30	United-St:	<=50K

图 26-1 adult.csv 数据集

上述部分字段内容是"?"，表示是缺失值。这个数据集所有字段说明如下：

- age：年龄，整数特征。
- workclass：工作类型，包括 Private、Self-emp-not-inc、Self-emp-inc、Federal-gov、Local-gov、State-gov、Without-pay、Never-worked 等。
- fnlwgt：这个特征来自人口普查局。是一个估算代表其他同一人口数量的权重，对于我们的分析可能没有实际意义。
- education：受教育程度，如 Bachelors、Some-college、11th、HS-grad、Prof-school、Assoc-acdm、Assoc-voc、9th、7th-8th、12th、Masters、1st-4th、10th、Doctorate、5th-6th、Preschool。
- education-num：受教育年数，数值特征。
- marital-status：婚姻状态，如 Married-civ-spouse、Divorced、Never-married、Separated、Widowed、Married-spouse-absent、Married-AF-spouse。
- occupation：职业，如 Tech-support、Craft-repair、Other-service、Sales、Exec-managerial、Prof-specialty、Handlers-cleaners、Machine-op-inspct、Adm-clerical、Farming-fishing、Transport-moving、Priv-house-serv、Protective-serv、Armed-Forces。
- relationship：家庭关系，如 Wife、Own-child、Husband、Not-in-family、Other-relative、Unmarried。
- race：种族，如 White、Asian-Pac-Islander、Amer-Indian-Eskimo、Other、Black。
- sex：性别，Male 或 Female。
- capital-gain：资本收益，数值特征。
- capital-loss：资本损失，数值特征。
- hours-per-week：每周工作小时数，数值特征。
- native-country：原籍国家，包含 42 个国家和地区。
- income：收入，是目标变量，">50k"或"<=50k"。

这些特征共同形成了数据集的结构，可以用来预测目标变量 income。这是一个典型的二分类问题，可以应用各种机器学习技术进行处理。

程序实例 ch26_5.py：认识和预处理 adult.csv 数据。

```
1  # ch26_5.py
2  import pandas as pd
3  import numpy as np
4  from sklearn.preprocessing import LabelEncoder
5
6  # 读取csv文件
7  data = pd.read_csv('adult.csv')
```

```
 8    pd.set_option('display.max_columns', None)  # 显示所有字段
 9    pd.set_option('display.width', 200)          # 设定显示宽度
10
11    # 数据清洗，将'?'替换为 np.nan
12    data = data.replace('?', np.nan)
13    # 删除包含缺失值的列(row)
14    data = data.dropna()
15    # 输出前5笔数据
16    print(data.head())
17    print('-'*180)
18
19    # 将类别变量由文字转换为数字，使用LabelEncoder
20    le = LabelEncoder()
21    categorical_features = [i for i in data.columns if data.dtypes[i]=='object']
22    for col in categorical_features:
23        data[col] = le.fit_transform(data[col])
24    print(data.head())
```

执行结果

```
========================= RESTART: D:/Machine/ch26/ch26_5.py =========================
   age  workclass  fnlwgt    education  educational-num    marital-status      occupation  relationship   race  gender  capital-gain  capital-loss  hours-per-week  native-country
income
0   25    Private  226802       11th              7      Never-married   Machine-op-inspct   Own-child  Black   Male            0             0              40    United-States
<=50K
1   38    Private   89814     HS-grad              9  Married-civ-spouse     Farming-fishing    Husband  White   Male            0             0              50    United-States
<=50K
2   28  Local-gov  336951   Assoc-acdm            12  Married-civ-spouse     Protective-serv    Husband  White   Male            0             0              40    United-States
>50K
3   44    Private  160323 Some-college            10  Married-civ-spouse   Machine-op-inspct    Husband  Black   Male         7688             0              40    United-States
>50K
5   34    Private  198693       10th              6      Never-married       Other-service Not-in-family  White   Male            0             0              30    United-States
<=50K

   age  workclass  fnlwgt  education  educational-num  marital-status  occupation  relationship  race  gender  capital-gain  capital-loss  hours-per-week  native-country  income
0   25          2  226802          1                7               4           6             3     2       1             0             0              40              38       0
1   38          2   89814         11                9               2           4             0     4       1             0             0              50              38       0
2   28          1  336951          7               12               2          10             0     4       1             0             0              40              38       1
3   44          2  160323         15               10               2           6             0     2       1          7688             0              40              38       1
5   34          2  198693          1                6               4           7             1     4       1             0             0              30              38       0
```

上述笔者特意输出了执行数据预处理前和后的资料，主要是让读者了解数据转换方式，例如：可以看到 "<=50k" 会转成 0，">50k" 会转成 1。

26-5-2　使用决策树处理年收入预估

程序实例 ch26_6.py：使用决策树算法，用全部的特征，将数据分类，最后输出预测的准确度。

注　下列程序代码省略导入模块、读取数据、数据预处理。

```
 1    # ch26_6.py
 2    import pandas as pd
 3    import numpy as np
 4    from sklearn.model_selection import train_test_split
 5    from sklearn.preprocessing import LabelEncoder
 6    from sklearn.tree import DecisionTreeClassifier
 7    from sklearn.metrics import accuracy_score
 8
 9    # 读取csv文件
10    data = pd.read_csv('adult.csv')
11
12    # 数据清洗，将'?'替换为 np.nan
13    data = data.replace('?', np.nan)
14
15    # 删除包含缺失值的列
16    data = data.dropna()
17
18    # 将类别变量转换为数字，使用LabelEncoder
19    le = LabelEncoder()
20    categorical_features = [i for i in data.columns if data.dtypes[i]=='object']
21    for col in categorical_features:
22        data[col] = le.fit_transform(data[col])
23
24    # 将数据集分割为训练集和测试集
25    X = data.drop('income', axis=1)
26    y = data['income']
27    X_train, X_test, y_train, y_test = train_test_split(X, y,
28                                       test_size=0.2, random_state=42)
29
```

```
30   # 使用决策树进行训练
31   dtc = DecisionTreeClassifier(random_state=5)
32   dtc = dtc.fit(X_train, y_train)
33
34   # 预测测试集的结果
35   y_pred = dtc.predict(X_test)
36
37   # 输出预测准确度
38   print(f"决策树 Accuracy : {accuracy_score(y_test, y_pred):.3f}")
```

执行结果

```
==================== RESTART: D:\Machine\ch26\ch26_6.py ====================
决策树 Accuracy : 0.807
```

从上述执行结果我们可以看到，获得了 0.807 的准确度，这是一个很好的结果。

26-5-3　决策树特征重要性

有关决策树对象的特征重要性可以参考 25-5-3 节。

程序实例 ch26_7.py：依特征顺序输出重要性，同时用直方图由大到小方式排序特征。

注　下列程序代码省略导入模块、读取数据、数据预处理。

```
1    # ch26_7.py
2    import pandas as pd
3    import numpy as np
4    from sklearn.model_selection import train_test_split
5    from sklearn.preprocessing import LabelEncoder
6    from sklearn.tree import DecisionTreeClassifier
7    from sklearn.metrics import accuracy_score
8    import matplotlib.pyplot as plt
9
10   # 读取csv文件
11   data = pd.read_csv('adult.csv')
12
13   # 数据清洗，将'?'替换为 np.nan
14   data = data.replace('?', np.nan)
15
16   # 删除包含缺失值的列
17   data = data.dropna()
18
19   # 将类别变量转换为数字，使用LabelEncoder
20   le = LabelEncoder()
21   categorical_features = [i for i in data.columns if data.dtypes[i]=='object']
22   for col in categorical_features:
23       data[col] = le.fit_transform(data[col])
24
25   # 将数据集分割为训练集和测试集
26   X = data.drop('income', axis=1)
27   y = data['income']
28   X_train, X_test, y_train, y_test = train_test_split(X, y, test_size=0.2,
29                                                       random_state=5)
30
31   # 使用决策树进行训练
32   dtc = DecisionTreeClassifier(random_state=5)
33   dtc = dtc.fit(X_train, y_train)
34
35   # 计算与输出特征重要性
36   importances = dtc.feature_importances_
37   for feat, importance in zip(X.columns, importances):
38       print(f'特征 : {feat:20s} 重要性 : {importance}')
39
40   # 将特征重要性绘制为直方图
41   feature_imp = pd.Series(dtc.feature_importances_,
42                           index=X.columns).sort_values(ascending=False)
43   feature_imp.plot(kind='bar')
44   plt.show()
```

执行结果

```
=============== RESTART: D:\Machine\ch26\ch26_7.py ===============
特征 : age                重要性 : 0.1164389438274118
特征 : workclass           重要性 : 0.03202612153347253
特征 : fnlwgt              重要性 : 0.20570199410539317
特征 : education           重要性 : 0.011720778353282639
特征 : educational-num     重要性 : 0.11442400149765325
特征 : marital-status      重要性 : 0.006556681237417319
特征 : occupation          重要性 : 0.05343122057801563
特征 : relationship        重要性 : 0.20009730397486838
特征 : race                重要性 : 0.01226450038194786
特征 : gender              重要性 : 0.0020050673887385363
特征 : capital-gain        重要性 : 0.11797103711396766
特征 : capital-loss        重要性 : 0.03922573586335592
特征 : hours-per-week      重要性 : 0.07437975640798249
特征 : native-country      重要性 : 0.013756857736433497
```

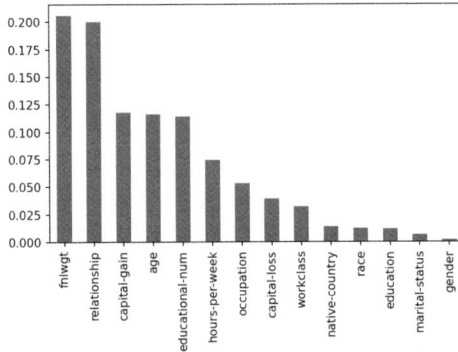

程序实例 ch26_8.py：应用决策树算法，使用 7 个重要特征，最后输出预测的准确度。

注　下列程序代码省略导入模块、读取数据、数据预处理。

```
25  # 使用所有特征训练决策树模型并计算特征重要性
26  X = data.drop('income', axis=1)
27  y = data['income']
28  dtc = DecisionTreeClassifier()
29  dtc = dtc.fit(X, y)
30  importances = dtc.feature_importances_
31  features = X.columns
32
33  # 获得最重要的7个特征
34  indices = np.argsort(importances)[-7:]
35  top_features = [features[i] for i in indices]
36
37  # 使用最重要的7个特征分割数据集并训练模型
38  X = data[top_features]
39  X_train, X_test, y_train, y_test = train_test_split(X, y, test_size=0.2,
40                                                       random_state=5)
41
42  dtc = DecisionTreeClassifier(random_state=5)
43  dtc = dtc.fit(X_train, y_train)
44
45  # 预测测试集的结果
46  y_pred = dtc.predict(X_test)
47
48  # 输出预测准确率
49  print(f"7个特征决策树 Accuracy : {accuracy_score(y_test, y_pred):.3f}")
```

执行结果

```
=============== RESTART: D:\Machine\ch26\ch26_8.py ===============
7个特征决策树 Accuracy : 0.797
```

　　上述程序第 34 行的 argsort( ) 方法可以得到排序 (从小到大) 的索引，此行后面的 [-7:] 切片，则可以得到从后往前数的 7 个索引，这相当于是前 7 大重要的索引值。第 35 行的生成式，则是可以得到 7 个重要特征。

　　最后得到的精确度是 0.797，这个结果没有 ch26_6.py 的结果好，所以可以忽略使用 7 个重要特征的决策树模型。

26-5-4 使用随机森林处理 adult.csv 文件

程序实例 ch26_9.py：使用随机森林算法，重新设计 ch26_6.py。

```
24  # 将数据集分割为训练集和测试集
25  X = data.drop('income', axis=1)
26  y = data['income']
27  X_train, X_test, y_train, y_test = train_test_split(X, y, test_size=0.2,
28                                                      random_state=5)
29
30  # 使用随机森林进行训练
31  rfc = RandomForestClassifier(n_estimators=100, random_state=5)
32  rfc = rfc.fit(X_train, y_train)
33
34  # 预测测试集的结果
35  y_pred = rfc.predict(X_test)
36
37  # 输出预测准确率
38  print(f"随机森林 Accuracy : {accuracy_score(y_test, y_pred):.3f}")
```

执行结果

```
==================== RESTART: D:\Machine\ch26\ch26_9.py ====================
随机森林 Accuracy : 0.857
```

从上述执行结果我们得到，使用随机森林可以获得比较准确的预估结果。

第 27 章
KNN 算法（以鸢尾花、小行星撞地球为例）

27-1 KNN 算法的基本概念

KNN 全名为 K-Nearest Neighbors(K- 最近邻) 算法，是一种基于实例的学习方法，非常直观且易于理解。其主要思维是对于新的输入实例，在训练集中找到与其最接近的 k 个实例，然后依据这 k 个实例的主要类别 (对于分类问题，可以参考 27-2 节) 或者平均值 (对于回归问题，可以参考 27-3 节) 来预测新实例的类别或者数值。整体步骤如下：

（1）计算新实例与训练集中每个实例之间的距离。

（2）将距离从小到大排序，选出最小的 k 个。

（3）对于分类问题，选取这 k 个实例中最多的类别作为新实例的类别；对于回归问题，选取这 k 个实例的平均值作为新实例的值。

需要注意的是，选择适当的 k 值和距离度量方法对于 KNN 的性能影响很大。若 k 值选得过小，会使模型过于复杂，对噪声敏感；若 k 值选得过大，则不能有效识别各类别之间的差异。此外，不同的距离度量方法 (如欧几里得距离、曼哈顿距离等) 可能会导致不同的结果。

总的来说，KNN 是一种简单而实用的机器学习算法，适用于解决各种分类和回归问题。然而，由于其需要计算新实例与所有训练实例之间的距离，因此计算成本可能会很高，特别是对于大数据集。因此，在实际使用时，我们可能需要进行一些优化，如使用树结构来存储训练实例，或者进行维度缩减等。

假设是使用 5 – Nearest Neighbor 方法，相当于 k=5，如图 27-1 所示。

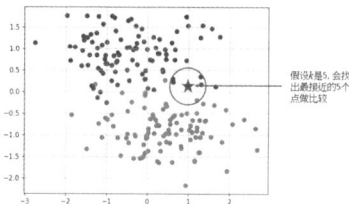

图 27-1　k=5

从上图可以看到最接近星星外形的 5 个点，其中有 4 个蓝点、1 个红点，所以依据 KNN 方法这个星星是归于蓝色点。KNN 是一个容易理解的算法，不过在使用 KNN 算法时需留意，k 值越大可以获得越精确的分类，但是所花的计算成本会比较高。

KNN 算法可以应用在分类和回归问题，概念如下：

● 分类问题：当应用于分类问题时，预测的类别取决于离新点最近的 k 个点的多数类别，此时所使用的方法是 KNeighborsClassifier( )。

● 回归问题：在回归问题中，预测的值是离新点最近的 k 个点的平均值，此时所使用的方法是 KNeighborsRegression( )。

27-2 电影推荐、足球射门——分类应用

27-2-1 认识语法与简单实例

要使用 KNN 算法应用在分类问题，首先需要导入模块，然后使用 KNeighborsClassifier( ) 建

立 KNN 分类器对象，这个对象就是 KNN 算法，应用在分类的机器学习模型的语法和主要参数如下：

from sklearn.neighbors import KNeighborsClassifier

…

knn = KNeighborsClassifier(n_neighbors)

上述语法中笔者是将 KNN 分类器的对象设为 knn，参数 n_neighbors 就是 k 值，此参数默认值是 5。有了 knn 对象后就可以呼叫 fit( ) 方法为数据做训练，程序代码如下：

knn.fit(data_train, label_train)　　# 建立训练模型

pred = knn.predict(data_test)　　　# 对测试数据做预测

程序实例 ch27_1.py：KNN 算法应用在分类的实例。

```
1  # ch27_1.py
2  from sklearn.neighbors import KNeighborsClassifier
3  X = [[0], [1], [2], [3]]
4  y = [0, 0, 1, 1]
5  knn = KNeighborsClassifier(n_neighbors=3)
6  knn.fit(X, y)
7
8  x = 1.1
9  print(f'x = {x} 分类是    : {knn.predict([[x]])}')
10 print(f'x = {x} 分类概率 : {knn.predict_proba([[x]])}')
11
12 x = 1.6
13 print(f'x = {x} 分类是    : {knn.predict([[x]])}')
14 print(f'x = {x} 分类概率 : {knn.predict_proba([[x]])}')
```

执行结果

```
==================== RESTART: D:\Machine\ch27\ch27_1.py ====================
x = 1.1 分类是    : [0]
x = 1.1 分类概率 : [[0.66666667 0.33333333]]
x = 1.6 分类是    : [1]
x = 1.6 分类概率 : [[0.33333333 0.66666667]]
```

上述对于点 1.1，最近的 3 个点是 1、0 和 2，其对应的 y 值分别为 0、0 和 1。由于 0 的票数多于 1(两票对一票)，所以对于点 1.1 的预测结果就是 0。对于点 1.6，最近的 3 个点是 1、2 和 3，其对应的 y 值分别为 0、1 和 1。由于 0 的票数少于 1(一票对两票)，所以对于点 1.6 的预测结果就是 1。

27-2-2　电影推荐

假设我们有一个电影数据库，其中的每部电影都有两个特征：动作程度和喜剧程度。这两个特征分别由 1 到 10 的分数表示，1 代表非常低，10 代表非常高。

现在我们有一位新用户 Kwei，我们知道他喜欢动作程度为 8，喜剧程度为 7 的电影。我们的任务是从数据库中推荐电影给 Kwei，使用 KNN 算法，我们可以这样做：

首先，计算 Kwei 喜爱的电影与数据库中所有电影之间的距离。这里的距离可以用欧几里得距离来表示：

$$\sqrt{(\text{动作程度})^2 + (\text{喜剧程度})^2}$$

接下来，选择距离最小的 k 个电影。假设我们选择的 k 值为 3，即我们选择距离 Kwei 喜爱的电影最近的三部电影。最后，我们查看这三部电影的类型 (如动作片、喜剧片、惊悚片等)，选择其中最多的类型作为推荐给 Kwei 的电影类型。例如，如果这三部电影有两部是动作片，一部是喜剧片，那么我们会推荐动作片给 Kwei。

这就是一个 KNN 在电影推荐系统中的简单应用。需要注意的是，实际的推荐系统可能会考虑更多的特征，并使用更复杂的距离度量方法和决策规则。

程序实例 ch27_2.py：简单推荐电影类型的应用，这个程序会用 movies 定义电影的特征，特征 1 是动作程度，分数是从 1 到 10 分，分数越高动作特征越强。特征 2 是喜剧程度，分数是从 1 到 10 分，分数越高喜剧特征越强。标签 labels 则是定义电影类型，0 代表动作片，1 代表喜剧片。假设 Kwei 的喜爱特征是 [6, 7]，然后使用 KNN 算法判断应该推荐的影片类别。

```
1   # ch27_2.py
2   from sklearn.neighbors import KNeighborsClassifier
3   import numpy as np
4
5   # 电影数据
6   movies = np.array([
7       [8, 7],      # 动作片1
8       [9, 8],      # 动作片2
9       [10, 9],     # 动作片3
10      [7, 6],      # 动作片4
11      [1, 2],      # 喜剧片1
12      [2, 1],      # 喜剧片2
13      [3, 4],      # 喜剧片3
14  ])
15
16  # 电影类型, 动作片为0, 喜剧片为1
17  labels = np.array([0, 0, 0, 0, 1, 1, 1])
18
19  # 创建KNN分类器, 选择3个最近邻
20  knn = KNeighborsClassifier(n_neighbors=3)
21
22  # 拟合模型
23  knn.fit(movies, labels)
24
25  # Kwei的电影偏好
26  Kwei_movies = np.array([6, 7]).reshape(1, -1)
27
28  # 预测Kwei的电影类型
29  prediction = knn.predict(Kwei_movies)
30
31  # 印出预测结果
32  if prediction == 0:
33      print("推荐动作片给Kwei")
34  else:
35      print("推荐喜剧片给Kwei")
```

执行结果

```
==================== RESTART: D:\Machine\ch27\ch27_2.py ====================
推荐动作片给Kwei
```

从上述执行结果可以看到，Kwei 的喜好是 [6, 7] 时，经过 KNN 预测是推荐动作片给 Kwei。

程序实例 ch27_3.py：扩充上述实例，增加电影名称，然后输出 Kwei 喜好最接近的 3 部电影。

```
1   # ch27_3.py
2   from sklearn.neighbors import KNeighborsClassifier
3   import numpy as np
4
5   # 电影数据
6   movies = np.array([
7       [8, 7],      # 动作片1
8       [9, 8],      # 动作片2
9       [10, 9],     # 动作片3
10      [7, 6],      # 动作片4
11      [1, 2],      # 喜剧片1
12      [2, 1],      # 喜剧片2
13      [3, 4],      # 喜剧片3
14  ])
15
16  # 电影类型, 动作片为0, 喜剧片为1
17  labels = np.array([0, 0, 0, 0, 1, 1, 1])
18
19  # 电影名称
20  movie_names = np.array([
21      "Mission Impossible",
22      "抢救雷恩大兵",
23      "玩命关头",
24      "雷神索尔",
25      "真善美",
26      "爱情停损点",
27      "双手的温柔"
28  ])
29
30  # 创建KNN分类器, 选择3个最近邻
31  knn = KNeighborsClassifier(n_neighbors=3)
```

```
32
33  # 拟合模型
34  knn.fit(movies, labels)
35
36  # Kwei的电影喜好
37  Kwei_movies = np.array([8, 7]).reshape(1, -1)
38
39  # 找出与 Kwei 电影喜好 最接近的3部电影
40  distances, indices = knn.kneighbors(Kwei_movies)
41  print(f'最接近喜好的距离 : {distances}')
42  print(f'最接近喜好的索引 : {indices}')
43  print('='*70)
44
45  # indices 是二维数组，转成列表 index
46  index = indices.flatten()
47
48  # 输出与Kwei喜好最接近的3部电影
49  print("输出 Kwei 喜好最接近的3部电影 : ")
50  for i in range(3):
51      print(f"{movie_names[index[i]]} {movies[index[i]]}")
```

执行结果

```
================== RESTART: D:\Machine\ch27\ch27_3.py ==================
最接近喜好的距离 : [[0.        1.41421356 1.41421356]]
最接近喜好的索引 : [[0 1 3]]
====================================================================
输出 Kwei 喜好最接近的3部电影 :
Mission Impossible [8 7]
抢救雷恩大兵 [9 8]
雷神索尔 [7 6]
```

上述程序第 40 行，使用了 KNeighbors 分类器的函数 kneighbors( )，这个函数分别返回 distances 和 indices，distances 是二维数组，内容是距离。indices 是与此程序有关的二维数组的索引，我们先前训练 KNN 分类器使用的 n_neighbors=3，所以会回传原始数据中 3 个最近距离的索引给 indices。第 46 行的 flatten( ) 是将二维数组转成列表，有了索引列表，第 51 行就可以输出相对应的影片和特征值。

27-2-3　足球射门是否进球

AI 已经充分应用在生活各个角落，这一节将讲解将 AI 应用在运动场上的实例。

程序实例 ch27_4.py：一个球员过去比赛中的射门距离是记录在 distance; 射门角度则是记录在 angle;goal 则记录是否踢进，0 表示没有踢进，1 表示踢进。现在由屏幕输入射门距离和角度，然后程序使用 KNN 算法预测是否踢进，同时输出踢进概率和没有踢进的概率。

```
1   # ch27_4.py
2   from sklearn.neighbors import KNeighborsClassifier
3   import numpy as np
4
5   # distance是射门距离, angle是射门角度, goal是否进球
6   distance = [10, 20, 10, 30, 20, 30, 15, 25, 20, 15]
7   angle = [30, 45, 60, 30, 60, 75, 45, 60, 75, 90]
8   goal = [1, 1, 0, 1, 0, 0, 1, 0, 0, 1]   # 0 是没进, 1 是进球
9
10  # 将数据整理成适合的格式
11  X = np.column_stack((distance, angle))
12  y = np.array(goal)
13
14  # 建立和训练模型
15  neigh = KNeighborsClassifier(n_neighbors=3)
16  neigh.fit(X, y)
17
18  # 获取用户输入的新球员数据
19  new_distance = float(input("请输入射门距离 (单位是公尺) : "))
20  new_angle = float(input("请输入射门角度 : "))
21  new_player = np.array([[new_distance, new_angle]])
22
23  # 预测球员是否能进球
24  prediction = neigh.predict(new_player)
25  prediction_proba = neigh.predict_proba(new_player)
26
27  # 输出结果
28  print(f"是否进球(0是没进, 1是进球) : {prediction}")
29  print(f"不进球机率            : {prediction_proba[0][0]:.3f}")
30  print(f"进球机率              : {prediction_proba[0][1]:.3f}")
```

353

执行结果

```
===============  RESTART: D:\Machine\ch27\ch27_4.py  ===============
请输入射门距离（单位是公尺）: 36
请输入射门角度: 63
是否进球(0是没进,1是进球) : [0]
不进球概率            : 1.000
进球概率             : 0.000
===============  RESTART: D:\Machine\ch27\ch27_4.py  ===============
请输入射门距离（单位是公尺）: 35
请输入射门角度: 48
是否进球(0是没进,1是进球) : [1]
不进球概率            : 0.333
进球概率             : 0.667
```

程序第 15 行设定了 n_neighbors = 3，所以这个程序会找寻最近的 3 个点，然后做判断。

27-2-4　绘制分类的决策边界

决策边界 (decision boundary) 是一种在特征空间中划分不同预测类别的界线。对于二元分类问题，决策边界将特征空间划分为两部分，一部分的所有点预测为类别 A，另一部分的所有点预测为类别 B。这一节将由简单的随机数散点图说起，一步一步讲解如何使用二维图形绘制决策边界。

程序实例 ch27_4_1.py：绘制散点图。

```
1  # ch27_4_1.py
2  from sklearn.datasets import make_blobs
3  import matplotlib.pyplot as plt
4
5  # 生成数据集
6  X, y = make_blobs(n_samples=200, centers=2, random_state=8)
7
8  plt.scatter(X[:,0], X[:,1], c=y, edgecolor='b')      # 显示散点图
9
10 # 显示图形
11 plt.show()
```

执行结果

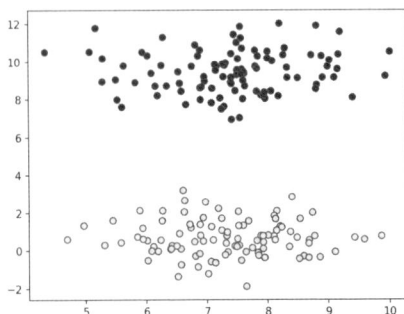

因为上述两组群集点分得很开，很容易执行分类，同时若是更改上述程序第 6 行的参数 random_state，可以获得不一样的随机数分布。

如果我们想要绘制决策边界，可以增加 Z 轴，此 Z 轴值就是每个 (X, Y) 点对应的分类，对应分类需使用 KNeighborsClassifier( )，建立 KNN 的机器学习模型，对坐标上的每一个点进行分类预估，然后可以使用 matplotlib 模块的填充等高线 contourf( ) 函数功能，绘制坐标所有点的填充等高线。

程序实例 ch27_4_2.py：使用 k = 3，扩充 ch27_4_1.py 绘制决策边界图形。

```
1   # ch27_4_2.py
2   from sklearn.datasets import make_blobs
3   from sklearn.neighbors import KNeighborsClassifier
4   import matplotlib.pyplot as plt
5   import numpy as np
6
7   # 生成数据集
8   X, y = make_blobs(n_samples=200, centers=2, random_state=8)
9
10  k = 3
11  knn = KNeighborsClassifier(n_neighbors = k)
12  knn.fit(X, y)
13
14  # 设置图形区域
15  x_min, x_max = X[:,0].min() - 1, X[:,0].max() + 1
16  y_min, y_max = X[:,1].min() - 1, X[:,1].max() + 1
17
18  # 产生所有平面的坐标点
19  xx, yy = np.meshgrid(np.arange(x_min, x_max, 0.01),
20                       np.arange(y_min, y_max, 0.01))
21
22  # 将 xx, yy 先扁平化再组成二维数组，然后预估分类
23  Z = knn.predict(np.c_[xx.ravel(), yy.ravel()])
24  Z = Z.reshape(xx.shape)          # 将 Z 与 xx 相同外形
25  plt.contourf(xx, yy, Z, alpha=0.3)          # 绘制填充等高线图
26
27  # 显示散点图
28  plt.scatter(X[:,0], X[:,1], c=y, edgecolor='b')
29
30  # 显示图形
31  plt.show()
```

执行结果

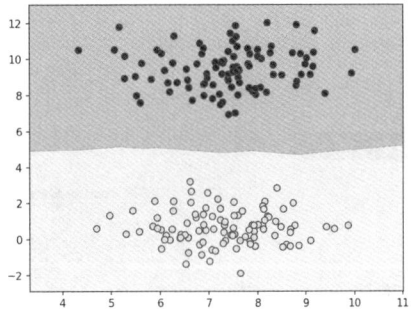

从上图可以很清楚地看到这个随机数决策边界的图形，其实这就是巧妙地使用 3D 等高线函数 contourf( )，绘制 2D 的图形，让我们可以很清楚地对数据执行分类，达到绘制决策边界的目的。上述程序中笔者特意使用容易划分决策边界的随机数，在真实的环境我们可能会遇上部分数据重叠，不容易执行分类绘制决策边界，这时我们可以适度调整 KNN 的 k 值，让分类可以采用多数决。

模块 matplotlib 中绘制等高线的方法有两个，分别如下：

contour(xx, yy, zz, alpha)：建立等高线，alpha 可以设定透明度。

contourf(xx, yy, zz, alpha)：建立等高线同时填充，alpha 可以设置透明度，这也是上述程序第 25 行所使用的方法。

程序实例 ch27_4_3.py： 扩充设计 ch27_4_2.py，这时使用的随机数种子是 30，同时测试 $k =$ 1, 3, 5, 7，然后绘制决策边界的分类图形。

```
1   # ch27_4_3.py
2   from sklearn.datasets import make_blobs
3   from sklearn.neighbors import KNeighborsClassifier
4   import matplotlib.pyplot as plt
5   import numpy as np
6
7   # 生成数据集
8   X, y = make_blobs(n_samples=200, centers=2, random_state=30)
9
10  # 设置图形区域
11  x_min, x_max = X[:,0].min() - 1, X[:,0].max() + 1
12  y_min, y_max = X[:,1].min() - 1, X[:,1].max() + 1
13
14  # 产生所有平面的坐标点
15  xx, yy = np.meshgrid(np.arange(x_min, x_max, 0.01),
16                       np.arange(y_min, y_max, 0.01))
17
18  k_values = [1, 3, 5, 7]                      # 设置 k 值列表
19
20  # 建立 4 个子图
21  fig, axs = plt.subplots(2, 2, figsize=(10, 10))
22
23  for k, ax in zip(k_values, axs.ravel()):     # 循环绘制分类图形
24      knn = KNeighborsClassifier(n_neighbors = k)
25      knn.fit(X, y)
```

```
26
27      # 将 xx, yy 先扁平化再组成二维数组，然后预估分类
28      Z = knn.predict(np.c_[xx.ravel(), yy.ravel()])
29      Z = Z.reshape(xx.shape)                    # 将 Z 与 xx 相同外形
30      ax.contourf(xx, yy, Z, alpha=0.3)          # 绘制填充等高线图
31
32      # 显示散点图
33      ax.scatter(X[:,0], X[:,1], c=y, edgecolor='b')
34      ax.set_title('KNN, Random_State=30, k={}'.format(k))
35
36  # 显示图形
37  plt.subplots_adjust(wspace=0.2, hspace=0.4)  # 调整子图之间的间距
38  plt.show()
```

执行结果

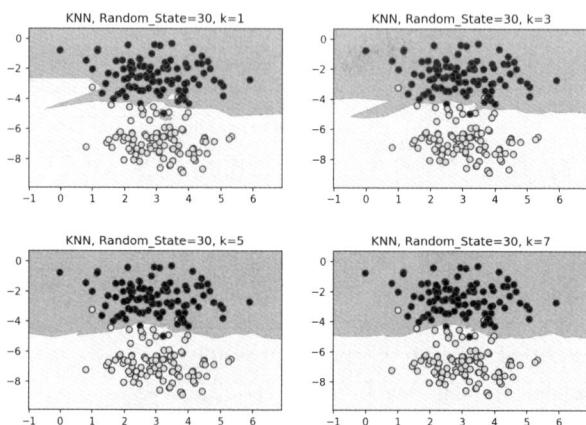

从上述图形可以看到部分数据点是重叠的，当 $k = 1$ 时，会造成决策边界图形对于异常值、错误标记值等非常敏感，所以图形会有尖锐结果，其实这就是过度拟合。当 k 值逐步放大时，可以看到边界图形尖锐部分变得缓和，因此未来可以比较正确地进行分类。不过我们须留意，若是 k 值放大到很大时，会有欠拟合的问题。

　　程序实例 ch27_4_4.py：将 k 值改为 5, 7, 29, 49，观察欠拟合的结果。

```
18  k_values = [5, 7, 29, 49]                    # 设定 k 值列表
```

执行结果

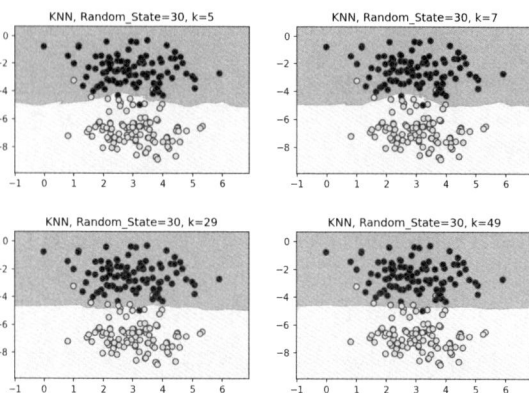

当 $k = 49$ 时，可以看到有几个点分类错误。其实 KNN 算法关键点就是找到 k 值，找到最适

合的 *k* 值就能获得最好的分类。

27-2-5　多分类模型的准确率分析

在真实的数据中，可能会有多分类的情形，下面实例是用随机数做分类，同时输出准确率。

程序实例 ch27_4_5.py：扩充设计 ch27_4_2.py，设置 *k* = 3，随机数数量 n_samples 改为 500，centers 改为 5。

> 注　这只是随机数的测试，笔者省略了将数据切割为训练数据与测试数据的部分。

```python
1   # ch27_4_5.py
2   from sklearn.datasets import make_blobs
3   from sklearn.neighbors import KNeighborsClassifier
4   from sklearn.metrics import accuracy_score
5   import matplotlib.pyplot as plt
6   import numpy as np
7
8   # 生成数据集
9   X, y = make_blobs(n_samples=500, centers=5, random_state=8)
10
11  k = 3
12  knn = KNeighborsClassifier(n_neighbors = k)
13  knn.fit(X, y)
14
15  # 设置图形区域
16  x_min, x_max = X[:,0].min() - 1, X[:,0].max() + 1
17  y_min, y_max = X[:,1].min() - 1, X[:,1].max() + 1
18
19  # 产生所有平面的坐标点
20  xx, yy = np.meshgrid(np.arange(x_min, x_max, 0.01),
21                       np.arange(y_min, y_max, 0.01))
22
23  # 将 xx, yy 先扁平化再组成二维数组，然后预估分类
24  Z = knn.predict(np.c_[xx.ravel(), yy.ravel()])
25  Z = Z.reshape(xx.shape)                 # 将 Z 与 xx 相同外形
26  plt.contourf(xx, yy, Z, alpha=0.3)      # 绘制填充等高线图
27
28  # 显示散点图
29  plt.scatter(X[:,0], X[:,1], c=y, edgecolor='b')
30
31  y_pred = knn.predict(X)                 # 用模型进行预测
32  accuracy = accuracy_score(y, y_pred)
33  print(f'准确率 : {accuracy:.3f}')
34
35  # 显示图形
36  plt.show()
```

执行结果

```
================= RESTART: D:\Machine\ch27\ch27_4_5.py =================
准确率 : 0.952
```

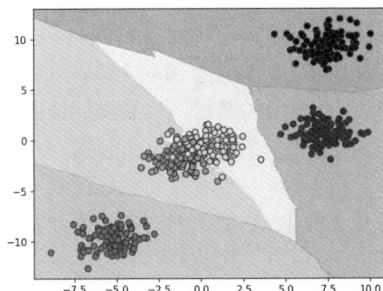

上述有错误分类，是因为数据本身是重叠的。

27-3 房价计算、选举准备香肠——回归应用

27-3-1 认识语法与简单实例

在回归问题中，KNN 算法的目标是预测一个数值，而不是类别。其基本思维是对于一个新的输入实例，找出训练集中与其最接近的 k 个实例，然后取这 k 个实例的目标数值的平均值作为新实例的预测值。

要将 KNN 算法应用在回归问题，首先需要导入模块，然后使用 KNeighborsRegression( ) 建立 KNN 分类器对象，这个对象就是 KNN 算法，应用在回归的机器学习模型语法和主要参数如下：

from sklearn.neighbors import KNeighborsRegression

…

knn = KNeighborsRegression(n_neighbors)

上述语法是将 KNN 分类器的对象设为 knn，参数 n_neighbors 就是 k 值，此参数默认值是 5。有了 knn 对象后就可以呼叫 fit( ) 方法为数据做训练，程序代码如下：

knn.fit(data_train, label_train)　　# 建立训练模型

pred = knn.predict(data_test)　　# 对测试数据做预测

程序实例 ch27_5.py：KNN 算法应用在回归的实例。

```
1   # ch27_5.py
2   from sklearn.neighbors import KNeighborsRegressor
3
4   X = [[0], [1], [2], [3]]
5   y = [0, 0, 1, 2]
6
7   knn = KNeighborsRegressor(n_neighbors=2)
8   knn.fit(X, y)
9
10  x = 1.5
11  print(f'x = {x} --> {knn.predict([[x]])}')
12  x = 2.5
13  print(f'x = {x} --> {knn.predict([[x]])}')
```

执行结果

```
===================== RESTART: D:/Machine/ch27/ch27_5.py =====================
x = 1.5 --> [0.5]
x = 2.5 --> [1.5]
```

在这个例子中，我们先创建了一个 k- 近邻回归模型，第 7 行 k(邻居数) 设置为 2(n_neighbors = 2)，然后将该模型适配到给定的数据。然后我们试图预测新点 (在这里是 1.5) 的值。对于点 1.5，最近的 2 个点是 1 和 2，它们的对应的 y 值分别为 0 和 1。因此，点 1.5 的预测值将是这两个 y 值的平均值，即 0.5。

对于点 2.5，最近的 2 个点是 2 和 3，它们的对应的 y 值分别为 1 和 2。因此，点 2.5 的预测值将是这两个 y 值的平均值，即 1.5。

27-3-2 房价计算

程序实例 ch27_6.py：房价预估，这个程序有一系列房子面积和房价数据，然后用这些数据预估 110 平方米，房子的价格。

```
1  # ch27_6.py
2  from sklearn.neighbors import KNeighborsRegressor
3  import numpy as np
4
5  # 训练数据，例如房子的面积（单位：平方米）
6  X_train = np.array([50, 80, 120, 150, 200, 250, 300]).reshape(-1, 1)
7
8  # 目标数值，例如房价（单位：万元）
9  y_train = np.array([180, 280, 360, 420, 580, 720, 850])
10
11  # 创建KNN回归模型，选择3个最近邻
12  knn_reg = KNeighborsRegressor(n_neighbors=3)
13
14  # 拟合模型
15  knn_reg.fit(X_train, y_train)
16
17  # 预测新的房子的价格
18  X_new = np.array([110]).reshape(-1, 1)
19  y_pred = knn_reg.predict(X_new)
20
21  # 印出预测结果
22  print(f"{X_new[0,0]} 平方米的房子预估价格为：{y_pred[0]:.2f} 万元")
```

執行結果

```
==================== RESTART: D:\Machine\ch27\ch27_6.py ====================
110 平方米的房子预估价格为：353.33 万元
```

上述程序中有一个自变量，如果我们扩充到两个自变量，概念一样。

程序设计 ch27_7.py：扩充 ch27_6.py，增加屋龄当作自变量，计算面积是 180 平方米，屋龄是 7 年的房价。

```
1  # ch27_7.py
2  from sklearn.neighbors import KNeighborsRegressor
3  import numpy as np
4
5  # 训练数据，例如房子的面积（单位：平方米）和房龄（年）
6  X_train = np.array([[50, 15], [80, 10], [120, 5], [150, 3],
7                      [200, 2], [250, 1], [300, 0.5]])
8
9  # 目标数值，例如房价（单位：万元）
10  y_train = np.array([180, 280, 360, 420, 580, 720, 850])
11
12  # 创建KNN回归模型，选择3个最近邻
13  knn_reg = KNeighborsRegressor(n_neighbors=3)
14
15  # 拟合模型
16  knn_reg.fit(X_train, y_train)
17
18  # 预测新的房子的价格
19  X_new = np.array([[180, 7]])   # 面积为180平方米，房龄为7年
20  y_pred = knn_reg.predict(X_new)
21
22  # 输出预测结果
23  print(f"{X_new[0,0]}平方米，{X_new[0,1]}年的房价预估：{y_pred[0]:.2f}万元")
```

執行結果

```
==================== RESTART: D:\Machine\ch27\ch27_7.py ====================
180平方米，7年的房价预估：453.33万元
```

27-3-3　选举造势与准备烤香肠数量

台湾选举造势的场合也是流动摊商最喜欢的聚集地，摊商最希望的是准备充足的食物，活动结束可以完售，赚一笔钱。热门的食物是烤香肠，而到底需准备多少香肠常是摊商老板要思考的问题。

其实我们可以将这一个问题也使用 KNN 算法处理，表 27-1 是笔者针对此设计的特征值表，其中几个特征值概念如下，假日指数指的是平日或周末，周一至周五评分为 0，周六为 2(第 2 天仍是休假日，所以参加的人更多)，周日或放假的节日为 1。造势力度是指媒体报道此活动或活动营销力度可以分为 0 ~ 5 分，数值越大造势力度越强。气候指数是指天气状况，如果下雨或天气太热可能参加的人会少，适温则参加的人会多，笔者一样分成 0 ~ 5 分，数值越大表示气候佳，参加活动的人会越多。最后我们也列出过往销售纪录，由过去销售纪录再计算可能的销售，然后依此准备香肠。

表 27-1　特征值

假日指数	造势力度	气候指数	过往纪录
0，1，2	0 ~ 5	0 ~ 5	实际销量

如果过往纪录是周六，造势力度是 3，气候指数是 3，可以销售 200 条香肠，此时可以用下列函数表示：

$f(1, 3, 3) = 200$

下列是一些过往的纪录：

$f(0, 3, 3) = 100$	$f(2, 4, 3) = 250$	$f(2, 5, 5) = 350$
$f(1, 4, 2) = 180$	$f(2, 3, 1) = 170$	$f(1, 5, 4) = 300$
$f(0, 1, 1) = 50$	$f(2, 4, 3) = 275$	$f(2, 2, 4) = 230$
$f(1, 3, 5) = 165$	$f(1, 5, 5) = 320$	$f(2, 5, 1) = 210$

在程序设计中，我们使用新的数组纪录销售数字。

程序实例 ch27_8.py：明天是 12 月 29 日星期天，依据天气预报气候指数是 2，有一个强力的造势场所，造势力度评分是 5，这时函数是 $f(1, 5, 2)$，现在摊商碰上的问题是需要准备多少香肠。这类问题我们可以用 KNN 算法，此例中 $k=5$。

```
1  # ch27_8.py
2  from sklearn.neighbors import KNeighborsRegressor
3  import numpy as np
4
5  # 训练数据，
6  X_train = np.array([[0, 3, 3], [2, 4, 3], [2, 5, 6], [1, 4, 2],
7                      [2, 3, 1], [1, 5, 4], [0, 1, 1], [2, 4, 3],
8                      [2, 2, 4], [1, 3, 5], [1, 5, 5], [2, 5, 1]])
9
10 # 目标数值，销售香肠数
11 y_train = np.array([100, 250, 350, 180, 170, 300, 50,
12                     275, 230, 165, 320, 210])
13
14 # 创建KNN回归模型，选择 5 个最近邻
15 knn_reg = KNeighborsRegressor(n_neighbors=5)
16
17 # 拟合模型
18 knn_reg.fit(X_train, y_train)
19
20 # 预测应该准备的香肠数
21 X_new = np.array([[1, 5, 2]])
22 y_pred = knn_reg.predict(X_new)
23
24 # 印出结果
25 print(f"应该准备 {int(y_pred[0])} 根香肠")
```

执行结果

```
===================== RESTART: D:\Machine\ch27\ch27_8.py =====================
应该准备 243 根香肠
```

经过上述运算，我们得到明天须在造势场所准备 243 根香肠。

27-3-4 KNN 模型的回归线分析

27-2-4 节笔者绘制了分类图形，KNN 的概念也可以应用在回归分析，也就是使用 KNN 概念绘制"回归曲线"，用这个曲线我们可以预测新的、未见过的数据。比较特别的是，在 KNN 回归中，当邻居数量 (k 值) 变化时，回归曲线的形状会有所不同，从而影响模型的预测能力。

程序实例 ch27_8_1.py：使用 make_regression( ) 建立 100 个样本，此样本的 noise 是 20，随机数种子 random_state 是 10，最后绘制此散点图。

```
1  # ch27_8_1.py
2  import matplotlib.pyplot as plt
3  from sklearn.datasets import make_regression
4
5  # 生成线性数据集
6  X, y = make_regression(n_features=1, noise=20, random_state=10)
7
8  plt.scatter(X, y, c='y', edgecolor='b')            # 显示散点图
9  plt.show()
```

执行结果

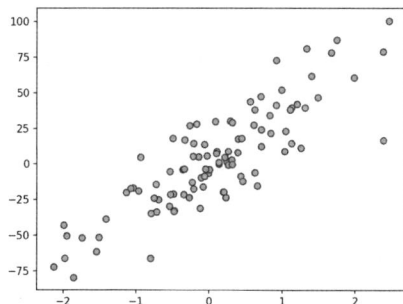

如果我们想要做回归线分析，可以对 x 轴最大值与最小值间切割成许多点，然后计算这些点 KNN 模型的预估值，最后将这些点联机，这就是 KNN 模型的回归线。

程序实例 ch27_8_2.py：k 值分别取 2, 3, 4, 5，然后绘制 KNN 的回归线，同时计算 R 平方判定系数，这样可以得到当 k 等于多少时可以获得最好的模型。

```
1   # ch27_8_2.py
2   import matplotlib.pyplot as plt
3   from sklearn.datasets import make_regression
4   from sklearn.neighbors import KNeighborsRegressor
5   import numpy as np
6
7   plt.rcParams["font.family"] = ["Microsoft JhengHei"]
8   plt.rcParams["axes.unicode_minus"] = False  # 负数符号
9
10  # 生成线性数据集
11  X, y = make_regression(n_features=1, noise=20, random_state=10)
12
13  k_values = [2, 3, 4, 5]
14
15  fig, axs = plt.subplots(2, 2, figsize=(10, 10))
```

```
16
17  # 建立区间 X 轴内含 300 个点
18  xx = np.linspace(X.min(), X.max(), 300).reshape(-1,1)
19
20  for k, ax in zip(k_values, axs.ravel()):
21      knn = KNeighborsRegressor(n_neighbors=k)          # 建立KNN对象
22      knn.fit(X, y)                                     # 拟合 KNN 模型
23
24      r2 = knn.score(X, y)                              # R平方系数
25      print(f'k={k}, R平方系数 : {r2:.3f}')
26
27      yy = knn.predict(xx)                              # 预估 Y 轴值
28      ax.plot(xx, yy)                                   # 绘制回归线
29      ax.scatter(X, y, c='y', edgecolor='b')           # 显示散点图
30      ax.set_title(f'KNN-Regression, k={k}, R平方系数={r2:.3f}')
31
32  plt.subplots_adjust(wspace=0.2, hspace=0.4)   # 调整子图之间的间距
33  plt.show()
```

执行结果

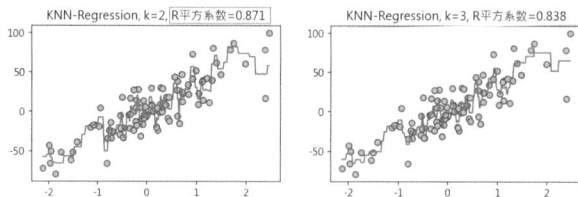

从上述执行结果可以得到，当 $k=2$ 时，R 平方判定系数是 0.871，即整个模型的绩效是最好的。

27-4 鸢尾花数据——分类应用

27-4-1 认识鸢尾花数据集

在数据分析领域有一组很有名的数据集 iris.csv，这是由美国植物学家艾德加·安德森 (Edgar Anderson) 在加拿大 Gaspesie 半岛实际测量鸢尾花所采集的数据。后来此数据集在 1936 年由英国统计学家、生物学家罗讷德·费雪所搜集和分析，同时他在论文中提出线性判别分析法时使用的实例。图 27-2 是关于鸢尾花的花瓣长度、花瓣宽度、花萼长度与花萼宽度的说明。

图 27-2　鸢尾花

总共有 150 笔数据，在这个数据集中总共有 5 个字段，其中 4 个字段可以想成是特征 (自变量)，域名代表意义分别如下：

● sepal length(cm)：花萼长度。
● sepal width(cm)：花萼宽度。
● petal length(cm)：花瓣长度。
● petal width(cm)：花瓣宽度。

第 5 个字段是标记鸢尾花的类别 (species)，也可以称作标签，如下：

● 0：setosa(山鸢尾花)。
● 1：versicolor(变色鸢尾)。
● 2：virginica(弗吉尼亚鸢尾)。

27-4-2　输出数据集

从上一小节可以知道鸢尾花数据集有 150 个样本，鸢尾花数据集相关属性说明如下：

● iris.feature_names：特征值名称。
● iris.data：鸢尾花特征值内容。
● iris.target：目标值，这里是指鸢尾花分类。
● iris.DESCR：描述特征值名称。

程序实例 ch27_9.py：输出鸢尾花样本外形、特征值名称，并描述特征值。

执行结果

```
1  # ch27_9.py
2  from sklearn import datasets
3
4  # 加载鸢尾花数据集
5  iris = datasets.load_iris()
6  print(f"自变量  样本外形 : {iris.data.shape}")
7  print(f"目标变量样本外形 : {iris.target.shape}")
8
9  # 输出特征值名称
10 print("特征值名称")
11 print(iris.feature_names)
12
13 # 描述特征值名称
14 print("描述特征值名称")
15 print(iris.DESCR)
```

27-4-3　用 Pandas 显示鸢尾花数据

程序实例 ch27_10.py：将鸢尾花数据转成 Pandas，然后显示前 5 笔数据。

```
1  # ch27_10.py
2  import pandas as pd
3  from sklearn import datasets
4
5  # 加载鸢尾花数据集
6  iris = datasets.load_iris()
7
8  pd.set_option('display.max_columns', None)  # 显示所有字段
9  pd.set_option('display.width', 200)         # 设定显示宽度
10
11 df = pd.DataFrame(iris.data, columns=iris.feature_names)
12 df['Species'] = iris.target          # 加上目标字段的鸢尾花标记
13 print(df.head())
```

执行结果

```
=============== RESTART: D:/Machine/ch27/ch27_10.py ===============
  sepal length (cm) sepal width (cm) petal length (cm) petal width (cm) Species
0               5.1              3.5              1.4              0.2        0
1               4.9              3.0              1.4              0.2        0
2               4.7              3.2              1.3              0.2        0
3               4.6              3.1              1.5              0.2        0
4               5.0              3.6              1.4              0.2        0
```

27-4-4　映射标签

在正式介绍绘制任意两字段数据分布图前，笔者先介绍 Pandas 模块的 map( ) 方法，它用于将字典应用于一个 Series 的每个元素。

程序实例 ch27_11.py：将字典应用在 Series 的每个元素，0 映射为 "setosa"，1 映射为 "versicolor"、2 映射为 "virginica"。

```
1  # ch27_11.py
2  import pandas as pd
3  iris = pd.Series([0, 1, 2])
4  print(f"执行 map() 前 \n{iris}")
5  iris = iris.map({0:'setosa',1: 'versicolor',2: 'virginica'})
6  print(f"执行 map() 后 \n{iris}")
```

执行结果

```
=============== RESTART: D:\Machine\ch27\ch27_11.py ===============
执行 map() 前
0    0
1    1
2    2
dtype: int64
执行 map() 后
0       setosa
1    versicolor
2    virginica
dtype: object
```

程序实例 ch27_12.py：将鸢尾花的数字标签转为文字标签，先输出前 5 个样本，然后输出各花种的数量。

```
1  # ch27_12.py
2  from sklearn.datasets import load_iris
3  import pandas as pd
4
5  # 加载鸢尾花数据集
6  iris = load_iris()
7
8  df = pd.DataFrame(iris.data, columns=iris.feature_names)
9  df['species'] = iris.target
10
11 # 将数字标签转换为文字标签
12 df['species'] = df['species'].map({0:'setosa',1:'versicolor',2:'virginica'})
13 print(df.head())
14 print(df.groupby('species').size())
```

执行结果

```
=============== RESTART: D:/Machine/ch27/ch27_12.py ===============
  sepal length (cm) sepal width (cm) ... petal width (cm) species
0               5.1              3.5 ...              0.2  setosa
1               4.9              3.0 ...              0.2  setosa
2               4.7              3.2 ...              0.2  setosa
3               4.6              3.1 ...              0.2  setosa
4               5.0              3.6 ...              0.2  setosa

[5 rows x 5 columns]
species
setosa        50
versicolor    50
virginica     50
dtype: int64
```

27-4-5　绘制特征变量的散点图

Seaborn 模块的 scatterplot( ) 可以用 Pandas 模块的 DataFrame 绘制特征散点图，此函数语法如下：

import seaborn as sns

…

sns.scatterplot(x='x_column', y='y_column', data=dataframe, hue, markers)

上述参数，'x_column' 和 'y_column' 是你要在 x 轴和 y 轴上表示的数据框 (dataframe) 中的域名。scatterplot( ) 函数还有一些其他的参数，包括：

● hue: 可以将一个类别变量指定为参数 hue ，来在同一个坐标轴中用不同的颜色表示不同的类别。

● style: 可以将一个类别变量指定为参数 style ，来用不同的点样式表单示不同的类别。

程序实例 ch27_13.py：绘制花萼长度 vs 花萼宽度的散点图。

```
1  # ch27_13.py
2  import matplotlib.pyplot as plt
3  import seaborn as sns
4  from sklearn.datasets import load_iris
5  import pandas as pd
6
7  # 加载鸢尾花数据集
8  iris = load_iris()
9
10 # 将数据集转换为 DataFrame 格式，方便后续绘图
11 df = pd.DataFrame(iris.data, columns=iris.feature_names)
12 df['species'] = iris.target
13
14 # 将数字标签转换为文字标签
15 df['species'] = df['species'].map({0:'setosa',1: 'versicolor',2: 'virginica'})
16
17 # 用 seaborn 的 scatterplot()绘制散点图，hue 参数表示按照哪个特征进行颜色区分
18 plt.rcParams["font.family"] = ["Microsoft JhengHei"]
19 sns.scatterplot(data=df, x='sepal length (cm)', y='sepal width (cm)',
20                 style='species', hue='species')
21
22 plt.title("花萼长度(sepal length) vs 花萼宽度(sepal width)")
23 plt.show()
```

执行结果

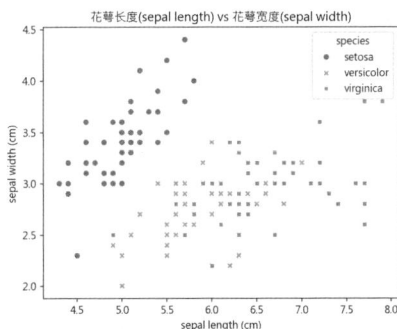

上述程序第 19 行 scatterplot( ) 是绘制一对特征的散点图，从上述"花萼长度 (sepal length) vs 花萼宽度 (sepal width)"的特征散点图，我们可以很容易区分"setosa"品种的花。但是"versicolor"和"virginica"品种则比较难以区分，我们也可以说这两个特征，关联性不强，对"versicolor"和"virginica"品种区分没有帮助。

Seaborn 模块的 pairplot( ) 函数会对数据集中的每对变量绘制散点图，对角线则会绘制每个变量的直方图或密度图，它非常适合快速查看数据集中的所有成对关系，此函数语法如下：

import seaborn as sns

...

sns.pairplot(data, hue, vars, kind, diag_kind)

上述参数 data 是一个 DataFram，包含了你想要绘制的数据。此外，pairplot( ) 函数还有一些其他的参数：

● hue：可以指定一个变量名，根据这个变量的不同取值绘制不同的颜色。

● vars：可以指定一组变量名，只绘制这些变量之间的关系。

● kind: 可以是 'scatter' 或 'reg'，指定非对角线的图形是散点图还是带有回归线的散点图，默认是 'scatter' 散点图。

● diag_kind: 可以是 'hist' 或 'kde'，指定对角线的图形是直方图还是核密度估计图，默认是直方图。如果参数 hue 也被设定的话，则会绘制核密度 (Kernel Density Estimation，简称 KDE) 估计图，这是一种非参数的方式来估计一个变量的概率密度函数。核密度估计是一种平滑的技术，用于处理变量的数据分布。它可以用来可视化单变量或多变量的数据，并且在数据分析中经常被用来处理连续的数据。在 seaborn 等数据可视化工具中，核密度估计通常被用来绘制比直方图更平滑的数据分布图。

程序实例 ch27_14.py：使用 pairplot( ) 绘制 "花萼长度 (sepal length) vs 花瓣长度 (petal length)" 的散点图。

执行结果

```
1   # ch27_14.py
2   import matplotlib.pyplot as plt
3   import seaborn as sns
4   from sklearn.datasets import load_iris
5   import pandas as pd
6
7   # 加载鸢尾花数据集
8   iris = load_iris()
9
10  # 将数据集转换为 DataFrame 格式，方便后续绘图
11  df = pd.DataFrame(iris.data, columns=iris.feature_names)
12  df['species'] = iris.target
13
14  # 将数字标签转换为文字标签
15  df['species'] = df['species'].map({0:'setosa',1:'versicolor',2:'virginica'})
16
17  # 使用 seaborn 的 pairplot 函数绘制 sepal length 和 petal length 两个特征的图形
18  sns.pairplot(df, vars=['sepal length (cm)','petal length (cm)'],hue='species')
19
20  plt.show()
```

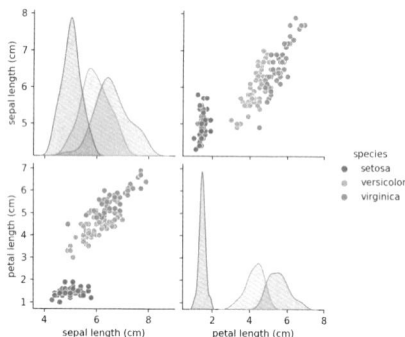

从上述 "花萼 (sepal) 长度 vs 花瓣 (petal) 长度" 的特征散点图，我们可以比较容易区分三种品种的鸢尾花。此外，可以发现散点图在左下和右上，这表示它们之间的关联性很强。左上和右下是核密度图。设计机器学习模型时，绘制所有特征变量的散点图，也是一个认识数据特征的好方法。

程序实例 ch27_15.py：绘制所有配对特征的散点图，然后观察执行结果。

```
1   # ch27_15.py
2   import matplotlib.pyplot as plt
3   import seaborn as sns
4   from sklearn.datasets import load_iris
5   import pandas as pd
6
7   # 加载鸢尾花数据集
8   iris = load_iris()
9
10  # 将数据集转换为 DataFrame 格式，方便后续绘图
```

```
11  df = pd.DataFrame(iris.data, columns=iris.feature_names)
12  df['species'] = iris.target
13
14  # 将数字标签转换为文字标签
15  df['species'] = df['species'].map({0:'setosa',1:'versicolor',2:'virginica'})
16
17  # 使用 seaborn 的 pairplot 函数绘制所有特征的配对散点图
18  sns.pairplot(df, hue='species')
19
20  plt.show()
```

执行结果

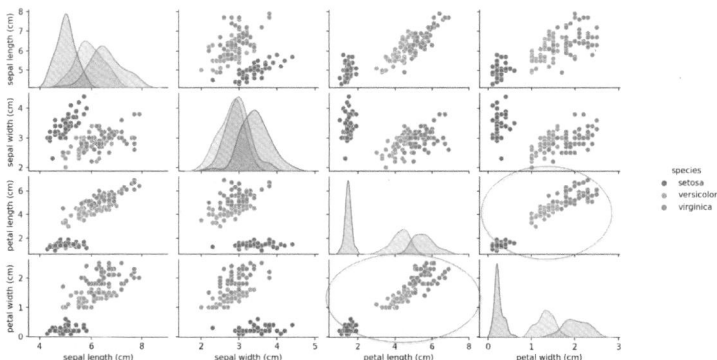

读者可以从上述各特征配对散点图了解特征间的关联性。从上述圈起来的配对图，可以看到
"花瓣长度 (petal length) vs 花瓣宽度 (petal width)" 的配对散点图是从左下到右上，这可以知道它
们的关联性非常好。有些比较乱，表示关联性不佳。

27-4-6　绘制鸢尾花的决策边界

鸢尾花有三个类别，所以这一节实例就是绘制三个类别的决策边界。

程序实例 ch27_16.py：使用 KNN 算法，设置 k = 1，绘制 x 轴是花萼长度 (sepal length)，y
轴是花萼宽度 (sepal width) 的决策边界。

```
1  # ch27_16.py
2  from sklearn.datasets import load_iris
3  from sklearn.neighbors import KNeighborsClassifier
4  import matplotlib.pyplot as plt
5  import numpy as np
6
7  plt.rcParams["font.family"] = ["Microsoft JhengHei"]
8
9  # 下载 iris 数据集
10  iris = load_iris()
11  X = iris.data[:, :2]    # 只取前两个特征,即sepal length和sepal width
12  y = iris.target
13
14  k = 1
15  knn = KNeighborsClassifier(n_neighbors=k)
16  knn.fit(X, y)
17
18  # 设置图形区域
19  x_min, x_max = X[:,0].min() - 1, X[:,0].max() + 1
20  y_min, y_max = X[:,1].min() - 1, X[:,1].max() + 1
21
22  # 产生所有平面的坐标点
23  xx, yy = np.meshgrid(np.arange(x_min, x_max, 0.01),
24                       np.arange(y_min, y_max, 0.01))
25
26  # 将 xx, yy 先扁平化再组成二维数组, 然后预估分类
27  Z = knn.predict(np.c_[xx.ravel(), yy.ravel()])
28  Z = Z.reshape(xx.shape)              # 将 Z 与 xx 相同外形
29  plt.contourf(xx, yy, Z, alpha=0.3)        # 绘制填充等高线图
30
31  # 显示散点图
32  scatter = plt.scatter(X[:,0], X[:,1], c=y, edgecolor='b')
```

```
33
34    # 增加图例
35    handles, labels = scatter.legend_elements()
36    plt.legend(handles, iris.target_names, title="鸢尾花品种")
37
38    plt.title('KNN for 鸢尾花Iris, k = 1')
39    plt.xlabel('花萼长度sepal length')
40    plt.ylabel('花萼宽度sepal width')
41    plt.show()
```

执行结果

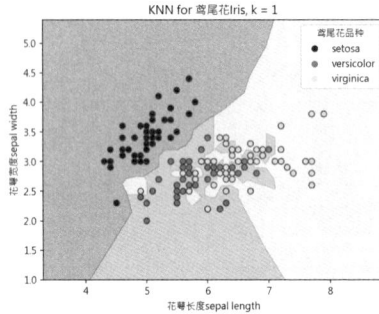

由于上述程序中设置了 $k = 1$，所以绘制决策边界时有部分异常值，造成属于 versicolor 品种区域内有 virginica 的品种区块，这个现象称"过拟合"，这些异常值也可以被称作数据噪声。如果将 k 值往上提升，就可以缓和此种现象，不过会有比较多的点被错误分类。

程序实例 ch27_17.py：使 $k = 3, 5, 29, 49$，重新设计 ch27_16.py，观察鸢尾花的决策边界。

```
1     # ch27_17.py
2     from sklearn.datasets import load_iris
3     from sklearn.neighbors import KNeighborsClassifier
4     import matplotlib.pyplot as plt
5     import numpy as np
6
7     plt.rcParams["font.family"] = ["Microsoft JhengHei"]
8     # 下载 iris 数据集
9     iris = load_iris()
10    X = iris.data[:, :2]    # 只取前两个特征,即sepal length和sepal width
11    y = iris.target
12
13    # 设置图形区域
14    x_min, x_max = X[:,0].min() - 1, X[:,0].max() + 1
15    y_min, y_max = X[:,1].min() - 1, X[:,1].max() + 1
16
17    # 产生所有平面的坐标点
18    xx, yy = np.meshgrid(np.arange(x_min, x_max, 0.01),
19                         np.arange(y_min, y_max, 0.01))
20
21    fig, axs = plt.subplots(2, 2, figsize=(10, 10))
22    k_values = [3, 5, 29, 49]
23    for k, ax in zip(k_values, axs.ravel()):
24        knn = KNeighborsClassifier(n_neighbors=k)
25        knn.fit(X, y)
26        # 将 xx, yy 先扁平化再组成二维数组, 然后预估分类
27        Z = knn.predict(np.c_[xx.ravel(), yy.ravel()])
28        Z = Z.reshape(xx.shape)                # 将 Z 与 xx 相同外形
29        ax.contourf(xx, yy, Z, alpha=0.3)      # 绘制填充等高线图
30
31        # 显示散点图
32        scatter = ax.scatter(X[:,0], X[:,1], c=y, edgecolor='b')
33
34        # 增加图例
35        handles, labels = scatter.legend_elements()
36        ax.legend(handles, iris.target_names, title="鸢尾花品种")
37        ax.set_title(f'KNN for 鸢尾花Iris, k = {k}')
38        ax.set_xlabel('花萼长度sepal length')
39        ax.set_ylabel('花萼宽度sepal width')
40
41    plt.subplots_adjust(wspace=0.2, hspace=0.4)  # 调整子图之间的间距
42    plt.show()
```

执行结果

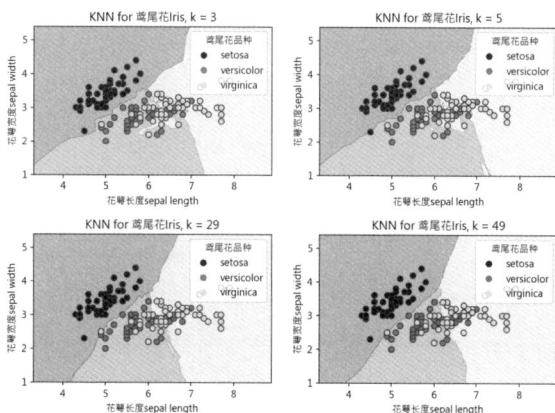

从上述执行结果可以看到，当 k 值增加时，决策边界会变缓和，同时分类区域内将不会有其他品种的区块。不过也造成了比较多点被错误分类，这个现象称"欠拟合"。

27-4-7 计算最优的 k 值

当我们使用 KNN 算法时，若是想要计算最佳 k 值，可以使用循环将 k 值代入 KNeighborsClassifier( ) 方法，针对每一个 k 值使用 accuracy_score( ) 计算准确度。

程序实例 ch27_18.py：计算 k 值在 $1 \sim 100$ 区间，间距是 2 时的准确率，然后输出准确率，同时绘制图表。

```
1  # ch27_18.py
2  from sklearn.datasets import load_iris
3  from sklearn.model_selection import train_test_split
4  from sklearn.neighbors import KNeighborsClassifier
5  from sklearn.metrics import accuracy_score
6  import matplotlib.pyplot as plt
7
8  plt.rcParams["font.family"] = ["Microsoft JhengHei"]
9  # 下载 iris 数据集
10 iris = load_iris()
11 X = iris.data
12 y = iris.target
13
14 # 分割数据集为训练集和测试集
15 X_train, X_test, y_train, y_test = train_test_split(X, y,
16                                    test_size=0.2, random_state=42)
17
18 # 设置一个储存所有准确度的列表
19 accuracy_scores = []
20
21 # 循环设置 k = 1 到 100, step是 2
22 k_values = list(range(1, 100, 2))
23 for k in k_values:
24     knn = KNeighborsClassifier(n_neighbors=k)
25     knn.fit(X_train, y_train)         # 训练模型
26
27     y_pred = knn.predict(X_test)      # 用模型进行预测
28
29     # 计算并储存准确度
30     accuracy = accuracy_score(y_test, y_pred)
31     accuracy_scores.append(accuracy)
32     print(f'k={k}, 准确度: {accuracy:.3f}')
33
34 # 绘制图表
```

```
35  plt.figure()
36  plt.plot(k_values, accuracy_scores, marker='o')
37  plt.title('鸢尾花预估准确度 vs k值')
38  plt.xlabel('k值')
39  plt.ylabel('准确度')
40  plt.grid(True)
41  plt.show()
```

执行结果

下列输出部分结果。

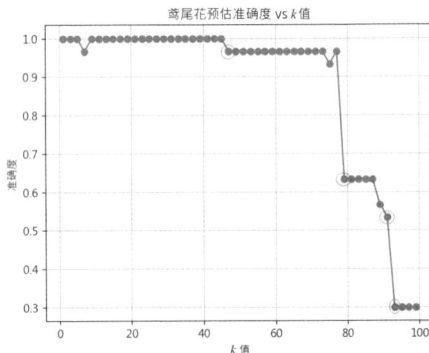

从上述执行结果可以看到 $k = 47$ 之前，KNN 算法可以有很好的预估准确率，但是之后，准确率就逐步下降，特别是 $k = 79$ 之后，$k = 93$ 时准确率更是降到 0.3，相当于是 "欠拟合" 现象。

27-5 小行星撞地球——分类应用

27-5-1 认识 NASA:Asteroids Classification

在 Kaggle 数据集网站有 NASA:Asteroids Classification 数据集，这个数据集有 nasa.csv 文件，此文件有 40 个特征字段，内容如图 27-3 所示。

图 27-3　NASA:Asteroids Classification 数据集

上述 csv 文件的字段 (特征) 说明如下：

● Neo Reference ID：NEO 参考 ID。

● Name：名称。

● Absolute Magnitude：绝对星等。

● Est Dia in KM(min)：估计直径 (最小值，公里)。

● Est Dia in KM(max)：估计直径 (最大值，公里)。

● Est Dia in M(min)：估计直径 (最小值，米)。

● Est Dia in M(max)：估计直径 (最大值，米)。

- Est Dia in Miles(min)：估计直径 (最小值，英里)。
- Est Dia in Miles(max)：估计直径 (最大值，英里)。
- Est Dia in Feet(min)：估计直径 (最小值，英尺)。
- Est Dia in Feet(max)：估计直径 (最大值，英尺)。
- Close Approach Date：接近日期。
- Epoch Date Close Approach：接近的时代日期。
- Relative Velocity km per sec：相对速度 (公里每秒)。
- Relative Velocity km per hr：相对速度 (公里每小时)。
- Miles per hour：英里每小时。
- Miss Dist.(Astronomical)：错过距离 (天文)。
- Miss Dist.(lunar)：错过距离 (月球)。
- Miss Dist.(kilometers)：错过距离 (公里)。
- Miss Dist.(miles)：错过距离 (英里)。
- Orbiting Body：运行轨道的天体。
- Orbit ID：轨道 ID。
- Orbit Determination Date：确定轨道的日期。
- Orbit Uncertainity：轨道不确定性。
- Minimum Orbit Intersection：最小轨道交点。
- Jupiter Tisserand Invariant：木星 Tisserand 不变量。
- Epoch Osculation：时代近点。
- Eccentricity：离心率。
- Semi Major Axis：半长轴。
- Inclination：轨道倾角。
- Asc Node Longitude：升交点经度。
- Orbital Period：轨道周期。
- Perihelion Distance：近日点距离。
- Perihelion Arg：近日点自变量。
- Aphelion Dist：远日点距离。
- Perihelion Time：近日点时间。
- Mean Anomaly：平均异常。
- Mean Motion：平均运动。
- Equinox：春分点。
- Hazardous：危险性。

由上述数据可以知道，特征 Hazardous 将是未来建立机器学习模型的目标变量字段，此字段如果是 True 表示是危险的，也就是可能撞地球。如果是 False 表示对地球没有威胁，不会撞地球。

程序实例 ch27_19.py：读取和输出前 5 笔数据。

```
1  # ch27_19.py
2  import pandas as pd
3
4  # 读取数据
5  df = pd.read_csv('nasa.csv')
6
7  # 显示前五笔数据
8  print(df.head())
```

执行结果

```
==================== RESTART: D:\Machine\ch27\ch27_19.py ====================
  Neo Reference ID      Name  ...  Equinox  Hazardous
0        3703080   3703080   ...    J2000       True
1        3723955   3723955   ...    J2000      False
2        2446862   2446862   ...    J2000       True
3        3092506   3092506   ...    J2000      False
4        3514799   3514799   ...    J2000       True

[5 rows x 40 columns]
```

27-5-2 数据预处理

这个数据的特征 Neo Reference ID 和 Name，在建立机器学习模型时可以省略，所以我们可以删除这两个字段。

在这个数据集中可以看到有些特征意义一样，只是使用不同的单位，例如：估计直径最小值特征 Est Dia in KM(min)、Est Dia in M(min)、Est Dia in Miles(min)、Est Dia in Feet(min)，我们可以保留单位是公里的最小值 Est Dia in KM(min)，其余删除。

例如：估计直径最大值特征 Est Dia in KM(max)、Est Dia in M(max)、Est Dia in Miles(max)、Est Dia in Feet(max)，我们可以保留单位是公里的最大值 Est Dia in KM(max)，其余删除。

有两个接近日期特征 Close Approach Date 和 Epoch Date Close Approach，此例删除 Epoch Date Close Approach。

相对速度有三个特征，分别是 Relative Velocity km per sec、Relative Velocity km per hr 和 Miles per hour，此例删除 Relative Velocity km per hr 和 Miles per hour。

错过距离有四个特征，分别是 Miss Dist.(Astronomical)、Miss Dist.(lunar)、Miss Dist.(kilometers) 和 Miss Dist.(miles)，此例删除 Miss Dist.(Astronomical)、Miss Dist.(lunar) 和 Miss Dist.(miles)。

最后也删除特征春分点 (Equinox)。

在数据预处理中，可以将 "Hazardous" 字段内容 True 编码为 1，False 编码为 0。将 "Close Approach Date" 和 "Orbit Determination Date" 转为时间戳。

程序实例 ch27_20.py：执行数据预处理，然后输出前 5 笔数据。

```python
1  # ch27_20.py
2  import pandas as pd
3
4  # 读取数据
5  df = pd.read_csv('nasa.csv')
6
7  # 删除指定的列
8  df = df.drop(['Name', 'Neo Reference ID', 'Est Dia in M(min)',
9               'Est Dia in M(max)', 'Est Dia in Miles(min)',
10              'Est Dia in Miles(max)', 'Est Dia in Feet(min)',
11              'Est Dia in Feet(max)', 'Epoch Date Close Approach',
12              'Relative Velocity km per hr', 'Miles per hour',
13              'Miss Dist.(Astronomical)', 'Miss Dist.(lunar)',
14              'Miss Dist.(miles)', 'Equinox'],
15              axis=1)
16
17
18  # 将 'Hazardous' 列的 True/False 转换为 1/0
19  df['Hazardous'] = df['Hazardous'].map({True: 1, False: 0})
20
21  # 将 'Close Approach Date' 和 'Orbit Determination Date'
22  # 转换为日期时间对象，然后再转换为时间戳
23  df['Close Approach Date'] = pd.to_datetime(df['Close Approach Date'],
24                              format='%Y-%m-%d').view('int64') // 10**9
25  df['Orbit Determination Date'] = pd.to_datetime(df['Orbit Determination Date']).\
26                                   view('int64') // 10**9
27
28  pd.set_option('display.max_columns', None)  # 显示所有字段
29  pd.set_option('display.width', 200)         # 设置显示宽度
```

```
30
31  # 显示前五笔数据以验证转换是否成功
32  print(df.head())
```

执行结果

27-5-3　预测小行星撞地球的准确率

在我们计算预测小行星撞地球准确率前，还需做下列三件事：

（1）处理缺失值，笔者在程序中是使用中位数 median( ) 处理的。

（2）使用 One-hot 编码处理特征 Orbiting Body。

（3）标准化数据。

程序实例 ch27_21.py：使用 KNN 算法，设定 *k* = 5，计算预测小行星撞地球的准确率。

```
1   # ch27_21.py
2   import pandas as pd
3   from sklearn.model_selection import train_test_split
4   from sklearn.preprocessing import StandardScaler
5   from sklearn.neighbors import KNeighborsClassifier
6   from sklearn.metrics import accuracy_score, confusion_matrix
7   from sklearn.metrics import classification_report
8
9   # 读取数据
10  df = pd.read_csv('nasa.csv')
11
12  # 删除指定的列
13  df = df.drop(['Name', 'Neo Reference ID', 'Est Dia in M(min)',
14                'Est Dia in M(max)', 'Est Dia in Miles(min)',
15                'Est Dia in Miles(max)', 'Est Dia in Feet(min)',
16                'Est Dia in Feet(max)', 'Epoch Date Close Approach',
17                'Relative Velocity km per hr', 'Miles per hour',
18                'Miss Dist.(Astronomical)', 'Miss Dist.(lunar)',
19                'Miss Dist.(miles)', 'Equinox'],
20                axis=1)
21
22
23  # 将 'Hazardous' 列的 True/False 转换为 1/0
24  df['Hazardous'] = df['Hazardous'].map({True: 1, False: 0})
25
26  # 将 'Close Approach Date' 和 'Orbit Determination Date'
27  # 转换为日期时间对象，然后再转换为时间戳
28  df['Close Approach Date'] = pd.to_datetime(df['Close Approach Date'],
29                              format='%Y-%m-%d').view('int64') // 10**9
30  df['Orbit Determination Date'] = pd.to_datetime(df['Orbit Determination Date']).\
31                                          view('int64') // 10**9
32  # 检查并处理缺失值
33  if df.isnull().values.any():
34      # 你可以选择填补缺失值，或者丢弃含有缺失值的行，这里选择填补中位数
35      df.fillna(df.median(), inplace=True)
36
37  # 执行 One-hot 编码
38  df = pd.get_dummies(df, columns=['Orbiting Body'])
39
40  # 分割数据集为特征和目标
41  X = df.drop('Hazardous', axis=1)
42  y = df['Hazardous']
43
44  X_train, X_test, y_train, y_test = train_test_split(X, y, test_size=0.2,
45                                              random_state=42)
```

```
46
47  # 标准化数据
48  scaler = StandardScaler()
49  X_train = scaler.fit_transform(X_train)
50  X_test = scaler.transform(X_test)
51
52  # 使用KNN算法进行训练
53  knn = KNeighborsClassifier(n_neighbors=5)
54  knn.fit(X_train, y_train)
55
56  # 预测并计算准确度
57  y_pred = knn.predict(X_test)
58  print(f'Accuracy : {accuracy_score(y_test, y_pred)}')
59
60  # 输出混淆矩阵
61  print('Confusion Matrix:')
62  print(confusion_matrix(y_test, y_pred))
63
64  # 输出分类报告
65  print('Classification Report:')
66  print(classification_report(y_test, y_pred))
```

执行结果

```
==================== RESTART: D:/Machine/ch27/ch27_21.py ====================
Accuracy : 0.8923240938166311
Confusion Matrix:
[[760  31]
 [ 70  77]]
Classification Report:
              precision    recall  f1-score   support

           0       0.92      0.96      0.94       791
           1       0.71      0.52      0.60       147

    accuracy                           0.89       938
   macro avg       0.81      0.74      0.77       938
weighted avg       0.88      0.89      0.89       938
```

从上述执行结果我们得到，预估准确率是 0.892，即这是一个很好的模型，当然读者可以依据本书前面的说明，使用不同的 k 值做更进一步的分析。

第 28 章
支持向量机（以鸢尾花、乳腺癌、汽车燃料为例）

28-1 支持向量机的基础概念

28-1-1 支持向量机的基本原理

支持向量机 (Support Vector Machines，简称 SVM) 是一种用于分类与回归分析的监督式学习模型，该方法的主要概念是将数据点投射到一个更高维度的空间，然后在这个空间中找出一个最优的超平面来分类数据，以下是 SVM 的基本原理：

● 最大间隔超平面 (maximum margin hyperplane)：在一个 n 维空间中，一个超平面可以被定义为一个 $(n-1)$ 维的子空间。例如，在二维空间中，一条线就是一个超平面；在三维空间中，一个平面就是一个超平面。在 SVM 中，我们试图找到一个超平面，使其与最近的正样本点和负样本点之间的距离 (也就是间隔) 最大化，这就是所谓的最大间隔超平面。

● 支持向量 (support vectors)：支持向量是距离超平面最近的那些点。换句话说，它们是确定超平面的边界点。这些点最为重要，因为即使移除其他的点，超平面的位置和方向都不会改变，只有这些支持向量确定了决策边界。

● 核函数 (kernel function)：在许多情况下，数据点并不是线性可分的。在这种情况下，SVM 会使用一种称为核函数的技术来将数据点投射到一个更高维度的空间中，使其变得可分。常见的核函数有线性核、多项式核、RBF(Radial Basis Function，基于放射基的函数) 以及 sigmoid 核。

SVM 的主要优点是其对高维数据具有良好性能，且对于各类别边界区隔可以很清晰。但是，对于特征数量大于样本数量的数据集或者是包含大量噪声的数据集，SVM 的性能较差。同时，核函数的选择和参数调优也是 SVM 的一个挑战。

28-1-2 最大区间的分割

有一组可以分割的数据点如图 28-1 所示。

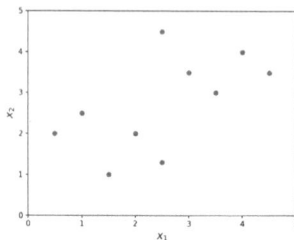

图 28-1　可分割数据点

如果要将上述点分类，可以有几种做法，可以参考图 28-2 所示分类方式。

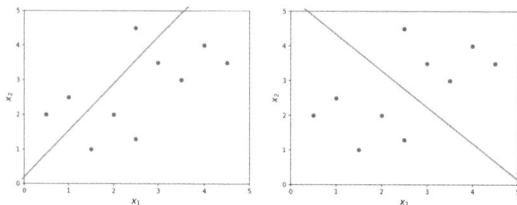

图 28-2　分类

上述两条线皆可以执行数据点的分类，但是哪一条是你想要的？

在二维空间中一条线就是一个超平面。我们试图找到一个超平面，使其与最近的正样本点和负样本点之间的距离（也就是间隔）最大化。如果我们针对上述超平面，更进一步绘制分类的区隔，可以得到图 28-3 所示结果。

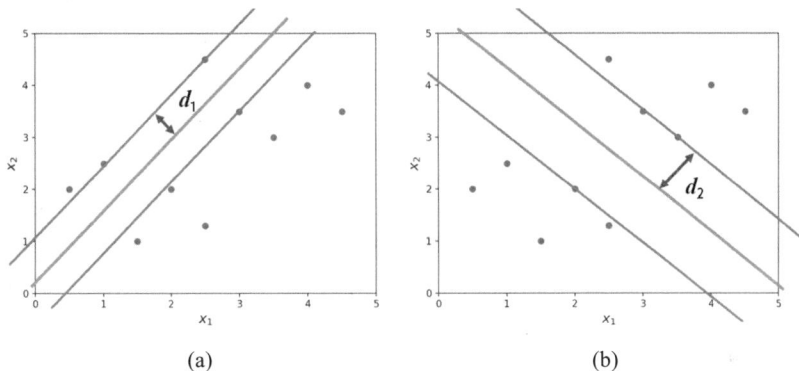

(a)　　　　　　　　　　　　(b)

图 28-3　分类的区隔

如前所述，我们必须找到最大的间隔距离，图 28-3(a) 的间隔距离是 d_1，图 28-3(b) 的间隔距离是 d_2，因为 d_2 大于 d_1，所以对于支持向量机的超平面而言，图 28-3(b) 的线条就是我们要找寻的超平面。

28-1-3　认识支持向量、决策边界与超平面

在 28-1-1 节笔者介绍过支持向量的定义，其实就是位于分类边界上的点，这个分类边界也称"决策边界"，如图 28-4 所示。

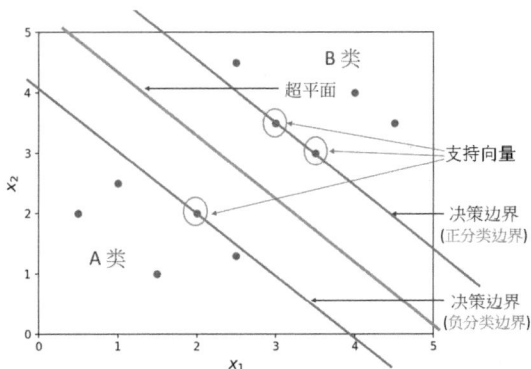

图 28-4　支持向量、决策边界与超平面

上述中间线条就是超平面，可以明确分割两个类别，使得正样本与副样本之间的间距极大化。对上图而言，左下方的 A 类就是负样本，右上方的 B 类是正样本。

注　决策边界实际上指的是在类别之间的边界范围，这个范围包括了超平面以及与最近的正类与负类数据点之间的距离，也就是所谓的间隔（margin）。所以这个决策边界实际上包含了三个超平面，分别是：位于右边的正分类的边界（也可称上分类边界）、位于左边的负分类的边界（也可称下分类边界）以及中间的超平面。

28-1-4 超平面公式

图 28-5 是超平面公式图形的概念。

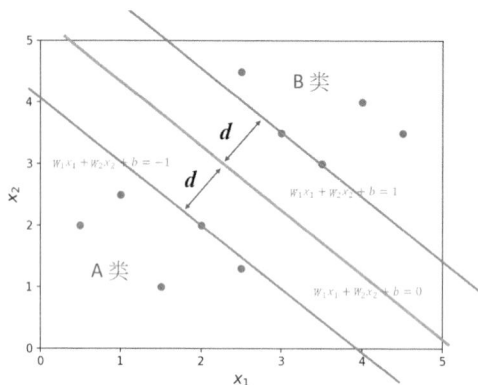

图 28-5 超平面公式

有了上述超平面图形，我们可以得到超平面公式如下：

$$g(\boldsymbol{x}) = w_1 x_1 + w_2 x_2 + b = 0$$

注 x_1 其实就是 x 轴，x_2 就是 y 轴。

在上述公式中 w_1 和 w_2 是权重，x_1 和 x_2 是输入值，b 是偏置 (bias)。最后如果 $g(x)$ 大于 1，可以分类为 B 类，也可以称正样本。最后如果 $g(x)$ 小于 -1，可以分类为 A 类，也可以称负样本。

注 上述是训练数据放入 $g(x)$ 函数的结果，也就是负分类边界和正分类边界间没有数据点，所以可以用 $g(x)$ 大于 1 称 "正样本"，$g(x)$ 小于 -1 称 "负样本"。但是当使用测试数据时，可能有些数据点经过 $g(x)$ 计算后是落在 -1 和 1 之间，这时超平面才是决定样本分类的依据，如果 $g(x)$ 大于 0 称 "正样本"，$g(x)$ 小于 0 称 "负样本"。

两个支持向量之间的间距，称 "总间距"，其距离是 $2d$，支持向量机的目标是找到最大的 $2d$，此 $2d$ 的公式如下：

$$\frac{2}{\|\boldsymbol{w}\|}$$

上述 w 是权重向量，我们的目标是最小化 w 值。有关获得权重向量 w 和偏差 b 超出本书的范围，取而代之的是，本书将直接使用 Scikit-learn 获得这些值。

28-2 支持向量机 —— 分类应用的基础实例

28-2-1 绘制 10 个数据点

程序实例 ch28_1.py：绘制 10 个数据点，同时标记 A 和 B 类。

```
1  # ch28_1.py
2  import numpy as np
3  import matplotlib.pyplot as plt
4
```

```
5  # 建立10个点，其中5个分类为A，5个分类为B
6  X = np.array([[1, 2.5], [0.5, 2], [2, 2], [1.5, 1], [2.5, 1.3],
7                [3, 3.5], [4.5, 3.5], [4, 4], [2.5, 4.5], [3.5, 3]])
8  y = np.array(['A', 'A', 'A', 'A', 'A', 'B', 'B', 'B', 'B', 'B'])
9
10 # 绘制数据点，分类A使用圈圈'o'，分类B使用星型'*'，加入 label 参数
11 for i, marker in zip(['A', 'B'], ['o', '*']):
12     plt.scatter(X[y == i, 0], X[y == i, 1], marker=marker, label=i)
13
14 plt.ylim(0, 5)
15 plt.xlim(0, 5)
16 plt.xlabel(r'$x_{1}$', fontsize=14)
17 plt.ylabel(r'$x_{2}$', fontsize=14)
18 plt.legend()
19 plt.show()
```

执行结果

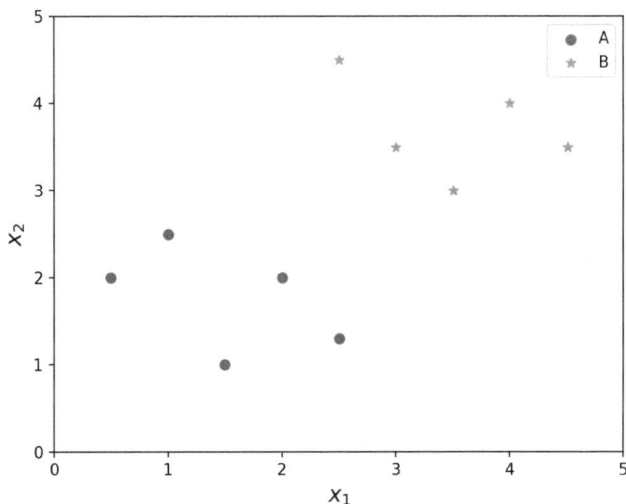

上述程序第 11 ~ 12 行的说明如下：

● 第 11 行 "for i, marker in zip(['A', 'B'], ['o', '*'])"：这行程序代码开始了一个 for 循环，zip(['A', 'B'], ['o', '*']) 将两个列表对应元素打包成一个个的元组，然后循环会逐一取出这些元组。在每一次迭代中，i 和 marker 分别会被赋值为一个元组的两个元素。也就是说，循环的第一次迭代中，i 是 'A'，marker 是 'o'；第二次迭代中，i 是 'B'，marker 是 '*'。

● 第 12 行 "plt.scatter(X[y == i, 0], X[y == i, 1], marker=marker, label=i)"：这行程序代码在每次迭代中都会执行，并使用当前的 i 和 marker 值来画散点图。如之前解释的，X[y == i, 0] 和 X[y == i, 1] 选取了所有属于当前类别 i 的数据点的第一个和第二个特征。这些数据点将被标记为 marker 指定的形状，并标注上对应的类别名称 i。

读者需注意的是 X 索引内的 "y == i"，这是条件运算，y 是在第 8 行定义的标签，这是一维数组，每一个元素都是一个数据点的标签。在这个情况下，y == i 会产生一个布尔数组，这个数组的大小和 y 一样大，并且当 y 的某个元素等于 i 时，相应位置的值为 True，否则为 False。这个布尔数组可以用来从 X 中选取 True 的元素。例如，X[y == i, 0] 就选取了 X 中所有对应于 y 为 i 的数据点的第一个特征。

程序实例 ch28_1_1.py：详细解释使用 scatter( ) 方法绘制散点图，此程序特别解释参数 X[y == 1, 0] 的取值过程，然后可以理解如何用不同外形显示不同的标签。

```
1   # ch28_1_1.py
2   import numpy as np
3   import matplotlib.pyplot as plt
4
5   # 建立10个点，其中5个分类为A，5个分类为B
6   X = np.array([[1, 2.5], [0.5, 2], [2, 2], [1.5, 1], [2.5, 1.3],
7                 [3, 3.5], [4.5, 3.5], [4, 4], [2.5, 4.5], [3.5, 3]])
8   y = np.array(['A', 'A', 'A', 'A', 'A', 'B', 'B', 'B', 'B', 'B'])
9
10  # 绘制数据点，分类A使用圆圈'o'，分类B使用星型'*'
11  for i, marker in zip(['A', 'B'], ['o', '*']):
12      plt.scatter(X[y == i, 0], X[y == i, 1], marker=marker, label=i)
13      print(f'{i} : {y == i}')
14      print(f'{i} : {X[y==i,0]}')
15  plt.show()
```

执行结果

```
==================== RESTART: D:/Machine/ch28/ch28_1_1.py ====================
A : [ True  True  True  True  True False False False False False]
A : [1.  0.5 2.  1.5 2.5]
B : [False False False False False  True  True  True  True  True]
B : [3.  4.5 4.  2.5 3.5]
```

上述程序第 11 行的 zip( ) 函数，可以得到元组 (('A', 'o'), ('B', '*'))。从上述执行结果可以看到从 11 ~ 14 行的第 1 个循环，所选取的 X 数组点是标签属于 A 的点，这个点是绘制 'o'。第 2 个循环，所选取的 X 数组点是标签属于 B 的点，这个点是绘制 '*'。

28-2-2 支持向量机的语法说明

支持向量机的语法和主要参数如下：

from sklearn import svm

…

svc = svm.SVC(kernel, c, gamma, degree, random_state)

上述 svc 是回传的模型，上述各参数的意义如下：

● kernel：核函数类型，用于将数据映射到高维空间。可选值包括"linear"（线性）、"poly"（多项式）、"rbf"(Radial basis function，高斯或是径向基)、"sigmoid"(Sigmoid 核)等。其中 kernel 预设是"rbf"。

● c：错误项的惩罚参数。c 越大表示错误项的惩罚越重，模型会尽量避免分类错误，这可能导致模型过度拟合；c 越小表示对错误项的惩罚越轻，允许模型在训练过程中产生一些错误，这可能导致模型欠拟合。28-4-1 节会更进一步解说。

● class_weight：用于调整不平衡数据集，将在 28-4-1 节更进一步解说。

● gamma：对于 kernel 是"rbf"、"poly"和"sigmoid"，它的值会影响这些核函数的形状。当 gamma 值较高时，将可能导致模型只关注接近决策边界的点，使得模型过度拟合。反之，当 gamma 值较低时，模型将考虑更远处的点，可能导致模型欠拟合。所以应选择适当的 gamma 值，同时此值是多次测试得到的。

● degree：当设定 kernel='poly' 时此参数才有效，预设是 3，可以由此更改多项式次数。

● random_state：随机数生成器的种子。

对于处理线性超平面，可以设定 kernel = 'linear'，此时的程序代码如下：

svc = svm.SVC(kernel = 'linear')   # svc 名称可以自定义

svc.fit(X, y)

上述是建立 svc 模型，同时训练 X 数据与 y 分类。经过上述训练后，可以回传下列参数：

svc.coef_：权重系数。

svc.intercept_：截距，也可以说是偏置 (bias)。

svc.support_：支持向量在数据 X 的索引。

svc.support_vectors_：支持向量内容。

svc.n_support_：每个类别的支持向量数。

程序实例 ch28_2.py：扩充 ch28_1.py，输出 10 个点有关超平面的权重系数、截距。同时输出支持向量的索引、内容和每个类别的支持向量数。

```
1   # ch28_2.py
2   import numpy as np
3   from sklearn import svm
4
5   # 建立10个点，其中5个分类为A，5个分类为B
6   X = np.array([[1, 2.5], [0.5, 2], [2, 2], [1.5, 1], [2.5, 1.3],
7                [3, 3.5], [4.5, 3.5], [4, 4], [2.5, 4.5], [3.5, 3]])
8   y = np.array(['A', 'A', 'A', 'A', 'A', 'B', 'B', 'B', 'B', 'B'])
9
10  svc = svm.SVC(kernel = 'linear')          # 建立 linear的 svc
11  svc.fit(X, y)                             # 训练 svc
12
13  print(f'权重系数              : {svc.coef_}')
14  print(f'截距(偏置)            : {svc.intercept_}')
15  print(f'支持向量索引          : {svc.support_}')
16  print(f'支持向量              : \n{svc.support_vectors_}')
17  print(f'每个类别支持向量数    : {svc.n_support_}')
```

执行结果

```
==================== RESTART: D:\Machine\ch28\ch28_2.py ====================
权重系数              : [[0.79988954 0.80016569]]
截距(偏置)            : [-4.20015648]
支持向量索引          : [2 5 9]
支持向量              :
[[2.  2. ]
 [3.  3.5]
 [3.5 3. ]]
每个类别支持向量数 : [1 2]
```

有了上述结果，我们可以得到下列超平面公式的系数。

$$w_1 = 0.79988954$$

$$w_2 = 0.80016569$$

$$b = -4.20015648$$

超平面公式表示如下：

$$g(x) = 0.79988954x_1 + 0.80016569x_2 - 4.20015468$$

28-2-3　推导超平面的斜率

超平面的公式如下：

$$g(\boldsymbol{x}) = w_1x_1 + w_2x_2 + b = 0$$

要推导超平面的斜率，可以先计算此平面在 x_1 和 x_2 轴的截距，首先可以令 x_1 为 0，推导 x_2。

$$w_1(0) + w_2x_2 + b = 0$$

$$w_2x_2 = -b$$

$$x_2 = \frac{-b}{w_2}$$

可以令 x_2 为 0，推导 x_1。

$$w_1x_1 + w_2(0) + b = 0$$

$$w_1x_1 = -b$$

$$x_1 = \frac{-b}{w_1}$$

这时对平面坐标而言，x_1轴的截距是$\dfrac{-b}{w_1}$，x_2轴的截距是$\dfrac{-b}{w_2}$，如图 28-6 所示。

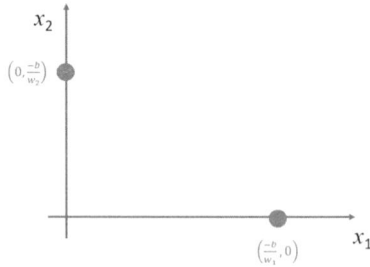

图 28-6　超平面的斜率

我们可以使用下列公式计算超平面的斜率 (*slope*)。

$$slope = \frac{\frac{-b}{w_2}}{\frac{b}{w_1}} = \frac{-w_1}{w_2}$$

28-2-4　绘制超平面和决策边界

程序实例 ch28_3.py：绘制超平面和决策边界。

```
1   # ch28_3.py
2   import numpy as np
3   import matplotlib.pyplot as plt
4   from sklearn import svm
5   from joblib import dump
6
7   plt.rcParams["font.family"] = ["Microsoft JhengHei"]
8   # 建立10个点，其中5个分类为A，5个分类为B
9   X = np.array([[1, 2.5], [0.5, 2], [2, 2], [1.5, 1], [2.5, 1.3],
10               [3, 3.5], [4.5, 3.5], [4, 4], [2.5, 4.5], [3.5, 3]])
11  y = np.array(['A', 'A', 'A', 'A', 'A', 'B', 'B', 'B', 'B', 'B'])
12
13  # 绘制数据点，分类A使用圈圈'o'，分类B使用星型'*'，加入 label 参数
14  for i, marker in zip(['A', 'B'], ['o', '*']):
15      plt.scatter(X[y == i, 0], X[y == i, 1], marker=marker, label=i)
16
17  svc = svm.SVC(kernel = 'linear')              # 建立 linear的 svc
18  svc.fit(X, y)                                 # 训练 svc
19
20  w = svc.coef_[0]                              # 权重 weights
21  slope = -w[0] / w[1]                          # 斜率 slope
22  b = svc.intercept_[0]                         # 偏置值(截距)
23  dump(svc, 'svc28_3.joblib')                   # 储存模型
24
25  # 绘制超平面
26  xx = np.linspace(0, 5)                        # x1 预设50点
27  yy = slope * xx - (b / w[1])                  # 计算 x2
28  plt.plot(xx, yy, linewidth=2, color='green')
29
30  # 绘制决策边界 1，左下方
31  sv = svc.support_vectors_[0]                  # 第 1 个决策向量
32  yy_1 = slope * xx + (sv[1] - slope * sv[0])   # 计算 y = ax + b
33  plt.plot(xx, yy_1, 'b--')
34
35  # 绘制决策边界 2，右上方
36  sv = svc.support_vectors_[-1]                 # 最后 1 个决策向量
37  yy_2 = slope * xx + (sv[1] - slope * sv[0])   # 计算 y = ax + b
38  plt.plot(xx, yy_2, 'b--')
39
40  # 用圈圈绘制支持向量
41  plt.scatter(svc.support_vectors_[:, 0], svc.support_vectors_[:, 1],
42              s=100, facecolors='none', edgecolors='k')
43
44  plt.ylim(0, 5)
45  plt.xlim(0, 5)
46  plt.title('支持向量机 - 绘制超平面和决策边界')
47  plt.xlabel(r'$x_{1}$', fontsize=14)
48  plt.ylabel(r'$x_{2}$', fontsize=14)
49  plt.legend()
50  plt.show()
```

执行结果

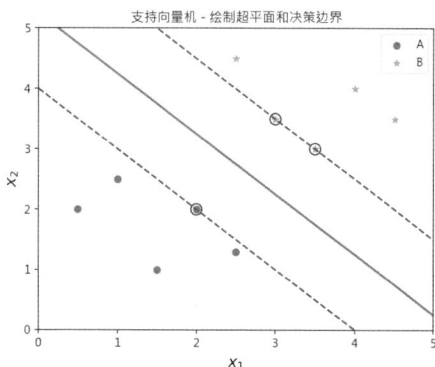

上述程序第 23 行是将此支持向量机的模型储存，存入 "svc28_3.joblib"。第 32 和 37 行 "(sv[1] − slope * sv[0])"，其实就是分别计算第 1 和 2 个决策边界的截距。

28-2-5　数据分类

上一节的程序有将支持向量机模型储存，这一节将读取此模型然后做数据分类，数据分类所使用的方法是 predict( )，其输出是一维数组，所以可以用索引 0，取出分类，可以参考下列程序第 8 行。

程序实例 ch28_4.py：读取输入数据点，然后依据模型做分类。

```
1   # ch28_4.py
2   from joblib import load
3
4   svc = load('svc28_3.joblib')          # 加载模型
5   while (1):
6       x = eval(input("请输入 x 坐标 : "))
7       y = eval(input("请输入 y 坐标 : "))
8       print(f'({x},{y}) 分类是 : {svc.predict([[x,y]])[0]}')
9       z = input(f'是否继续(y/n) : ')
10      if z == 'n' or z == 'N':
11          break
```

执行结果

```
==================== RESTART: D:\Machine\ch28\ch28_4.py ====================
请输入 x 坐标 : 3
请输入 y 坐标 : 3
(3,3) 分类是 : B
是否继续(y/n) : y
请输入 x 坐标 : 2
请输入 y 坐标 : 2
(2,2) 分类是 : A
是否继续(y/n) : n
```

28-2-6　decision_function( )

在 Scikit-learn 库中，许多模型类都有一个 decision_function( ) 方法，包括支持向量机 (SVM)。在支持向量机中，这个方法主要是用来计算每个样本到决策边界 (超平面) 的距离。

对于二元分类问题，decision_function( ) 方法返回的是一个一维数组，数组的每个元素代表对应样本到超平面的距离。

如果 decision_function( ) 返回的数值为负，则该样本点被分类为负类 (在二元分类问题中，通常被认为是标签 0 的类别)。

如果 decision_function( ) 返回的数值为正，则该样本点被分类为正类 (在二元分类问题中，通常被认为是标签 1 的类别)。

返回的数值的绝对值越大，表示样本点距离决策边界 (超平面) 越远，模型对预测结果的信心程度也越高。例如，如果返回的数值是 -1.5，则表示该样本点被分类为负类，并且模型对这个分类结果的信心程度比返回 -0.5 的情况要高。

因此，decision_function( ) 的输出不仅告诉我们模型将样本点分类为哪个类别，还告诉我们模型对这个分类结果的信心程度。

程序实例 ch28_5.py：用 SVM 来分类两种不同的果实，分别是苹果和橘子。首先，我们有一个数据集，其中包含苹果和橘子的重量和颜色数值 (1 表示绿色，2 表示红色，3 表示橙色)，我们希望根据这两个特征来分辨出每个样本是苹果还是橘子。

```
1  # ch28_5.py
2  from sklearn import svm
3
4  # 特征数据 : 重量和颜色
5  X = [[150, 1], [170, 1], [130, 2], [140, 2],
6       [200, 3], [210, 3], [180, 3], [220, 3]]
7
8  # 卷标数据
9  y = ['苹果', '苹果', '苹果', '苹果',
10      '橘子', '橘子', '橘子', '橘子']
11
12 # 创建并训练SVM分类器
13 clf = svm.SVC()
14 clf.fit(X, y)
15
16 # 使用训练好的分类器来预测新的样本
17 print(f'预测[160,1]是 : {clf.predict([[160,1]])[0]}')
18 print(f'预测[190,3]是 : {clf.predict([[190,3]])[0]}')
19
20 # 输出一个数值，表示样本到超平面的距离
21 print(f'[160,1]到超平面的距离 : {clf.decision_function([[160,1]])[0]}')
22 print(f'[190,3]到超平面的距离 : {clf.decision_function([[190,3]])[0]}')
23 print(f'[250,3]到超平面的距离 : {clf.decision_function([[250,3]])[0]}')
```

执行结果

```
==================== RESTART: D:\Machine\ch28\ch28_5.py ====================
预测[160,1]是 : 苹果
预测[190,3]是 : 橘子
[160,1]到超平面的距离 : 0.3718262578491399
[190,3]到超平面的距离 : -0.3712206727264994
[250,3]到超平面的距离 : -1.3454929221350937
```

从上述执行结果可以得到，[160, 1] 的预测是"苹果"，此数据点到超平面的距离是 0.37182626。[190, 3] 的预测是"橘子"，此数据点到超平面的距离是 -0.37122067。[250,3] 的预测是"橘子"，此数据点到超平面的距离是 -1.34549292，若是和 [190,3] 比较，[250, 3] 具有更高的信心预测是"橘子"。

了解了 decision_function( ) 的基础实例后，其实我们可以知道这个方法回传的就是数据点到超平面的距离。如果数据点回传的 decision_function( ) 是 0，则知道此数据点在超平面上。如果数据点回传的是 -1，则知道数据点是在决策边界的下边界上。如果数据点回传的是 1，则知道数据点是在决策边界的上边界上。有了上述概念，我们可以不用计算斜率，直接使用 decision_funciton( ) 方法绘制决策边界。

程序实例 ch28_6.py：用 decision_funciton( ) 重新设计 ch28_3.py，绘制决策边界。

```
1   # ch28_6.py
2   import numpy as np
3   import matplotlib.pyplot as plt
4   from sklearn import svm
5
6   plt.rcParams["font.family"] = ["Microsoft JhengHei"]
7   # 建立10个点，其中5个分类为A，5个分类为B
8   X = np.array([[1, 2.5], [0.5, 2], [2, 2], [1.5, 1], [2.5, 1.3],
9                [3, 3.5], [4.5, 3.5], [4, 4], [2.5, 4.5], [3.5, 3]])
10  y = np.array(['A', 'A', 'A', 'A', 'A', 'B', 'B', 'B', 'B', 'B'])
11
12  # 建立一个线性SVM模型
13  svc = svm.SVC(kernel='linear')
14  svc.fit(X, y)
15
16  # 绘制数据点，分类A使用圈圈'o'，分类B使用星型'*'
17  for i, marker in zip(['A', 'B'], ['o', '*']):
18      plt.scatter(X[y == i, 0], X[y == i, 1], marker=marker, label=i)
19
20  ax = plt.gca()
21
22  # 建立格点来评估模型
23  xx = np.linspace(0, 5)
24  yy = np.linspace(0, 5)
25  XX, YY = np.meshgrid(xx, yy)
26  xy = np.vstack([XX.ravel(), YY.ravel()]).T
27  Z = svc.decision_function(xy).reshape(XX.shape)
28
29  # 绘制决策边界和间隔
30  ax.contour(XX, YY, Z, colors='b', levels=[-1, 0, 1], alpha=0.5,
31             linestyles=['--', '-', '--'])
32
33  # 用圈圈绘制支持向量
34  ax.scatter(svc.support_vectors_[:, 0], svc.support_vectors_[:, 1],
35             s=100, facecolors='none', edgecolors='k')
36  plt.title('支持向量机 - 绘制超平面和决策边界')
37  plt.xlabel(r'$x_{1}$', fontsize=14)
38  plt.ylabel(r'$x_{2}$', fontsize=14)
39  plt.legend()
40  plt.show()
```

执行结果

与 ch28_3.py 相同。

若是和 ch28_3.py 相比较，可以发现使用 decision_function( ) 方法后，程序简洁许多，对读者而言比较难以理解的应该是第 30 ~ 31 行的 contour( )，这个方法可以绘制等高线。参数 levels 为 [-1, 0, 1]，即会画出三条等高线，其中 Z 值为 0 的等高线就是超平面，这是 SVM 模型在所有数据点之间找到的最大间隔边界。而 Z 值为 -1 和 1 的等高线则构成了这个最大间隔的上下界，这两条边界正好触及一些数据点，这些点就是所谓的支持向量。

程序实例 ch28_6_1.py 是设定 "levels=[0]"，"linestyles=['-']"，可以得到下方左图只有超平面。程序实例 ch28_6_2.py 是设定 "levels=[-1,1]"，"linestyles=['--',' --']"，可以得到下方右图只有上下决策边界。

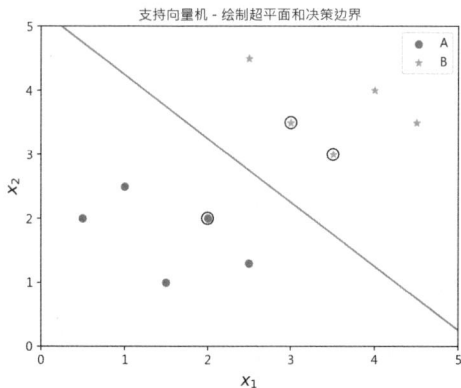

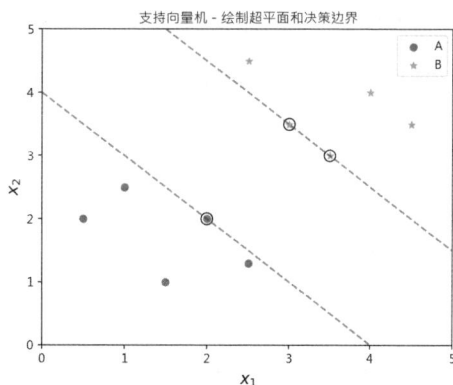

28-3 从 2 维到 3 维的超平面

在讲解之前，笔者先用 make_circles( ) 函数，生成环形的数据分布。

程序实例 ch28_7.py：建立 200 个环形数据分布，此实例设定 noise = 0.05。

```
1  # ch28_7.py
2  from sklearn.datasets import make_circles
3  import matplotlib.pyplot as plt
4
5  # 生成数据
6  X, y = make_circles(n_samples=200, noise=0.05, random_state=10)
7
8  # 绘制数据点，分类A使用圈圈'o'，分类B使用星型'*'，加入 label 参数
9  for i, marker in zip([0, 1], ['o', '*']):
10     plt.scatter(X[y == i, 0], X[y == i, 1], marker=marker, label=i)
11
12 plt.show()
```

执行结果

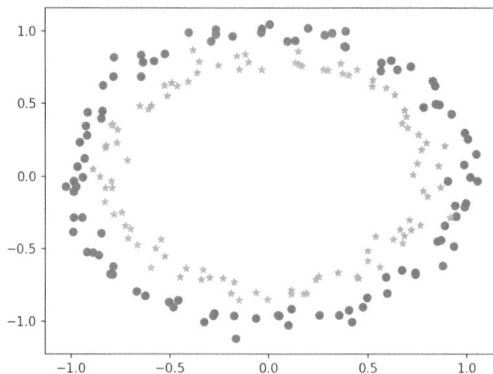

从上图可以看到不可能用一条直线将上述数据分类。

28-3-1 增加数据维度

为了可以将数据分类，我们可以增加数据维度，假设使用下列公式建立第 3 维度：

$$z = x^2 + y^2$$

程序实例 ch28_8.py：使用上述公式增加第 3 维度，同时可视化这些数据。

```
1  # ch28_8.py
2  from sklearn.datasets import make_circles
3  import matplotlib.pyplot as plt
4
5  # 生成数据
6  X, y = make_circles(n_samples=200, noise=0.05, random_state=10)
7  z = X[:,0]**2 + X[:,1]**2              # 增加 z 轴数据
8
9  fig = plt.figure()
10 ax = fig.add_subplot(projection='3d')
11
12 # 绘制数据点，分类A使用圈圈'o'，分类B使用星型'*'，加入 label 参数
13 for i, marker in zip([0, 1], ['o', '*']):
14     ax.scatter(X[y == i, 0], X[y == i, 1], z[y == i], marker=marker,
15             label=str(i))
16
17 plt.show()
```

执行结果

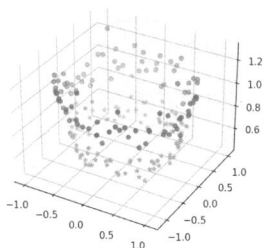

适度旋转 3D 结果图形，可以从不同角度看出整个数据分布。

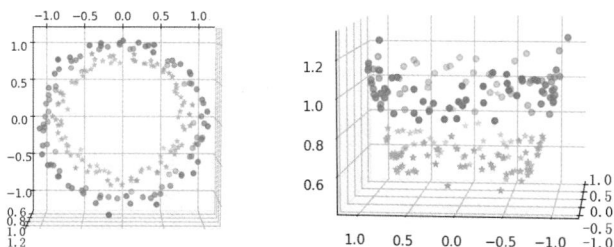

28-3-2　计算 3 维的超平面公式与系数

二维空间的超平面公式如下：

$$g(\boldsymbol{x}) = w_1 x_1 + w_2 x_2 + b = 0$$

三维空间的超平面公式如下：

$$g(\boldsymbol{x}) = w_1 x_1 + w_2 x_2 + w_3 x_3 + b = 0$$

注　x_1 其实就是 x 轴，x_2 就是 y 轴，x_3 就是 z 轴。

如果要取得上述数据，首先必须用 3D 训练此数据，首先要建立 3D 数据。

features = np.concatenate((X, z.reshape(-1,1)), axis=1)　　　　　　# 3D 数据

…

svc = svm.SVC(kernel = 'linear')

svc.fit(features, y)

y 是标签数据

经过上述执行后，就可以得到权重系数 (svc.coef_) 和截距 (svc.intercept_)。

程序实例 ch28_9.py：获得 3 维的权重系数和截距。

```
1  # ch28_9.py
2  from sklearn.datasets import make_circles
3  from sklearn import svm
4  import numpy as np
5
6  # 生成数据
7  X, y = make_circles(n_samples=200, noise=0.05, random_state=10)
8  z = X[:,0]**2 + X[:,1]**2                    # 增加 z 轴数据
9
10 features = np.concatenate((X, z.reshape(-1,1)), axis=1)
11 svc = svm.SVC(kernel = 'linear')
12 svc.fit(features, y)
13
14 print(f'权重系数        : {svc.coef_}')
15 print(f'截距(偏置)       : {svc.intercept_}')
```

执行结果

```
===================== RESTART: D:\Machine\ch28\ch28_9.py =====================
权重系数      : [[-0.04930655  0.01521172 -6.89993346]]
截距(偏置)    : [5.67719935]
```

有了上述结果，我们可以得到下列超平面公式的系数，取到小数第 4 位。

$$w_1 = -0.0493$$
$$w_2 = 0.0152$$
$$w_3 = -6.8999$$
$$b = -5.6772$$

整个对应 3D 超平面公式，如下所示：

$$g(x) = -0.0493x_1 + 0.0152x_2 - 6.8999x_3 - 5.6772$$

现在回到公式本身，并推导 x_3 如下：

$$g(\boldsymbol{x}) = w_1x_1 + w_2x_2 + w_3x_3 + b = 0$$
$$w_3x_3 = -w_1x_1 - w_2x_2 - b$$
$$x_3 = \frac{-w_1x_1 - w_2x_2 - b}{w_3}$$

28-3-3 绘制 3 维的超平面

程序实例 ch28_10.py：使用系数与截距概念，扩充设计 ch28_8.py，绘制 3 维的超平面公式。

```
1   # ch28_10.py
2   from sklearn.datasets import make_circles
3   import matplotlib.pyplot as plt
4   from sklearn import svm
5   import numpy as np
6
7   plt.rcParams["font.family"] = ["Microsoft JhengHei"]
8   plt.rcParams["axes.unicode_minus"] = False  # 负数符号
9   # 生成数据
10  X, y = make_circles(n_samples=300, noise=0.05, random_state=10)
11  z = X[:,0]**2 + X[:,1]**2
12
13  fig = plt.figure()
14  ax = fig.add_subplot(projection='3d')
15
16  # 绘制数据点, 分类A使用圆圈'o', 分类B使用星型'*', 加入 label 参数
17  for i, marker in zip([0, 1], ['o', '*']):
18      ax.scatter(X[y == i, 0], X[y == i, 1], z[y == i], marker=marker,
19                 label=str(i))
20
21  features = np.concatenate((X, z.reshape(-1,1)), axis=1)
22  svc = svm.SVC(kernel = 'linear')
23  svc.fit(features, y)
24
25  x3 = lambda x, y : (-svc.intercept_[0] - svc.coef_[0][0] *
26                     x - svc.coef_[0][1] * y) / svc.coef_[0][2]
27
28  grid = np.linspace(-1.5,1.5)                    # 分割绘图区间
29  xx, yy = np.meshgrid(grid, grid)               # 建立 mesh 网格
30  ax.plot_surface(xx, yy, x3(xx, yy), alpha=0.3)
31  plt.title('支持向量机 - 绘制 3D 超平面')
32  plt.xlabel(r'$x_{1}$', fontsize=14)
33  plt.ylabel(r'$x_{2}$', fontsize=14)
34  plt.show()
```

执行结果

下方右图是适度旋转 3D 图形的结果。

从上述执行结果可以看到，已经成功绘制超平面，将数据分类了，如果仔细看仍可看到有 2 个圆点被错误分类，在真实数据中这是不可避免的，这可能是由于以下几种原因：

支持向量机 - 绘制 3D 超平面　　　　　支持向量机 - 绘制 3D 超平面

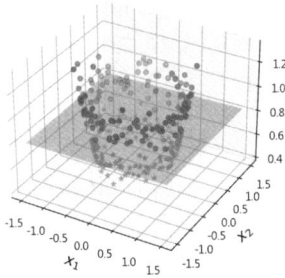

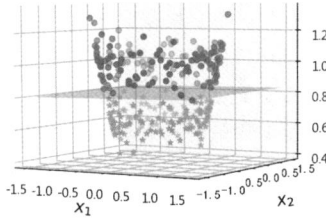

- 模型复杂度不足 (underfitting)：如果你的模型太简单，可能无法捕获数据中的所有规律。例如，如果数据实际上是非线性可分的，但你使用的是线性 SVM，那么可能就会产生一些错误分类的点。在这种情况下，你可能需要增加模型的复杂度，例如，使用非线性核函数，或者增加多项式特征。

- 过拟合 (overfitting)：另一方面，如果模型太复杂，可能会导致过拟合。这意味着模型过度拟合训练数据中的噪声，而不是学习数据的真实规律。这时候，虽然在训练集上的表现很好，但在新的未见过的数据 (如测试集) 上可能表现很差。

- 数据质量问题：如果你的数据中存在错误的标签、噪声过大或者有异常值，也可能导致错误的分类。在这种情况下，你可能需要进行数据清理，如去除异常值，修正错误的标签等。

- 分类边界问题：SVM 尝试找到一个最大化间隔的决策边界，如果某些点距离这个边界很近，可能就会被误分。这时可以尝试调整 SVM 的超参数 C (错误项的惩罚参数) 来平衡间隔最大化和错误分类的数量。

如何处理这些错误分类的点取决于具体的应用场景和问题的性质。有时候，我们可能会接受一定的错误分类，因为完美的分类在实际情况中可能无法达到，或者会导致模型过拟合。在许多情况下，模型的目标是最大化整体的正确分类率，而不是确保每一个点都被正确分类。

28-4　认识核函数

在支持向量机中，核函数 (kernel function) 是一种方法，可以将较低维度的数据映射到更高维度的空间，以便找到一个可以分割数据的超平面，这是处理不能在原始空间中线性分割的数据的一种方式。这一节将分别介绍 linear、rbf、poly 等三种核函数。

28-4-1　linear

笔者目前使用支持向量机的核函数 (kernel 参数) 皆是 'linear'，笔者没有设置额外参数，所使用的参数皆是默认值。其实当使用 kernel='linear' 时，比较常设置的参数有 'C' 和 'class_weight'，这两个参数意义如下：

- C：默认值是 1.0，其值反映了错误分类的代价。它控制着决策边界的 "宽度"，或者说是模型的容错能力。具体来说，C 是一个正惩罚参数，它代表了 "错误" 的权重。当 C 值较大时，模型将极力避免错误分类，优先确保所有训练数据的准确分类，此时可能会导致模型过拟合，也就是模型对训练数据的拟合度很高，但可能对新的未见过的数据预测效果不好。相反，当 C 值较小时，模型对于错误分类的容忍度较高，并且更加注重找到一个"平衡"的决策边界，优化整体数据的分类效果，这有助于防止模型过拟合，但有可能会导致模型在训练集上的表现不够好，也就是模型可能会有一些错误的分类。所以，C 值的设置需要根据具体的问题和数据集进行调节，通常会透过交叉验证等方法来寻找最适合的 C 值。

- class_weight：默认值是 None，这个参数用于调整不平衡的数据集，如果你的数据集中某一类的样本数量远大于另一类，那么可能会出现模型偏向于多数类的情况。在这种情况下，可以透过调整参数 class_weight 来改变模型的学习行为。例如，如果你给一个类别更高的权重，那么模型将会更重视这个类别的分类准确性。

程序实例 ch28_11.py：产生 50 个数据，然后使用 kernel='linear'，绘制决策边界和超平面。

```python
1   # ch28_11.py
2   import numpy as np
3   import matplotlib.pyplot as plt
4   from sklearn.datasets import make_blobs
5   from sklearn import svm
6
7   plt.rcParams["font.family"] = ["Microsoft JhengHei"]
8   plt.rcParams["axes.unicode_minus"] = False  # 负数符号
9   # 建立 50 个点，其中25个分类为0, 25个分类为1
10  X, y = make_blobs(n_samples=50, centers=2, random_state=12)
11
12  # 建立一个线性SVM模型
13  svc = svm.SVC(kernel='linear')
14  svc.fit(X, y)
15
16  # 绘制数据点，分类0使用圈圈'o', 分类1使用星型'*'
17  for i, marker in zip([0, 1], ['o', '*']):
18      plt.scatter(X[y == i, 0], X[y == i, 1], marker=marker, label=str(i))
19
20  ax = plt.gca()
21  xlim = ax.get_xlim()
22  ylim = ax.get_ylim()
23
24  # 建立格点来评估模型
25  xx = np.linspace(xlim[0], xlim[1], 30)
26  yy = np.linspace(ylim[0], ylim[1], 30)
27  XX, YY = np.meshgrid(xx, yy)
28  xy = np.vstack([XX.ravel(), YY.ravel()]).T
29  Z = svc.decision_function(xy).reshape(XX.shape)
30
31  # 绘制决策边界和超平面
32  ax.contour(XX, YY, Z, colors='b', levels=[-1, 0, 1], alpha=0.5,
33             linestyles=['--', '-', '--'])
34
35  # 绘制支持向量
36  ax.scatter(svc.support_vectors_[:, 0], svc.support_vectors_[:, 1],
37             s=100, facecolors='none', edgecolors='k')
38
39  plt.title("支持向量机 - kernel='linear'")
40  plt.legend()
41  plt.show()
```

执行结果

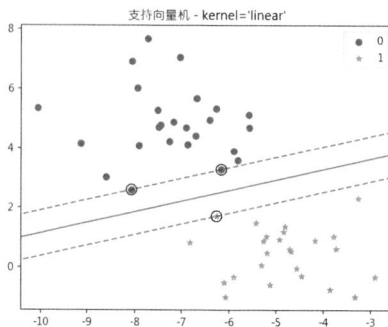

相较于先前的实例 ch28_3.py，这个数据点比较多，但是程序设计几乎一样。

28-4-2 径向基函数——rbf

rbf 是 radial basis function(径向基函数) 的缩写。在机器学习中，尤其是支持向量机中，rbf 是一种常用的核函数。透过使用此核函数，我们可以将输入数据映射到高维空间，使得在原始空间中线性不可分的数据在高维空间中变得线性可分。当设置 kernel='rbf' 时，一般常常会设置下列参数：

- gamma：对于 'rbf' 核来说，gamma 是一个重要参数，默认值是 'scale'. gamma 可控制 rbf 函数形状，也就是说，gamma 决定了样本的影响范围。如果 gamma 较大，对应的 rbf 形状更窄，也就是说，每个样本的影响范围较小，对应的 SVM 模型较为复杂，可能会过拟合。当 gamma 值较小时，对应的 rbf 形状更宽，每个样本的影响范围较大，对应的 SVM 模型较为简单，可能会出现欠拟合。

这里的 'scale' 是指 "1 / (n_features * X.var( ))"，即特征数量的倒数乘以数据集 X 方差的倒数。当 gamma 设为 'scale' 时，则会自动计算出这个数值。

这个 'scale' 选项是在 sklearn 0.22 版本中新增的，主要是为了更好地自动选择 gamma 的值。在许多情况下，'scale' 都是一个相对合适的选择，可以自动地缩放数据以适应模型。在此之前的版本中，gamma 的默认值是 'auto'，即 "1/n_features"，在某些情况下，可能并不是最佳的选择。因此，在新版本中，默认值被改为 'scale'。

程序实例 ch28_12.py：重新设计 ch28_11.py，但是使用 kernel='rbf'，同时设置 gamma 的值分别为 0.1、0.5、1.0 和 10.0。

```
1  # ch28_12.py
2  import numpy as np
3  import matplotlib.pyplot as plt
4  from sklearn.datasets import make_blobs
5  from sklearn import svm
6
7  # 设置字型和负数符号
8  plt.rcParams["font.family"] = ["Microsoft JhengHei"]
9  plt.rcParams["axes.unicode_minus"] = False
10
11 # 建立 50 个点，其中25个分类为0, 25个分类为1
12 X, y = make_blobs(n_samples=50, centers=2, random_state=12)
13
14 # 绘制子图，每个 gamma 值一张图
15 fig, ax = plt.subplots(nrows=2, ncols=2, figsize=(10,10))
16 ax = np.ravel(ax)
17
18 gammas = [0.1, 0.5, 1.0, 10.0]
19
20 for i, gamma in enumerate(gammas):
21     # 建立一个 RBF SVM 模型
22     svc = svm.SVC(kernel='rbf', gamma=gamma)
23     svc.fit(X, y)
24
25     # 绘制数据点，分类0使用圈圈'o', 分类1使用星型'*'
26     for j, marker in zip([0, 1], ['o', '*']):
27         ax[i].scatter(X[y == j, 0], X[y == j, 1], marker=marker,
28                       label=str(j))
29
30     xlim = ax[i].get_xlim()
31     ylim = ax[i].get_ylim()
32
33     # 建立格点来评估模型
34     xx = np.linspace(xlim[0], xlim[1], 30)
35     yy = np.linspace(ylim[0], ylim[1], 30)
36     XX, YY = np.meshgrid(xx, yy)
37     xy = np.vstack([XX.ravel(), YY.ravel()]).T
38     Z = svc.decision_function(xy).reshape(XX.shape)
39
40     # 绘制决策边界和超平面
41     ax[i].contour(XX, YY, Z, colors='b', levels=[-1, 0, 1], alpha=0.5,
42                   linestyles=['--', '-', '--'])
43
44     # 绘制支持向量
45     ax[i].scatter(svc.support_vectors_[:, 0], svc.support_vectors_[:, 1],
46                   s=100, facecolors='none', edgecolors='k')
47
48     ax[i].set_title(f"支持向量机 - kernel='rbf', gamma={gamma}")
```

```
49          ax[i].legend()
50
51  # 调整子图之间的间距
52  plt.subplots_adjust(wspace=0.2, hspace=0.4)
53  plt.show()
```

执行结果

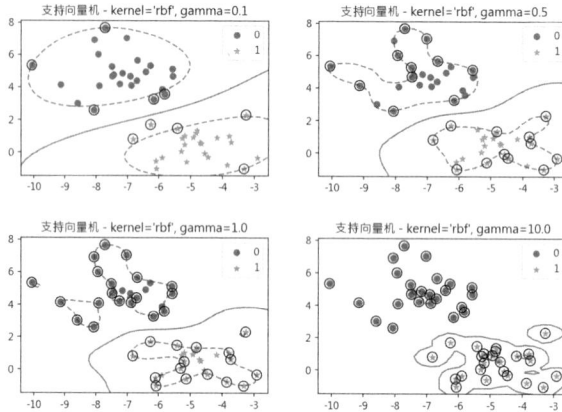

从上图可以看到如果 gamma 较小时，例如：gamma=0.1，支持向量的影响范围将会增大，但会导致模型欠拟合，一些支持向量不在决策边界上。反之，gamma 较大时，则支持向量的影响范围将会缩小，例如：当 gamma=1.0 或更高时，决策边界有许多支持向量，这可能导致模型过度拟合，未来对于新数据的预测能力会变得不好。

读者可能会奇怪，决策边界样子完全不一样了，这是因为当使用 'rbf' 内核时，特征相似的距离公式如下：

$$K(x_1, x_2) = \exp\left(-\gamma \| x_1 - x_2 \|^2\right)$$

$K(x_1, x_2)$ 代表的是映射到高维空间后，向量 x_1 和向量 x_2 的点积。而此公式中的 $\| x_1 - x_2 \|^2$ 是两个向量 x_1 和 x_2 之间的欧氏距离的平方，$\exp(-\gamma \| x_1 - x_2 \|^2)$ 则是一个高斯函数 (也称为正态分布)，它的形状取决于 gamma 的值。

$K(x_1, x_2)$ 的值分布在 0 到 1 之间：

（1）如果 x_1 和 x_2 很接近，即 $\| x_1 - x_2 \|^2$ 很小，则 $K(x_1, x_2)$ 会接近 1，因为将一个接近于零的数放到 exp 函数中，会得到一个接近于 1 的数。

（2）如果 x_1 和 x_2 很远，即 $\| x_1 - x_2 \|^2$ 很大，则 $K(x_1, x_2)$ 会接近 0，因为将一个大的正数乘以 -gamma 后放到 exp 函数中，会得到一个接近于 0 的数。

因此，rbf 核函数基本上可以度量 x_1 和 x_2 的相似度：如果 x_1 和 x_2 很接近，则它们的相似度高，$K(x_1, x_2)$ 接近于 1；如果 x_1 和 x_2 很远，则它们的相似度低，$K(x_1, x_2)$ 接近于 0。而 gamma 值则是控制这种相似度的衰减速度，gamma 值越大，相似度衰减的越快，也就是说，对于远离 x_1 的点，其影响越小。

28-4-3　多项式函数——poly

当设置 kernel='poly' 时，一般常常会设置下列参数：

● degree：这是多项次的阶数，预设是 3。

● gamma：对于 poly 核函数来说，如果你手动设置了 gamma，那么在计算特征向量的内积之前，它会先对特征向量进行缩放。这里的 gamma 并不是多项式核函数的传统参数，但在 Scikit-learn 的实现中，它被用作一种调节手段。当 gamma 设置为 'scale'（ 默认值 ）时，实际的 gamma 值将计算为 1 / (n_features * X.var( ))，其中 n_features 是特征的数量，X.var( ) 是特征向量的方差。这种设置意味着 gamma 将自动根据特征数量和数据变异性进行调节。

程序实例 ch28_12_1.py：对于交错半月形数据，使用 poly 核函数，degree 则使用 2, 3, 4, 5，然后绘制决策边界，最后输出准确率。

```python
1  # ch28_12_1.py
2  from sklearn.datasets import make_moons
3  from sklearn.svm import SVC
4  from sklearn.metrics import accuracy_score
5  import matplotlib.pyplot as plt
6  import numpy as np
7
8  plt.rcParams["font.family"] = ["Microsoft JhengHei"]
9  plt.rcParams["axes.unicode_minus"] = False  # 负数符号
10
11 # 生成 make_moons 数据
12 X, y = make_moons(n_samples=200, noise=0.1, random_state=0)
13
14 # 设置图形区域
15 x_min, x_max = X[:, 0].min() - 0.2, X[:, 0].max() + 0.2
16 y_min, y_max = X[:, 1].min() - 0.2, X[:, 1].max() + 0.2
17
18 # 产生所有平面的坐标点
19 xx, yy = np.meshgrid(np.arange(x_min, x_max, 0.01),
20                      np.arange(y_min, y_max, 0.01))
21
22 degrees = [2, 3, 4, 5]
23 titles = ['Poly核函数, degree=2', 'Poly核函数, degree=3',
24           'Poly核函数, degree=4', 'Poly核函数, degree=5']
25
26 fig, sub = plt.subplots(2, 2, figsize=(10, 10))
27 plt.subplots_adjust(wspace=0.4, hspace=0.4)  # 调整子图空间
28 sub = sub.flatten()
29
30 for degree, title, ax in zip(degrees, titles, sub):
31     model = SVC(kernel='poly', degree=degree, gamma='scale')
32     model.fit(X, y)
33
34     # 将 xx, yy 先扁平化再组成二维数组，然后预测分类
35     Z = model.predict(np.c_[xx.ravel(), yy.ravel()])
36     Z = Z.reshape(xx.shape)              # 将 Z 与 xx 相同外形
37     ax.contourf(xx, yy, Z, alpha=0.3)    # 绘制填充等高线图
38
39     # 显示散点图，标签为0的点，标签为1的点，并将形状设为星形
40     scatter = ax.scatter(X[:, 0][y == 0], X[:, 1][y == 0], c='b')
41     scatter = ax.scatter(X[:, 0][y == 1], X[:, 1][y == 1], c='r', marker='*')
42
43     ax.set_title(title + f'(准确率:{accuracy_score(y, model.predict(X)):.2f})')
44
45 plt.show()
```

执行结果

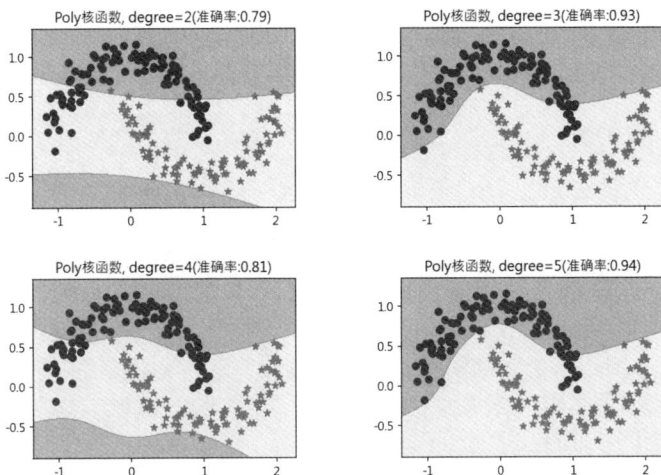

从上述执行结果我们看到，当 degree 是 3 或 5 时，整个决策边界有一个不错的效果，准确率分别达到 0.93 和 0.94。当使用 kernel='poly' 内核时，特征相似的距离公式如下：

$$K(x_1, x_2) = (x_1^T x_2 + c)^d$$

在这个公式中：

● $K(x_1, x_2)$ 是核函数，计算 x_1 和 x_2 这两个向量的核。
● x_1 和 x_2 是我们想要比较的两个向量。
● c 是一个自由参数，通常设置为 1。
● d 是核函数的阶数，你可以选择任何大于等于 1 的整数。

程序实例 ch28_12_2.py：使用与前一个实例相同的数据，但是分别使用 linear、rbf、poly，绘制决策边界，最后输出准确率。

```
1   # ch28_12_2.py
2   from sklearn.datasets import make_moons
3   from sklearn.svm import SVC
4   from sklearn.metrics import accuracy_score
5   import matplotlib.pyplot as plt
6   import numpy as np
7
8   plt.rcParams["font.family"] = ["Microsoft JhengHei"]
9   plt.rcParams["axes.unicode_minus"] = False   # 负数符号
10
11  # 生成 make_moons 数据
12  X, y = make_moons(n_samples=200, noise=0.1, random_state=0)
13
14  # 设置图形区域
15  x_min, x_max = X[:,0].min() - 0.2, X[:,0].max() + 0.2
16  y_min, y_max = X[:,1].min() - 0.2, X[:,1].max() + 0.2
17
18  # 产生所有平面的坐标点
19  xx, yy = np.meshgrid(np.arange(x_min, x_max, 0.01),
20                       np.arange(y_min, y_max, 0.01))
21
22  kernels = ['linear', 'rbf', 'rbf', 'poly']
23  gamma_values = ['scale', 0.5, 100, 'scale']   # for rbf and poly kernels
24  titles = ['Linear kernel', 'RBF kernel, gamma=0.5',
25            'RBF kernel, gamma=100', 'Poly kernel']
26
27  fig, sub = plt.subplots(2, 2, figsize=(10, 10))
28  plt.subplots_adjust(wspace=0.4, hspace=0.4)   # 调整子图空间
29  sub = sub.flatten()
30
31  for kernel, gamma, title, ax in zip(kernels, gamma_values, titles, sub):
32      model = SVC(kernel=kernel, gamma=gamma)
33      model.fit(X, y)
34
35      # 将 xx, yy 先扁平化再组成二维数组，然后预估分类
36      Z = model.predict(np.c_[xx.ravel(), yy.ravel()])
37      Z = Z.reshape(xx.shape)            # 将 Z 与 xx 相同外形
38      ax.contourf(xx, yy, Z, alpha=0.3)          # 绘制填充等高线图
39
40      # 显示散点图，标签为0的点，标签为1的点，并将形状设为星形
41      scatter = ax.scatter(X[:, 0][y == 0], X[:, 1][y == 0], c='b')
42      scatter = ax.scatter(X[:, 0][y == 1], X[:, 1][y == 1], c='r', marker='*')
43      ax.set_title(title + f'(准确率:{accuracy_score(y,model.predict(X)):.2f})')
44
45  plt.show()
```

执行结果

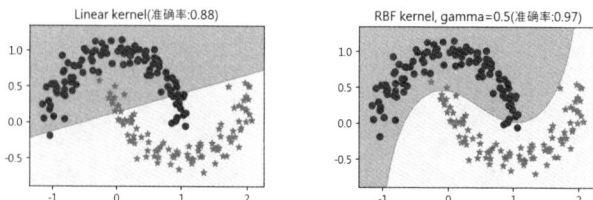

Linear kernel(准确率:0.88)   RBF kernel, gamma=0.5(准确率:0.97)

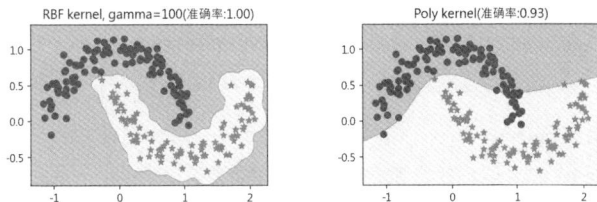

从上述执行结果可以看到，当数据比较复杂时，使用 kernel='rbf'，并使用适当的 gamma=0.5，可以得到高达 0.97 的准确率，这是比 kernel='poly' 要好的结果。此外，虽然使用 gamma=100 时，可以得到 1.0 的准确率，从上方左下角的图可以看到，过拟合现象太严重，未来对新数据的预测会不太好。

28-4-4　支持向量机的方法

这一章笔者使用了 Scikit-learn 的 sklearn.svm 模块的 SVC( ) 方法，说明支持向量机应用在线性和非线性核函数，我们使用 kernel='linear' 参数设定了线性核函数，也使用 kernel='rbf' 参数设置了非线性核函数，读者可以了解其中的差异。

这个模块另外也提供了下列支持向量机应用的方法：

svm.LinearSVC( )：线性支持向量机，专注应用在分类。

svm.LinearSVR( )：线性支持向量机，专注应用在回归。

28-5　鸢尾花数据——分类应用

从 ch27_13.py 的执行结果可以看到，鸢尾花的花萼长度 (sepal length) 和花萼宽度 (sepal width) 的数据，会有重叠，比较难以由此判别 versicolor 和 virginica 品种，然而这个数据却可以辅助我们了解支持向量机的算法，特别是当 kernel='rbf'，将参数 gamma 设为极大值时，体会过拟合的意义。

程序实例 ch28_13.py：支持向量机的 SVC( ) 方法，比较常用的核函数有 linear、rbf 和 poly，下列程序实例将用这些方法，重新设计 ch27_17.py，读者可以体会决策边界的差异，这个程序同时会列出准确度。

kernel='linear', gamma='scale'　　# 不会用到 gamma 参数

kernel='rbf', gamma=0.5

kernel='rbf', gamma=100

kernel='poly', gamma='scale'　　　# 'scale' 表示 1 / (n_features * X.var( ))

```
1  # ch28_13.py
2  from sklearn.datasets import load_iris
3  from sklearn.svm import SVC
4  from sklearn.metrics import accuracy_score
5  import matplotlib.pyplot as plt
6  import numpy as np
7
8  plt.rcParams["font.family"] = ["Microsoft JhengHei"]
9
10 # 下载 iris 数据集
11 iris = load_iris()
12
13 # 用前两个特征,花萼长度(sepal length)和花萼宽度(sepal width)
14 X = iris.data[:, :2]
15 y = iris.target
16
```

```
17  # 设置图形区域
18  x_min, x_max = X[:,0].min() - 0.2, X[:,0].max() + 0.2
19  y_min, y_max = X[:,1].min() - 0.2, X[:,1].max() + 0.2
20
21  # 产生所有平面的坐标点
22  xx, yy = np.meshgrid(np.arange(x_min, x_max, 0.01),
23                       np.arange(y_min, y_max, 0.01))
24
25  kernels = ['linear', 'rbf', 'rbf', 'poly']
26  gamma_values = ['scale', 0.5, 100, 'scale']    # for rbf and poly kernels
27  titles = ['Linear kernel', 'RBF kernel, gamma=0.5',
28            'RBF kernel, gamma=100', 'Poly kernel']
29
30  fig, sub = plt.subplots(2, 2, figsize=(10, 10))
31  plt.subplots_adjust(wspace=0.4, hspace=0.4)  # 调整子图空间
32  sub = sub.flatten()
33
34  for kernel, gamma, title, ax in zip(kernels, gamma_values, titles, sub):
35      model = SVC(kernel=kernel, gamma=gamma)
36      model.fit(X, y)
37
38      # 将 xx, yy 先扁平化再组成二维数组, 然后预估分类
39      Z = model.predict(np.c_[xx.ravel(), yy.ravel()])
40      Z = Z.reshape(xx.shape)           # 将 Z 与 xx 相同外形
41      ax.contourf(xx, yy, Z, alpha=0.3)          # 绘制填充等高线图
42
43      # 显示散点图
44      scatter = ax.scatter(X[:,0], X[:,1], c=y, edgecolor='b')
45
46      # 增加图例
47      handles, labels = scatter.legend_elements()
48      ax.legend(handles, iris.target_names, title="鸢尾花品种")
49
50      ax.set_title(title + f'(accuracy:{accuracy_score(y,model.predict(X)):.2f})')
51      ax.set_xlabel('花萼长度sepal length')
52      ax.set_ylabel('花萼宽度sepal width')
53
54  plt.show()
```

执行结果

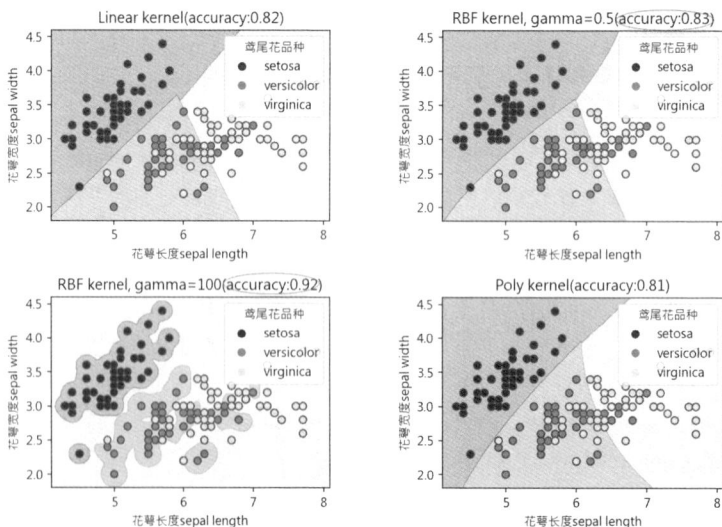

从上图可以看到，使用 kernel='rbf' 时，如果 gamma=0.5 时准确度是 0.83。而设置 gamma=100 时，准确度将提升至 0.92，但是看到整个决策边界是过拟合，因此虽然训练数据非常好，但是整个区块 setosa 和 versicolor 品种区块缩小，未来这个模型对于新的数据预测的准确率会不太好。

程序实例 ch28_14.py：重新设计 ch28_13.py，但是将花萼长度 (sepal length) 和花萼宽度 (sepal width) 的数据改为花瓣长度 (petal length) 与花瓣宽度 (petal width)。

```
13  # 用后两个特征,花瓣长度(petal length)和花瓣宽度(petal width)
14  X = iris.data[:, 2:]
```

执行结果

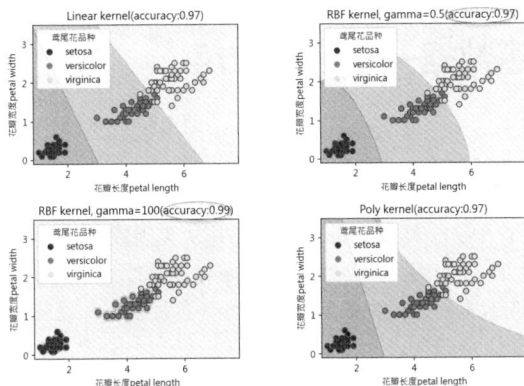

其实从上述左下方的图可以看到，使用 kernel='rbf'，gamma=100 时，虽然数据的准确率很高，达到 0.99，但是过拟合的现象也非常明显。

程序实例 ch28_15.py：将前面程序应用的支持向量机，使用的 linear、rbf、poly 核函数应用在鸢尾花数据，同时使用所有特征，采用 80% 训练数据、20% 测试数据，最后输出准确率。

```python
1  # ch28_15.py
2  from sklearn.datasets import load_iris
3  from sklearn.model_selection import train_test_split
4  from sklearn.svm import SVC
5  from sklearn.metrics import accuracy_score
6
7  # 下载 iris 数据集
8  iris = load_iris()
9
10 X = iris.data
11 y = iris.target
12
13 # 分割数据集为训练集和测试集
14 X_train, X_test, y_train, y_test = train_test_split(X, y, test_size=0.2,
15                                                     random_state=42)
16
17 kernels = ['linear', 'rbf', 'rbf', 'poly']
18 gamma_values = ['scale', 0.5, 100, 'scale']
19 titles = ['Linear kernel', 'RBF kernel, gamma=0.5',
20           'RBF kernel, gamma=100', 'Poly kernel']
21
22 for kernel, gamma, title in zip(kernels, gamma_values, titles):
23     model = SVC(kernel=kernel, gamma=gamma, random_state=42)
24     model.fit(X_train, y_train)
25
26     y_train_pred = model.predict(X_train)
27     y_test_pred = model.predict(X_test)
28     print(f'{title}')
29     print(f'训练资料准确率: {accuracy_score(y_train, y_train_pred):.2f}')
30     print(f'测试资料准确率: {accuracy_score(y_test, y_test_pred):.2f}\n')
```

执行结果

```
================= RESTART: D:\Machine\ch28\ch28_15.py =================
Linear kernel
训练资料准确率: 0.97
测试资料准确率: 1.00

RBF kernel, gamma=0.5
训练资料准确率: 0.97
测试资料准确率: 1.00

RBF kernel, gamma=100
训练资料准确率: 1.00
测试资料准确率: 0.50

Poly kernel
训练资料准确率: 0.98
测试资料准确率: 1.00
```

从上述执行结果可以看到，大部分皆可以获得很好的结果，但是当 gamma=100，产生过拟合时，测试数据的准确度就降到 0.5 了，所以在研究机器学习时，如何设置好的参数也是很重要的。

28-6 乳腺癌数据——分类应用

28-6-1 认识数据

乳腺癌数据集包含了 569 个样本，每个样本都是从美国威斯康星州的一名女性的乳腺肿瘤中提取的。数据集中的样本分为两类：恶性 (malignant) 和良性 (benign)。每个样本有 30 个特征，这些特征涵盖了从细胞核形状和大小到细胞群体密度等各种特征，这些特征可用于训练机器学习模型，以预测肿瘤是良性还是恶性。

以下依照数据集的字段顺序说明特征：

- radius_mean：平均半径。
- texture_mean：平均纹理 (灰度值的标准差)。
- perimeter_mean：平均周长。
- area_mean：平均面积。
- smoothness_mean：平均平滑度 (半径范围内的局部变化)。
- compactness_mean：平均紧密度 (周长平方 / 面积 - 1.0)。
- concavity_mean：平均凹度 (轮廓凹部的严重程度)。
- concave points_mean：平均凹点数 (轮廓凹部的数量)。
- symmetry_mean：平均对称性。
- fractal_dimension_mean：平均分形维数 (海岸线近似 - 1)。
- radius_se：半径的标准误。
- texture_se：纹理的标准误。
- perimeter_se：周长的标准误。
- area_se：面积的标准误。
- smoothness_se：平滑度的标准误。
- compactness_se：紧密度的标准误。
- concavity_se：凹度的标准误。
- concave points_se：凹点数的标准误。
- symmetry_se：对称性的标准误。
- fractal_dimension_se：分形维数的标准误。
- radius_worst：最大半径。
- texture_worst：最大纹理。
- perimeter_worst：最大周长。
- area_worst：最大面积。
- smoothness_worst：最大平滑度。
- compactness_worst：最大紧密度。
- concavity_worst：最大凹度。
- concave points_worst：最大凹点数。
- symmetry_worst：最大对称性。

● fractal_dimension_worst：最大分形维数。

这些特征综合描述了乳腺癌患者肿瘤细胞的形状、大小和组织结构等特点。透过这些特征，机器学习模型能够捕捉到不同类型肿瘤之间的差异，进而对乳腺癌进行分类预测。

在应用这些特征训练模型时，应对数据进行探索性分析和特征选择。这有助于了解特征之间的相互关系，以及它们对目标变量的影响。此外，根据不同特征的取值范围和单位，可能需要对特征进行缩放或转换。常见的方法有标准化 (StandardScaler) 和最小最大缩放 (MinMaxScaler) 等。

在实际应用中，可以尝试使用不同的机器学习算法，如支持向量机、决策树、随机森林、逻辑回归、神经网络等，对这些特征进行建模，最终选择在测试集上具有最佳性能指针 (如准确率、F1 分数等) 的模型作为最终模型。这一节将使用支持向量机做预测。

在乳腺癌数据集中，目标变量的域名为 "target"。这个字段表示肿瘤是良性还是恶性，具体对应的目标标签如下：

0：Malignant(恶性肿瘤)

1：Benign(良性肿瘤)

程序实例 ch28_15_1.py：输出数据外形、前 5 笔数据、特征名称和目标标签。

```
1  # ch28_15_1.py
2  from sklearn.datasets import load_breast_cancer
3  import pandas as pd
4
5  # 加载 breast_cancer 数据集
6  data = load_breast_cancer()
7
8  # 建立一个 DataFrame 来展示数据
9  df = pd.DataFrame(data.data, columns=data.feature_names)
10
11 # 输出数据的形状 ( 样本数和特征数 )
12 print(f"数据外形 : {df.shape}")
13
14 # 输出前 5 笔数据
15 print(f"前 5 笔资料 :\n{df.head()}")
16
17 # 输出特征名称
18 print(f"特征名称 :\n{data.feature_names}")
19
20 # 输出目标名称 ( 标签名称 )
21 print(f"目标标签 : {data.target_names}")
```

執行結果

```
================== RESTART: D:\Machine\ch28\ch28_15_1.py ==================
数据外形 : (569, 30)
前 5 笔资料 :
   mean radius  mean texture  ...  worst symmetry  worst fractal dimension
0        17.99         10.38  ...          0.4601                  0.11890
1        20.57         17.77  ...          0.2750                  0.08902
2        19.69         21.25  ...          0.3613                  0.08758
3        11.42         20.38  ...          0.6638                  0.17300
4        20.29         14.34  ...          0.2364                  0.07678

[5 rows x 30 columns]
特征名称 :
['mean radius' 'mean texture' 'mean perimeter' 'mean area'
 'mean smoothness' 'mean compactness' 'mean concavity'
 'mean concave points' 'mean symmetry' 'mean fractal dimension'
 'radius error' 'texture error' 'perimeter error' 'area error'
 'smoothness error' 'compactness error' 'concavity error'
 'concave points error' 'symmetry error' 'fractal dimension error'
 'worst radius' 'worst texture' 'worst perimeter' 'worst area'
 'worst smoothness' 'worst compactness' 'worst concavity'
 'worst concave points' 'worst symmetry' 'worst fractal dimension']
目标标签 : ['malignant' 'benign']
```

28-6-2　线性支持向量机预测乳腺癌数据

程序实例 ch28_16.py：以 80% 训练数据，20% 测试数据，使用支持向量机 SVM( ) 方法处理乳腺癌数据，输出准确率 (Accuracy)、分类报告 (Classification Report)，同时输出测试的真实目标数据与预测的目标数据，读者可以做比较。

```
1   # ch28_16.py
2   from sklearn.datasets import load_breast_cancer
3   from sklearn.model_selection import train_test_split
4   from sklearn.preprocessing import StandardScaler
5   from sklearn.svm import SVC
6   from sklearn.metrics import accuracy_score, classification_report
7
8   # 加载数据集
9   cancer = load_breast_cancer()
10  X = cancer.data
11  y = cancer.target
12
13  # 切分数据集为训练集和测试集
14  X_train,X_test,y_train,y_test = train_test_split(X,y,test_size=0.2,
15                                                   random_state=9)
16
17  # 特征缩放
18  scaler = StandardScaler()
19  X_train = scaler.fit_transform(X_train)
20  X_test = scaler.transform(X_test)
21
22  # 建立 SVM 分类器，训练模型
23  clf = SVC(kernel='linear', C=1)
24  clf.fit(X_train, y_train)
25
26  # 预测测试集
27  y_pred = clf.predict(X_test)
28  print(f"测试的真实值\n{y_test}")
29  print("-"*70)
30  print(f"预测的目标值\n{y_pred.round(1)}")
31  print("-"*70)
32
33  # 计算 accuracy
34  acc = accuracy_score(y_test, y_pred)
35  print(f"准确率(Accuracy Score) : {acc:.3f}")
36  print("-"*70)
37
38  # 生成分类报告
39  report = classification_report(y_test, y_pred)
40  print("分类报告(Classification Report):")
41  print(report)
```

执行结果

```
================= RESTART: D:\Machine\ch28\ch28_16.py =================
测试的真实值
[0 0 1 1 0 0 0 1 0 0 1 0 1 1 0 1 1 1 1 0 1 1 0 1 1 0 1 1 1 0 0 1 0 0 0 0
 1 0 1 1 1 1 1 0 1 1 1 1 0 1 1 1 0 0 0 1 1 0 1 0 1 1 0 1 0 1 1 1 1
 0 0 1 1 1 1 0 1 0 1 1 1 1 1 0 1 0 0 1 0 1 1 1 0 1 1
 1 1 0]
-----------------------------------------------------------------------
预测的目标值
[0 0 1 1 0 0 0 1 0 0 1 0 1 1 0 1 1 1 1 0 1 1 0 1 1 1 0 0 1 0 0 0 0
 1 0 1 1 1 1 1 0 1 1 1 1 0 1 1 1 0 0 0 1 1 0 1 0 1 1 0 1 0 1 1 1 1
 0 0 1 1 1 1 1 0 1 1 1 1 1 0 1 0 0 1 0 1 1 1 0 1 1
 1 1 0]
-----------------------------------------------------------------------
准确率(Accuracy Score) : 0.974
-----------------------------------------------------------------------
分类报告(Classification Report):
              precision    recall  f1-score   support

           0       1.00      0.93      0.96        40
           1       0.96      1.00      0.98        74

    accuracy                           0.97       114
   macro avg       0.98      0.96      0.97       114
weighted avg       0.97      0.97      0.97       114
```

准确率是衡量分类模型性能的一个常用指针，表示模型正确预测的样本数与所有样本数的比例。准确率越高，模型的预测性能越好。在这个例子中，准确率达到 0.974，表示模型在测试集上表现出色，能够非常有效地区分良性和恶性乳腺癌肿瘤。

28-6-3 不同核函数应用在乳腺癌数据

程序实例 ch28_17.py：使用 linear、rbf、poly 了解不同核函数应用在乳腺癌数据的分析，同时输出训练数据和测试数据的准确率。

```
1   # ch28_17.py
2   from sklearn.datasets import load_breast_cancer
3   from sklearn.model_selection import train_test_split
4   from sklearn.preprocessing import StandardScaler
5   from sklearn.svm import SVC
6   from sklearn.metrics import accuracy_score
7
8   # 加载数据集
9   cancer = load_breast_cancer()
10  X = cancer.data
```

```
11  y = cancer.target
12
13  # 切分数据集为训练集和测试集
14  X_train, X_test, y_train, y_test = train_test_split(X, y, test_size=0.2,
15                                                       random_state=9)
16
17  # 特征缩放 - 标准化
18  scaler = StandardScaler()
19  X_train = scaler.fit_transform(X_train)
20  X_test = scaler.transform(X_test)
21
22  kernels = ['linear', 'rbf', 'poly']
23
24  for kernel in kernels:
25      # 建立 SVM 分类器
26      clf = SVC(kernel=kernel, C=1)
27
28      # 训练模型
29      clf.fit(X_train, y_train)
30
31      # 预测训练集和测试集
32      y_train_pred = clf.predict(X_train)
33      y_test_pred = clf.predict(X_test)
34
35      # 计算 accuracy
36      train_acc = accuracy_score(y_train, y_train_pred)
37      test_acc = accuracy_score(y_test, y_test_pred)
38      print(f"使用 '{kernel}' 核函数")
39      print(f"训练数据的准确率 : {train_acc:.3f}")
40      print(f"测试数据的准确率 : {test_acc:.3f}")
41      print("-"*70)
```

執行結果

```
================== RESTART: D:\Machine\ch28\ch28_17.py ==================
使用 'linear' 核函数
训练数据的准确率 : 0.987
测试数据的准确率 : 0.974
----------------------------------------------------------------------
使用 'rbf' 核函数
训练数据的准确率 : 0.987
测试数据的准确率 : 0.982
----------------------------------------------------------------------
使用 'poly' 核函数
训练数据的准确率 : 0.916
测试数据的准确率 : 0.930
----------------------------------------------------------------------
```

　　从上述执行结果可以看到，当碰到复杂的数据时，使用 rbf 核函数会比 linear 核函数有更的模型效果。

28-7 支持向量机——回归应用的基础实例

　　支持向量机在回归应用中，所使用的是 SVR( ) 方法，SVR 全名是 Support Vector Regression。

　　本书阅读至此，相信读者一定知道，在回归问题中，我们的目标是找到一个函数，这个函数可以根据输入 (特征) 来预测一个连续的输出值 (目标)。SVR 的目标是找到一个函数，这个函数可以在最大程度上拟合训练数据 (也就是使模型预测的输出值和实际的目标值之间的误差最小)，同时也要尽可能地保持模型的简单，也就是避免过度拟合。

　　SVR 的主要概念是找到一个决策边界，在回归问题中也称为超平面，这个边界有最大的间隔，也就是支持向量。即边界附近的点 (支持向量) 与边界的距离。SVR 使用一个参数 epsilon 来定义一个 epsilon-insensitive zone，即在这个区域内的预测误差是被忽视的。这意味着，SVR 会尝试找到一个函数，这个函数在 epsilon-insensitive zone 之外的预测之误差平方和最小。

　　SVR 的另一个重要概念是核函数 (kernel function)。核函数允许我们在高维空间中进行计算，而无须实际计算每个数据点在高维空间中的坐标，这使得 SVR 可以拟合非线性的关系，而不需要将数据点映射到高维空间。

28-7-1 SVR( ) 语法说明

以下是 Scikit-learn 的 SVR( ) 方法中的语法和主要参数如下：

from sklearn.svm import SVR

...

svr = SVR(kernel, degree, gamma, C, epsilon)

上述语法可以建立 svr 对象，各个参数意义如下：

- kernel：这是选择的核函数。默认值为 'rbf'，还可以选择 'linear'、'poly'、'sigmoid' 或者自己定义的核函数。不同的核函数适合于不同的数据和问题。
- degree：多项式核函数的阶数。只有当 kernel 为 'poly' 时才有效。默认值是 3。
- gamma：'rbf', 'poly' 和 'sigmoid' 的核系数。预设是 'scale'，那么它的值将是 1 / (n_features * X.var( ))。如果 gamma 是 'auto'，那么它的值将是 1/n_features。
- C：错误项的惩罚参数。C 值越大，则误差项的惩罚越大，模型越不能忍受被错分的样本，换句话说，C 越大，模型越容易过拟合；反之，C 越小，模型对错分样本的容忍度越高，容易欠拟合。
- epsilon：默认值是 0.1，这个参数设置了 epsilon-insensitive zone，也就是说，模型会尝试在这个范围内最小化预测误差。如果一个点的预测误差在 epsilon 范围内，那么该误差就会被忽略。换句话说，模型并不会努力去精确预测这部分误差范围内的数值。这个参数可以根据你的具体问题和数据进行调整。如果你希望模型更精确地预测数据，可以将 epsilon 设定得小一些；如果你对预测结果的精确度要求不那么高，或者希望模型能更好地泛化，则可以将 epsilon 设定得大一些。

28-7-2 简单数据应用

程序实例 ch28_18.py：比较 linear 和 rbf 核函数的结果。

```python
1  # ch28_18.py
2  from sklearn.svm import SVR
3  import numpy as np
4
5  # 定义特征和目标变量
6  X = np.array([[1, 2], [3, 4], [5, 6], [7, 8]])
7  y = np.array([0.5, 1.5, 2.5, 3.5])
8
9  # 创建并训练线性核的SVR模型
10 model_linear = SVR(kernel='linear', C=1.0, epsilon=0.1)
11 model_linear.fit(X, y)
12
13 # 创建并训练RBF核的SVR模型
14 model_rbf = SVR(kernel='rbf', C=1.0, epsilon=0.1)
15 model_rbf.fit(X, y)
16
17 # 使用线性核的模型进行预测
18 y_pred_linear = model_linear.predict(X)
19
20 # 使用RBF核的模型进行预测
21 y_pred_rbf = model_rbf.predict(X)
22
23 # 输出预测结果
24 for i in range(len(y)):
25     print(f'目标变量:{y[i]}, 线性核预测结果:{y_pred_linear[i]:.3f}', end=" ")
26     print(f'RBF核预测结果:{y_pred_rbf[i]:.3f}')
```

执行结果

```
=============== RESTART: D:\Machine\ch28\ch28_18.py ===============
目标变量:0.5, 线性核预测结果:0.600, RBF核预测结果:1.001
目标变量:1.5, 线性核预测结果:1.533, RBF核预测结果:1.581
目标变量:2.5, 线性核预测结果:2.467, RBF核预测结果:2.419
目标变量:3.5, 线性核预测结果:3.400, RBF核预测结果:2.999
```

从上述执行结果可以看到，linear 核函数表现比较好，但是这是因为数据少，linear 核函数可以比较容易发挥。

28-7-3　电视购物广告效益分析

这也是一个简单使用 SVR( ) 做回归分析的数据实例，其中将电视购物广告支出与时间当作特征变量，销售金额当作目标变量。然后给一个预测数据，最后预估销售金额。

程序实例 ch28_19.py：用 features 定义特征变量，分别是广告支出 (千元) 和广告时间 (小时)，并使用 SVR( ) 建立回归模型，最后给予费用和小时数，然后做销售预测。

```
1   # ch28_19.py
2   import numpy as np
3   from sklearn.svm import SVR
4   from sklearn.preprocessing import StandardScaler
5
6   # 创建仿真数据集
7   # 特征：广告支出(千元)和广告时间(24小时制)
8   features = np.array([
9       [500, 8],
10      [700, 12],
11      [300, 14],
12      [400, 16],
13      [600, 18],
14      [800, 20],
15      [900, 22],
16      [200, 6],
17      [100, 10],
18      [450, 19]
19  ])
20
21  # 目标变量：销售(千元)
22  target = np.array([100, 150, 80, 120, 140, 180, 170, 60, 50, 130])
23
24  # 特征标准化
25  scaler = StandardScaler()
26  features = scaler.fit_transform(features)
27
28  # 创建SVR模型
29  model = SVR(kernel='linear', C=1.0, epsilon=0.1)
30
31  # 使用特征和目标值来训练模型
32  model.fit(features, target)
33
34  # 使用训练好的模型来预测新的数据点
35  new_data = np.array([[550, 15], [650, 21]])        # 新的广告支出和广告时间
36  new_data = scaler.transform(new_data)              # 相同的标准化数据
37  y_pred = model.predict(new_data)
38
39  # 输出预测结果
40  print(f'[550(费用:千元),15(小时)]：预估销售 {y_pred[0]:.2f}(千元)')
41  print(f'[650(费用:千元),21(小时)]：预估销售 {y_pred[1]:.2f}(千元)')
```

执行结果

```
==================== RESTART: D:\Machine\ch28\ch28_19.py ====================
[550(费用:千元),15(小时)]：预估销售 125.52(千元)
[650(费用:千元),21(小时)]：预估销售 137.22(千元)
```

28-8　汽车燃耗效率数据集——回归分析

28-8-1　认识汽车燃耗效率数据集

汽车燃油效率 (Miles per Gallon，简称 MPG) 数据集是一个常用的公开数据集，用于研究汽车性能与燃油效率之间的关系。它是由美国环保署 (EPA) 的燃油经济所提供的，并且被加工和分类为一个常用的机器学习数据集。该数据集包含了从 1970 年到 1980 年的各种汽车型号的燃油效率以及与其相关的一些车辆特性。这个文件有 9 个字段内容，如图 28-7 所示。

	A	B	C	D	E	F	G	H	I	J	K
1	mpg	cylinders	displacem	horsepow	weight	acceleratio	model yea	origin	car name		
2	18	8	307	130	3504	12	70	1	chevrolet chevelle malibu		
3	15	8	350	165	3693	11.5	70	1	buick skylark 320		
4	18	8	318	150	3436	11	70	1	plymouth satellite		
5	16	8	304	150	3433	12	70	1	amc rebel sst		

图 28-7　MPG 数据集

这个数据集包括以下特征：

- mpg：燃油效率，这通常是我们要预测的目标变量。
- cylinders：发动机的汽缸数量。
- displacement：发动机排量。
- horsepower：马力。
- weight：车重。
- acceleration：加速度，衡量车辆从静止到一定速度所需的时间。
- model_year：车辆的型号年份。
- origin：车辆的产地，通常以数字表示，例如在某些数据集中，1 代表美国，2 代表欧洲，3 代表亚洲。
- car_name：车辆的名称或品牌。

利用这个数据集，我们可以进行许多有趣的分析，例如预测新车的燃油效率，或者探索汽缸数量、马力、车重等因素对燃油效率的影响。这些信息对汽车制造商来说十分重要，因为他们需要知道如何改进车辆设计以提高燃油效率。同时，这些信息对消费者也很有用，因为他们可以利用这些信息来选择燃油效率高的车辆。

程序实例 ch28_20.py：读取 auto-mpg.csv，同时输出前 5 笔数据。

```
# ch28_20.py
import pandas as pd

# 读取数据集
df = pd.read_csv('auto-mpg.csv')

pd.set_option('display.max_columns', None)  # 显示所有字段
pd.set_option('display.width', 200)         # 设定显示宽度

# 显示数据集的前5行
print(df.head())

# 显示数据集的笔数
print(f'这个数据共有 {df.shape[0]} 笔数')
```

执行结果

```
===================== RESTART: D:\Machine\ch28\ch28_20.py =====================
    mpg  cylinders  displacement horsepower  weight  acceleration  model year  origin                   car name
0  18.0          8         307.0        130    3504          12.0          70       1  chevrolet chevelle malibu
1  15.0          8         350.0        165    3693          11.5          70       1          buick skylark 320
2  18.0          8         318.0        150    3436          11.0          70       1         plymouth satellite
3  16.0          8         304.0        150    3433          12.0          70       1              amc rebel sst
4  17.0          8         302.0        140    3449          10.5          70       1                ford torino
这个数据共有 398 笔数
```

28-8-2　使用 SVR( ) 预测汽车燃料数据

程序实例 ch28_21.py：使用 linear 和 rbf 核函数预测汽车燃料的绩效，除了输出预测和训练数据的 R 平方判定系数外，也同时输出实际 MPG 与预测 MPG 的比较。

```
# ch28_21.py
import pandas as pd
import numpy as np
from sklearn.model_selection import train_test_split
from sklearn.preprocessing import StandardScaler
from sklearn.svm import SVR
from sklearn.metrics import mean_squared_error, r2_score

```

```
 9  # 读取数据集
10  df = pd.read_csv('auto-mpg.csv')
11
12  # 将 '?' 替换为 NaN，并删除含有缺失值的行
13  df.replace('?', np.nan, inplace=True)
14  df.dropna(inplace=True)
15
16  # 去除汽车型号这一列
17  df = df.drop(columns=['car name'])
18
19  # 将数据分割成特征和目标
20  X = df.drop('mpg', axis=1)
21  y = df['mpg']
22
23  # 将数据型态转换为 float
24  X = X.astype(float)
25  y = y.astype(float)
26
27  # 分割数据集为训练集和测试集
28  X_train, X_test, y_train, y_test = train_test_split(X, y, test_size=0.2,
29                                                      random_state=42)
30
31  # 标准化数据
32  scaler = StandardScaler()
33  X_train = scaler.fit_transform(X_train)
34  X_test = scaler.transform(X_test)
35
36  # 建立并训练模型
37  model_linear = SVR(kernel='linear')                    # linear模型
38  model_linear.fit(X_train, y_train)
39
40  model_rbf = SVR(kernel='rbf')                          # rbf模型

41  model_rbf.fit(X_train, y_train)
42
43  # 预测训练数据
44  y_pred_train_linear = model_linear.predict(X_train)
45  y_pred_train_rbf = model_rbf.predict(X_train)
46
47  # 预测测试数据
48  y_pred_test_linear = model_linear.predict(X_test)
49  y_pred_test_rbf = model_rbf.predict(X_test)
50
51  # 计算并输出 R平方系数
52  print("训练数据R平方系数linear: ", r2_score(y_train, y_pred_train_linear))
53  print("测试数据R平方系数linear: ", r2_score(y_test, y_pred_test_linear))
54  print("-"*70)
55  print("训练数据R平方系数 rbf  : ", r2_score(y_train, y_pred_train_rbf))
56  print("测试数据R平方系数 rbf  : ", r2_score(y_test, y_pred_test_rbf))
57  print("-"*70)
58
59  # 创建并打印预测值和实际值的数据框
60  df_pred_linear = pd.DataFrame({' 实际 MPG': y_test,\
61                                 '预测 MPG (Linear)': y_pred_test_linear})
62  df_pred_rbf = pd.DataFrame({' 实际 MPG': y_test,\
63                              '预测 MPG (RBF)': y_pred_test_rbf})
64
65  print(df_pred_linear)
66  print(df_pred_rbf)
```

执行结果

```
================ RESTART: D:\Machine\ch28\ch28_21.py ================
训练数据平方系数linear:  0.8114554570773445
测试数据平方系数linear:  0.7779938943904918
-------------------------------------------------------------
训练数据平方系数 rbf  :  0.8565208903264645
测试数据平方系数 rbf  :  0.8183047060881927
-------------------------------------------------------------
     实际 MPG  预测 MPG (Linear)
79     26.0      25.887265
276    21.6      26.585177
248    36.1      33.562790
56     26.0      23.907594
393    27.0      27.729736
...     ...            ...
366    17.6      23.384341
83     28.0      24.412140
115    15.0      14.449816
3      16.0      15.453236
18     27.0      27.008444

[79 rows x 2 columns]
     实际 MPG  预测 MPG (RBF)
79     26.0      26.637664
276    21.6      24.942168
248    36.1      33.617043
56     26.0      23.496531
393    27.0      28.748122
...     ...            ...
366    17.6      23.128115
83     28.0      24.511498
115    15.0      13.932445
3      16.0      15.866576
18     27.0      24.904757

[79 rows x 2 columns]
```

从上述执行结果可以看到，当特征字段比较多时，rbf 核函数最后的绩效，比起 linear 核函数的绩效要好很多。

第 29 章
单纯贝叶斯分类（以垃圾邮件、新闻分类、电影评论为例）

单纯贝叶斯分类器是一种基于贝叶斯定理的监督学习模型，常被用于分类问题。单纯贝叶斯分类器的主要思想是假设分类特征之间是条件独立的，即每个特征对结果的影响是独立的。虽然这个假设在实际情况中往往并不成立，但单纯贝叶斯分类器在许多情况下依然能够给出不错的预测效果。

贝叶斯定理是单纯贝叶斯分类器的基础（注：读者可以复习 11-8 节），它的公式为：

$$P(A|B) = \frac{P(B|A)P(A)}{P(B)}$$

在这里，A 和 B 是两个事件，$P(A|B)$ 是指在事件 B 发生的条件下事件 A 发生的概率，$P(B|A)$ 是指在事件 A 发生的条件下事件 B 发生的概率，$P(A)$ 和 $P(B)$ 分别是指事件 A 和事件 B 发生的概率。

在单纯贝叶斯分类器中，我们通常把 A 看作是某个类别，B 看作是一个特征向量。然后，我们用贝叶斯定理来计算给定特征向量的条件下，样本属于每个类别的概率，并在其中选择概率最高的类别作为样本的预测类别。

虽然单纯贝叶斯分类器的模型结构相对简单，但它在文件分类、垃圾邮件检测等多种应用场景中都表现出了强大的性能。

29-1 单纯贝叶斯分类原理

29-1-1 公式说明

单纯贝叶斯分类器 (naive Bayes classifier) 是以贝叶斯定理为基础的一种概率分类器。下面以一个简单的公式来描述单纯贝叶斯分类器的工作原理：

（1）计算先验概率 (prior probabilities)：

$P(C)$：类别 C 在数据中出现的概率。

（2）计算条件概率 (likelihoods)：

$P(x|C)$：在给定类别 C 的条件下，特征 x 出现的概率。

（3）使用贝叶斯定理计算后验概率 (Posterior probabilities)：

$P(C|x) = P(x|C) \times P(C) / P(x)$

上述公式 $P(C|x)$ 是我们最终要求的概率，即在给定特征 x 的情况下，数据属于类别 C 的概率，单纯贝叶斯分类器会选择后验概率最大的类别作为预测结果。上述公式 $P(x)$ 又称证据 (evidence)。

单纯贝叶斯分类器之所以被称为"单纯"，是因为它做了一个"单纯"的假设，即假设所有特征都是互相独立的。这意味着我们可以简单地将每个特征的概率相乘来计算 $P(x|C)$：

$$P(x|C) = P(x_1|C) \times P(x_2|C) \times ... \times P(x_n|C)$$

这就是单纯贝叶斯分类器的主要公式和原理。

29-1-2 简单实例

让我们假设你在做社会科学研究，并且你想要预测某人是否会喜欢看一部新的剧情电影，你收集的数据有以下三个特征：

性别：男、女。

年龄区间：18 ～ 24、25 ～ 34、35 ～ 44、45 以上。

电影类型：科幻、剧情。

评价分类：喜欢、不喜欢。

你的数据如表 29-1 所示。

表 29-1　收集的数据

编号	性别	年龄	电影类型	评价
1	男	18~24	科幻	喜欢
2	女	25~34	剧情	喜欢
3	女	45 以上	科幻	喜欢
4	男	35~44	剧情	不喜欢
5	男	18~24	科幻	喜欢
6	女	35~44	剧情	不喜欢
7	女	25~34	科幻	不喜欢
8	男	45 以上	科幻	喜欢
9	女	18~24	剧情	不喜欢
10	男	25~34	科幻	喜欢

上述内容共有 10 个样本，编号字段是为了方便我们纪录，所以可以不必说明。这个数据有三个特征，分别是"性别""年龄""电影类型"。有一个评价分类标签，内容是"喜欢""不喜欢"。

- 有 5 个女性样本，5 个男性样本。
- 有 3 个 18～24 岁的样本，3 个 25～34 岁的样本，2 个 35～44 岁的样本，2 个 45 岁以上的样本。
- 有 6 个科幻片样本，4 个剧情片样本。
- 评价分类有 6 个喜欢，4 个不喜欢。

我们现在假设有一个"女"性观众，年龄为"25～34"，电影类型为"剧情"，然后计算她喜欢这部电影的概率。

笔者将依据 29-1-1 节叙述，逐步推导。首先，将评价"喜欢"的数据用表格重新整理，如表 29-2 所示。

表 29-2　评价"喜欢"的数据

编号	性别	年龄	电影类型	评价
1	男	18~24	科幻	喜欢
2	女	25~34	剧情	喜欢
3	女	45 以上	科幻	喜欢
5	男	18~24	科幻	喜欢
8	男	45 以上	科幻	喜欢
10	男	25~34	科幻	喜欢

（1）计算先验概率：

喜欢的先验概率可以用 $P($ 喜欢 $)$ 表达，计算方式如下：

$P($ 喜欢 $) = 6 / 10 = 0.6$

（2）计算条件概率：

$P($ 女 $|$ 喜欢 $) = 2 / 6 \approx 0.333$

$P(25 \sim 34|$ 喜欢 $) = 2 / 6 \approx 0.333$

$P($ 剧情 $|$ 喜欢 $) = 1 / 6 \approx 0.167$

（3）后验概率的分子：

$P(\boldsymbol{x}|C) \times P(C) = P(\boldsymbol{x}|$ 喜欢 $) \times P($ 喜欢 $) = 0.333 \times 0.333 \times 0.167 \times 0.6 \approx 0.01111$

注1 后验概率需要 $P(\boldsymbol{x})$，这需要计算完喜欢和不喜欢的概似求和。

注2 $\boldsymbol{x}$ 是特征，x_1 是性别（女），x_2 是年龄 (25~34)，x_3 是电影类型（剧情）。

注3 C 是喜欢。

接下来，将评价"不喜欢"的数据用表格重新整理，如表 29-3 所示。

表 29-3 评价"不喜欢"的数据

编号	性别	年龄	电影类型	评价
4	男	35~44	剧情	不喜欢
6	女	35~44	剧情	不喜欢
7	女	25~34	科幻	不喜欢
9	女	18~24	剧情	不喜欢

（1）计算先验概率：

不喜欢的先验概率可以用 $P($ 不喜欢 $)$ 表达，计算方式如下：

$P($ 不喜欢 $) = 4 / 10 = 0.4$

（2）计算条件概率：

$P($ 女 $|$ 不喜欢 $) = 3 / 4 = 0.75$

$P(25 \sim 34|$ 不喜欢 $) = 1 / 4 = 0.25$

$P($ 剧情 $|$ 不喜欢 $) = 3 / 4 = 0.75$

（3）后验概率的分子：

$\boldsymbol{P(\boldsymbol{x}|C)} \times P(C) = P(\boldsymbol{x}|$ 不喜欢 $) \times P($ 不喜欢 $) = 0.75 \times 0.25 \times 0.75 \times 0.4 = 0.05625$

在计算时，我们可以因为"不喜欢"的后验概率分子 0.05625 大于 0.01111，直接判定"不喜欢"。如果要完整计算后验概率，则分母 P(x) 公式是上述两个分子相加。

"喜欢"的后验概率公式 $= \dfrac{0.01111}{0.01111 + 0.05625} \approx 0.16495$

"不喜欢"的后验概率公式 $= \dfrac{0.05625}{0.01111 + 0.05625} \approx 0.83505$

注 上述公式中，分母相同，所以许多时候可以由分子数值，直接判定预估结果。

程序实例 ch29_1.py：将上述叙述用程序表达。

```python
1  # ch29_1.py
2  import pandas as pd
3  import numpy as np
4
5  # 定义数据
6  data = {
7      'Sex': ['M', 'F', 'F', 'M', 'M', 'F', 'F', 'M', 'F', 'M'],
8      'Age': ['18-24', '25-34', '45+', '35-44', '18-24',
9              '35-44', '25-34', '45+', '18-24', '25-34'],
10     'Type': ['Sci', 'Drama', 'Sci', 'Drama', 'Sci',
11             'Drama', 'Sci', 'Sci', 'Drama', 'Sci'],
12     'Like': ['Yes', 'Yes', 'Yes', 'No', 'Yes', 'No', 'No', 'Yes', 'No', 'Yes']
13 }
14
15 # 创建 DataFrame
16 df = pd.DataFrame(data)
17
18 # 计算先验概率
19 prob_like = df[df['Like'] == 'Yes'].shape[0] / df.shape[0]
20 prob_dislike = 1 - prob_like
21
```

```
22  # 计算条件概率
23  prob_F_like = df[(df['Sex'] == 'F') & (df['Like'] == 'Yes')].shape[0]\
24                / df[df['Like'] == 'Yes'].shape[0]
25  prob_25_34_like = df[(df['Age'] == '25-34') & (df['Like'] == 'Yes')].shape[0]\
26                    / df[df['Like'] == 'Yes'].shape[0]
27  prob_drama_like = df[(df['Type'] == 'Drama') & (df['Like'] == 'Yes')].shape[0]\
28                    / df[df['Like'] == 'Yes'].shape[0]
29  prob_F_dislike = df[(df['Sex'] == 'F') & (df['Like'] == 'No')].shape[0]\
30                   / df[df['Like'] == 'No'].shape[0]
31  prob_25_34_dislike = df[(df['Age'] == '25-34') & (df['Like'] == 'No')].shape[0]\
32                       / df[df['Like'] == 'No'].shape[0]
33  prob_drama_dislike = df[(df['Type'] == 'Drama') & (df['Like'] == 'No')].shape[0]\
34                       / df[df['Like'] == 'No'].shape[0]
35
36  # 计算 P(x)
37  p_x_like = prob_F_like * prob_25_34_like * prob_drama_like
38  p_x_dislike = prob_F_dislike * prob_25_34_dislike * prob_drama_dislike
39  p_x = p_x_like * prob_like + p_x_dislike * prob_dislike
40
41  # 计算后验概率
42  prob_like_F_25_34_drama = p_x_like * prob_like / p_x
43  prob_dislike_F_25_34_drama = p_x_dislike * prob_dislike / p_x
44
45  # 印出结果
46  print('女性(25~34岁)喜欢剧情片的概率  :', prob_like_F_25_34_drama)
47  print('女性(25~34岁)不喜欢剧情片的概率 :', prob_dislike_F_25_34_drama)
48
49  # 最终结果
50  if prob_like_F_25_34_drama > prob_dislike_F_25_34_drama:
51      print('结果 : 女性(25~34岁)喜欢剧情片')
52  else:
53      print('结果 : 女性(25~34岁)不喜欢剧情片')
```

执行结果

```
==================== RESTART: D:\Machine\ch29\ch29_1.py ====================
女性(25~34岁)喜欢剧情片的概率  : 0.16494845360824742
女性(25~34岁)不喜欢剧情片的概率 : 0.8350515463917526
结果 : 女性(25~34岁)不喜欢剧情片
```

29-1-3 拉普拉斯平滑修正

延续前一小节，有类似的数据集，如表 29-4 所示。

表 29-4 数据集

编号	性别	年龄	电影类型	评价
1	男	18~24	科幻	不喜欢
2	女	25~34	剧情	喜欢
3	女	45 以上	剧情	喜欢
4	男	35~44	剧情	不喜欢
5	男	18~24	科幻	喜欢
6	女	35~44	剧情	不喜欢
7	女	25~34	科幻	不喜欢
8	男	45 以上	科幻	喜欢
9	女	18~24	剧情	不喜欢
10	男	25~34	科幻	喜欢

我们要预测一个"女"性观众是否会喜欢"科幻"片。而我们会遇到一个问题，那就是在我们的数据中，没有"女"性观众喜欢"科幻"片，这将导致条件概率 $P($ 科幻 | 喜欢 $)$ 为 0。

首先，我们需要计算先验概率 $P($ 喜欢 $)$ 和 $P($ 不喜欢 $)$：

$P($ 喜欢 $) = 5 / 10 = 0.5$

$P($ 不喜欢 $) = 5 / 10 = 0.5$

接下来，计算所有的条件概率：

$P($ 女 | 喜欢 $) = 2 / 5 = 0.4$

$P($ 科幻 $\mid$ 喜欢 $) = 0 / 5 = 0$

$P($ 女 $\mid$ 不喜欢 $) = 3 / 5 = 0.6$

$P($ 科幻 $\mid$ 不喜欢 $) = 1 / 5 = 0.2$

在这里，我们需要使用拉普拉斯平滑来修正"$P($ 科幻 $\mid$ 喜欢 $) = 0$"。我们会将每个特征的分子和分母都加上 1：

$P($ 科幻 $\mid$ 喜欢 $) = (0 + 1) / (5 + 2) \approx 0.143$

注　我们需要将分母加上特征数量，这里我们有两种电影类型 (科幻和剧情)，所以我们加 2。

现在我们可以计算后验概率的分子：

$P(\boldsymbol{x}|C) \times P(C) = P(\boldsymbol{x}\mid$ 喜欢 $) \times P($ 喜欢 $) = 0.4 \times 0.143 \times 0.5 = 0.0286$

$P(\boldsymbol{x}|C) \times P(C) = \text{P}(\boldsymbol{x}\mid$ 不喜欢 $) \times P($ 不喜欢 $) = 0.6 \times 0.2 \times 0.5 = 0.06$

因此根据这个模型，可以预测这个女性观众不喜欢科幻片。如果要完整计算后验概率，则分母 $P(x)$ 公式是上述两个分子相加。

"喜欢"的后验概率公式 $= \frac{0.0286}{0.0286 + 0.06} \approx 0.323$

"不喜欢"的后验概率公式 $= \frac{0.06}{0.0286 + 0.06} \approx 0.677$

29-2 词频向量模块——CountVerctorizer

在 Scikit-learn 函式库中有 CountVectorizer( ) 方法，可用于处理文本数据并将其转换为数值向量的函数。它透过计算句子中每个词语的出现次数，将每段句子转换成一个数值向量，其主要功能如下：

● 建立词汇表：在训练阶段 (使用 fit 方法时)，CountVectorizer( ) 会扫描所有的句子并建立一个词汇表，其中每个词语都有一个唯一的索引。这个词汇表之后可以用来将新的文章转换为向量 (使用 transform 方法时)。词汇表会以字母顺序排序，我们可以用 get_feature_names_out( ) 取得。

● 句子转换为向量：CountVectorizer( ) 会将每个句子转换为数值向量，每个向量的长度是所有文中不同词语的总数。每个词语在本文中出现的次数将作为该词语的值。例如，如果句子内容为 "the cat sat on the mat"，并且所有可能的词语为 "the" "cat" "sat" "on" "mat"，那么这个句子将被转换为向量 [2, 1, 1, 1, 1]。

● 设定参数：CountVectorizer( ) 具有多种参数可以设定，如 max_features(用于限制词汇表的大小)、min_df 和 max_df(用于忽略过于稀有或过于常见的词语)、stop_words(用于指定一个停用词表，这些词语在计数时将被忽略) 等。

● 文字前处理：在计数词语之前，CountVectorizer( ) 首先将文字转换为小写，然后将其分词 (通常是按空格分词)。也可以通过设定参数 tokenizer 来使用自定义的分词函数。

总之 CountVectorizer( ) 是一种实用的工具，可以将文本数据转换为机器学习算法可以处理的形式。它在自然语言处理和文件分析等领域得到了广泛的应用。此方法的语法和主要参数如下：

```
from sklearn.feature_extraction.text import CountVectorizer
…
vectorizer = CountVectorizer(input, encoding, stop_words='english')
```

上述是常见的参数，其意义如下：

● input：定义输入的类型，默认值为 'content'，它接受一个字符串的序。如果设置为 'file' 或 'filename'，那么它将接受一个文件名的序或者文件对象的序。

● encoding：如果 input 为文件或文件名，该参数代表文件的编码方式。

● stop_words：预设是不设定。若是设定可以移除英语停用词。

若是参数 stop_words='english'，这代表会移除被视为英语停用词的单词。这些单词通常在文件中出现的频率很高，但是对于我们想要分析的具体内容 (如文件主题或情感) 的贡献很小。常见的英语停用词包括一些代词 (如 "he" "she" "it")、助词 (如 "of" "in" "at")、连接词 (如 "and" "or" "but") 以及一些其他的常用词 (如 "the" "a" "an")。这些词在大多数的英语文件中都非常常见，但是它们并不能提供太多关于文件具体内容的信息。

例如，如果我们正在做情感分析，那么像 "happy" "sad" "like" "hate" 这类词会提供很多信息，而像 "the" "is" "at" 这类词则不会。因此，我们通常在进行这种分析的时候会选择移除这些停用词。这不仅可以让我们的模型专注在真正有意义的词上，还可以减少需要处理的特征数量，提高模型的运行效率。

然而，也有一些情况下我们可能不想移除这些停用词，例如在做语句相似度比较或者主题建模的时候。这些情况下，停用词可能会提供一些重要的语义或者结构信息。因此，是否选择移除停用词需要根据具体的应用场景来决定。

有了实例对象 vectorizer 后，未来可以将元素是句子的表或数组或其他格式的文件（假设表是 corpus），放入 vectorizer 对象呼叫的 fit_transform(corpus) 内，就可以进行拟合转换，语法如下：

X = vectorizer.fit_transform(corpus)

通过上述语法可以得到依字母顺序排序的词汇表，另外可以用 vectorizer.get_feature_names_out 取得词汇表。X 则是一个稀疏矩阵，是一个 scipy.sparse._csr.csr_matrix 物件。这种数据结构用于储存大型稀疏矩阵，也就是说，大部分元素都是零。一般我们可以用 X.toarray() 获得数组内容。

程序实例 ch29_2.py：认识 CountVectorizer() 方法的使用，并了解输出结果——稀疏矩阵。

```
1  # ch29_2.py
2  from sklearn.feature_extraction.text import CountVectorizer
3
4  # 创建 CountVectorizer 实例对象
5  vectorizer = CountVectorizer()
6
7  # 句子进行拟合和转换
8  corpus = [
9      'This document is the second document.',
10 ]
11 X = vectorizer.fit_transform(corpus)
12
13 # 输出得到的结果
14 print(f'词汇表 : {vectorizer.get_feature_names_out()}')
15 print(f'X 数据类型 : {type(X)}')
16 print(f'稀疏矩阵\n{X}')
17 print(f'数组 : {X.toarray()}')
```

执行结果

上述数组元素 "This document is the second documents" 是 corpus 表中索引 0 的元素，最后输出的数组，其实是词汇表内每个单词在此句子中出现的次数，目前因为只有一个句子，所以输出 X.toarray( ) 数组时，可以看到每个元素都是大于等于 1。当读者了解了上述内容后，接着看下一个实例，下一个实例是对比较多的句子做转换，所以结果会比较复杂。

程序实例 ch29_2_1.py： CountVectorizer( ) 中增加了 "stop_words='english'"，这时可以看到词汇表将不会包含对情感分析比较无关的代词、助词、连接词与一些较常用的词。读者可以将执行结果，与 ch29_2.py 做比较。

```
4  # 创建 CountVectorizer 实例对象
5  vectorizer = CountVectorizer(stop_words='english')
```

执行结果

```
=============== RESTART: D:\Machine\ch29\ch29_2_1.py ===============
词汇表 : ['document' 'second']
X 数据类型 : <class 'scipy.sparse._csr.csr_matrix'>
稀疏矩阵
  (0, 0)        2
  (0, 1)        1
数组 : [[2 1]]
```

程序实例 ch29_3.py： 扩充 ch29_2.py，增加三个句子，然后输出结果。

```
1  # ch29_3.py
2  from sklearn.feature_extraction.text import CountVectorizer
3
4  # 创建 CountVectorizer 实例
5  vectorizer = CountVectorizer()
6
7  # 多行句子进行拟合和转换
8  corpus = [
9      'This is the first document.',
10     'This document is the second document.',
11     'And this is the third one.',
12     'Is this the first document?'
13 ]
14 X = vectorizer.fit_transform(corpus)
15
16 # 输出得到的结果
17 print(vectorizer.get_feature_names_out())
18 print(X.toarray())
```

执行结果

```
=============== RESTART: D:/Machine/ch29/ch29_3.py ===============
['and' 'document' 'first' 'is' 'one' 'second' 'the' 'third' 'this']
[[0 1 1 1 0 0 1 0 1]
 [0 2 0 1 0 1 1 0 1]
 [1 0 0 1 1 0 1 1 1]
 [0 1 1 1 0 0 1 0 1]]
```

上述执行结果中，每一个数组元素是一个子数组，每个子数组代表一个 corpus 表的句子，此子数组索引对应的就是词汇表，内容就是对应单词在此句子中出现的次数。

29-3 多项式单纯贝叶斯模块——MultinomialNB

这一节将从 MultinomialNB 模块语法开始讲解，再用简单数据与真实数据做应用。

29-3-1 语法概念

MultinomialNB 是 Sklearn 中的一个模块，它实现了多项式变量的单纯贝叶斯分类算法。这个算法常被用于文件内容分类任务，如垃圾邮件检测、情感分析和新闻分类等。具体来说，多项式单纯贝叶斯分类器是根据特征的频率来进行预测的，对于每个类别，它学习了一个特征的概率分布，然后用这个分布来预测新的样本。下列是 MultinomialNB 的语法和主要参数：

from sklearn.naive_bayes import MultinomialNB

...

clf = MultinomialNB( )

有了上述 clf 对象后，可以用此对象执行下列工作。

clf.fit(X, y)　　# 使用 X(特征矩阵) 和 y(目标标签) 来训练模型

predict(X)　　# 用训练好的模型来预测新的数据的标签

classes_　　# 这个属性包含了所有的类别标签

coef_　　# 与特征相关的权重

读者须留意，虽然单纯贝叶斯分类器在许多情况下效果都不错，但它有一个假设，那就是特征之间是独立的。在实际应用中，这个假设往往是不成立的，所以这可能会导致性能下降。然而，尽管如此，单纯贝叶斯分类器仍然是一种基础且重要的文件分类工具。

29-3-2　文章分类实操

程序实例 ch29_4.py：这个程序训练 6 个句子，其中 3 个句子分类是 "physics"，3 个句子分类是 "literature"，同时使用 MultinomialNB 训练这些句子。然后有 2 个句子，使用此模型判断句子内容的类别。

```python
1  # ch29_4.py
2  from sklearn.feature_extraction.text import CountVectorizer
3  from sklearn.naive_bayes import MultinomialNB
4
5  # 准备本文数据和对应的类别卷标
6  corpus = [
7      'Gravity is the force that attracts two bodies toward each other.',
8      'Shakespeare was an English playwright, poet, and actor.',
9      'Literary criticism is the study, evaluation, and interpretation of literature.',
10     'Quantum mechanics is a fundamental theory in physics.',
11     'The theory of relativity is the greatest physical law of the 20th century.',
12     'A novel is also a form of literary work.'
13 ]
14 y = ['physics', 'literature', 'literature', 'physics', 'physics', 'literature']
15
16 # 创建 CountVectorizer 实例并转换本文数据
17 vectorizer = CountVectorizer()
18 X = vectorizer.fit_transform(corpus)
19
20 # 创建一个 MultinomialNB 对象并训练模型
21 clf = MultinomialNB()
22 clf.fit(X, y)
23
24 # 预测新的句子
25 new_docs = ["Einstein developed the theory of relativity.",
26             "Pride and Prejudice is a novel by Jane Austen."]
27 new_X = vectorizer.transform(new_docs)
28 pred_y = clf.predict(new_X)
29
30 print(f'{new_docs[0]} : {pred_y[0]}')
31 print(f'{new_docs[1]} : {pred_y[1]}')
```

执行结果

```
===================== RESTART: D:/Machine/ch29/ch29_4.py =====================
Einstein developed the theory of relativity. : physics
Pride and Prejudice is a novel by Jane Austen. : literature
```

这个程序将会输出每个测试句子的预测类别，显示它们是 "physics" 还是 "literature"。请注意，为了简单起见，笔者在这里使用了一个非常简单的数据集，而实际上你可能需要一个更大、更复杂的数据集才能得到好的结果。

29-3-3　垃圾邮件分类

程序实例 ch11_6.py 中笔者定义了垃圾邮件与非垃圾邮件，然后使用贝叶斯定理，设计了简单的垃圾邮件分类程序，这一节将重新设计该程序。

程序实例 ch29_5.py： 重新设计 ch11_6.py，执行垃圾邮件分类。

```
1   # ch29_5.py
2   from sklearn.feature_extraction.text import CountVectorizer
3   from sklearn.naive_bayes import MultinomialNB
4
5   # 假设的邮件数据集
6   spam_emails = [
7       "Get a free gift card now!",
8       "Limited time offer: Claim your prize!",
9       "You have won a free iPhone!",
10  ]
11
12  ham_emails = [
13      "Meeting rescheduled for tomorrow",
14      "Can we discuss the report later?",
15      "Thank you for your prompt reply",
16  ]
17
18  # 建立数据集和对应的标签, 1: 垃圾邮件, 0: 正常邮件
19  emails = spam_emails + ham_emails
20  labels = [1] * len(spam_emails) + [0] * len(ham_emails)
21
22  # 使用CountVectorizer来转换邮件内容为数字矩阵
23  vectorizer = CountVectorizer()
24  features = vectorizer.fit_transform(emails)
25
26  # 使用Multinomial Naive Bayes模型来训练
27  classifier = MultinomialNB()
28  classifier.fit(features, labels)
29
30  # 测试分类器
31  print("测试分类器与结果")
32  test_email = ["Claim your free gift now"]
33  test_features = vectorizer.transform(test_email)
34  print(f"邮件: '{test_email[0]}' 分类结果 : \
35  {'垃圾邮件' if classifier.predict(test_features)[0] else '非垃圾邮件'}")
36
37  test_email = ["Can we discuss your decision tomorrow"]
38  test_features = vectorizer.transform(test_email)
39  print(f"邮件: '{test_email[0]}' 分类结果 : \
40  {'垃圾邮件' if classifier.predict(test_features)[0] else '非垃圾邮件'}")
```

执行结果

```
==================== RESTART: D:\Machine\ch29\ch29_5.py ====================
测试分类器与结果
邮件: 'Claim your free gift now' 分类结果 : 垃圾邮件
邮件: 'Can we discuss your decision tomorrow' 分类结果 : 非垃圾邮件
```

相较于 ch11_6.py，这个程序简洁易懂。

29-4　垃圾邮件分类——Spambase 数据集

29-4-1　认识垃圾邮件数据集 Spambase

　　Spambase 数据集是由垃圾邮件研究项目的成员创建的，该项目是在美国爱荷华州的 James Madison 大学进行的。该数据集的创建目的是为了提供一个公开的基准资源，以帮助研究人员和开发人员设计和实现垃圾邮件过滤器。

　　Spambase 数据集包含 4601 封电子邮件，每封邮件都被标记为 "spam"（垃圾邮件）或 "non-spam"（非垃圾邮件）。这些邮件由多个来源收集，包括人工生成的邮件、来自已知的垃圾邮件发送者的邮件，以及从网上公开的新闻组收集的邮件。

　　每封邮件都被转换为一组 58 个属性，其中 57 个是输入特征，最后一个是目标变量（垃圾邮件或非垃圾邮件）。这些特征包含单词频率（48 个特征）、字符频率（6 个特征）和 "run lengths"（3 个特征）等各种度量。"run lengths" 是一种特殊的度量，用于捕捉连续大写字母的信息，这在某些类型的垃圾邮件中很常见。

然而，有一个重要的事实需要注意，就是数据集并未包含原始的电子邮件文件。为了保护隐私，邮件的所有内容都被转换成了上述的数值特征，而原始的文件信息并未保留。这个数据集自从 1999 年被公开以来，已经被广泛地用在垃圾邮件检测的研究和开发中，并且在学术界也有许多相关的研究论文。

所以 Spambase 数据集由 57 个特征和 1 个目标构成。这些特征是根据电子邮件的各种属性来设计的，主要可以分为三类：

- 频率特征：这些特征描述特定单词或字符在电子邮件中出现的频率。其中有 48 个特征描述的是单词 (如 "your" "free" "money" 等) 在电子邮件中出现的频率，这些频率已经被转化为百分比。同样，有 6 个特征描述的是特定字符 (如 ";" "(" "[" "!" 等) 在电子邮件中出现的频率。word_freq_make：表示单词 "make" 在电子邮件中出现的频率。

  char_freq_$：表示字符 "$" 在电子邮件中出现的频率。

- 长度特征：这些特征描述的是电子邮件的长度。例如：

  average_length_of_sentences：表示平均每个句子的长度，这个特征名称是示范，并不真实存在于 Spambase 数据集中。

  average_word_length_in_sentences：表示平均每个句子的单字长度，这个特征名称是示范，并不真实存在于 Spambase 数据集中。

- 计数特征：这些特征基于特定项目在电子邮件中的计数。例如：

  capital_run_length_total：表示电子邮件中大写字母的数量。

  capital_run_length_longest：表示连续大写字母的最长长度。

目标是 "spam"，这是一个二元变量，如果电子邮件是垃圾邮件，则为 1，否则为 0。

以上就是 Spambase 数据集的所有特征，这个数据集是为了解决垃圾邮件检测问题而设计的，这些特征几乎涵盖了电子邮件的所有重要属性。Spambase 数据集已经提供了处理过的特征，这些特征表示了各种单词和字符在邮件中出现的频率。因此在这种情况下，我们并不需要使用 CountVectorizer。此外，因为所有属性已经数字化了，所以我们也可以使用前面章节所学的算法对此邮件做预测。

注 spambase.csv 文件已经下载，读者可以在书中附加的资源中看到这个文件。

程序实例 ch29_6.py：认识 spambase.csv 文件。

```
1   # ch29_6.py
2   import pandas as pd
3
4   # 读取数据
5   spam = pd.read_csv("spambase.csv")
6   print(f'spambase数据外形：{spam.shape}')
7   print(f'前 5 笔资料\n{spam.head()}')
8   print(spam.info())
9   print(f'输出正常邮件和垃圾邮件数量')
10  spam['spam'] = spam['spam'].replace({0: '正常邮件', 1: '垃圾邮件'})
11  print(spam['spam'].value_counts())
```

执行结果

```
=============== RESTART: D:\Machine\ch29\ch29_6.py ===============
spambase数据外形：(4601, 58)
前 5 笔资料
   word_freq_make   word_freq_address  ...  capital_run_length_total  spam
0            0.00                0.64  ...                       278     1
1            0.21                0.28  ...                      1028     1
2            0.06                0.00  ...                      2259     1
3            0.00                0.00  ...                       191     1
4            0.00                0.00  ...                       191     1

[5 rows x 58 columns]
Squeezed text (65 lines). None
输出正常邮件和垃圾邮件数量
```

```
spam
正常邮件    2788
垃圾邮件    1813
Name: count, dtype: int64
```

29-4-2 垃圾邮件分类预测

程序实例 ch29_7.py：使用 MultinomialNB 模块，执行垃圾邮件 spambase 数据集的分类预测。

```
1   # ch29_7.py
2   import pandas as pd
3   from sklearn.model_selection import train_test_split
4   from sklearn.naive_bayes import MultinomialNB
5   from sklearn.metrics import accuracy_score
6
7   # 读取数据
8   spam = pd.read_csv("spambase.csv")
9
10  # 定义特征和目标变量
11  X = spam.drop(['spam'], axis=1)
12  y = spam['spam']
13
14  # 分割数据为训练集和测试集
15  X_train, X_test, y_train, y_test = train_test_split(X, y, test_size=0.2,
16                                                      random_state=42)
17
18  spam_clf = MultinomialNB()
19
20  # 训练数据
21  spam_clf.fit(X_train, y_train)
22
23  # 预测数据
24  y_pred = spam_clf.predict(X_test)
25
26  print("准确率:", accuracy_score(y_test, y_pred))
```

执行结果

```
==================== RESTART: D:\Machine\ch29\ch29_7.py ====================
准确率: 0.7861020629750272
```

上述执行结果中，可以得到准确度是约 0.786，显示了模型在这个特定数据集上有相当不错的预测性能。

程序实例 ch29_8.py：使用 KNN 算法重新设计 ch29_7.py，执行垃圾分类预测。

```
1   # ch29_8.py
2   import pandas as pd
3   from sklearn.model_selection import train_test_split
4   from sklearn.metrics import accuracy_score
5   from sklearn.neighbors import KNeighborsClassifier
6
7   # 读取数据
8   spam = pd.read_csv("spambase.csv")
9
10  # 定义特征和目标变量
11  X = spam.drop(['spam'], axis=1)
12  y = spam['spam']
13
14  # 分割数据为训练集和测试集
15  X_train, X_test, y_train, y_test = train_test_split(X, y, test_size=0.2,
16                                                      random_state=42)
17
18  # 训练数据
19  k = 5
20  spam_clf = KNeighborsClassifier(n_neighbors = k)
21  spam_clf.fit(X_train, y_train)
22
23  # 预测数据
24  y_pred = spam_clf.predict(X_test)
25  print("准确率:", accuracy_score(y_test, y_pred))
```

执行结果

```
==================== RESTART: D:\Machine\ch29\ch29_8.py ====================
准确率: 0.7904451682953312
```

我们获得了好一点的准确度。

29-5 新闻邮件分类——新闻数据集 20newsgroups

29-5-1 认识新闻数据集 20newsgroups

20Newsgroups 数据集起源于 20 世纪 90 年代，当时的网络用户使用新闻组来讨论各种主题，类似于现今的论坛。这些新闻组是 Usenet 网络的一部分，Usenet 是一个应用 TCP/IP 协议的全球性分布式讨论系统，用户可以通过该系统阅读和发表新闻组文章。

这个数据集包含了大约 20000 条新闻组帖子，分布在 20 个不同的新闻组中。每个新闻组的帖子数量大致相等，范围广泛，包括科技 (如计算器图形学、微软窗口、IBM 个人计算机、苹果计算机等)、运动 (如汽车、摩托车、棒球、冰球等)、科学 (如密码学、电子学、医学、太空科学等)、政治、宗教等。以下是这 20 个新闻组的列表：

- alt.atheism：反神论讨论区。
- comp.graphics：计算机图形讨论区。
- comp.os.ms-windows.misc：关于微软 Windows 操作系统的讨论区。
- comp.sys.ibm.pc.hardware：IBM 个人计算机硬件讨论区。
- comp.sys.mac.hardware：苹果 Mac 硬件讨论区。
- comp.windows.x：X 窗口系统讨论区。
- misc.forsale：杂项出售讨论区。
- rec.autos：汽车讨论区。
- rec.motorcycles：摩托车讨论区。
- rec.sport.baseball：棒球运动讨论区。
- rec.sport.hockey：冰球运动讨论区。
- sci.crypt：加密科学讨论区。
- sci.electronics：电子科学讨论区。
- sci.med：医学科学讨论区。
- sci.space：太空科学讨论区。
- soc.religion.christian：基督宗教讨论区。
- talk.politics.guns：枪支政策讨论区。
- talk.politics.mideast：中东政策讨论区。
- talk.politics.misc：政治杂项讨论区。
- talk.religion.misc：宗教杂项讨论区。

数据集的每一个文件都是一个新闻组的帖子，包含了帖子的标题、发帖日期、发帖人、发帖人的电子邮件地址等数据，以及帖子的正文。因此，这个数据集可以用于训练各种文件分类器，来预测给定的帖子最有可能属于哪个新闻组。

当你使用 Scikit-learn 模块的 fetch_20newsgroups 函数下载并加载这个数据集时，你会得到一个包含两个主要部分的数据结构：data 和 target。data 是一个 Python 列表，包含了所有的帖子文件。target 是一个 NumPy 数组，包含了每条帖子对应的新闻组索引 (从 0 到 19)。你也可以通过 target_names 属性得到新闻组的名字。

需要注意的是，这个数据集的帖子都是原始的文件数据，并且可能包含一些噪声 (如电子邮件地址、HTML 标签等)。在实际使用这个数据集时，你可能需要对这些帖子进行一些事前处理，如分词、去除停用词、提取特征等。

程序实例 ch29_9.py：认识 20newsgroups 数据集。

```
1   # ch29_9.py
2   from sklearn.datasets import fetch_20newsgroups
3
4   # 下载并加载20newsgroups数据集
5   newsgroups = fetch_20newsgroups(subset='all')
6
7   # 显示数据集的大小
8   print("数据集大小：", len(newsgroups.data))
9
10  # 显示所有新闻组的名字
11  print("新闻组名字：", newsgroups.target_names)
12
13  # 显示第一条新闻的内容
14  print("\n第一条新闻的内容：\n", newsgroups.data[0])
15
16  # 显示第一条新闻的标签（即新闻组的索引）
17  print("第一条新闻的标签：", newsgroups.target[0])
18
19  # 显示第一条新闻的标签对应的新闻组名字
20  print("\n第一条新闻的新闻组名字 ： ", end='')
21  print(newsgroups.target_names[newsgroups.target[0]])
```

执行结果

```
==================== RESTART: D:\Machine\ch29\ch29_9.py ====================
数据集大小：18846
新闻组名字：['alt.atheism', 'comp.graphics', 'comp.os.ms-windows.misc', 'comp.s
ys.ibm.pc.hardware', 'comp.sys.mac.hardware', 'comp.windows.x', 'misc.forsale',
'rec.autos', 'rec.motorcycles', 'rec.sport.baseball', 'rec.sport.hockey', 'sci.c
rypt', 'sci.electronics', 'sci.med', 'sci.space', 'soc.religion.christian', 'tal
k.politics.guns', 'talk.politics.mideast', 'talk.politics.misc', 'talk.religion.
misc']

第一条新闻的内容：
 From: Mamatha Devineni Ratnam <mr47+@andrew.cmu.edu>
Subject: Pens fans reactions
Organization: Post Office, Carnegie Mellon, Pittsburgh, PA
Lines: 12
NNTP-Posting-Host: po4.andrew.cmu.edu

I am sure some bashers of Pens fans are pretty confused about the lack
of any kind of posts about the recent Pens massacre of the Devils. Actually,
I am bit puzzled too and a bit relieved. However, I am going to put an end
to non-Pittsburghers' relief with a bit of praise for the Pens. Man, they
are killing those Devils worse than I thought. Jagr just showed you why
he is much better than his regular season stats. He is also a lot
fo fun to watch in the playoffs. Bowman should let Jagr have a lot of
fun in the next couple of games since the Pens are going to beat the pulp out of
Jersey anyway. I was very disappointed not to see the Islanders lose the final
regular season game.          PENS RULE!!!

第一条新闻的标签：10
第一条新闻的新闻组名字 ： rec.sport.hockey
```

29-5-2　新闻分类预测

这一节将使用我们已经学会的 CountVectorizer 和 MultinomialNB 模块，执行新闻分类的预测。

程序实例 ch29_10.py：执行新闻分类预测。

```
1   # ch29_10.py
2   from sklearn.datasets import fetch_20newsgroups
3   from sklearn.feature_extraction.text import CountVectorizer
4   from sklearn.naive_bayes import MultinomialNB
5   from sklearn.pipeline import make_pipeline
6   from sklearn.model_selection import train_test_split
7   from sklearn.metrics import accuracy_score
8
9   # 下载并加载20newsgroups数据集
10  data = fetch_20newsgroups()
11
12  # 将数据分成训练集和测试集
13  X_train, X_test, y_train, y_test = train_test_split(
14      data.data, data.target, test_size=0.2, random_state=20)
15
16  # 建立一个pipeline，包含CountVectorizer和MultinomialNB
17  pipeline = make_pipeline(
```

```
18        CountVectorizer(),
19        MultinomialNB()
20    )
21
22    # 使用训练数据训练模型
23    pipeline.fit(X_train, y_train)
24
25    # 使用模型进行预测
26    y_pred = pipeline.predict(X_test)
27
28    # 计算并打印准确率
29    print(f"准确率：{accuracy_score(y_test, y_pred)}")
```

执行结果

```
===================== RESTART: D:\Machine\ch29\ch29_10.py =====================
准确率：0.8479893946089262
```

在这里我们获得了一个准确度高达约 0.847989 的分类结果，这是非常好的新闻分类结果。上述程序第 17 ~ 20 行笔者使用 make_pipeline( ) 方法建立了一个 pipeline 对象，然后第 23 行用 pipeline 对象呼叫 fit( ) 对 2 个功能一起进行了训练 (X_train, y_train)。

29-5-3　TfidfVectorizer 模块——文件事前处理 TF-IDF

TfidfVectorizer 和 CountVectorizer 一样，皆是用于将文件数据转换为可以被机器学习模型处理的数值特征的工具。尽管它们都可以有效地处理文件数据，但是在某些情况下，TfidfVectorizer 可能比 CountVectorizer 更优秀。

TfidfVectorizer 模块使用 TF-IDF 概念，TF-IDF 是一种统计方法，用于评估一字词对于一个文件集或一个语料库中的其中一份文件的重要程度。词语的重要性随着它在文件中出现的次数成正比增加，但同时会随着它在语汇库中出现的频率成反比下降。TF-IDF 由两部分组成：TF(Term Frequency，词频) 和 IDF(Inverse Document Frequency，逆文件频率)。

● 词频 (TF) 是指某一个给定的词语在该文件中出现的次数。这个数字通常会被归一化，以防止它被比较大的文件左右了重要性。例如说，如果一个词在一篇 1000 字的文章中出现了 10 次，在一篇 100 字的文章中出现了 1 次，那么即使在两篇文章中这个词的出现次数不同，但它在每篇文章中的相对重要性是相同的 (在每篇文章中，该词的出现次数占文章总词数的 1%)。如果不做归一化，那么词频会偏向那些文件大小较大的文章，因为在长文中，任何词出现的次数自然就多。所以，进行归一化可以确保我们在衡量词的重要性时，不会被文章的长度所影响。

TF(t) = (词语 t 在文件中出现的次数)

● 逆文件频率 (IDF) 是一种衡量词语常见程度的度量。主要想法是，如果仅仅使用词频来衡量词语的重要性，那么一些常见的但并不重要的词语会影响真实的判断，如 "the" "is" "and" 等，会被误认为是最重要的词，因为它们在几乎所有的文件中都会出现。但实际上，这些词并不能提供太多有关文件内容的信息，因为它们在各种不同主题的文件中都会出现。换句话说，这些词并不具有很好的区分度，所以它们对于分类、聚类等文件分析任务的帮助有限。逆文件频率 (IDF) 就是用来解决这个问题的。IDF 的计算方法是将文件集中的总文件数量除以包含某个词的文件的数量，再取对数。这意味着，如果一个词在很多文件中都出现，那么它的 IDF 值就会很小。反之，如果一个词只在少数文件中出现，那么它的 IDF 值就会很大。计算如下：

IDF(t) = log_e(文件总数 / 含有词语 t 的文件数)

所以，TF-IDF 是词频 (TF) 和逆文件频率 (IDF) 的乘积，公式如下：

TF-TDF(t,d) = TF(t,d) $\times$ IDF(t)

在这个公式中：

● t：是我们正在考虑的词语。

● d：是我们正在考虑的文件。

● TF(t, d)：是词语 t 在文件 d 中的频率。

● IDF(t)：是词语 t 的逆文件频率，由 log_e(总文件数 / 含有词语 t 的文件数) 计算得出。

TF-IDF 值越大，表示词语在特定文档中的重要性越高，并且该词在语料库其他文档中出现的次数相对较少。反之，TF-IDF 值较小的词，可能在特定文档中出现的次数较少，或者在语料库的其他文档中出现的次数较多。

TfidfVectorizer 模块的语法和 CountVectorizer 模块类似，如下所示：

from sklearn.feature_extraction.text import TfidfVectorizer

…

vectorizer = TfidfVectorizer(input, encoding, stop_words='english')

上述 TfidVectorizer( ) 方法的参数和 CountVectorizer( ) 方法相同，假设列表是 corpus，有了 vectorizer 实例对象后，就可以使用 vectorizer 对象呼叫的 fit_transform(corpus)，并可以进行拟合转换，语法如下：

X = vectorizer.fit_transform(corpus)

程序实例 ch29_11.py：使用 TfidfVectorizer( ) 方法，执行 TF-IDF 预处理数据。

```
1  # ch29_11.py
2  from sklearn.feature_extraction.text import TfidfVectorizer
3
4  corpus = [
5      'This is the first document.',
6      'This document is the second document.',
7      'And this is the third one.',
8      'Is this the first document?'
9  ]
10
11 vectorizer = TfidfVectorizer()
12 X = vectorizer.fit_transform(corpus)
13
14 # 输出词汇表
15 print(vectorizer.get_feature_names_out())
16
17 # 转换为矩阵并输出
18 print(X.toarray())
```

执行结果

```
==================== RESTART: D:/Machine/ch29/ch29_11.py ====================
['and' 'document' 'first' 'is' 'one' 'second' 'the' 'third' 'this']
[[0.         0.46979139 0.58028582 0.38408524 0.         0.
  0.38408524 0.         0.38408524]
 [0.         0.6876236  0.         0.28108867 0.         0.53864762
  0.28108867 0.         0.28108867]
 [0.51184851 0.         0.         0.26710379 0.51184851 0.
  0.26710379 0.51184851 0.26710379]
 [0.         0.46979139 0.58028582 0.38408524 0.         0.
  0.38408524 0.         0.38408524]]
```

从上述输出矩阵可以看到，不再是整数的单词计数，而是对数的结果，由于 TF-IDF 使用的是对数级别的标准化，因此这些值通常会被缩放到 0 和 1 之间。

程序实例 ch29_12.py：使用 TfidfVecotrizer( ) 方法重新设计 ch29_10.py。

```
1  # ch29_12.py
2  from sklearn.datasets import fetch_20newsgroups
3  from sklearn.feature_extraction.text import TfidfVectorizer
4  from sklearn.naive_bayes import MultinomialNB
5  from sklearn.pipeline import make_pipeline
6  from sklearn.model_selection import train_test_split
7  from sklearn.metrics import accuracy_score
8
9  # 下载并加载20newsgroups数据集
10 data = fetch_20newsgroups()
```

```
11
12   # 将数据分成训练集和测试集
13   X_train, X_test, y_train, y_test = train_test_split(
14       data.data, data.target, test_size=0.2, random_state=20)
15
16   # 建立一个pipeline，包含TfidfVectorizer和MultinomialNB
17   pipeline = make_pipeline(
18       TfidfVectorizer(),
19       MultinomialNB()
20   )
21
22   # 使用训练数据训练模型
23   pipeline.fit(X_train, y_train)
24
25   # 使用模型进行预测
26   y_pred = pipeline.predict(X_test)
27
28   # 计算并打印准确率
29   print(f"准确度 : {accuracy_score(y_test, y_pred)}")
```

执行结果

```
===================== RESTART: D:\Machine\ch29\ch29_12.py =====================
准确率 : 0.8426866990720283
```

从上述执行结果中，可以看到准确率约 0.843，这也是很好的预估分类结果，不过相较 ch29_10.py 我们没有获得更好的结果。

29-5-4　输入文件做新闻分类

程序实例 ch29_13.py：针对输入文件做新闻分类。

```
1  # ch29_13.py
2  from sklearn.datasets import fetch_20newsgroups
3  from sklearn.feature_extraction.text import TfidfVectorizer
4  from sklearn.naive_bayes import MultinomialNB
5  from sklearn.pipeline import make_pipeline
6
7  # 从sklearn的datasets中读取新闻数据集
8  newsgroups_train = fetch_20newsgroups(subset='train')
9
10 # 建立一个pipeline，包含TfidfVectorizer和MultinomialNB
11 pipeline = make_pipeline(
12     TfidfVectorizer(),
13     MultinomialNB(alpha=.1)
14 )
15
16 # 使用训练数据训练模型
17 pipeline.fit(newsgroups_train.data, newsgroups_train.target)
18
19 # 定义我们要分类的文件
20 text = ['''
21     Baseball is a bat-and-ball game played between two opposing teams
22     who take turns batting and fielding. The game proceeds when a player
23     on the fielding team, called the pitcher, throws a ball which a
24     player on the batting team tries to hit with a bat.
25     ''',
26     '''
27     While the study of space is carried out mainly by astronomers with
28     telescopes, the physical exploration of space is conducted both by
29     uncrewed robotic space probes and human spaceflight. Space
30     exploration, like its classical form astronomy, is one of the main
31     sources for space science.
32     ''']
33
34 # 将本件转换为数字特征向量，并进行预测
35 predicted = pipeline.predict(text)
36
37 # 输出预测结果
38 for doc, category in zip(text, predicted):
39     print('文件内容')
40     print(f"{doc}\n分类 -> {newsgroups_train.target_names[category]}\n")
```

执行结果

```
===================== RESTART: D:\Machine\ch29\ch29_13.py =====================
文件内容

    Baseball is a bat-and-ball game played between two opposing teams
    who take turns batting and fielding. The game proceeds when a player
    on the fielding team, called the pitcher, throws a ball which a
    player on the batting team tries to hit with a bat.
```

```
分类 -> rec.sport.baseball
文件内容

While the study of space is carried out mainly by astronomers with
telescopes, the physical exploration of space is conducted both by
uncrewed robotic space probes and human spaceflight. Space
exploration, like its classical form astronomy, is one of the main
sources for space science.

分类 -> sci.space
```

上述程序第 8 行，读取文件时增加 subset='train'，可以只读取训练数据，其实 20newgroups
新闻内部已经有训练数据和测试数据的分类，这样可以省去分割新闻。

第 13 行在使用 MultinomialNB( )，也就是多项式单纯贝叶斯分类器时，增加了参数 alpha，
这是用来设定所谓的"拉普拉斯平滑"的参数的。

参数 alpha 就是用来设定这个平滑参数的，alpha 的默认值为 1.0，表示使用的是经典的拉普
拉斯平滑。而在某些情况下，我们可能希望使用更小的平滑参数，这时可以将 alpha 设定为小于
1 的数值。所以在这里，alpha=.1 就是将平滑参数设定为 0.1，这样可以将平滑的程度降低，使得
模型更加偏向于根据见过的数据进行预测，而不是过度依赖平滑处理，这可能会在数据量较大、
特征分布较均匀的情况下带来更好的效果。

29-6　情感分析——IMDB 电影评论数据集分析

29-6-1　基础概念实例

在情感分析中，单纯贝叶斯分类器是一种常见的工具。以下是一种常见的步骤，这个步骤描
述如何利用此分类器进行情感分析：

- 数据预处理：首先需要将文件数据转换为可以用于机器学习的形式，例如：使用
CountVectorizer 或是 TfidfVecotrizer 模块处理。向量化：将文件转换为数字表示。
- 训练模型：在此步骤中，将使用处理过的数据来训练单纯贝叶斯分类器。在情感分析中，
这通常涉及二元分类问题 (如正面 / 负面评论)。你可以使用该模型来学习每个单词与正
面和负面情绪之间的关联。
- 测试模型：在此步骤中，将使用一组未见过的数据来评估模型的表现。这将告诉你模型
是否已经学会预测新的、未见过的数据。

程序实例 ch29_14.py：建立 10 个电影评论，因为数据量少，所以全部用去当训练集数据，
然后用新的评论测试。

```
1  # ch29_14.py
2  from sklearn.feature_extraction.text import CountVectorizer
3  from sklearn.naive_bayes import MultinomialNB
4
5  # 数据集有10个电影评论，以及对应的标签
6  reviews = ['I love this movie', 'I hate this movie',
7            'I enjoyed this movie', 'This is a terrible movie',
8            'Absolutely fantastic', 'What a waste of time',
9            'Two thumbs up', 'Avoid at all costs',
10           'This film was delightful', 'Not my cup of tea']
11 labels = ['positive', 'negative', 'positive', 'negative', 'positive',
12           'negative', 'positive', 'negative', 'positive', 'negative']
13
14 # 将文本数据转换为数字表示
15 vectorizer = CountVectorizer()
16 X = vectorizer.fit_transform(reviews)
17
18 # 使用单纯贝叶斯分类器训练模型
19 classifier = MultinomialNB()
20 classifier.fit(X, labels)
21
```

```
22  # 使用模型预测新的句子的情绪
23  new_sentences = ["I really enjoyed the plot and the characters",
24              "waste my costs"]
25  new_vectors = vectorizer.transform(new_sentences)
26  new_predictions = classifier.predict(new_vectors)
27
28  for sentence, prediction in zip(new_sentences, new_predictions):
29      print("评论 \"{}\" 是 : {}".format(sentence, prediction))
```

执行结果

```
===================== RESTART: D:\Machine\ch29\ch29_14.py =====================
评论 "I really enjoyed the plot and the characters" 是 : positive
评论 "waste my costs" 是 : negative
```

以上的程序代码只是一个最基本的情感分析模型，实际上，情感分析会更复杂一些，包括但不限于：处理否定词语，识别和理解更复杂的语言结构，等等。实际应用时还需注意文件清理，例如去除 HTML 标签，非英文字符，以及其他可能影响模型表现的因素。注：实际情况可能需要更多的数据才能训练一个具有好的表现力的模型。

29-6-2 IMDB 电影评论数据集

IMDB 电影评论数据集 (IMDB Movie Reviews Dataset) 是一个常用的自然语言处理 (NLP) 数据集。这个数据集由网络电影数据库 (Internet Movie Database，简称 IMDB) 中的 50000 条电影评论组成，其中包含相同数量的正面和负面评论。每一条评论都被标记为正面 (positive) 或负面 (negative)，读者可以使用 Kaggle 网站下载此文件，也可以通过扫描前言中的二维码获取。

这个 IMDB 电影评论数据集文件名称是"IMDB Dataset.csv"，这个文件有两个字段，分别是 review(评论) 和 sentiment(情感)，可以参考图 29-1。

	A	B
1	review	sentiment
2	One of the other reviewers has mentioned that after w.	positive
3	A wonderful little production. The filming	positive
4	I thought this was a wonderful way to spend time on a	positive
5	Basically there's a family where a little boy (Jake) thir	negative

图 29-1　IMDB 电影评论数据集

程序实例 ch29_15.py：使用 IMDB 电影评论数据集，做情感分析预测，同时输入新的评论，观察情感分析结果。

```
1   # ch29_15.py
2   import pandas as pd
3   from sklearn.feature_extraction.text import TfidfVectorizer
4   from sklearn.naive_bayes import MultinomialNB
5   from sklearn.model_selection import train_test_split
6   from sklearn.metrics import classification_report, accuracy_score
7
8   # 读取CSV档案
9   data = pd.read_csv('IMDB Dataset.csv')
10
11  # 使用TfidfVectorizer转换文件
12  vectorizer = TfidfVectorizer(stop_words='english')
13  X = vectorizer.fit_transform(data['review'])
14  y = data['sentiment']
15
16  # 将数据集分割为训练集和测试集
17  X_train, X_test, y_train, y_test = train_test_split(X, y, test_size=0.2,
18                                          random_state=42)
19
20  # 使用多项式单纯贝叶斯分类器
21  classifier = MultinomialNB()
22  classifier.fit(X_train, y_train)
23
24  # 在测试集上进行预测
25  predictions = classifier.predict(X_test)
26
27  # 输出准确率和分类报告
28  print(f"准确度    : {accuracy_score(y_test, predictions)}")
```

```
29   print(f"分类报告 : {classification_report(y_test, predictions)}")
30
31   # 预测新的评论
32   new_reviews = ['This movie is fantastic! I like it because it is so good!',
33                  'I hate this movie. It is terrible and very boring.',
34                  'This movie is not good but not bad either. It is average.']
35   new_reviews_transformed = vectorizer.transform(new_reviews)
36   new_predictions = classifier.predict(new_reviews_transformed)
37
38   for sentence, prediction in zip(new_reviews, new_predictions):
39       print("评论 \"{}\" 是 : {}".format(sentence, prediction))
```

执行结果

```
==================== RESTART: D:\Machine\ch29\ch29_15.py ====================
准确率 : 0.8654
分类报告 :                precision    recall  f1-score   support

      negative       0.86      0.88      0.87      4961
      positive       0.88      0.85      0.86      5039

      accuracy                           0.87     10000
     macro avg       0.87      0.87      0.87     10000
  weighted avg       0.87      0.87      0.87     10000

评论 "This movie is fantastic! I like it because it is so good!" 是 : positive
评论 "I hate this movie. It is terrible and very boring." 是 : negative
评论 "This movie is not good but not bad either. It is average." 是 : negative
```

上述执行结果中，我们得到了 0.8654 的准确率，这是很好的预估准确率，同时笔者使用 3
则评论，预估情感分类结果，也是很好的结果。

29-7 单纯贝叶斯分类于中文的应用

由于英文句子每个单词间有一个空格，所以容易执行分词建立词汇表，而中文词之间没有间
隔，要建立词汇表有一些困难，本节将讲解这方面的知识。

29-7-1 将中文字符串应用在 CountVectorizer 模块

程序实例 ch29_16.py：将中文字符串应用在 CountVectorizer 模块，同时观察执行结果。

```
1   # ch29_16.py
2   from sklearn.feature_extraction.text import CountVectorizer
3
4   # 创建 CountVectorizer 实例对象
5   vectorizer = CountVectorizer()
6
7   # 句子进行拟合和转换
8   corpus = [
9       '明志科技大学是台湾顶尖的科技大学',
10  ]
11  X = vectorizer.fit_transform(corpus)
12
13  # 输出得到的结果
14  print(f'词汇表 : {vectorizer.get_feature_names_out()}')
15  print(f'数组 : {X.toarray()}')
```

执行结果

```
==================== RESTART: D:\Machine\ch29\ch29_16.py ====================
词汇表 : ['明志科技大学是台湾顶尖的科技大学']
数组 : [[1]]
```

从上述执行结果可以看到，整句话会被视为是一个词。

29-7-2 jieba——结巴

"jieba" 是一个常用的中文文字断词工具，它的名称来自于中文的 "结巴"，意思是 "断
词"。该工具在自然语言处理、信息检索和文字挖掘等领域都有广泛的应用。使用前请先安装此

模块，如下：

py -3.10 -m pip install jieba

上述 "-3.10" 是假设安装 jieba 在 3.10 版本，如果安装 jieba 在 3.11 版本，则改成 "-3.11"。jieba 模块最重要的是 cut( ) 方法，这个方法可以将中文句子断字，然后产生名词字符串，cut( ) 方法的语法如下：

import jieba

...

words = jieba.cut(中文句子)

上述语法可以将 "中文句子"，依据语法概念，执行断字分词。

程序实例 ch29_17.py： 使用 jieba 执行分词应用。

```
1   # ch29_17.py
2   import jieba
3
4   text = '我最喜欢的学校是台塑企业集团的明志工专'
5   words = jieba.cut(text)
6   print(type(words))
7   for word in words:
8       print(word)
```

执行结果

```
==================== RESTART: D:\Machine\ch29\ch29_17.py ====================
<class 'generator'>
Building prefix dict from the default dictionary ...
Dumping model to file cache C:\Users\User\AppData\Local\Temp\jieba.cache
Loading model cost 0.812 seconds.
Prefix dict has been built successfully.
我
最
喜欢
的
学校
是
台塑
企业
集团
的
明志工专
```

上述使用 jieba.cut( ) 回传的 words 是生成式 (generator)，所以可以用 for 循环遍历 words 内容。Python 的 join( ) 方法可以将生成式 words 转成字符串，语法如下：

words = ''.join(words)

程序实例 ch29_18.py： 扩充 ch29_17.py，重新组成名词间含有空格的字符串。

```
1   # ch29_18.py
2   import jieba
3
4   text = '我最喜欢的学校是台塑企业集团的明志工专'
5   words = ' '.join(jieba.cut(text))
6   print(type(words))
7   print(words)
```

执行结果

```
==================== RESTART: D:\Machine\ch29\ch29_18.py ====================
Building prefix dict from the default dictionary ...
Loading model from cache C:\Users\User\AppData\Local\Temp\jieba.cache
Loading model cost 0.672 seconds.
Prefix dict has been built successfully.
<class 'str'>
我 最 喜欢 的 学校 是 台塑 企业 集团 的 明志工专
```

29-7-3 jieba 与 CountVectorizer 组合应用

程序实例 ch29_19.py： 中文句子、jieba 和 CountVectorizer 组合应用。

```
1   # ch29_19.py
2   import jieba
3   from sklearn.feature_extraction.text import CountVectorizer
4
5   # 将句子切分成词语
6   text = ["我最喜欢的学校是台塑企业集团的明志工专",
7           "台塑企业创办明志工专",
8           "现在称明志科技大学"]
9   text = [" ".join(jieba.cut(sentence)) for sentence in text]
10
11  # 使用CountVectorizer处理
12  vectorizer = CountVectorizer()
13  X = vectorizer.fit_transform(text)
14
15  # 输出结果
16  print(vectorizer.get_feature_names_out())
17  print(X.toarray())
```

执行结果

```
==================== RESTART: D:\Machine\ch29\ch29_19.py ====================
Building prefix dict from the default dictionary ...
Loading model from cache C:\Users\User\AppData\Local\Temp\jieba.cache
Loading model cost 0.656 seconds.
Prefix dict has been built successfully.
['企业' '创办' '台塑' '喜欢' '大学' '学校' '明志工专' '现在' '科技' '称明志' '集
团']
[[1 0 1 1 0 1 1 0 0 0 1]
 [1 1 1 0 0 0 1 0 0 0 0]
 [0 0 0 0 1 0 0 1 1 1 0]]
```

从上述执行结果可以看到，整个中文句子已经转换成计算机可以处理的数字数据。

29-7-4 简单中文情感分析程序

在实操一个情感分析系统之前，我们需要一个包含许多情绪标签的文件数据集。然而，目前公开的中文情感分析数据集并不多，且大多需要付费或申请才能取得，所以这里仅提供一个基本的概念演示，使用两个字典：一个正面词字典和一个负面词字典，来评估评论的情感。

注意这是一个非常基本的方法，并不考虑语言中的许多复杂因素，如否定语气、修饰语等。

程序实例 ch29_20.py：电影评论的情感分析程序设计。

```
1   # ch29_20.py
2   import jieba
3   positive_words = ['好', '喜欢', '棒', '惊人', '超棒']
4   negative_words = ['差', '讨厌', '糟', '失望', '糟糕']
5
6   def sentiment_analysis(comment):
7       pos_count = 0
8       neg_count = 0
9       for word in jieba.cut(comment):
10          if word in positive_words:
11              pos_count += 1
12          elif word in negative_words:
13              neg_count += 1
14
15      if pos_count + neg_count == 0:
16          return "无法判断情感"
17      elif pos_count > neg_count:
18          return "正面评价"
19      else:
20          return "负面评价"
21
22  comment = "这部电影真的太糟糕了，我很失望"
23  print(f'{comment} : {sentiment_analysis(comment)}')
24
25  comment = "这部电影超棒的，我很喜欢"
26  print(f'{comment} : {sentiment_analysis(comment)}')
```

执行结果

```
==================== RESTART: D:\Machine\ch29\ch29_20.py ====================
Building prefix dict from the default dictionary ...
Loading model from cache C:\Users\User\AppData\Local\Temp\jieba.cache
Loading model cost 0.672 seconds.
Prefix dict has been built successfully.
这部电影真的太糟糕了，我很失望 : 负面评价
这部电影超棒的，我很喜欢 : 正面评价
```

这个程序会将评论中的词语一一比对，如果该词语在我们的正面词字典中，就将正面词的数

量加一，反之则将负面词的数量加一。然后比较最后的正面词和负面词的数量，来判断整体的评论情感。

请注意，这种方法有很多局限，例如它不能理解词语的上下文，也不能处理含有否定语气或比较级的评论，如"这部电影不好"或"这部电影比另一部更好"。如果要处理这种复杂性，我们就需要更进阶的自然语言处理 (NLP) 技术，如情感分析模型（如 BERT、GPT 等），这些模型已被训练来理解语言的这种复杂性，并可用于情感分析任务，但是训练和使用这些模型需要相对复杂的深度学习知识和大量的计算资源。

29-8 今日头条数据集

29-8-1 认识数据集

这个数据集是来自头条 (toutiao.com) 网站，读者可以自下列网址下载：

https://github.com/aceimnorstuvwxz/toutiao-text-classfication-dataset

文件名称是 toutiao_cat_data.txt，可以通过扫描前言中二维码获得这个文件的每一行 (row)，代表一条新闻，一条新闻有五个字段，字段间是用"_!_"分隔，每个字段的意义如下：

新闻 ID _!_ 分类 code _!_ 分类名称 _!_ 新闻标题 _!_ 新闻关键词

图 29-2 是开启此 txt 文件时的画面，文件是"utf-8"编码。

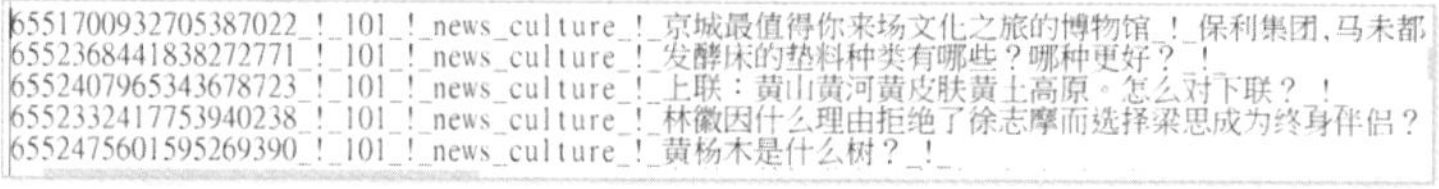

```
6551700932705387022_!_101_!_news_culture_!_京城最值得你来场文化之旅的博物馆_!_保利集团,马未都
6552368441838272771_!_101_!_news_culture_!_发酵床的垫料种类有哪些？哪种更好？_!_
6552407965343678723_!_101_!_news_culture_!_上联：黄山黄河黄皮肤黄土高原。怎么对下联？_!_
6552332417753940238_!_101_!_news_culture_!_林徽因什么理由拒绝了徐志摩而选择梁思成为终身伴侣？_!_
6552475601595269390_!_101_!_news_culture_!_黄杨木是什么树？_!_
```

图 29-2　txt 文件

新闻共有 382688 条，分布在 15 个分类，分类内容如下：

100：民生（news_story）。

101：文化（news_culture）。

102：娱乐（news_entertainment）。

103：体育（news_sports）。

104：财经（news_finance）。

106：房产（news_house）。

107：汽车（news_car）。

108：教育（news_edu）。

109：科技（news_tech）。

110：军事（news_military）。

112：旅游（news_travel）。

113：国际（news_world）。

114：证券（news_stock）。

115：农业（news_agriculture）。

116：电竞（news_game）。

程序实例 ch29_21.py：简单读取数据，并输出第一条数据。

```
1  # ch29_21.py
2  fn = 'toutiao_cat_data.txt'                      # 文件名
3  with open(fn, 'r', encoding='utf-8') as file:
4      for line in file:                            # 相当于逐 row 读取
5          headline_news = line.split('_!_')        # 拆分新闻字段
6          break
7  print(headline_news)
8  print("-"*70)
9  for news in headline_news:
10     print(news)
```

执行结果

```
==================== RESTART: D:\Machine\ch29\ch29_21.py ====================
['6551700932705387022', '101', 'news_culture', '京城最值得你来场文化之旅的博物馆
', '保利集团,马未都,中国科学技术馆,博物馆,新中国\n']
----------------------------------------------------------------------
6551700932705387022
101
news_culture
京城最值得你来场文化之旅的博物馆
保利集团,马未都,中国科学技术馆,博物馆,新中国
```

29-8-2　今日头条数据集实操

　　程序实例 ch29_21.py：读取今日头条数据集 toutiao_cat_data.txt，执行预测，并输出预测的准确率和分类报告。同时输入 2 条新闻做测试，输出分类结果。

```
1  # ch29_22.py
2  import jieba
3  from sklearn.feature_extraction.text import TfidfVectorizer
4  from sklearn.naive_bayes import MultinomialNB
5  from sklearn.model_selection import train_test_split
6  from sklearn.metrics import classification_report, accuracy_score
7
8  # 读取档案
9  fn = 'toutiao_cat_data.txt'
10 news = []                                         # 新闻内容
11 label = []                                        # 新闻分类
12 with open(fn, 'r', encoding='utf-8') as file:
13     for line in file:                             # 相当于逐 row 读取
14         headline_news = line.split('_!_')         # 拆分新闻字段
15         words = ' '.join(jieba.cut(headline_news[3]))
16         news.append(words)                        # 加入 news
17         label.append(headline_news[2])            # 加入 label
18
19 # 将数据集分割为训练集和测试集
20 X_train, X_test, y_train, y_test = train_test_split(news, label,
21                                    test_size=0.2, random_state=42)
22
23 # 使用CountVectorizer处理
24 vectorizer = TfidfVectorizer()
25 X_train = vectorizer.fit_transform(X_train)
26 X_test = vectorizer.transform(X_test)
27
28 # 使用多项式单纯贝叶斯分类器
29 classifier = MultinomialNB()
30 classifier.fit(X_train, y_train)
31
32 # 在测试集上进行预测
33 predictions = classifier.predict(X_test)
34
35 # 输出准确率和分类报告
36 print(f"准确率    : {accuracy_score(y_test, predictions)}")
37 print("分类报告 :")
38 print(classification_report(y_test, predictions, zero_division=1))
39
40 # 预测新的评论
41 new_news = ['林书豪加入中国职业篮球北京首钢队!',
42             '清华大学荣登亚洲最佳大学']
43 new_news = [" ".join(jieba.cut(sentence)) for sentence in new_news]
44 new_news_transformed = vectorizer.transform(new_news)
45 new_predictions = classifier.predict(new_news_transformed)
46
47 for sentence, prediction in zip(new_news, new_predictions):
48     print(f"评论 \"{sentence}\" 是 : {prediction}")
```

执行结果

```
==================== RESTART: D:\Machine\ch29\ch29_22.py ====================
Building prefix dict from the default dictionary ...
Loading model from cache C:\Users\User\AppData\Local\Temp\jieba.cache
Loading model cost 0.672 seconds.
Prefix dict has been built successfully.
准确率    : 0.8279808722464658
分类报告 :
```

	precision	recall	f1-score	support
news_agriculture	0.91	0.71	0.80	3908
news_car	0.87	0.90	0.88	7101
news_culture	0.90	0.77	0.83	5719
news_edu	0.84	0.87	0.86	5376
news_entertainment	0.74	0.92	0.82	7908
news_finance	0.82	0.70	0.75	5409
news_game	0.91	0.87	0.89	5899
news_house	0.93	0.81	0.87	3463
news_military	0.87	0.80	0.83	4976
news_sports	0.91	0.93	0.92	7611
news_story	0.95	0.30	0.45	1303
news_tech	0.69	0.92	0.78	8168
news_travel	0.83	0.74	0.78	4252
news_world	0.80	0.76	0.78	5370
stock	1.00	0.00	0.00	70
accuracy			0.83	76538
macro avg	0.86	0.73	0.75	76538
weighted avg	0.84	0.83	0.83	76538

```
评论 "林书豪 加入 中国 职业 篮球 北京首钢队 !" 是 : news_sports
评论 "清华大学 荣登 亚洲 最佳 大学" 是 : news_edu
```

上述执行结果中，我们获得了准确率约 0.828 的结果，这是一个不错的结果，同时笔者输出了分类报告，从报告可以看到各分类的准确率。上述程序中笔者分别输入了 2 条信息，可以参考第 41～42 行，可以看到获得了正确分类结果。

在 classification_report( ) 中，precision 和 f1-score 是根据模型的预测结果来计算的。如果在某个类别中，模型没有预测任何实例 (即该类别的预测数为 0)，则该类别的 precision 和 F-score 会被定义为 0，这将导致警告信息出现。所以在上述程序第 38 行，增加了参数 zero_division=1，这样可以避免警告信息出现。

第 30 章
集成机器学习（以蘑菇、医疗保险、玻璃、加州房价为例）

其实第 26 章内容"随机森林"，就是一种集成学习的概念，这一章将对集成学习的概念做一个完整解说。

30-1 集成学习的基本概念

30-1-1 基本概念

集成学习 (ensemble learning) 是一种机器学习策略，它结合多个算法来得到更好的预测效果，这个概念可以应用在回归和分类问题。相对于单一的学习算法，集成方法通常可以得到更稳健、更精确的预测结果。集成学习的主要方法有投票法 (voting)、装袋法 (bagging)、提升法 (boosting) 和堆栈法 (stacking)。

（1）投票法。

投票法是一种简单的集成学习策略，对于分类问题，它可以根据多个不同算法模型的预测结果进行硬投票或软投票来确定最终的预测结果。

- 优点：投票法的实现简单，并且可以结合多个不同模型的预测结果。在多数情况下，投票法可以得到比任何单一模型更好的预测效果。
- 缺点：投票法并不能够学习如何最佳地组合各个模型的预测结果，另外，这种方法的效果在很大程度上取决于所选择的学习模型。

投票法对于回归问题，所采用的是平均值策略，简单地说就是将多个模型的预测结果进行平均。

（2）装袋法。

装袋法是一种并行式的集成学习技术，它的主要原理是采用相同算法，应用自助抽样 (bootstrap) 创建多个训练数据集，然后训练多个模型并将其预测结果进行平均 (对于回归问题) 或投票 (对于分类问题)，例如：第 26 章所述的随机森林就是一种非常知名的装袋法的应用。

- 优点：这种方法可降低模型的变异度，增强模型的稳定性，并且可以有效地处理过度拟合的问题。由于各个模型的训练过程是独立的，所以这种方法非常适合进行并行计算。
- 缺点：装袋法的模型可能会较为复杂，难以解释。并且，对于存在许多噪声的数据集，它可能会过度拟合。

（3）提升法。

提升法是一种序列式的集成学习技术，其核心思想是结合一系列的弱学习器 (weak learners) 来创建一个强学习器 (strong learners)。每一个弱学习器在训练过程中，都会优先关注上一个学习器错误预测的数据样本。这样，每一个学习器都在试图改正前一个学习器的错误。最知名的提升法的实操有 AdaBoost(Adaptive Boosting，适应性提升) 和 Gradient Boosting(梯度提升)。

注 所谓的弱学习器是指那些只比随机猜测稍微好一点的学习模型。换句话说，弱学习器在分类或回归任务上的表现仅仅超过了随机猜测。例如，对于二元分类问题，弱学习器的准确率应该略高于 50%。尽管单独的弱学习器在预测任务上的表现不足，但是当我们将多个弱学习器组合在一起，透过一种迭代的训练过程让后续的弱学习器学会修正前面弱学习器的错误时，就可以达到非常好的预测效果。这就是提升法的主要概念：创建并组合多个弱学习器，以形成一个"强学习器"。在实操中，最常见的弱学习器是决策树，特别是深度非常浅的决策树，也被称为"决策树桩"或"单层决策树"。然而，理论上任何一种学习模型都可以被用作弱学习器。

- 优点：提升法能够有效地降低模型的偏误，并且对于过度拟合具有一定的抵抗力。由于每一个学习器都专注于改正前一个学习器的错误，所以提升法通常可以获得较高的预测准确度。
- 缺点：由于提升法的学习过程是序列的，所以它不太适合进行并行计算。此外，提升法对于噪声和异常值比较敏感，可能会过度拟合。

（4）堆栈法。

堆栈法是一种集成多个不同模型的学习技术。这种方法的核心思维是训练一个元学习器 (meta learners) (或称元模型，Meta model) 来学习如何最佳地组合各个基础学习器 (base learners) 的预测结果。

- 优点：堆栈法可以结合不同类型的模型，进一步提升模型的预测性能。如果基础学习器和元学习器的选择得当，这种方法可以得到非常好的预测效果。
- 缺点：堆栈法的设计和实现较为复杂。如果基础学习器或元学习器训练不足或选择不当，这种方法可能无法达到预期的效果。

30-1-2　集合学习效果评估

集成学习的目标是通过结合多个模型的预测结果，来获得一个更好、更稳定的预测结果。然而，这并不代表集成学习在所有情况下都能超越个别的基础学习器。集成学习的性能取决于多个因素：

- 基础学习器的质量：如果所有的基础学习器都表现得很差，那么集成它们的结果可能也不会好到哪里。反之，如果基础学习器有着良好的性能，那么集成学习往往能提供更好的结果。
- 基础学习器的多样性：基础学习器之间的多样性是提升集成学习性能的一个重要因素，如果所有基础学习器都对同一部分数据产生错误，那么集成学习可能无法改进预测结果。多样性可以透过使用不同的算法、不同的特征选择或不同的数据子集等方式来实现。
- 集成方法的选择：不同的集成方法，如投票法、装袋法、提升法、堆栈法等，有不同的优点和缺点，并且适用于不同类型的问题，选择一种适当的集成方法是至关重要的。

因此，尽管集成学习在许多情况下都能提升模型的性能，但并不是万灵丹。需要综合考虑数据、任务以及模型的特点，并通过实验来确定最好的策略。

30-2　集成学习——投票法 Voting(鸢尾花、波士顿房价)

集成学习 (ensemble learning) 的投票法，可以分成"分类"与"回归"应用，下面将分成两个小节说明。

30-2-1　投票法——分类应用

投票法在分类的应用又可以分为两种，一种是硬投票 (hard voting)，另一种是软投票 (soft voting)。

（1）硬投票。

这种方法中，我们对多个模型的预测结果直接进行投票。以分类问题为例，每个模型会对输入的数据点给出一个预测类别，然后通过投票的方式选出票数最多的类别作为最终的预测结果。假设我们有三个模型，分别预测出了类别 A、类别 B、类别 A，则我们会选择类别 A 作为最终的预测结果，因为它获得了最多的票数。

（2）软投票。

与硬投票不同，软投票不仅考虑了每个模型的预测结果，还考虑了每个模型对于自己预测结果的信心水平，也就是概率。在进行投票的时候，会将每个模型对各个类别的预测概率相加，然后选择总概率最高的类别作为最终的预测结果。比如我们有两个模型，模型 1 对于类别 A 的预测概率为 0.7，对于类别 B 的预测概率为 0.3；模型 2 对于类别 A 的预测概率为 0.4，对于类别 B 的预测概率为 0.6。那么我们会将两个模型的预测概率相加，得到类别 A 的总预测概率为 1.1，类别 B 的总预测概率为 0.9，所以最终的预测结果是类别 A。

使用投票法的主要目的是提高模型的稳健性和准确性，因为通过结合多个模型的预测，可以降低单一模型出错的风险。不过，投票法的效果并不一定会比单一模型好，它还取决于集成中各个模型的质量和多样性。Scikit-learn 有提供处理投票法的模块 VotingClassifier，此方法的语法和主要参数如下：

from sklearn.ensemble import VotingClassifier

…

eclf = VotingClassifier(estimators, voting, weights)

上述方法只列出常用的参数，这些参数用法如下：

● estimators：这是一个串行，串行中的每个元素都是一个元组，元组的第一个元素是字符串，代表该模型的名称。第二个元素是一个已经初始化过的分类器。例如：estimators=[('lr', LogisticRegression( )), ('svc', SVC( )), ('dt', DecisionTreeClassifier( ))]

● voting：这是一个字符串，可以是 'hard' 或者 'soft'。'hard' 代表硬投票，即直接依据每个分类器的预测类别进行投票；'soft' 代表软投票，即会先计算各个分类器预测每个类别的概率，然后选择概率之和最大的类别。默认值是 'hard'。

● weights：这是一个串行，用于设定每个分类器的权重，预设是 None。当参数 weights 为 None 的时候，表示所有的分类器对于最终的投票结果贡献相同的影响力，也就是说每个分类器的权重都是相等的。如果你提供了一个具体的权重串行，例如：weights=[2,1,2]，则这表示第一个和第三个分类器的投票会比第二个分类器的投票重要一倍。换句话说，每个分类器的投票权重并不再相等，而是根据你提供的权重串行来确定。

程序实例 ch30_1.py：结合决策树、KNN、支持向量机算法的"集成学习——投票法"，应用在鸢尾花分类的实例中，同时输出训练数据集和测试数据集的准确度。

```
from sklearn.neighbors import KNeighborsClassifier
from sklearn.svm import SVC
from sklearn.ensemble import VotingClassifier
from sklearn.model_selection import train_test_split
from sklearn.metrics import accuracy_score

# 加载鸢尾花数据集
iris = datasets.load_iris()
X = iris.data
y = iris.target

# 分割数据集
X_train, X_test, y_train, y_test = train_test_split(X, y, test_
                                                    random_stat

# 建立各种基本分类器
clf1 = tree.DecisionTreeClassifier()        # 决策树
clf2 = KNeighborsClassifier(n_neighbors=5)   # KNN
clf3 = SVC(probability=True)                 # 支持向量机

# 建立投票分类器，这里使用了软投票
eclf = VotingClassifier(estimators=[('dt', clf1), ('knn', clf2
                                    ('svc', clf3)], voting='sof

# 训练投票分类器
eclf.fit(X_train, y_train)
```

```
27
28  # 训练投票分类器
29  eclf.fit(X_train, y_train)
30
31  # 训练集准确率
32  train_predictions = eclf.predict(X_train)
33  train_accuracy = accuracy_score(y_train, train_predictions)
34  print(f'训练数据集准确率：{train_accuracy}')
35
36  # 测试集准确率
37  test_predictions = eclf.predict(X_test)
38  test_accuracy = accuracy_score(y_test, test_predictions)
39  print(f'测试数据集准确率：{test_accuracy}')
```

执行结果

```
============== RESTART: D:\Machine\ch30\ch30_1.py ==================
训练数据集准确率：0.9916666666666667
测试数据集准确率：1.0
```

从上述执行结果可以看到，无论是训练数据集还是测试数据集都有一个非常完美的分类结果。

30-2-2　投票法——回归应用

对于回归问题，硬投票和软投票这两种方法并不适用，因为它们主要用于处理分类问题，需要依据分类结果进行投票。然而，在回归问题中，我们预测的是一个连续的值，而非离散的类别，所以没有投票这一说。

对于回归问题的集成学习，一种常见的方法是简单地将多个模型的预测结果进行平均，这可以被看作是一种"回归版"的投票法。如果我们有三个模型，分别预测出了值 a、值 b 和值 c，我们可以计算它们的平均值 (a+b+c)/3 作为最终的预测结果。这样做的好处是，可以减少单一模型可能出现的偏误，提高预测的稳定性。

Scikit-learn 提供了 VotingRegressor 模块来实现这种方法。它的使用方式与 VotingClassifier 相似，但是对于每个模型的预测结果，它会直接计算平均值，而非进行投票，此模块的语法和主要参数如下：

from sklearn.ensemble import VotingRegressor

...

ereg = VotingRegressor(estimators, weights)

上述方法只列出了常用的参数，这些参数用法如下：

● estimators：一个串行，串行中的每个元素都是一个元组，元组的第一个元素是一个字符串，表示该模型的名称；第二个元素是一个已经初始化过的回归模型。例如：estimators=[('lr', LinearRegression( )), ('rf', RandomForestRegressor( )), ('svr', SVR())]

● weights：这是一个串行，它用来设定每个回归模型的权重，默认是 None，表示每个回归模型的权重相等。串行中的元素顺序与参数 estimators 中的模型顺序对应。例如，weights=[2, 1, 2] 表示第一个和第三个回归模型的权重都是 2，第二个回归模型的权重是 1。

程序实例 ch30_2.py：结合决策树回归、KNN 回归、支持向量机回归，系列算法的"集成学习——投票法"，应用在波士顿房价预测的实例中，同时输出训练数据集和测试数据集的 R 平方判定系数。

```
1   # ch30_2.py
2   from sklearn import datasets
3   from sklearn import tree
4   from sklearn.neighbors import KNeighborsRegressor
5   from sklearn.svm import SVR
6   from sklearn.ensemble import VotingRegressor
7   from sklearn.model_selection import train_test_split
8
```

```
 9  # 加载数据集
10  boston = datasets.load_boston()
11  X = boston.data
12  y = boston.target
13
14  # 分割数据集
15  X_train, X_test, y_train, y_test = train_test_split(X, y, test_size=0.2,
16                                                      random_state=42)
17
18  # 建立各种基本回归器
19  reg1 = tree.DecisionTreeRegressor()              # 决策树回归
20  reg2 = KNeighborsRegressor(n_neighbors=7)        # KNN回归
21  reg3 = SVR()                                     # 支援向量机回归
22
23  # 建立投票回归器
24  ereg = VotingRegressor(estimators=[('dt', reg1), ('knn', reg2),
25                                     ('svr', reg3)])
26
27  # 训练投票回归器
28  ereg.fit(X_train, y_train)
29
30  # 计算训练数据的 R 平方系数
31  train_score = ereg.score(X_train, y_train)
32  print(f"训练数据的 R 平方系数 : {train_score}")
33
34  # 进行预测
35  y_pred = ereg.predict(X_test)
36
37  # 计算预测数据的 R 平方系数
38  test_score = ereg.score(X_test, y_test)
39  print(f"测试数据的 R 平方系数 : {test_score}")
```

执行结果

```
================ RESTART: D:\Machine\ch30\ch30_2.py ================
训练数据的 R 平方系数 : 0.7805780692664857
测试数据的 R 平方系数 : 0.716826198732686
```

将上述执行结果和 ch23_26.py 的结果相比较可以得到，在训练数据部分，获得了比较好的结果，但是在测试数据部分则相对不好。在 30-1-2 节笔者介绍过，在机器学习中，并没有一种模型可以保证在所有情况下都获得最好的结果，这同样适用于集成学习方法，如 VotingRegressor。以下是一些可能导致 VotingRegressor 不能提供更好结果的原因：

● 基本回归器的选择和质量：VotingRegressor 是通过投票的方式结合了多个基本回归器的预测结果。如果这些基本回归器的性能都不好，或者它们在某些特定的数据上表现得不好，则 VotingRegressor 的性能可能也会受到影响。

● 欠拟合和过拟合：VotingRegressor 虽然可以降低模型的方差(也就是降低过拟合的风险)，但如果基本回归器被设计得太简单，无法捕捉到数据的复杂性，则可能会导致欠拟合。相反，如果基本回归器过于复杂，则可能导致过拟合。

● 数据质量和分布：如果数据包含很多噪声，或者分布不均，那么 VotingRegressor 可能无法获得很好的预测结果。

● 模型的权重设定不当：在 VotingRegressor 中，我们可以为每个基本回归器设定一个权重，如果这些权重设定不当，则可能会影响 VotingRegressor 的性能。

因此，尽管 VotingRegressor 是一种有效的集成学习方法，并且在许多情况下都能提高模型的性能，但我们仍然需要仔细选择基本回归器，并对模型进行适当的调参，以便获得最好的预测结果。

30-3 集成学习——装袋法 Bagging（蘑菇、医疗保险）

装袋法 (bootstrap aggregating，简称 bagging) 是一种常见的集成学习方法，主要概念是一种平行的集成学习技术，每个模型都在数据集的不同子集上独立地学习。这些数据子集是用随机抽样 (也称为自助抽样) 从原始数据集中生成的。由于这种随机性，每个模型可能会接触到数据集中的不同方面，从而有助于降低模型的变异性。

当新的数据需要预测时，装袋法将这些数据提供给所有的基础学习器，然后收集并结合它们的预测。

装袋法和前一小节的投票法一样，可以应用在分类和回归问题，应用在分类问题时，是透过投票多数决来进行预测。应用在回归问题时，是采用计算所有模型预测的平均值。

注　装袋法的一个著名实例是第 26 章所述的随机森林算法，在随机森林中，基础学习器是决策树，并且在树的训练过程中添加了额外的随机性。总的来说，装袋法是一种强大的集成学习技术，它通过组合多个模型的预测来降低过拟合的风险，并提高对新数据的预测准确性。

30-3-1　装袋法——分类应用语法说明

在装袋法中，我们会生成多个子数据集，并在这些数据集上训练多个模型。每个子数据集是通过有放回的随机抽样从原始数据集中生成的。换句话说，我们会在每个子数据集中随机选择一些样本，允许同一个样本被选择多次，这种方法主要是为了解决模型过度拟合的问题并提高模型的稳定性。

每个子模型都独立地学习其对应的数据集，并做出预测。然后，我们将所有模型的预测结果进行组合，来得到最终的预测结果。在分类问题中，这通常是透过投票的方式来实现的：每个模型对每个类别的预测视为一票，然后选取得票最多的类别作为最终的预测结果。

集成学习方法可以分成装袋法 (bagging) 和粘贴法 (pasting)，基本差异是实施抽样方式上有所不同。

- 装袋法：在此方法中，我们对原始数据集进行有放回的抽样以创建每个模型的训练数据集。这意味着一些样本可能在同一个模型的训练数据集中出现多次，而其他一些样本可能一次都不会出现。每个模型都独立地学习其训练数据集，并且在需要做出预测时，我们对所有模型的预测结果进行投票。
- 粘贴法：在此方法中，我们对原始数据集进行无放回的抽样以创建每个模型的训练数据集。这意味着每个样本只会在一个模型的训练数据集中出现一次。其他的过程和装袋法相同，每个模型都独立地学习其训练数据集，并且在需要做出预测时，我们对所有模型的预测结果进行投票。

Scikit-learn 有提供处理装袋法的模块 BaggingClassifier，此方法的语法和主要参数如下：

from sklearn.ensemble import BaggingClassifier

…

b_clf = BaggingClassifier(base_estimator, n_estimators, bootstrap, random_state)

上述方法只列出了常用的参数，这些参数用法如下：

- base_estimators：基础分类器，预设是决策树 DecisionTreeClassifier。
- n_estimators：参数是指用于构建集成模型的基模型的数量，默认是 10。每个基模型都在数据集的一个子集上进行训练，并对新的数据进行预测。然后，将所有基模型的预测结果组合起来，以获得最终的预测结果。增加 n_estimators 的值可以使模型有更多的机会学习到数据集的不同方面，并可以提高集成模型的预测准确性。然而，这也会增加训练和预测的计算负担。此外，虽然增加 n_estimators 的值可以提高模型的准确性，但是当基模型的数量超过一个阈值之后，准确性的提高可能就会变得很小。总的来说，n_estimators 参数需要根据具体的问题和计算资源来适当选择。对于 n_estimators 的选择，可以通过交叉验证等方式来找到一个适当的值。

● bootstrap：当参数 bootstrap 设置为 True 时，则使用 bagging(即有放回的抽样)。当参数 bootstrap 设置为 False 时，则使用 pasting(即无放回的抽样)。

● random_state：随机种子值。

30-3-2 蘑菇数据分类应用

蘑菇数据集在 Kaggle 平台的名称是 "mushrooms.csv"，本书附赠资源已包含了这个数据集。此数据集的背景源于对野生蘑菇的研究，数据集包含了来自于《奥杜邦协会北美洲蘑菇野外指南》(1981) 中，对于 Agaricus 和 Lepiota 家族蘑菇中 23 种有菌褶的假设样本的描述，主要是为了确定哪些蘑菇是可食用的，哪些是有毒的。在野生环境中，有许多类型的蘑菇，并且它们的特征十分相似，因此可能很难仅凭外表来判定它们是否可食。错误的辨认可能导致严重的中毒甚至死亡。

这个数据集包含来自不同种类的蘑菇，并且记录了它们的多种物理特征，如帽的形状、颜色、褶的大小和颜色等。这些特征都是以分类形式 (categorical) 存在的，目标变量是蘑菇是否可食用，是一个典型的二元分类问题。这个数据集是为了让研究者和数据科学家能够建立机器学习模型，以预测蘑菇的可食性，同时帮助采摘蘑菇的人判断哪些是安全的，哪些需要避免；或者在自动识别系统中使用，例如：智能型手机的蘑菇识别的 App 应用。

然而，要注意的是，虽然这个数据集在学术研究和机器学习模型训练中非常有用，但在现实世界中，应该谨慎对待任何自动识别蘑菇的系统的结果，如果你不是专业的生物学家或经验丰富的蘑菇采集者，应该避免食用任何你无法确定的野生蘑菇。

这个数据集有 23 个特征，第一个特征是 class 类别：蘑菇是否可食用。e 表示可食用 (edible)，p 表示有毒 (poisonous)。这是我们试图预测的目标变量，因为它是二元的，所以这是一个二元分类问题。以下是 "mushroom.csv" 中其他特征的详细解释，包括每个特征里字母的意义：

● class：蘑菇的类别，'p' 表示有毒 (poisonous)，'e' 表示可食用 (edible)。

● cap-shape：蘑菇帽的形状，'b' 表示钟形 (bell)，'c' 表示锥形 (conical)，'x' 表示凸形 (convex)，'f' 表示平坦 (flat)，'k' 表示突起 (knobbed)，'s' 表示下陷 (sunken)。

● cap-surface：蘑菇帽的表面，'f' 表示纤维 (fibrous)，'g' 表示槽状 (grooves)，'y' 表示鳞状 (scaly)，'s' 表示光滑 (smooth)。

● cap-color：蘑菇帽的颜色，'n' 表示棕色 (brown)，'b' 表示黄褐色 (buff)，'c' 表示肉桂色 (cinnamon)，'g' 表示灰色 (gray)，'r' 表示绿色 (green)，'p' 表示粉红色 (pink)，'u' 表示紫色 (purple)，'e' 表示红色 (red)，'w' 表示白色 (white)，'y' 表示黄色 (yellow)。

● bruises：是否有瘀斑，'t' 表示有瘀斑 (bruises)，'f' 表示无瘀斑 (no)。

● odor：气味，'a' 表示杏仁味 (almond)，'l' 表示茴香味 (anise)，'c' 表示酚味 (reosote)，'y' 表示鱼腥味 (fishy)，'f' 表示恶臭 (foul)，'m' 表示霉味 (musty)，'n' 表示无味 (none)，'p' 表示刺鼻的味道 (pungent)，'s' 表示辛辣 (spicy)。

● gill-attachment：褶的附着方式，'a' 表示附着 (attached)，'d' 表示下垂 (descending)，'f' 表示自由 (free)，'n' 表示窄 (narrow)。

● gill-spacing：褶的间距，'c' 表示接近 (close)，'w' 表示拥挤 (crowded)，'d' 表示远离 (distant)。

● gill-size：褶的大小，'b' 表示宽 (broad)，'n' 表示窄 (narrow)。

● gill-color：褶的颜色，和 cap-color 的颜色分类相同。

● stalk-shape：柄的形状 'e' 表示扩大 (enlarging)，'t' 表示变细 (tapering)。

- stalk-root：柄的根部，'b' 表示鼓形 (bulbous)，'c' 表示棒状 (club)，'u' 表示杯状 (cup)，'e' 表示等同 (equal)，'z' 表示根茎 (rhizomorphs)，'r' 表示根 (rooted)，'?' 表示缺失 (missing)。
- stalk-surface-above-ring 和 stalk-surface-below-ring：分别代表蘑菇柄上部和下部的表面，'f' 表示纤维 (fibrous)，'y' 表示鳞状 (scaly)，'k' 表示丝状 (silky)，'s' 表示光滑 (smooth)。
- stalk-color-above-ring 和 stalk-color-below-ring：分别代表蘑菇柄上部和下部的颜色，和 cap-color 的颜色分类相同。
- veil-type：蘑菇的幕类型，'p' 表示部分 (partial)。
- veil-color：蘑菇的幕颜色，和 cap-color 的颜色分类相同。
- ring-number：蘑菇的环数量，'n' 表示无 (none)，'o' 表示一个 (one)，'t' 表示两个 (two)。
- ring-type：蘑菇的环类型，'c' 表示蛛网状 (cobwebby)，'e' 表示逐渐消失的 (evanescent)，'f' 表示向外展开的 (flaring)，'l' 表示大 (large),'n' 表示无 (none)，'p' 表示垫形 (pendant)，'s' 表示片状 (sheathing)，'z' 表示带状 (zone)。
- spore-print-color：孢子印的颜色，和 cap-color 的颜色分类相同。
- population：蘑菇的群体密度，'a' 表示丰富 (abundant)，'c' 表示群聚 (clustered)，'n' 表示众多 (numerous)，'s' 表示稀疏 (scattered)，'v' 表示几个 (several)，'y' 表示孤单 (solitary)。
- habitat：蘑菇的生长环境，'g' 表示草地 (grasses)，'l' 表示叶落 (leaves)，'m' 表示草皮 (meadows)，'p' 表示小径 (paths)，'u' 表示城市 (urban)，'w' 表示废物 (waste)，'d' 表示森林 (woods)。

这个数据集中的所有特征都是分类形式的，其中大部分是名义型（nominal），也就是没有顺序或者等级关系的。而其中有一部分是二元特征，即只有两个可能的类别（如 bruises）。在进行机器学习分析时，我们可能需要将这些分类特征进行编码，例如使用 22-7-1 节介绍的 one-hot 编码或者 22-7-4 节的标签编码 (label encoding)，使它们能被算法正确处理。图 30-1 是这个文件的部分内容。

	A	B	C	D	E	F	G	H	I	J	K	L	M
1	class	cap-shape	cap-surfac	cap-color	bruises	odor	gill-attach	gill-spacin	gill-size	gill-color	stalk-shap	stalk-root	stalk-surfa
2	p	x	s	n	t	p	f	c	n	k	e	e	s
3	e	x	s	y	t	a	f	c	b	k	e	c	s
4	e	b	s	w	t	l	f	c	b	n	e	c	s
5	p	x	y	w	t	p	f	c	n	n	e	e	s

图 30-1　蘑菇数据集

程序实例 ch30_3.py：认识蘑菇数据集的 mushrooms.csv 文件。

```
# ch30_3.py
import pandas as pd
import numpy as np

df = pd.read_csv('mushrooms.csv')
# 显示前 5 笔数据
print(df.head())
print('-'*70)

# 显示数据集的大小
print(f"数据集外形 : {df.shape}")
print('-'*70)

# 查看各特征的数据类型和非空值的数量
print("数据类型和非空值的数量")
print(df.info())
print('-'*70)

# 统计数据概述
print(f"数据概述\n{df.describe()}")
```

执行结果

```
==================== RESTART: D:\Machine\ch30\ch30_3.py ====================
   class cap-shape cap-surface ... spore-print-color population habitat
0      p         x           s ...                 k          s       u
1      e         x           s ...                 n          n       g
2      e         b           s ...                 n          n       m
3      p         x           y ...                 k          s       u
4      e         x           s ...                 n          a       g

[5 rows x 23 columns]

数据集外形 : (8124, 23)
数据类型和非空值的数量
<class 'pandas.core.frame.DataFrame'>
RangeIndex: 8124 entries, 0 to 8123
Data columns (total 23 columns):
 #   Column                    Non-Null Count  Dtype
---  ------                    --------------  -----
 0   class                     8124 non-null   object
 1   cap-shape                 8124 non-null   object
 2   cap-surface               8124 non-null   object
 3   cap-color                 8124 non-null   object
 4   bruises                   8124 non-null   object
 5   odor                      8124 non-null   object
 6   gill-attachment           8124 non-null   object
 7   gill-spacing              8124 non-null   object
 8   gill-size                 8124 non-null   object
 9   gill-color                8124 non-null   object
 10  stalk-shape               8124 non-null   object
```

```
 11  stalk-root                8124 non-null   object
 12  stalk-surface-above-ring  8124 non-null   object
 13  stalk-surface-below-ring  8124 non-null   object
 14  stalk-color-above-ring    8124 non-null   object
 15  stalk-color-below-ring    8124 non-null   object
 16  veil-type                 8124 non-null   object
 17  veil-color                8124 non-null   object
 18  ring-number               8124 non-null   object
 19  ring-type                 8124 non-null   object
 20  spore-print-color         8124 non-null   object
 21  population                8124 non-null   object
 22  habitat                   8124 non-null   object
dtypes: object(23)
memory usage: 1.4+ MB
None

数据概述
        class cap-shape cap-surface ... spore-print-color population habitat
count    8124      8124        8124 ...              8124       8124    8124
unique      2         6           4 ...                 9          6       7
top         e         x           y ...                 w          v       d
freq     4208      3656        3244 ...              2388       4040    3148

[4 rows x 23 columns]
```

程序实例 ch30_4.py：使用装袋法预测蘑菇是否有毒，同时输出训练数据和测试数据的准确率。

```python
1  # ch30_4.py
2  import pandas as pd
3  from sklearn.model_selection import train_test_split
4  from sklearn.preprocessing import LabelEncoder
5  from sklearn.ensemble import BaggingClassifier
6  from sklearn.metrics import accuracy_score
7
8  df = pd.read_csv('mushrooms.csv')
9  # 将特征 'class' 分开，这是我们的目标变量
10 X = df.drop('class', axis=1)
11 y = df['class']
12
13 # 使用 LabelEncoder，将所有的分类特征转换为数值形式
14 le = LabelEncoder()
15 for column in X.columns:
16     X[column] = le.fit_transform(X[column])
17
18 # 将目标变量转换为数值形式
19 y = le.fit_transform(y)
20
21 # 将数据集分割为训练集和测试集
22 X_train, X_test, y_train, y_test = train_test_split(X, y, test_size=0.2,
23                                                     random_state=1)
24
25 # 初始化一个装袋分类器，预设是决策树
26 bagging_clf = BaggingClassifier(n_estimators=100, random_state=1)
27
28 # 在训练集上训练模型，和训练集预测
29 bagging_clf.fit(X_train, y_train)                # 训练
30 y_train_pred = bagging_clf.predict(X_train)      # 预测
31
32 # 计算训练集的准确率
33 train_accuracy = accuracy_score(y_train, y_train_pred)
34 print(f'训练集使用 Bagging 分类的准确度 : {train_accuracy:.2f}')
35
36 # 在测试集上进行预测
37 y_test_pred = bagging_clf.predict(X_test)
38
39 # 计算测试集的准确率
40 test_accuracy = accuracy_score(y_test, y_test_pred)
41 print(f'测试集使用 Bagging 分类的准确度 : {test_accuracy:.2f}')
```

执行结果

```
==================== RESTART: D:\Machine\ch30\ch30_4.py ====================
训练集使用 Bagging 分类的准确度 : 1.00
测试集使用 Bagging 分类的准确度 : 1.00
```

从上述执行结果我们可以得到，训练集和测试集的准确度皆是 1.0，表示这是一个完美的模型。

30-3-3 装袋法——回归应用语法说明

装袋法 (bootstrap aggregating，简称 bagging) 也可用于机器学习的各种应用中，包括回归分析，在回归的情境中，bagging 可以提高模型的准确性并降低过度拟合的可能性。以下是 bagging 在回归问题中的运作方式：

● 建立许多子样本集：首先，我们使用 bootstrap 方法来创建多个子样本集，并允许重复抽取。举例来说，如果我们有一个包含 100 个观察值的数据集，我们可能会建立 100 个子

样本集，每个子样本集都由随机选取的 100 个观察值组成。

● 在每个子样本集上训练模型：接着我们对每个子样本集分别训练一个回归模型，这些模型可以是任何种类的回归模型，如线性回归、决策树回归等，每个模型都会对它的训练数据拟合一个函数。

● 聚合预测：最后当我们要对新的数据点进行预测时，我们会将所有模型的预测结果进行平均。这就是 "Aggregating" 部分的来源。为了获得单一的预测结果，我们可以取所有子模型预测结果的平均值 (对于连续型预测变量)。

bagging 回归的优点在于，由于它依赖于众多模型的预测结果，所以比任何单一模型都更不容易受到噪声的影响。此外，它还可以降低模型的方差，并改善模型对新数据的泛化能力。

需要注意的是，尽管 bagging 可以改善模型的预测能力，但它并不能完全解决所有的过度拟合问题。如果基本学习模型 (base learner) 自身就存在强烈的过度拟合现象，bagging 可能无法完全改善这种情况。因此，选择适合的基本模型仍然是一个重要的步骤。Scikit-learn 有提供处理装袋法的模块 BaggingRegressor，此方法的语法和主要参数如下：

from sklearn.ensemble import BaggingRegressor

…

bagging = BaggingRegressor(estimator, n_estimators, bootstrap, random_state)

上述方法只列出了常用的参数，这些参数用法如下：

● estimators：基础分类器，预设是决策树回归 DecisionTreeRegressor。

● n_estimators：参数是指用于构建集成模型的基模型的数量，默认是 10。

● bootstrap：当参数 bootstrap 设置为 True 时，则使用 bagging(即有放回的抽样)。当参数 bootstrap 设置为 False 时，则使用 pasting(即无放回的抽样)。

● random_state：随机种子值。

30-3-4　医疗保险数据回归应用

医疗保险数据 insurance.csv 是一个常用的公开数据集，读者可以在 Kaggle 平台取得，本书附加的资源中已经下载此数据集。它来自美国的医疗保险成本个人估算。数据集中的每一列 (row) 都代表一个保险持有人的信息，并且有以下几个变量：

● age：这个字段记录了保险持有人的年龄。年龄可能影响医疗保险的成本，因为年长的人可能更有可能需要医疗照护。

● sex：这个字段记录了保险持有人的性别，男性或女性。性别也可能影响医疗保险的成本，但具体的影响方式可能依赖于其他因素。

● bmi：体质指数 (body mass index)，这是一种评估人体肥胖程度的指标。BMI 过高或过低都可能导致健康问题，因此可能影响医疗保险的成本。

● children：这个字段记录了保险持有人有多少个孩子或依赖者被包含在保险范围内，有更多的依赖者可能意味着更高的医疗保险成本。

● smoker：这个字段记录了保险持有人是否吸烟，吸烟已被证实可以导致各种健康问题，因此吸烟者的医疗保险成本可能会更高。

● region：这个字段记录了保险持有人在美国的居住地区。地理位置可能会影响医疗保险的成本，因为不同地区的生活成本和医疗服务的价格可能会有所不同。

● charges：这是目标变量，记录了个人医疗保险费用。

图 30-2 是医疗保险数据的部分 Excel 窗口画面。

	A	B	C	D	E	F	G
1	age	sex	bmi	children	smoker	region	expenses
2	19	female	27.9	0	yes	southwest	16884.92
3	18	male	33.8	1	no	southeast	1725.55
4	28	male	33	3	no	southeast	4449.46
5	33	male	22.7	0	no	northwest	21984.47

图 30-2　医疗保险数据

这个数据集可以用于探索性数据分析 (EDA) 以了解变量间的关系，或者用于训练机器学习模型预测保险费用，这种数据集的特点使它成为练习回归分析的好选择。

程序实例 ch30_5.py：认识医疗保险数据集的 insurance.csv 文件。

```
# ch30_5.py
import pandas as pd
import numpy as np

df = pd.read_csv('insurance.csv')
# 显示前 5 笔数据
print(df.head())
print('-'*70)

# 显示数据集的大小
print(f"数据集外形 : {df.shape}")
print('-'*70)

# 查看各特征的数据类型和非空值的数量
print("数据类型和非空值的数量")
print(df.info())
print('-'*70)

# 统计数据概述
print(f"数据概述\n{df.describe()}")
```

执行结果

```
===================== RESTART: D:\Machine\ch30\ch30_5.py =====================
   age     sex   bmi  children smoker     region  expenses
0   19  female  27.9         0    yes  southwest  16884.92
1   18    male  33.8         1     no  southeast   1725.55
2   28    male  33.0         3     no  southeast   4449.46
3   33    male  22.7         0     no  northwest  21984.47
4   32    male  28.9         0     no  northwest   3866.86
----------------------------------------------------------------------
数据集外形 : (1338, 7)
----------------------------------------------------------------------
数据类型和非空值的数量
<class 'pandas.core.frame.DataFrame'>
RangeIndex: 1338 entries, 0 to 1337
Data columns (total 7 columns):
 #   Column    Non-Null Count  Dtype
---  ------    --------------  -----
 0   age       1338 non-null   int64
 1   sex       1338 non-null   object
 2   bmi       1338 non-null   float64
 3   children  1338 non-null   int64
 4   smoker    1338 non-null   object
 5   region    1338 non-null   object
 6   expenses  1338 non-null   float64
dtypes: float64(2), int64(2), object(3)
memory usage: 73.3+ KB
None
----------------------------------------------------------------------
数据概述
               age          bmi     children      expenses
count  1338.000000  1338.000000  1338.000000   1338.000000
mean     39.207025    30.665471     1.094918  13270.422414
std      14.049960     6.098382     1.205493  12110.011240
min      18.000000    16.000000     0.000000   1121.870000
25%      27.000000    26.300000     0.000000   4740.287500
50%      39.000000    30.400000     1.000000   9382.030000
75%      51.000000    34.700000     2.000000  16639.915000
max      64.000000    53.100000     5.000000  63770.430000
```

程序实例 ch30_6.py：可视化 insurance.csv 数据，分别显示直方图、特征间的关系图和热力图。

```
# ch30_6.py
import matplotlib.pyplot as plt
import seaborn as sns
import pandas as pd

# 读取数据
df = pd.read_csv('insurance.csv')

# 显示各变量的直方图
df.hist(figsize=(10,10))
plt.show()

# 使用seaborn画出各个变量间的关系
sns.pairplot(df)
plt.show()

# 将类别变量转换为数值变量
df_numeric = pd.get_dummies(df, drop_first=True)

# 画出相关性热力图
corr_matrix = df_numeric.corr()
sns.heatmap(corr_matrix, annot=True, cmap='YlGn')
plt.show()
```

执行结果

分 3 次显示可视化结果，下方直方图的垂直坐标 Frequency 是指人次。

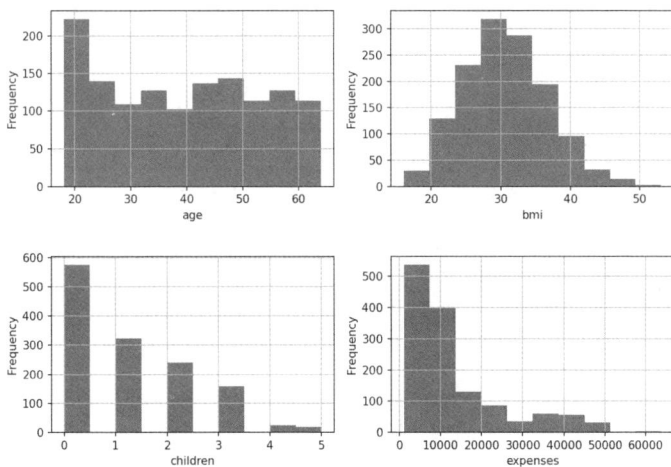

下方显示相关特征间的关系图。

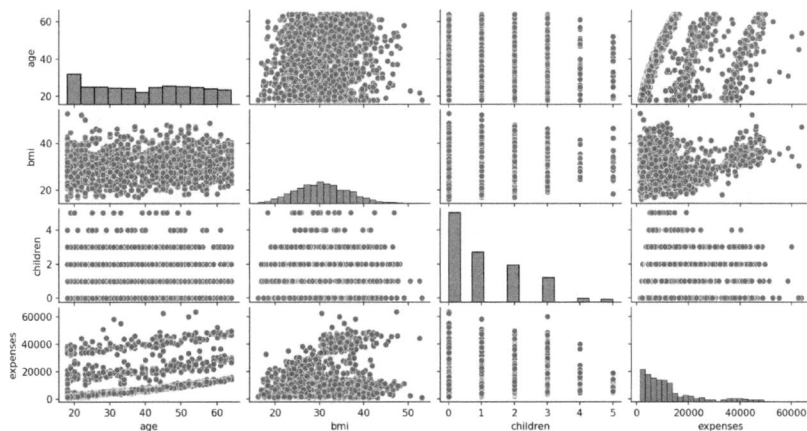

下方显示各相关系数的热力图。

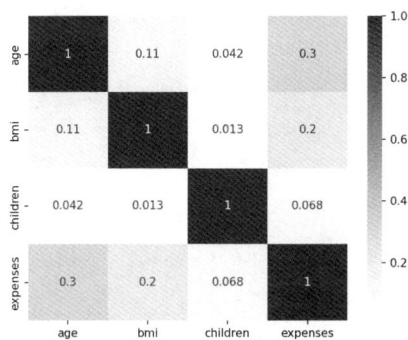

程序实例 ch30_7.py：使用装袋法的 BaggingRegression( ) 方法，预测 insurance.csv 的医疗费用，同时输出训练数据和测试数据的 R 平方判定系数。

```
1  # ch30_7.py
2  import pandas as pd
3  from sklearn.model_selection import train_test_split
4  from sklearn.ensemble import BaggingRegressor
5  from sklearn.preprocessing import LabelEncoder
6  from sklearn.metrics import r2_score
7
8  # 加载数据
9  df = pd.read_csv('insurance.csv')
10
11 # 将数据中有非数字数据，我们需要把它们转换成数值数据
12 le = LabelEncoder()
13 df['sex'] = le.fit_transform(df['sex'])
14 df['smoker'] = le.fit_transform(df['smoker'])
15 df['region'] = le.fit_transform(df['region'])
16
17 # 分割特征为目标变量
18 X = df.drop(columns='expenses')
19 y = df['expenses']
20
21 # 切分数据为训练集和测试集
22 X_train, X_test, y_train, y_test = train_test_split(X, y,
23                         test_size=0.2, random_state=42)
24
25 # 创建模型实例
26 bagging = BaggingRegressor(n_estimators=10, random_state=42)
27
28 # 训练模型
29 bagging.fit(X_train, y_train)
30
31 # 使用训练数据进行预测，并计算 R 平方系数
32 y_train_pred = bagging.predict(X_train)
33 r2_train = r2_score(y_train, y_train_pred)
34
35 # 使用测试数据进行预测，并计算 R 平方系数
36 y_test_pred = bagging.predict(X_test)
37 r2_test = r2_score(y_test, y_test_pred)
38
39 # 显示结果
40 print(f'训练数据 R 平方系数：{r2_train}')
41 print(f'测试数据 R 平方系数：{r2_test}')
```

执行结果

```
==================== RESTART: D:\Machine\ch30\ch30_7.py ====================
训练数据 R 平方系数：0.9644144765902612
测试数据 R 平方系数：0.8504924418405735
```

上述训练数据的 R 平方判定系数是约 0.964，是一个非常好的结果。测试数据的 R 平方判定系数是约 0.85，其实也是一个非常好的结果。但是若将测试数据与训练数据做比较，差异比较大，所以这个机器学习模型是有一点过拟合。

程序实例 ch30_8.py：使用 LinearRegressor( ) 当作基础分类器的模型，再套用在 BaggingRegressor( )，同时观察执行结果。

```
26 # 创建模型实例，基础算法为 LinearRegression
27 linear = LinearRegression()
28 bagging = BaggingRegressor(estimator=linear, n_estimators=10,
29                         random_state=42)
```

执行结果

```
==================== RESTART: D:\Machine\ch30\ch30_8.py ====================
训练数据 R 平方系数：0.7415397289489185
测试数据 R 平方系数：0.7835835208994382
```

上述测试数据的 R 平方判定系数是约 0.783，训练数据反而比较差是约 0.741，所以可以知道 ch30_7.py 的训练模型虽然有一点过拟合，其实也是比较好的机器学习模型。

30-4　集成学习——提升法 AdaBoost(糖尿病、波士顿房价)

这一节所述的提升法 (Boosting)，重点是 Adaptive Boosting(简称 AdaBoost)，可以翻译为适应性提升法，这是一种集成学习的提升方法，其目标是将多个弱学习器 (在某一特定任务上仅比随机猜测稍好的模型) 组合成一个强学习器，这个方法可以应用在分类或是回归问题。提升法主要透过将学习问题分解为一系列子问题来实现此目标，然后将各个子问题的解决方案集成为最终的解决方案。具体的过程如下：

(1) 初始化权重：对每一个训练样本在初步都给予相同的权重。

(2) 建立第一个模型：根据样本权重训练一个弱学习器。

(3) 计算错误率：使用训练得到的模型对数据进行预测。对于分类问题，主要是计算错误率 (错误的预测数量除以总预测数量)，这里的"错误"是指模型预测错误的数据点，这些点在后续的模型训练中将获得更高的权重。注：对于回归问题，是指在预测训练数据时的"误差"。

(4) 更新权重：对于分类问题，会增加错误分类的样本权重，减少正确分类的样本权重，这样可以在下一轮学习过程中，使模型更加重视那些被错误分类的样本。注：对于回归问题，会针对正确的预测给予比较低的权重，预测错误的会给比较高的权重，这也表示会更重视错误预测的实例。

(5) 继续训练：在更新过的权重基础上，训练下一个弱学习器，并且重复步骤 (3) 和 (4)。

(6) 组合模型：最后，将所有模型进行加权组合，权重可以基于每个模型的准确率 (例如：错误率较低的模型有更大的权重)。组合过后的模型即为最终模型，进行预测时，所有单个模型的预测结果将基于它们的权重来进行求和，产生最终预测结果。

注　Boosting 算法家族中最著名的成员有 AdaBoost(适应性提升，本节说明) 和 Gradient Boosting(梯度提升，下一节说明) 它们都遵循上述的基本步骤，这两种方法皆可以应用在分类问题和回归问题，下面各小节将会分别解说。

30-4-1　AdaBoost 提升法——分类应用语法说明

AdaBoost 提升法应用在分类的模块是 AdaBoostClassifier 模块，这个模块是使用 30-4 节所述的工作原理设计而成的，基本概念是透过迭代地训练弱分类器，弱学习器预设是决策树，并在每次迭代中调整训练实例的权重，使模型能够更加关注那些被错误分类的实例，从而提高模型的分类性能。这个模块的语法和主要参数如下：

from sklearn.ensemble import AdaBoostClassifier
…

clf = AdaBoostClassifier(base_estimator, n_estimators, learning_rate, random_state)
上述 clf 是回传的分类器实例对象，上述各参数意义如下：

● base_estimator：基础分类器，用来执行提升的弱分类器，如果不指定，则使用决策树。
● n_estimators：这是整数，是指最大弱学习器的数量，预测为 50。
● learning_rate：学习率，预设是 1.0，学习率会影响每个弱学习器的贡献度，学习率越低，我们就需要更多的弱学习器来完成同样的任务。
● random_state：控制每次运行结果的随机种子值。

程序实例 ch30_9.py：使用 24-6 节的糖尿病数据，应用 AdaBoostClassifier 模块，执行糖尿病预测，最后输出训练数据和测试数据的准确度。

```
1   # ch30_9.py
2   import pandas as pd
3   from sklearn.model_selection import train_test_split
4   from sklearn.preprocessing import StandardScaler
5   from sklearn.ensemble import AdaBoostClassifier
6   from sklearn.metrics import accuracy_score
7
8   # 读取数据
9   df = pd.read_csv('diabetes_new.csv')
10
11  # 定义特征和目标
12  X = df.drop('Outcome', axis=1)
13  y = df['Outcome']
14
15  # 分割训练集和测试集
16  X_train, X_test, y_train, y_test = train_test_split(X, y, test_size=0.2,
17                                                      random_state=5)
18
19  # 特征缩放(标准化)
20  scaler = StandardScaler()
21  X_train = scaler.fit_transform(X_train)
22  X_test = scaler.transform(X_test)
23
24  # 建立AdaBoost分类器模型
25  model = AdaBoostClassifier(n_estimators=100, learning_rate=0.5,
26                             random_state=5)
27  model.fit(X_train, y_train)
28
29  # 预测训练集和测试集
30  y_train_pred = model.predict(X_train)
31  y_test_pred = model.predict(X_test)
32
33  # 计算并打印训练数据和测试数据的准确率
34  print(f"训练数据的准确率：{accuracy_score(y_train, y_train_pred):.5f}")
35  print(f"测试数据的准确率：{accuracy_score(y_test, y_test_pred):.5f}")
```

执行结果

```
训练数据的准确率：0.82410
测试数据的准确率：0.81818
```

上述程序中调整 n_estimators、learning_rate 皆可以影响准确度，在实际应用中，可能还需要进行参数调优，以及进行更彻底的性能评估，比如使用交叉验证，计算混淆矩阵、精确率、召回率、F1 分数等。

30-4-2   AdaBoost 提升法——回归应用语法说明

AdaBoost 是一种用于增强学习 (Ensemble Learning) 的算法，对于回归问题使用的是 AdaBoostRegressor，它的工作的方式和 AdaBoostClassifier 非常相似。它建立在多个弱学习器上，预设是决策树，并尝试将它们组合成一个单一的强学习器。使用 AdaBoostRegressor 的一个主要优点是它可以自动进行特征选择，这在处理包含大量特征的数据集时非常有用。此模块的语法和主要参数如下：

from sklearn.ensemble import AdaBoostRegressor

…

clf = AdaBoostRegressor(base_estimator, n_estimators, learning_rate, random_state)
上述 clf 是回传的分类器实例对象，各参数意义如下：

● base_estimator：基础分类器，用来执行提升的弱分类器，如果不指定，则使用决策树。

● n_estimators：这是整数，是指最大弱学习器的数量，预测为 50。

● learning_rate：学习率，预设是 1.0，学习率会影响每个弱学习器的贡献度，学习率越低，我们就需要更多的弱学习器来完成同样的任务。

● random_state：控制每次运行结果的随机种子值。

读者须留意，AdaBoost 是一种可以用来提高弱学习器效能的方法，并且最初是设计用于决策树的，因此使用其他类型的学习器可能不会得到最佳结果，你应该尝试多种模型和参数以找到最适合您的数据的选择。

程序实例 ch30_10.py：使用 AdaBoostRegressor( ) 方法，预测波士顿房价，同时输出训练数据和预测数据的 R 平方判定系数。

```python
1   # ch30_10.py
2   import pandas as pd
3   import numpy as np
4   from sklearn.model_selection import train_test_split
5   from sklearn.ensemble import AdaBoostRegressor
6
7   # 加载数据集
8   data_url = "http://lib.stat.cmu.edu/datasets/boston"
9   raw_df = pd.read_csv(data_url, sep="\s+", skiprows=22, header=None)
10  data = np.hstack([raw_df.values[::2, :], raw_df.values[1::2, :2]])
11  target = raw_df.values[1::2, 2]
12  X = data
13  y = target
14
15  # 将数据分为训练集和测试集
16  X_train, X_test, y_train, y_test = train_test_split(X, y,
17                             test_size=0.2, random_state=42)
18
19  # AdaBoost回归模型，用默认的决策树学习模型，设定迭代次数为50次
20  # 学习率设 0.6
21  ada_reg = AdaBoostRegressor(n_estimators=50, learning_rate=0.6,
22                              random_state=9)
23
24  # 使用训练数据来训练模型
25  ada_reg.fit(X_train, y_train)
26
27  # 计算训练集的R平方系数
28  train_r2 = ada_reg.score(X_train, y_train)
29  print(f'训练集的R平方系数 : {train_r2}')
30
31  # 计算测试集的R平方系数
32  test_r2 = ada_reg.score(X_test, y_test)
33  print(f'测试集的R平方系数 : {test_r2}')
```

执行结果

```
==================== RESTART: D:\Machine\ch30\ch30_10.py ====================
训练集的R平方系数 : 0.9000767499743617
测试集的R平方系数 : 0.8508888667970742
```

将这个执行结果与 ch23_26.py 做比较，可以看到使用 AdaBoostRegressor( ) 方法可以获得非常好的结果。在前面的叙述中，笔者说过，当初设计 AdaBoostRegressor( ) 是为决策树设计，因此使用其他方法作为弱学习器，可能不会有比较好的结果，下面实例将做测试。

程序实例 ch30_11.py：使用 LinearRegressor( ) 作为弱学习器，重新设计 ch30_10.py，下列只列出修订部分。

```python
23  # AdaBoost回归模型，使用LinearRegressor作为基本学习模型
24  # 设定迭代次数为50次，学习率设 0.6
25  ada_reg = AdaBoostRegressor(estimator=linear_reg, n_estimators=50,
26                              learning_rate=0.6, random_state=9)
```

执行结果

```
==================== RESTART: D:\Machine\ch30\ch30_11.py ====================
训练集的R平方系数 : 0.7248174055164516
测试集的R平方系数 : 0.6436662497113506
```

从上述执行结果我们可以看到，使用 LinearRegressor 的确没有比较好的结果，读者可以从上述实例中学会如何更改弱学习器，此外笔者建议读者尝试多种模型和参数以找到最适合的数据选择。

30-5 集成学习 —— 提升法 Gradient Boosting(玻璃、加州房价)

AdaBoost 和 Gradient Boosting 都是以弱学习器 (如决策树) 为基础的机器学习模型，并且两者都利用集成学习来提高预测精度，而且利用多个弱学习器来构建一个更强大的模型。但是这两种方法在学习策略上有所不同：

- AdaBoost(Adaptive Boosting)：AdaBoost 的工作原理是，每一轮中模型都试图找出前一轮中错误分类的实例，并将更多的重点放在这些实例上。也就是说，它透过连续地增加对错误分类 (或误差) 实例的关注，来使得模型对数据的适应性增强。在最终的模型中，每一个弱学习器都会根据其准确性获得一定的权重，权重较高的学习器对最终预测的贡献度更大。

- Gradient Boosting：这是一种梯度提升方法，在每一轮中，新的模型都会被训练来预测前一轮模型的残差，即实际值与预测值之间的差异。因此，新的模型是在前一轮模型的基础上进行提升的，这就像在优化问题中进行梯度下降，每一轮都试图找到一个方向，使得损失函数沿这个方向下降最快。

因此，虽然 AdaBoost 和 Gradient Boosting 在一些基本概念上相似，但是它们的学习策略和完成的过程却有所不同。这两种方法都有各自的优点和适用场景，选择使用哪一种方法需要根据实际的数据集和预测任务来决定。

30-5-1 Gradient Boosting——分类应用语法说明

Gradient Boosting 提升法应用在分类的模块是 GradientBoostingClassifier 模块，这也是一种以决策树为基础的集成学习模型。它运用了梯度提升 (Gradient Boosting) 的策略，依次训练多个决策树，并且每一个决策树学习的目标是前面所有树的预测结果的梯度 (对于损失函数)。这个模块的语法和主要参数如下：

```
from sklearn.ensemble import GradientBoostingClassifier
...
clf = GradientBoostingClassifier(loss='deviance', learning_rate=0.1, n_estimators=100,
min_samples_split=2, min_samples_leaf=1, max_depth=3,
max_features=None, random_state=None)
```

上述 clf 是回传的分类器实例对象，上述是主要参数，其意义如下：

- loss：指定损失函数，默认是 'deviance'，对于分类问题，可以选择 'deviance'(对数损失) 或 'exponential'(指数损失)。
- learning_rate：学习率，预设是 0.1。也称为缩放参数，这个参数控制每个弱学习器的贡献度。
- n_estimators：弱学习器的最大数量，预设是 100，这个参数的值越大，模型的复杂度就越高。
- min_samples_split：分割内部节点所需的最小样本数量，默认是 2。
- min_samples_leaf：叶节点所需的最小样本数量，默认是 1。
- max_depth：个别树的最大深度，预设是 3，这个参数控制了模型的复杂度。
- max_features：寻找最佳分割时要考虑的特征数量，默认是 None。

● random_state：控制随机种子，确保模型的可重复性。

30-5-2 玻璃数据集分类的应用

玻璃数据集在 Kaggle 平台的名称是 "glass.csv"，本书 ch30 活页夹已经下载了这个数据集。这个数据集被用来训练机器学习模型去分辨不同类型的玻璃，以下是数据集中的特征以及它们的说明：

● RI: refractive index（折射指数），衡量光线进入材料时速度变化的程度。
● Na: sodium（钠），以重量百分比表示。
● Mg: magnesium（镁），以重量百分比表示。
● Al: aluminum（铝），以重量百分比表示。
● Si: silicon（硅），以重量百分比表示。
● K: potassium（钾），以重量百分比表示。
● Ca: calcium（钙），以重量百分比表示。
● Ba: barium（钡），以重量百分比表示。
● Fe: iron（铁），以重量百分比表示。

目标变量是 Type 玻璃的类型，它是一个整数值，范围是从 1 到 7，每种数字代表一种玻璃类型，如下：

1：建筑物窗户玻璃的非浮制品 (non-float process)。
2：建筑物窗户玻璃的浮制品 (float process)。
3：车辆窗户玻璃的非浮制品 (non-float process)。
4：车辆窗户玻璃的浮制品 (float process)。
5：容器。
6：餐具。
7：头灯。

注 "浮制法" (float process) 是一种在金属钨条上制造平面玻璃的方法，最初由英国的皮尔金顿兄弟公司在 20 世纪 50 年代开发。在这种过程中，熔融的玻璃在钨的表面上 "浮动"，并且由于地心引力和表面张力的作用，形成一层极其平滑、均匀的玻璃。

图 30-3 是数据集的部分 Excel 窗口画面。

	A	B	C	D	E	F	G	H	I	J
1	RI	Na	Mg	Al	Si	K	Ca	Ba	Fe	Type
2	1.52101	13.64	4.49	1.1	71.78	0.06	8.75	0	0	1
3	1.51761	13.89	3.6	1.36	72.73	0.48	7.83	0	0	1
4	1.51618	13.53	3.55	1.54	72.99	0.39	7.78	0	0	1
5	1.51766	13.21	3.69	1.29	72.61	0.57	8.22	0	0	1

图 30-3 玻璃数据集

在这个问题中，GradientBoostingClassifier( ) 机器学习模型也可以将这些化学成分特征作为输入，并预测玻璃的类型 (目标变量)，这是一个多类分类问题，因为有多于两个可能的输出类别。

程序实例 ch30_12.py：认识玻璃数据集的 glass.csv 文件。

上述程序第 23 行将 Type 特征排除在描述范围之外，因为这是分类标签，对于 mean(均值)、std(标准差) 和 min(最小值) 是无意义的。

程序实例 ch30_13.py：使用 GradientBoostingClassifier( ) 预测玻璃的分类，同时输出训练数据和测试数据的准确度。

执行结果

```
1  # ch30_12.py
2  import pandas as pd
3  import numpy as np
4
5  df = pd.read_csv('glass.csv')
6  pd.set_option('display.max_columns', None)   # 显示所有字段
7  pd.set_option('display.width', 200)          # 设定显示宽度
8
9  # 显示前 5 笔数据
10 print(df.head())
11 print('-'*70)
12
13 # 显示数据集的大小
14 print(f"数据集外形 : {df.shape}")
15 print('-'*70)
16
17 # 查看各特征的数据类型和非空值的数量
18 print("数据类型和非空值的数量")
19 print(df.info())
20 print('-'*70)
21
22 # 统计数据概述，排除 'Type' 特征
23 df_without_type = df.drop('Type', axis=1)
24 print(f"数据概述\n{df_without_type.describe()}")
```

```
1  # ch30_13.py
2  import pandas as pd
3  from sklearn.model_selection import train_test_split
4  from sklearn.ensemble import GradientBoostingClassifier
5  from sklearn.metrics import classification_report, accuracy_score
6
7  # 读取数据
8  data = pd.read_csv('glass.csv')
9  X = data.drop('Type', axis=1)          # 'Type' 是目标变量
10 y = data['Type']
11
12 # 划分训练集与测试集
13 X_train, X_test, y_train, y_test = train_test_split(X, y,
14                               test_size=0.2, random_state=42)
15
16 # 建立并训练模型
17 gb = GradientBoostingClassifier(random_state=42)
18 gb.fit(X_train, y_train)
19
20 # 进行预测
21 train_predictions = gb.predict(X_train)
22 test_predictions = gb.predict(X_test)
23
24 # 计算并输出训练与测试数据准确率
25 train_accuracy = accuracy_score(y_train, train_predictions)
26 test_accuracy = accuracy_score(y_test, test_predictions)
27 print(f"训练数据准确率  : {train_accuracy}")
28 print(f"测试数据准确率  : {test_accuracy}")
29 print('-'*70)
30
31 # 印出分类报告
32 print("测试数据分类报表 :\n")
33 print(classification_report(y_test, test_predictions))
```

执行结果

```
================== RESTART: D:\Machine\ch30\ch30_13.py ==================
训练数据准确率 : 1.0
测试数据准确率 : 0.8604651162790697
-------------------------------------------------
测试数据分类报表 :

              precision    recall  f1-score   support

           1       0.79      1.00      0.88        11
           2       0.92      0.79      0.85        14
           3       0.75      1.00      0.86         4
           5       1.00      0.75      0.86         4
           6       1.00      0.33      0.50         3
           7       0.89      1.00      0.94         8

    accuracy                           0.86        43
   macro avg       0.89      0.81      0.81        43
weighted avg       0.88      0.86      0.85        43
```

从上述执行结果可以得到，训练数据准确度是 1.0，测试数据是约 0.86，其实这表明有一点过拟合。

30-5-3　Gradient Boosting——回归应用语法说明

Gradient Boosting 提升法应用在回归的模块是 GradientBoostingRegressor 模块，这也是一种以决策树为基础的集成学习模型。这种方法利用梯度提升 (Gradient Boosting) 的技术，透过集成学习的方式将多个弱的决策树模型结合在一起，形成一个更强大的预测模型。这个模块的基本思维是透过一种迭代的方法，每次在当前模型预测的残差基础上训练一个新的模型，然后将新的模型与当前模型组合起来，以优化预测效果。这个模块的语法和主要参数如下：

from sklearn.ensemble import GradientBoostingRegressor

...

model = GradientBoostingRegressor(loss='ls', learning_rate=0.1, n_estimators=100, min_samples_split=2, min_samples_leaf=1, random_state=None)

上述 model 是回传的回归实例对象，上述是主要参数，其意义如下：

● Loss：损失函数，默认是 'ls'。有四种选择，分别为 'ls'(最小平方回归)、'lad'(最小绝对偏差)、'huber'(两者的组合)、'quantile'(四分位数回归)。
● learning_rate：学习率，预设是 0.1。用于缩小每次迭代的步长，以避免梯度爆炸。
● n_estimators：最大迭代次数，预设是 100。进行梯度提升的次数，这是弱学习器的最大迭代次数。
● min_samples_split：预设是 2，这是指分裂内部节点所需的最少样本数。
● min_samples_leaf：预设是 1，这是叶节点所需的最小样本数。
● random_state：控制随机种子。

30-5-4　加州房价数据集回归应用

加州房价数据集，是一个常见的用于回归问题的数据集，这个数据集是来自 1990 年美国人口普查的数据，总共有 20640 个观察值，数据集中的每个样本代表加州的一个区块群 (census block)，并有以下八个特征：注：Scikit-learn 所提供的数据集是经过预处理的数据集，不是原始数据集内容。

● MedInc(Median Income)：家庭收入中位数，一个区块中所有家庭的收入中位数，该值的单位是万美元，并且已经被缩放：每个增量代表约 $10000。例如，收入中位数为 8.3252 表示收入中位数为 $83252。
● HouseAge(Housing Median Age)：房屋平均年龄，一个区块中所有房屋的平均年龄，此值是数字，范围是从 1 到 52，单位是年。
● AveRooms：平均房间数，一个区块中的房间平均数，这个值的单位是个数，并且是连续的数值。

注　Scikit-learn 有将此特征预处理，原始加州房屋数据是总房间数。

● AveBedrms：平均卧室数，一个区块中的卧室平均数，这个值的单位是个数，并且是连续的数值。

注　Scikit-learn 有将此特征预处理，原始加州房屋数据是总卧室数。

● Population：人口数，一个区块的人口数量，此值的单位是人，并且是连续的数值。
● AveOccup：每个家庭平均人口数，一个区块中的家庭平均人口数，此值的单位是个数，并且是连续的数值。

● Latitude：纬度，一个区块的地理坐标，它的单位是度，范围是从 32.5 到 42.5。
● Longitude：经度，一个区块的地理坐标，它的单位是度，范围是从 −124.3 到 −114.3。
● Target：上述特征被用来预测目标变量 Target——房屋价格的中位数，单位是万美元，并且这个数据已经被缩放，每个增量代表约 $10000，这个目标变量是一个连续的数值，因此加州房价数据集通常用于回归问题。例如，如果目标变量的值为 3.259，则表示该区块的房屋价格中位数为 $32590。

需要注意的是，由于这些数据已经经过缩放和预处理，所以这些价格可能不再完全反映 1990 年时加州的实际房价。然而，对于我们的目的来说，这些数据提供了足够的信息来训练和评估我们的预测模型。加州房屋数据集已经在 Scikit-learn 模块内，可以使用下列方式取得特征数据和目标变量：

data = fetch_california_housing()

df = pd.DataFrame(data.data, columns=data.feature_names)

df['Target'] = data.target

程序实例 ch30_14.py：读取加州房屋数据，然后输出前 5 笔数据，统计信息和绘制直方图。

```
1   # ch30_14.py
2   import pandas as pd
3   import matplotlib.pyplot as plt
4   from sklearn.datasets import fetch_california_housing
5
6   data = fetch_california_housing()
7   pd.set_option('display.max_columns', None)    # 显示所有字段
8   pd.set_option('display.width', 200)           # 设定显示宽度
9
10  # 创建DataFrame
11  df = pd.DataFrame(data.data, columns=data.feature_names)
12  df['Target'] = data.target
13
14  # 显示数据集的前5笔
15  print(f"输出前 5 笔数据\n{df.head()}")
16  print('-'*70)
17
18  # 显示数据集的描述性统计信息
19  print(f"统计信息\n{df.describe()}")
20  print('-'*70)
21
22  # 显示各特征与目标变量的相关性
23  print("输出个特征与目标变量的相关系数")
24  print(df.corr()['Target'].sort_values(ascending=False))
25
26  # 设定子图间的间距
27  plt.subplots_adjust(hspace = 0.5, wspace = 0.6)
28
29  # 显示数据分布的直方图
30  house_hist = df.hist(bins=50, figsize=(12,10))
31  for ax in house_hist.ravel():
32      ax.set_title(ax.get_title())      # 设定标题
33      ax.set_xlabel("Value")            # 设定x轴标签
34      ax.set_ylabel("Frequency")        # 设定y轴标签
35
36  plt.show()
```

执行结果

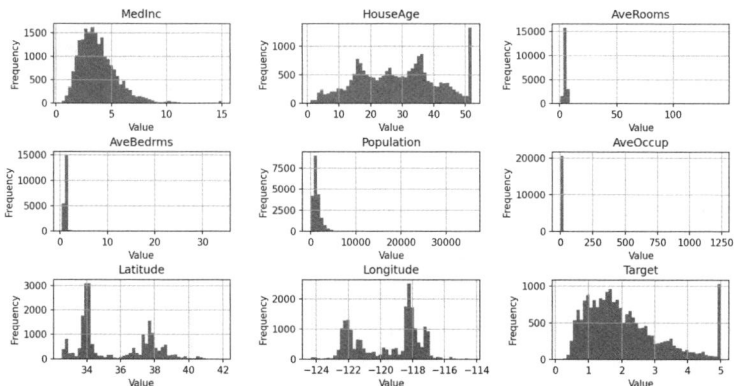

读者使用 Subplot configuration tool 工具，调整 wspace=0.4，hspace=0.6，就可以得到上述子图不会重叠的结果。上述图的标题可以参考数据集的说明，x 轴代表单位数值，y 轴则是数量出现次数 (可想成频率)。

　　程序实例 ch30_15.py：使用 GradientBoostingRegressor，执行加州房价预估，然后输出训练数据和测试数据的 R 平方判定系数。

```
1  # ch30_15.py
2  from sklearn.datasets import fetch_california_housing
3  from sklearn.model_selection import train_test_split
4  from sklearn.ensemble import GradientBoostingRegressor
5
6  data = fetch_california_housing()
7
8  # 分割数据集为训练集和测试集
9  X_train, X_test, y_train, y_test = train_test_split(data.data,
10                  data.target, test_size=0.2, random_state=42)
11
12 # 初始化 GradientBoostingRegressor 模型
13 model = GradientBoostingRegressor(n_estimators=100, learning_rate=0.1,
14                  max_depth=3, random_state=42)
15
16 # 使用训练集训练模型
17 model.fit(X_train, y_train)
18
19 # 计算训练集的 R 平方系数
20 train_score = model.score(X_train, y_train)
21 print(f"训练数据的 R 平方系数：{train_score}")
22
23 # 计算测试集的 R 平方值
24 test_score = model.score(X_test, y_test)
25 print(f"测试数据的 R 平方系数：{test_score}")
```

执行结果

```
============== RESTART: D:\Machine\ch30\ch30_15.py ==============
训练数据的 R 平方系数：0.8048978817773166
测试数据的 R 平方系数：0.7756446042829697
```

从上述执行结果可以看到，训练数据和测试数据的值比较接近，测试数据约 0.775，这是一个好的结果。

30-6　集成学习 —— 堆栈法 Stacking(信用卡违约、房价预估)

　　集成学习 (Ensemble Learning) 的堆栈 (Stacking) 方法，是一种较复杂但常见的集成方法，主要概念是以多个基础学习模型 (base model) 的输出为输入，训练一个新的模型，即元学习器 (Meta Learning) 进行预测，这个方法同样可以应用在分类和回归问题。对于分类问题，此方法的步骤如下：

- 设定基础学习器：首先，我们选择一组基础学习器，这些学习器可以是任何机器学习算法，如决策树、SVM、神经网络等，而且可以是同类型或不同类型的学习器。这些学习器会分别学习原始训练数据。
- 训练基础学习器：每个基础学习器都会在训练数据集上进行训练，并对验证数据集或者测试数据集进行预测。这些预测结果将会作为元特征 (meta-features) 供元学习器使用。
- 设定元学习器：元学习器是另一种机器学习模型，这个模型的任务是学习如何最好地组合那些基础学习器的预测，以便达到更好的分类结果。元学习器可以是任何种类的模型，但在实务中，经常会看到使用逻辑回归 (logistic regression) 或者梯度提升 (gradient boosting) 树。
- 训练元学习器：元学习器将接受从基础学习器预测的结果作为输入，并且使用相同的目标变量进行训练。
- 进行预测：当我们对新数据进行预测时，我们首先将新数据通过所有的基础学习器进行预测，然后将这些预测结果作为元特征输入到元学习器，由元学习器产生最终的预测结果。

注　堆栈法 (Stacking) 在回归问题上的应用，其主要流程与应用于分类问题的步骤相似，但是所有模型 (基础学习器和元学习器) 的预测结果和最终目标都是连续值，而不是类别标签。

堆栈法的一个主要好处是它可以结合多种学习算法的预测能力。例如，如果有一些模型在某些类型的样本上表现优异，而在其他样本上表现较差，但其他模型的情况刚好相反，那么透过堆栈，我们可能会得到一个在所有类型的样本上都表现良好的模型。然而，它也有一个主要的缺点，那就是模型可能会变得相对复杂，并且需要更长的训练时间。

若是将提升法与堆栈法比较，这两者的主要区别在于它们组合基础学习器的方式不同，提升法通过迭代的方式逐步改正错误，而堆栈法则是通过学习如何最好地结合各个基础学习器的预测结果来进行最终的预测。

30-6-1　StackingClassifier——分类应用语法说明

堆栈法 (Stacking) 应用在分类的模块是 StackingClassifier 模块，这是一种 ensemble 学习技术，可以组合多个分类。基本的想法是，训练多个模型并组合它们的输出以进行最终的预测，StackingClassifier 进行这个组合的方式是，它会训练一个 "Meta classifier"，用这个分类器来根据其他模型的输出进行最终的预测。这个模块的基础语法应用如下：

```
from sklearn.ensemble import StackingClassifier
from sklearn.linear_model import LogisticRegression
from sklearn.svm import SVC
from sklearn.ensemble import RandomForestClassifier

base_learners = [
    ('rf', RandomForestClassifier()),
    ('svc', SVC())
    ]
stack = StackingClassifier(estimators = base_learners,
final_estimator = LogisticRegression())
```

在这个范例中，我们有两个基本学习器"随机森林树"和"支持向量机"，然后我们使用"逻辑回归"作为最终的"元学习器"。在训练 StackingClassifier 的对象 stack 时，首先对每个基本学习器进行训练，然后将训练出来的模型用于预测数据集。接着将这些基本学习器模型的输出作为最终元学习器，此例是指逻辑回归的输入。

StackingClassifier 的训练和预测过程可以在单个 fit 和 predict 调用中完成，如下所示：

stack.fit(X_train, y_train)

y_pred = stack.predict(X_test)

在上面的程序代码中，X_train 和 y_train 是用于训练模型的数据和标签，X_test 是用于预测的数据，y_predictions 是预测的结果。

注　StackingClassifier 的效能可能会受到基础学习器和最终元学习器选择的影响。另外，虽然 StackingClassifier 可以增加模型的复杂性并提高预测性能，但也可能导致过度拟合，特别是如果基础学习者的数量非常大，或者数据集的大小不足以支持复杂的模型时。在实际应用中，可能需要透过交叉验证等技术来调整和验证模型的效能。

StackingClassifier( ) 的语法与主要参数如下：

from sklearn.ensemble import StackingClassifier

…

stack = StackingClassifier(estimators, final_estimator, cv)

通过上述语法可以建立 stack 当作 StackingClassifier 的实例对象，主要参数说明如下：

● estimators：这是一个串行，串行表中的每个元素都是一对元组，形式为 (str, estimator)。其中 str 是该学习器的名称，estimator 是学习器对象。这些学习器就是基础学习器，它们的预测结果将作为新特征输入最终的元学习器。

● final_estimator：这是元学习器，它将在基础学习器的预测结果上进行训练，预设是使用 LogisticRegression。

● cv：用于训练最终学习器的交叉验证策略或可迭代次数。如果未指定，预设会使用 5 折交叉验证。

程序实例 ch30_16.py： 将 LogisticRegression( ) 和 DecisionTreeClassifier( ) 当作基础学习器，将 SVC( ) 当作元学习器，重新设计 ch24_6.py 做信用卡是否违约的准确率预估。

```
1   # ch30_16.py
2   import pandas as pd
3   from sklearn.model_selection import train_test_split
4   from sklearn.linear_model import LogisticRegression
5   from sklearn.tree import DecisionTreeClassifier
6   from sklearn.ensemble import StackingClassifier
7   from sklearn.preprocessing import StandardScaler
8   from sklearn.metrics import accuracy_score
9   from sklearn.svm import SVC
10
11  # 读取数据
12  data = pd.read_csv('UCI_Credit_Card.csv')
13
14  # 定义特征和目标变量，# 移除目标变量与ID
15  X = data.drop(['default.payment.next.month', 'ID'], axis=1)
16  y = data['default.payment.next.month']
17
18  # 将数据分割为训练集和测试集
19  X_train, X_test, y_train, y_test = train_test_split(X, y,
20                       test_size=0.2, random_state=10)
21
22  # 特征缩放(标准化)
23  scaler = StandardScaler()
24  X_train = scaler.fit_transform(X_train)
25  X_test = scaler.transform(X_test)
26
27  # 定义基学习器和最终学习器
28  base_learners = [('dtc', DecisionTreeClassifier(random_state=42)),
```

```
29                      ('lr', LogisticRegression(random_state=42))]
30   final_estimator = SVC(random_state=10)
31
32   # 创建并训练Stacking模型
33   model = StackingClassifier(estimators=base_learners,
34                              final_estimator=final_estimator)
35   model.fit(X_train, y_train)
36
37   # 在训练集上进行预测并计算准确率
38   train_pred = model.predict(X_train)
39   train_accuracy = accuracy_score(y_train, train_pred)
40   print(f'训练集数据准确率 Accuracy: {train_accuracy*100:.2f}%')
41
42   # 在测试集上进行预测并计算准确率
43   test_pred = model.predict(X_test)
44   test_accuracy = accuracy_score(y_test, test_pred)
45   print(f'测试集数据准确率 Accuracy: {test_accuracy*100:.2f}%')
```

执行结果

```
=============== RESTART: D:\Machine\ch30\ch30_16.py ===============
训练集数据准确率 Accuracy: 83.97%
测试集数据准确率 Accuracy: 81.70%
```

程序实例 ch24_6.py 中，我们使用 LogisticRegression( ) 做了信用卡是否违约的准确率预估，得到的是约 81.00%/81.28%(训练数据 / 测试数据)，这次我们得到的是约 83.97%/81.70%，所以使用 StackingClassifier( )，从而改良了信用卡是否违约的预测结果。注：这只是一种可能的解决方案，你可以选择任何你认为适合的基础学习器和元学习器。

30-6-2 RidgeCV( )

RidgeCV 的全名是 Ridge Regression，这是一种修改的线性回归，将权重的平方和加到损失函数上，以限制模型的复杂度并防止过拟合。为了理解 RidgeCV( ) 的数学原理，我们需要先了解岭回归 (Ridge Regression) 和交叉验证（Cross-validation）的基本概念。

(1) 岭回归。

岭回归是一种修改版的最小平方和 (Least Square Method)，透过向原始损失函数 (即最小平方和) 添加一个惩罚项 (即正则化项) 来实现对权重的限制，以防止模型过拟合。在数学上，岭回归的损失函数可以表示为：

$$L = \|y - Xw\|^2 + alpha \times \|w\|^2$$

其中，L 是损失函数，y 是目标值，X 是输入特征，w 是模型的权重，$alpha$ 是正则化强度，$\|\cdot\|^2$ 是二范数 (Norm) 的平方，可以想成预测值和真实值的误差。透过最小化这个损失函数，我们可以找到最优的权重 w。

(2) 交叉验证。

可以参考 25-4-4 节。

RidgeCV( ) 实际上是 Ridge Regression 和 Cross-validation 的结合。给定一组 $alpha$ 值，RidgeCV( ) 会使用交叉验证来找到最优的 $alpha$ 值。对于每个 $alpha$ 值，RidgeCV( ) 会训练一个 Ridge Regression 模型，然后用交叉验证来评估该模型的性能。最后 RidgeCV( ) 选择表现最好的模型的 $alpha$ 值，并使用该 $alpha$ 值来训练最终的模型。

这种方法可以保证我们找到一个既不会过拟合 (由于正则化)，也不会欠拟合 (由于使用最优的 $alpha$ 值) 的模型，这就是 RidgeCV( ) 的基本数学原理。其语法和主要参数如下：

from sklearn.linear_model import RidgeCV

…

model = RidgeCV(alphas=(0.1, 1.0, 10.0), fit_intercept=True, normalize=False, scoring=None, cv=None, gcv_mode=None, store_cv_values=False)

通过上述语法会建立 RidgeCV 的实例对象，各主要参数说明如下：

● alphas：这是一个元组，表示用于交叉验证参数 alpha 的候选值。参数 alpha 控制正则化的强度，默认值是 (0.1, 1.0, 10.0)。

● fit_intercept：这是一个布尔值，表示是否应该计算截距。如果设置为 False，模型将不会计算截距，默认值是 True。

● normalize：这是一个布尔值，表示是否应该在回归之前对输入变量进行正规化，默认值是 False。

● cv：这个参数表示交叉验证的策略，可以是一个整数，表示 k——折交叉验证的 k 值。也可以是一个 cross-validation 生成器或者可迭代器，或是 None，表示使用默认的 LOO 策略，默认值是 None。

"LOO" 是 "Leave-One-Out" 的缩写，这是一种交叉验证策略。"Leave-One-Out" 是一种特殊的交叉验证策略。在这种策略中，模型在除了一个样本之外的所有样本上进行训练，然后在剩下的那一个样本上进行测试。这个过程会对每一个样本重复进行，直到每个样本都被用作测试样本一次。然后，我们通常会将每次测试的结果进行平均，得到模型的总体性能评估。

由于 "Leave-One-Out" 需要对每个样本进行一次独立的训练和测试，因此它可能需要很长的计算时间，尤其是在数据集很大的时候。然而，它可以提供对模型性能的详细评估，因为它利用了所有可能的训练和测试集的组合。

程序实例 ch30_16_1.py：使用 RidgeCV( ) 重新设计 ch23_26.py，做波士顿房价预估。

```
1  # ch30_16_1.py
2  import pandas as pd
3  import numpy as np
4  from sklearn.model_selection import train_test_split
5  from sklearn.linear_model import RidgeCV
6  from sklearn.metrics import mean_squared_error
7
8  # 载入波士顿房价数据集
9  data_url = "http://lib.stat.cmu.edu/datasets/boston"
10 raw_df = pd.read_csv(data_url, sep="\s+", skiprows=22, header=None)
11 data = np.hstack([raw_df.values[::2, :], raw_df.values[1::2, :2]])
12 target = raw_df.values[1::2, 2]
13 X = data
14 y = target
15
16 # 将数据集切割成训练集和测试集
17 X_train, X_test, y_train, y_test = train_test_split(X, y,
18                                    test_size=0.2, random_state=42)
19
20 # 设定alpha值范围
21 alphas = [0.01, 0.1, 1.0, 10.0, 100.0]
22
23 # 使用 RidgeCV 进行训练
24 ridgecv = RidgeCV(alphas=alphas, cv=5)
25 ridgecv.fit(X_train, y_train)
26
27 # 印出最佳的 alpha
28 print("Best alpha:", ridgecv.alpha_)
29
30 # 对训练集和测试集进行预测并印出R平方系数
31 y_train_pred = ridgecv.predict(X_train)
32 y_test_pred = ridgecv.predict(X_test)
33
34 print("训练数据集  R 平方系数  : ", ridgecv.score(X_train, y_train))
35 print("训练数据集  R 平方系数  : ", ridgecv.score(X_test, y_test))
36
37 # 计算和印出测试集的均方误差
38 mse = mean_squared_error(y_test, y_test_pred)
39 print("均方误差  :", mse)
```

执行结果

```
=================== RESTART: D:\Machine\ch30\ch30_16_1.py ===================
Best alpha: 0.01
训练数据集 R 平方系数: 0.7508849668585106
训练数据集 R 平方系数: 0.668750946206315
均方误差: 24.291746282968244
```

上述执行结果中我们得到的 *R* 平方判定系数没有 ch23_26.py 那么好，可以说若是单独的波士顿房价数据，这个 RidgeCV( ) 方法表现平平。下一小节会更进一步将此 RidgeCV( ) 函数，融入 StackingRegressor( )，我们可以更进一步了解此函数。

30-6-3 StackingRegressor —— 回归应用语法说明

StackingRegressor 是一种在 Scikit-Learn 中用于实现堆栈 (Stacking) 的回归学习器。堆栈学习器是一种集成学习技术，它组合了多个回归模型，透过这种方式可以获得更好的预测结果。基本的堆栈学习器概念是将多个基础回归学习器的预测结果作为特征，输入到一个最终的回归模型 (称为元回归学习器) 进行训练。这种方法可以将多个模型的强项结合起来，并且可以解决单一模型可能存在的欠拟合或过拟合问题。在 Scikit-learn 中的 StackingRegressor 的基本语法应用如下：

```
from sklearn.ensemble import StackingRegressor
from sklearn.linear_model import LinearRegression
from sklearn.tree import DecisionTreeRegressor
from sklearn.svm import SVR
base_learners = [
    ('lr', LinearRegression()),
    ('dt', DecisionTreeRegressor())
    ]
stack = StackingRegressor(estimators=base_learners, final_estimator=SVR())
```

在这个范例中，我们有两个基本学习器"线性回归"和"随机森林"，然后我们使用"支持向量回归"作为最终的"元学习器"。

在训练 StackingRegressor 时，首先对每个基础回归学习器进行训练，然后将训练出来的模型用于预测数据集。接着这些模型的输出会作为最终元回归学习器 (在这里是支持向量回归) 的输入，并用来训练元回归学习器。StackingRegressor 的训练和预测过程可以在单个 fit 和 predict 调用中完成：

```
stack.fit(X_train, y_train)
y_pred = stack.predict(X_test)
```

在上面的程序代码中，X_train 和 y_train 是用于训练模型的数据和标签，X_test 是用于预测的数据，y_pred 是预测的结果。

注　StackingRegressor 的效能可能会受到基础回归学习器和最终元回归学习器选择的影响。另外虽然 StackingRegressor 可以增加模型的复杂性并提高预测性能，但也可能导致过度拟合，特别是如果基础回归器的数量非常大，或者数据集的大小不足以支持复杂的模型时。在实际应用中，可能需要透过交叉验证等技术来调整和验证模型的效能。

StackingRegressor( ) 的语法与主要参数如下：

```
from sklearn.ensemble import StackingRegressor
...
stack = StackingRegressor(estimators, final_estimator, cv=None)
```

上述语法中，可以建立 stack 当作 StackingRegressor 的实例对象，主要参数说明如下：

● estimators：这是一个串行，串行表中的每个元素都是一对元组，形式为 (str, estimator)。

其中 str 是该学习器的名称，estimator 是学习器对象。这些学习器就是基础学习器，它们的预测结果将作为新特征输入最终的元学习器。

● final_estimator：这是元学习器，它将在基础学习器的预测结果上进行训练，预设会使用 RidgeCV( )。

● cv：用于训练最终学习器的交叉验证策略或可迭代次数。如果未指定，预设会使用 5 折交叉验证。

程序实例 ch30_17.py：将 SVR( ) 和 DecisionTreeRegressor( ) 当作基础学习器，将 RidgeCV( ) 当作元学习器，重新设计 ch23_26.py 波士顿房价准确率预估。执行结果请和 ch30_16_1.py 或是 ch23_26.py 做比较。

```
1   # ch30_17.py
2   from sklearn.model_selection import train_test_split
3   import pandas as pd
4   import numpy as np
5   from sklearn.ensemble import StackingRegressor
6   from sklearn.tree import DecisionTreeRegressor
7   from sklearn.linear_model import RidgeCV
8   from sklearn.svm import SVR
9
10  # 加载数据集
11  data_url = "http://lib.stat.cmu.edu/datasets/boston"
12  raw_df = pd.read_csv(data_url, sep="\s+", skiprows=22, header=None)
13  data = np.hstack([raw_df.values[::2, :], raw_df.values[1::2, :2]])
14  target = raw_df.values[1::2, 2]
15  X = data
16  y = target
17
18  # 将数据分为训练集和测试集
19  X_train, X_test, y_train, y_test = train_test_split(X, y,
20                                      test_size=0.2, random_state=42)
21
22  # 建立基学习器
23  base_learners = [
24                      ('svr', SVR()),
25                      ('dtr', DecisionTreeRegressor(random_state=10))
26                      ]
27
28  # 建立元学习器
29  meta_learner = RidgeCV()
30
31  # 建立堆栈回归器
32  stack_reg = StackingRegressor(estimators=base_learners,
33                      final_estimator=meta_learner)
34
35  # 使用训练数据来训练模型
36  stack_reg.fit(X_train, y_train)
37
38  # 计算训练集的R平方系数
39  train_r2 = stack_reg.score(X_train, y_train)
40  print(f'训练集的R平方系数 : {train_r2}')
41
42  # 计算测试集的R平方系数
43  test_r2 = stack_reg.score(X_test, y_test)
44  print(f'测试集的R平方系数 : {test_r2}')
```

执行结果

```
=============== RESTART: D:\Machine\ch30\ch30_17.py ===============
训练集的R平方系数 : 0.9454926776041396
测试集的R平方系数 : 0.832862839158014
```

从上述执行结果可以知道，我们获得了比 ch23_26.py 和 ch30_16_1.py 更好的波士顿房价预估结果，不过也不是对所有的数据使用 StackRegressor( ) 皆可以获得比较好的结果，有时候数据分布类型也会影响机器学习的效果。

程序实例 ch30_18.py：重新设计 ch30_17.py，将数据改为加州房价数据。同时将执行结果与 ch30_15.py 做比较。

```
1   # ch30_18.py
2   from sklearn.model_selection import train_test_split
3   from sklearn.datasets import fetch_california_housing
4   from sklearn.ensemble import StackingRegressor
5   from sklearn.tree import DecisionTreeRegressor
6   from sklearn.linear_model import RidgeCV
7   from sklearn.svm import SVR
8
9   # 加载数据集
10  data = fetch_california_housing()
11  X = data.data
12  y = data.target
13
14  # 将数据分为训练集和测试集
15  X_train, X_test, y_train, y_test = train_test_split(X, y,
16                              test_size=0.2, random_state=42)
17
18  # 建立基学习器
19  base_learners = [
20                  ('svr', SVR()),
21                  ('dtr', DecisionTreeRegressor(random_state=10))
22                  ]
23
24  # 建立元学习器
25  meta_learner = RidgeCV()
26
27  # 建立堆栈回归器
28  stack_reg = StackingRegressor(estimators=base_learners,
29                              final_estimator=meta_learner)
30
31  # 使用训练数据来训练模型
32  stack_reg.fit(X_train, y_train)
33
34  # 计算训练集的R平方系数
35  train_r2 = stack_reg.score(X_train, y_train)
36  print(f'训练集的R平方系数 : {train_r2}')
37
38  # 计算测试集的R平方系数
39  test_r2 = stack_reg.score(X_test, y_test)
40  print(f'测试集的R平方系数 : {test_r2}')
```

执行结果

```
==================== RESTART: D:\Machine\ch30\ch30_18.py ====================
训练集的R平方系数 : 0.9602035681451726
测试集的R平方系数 : 0.6597704316344586
```

结果获得了非常好的训练数据集的 R 平方判定系数，但是测试数据集则不是太好，很明显训练集是过拟合。总之，在研究机器学习过程中，还是需要不断去测试各类模型，然后找出一个最适合数据的模型。

第 31 章
K 均值聚类（以购物中心消费、葡萄酒评价为例）

前面第 23 ~ 30 章主要内容是介绍监督学习，本章起则是介绍无监督学习。

无监督学习是机器学习的一种重要类型，主要处理未标签的数据。在无监督学习中，我们的目标并不是预测结果，而是找出数据的内在结构和模式。无监督学习的算法也有许多种，这一章将针对 K 均值（K-means）聚类做说明。

31-1　认识无监督学习

31-1-1　回顾监督学习数据

前面所介绍的机器学习算法，皆是监督学习，也就是所有信息皆是有目标标签 (标签或是数据)，可以参考表 31-1。

表 31-1　房屋售价

建造年份	房屋大小 (坪)	售价 (万元)
2010	60	3200
2012	40	2200
2011	55	3000

上述数据有明确的特征数据 (建造年份、房屋大小)，也有明确的目标变量 (售价)，有了上述数据我们可以建立机器学习模型，并且未来有新数据 (建造年份、房屋大小) 时，可以推估新数据的售价，这就是监督学习的回归问题。

再看一个糖尿病数据表格，如表 31-2 所示。

表 31-2　糖尿病数据

血浆糖浓度（mg/dl）	BMI	是否有糖尿病
148	33.6	1
85	26.6	0
183	23.3	1

上述数据有明确的特征数据 (血浆糖浓度、BMI)，也有明确的目标变量 (是否有糖尿病)，有了上述数据我们可以建立机器学习模型，并且未来有新数据 (血浆糖浓度、BMI) 时，可以推估新数据 "是否有糖尿病"，这就是监督学习的分类问题。

31-1-2　无监督学习数据

无监督学习的数据是没有标签的数据，请参考表 31-3。

表 31-3　无监督学习数据

年龄	性别	消费金额（元）
42	女	6800
51	男	23000
29	男	2800

公司可能不清楚应该如何利用这些数据来改进销售或市场策略，在这种情况下，可以使用无监督学习的聚类算法 (如 K 均值) 对客户数据进行聚类。每个族群将包含相似的客户，这可以帮

助公司了解其客户基础并根据不同群体制定营销的策略。甚至在为数据聚类后，可以将聚类结果写回数据，那原本是无监督学习的数据就变成监督学习的数据了。

31-1-3　无监督学习与监督学习的差异

无监督学习与监督学习的差异：

● 数据标签：在监督学习中，我们使用已知标签的数据进行训练，这意味着输入数据和预期的输出是已知的，并用来指导学习过程。然而无监督学习并不依赖标签数据，而是试图从未标签的数据中发现隐藏的结构或关系。

● 目标：监督学习的目标通常是预测或分类，比如根据给定的一组特征预测房价，或者根据病人的医疗记录预测其是否患有某种疾病。相反，无监督学习的目标通常是描述或解释数据，比如找出一组顾客的聚类，或者找出数据中的异常值。

● 模型评估：由于监督学习有一个明确的目标，我们可以根据模型预测的结果和实际的结果来衡量模型的好坏。然而，在无监督学习中，由于没有默认的目标或结果，评估模型的效果可能需要依赖其他评估方法或者主观判断。

31-1-4　无监督学习的应用

无监督学习方法，其主要用于探索数据的结构和形状，发现数据中的群体和模式。以下是一些常见的实际应用范例：

● 客户区分：在市场营销中，业务人员常常会利用凝聚性聚类方法将客户划分为不同的群体，以便了解客户的行为并制定更具针对性的销售策略。例如，根据客户的购买行为、网站浏览行为、社交媒体互动等数据，我们可以将客户聚类，然后了解每一群体的特点，并为每一群体设计针对性的产品或服务。

● 基因表达数据分析：在生物信息学中，凝聚性聚类常常用于分析基因表达数据。当我们对一组细胞或组织进行基因表达分析时，我们可以获得数千个基因在多个样本中的表达数据。凝聚性聚类可以帮助我们发现有相似表达模式的基因，这可能意味着这些基因在生物学上有相关性。

● 文件聚类：在自然语言处理和信息检索中，我们可以用凝聚性聚类方法将相关的文件聚类。例如，我们可以根据文件中的字词使用情况将文件聚类，然后将相关的文件放在一起，这可以帮助我们更有效地管理和搜索文件。

● 社交网络分析：在社交网络分析中，我们可以用凝聚性聚类方法将用户划分为不同的小区。例如，我们可以根据用户的互动情况 (例如：谁与谁是好友，谁与谁互动最多，等等) 将用户聚类，这可以帮助我们了解社交网络的结构和小区的性质。

这些只是一些基本的应用范例，实际上，只要是需要探索数据结构，发现数据中的群体和模式的场景，都可以尝试使用聚类方法。

31-2　*K* 均值算法

当数据很多时，可以将类似的数据分成不同的群集 (cluster)，这样可以方便未来的操作。例如：一个班级有 50 个学生，可能有些人数学强，有些人英文好，有些人社会学科好，为了方便因材施教，可以根据成绩将学生分成不同的群集上课。

31-2-1　算法基础

在算法的概念中，K 均值可以将数据分成不同的群集，其依据的是数据间的距离，这个距离可以使用勾股定理计算。整个 K 均值算法使用步骤如下：

(1) 收集所有数据，假设有 100 个数据。

(2) 决定聚类集的数量，假设分成 3 个群集。

(3) 可以使用随机数方式产生 3 个群集中心的位置。

(4) 将所有 100 个数据依照与群集中心的距离分到最近的群集中心，所以 100 个数据就分成 3 组了。

(5) 重新计算各群组的群集中心位置，可以使用平均值。

(6) 重复步骤 (4) 和 (5)，直到群集中心位置不再改变，其实重复步骤 (4) 和 (5) 的过程又称收敛过程，图 31-1(a) 和图 31-1(b) 分别是使用不同随机数种子值 (seed)，经过群集收敛过程的结果。

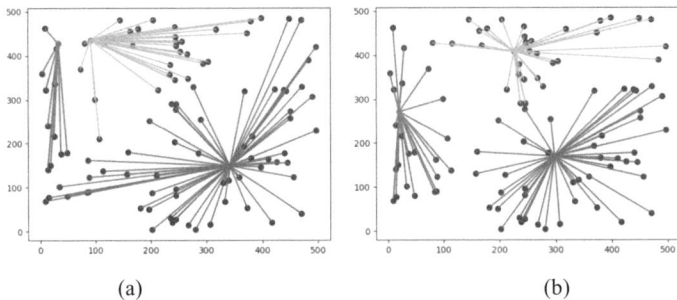

(a)　　　　　　　　　　　　(b)

图 31-1　K 均值算法

这个算法的时间复杂度是 $O(NKR)$，N 是数据数量，K 是群集数量，R 是重复次数。

31-2-2　Python 硬功夫程序实操

如果笔者直接设计一个 K 均值算法的程序可能比较复杂，所以笔者将分段设计程序方便读者理解。

程序实例 ch31_1.py：使用随机数方法设计一个程序，其可以产生 50 个元素点和 3 个群集中心点，群集中心的点是用红色显示，由于使用的随机种子数是 35(第 17 行)，所以本程序每次执行结果皆相同。

```
1   # ch31_1.py
2   import numpy as np
3   import matplotlib.pyplot as plt
4
5   def kmeans(x, y, cx, cy):
6       ''' 目前功能只是绘制群集元素点 '''
7       plt.scatter(x, y, color='b')            # 绘制元素点
8       plt.scatter(cx, cy, color='r')          # 用红色绘制群集中心
9       plt.show()
10
11  # 群集中心，元素的数量，数据最大范围
12  cluster_number = 3                          # 群集中心数量
13  seeds = 50                                  # 元素数量
14  limits = 100                                # 值在(100, 100)内
15
16  # 使用随机数建立seeds数量的种子元素
17  np.random.seed(35)                          # 随机数种子值 35
18  x = np.random.randint(0, limits, seeds)
19  y = np.random.randint(0, limits, seeds)
20
21  # 使用随机数建立cluster_number数量的群集中心
22  cluster_x = np.random.randint(0, limits, cluster_number)
23  cluster_y = np.random.randint(0, limits, cluster_number)
24
25  kmeans(x, y, cluster_x, cluster_y)
```

执行结果

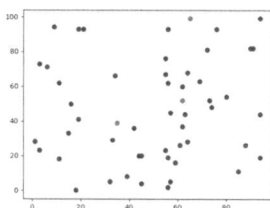

程序实例 ch31_2.py：扩充 ch31_1.py，使用随机数方法设计一个程序，其可以产生 50 个元素点和 3 个群集中心点，群集中心的点是用红色显示，由于使用的随机种子数是 35(第 44 行)，所以本程序每次执行结果皆相同。使用随机数产生的群集中心，将各群集的元素点与群集中心联机，这样更易于使读者了解聚类集的结果。

```python
1  # ch31_2.py
2  import numpy as np
3  import matplotlib.pyplot as plt
4
5  def length(x1, y1, x2, y2):
6      ''' 计算2点之间的距离 '''
7      return int((((x1-x2)**2 + (y1-y2)**2)**0.5)
8
9  def clustering(x, y, cx, cy):
10     ''' 对元素执行分群 '''
11     clusters = []
12     for i in range(cluster_number):          # 建立群集
13         clusters.append([])
14     for i in range(seeds):                    # 为每个点找群集
15         distance = INF                        # 设定最初距离
16         for j in range(cluster_number):       # 计算每个点与群集中心的距离
17             dist = length(x[i], y[i], cx[j], cy[j])
18             if dist < distance:
19                 distance = dist
20                 cluster_index = j             # 聚类的索引
21         clusters[cluster_index].append([x[i], y[i]]) # 此点加入此索引的群集
22     return clusters
23
24 def kmeans(x, y, cx, cy):
25     ''' 建立群集点和绘制各群集点和线条'''
26     clusters = clustering(x, y, cx, cy)
27     plt.scatter(x, y, color='b')              # 绘制元素点
28     plt.scatter(cx, cy, color='r')            # 用红色绘制群集中心
29
30     c = ['r', 'g', 'y']                       # 群集的线条颜色
31     for index, node in enumerate(clusters):   # 为每个群集中心建立线条
32         linex = []                            # 线条的 x 坐标
33         liney = []                            # 线条的 y 坐标
34         for n in node:
35             linex.append([n[0], cx[index]])   # 建立线条x坐标列表
36             liney.append([n[1], cy[index]])   # 建立线条y坐标列表
37         color_c = c[index]                    # 选择颜色
38         for i in range(len(linex)):
39             plt.plot(linex[i], liney[i], color=color_c) # 为第i群集绘制线条
40     plt.show()
41
42 # 群集中心，元素的数量，数据最大范围
43 INF = np.Infinity                             # 假设最大距离
44 np.random.seed(35)                            # 随机数种子值 35
45 cluster_number = 3                            # 群集中心数量
46 seeds = 50                                    # 元素数量
47 limits = 100                                  # 值在(100, 100)内
48 # 使用随机数建立seeds数量的种子元素
49 x = np.random.randint(0, limits, seeds)
50 y = np.random.randint(0, limits, seeds)
51 # 使用随机数建立cluster_number数量的群集中心
52 cluster_x = np.random.randint(0, limits, cluster_number)
53 cluster_y = np.random.randint(0, limits, cluster_number)
54
55 kmeans(x, y, cluster_x, cluster_y)
```

执行结果

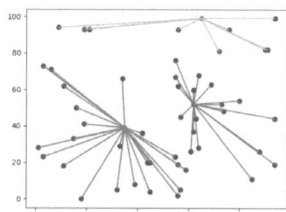

上述程序是第一次依照随机数聚类集，下一步是计算 3 个群集的 (x, y) 坐标轴的平均值当作群集中心，如果群集中心位置不再改变，整个数据就算是分类完成。

程序实例 ch31_3.py：扩充 ch31_2.py 计算完整的群集，同时列出结果。

```python
1   # ch31_3.py
2   import numpy as np
3   import matplotlib.pyplot as plt
4
5   def length(x1, y1, x2, y2):
6       ''' 计算2点之间的距离 '''
7       return int(((x1-x2)**2 + (y1-y2)**2)**0.5)
8
9   def clustering(x, y, cx, cy):
10      ''' 对元素执行聚类 '''
11      clusters = []
12      for i in range(cluster_number):        # 建立群集
13          clusters.append([])
14      for i in range(seeds):                 # 为每个点建立群集
15          distance = INF                     # 设定最初距离
16          for j in range(cluster_number):    # 计算每个点与群集中心的距离
17              dist = length(x[i], y[i], cx[j], cy[j])
18              if dist < distance:
19                  distance = dist
20                  cluster_index = j          # 聚类的索引
21          clusters[cluster_index].append([x[i], y[i]]) # 此点加入此索引的群集
22      return clusters
23
24  def kmeans(x, y, cx, cy):
25      ''' 建立群集和绘制各群集点和线条 '''
26      clusters = clustering(x, y, cx, cy)
27      plt.scatter(x, y, color='b')           # 绘制元素点
28      plt.scatter(cx, cy, color='r')         # 用红色绘制群集中心
29
30      c = ['r', 'g', 'y']                    # 群集的线条颜色
31      for index, node in enumerate(clusters): # 为每个群集中心建立线条
32          linex = []                         # 线条的 x 坐标
33          liney = []                         # 线条的 y 坐标
34          for n in node:
35              linex.append([n[0], cx[index]]) # 建立线条x坐标列表
36              liney.append([n[1], cy[index]]) # 建立线条y坐标列表
37          color_c = c[index]                 # 选择颜色
38          for i in range(len(linex)):
39              plt.plot(linex[i], liney[i], color=color_c) # 为第i群集绘线条
40      plt.show()
41      return clusters
42
43  def get_new_cluster(clusters):
44      ''' 计算各群集中心的点 '''
45      new_x = []                             # 新群集中心 x 坐标
46      new_y = []                             # 新群集中心 y 坐标
47      for index, node in enumerate(clusters): # 逐步计算各群集
48          nx, ny = 0, 0
49          for n in node:
50              nx += n[0]
51              ny += n[1]
52          new_x.append([])
53          new_x[index] = int(nx / len(node)) # 计算群集中心 x 坐标
54          new_y.append([])
55          new_y[index] = int(ny / len(node)) # 计算群集中心 y 坐标
56      return new_x, new_y
57
58  # 群集中心，元素的数量，数据最大范围
59  INF = np.Infinity                          # 假设最大距离
60  np.random.seed(35)                         # 随机数种子值 35
61  cluster_number = 3                         # 群集中心数量
62  seeds = 50                                 # 元素数量
63  limits = 100                               # 值在(100, 100)内
64  # 使用随机数建立seeds数量的种子元素
65  x = np.random.randint(0, limits, seeds)
66  y = np.random.randint(0, limits, seeds)
67  # 使用随机数建立cluster_number数量的群集中心
68  cluster_x = np.random.randint(0, limits, cluster_number)
69  cluster_y = np.random.randint(0, limits, cluster_number)
70
71  clusters = kmeans(x, y, cluster_x, cluster_y)
72
73  while True:                                # 收敛循环
74      new_x, new_y = get_new_cluster(clusters)
75      x_list = list(cluster_x)               # 将np.array转成列表
76      y_list = list(cluster_y)               # 将np.array转成列表
77      if new_x == x_list and new_y == y_list: # 如果相同代表收敛完成
78          break
79      else:                                  # 否则重新收敛
80          cluster_x = new_x
81          cluster_y = new_y
82          clusters = kmeans(x, y, cluster_x, cluster_y)
```

执行结果

下列是第 1 次聚类和第 2 次聚类结果。

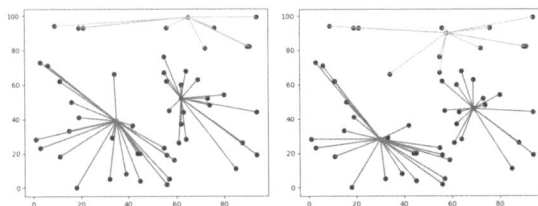

下列是第 3 和第 4 次聚类结果。

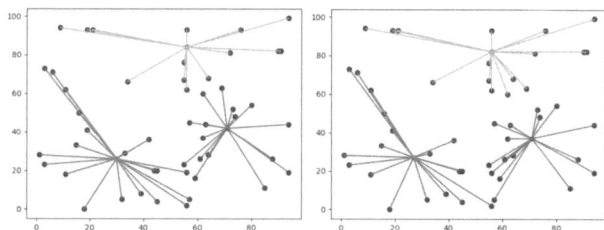

下列是第 5 和第 6 次聚类结果。

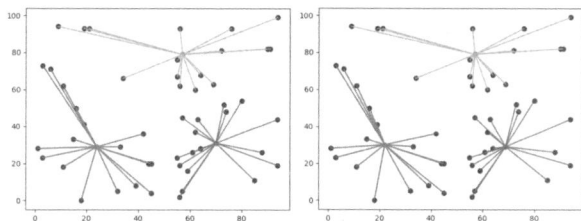

由于第 5 和第 6 次聚类结果中心点相同所以程序结束，相当于聚类完成。坦白说对读者而言，上述程序有些复杂，但确实是了解 K-mean 算法步骤很好的方式。下一节起，着重使用 Scikit-learn 内建的模块，完成聚类工作。

31-3　Scikit-learn 的 KMeans 模块

31-3-1　KMeans 语法

在 sklearn.cluster 模块内的 KMeans 模块可以建立群集分析对象，这个模块函数必要的参数是 n_clusters，这可以标注群集中心的数量，下列是语法说明：

from sklearn.cluster import KMean
...

kmeans = KMeans(n_clusters, max_iter, tol, random_state)
上述语法可以回传 kmeans，当作 KMeans( ) 方法的实例对象，几个主要参数说明如下：
● n_clusters：这个参数代表聚类的数量，也就是我们想要将数据分成几个群组。这是一个需要提前设定的参数。
● max_iter：这个参数是每次运行 *K* 均值算法的最大迭代次数，预设为 300。
● tol：这个参数是关于收敛的容忍度，如果群中心移动的距离小于这个容忍度，则认为已经收敛，可以停止算法，默认为 "1e-4"。
● random_state：这个参数是随机数生成器的种子。
有了实例对象 kmeans 后，与前面的监督学习方法一样，可以呼叫 fit( ) 方法，同时将 X 放入 fit( ) 函数做群集分析。另外，predict( ) 方法可以预测数据聚类，如下：
kmeans.fit(X)　　　# 训练模型，X 是一个二维数组，表示训练数据
kmeans.predict(X)　# 预测数据聚类结果，X 是一个二维数组，表示训练数据

另外，sklearn.cluster.KMeans 还有一些属性，可以让我们查看模型的结果：

cluster_centers_：这个属性表示每个群集的中心。

labels_：这个属性表示每个观察值所属的群组。

inertia_：这个属性也称 WCCS(Within-Cluster Sum of Squares)，表示每个观察值到其最近的群中心的距离平方和，这可以被视为一种衡量模型效果的指针，原则上是越小越好。但是如果聚类数量越多，这个值自然就会越小，31-4-1 节将会有实例解说。

31-3-2　聚类的基础实例

这一节将由简单实例说起，一步一步引导读者。

程序实例 ch31_4.py： 建立 3 个群集，同时列出群集类别标签和群集中心的点。

```
1   # ch31_4.py
2   import matplotlib.pyplot as plt
3   from sklearn import datasets
4   from sklearn.cluster import KMeans
5
6   # 建立 300 个点, n_features=2, centers=3
7   X, y = datasets.make_blobs(n_samples=300, n_features=2,
8                              centers=3, random_state=10)
9
10  kmeans = KMeans(n_clusters=3)              # k-mean方法建立 3 个群集中心对象
11  kmeans.fit(X)                              # 将数据带入对象，做群集分析
12  print("打印群集标签")
13  print(kmeans.labels_)                      # 打印群集类别标签
14  print("-"*70)
15  print("打印群集中心坐标")
16  print(kmeans.cluster_centers_.round(2))    # 打印群集中心
17
18  plt.rcParams["font.family"] = ["Microsoft JhengHei"]   # 微软正黑体
19  plt.rcParams["axes.unicode_minus"] = False             # 可以显示负号
20  # 绘圆点, 圆点用黑色外框, 使用标签 labels_ 区别颜色
21  plt.scatter(X[:,0], X[:,1], marker="o", c=kmeans.labels_)
22  # 用红色标记群集中心
23  plt.scatter(kmeans.cluster_centers_[:,0], kmeans.cluster_centers_[:,1],
24              marker="*", color="red")
25  plt.title("无监督学习",fontsize=16)
26  plt.show()
```

执行结果

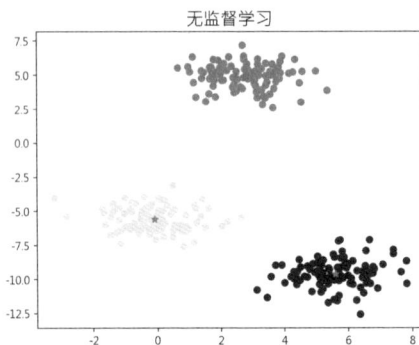

468

上述程序在使用 make_blobs( ) 方法时，就已经分成 3 个群集了。在我们实际的应用环境中，许多信息是混杂的。

程序实例 ch31_5.py： 使用 make_blobs( ) 建立一个群集，然后再用 KMeans( ) 产生 3 个群集，同时用填充等高线绘制群集之间的决策边界。

```
1  # ch31_5.py
2  import matplotlib.pyplot as plt
3  from sklearn.datasets import make_blobs
4  from sklearn.cluster import KMeans
5  import numpy as np
6
7  # 使用 make_blobs 产生数据
8  X, y = make_blobs(n_samples=300, centers=1, random_state=42)
9
10 # 使用 KMeans 进行聚类
11 kmeans = KMeans(n_clusters=3, random_state=42)
12 kmeans.fit(X)
13
14 print("打印群集标签")
15 print(kmeans.labels_)                      # 打印群集类别标签
16 print("-"*70)
17 print("打印群集中心坐标")
18 print(kmeans.cluster_centers_.round(2))    # 打印群集中心
19
20 # 设定图形区域
21 x_min, x_max = X[:,0].min() - 0.2, X[:,0].max() + 0.2
22 y_min, y_max = X[:,1].min() - 0.2, X[:,1].max() + 0.2
23
24 # 产生所有平面的坐标点
25 xx, yy = np.meshgrid(np.arange(x_min, x_max, 0.01),
26                      np.arange(y_min, y_max, 0.01))
27
28 # 将 xx, yy 先扁平化再组成二维数组，然后预估分类
29 Z = kmeans.predict(np.c_[xx.ravel(), yy.ravel()])
30 Z = Z.reshape(xx.shape)                     # 将 Z 与 xx 相同外形
31 plt.contourf(xx, yy, Z, alpha=0.3)          # 绘制填充等高线图
32
33 # 绘制数据点
34 plt.scatter(X[:, 0], X[:, 1], c=kmeans.labels_, cmap='viridis')
35
36 # 绘制群集中心
37 plt.scatter(kmeans.cluster_centers_[:, 0], kmeans.cluster_centers_[:, 1],
38             s=200, c='red', marker='*')
39 plt.show()
```

执行结果

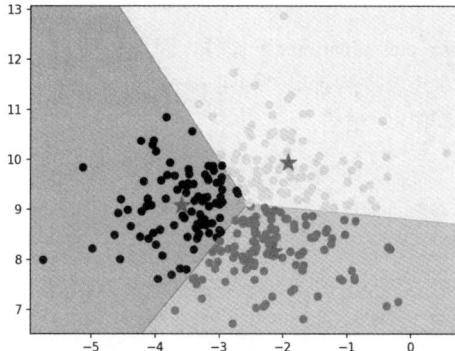

469

31-3-3　数据聚类的简单实例

程序实例 ch31_6.py：有一艘渔船，捕获了 12 尾大小不同的鱼类，其身长与体重数据如表 31-4 所示，请设定 *K* 等于 3，然后绘制鱼的分类。

表 31-4　鱼类身长与体重数据

身长	32	18	80	41	25	55	70	33	20	23	66	40
重量	3.5	0.9	15	4.8	1.3	13	14.5	4.1	1.9	1.7	12	3.8

```
1  # ch31_6.py
2  import numpy as np
3  import matplotlib.pyplot as plt
4  from sklearn.cluster import KMeans
5  import pandas as pd
6
7  # 创建一个简单的12个二维数据点的数据集
8  X = np.array([[32, 3.5], [18, 0.9], [80, 15], [41, 4.8],
9                [25, 1.3], [55, 13],[70, 14.5], [33, 4.1],
10               [20, 1.9], [23, 1.7], [66, 12], [40, 3.8]])
11
12 # 设定K值
13 K = 3
14
15 # 使用scikit-learn的KMeans方法进行聚类
16 kmeans = KMeans(n_clusters=K, random_state=42)
17 kmeans.fit(X)
18
19 # 获得聚类标签和聚类中心
20 labels = kmeans.labels_
21 centroids = kmeans.cluster_centers_
22
23 # 创建一个DataFrame来存储身长、体重和分类结果
24 df = pd.DataFrame(X, columns=['身长', '体重'])
25
26 # 将标签加入DataFrame
27 df['分类'] = labels
28
29 # 将结果储存为CSV档案
30 df.to_csv('fish_classification.csv', index=False, encoding='utf-8')
31
32 # 绘制结果
33 plt.rcParams["font.family"] = ["Microsoft JhengHei"]    # 微软正黑体
34 plt.scatter(X[:, 0], X[:, 1], c=labels, cmap='viridis')
35 plt.scatter(centroids[:, 0], centroids[:, 1], c='red', marker='*')
36 plt.title("无监督学习 - 捕获鱼的分类",fontsize=16)
37 plt.xlabel("身长")
38 plt.ylabel("体重")
39 plt.show()
```

执行结果

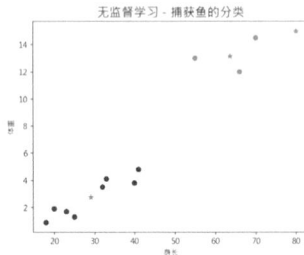

这个程序同时获得了 fish_classification.csv 文件，因为是用 "utf-8" 编码，如果用 Excel 开启会有乱码，笔者使用记事本开启，然后用 "使用 BOM 的 utf-8" 存储至 fish_classification_bom.csv，开启这个文件后可以得到下列结果。

上述结果多了"分类"特征，且这个结果的 csv 文件，未来就可以当作监督学习的依据。

31-4 评估聚类的效能

评估聚类效能通常可以根据以下两种类型的指标：内部验证指标和外部验证指标。

(1) 内部验证指标。

这些指标只考虑由聚类过程产生的数据结构：

● 群内平方和 (Within-Cluster Sum of Squares，简称 WCSS)：它衡量了每个数据点到其群集中心的距离的平方和，数值越小，表示聚类效果越好。

● 轮廓系数 (silhouette coefficient)：对于每个点，它考虑了该点到同一群集内其他点的距离 (紧密性) 和该点到最近的其他群集的距离 (分离性)。轮廓系数的范围在 -1 到 1 之间，接近 1 表示该点与其群集内的其他点更为相似，聚类效果较好。

(2) 外部验证指标。

如果已知数据的真实标签，则可以用以下指标衡量聚类结果与真实标签的一致性：

● 兰德指数 (Rand index)：比较所有数据点的配对组合在聚类结果与真实标签中是否一致。值越大，表示聚类结果与真实标签越一致。

● 调整兰德指数 (Adjusted Rand Index, 简称 ARI)：这是兰德指数的一种修正形式，调整了数据点数量可能对结果的影响。

31-4-1 群内平方和

群内平方和是一种用来衡量群集内的点彼此之间的紧密程度的指标。下面将以一个简单的例子来解释 WCSS，假设我们有以下的一组二维点：

群集 A：(1,1)、(2,2)、(3,3)

群集 B：(5,5)、(6,6)、(7,7)

假设群集 A 的中心点为 (2,2)，群集 B 的中心点为 (6,6)。WCSS 是将每个群集内的点到该群集中心点的距离的平方求和起来。所以：

对于群集 A：

(1,1) 到 (2,2) 的距离的平方是 $(1-2)^2 + (1-2)^2 = 2$

(2,2) 到 (2,2) 的距离的平方是 $(2-2)^2 + (2-2)^2 = 0$

(3,3) 到 (2,2) 的距离的平方是 $(3-2)^2 + (3-2)^2 = 2$

所以，群集 A 的 WCSS $= 2 + 0 + 2 = 4$。

对于群集 B：

(5,5) 到 (6,6) 的距离的平方是 $(5-6)^2 + (5-6)^2 = 2$

(6,6) 到 (6,6) 的距离的平方是 $(6-6)^2 + (6-6)^2 = 0$

(7,7) 到 (6,6) 的距离的平方是 $(7-6)^2 + (7-6)^2 = 2$

所以，群集 B 的 WCSS $= 2 + 0 + 2 = 4$。

这样我们就得到了整个数据集的 WCSS $= 4 + 4 = 8$。在 Scikit-learn 中，当训练了 kmeans 实例对象后，可以使用 ".inertia_" 属性取得此 WCSS。

程序实例 ch31_7.py：使用 ch31_4.py 的实例建立 3 个群集，然后输出 WCSS，这个程序虽然有绘制图表，但是笔者省略输出此部分。

```
1  # ch31_7.py
2  import matplotlib.pyplot as plt
3  from sklearn.datasets import make_blobs
4  from sklearn.cluster import KMeans
5
6  # 建立 300 个点, n_features=2, centers=3
7  X, y = make_blobs(n_samples=300, n_features=2, centers=3,
8                    random_state=10)
9
10 kmeans = KMeans(n_clusters=3)            # k-mean方法建立 3 个群集中心
11 kmeans.fit(X)                            # 将数据带入对象, 做群集分析
12
13 # 印出WCSS
14 print(f"WCSS : {kmeans.inertia_}")
15
16 plt.rcParams["font.family"] = ["Microsoft JhengHei"]   # 微软正黑体
17 plt.rcParams["axes.unicode_minus"] = False             # 可以显示负号
18 # 绘圆点, 圆点用黑色外框, 使用标签 labels_ 区别颜色,
19 plt.scatter(X[:,0], X[:,1], marker="o", c=kmeans.labels_)
20 # 用红色标记群集中心
21 plt.scatter(kmeans.cluster_centers_[:,0], kmeans.cluster_centers_[:,1],
22             marker="*", color="red")
23 plt.title("无监督学习",fontsize=16)
24 plt.show()
```

执行结果

```
==================== RESTART: D:\Machine\ch31\ch31_7.py ====================
WCSS : 526.795280544328
```

31-4-2　轮廓系数

轮廓系数的值介于 -1 到 1 之间。

● 当轮廓系数接近 1 时, 表示样本点与所在群集的其他样本点很相似, 也就是说它已经被分配到了正确的群集。

● 当轮廓系数接近 -1 时, 表示样本点与其他群集的样本点更为相似, 这表示该样本点可能被分配到了错误的群集。

● 当轮廓系数接近 0 时, 表示样本点与其他群集的样本点差不多一样相似, 这种情况表示群集边界上的点。

silhouette_score( ) 是一种在 Scikit-learn 机器学习模块中用来评估聚类效果的函数, 轮廓系数的值范围在 -1 到 1 之间, 值越接近 1 表示该点与其群集内的其他点更为相似, 聚类效果较好。此方法的基本语法如下:

from sklearn.metrics import silhouette_score

…

score = silhouette_score(X, labels, metric, random_state)

上述方法会回传轮廓系数, 此方法主要参数说明如下:

● X: X 是数据点的数据集。

● Labels: Labels 是对应 X 中每个数据点的群集标签, 这些标签通常由聚类算法 (如 KMeans) 产生。

● Metric: Metric 是用于计算数据点之间距离的度量方法, 预设是 'euclidean', 即欧几里得距离。

● random_state: random_state 是随机数生成器的种子。

程序实例 ch31_8.py: 更新 ch31_7.py, 输出轮廓系数。

```
1  # ch31_8.py
2  import matplotlib.pyplot as plt
3  from sklearn.datasets import make_blobs
4  from sklearn.cluster import KMeans
5  from sklearn.metrics import silhouette_score
6
7  # 建立 300 个点, n_features=2, centers=3
8  X, y = make_blobs(n_samples=300, n_features=2, centers=3,
9                    random_state=10)
10
11 kmeans = KMeans(n_clusters=3)          # 使用k均值方法建立 3 个群集中心
12 kmeans.fit(X)                          # 将数据带入对象，做群集分析
13
14 # 计算轮廓系数
15 score = silhouette_score(X, kmeans.labels_)
16
17 # 印出轮廓系数
18 print(f"轮廓系数 Silhouette Score : {score}")
19
20 plt.rcParams["font.family"] = ["Microsoft JhengHei"]   # 微软正黑体
21 plt.rcParams["axes.unicode_minus"] = False             # 可以显示负号
22 # 绘圆点，圆点用黑色外框，使用标签 labels_ 区别颜色，
23 plt.scatter(X[:,0], X[:,1], marker="o", c=kmeans.labels_)
24 # 用红色标记群集中心
25 plt.scatter(kmeans.cluster_centers_[:,0], kmeans.cluster_centers_[:,1],
26             marker="*", color="red")
27 plt.title("无监督学习",fontsize=16)
28 plt.show()
```

执行结果

```
==================== RESTART: D:\Machine\ch31\ch31_8.py ====================
轮廓系数 Silhouette Score : 0.7893604866547564
```

从上述执行结果可以得到，轮廓系数是约 0.789，这是一个相对高的数值，显示大部分的数据点都被正确地分配到了各自的群集，所以可以认为这个聚类模型的表现是相当好的。

31-4-3　调整兰德系数

调整兰德系数是一种衡量聚类算法性能的指针。它以兰德系数为基础进行了调整，以消除对随机分配标签的依赖性。此语法如下：

from sklearn.metrics import adjust_rand_score

…

ari = adjusted_rand_score(labels_true, labels_pred)

上述方法可以回传调整兰德系数 ari，参数 "labels_true" 是实际的群集标签，也就是真实的聚类结果。"labels_pred" 是预测的群集标签，也就是聚类算法 KMeans( ) 产生的聚类结果。

ARI 的值范围为 -1 到 1，其中 1 表示聚类结果与真实标签完全一致，0 表示聚类结果与随机分配标签相同，负值表示聚类结果比随机分配标签还差。也就是值范围为 -1 到 1，值越大表示聚类结果越接近真实标签。

程序实例 ch31_9.py：简单计算 ARI 的实例。

```
1  # ch31_9.py
2  import numpy as np
3  from sklearn.cluster import KMeans
4  from sklearn.metrics import adjusted_rand_score
5
6  # 生成简单的数据
7  X = np.array([[1, 2], [1, 4], [1, 0],
```

```
 8                    [4, 2], [4, 4], [4, 0]])
 9
10  # 真实的标签
11  true_labels = np.array([0, 0, 0, 1, 1, 1])
12
13  # 使用k均值值进行聚类
14  kmeans = KMeans(n_clusters=2, random_state=42)
15  kmeans.fit(X)
16
17  # 获得聚类标签
18  predicted_labels = kmeans.labels_
19
20  # 计算调整兰德系数(ARI)
21  ari = adjusted_rand_score(true_labels, predicted_labels)
22  print(f"调整兰德系数(ARI) : {ari}")
```

執行結果

```
==================== RESTART: D:\Machine\ch31\ch31_9.py ====================
调整兰德系数(ARI) : 1.0
```

在这个范例中，数据集有两个簇，每个簇包含 3 个数据点。经过 *K* 均值聚类后，我们使用
adjusted_rand_score( ) 函数计算 ARI，评估聚类结果的质量。由于这个简单的例子中聚类结果与
真实标签完全一致，因此 ARI 为 1。在实际应用中，ARI 可以帮助我们评估聚类算法的性能，并
选择最佳的算法或调整参数。

程序实例 ch31_10.py：扩充 ch31_9.py，输出调整兰德系数 (Adjusted Rand Index，ARI)。

```
 1  # ch31_10.py
 2  import numpy as np
 3  import matplotlib.pyplot as plt
 4  from sklearn import datasets
 5  from sklearn.cluster import KMeans
 6  from sklearn.metrics import adjusted_rand_score
 7
 8  # 加载Iris数据集
 9  iris = datasets.load_iris()
10  data = iris.data
11  true_labels = iris.target
12
13  # 设定K值
14  K = 3
15
16  # 使用k均值值进行聚类
17  kmeans = KMeans(n_clusters=K, random_state=9)
18  kmeans.fit(data)
19
20  # 获得聚类标签
21  predicted_labels = kmeans.labels_
22  centroids = kmeans.cluster_centers_
23
24  # 计算调整兰德系数(ARI)
25  ari = adjusted_rand_score(true_labels, predicted_labels)
26  print(f"调整兰德系数(ARI) : {ari:.2f}")
27
28  # 绘制聚类结果(仅使用前两个特征绘制二维图)
29  plt.scatter(data[:, 0], data[:, 1], c=predicted_labels, cmap='viridis')
30  plt.scatter(centroids[:, 0], centroids[:, 1], c='red', marker='*')
31  plt.xlabel(iris.feature_names[0])
32  plt.ylabel(iris.feature_names[1])
33  plt.title(f"Iris Clustering (ARI = {ari:.2f})")
34  plt.show()
```

执行结果

```
==================== RESTART: D:\Machine\ch31\ch31_10.py ====================
调整兰德系数(ARI)：0.73
```

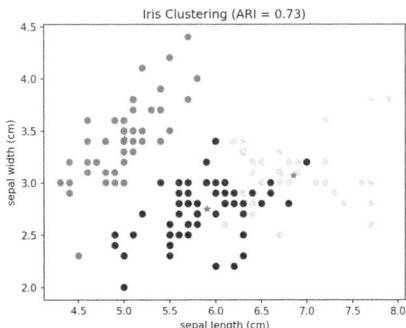

Iris Clustering (ARI = 0.73)

在这个例子中，使用 *K* 均值对鸢尾花数据集进行聚类时，得到的 ARI 值为 0.73。这意味着聚类结果与鸢尾花的真实标签具有相当高的相似性，但并不完全一致。值得注意的是，鸢尾花数据集中的三个品种在特征空间中可能具有一定程度的重叠，这使得二维坐标距离的 *K* 均值算法难以完美地区分它们。

ARI 值为 0.73 表示 *K* 均值聚类在这个数据集上表现良好，但仍有改进的空间。在实际应用中，可以尝试调整 *K* 均值算法的参数，例如初始化策略或迭代次数，或者尝试使用其他聚类算法。

31-5 最佳群集数量

经过前面几节讲解，相信读者已经学会使用 KMeans 聚类了，可能读者心中会有疑问，如何判断群集的数量是最好的？

决定最佳的群集数量是一个挑战，因为这与数据的特性、你的目标和所使用的度量方法有关，不过常用的方法有以下几种：

● 肘点法 (elbow method)：此方法运行 *K* 均值算法多次，每次使用不同的 K 值，然后计算每种情况下的群内平方和 (WCSS)。当 K 值增加时，群内平方和将会减少，因为样本被分配到更多的群集中。肘点是那种增加额外的群集并不会显著改善群内平方和的点，这被视为最佳的群集数量。

● 轮廓分析 (silhouette analysis)：轮廓系数是指每个样本点与其自身群集中的其他点的相似性以及它与最近的其他群集的点之间的差异性。轮廓分数的范围在 -1 到 1 之间，越接近 1，说明该样本被分到了合适的群集中。透过进行多次 *K* 均值算法并计算每种 K 值下的平均轮廓分数，可以找到最佳的群集数量。

31-5-1 肘点法

有关计算 WCSS 的方法可以参考 31-4-1 节。

程序实例 ch31_11.py：尝试使用 n_clusters = 1 ~ 10，并绘制 WCSS 的图表，然后用肘点法概念分析图表。

```
1   # ch31_11.py
2   from sklearn.cluster import KMeans
3   from sklearn.datasets import make_blobs
4   import matplotlib.pyplot as plt
5
6   # 创建一个有300个点的数据集
7   X, y = make_blobs(n_samples=300, centers=4, random_state=0)
8
9   # 计算并绘制肘点图
10  wcss = []
11  for i in range(1, 11):
12      kmeans = KMeans(n_clusters=i, random_state=0)
13      kmeans.fit(X)
14      wcss.append(kmeans.inertia_)
15
16  plt.plot(range(1, 11), wcss)
17  plt.title('Elbow Method')
18  plt.xlabel('Number of clusters')
19  plt.ylabel('WCSS')
20  plt.show()
```

执行结果

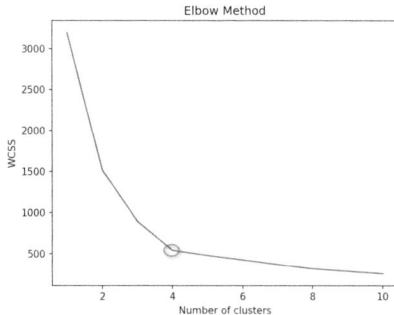

在这个例子中，我们尝试了 1 到 10 个群集的情况，并计算了每种情况下的群内平方和 (WCSS)，然后我们将这些结果绘制成一个图表，以便我们可以看到"肘点"。肘点就是 WCSS 下降的速度开始放缓的地方，此例是 4，这表示增加更多的群集并不能显著地改善 WCSS，因此我们可以选择这个点作为最佳的群集数量。

31-5-2 轮廓分析

有关轮廓系数的计算可以参考 31-4-2 节。

程序实例 ch34_12.py：尝试使用 n_clusters = 1 ~ 10，并绘制轮廓系数的图表，然后用轮廓系数概念分析图表。

```
1   # ch31_12.py
2   from sklearn.datasets import make_blobs
3   from sklearn.cluster import KMeans
4   from sklearn.metrics import silhouette_score
5   import matplotlib.pyplot as plt
6
7   # 创建一个有300个点的数据集
8   X, y = make_blobs(n_samples=300, centers=4, random_state=1)
9
10  silhouette_scores = []        # 初始化空串行来存储轮廓分数
11
12  # 我们在此选择在2到10群集数检查轮廓分数
13  for n_cluster in range(2, 11):
14      silhouette_scores.append(
15          silhouette_score(X, KMeans(n_clusters = n_cluster).fit_predict(X)))
16
17  # 绘制每个n_clusters的轮廓分数
18  k = [2, 3, 4, 5, 6, 7, 8, 9, 10]
19  plt.bar(k, silhouette_scores)
20  plt.xlabel('Number of clusters', fontsize = 10)
21  plt.ylabel('Silhouette Score', fontsize = 10)
22  plt.show()
```

执行结果

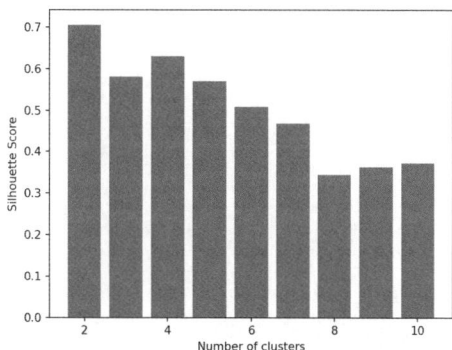

上述程序代码会输出一个直方图，其展示了每个群集数量的轮廓分数。你可以选择轮廓分数最高的那个群集数量作为最佳的群集数量，此例是 2，这通常意味着该群集数量的聚类结果拥有最好的聚合性和分离性。

31-6　消费分析——购物中心客户消费数据

31-6-1　认识 Mall Customer Segmentation Data

"Mall Customer Segmentation Data"是一个常用于 *K* 均值聚类实验的数据集，读者可以在 Kaggle 网站下载，本书附带的资源中已经有这个文件，名称是"Mall_Customers.csv"。这个数据集包含了购物中心的客户基本信息和消费信息，开启这个文件后可以看到如图 31-2 所示内容。

	A	B	C	D	E	F	G
1	Customer	Gender	Age	Annual In	Spending Score (1-100)		
2	1	Male	19	15	39		
3	2	Male	21	15	81		
4	3	Female	20	16	6		
5	4	Female	23	16	77		

图 31-2　购物中心客户消费数据

数据集中的每一列 (row) 代表一个客户，其包含以下 5 个字段：

● CustomerID：客户 ID。

● Gender：客户的性别。

● Age：客户的年龄。

● Annual Income (k$)：客户的年收入 (以千美元为单位)。

● Spending Score (1-100)：商场根据客户行为和消费数据分配的得分，得分越高表示客户的消费能力越高。

我们可以使用这个数据集来探索和了解商场客户的行为模式。例如，我们可以将客户分为不同的群体，每个群体都有其独有的特征，如年龄、收入或消费能力。这些信息有助于更有效地定向销售，提供个性化服务，或者优化商场的产品组合和策略。

程序实例 ch31_13.py：认识购物中心消费数据集 Mall Customer Segmentation Data 的 Mall_Customers.csv 文件。

```
1   # ch31_13.py
2   import pandas as pd
3   import numpy as np
4
5   df = pd.read_csv('Mall_Customers.csv')
6
7   # 显示前 5 笔数据
8   print(df.head())
9   print('-'*70)
10
11  # 显示数据集的大小
12  print(f"数据集外形：{df.shape}")
13  print('-'*70)
14
15  # 查看各特征的数据类型和非空值的数量
16  print("数据类型和非空值的数量")
17  print(df.info())
18  print('-'*70)
19
20  # 统计数据概述
21  print(f"数据概述\n{df.describe()}")
```

执行结果

```
==================== RESTART: D:\Machine\ch31\ch31_13.py ====================
   CustomerID  Gender  Age  Annual Income (k$)  Spending Score (1-100)
0           1    Male   19                  15                      39
1           2    Male   21                  15                      81
2           3  Female   20                  16                       6
3           4  Female   23                  16                      77
4           5  Female   31                  17                      40
----------------------------------------------------------------------
数据集外形：(200, 5)
----------------------------------------------------------------------
数据类型和非空值的数量
<class 'pandas.core.frame.DataFrame'>
RangeIndex: 200 entries, 0 to 199
Data columns (total 5 columns):
 #   Column                  Non-Null Count  Dtype
---  ------                  --------------  -----
 0   CustomerID              200 non-null    int64
 1   Gender                  200 non-null    object
 2   Age                     200 non-null    int64
 3   Annual Income (k$)      200 non-null    int64
 4   Spending Score (1-100)  200 non-null    int64
dtypes: int64(4), object(1)
memory usage: 7.9+ KB
None
----------------------------------------------------------------------
数据概述
       CustomerID         Age  Annual Income (k$)  Spending Score (1-100)
count  200.000000  200.000000          200.000000              200.000000
mean   100.500000   38.850000           60.560000               50.200000
std     57.879185   13.969007           26.264721               25.823522
min      1.000000   18.000000           15.000000                1.000000
25%     50.750000   28.750000           41.500000               34.750000
50%    100.500000   36.000000           61.500000               50.000000
75%    150.250000   49.000000           78.000000               73.000000
max    200.000000   70.000000          137.000000               99.000000
```

31-6-2　收入与消费聚类

以这个数据为例，可以使用 K 均值聚类方法，将字段 "Annual Income" 和 "Spending Score" 当作主要的特征变量。根据这两个特征的相似性，将客户分为不同的群集，并研究每个群集的特征，为后续的业务决策提供依据。

程序实例 ch31_14.py：将购物中心客户，依据收入和消费力分成 5 个群集。

```
1   # ch31_14.py
2   import pandas as pd
3   from sklearn.cluster import KMeans
4   import matplotlib.pyplot as plt
5
6   # 读取数据
7   data = pd.read_csv('Mall_Customers.csv')
8
9   # 选择 'Annual Income' 和 'Spending Score' 作为特征
10  X = data[['Annual Income (k$)', 'Spending Score (1-100)']]
11
12  # 假设我们要将数据分成 5 个群集
13  kmeans = KMeans(n_clusters=5, random_state=0).fit(X)
14
15  # 获取每个点的群集标签
16  labels = kmeans.labels_
```

```
17
18   # 将标签添加到原始数据集中
19   data['cluster'] = labels
20
21   # 储存带有标签的数据到CSV
22   data.to_csv('Mall_Customers_labels.csv', index=False)
23
24   # 绘制聚类结果
25   plt.rcParams["font.family"] = ["Microsoft JhengHei"]
26   plt.scatter(data['Annual Income (k$)'], data['Spending Score (1-100)'],
27                  c=data['cluster'])
28   plt.title('购物中心客户群集 Clusters of customers')
29   plt.xlabel('年收入 Annual Income (k$)')
30   plt.ylabel('消费力 Spending Score (1-100)')
31   plt.show()
```

执行结果

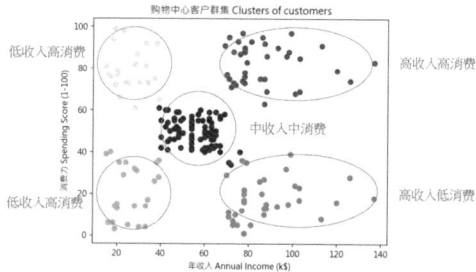

上述程序另外增加了 Mall_Customers_labels.csv（见图 31-3），这个文件增加了分类 cluster 特征（标记了消费类别），未来这个文件就可以当作监督学习的文件了。

图 31-3　Mall_Customers_labels.csv

从上述执行结果可以看到，消费力强的客户不一定是收入高的客户，消费力低的客户也不一定是收入低的客户。反而中等收入的客户，消费力是中等的。此外，也产生了一个有趣的现象，收入低的人有约一半是高消费，收入高的人也有一半是低消费，所以可以知道，这个数据可以更进一步做分析。

31-6-3　依据性别分析 "年收入 vs 消费力"

程序实例 ch31_15.py：重新设计 ch31_14.py，依据客户性别，分析 "年收入 vs 消费力" 的关系。

```
1   # ch31_15.py
2   import pandas as pd
3   import matplotlib.pyplot as plt
4
5   data = pd.read_csv('Mall_Customers.csv')
6
7   # 将性别从文字转换为数值
8   data['Gender'] = data['Gender'].map({'Male': 0, 'Female': 1})
9
10  # 根据性别将数据分为两个子集
11  male_data = data[data['Gender'] == 0]
```

```
12  female_data = data[data['Gender'] == 1]
13
14  plt.rcParams["font.family"] = ["Microsoft JhengHei"]    # 输出中文字
15  # 绘制男性客户的年收入与消费得分散点图
16  plt.scatter(male_data['Annual Income (k$)'],
17              male_data['Spending Score (1-100)'],color='blue',label='男性')
18
19  # 绘制女性客户的年收入与消费得分散点图
20  plt.scatter(female_data['Annual Income (k$)'],
21              female_data['Spending Score (1-100)'],color='red',label='女性')
22
23  # 绘制聚类结果
24  plt.title('性别区分 - 年收入 vs 消费力')
25  plt.xlabel('年收入 Annual Income (k$)')
26  plt.ylabel('消费力 Spending Score (1-100)')
27  plt.legend()
28  plt.show()
```

执行结果

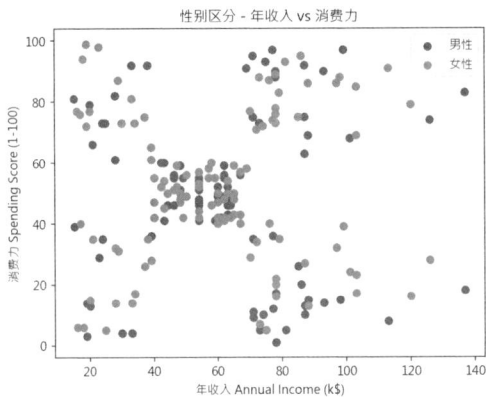

从上述执行结果分析，客户性别似乎和"年收入 vs 消费力"没有太大关系，因为数据点是均匀分布的。

31-6-4 依据年龄层分析"年收入 vs 消费力"

程序实例 ch31_16.py：重新设计 ch31_14.py，依据客户年龄层，分析"年收入 vs 消费力"的关系。

```
1  # ch31_16.py
2  import pandas as pd
3  import matplotlib.pyplot as plt
4
5  data = pd.read_csv('Mall_Customers.csv')
6
7  # 根据年龄将客户分成不同的年龄层
8  bins = [18, 25, 35, 55, data['Age'].max()]
9  labels = ['年青人(18~25)', '青年成人(26~35)',
10            '中年人(36~55)', '老年人   (56以上)']
11  data['Age Group'] = pd.cut(data['Age'], bins=bins, labels=labels)
12
13  # 绘制每个年龄层的年收入与消费得分散点图
14  plt.rcParams["font.family"] = ["Microsoft JhengHei"]
15  for age_group in labels:
16      plt.scatter(data[data['Age Group'] == age_group]['Annual Income (k$)'],
17                  data[data['Age Group'] == age_group]['Spending Score (1-100)'],
18                  label=age_group)
19
20  plt.title('年龄层区分 - 年收入 vs 消费力')
21  plt.xlabel('年收入 Annual Income (k$)')
22  plt.ylabel('消费力 Spending Score (1-100)')
23  plt.legend()
24  plt.show()
```

执行结果

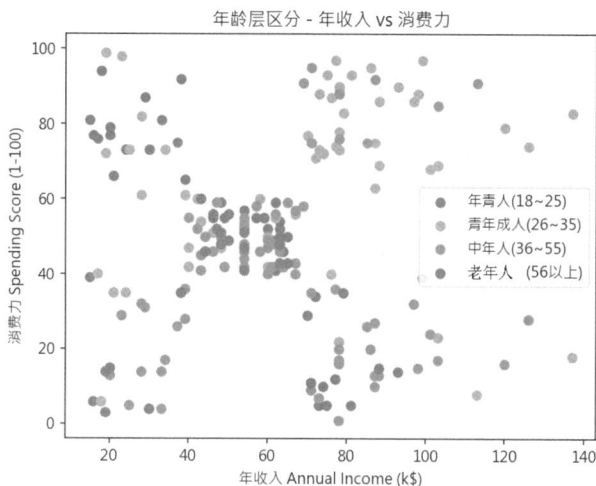

从上述执行结果可以看到，高消费主力有高收入的中年人、青年成人与年青人，特别是低收入的年青人或是部分低收入的青年成人也会有高消费力，年青人有高消费力可能是来自父母的资助。老年人的消费则比较保守，几乎没有属于高消费的群集内的。

31-7　价格 vs 评价——葡萄酒 Wine Reviews

31-7-1　认识 Wine Reviews 数据

"Wine Reviews"是一个常用于 *K* 均值聚类实验的数据集，读者可以在 Kaggle 网站下载，原始下载数据有 3 个文件，本书取 winemag-data-130k-v2.csv 文件 (这个文件多了 Taster name、Taster Twitter handle 和 Title 字段) 做说明，本书附带资源中已经有这个文件，同时将文件名称改为"wine_reviews.csv"。这些评价是由 Wine Magazine 在 2004 年至 2017 年间收集的，每笔评价包含以下特征：

● country：葡萄酒生产国。
● description：对葡萄酒的描述。
● designation：葡萄园内生产了这种葡萄酒的地（如果有的话）。
● points：WineEnthusiast 对葡萄酒的评分，最高为 100 分。
● price：一瓶葡萄酒的价格。
● province：葡萄酒生产省份。
● region 1：葡萄酒生产地区。
● region 2：更具体的地区名称（如果有的话）。
● Taster name：品酒师的名字。
● Taster Twitter handle：品酒师的 Twitter 账户名称。
● Title：评价的标题，通常包含了葡萄酒的年份。

● variety：葡萄酒的种类。

● winery：酒厂名称。

这个数据集非常适合进行文本分析、聚类以及推荐系统的开发。例如：你可以根据葡萄酒的特征来进行聚类，或者使用品酒师的评价来建立一个葡萄酒推荐系统，此外，还可以用这个数据集来研究葡萄酒的价格和质量之间的关系。

程序实例 ch31_17.py：认识 Wine Reviews 数据集的 wine_reviews.csv 文件。

```
1   # ch31_17.py
2   import pandas as pd
3   import numpy as np
4
5   df = pd.read_csv('wine_reviews.csv')
6
7   # 显示前 5 笔数据
8   print(df.head())
9   print('-'*70)
10
11  # 显示数据集的大小
12  print(f"数据集外形 : {df.shape}")
13  print('-'*70)
14
15  # 查看各特征的数据类型和非空值的数量
16  print("数据类型和非空值的数量")
17  print(df.info())
18  print('-'*70)
19
20  # 使用 drop 方法来删除第一栏
21  df = df.drop(df.columns[0], axis=1)
22
23  # 输出数据概述
24  print(f"数据概述\n{df.describe()}")
```

执行结果

```
==================== RESTART: D:\Machine\ch31\ch31_17.py ====================
   Unnamed: 0  country  ...          variety            winery
0           0    Italy  ...      White Blend            Nicosia
1           1 Portugal  ...  Portuguese Red  Quinta dos Avidagos
2           2       US  ...       Pinot Gris            Rainstorm
3           3       US  ...         Riesling           St. Julian
4           4       US  ...       Pinot Noir          Sweet Cheeks

[5 rows x 14 columns]
------------------------------------------------------------------------
数据集外形 : (129971, 14)
------------------------------------------------------------------------
数据类型和非空值的数量
<class 'pandas.core.frame.DataFrame'>
RangeIndex: 129971 entries, 0 to 129970
Data columns (total 14 columns):
 #  Column                Non-Null Count   Dtype
---  ------                --------------   -----
 0  Unnamed: 0            129971 non-null  int64
 1  country              129908 non-null  object
 2  description          129971 non-null  object
 3  designation           92506 non-null  object
 4  points               129971 non-null  int64
 5  price                120975 non-null  float64
 6  province             129908 non-null  object
 7  region_1             108724 non-null  object
 8  region_2              50511 non-null  object
 9  taster_name          103727 non-null  object
 10 taster_twitter_handle 98758 non-null  object
 11 title                129971 non-null  object
 12 variety              129970 non-null  object
 13 winery               129971 non-null  object
dtypes: float64(1), int64(2), object(11)
memory usage: 13.9+ MB
None
------------------------------------------------------------------------
数据概述
              points          price
count  129971.000000  120975.000000
mean       88.447138      35.363389
std         3.039730      41.022218
min        80.000000       4.000000
25%        86.000000      17.000000
50%        88.000000      25.000000
75%        91.000000      42.000000
max       100.000000    3300.000000
```

程序实例 ch31_18.py：研究葡萄酒的价格和质量之间的关系，对高价葡萄酒的评价是否一定很高？低价葡萄酒是否有高评价？

```
1   # ch31_18.py
2   import pandas as pd
3   from sklearn.cluster import KMeans
4   import matplotlib.pyplot as plt
5
6   data = pd.read_csv('wine_reviews.csv')
7
8   # 只选择 'points' 和 'price' 这两个特征
9   selected_features = ['points', 'price']
10  X = data[selected_features]
11
12  # 数据预处理 - 缺失值填充
13  X = X.fillna(X.mean())
14
15  # 定义k均值模型，设定我们要分成3个群集
16  kmeans = KMeans(n_clusters=3, random_state=0)
17
18  # 使用k均值模型进行训练
19  kmeans.fit(X)
20
21  # 将聚类结果储存到 'value' 特征中
22  data['value'] = kmeans.labels_
23
24  # 储存 'points', 'price', 'value' 到 CSV 文件中
25  data[selected_features + ['value']].to_csv('wine_report.csv', index=False)
26
27  # 画出散点图和群集的中心
28  plt.rcParams["font.family"] = ["Microsoft JhengHei"]
29  plt.scatter(X['points'], X['price'], c=data['value'])
30  plt.scatter(kmeans.cluster_centers_[:, 0], kmeans.cluster_centers_[:, 1],
31              c='red', marker='*')
32  plt.xlabel('评分')
33  plt.ylabel('价格')
34  plt.title('葡萄酒评价 评分 vs 价格')
35  plt.show()
```

执行结果

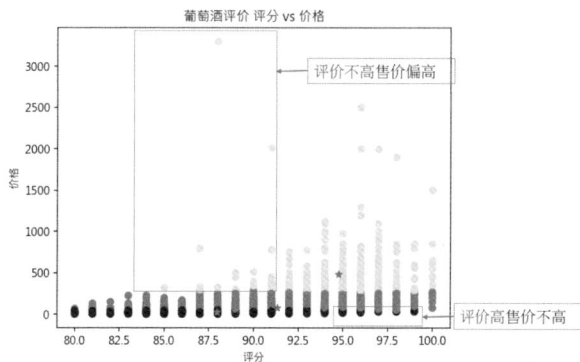

从上述执行结果可以看到，有的葡萄酒的确是"评价不高售价高"，有些葡萄酒是"评价高售价不高"。此外，这个程序有将 points、price 和聚类的 value 等 3 个特征的结果存入 wine_report.csv 文件（见图 31-4），未来可以当作监督学习的依据。

	A	B	C
1	points	price	value
2	87		0
3	87	15	0
4	87	14	0
5	87	13	0

图 31-4　wine_report.csv

第 32 章
PCA 主成分分析（以手写数字、人脸数据为例）

主成分分析的英文是 Principal Component Analysis，缩写是 PCA，是一种常见的无监督学习 (unsupervised learning) 方法，它可以用来降低"数据维度"，同时保留数据中最重要的变异特性。

注　所谓的"数据维度"是指"特征数量"。

32-1　PCA 的基本概念

32-1-1　基本概念

PCA(主成分分析) 是一种无监督的降维技术，用于线性变换数据，将高维数据投影到低维空间。PCA 主要用于特征提取、数据压缩、可视化以及降低计算复杂度。PCA 的核心思想是找到一组新的特征，这些特征是原始特征的线性组合，并且具有以下特点：

● 方差 (variance) 最大化：新特征在其对应方向上的方差应最大化，以保留数据中的最多信息。
● 正交性：新特征之间彼此正交，以消除冗余信息并降低特征之间的相关性。

PCA 的步骤：

● 标准化数据：对数据进行标准化（将特征值转换为平均值为 0，标准差为 1 的分布），以消除特征尺度对 PCA 的影响。
● 计算共方差 (covariance) 矩阵：计算数据的共方差矩阵。共方差矩阵能反映特征之间的相关性和变异性。
● 求解特征值和特征向量：对共方差矩阵进行特征分解，获得特征值和对应的特征向量。特征值表示对应特征向量方向上的方差大小，特征向量则表示新特征的方向。
● 选择主成分：按照特征值的大小对特征向量进行排序，选择前 k 个具有最大特征值的特征向量作为主成分。k 的选择取决于需要保留的信息量或降维后的目标维度。
● 投影到低维空间：将原始数据投影到选定的 k 个主成分上，形成新的低维数据。

总之在机器学习中，PCA 可以用于降低模型的计算复杂度和过拟合风险，同时保留数据中的重要信息。

此外，PCA 在实际应用中有很多用途，如下所示：

● 在机器学习和数据分析中，PCA 可以用来降低数据维度，这有助于简化模型，避免过拟合，并且减少计算成本。
● 面部识别、噪声过滤、特征提取等。
● PCA 也可以用于数据可视化，因为它可以将高维度的数据压缩到二维或三维，使得我们可以直观地看到数据的分布情况。

32-1-2　PCA 方法与基础数据实操

Python 的机器学习库 sklearn 中，我们通常使用 sklearn.decomposition.PCA 模块来实现 PCA，下列是其基本语法和参数：

```
from sklearn.decomposition import PCA
pca = PCA(n_components, copy, random_state, whiten)
```

上述方法会建立 pca 对象，其中各参数意义如下：

- n_components：这是一个整数或者一个浮点数，代表需要保留的主成分数量。如果是一个小于 1 的浮点数，则表示我们希望保留的主成分能解释原始数据变异性的百分比。例如，n_components=0.95，则 PCA 会选择最少数量的主成分，并且保证这些主成分能解释原始数据 95% 的变异性。
- copy：这是一个布尔值，如果为 True，则将复制输入数据，否则输入数据将被覆盖。默认值为 True。
- random_state：这是随机数种子值。
- whiten：数据白化，默认是 False。如果设为 True，PCA 将执行一个附加的步骤来使得转换后的数据有单位方差，这可以去除特征间数据的关联性，更详细的解释可以参考 32-1-3 节。

在对数据进行 PCA 转换之后，我们可以用 pca.fit_transform( ) 方法将数据转换到主成分所构成的新空间中。例如：

X_new = pca.fit_transform(X)

其中，X 是我们的原始数据，X_new 是转换后的数据。当上述方法执行完后，可以使用 pca 引用下列属性：

- components_：这个属性返回一个形状为 (n_components, n_features) 的数组，表示选取的主成分的方向向量。这个数组中，每一列 (row) 都对应一个主成分，每一行对应原始特征与该主成分的关联强度。后续在 ch32_3_1.py 会有程序说明。
- explained_variance_：这个属性返回一个长度为 n_components 的一维数组，表示每个主成分解释的变异量。
- explained_variance_ratio_：这个属性返回一个长度为 n_components 的一维数组，表示每个主成分解释的变异量的比例。
- singular_values_：这个属性返回一个长度为 n_components 的一维数组，表示数据矩阵的奇异值，这些值与 explained_variance_ 的平方根成正比。
- mean_：这个属性返回一个长度为 n_features 的一维数组，表示在进行 PCA 之前对数据进行中心化时，每个特征的平均值为 0。
- n_features_in_：这个属性返回一个整数，表示输入数据的特征数量。
- n_samples_：这个属性返回一个整数，表示输入数据的样本数量。
- n_components_：这个属性返回一个整数，表示选取的主成分的数量。

以上的这些属性可以提供 PCA 降维后的重要信息，并且有助于我们理解数据的结构和 PCA 的效果。

程序实例 ch32_1.py：使用基础 PCA 方法，降低维度。

```
1   # ch32_1.py
2   import numpy as np
3   from sklearn.decomposition import PCA
4
5   # 假设我们有以下的3维数据集，包含了5个样本
6   X = np.array([[
7       [1, 2, 3],
8       [2, 3, 4],
9       [3, 4, 5],
10      [4, 5, 6],
11      [5, 6, 7]
12  ])
13
14  # 现在我们希望用PCA将这个3维的数据降维到2维
15  pca = PCA(n_components=2)
16
17  # 对数据进行PCA转换
18  X_new = pca.fit_transform(X)
19
20  # 印出降维后的数据
```

```
21    print(f'降维结果\n{X_new}')
22    print(f'特征平均值  : {pca.mean_}')
23    print(f'输入特征数量 : {pca.n_features_in_}')
24    print(f'输入样本数量 : {pca.n_samples_}')
25    print(f'主成分数量   {pca.n_components}')
```

执行结果

```
================== RESTART: D:\Machine\ch32\ch32_1.py ==================
降维结果
[[ 3.46410162e+00  3.43990023e-16]
 [ 1.73205081e+00 -1.14663341e-16]
 [-0.00000000e+00 -0.00000000e+00]
 [-1.73205081e+00  1.14663341e-16]
 [-3.46410162e+00  2.29326682e-16]]
特征平均值 : [3. 4. 5.]
输入特征数量 : 3
输入样本数量 : 5
主成分数量 : 2
```

在机器学习有关降维概念的语意中，"维度"指的是特征的数量。在我们的数据集 X 中，我们有 5 个观察值，每个观察值有 3 个特征。所以我们通常会说这是一个 3 维的数据集，因为我们正在考虑的特征数量是 3。然而从数据的形状来看，它是一个 5 × 3 的二维数据。

为了更正确地描述这种情况，我们可以说：在一个有 5 个样本，每个样本有 3 个特征 (或者说在 3 维特征空间中) 的数据集 X 上进行 PCA，并将特征空间从 3 维降维到 2 维。在这个过程中，我们的目标是找到可以最大化数据变异性的前两个主成分。

32-1-3　数据白化 whiten

主成分分析 PCA( ) 方法中的参数 whiten 是一个布尔值，其默认值为 False。如果设为 True，PCA 将执行一个附加的步骤来使得转换后的数据有单位方差。

为了理解白化 (whitening)，我们需要了解数据的共方差矩阵。在多变量数据中，共方差矩阵用于表示数据各个维度之间的关联性。如果数据的各个维度是独立的，那么共方差矩阵就是一个对角矩阵。

白化是一种数据前处理技术，其目的是去除数据各个特征之间的关联性，并使得每个特征都具有相同的方差。这通常可以使得学习算法的性能更好，因为很多机器学习算法都假定输入数据的各个特征是独立且具有相同的方差。

具体来说，当 whiten=True 时，PCA 会除以每个特征的单位方差，即对角线的元素，这样转换后的数据就具有单位方差。这种过程可以帮助标准化数据，使得数据在不同维度上的变异性是一致的，这对许多机器学习模型是有利的。然而，这并不总是有利的，有时候原始数据的变异性对于学习算法是有意义的，所以是否需要白化需要根据具体的应用来决定。

上述内容牵涉数学可能不容易了解，下面举比较简单的实例解说。假设你有一堆彩色的糖果，有红色的、蓝色的和黄色的。这些不同颜色糖果的大小 (代表数据的方差) 和彼此之间的关联 (代表数据的共方差) 可能不一样。可能红色的糖果比其他颜色大一些，并且红色的糖果总是和蓝色的糖果在一起。

这时候，你的母亲给你一个任务：让所有糖果的大小一样，并且让它们不再聚在一起，变成完全随机分布的。

这时你可能会这样做，先把所有糖果的大小调整到一样，这样所有糖果的"大小 (方差)"就一样了。然后再把糖果随机地撒在桌子上，这样就可以让糖果之间不再有任何关联，也就是变成独立的了。

PCA 中的参数 whiten，就像是你的母亲给你的任务。如果 whiten=True，那么 PCA 就会调整数据，让所有的特征 (就像糖果的颜色) 有相同的方差 (就像糖果的大小)，并且让特征之间没有关联，就像是你把糖果随机撒在桌子上那样。

32-2 鸢尾花数据的 PCA 应用

32-2-1 鸢尾花数据降维

程序实例 ch32_2.py：使用 PCA 将 4 维的鸢尾花数据降为 2 维，同时输出第 1 笔数据。

```
1   # ch32_2.py
2   from sklearn.datasets import load_iris
3   from sklearn.decomposition import PCA
4
5   # 加载 iris 数据集
6   iris = load_iris()
7   X = iris.data
8   print(f"维度 = {len(X[0])}")
9   print(X[0])
10  print("-"*70)
11
12  # 建立 PCA 实例并指定要保留的主成分数量
13  pca = PCA(n_components=2)
14
15  # 对数据应用 PCA 降维，X_pca将变成 2 维
16  X_pca = pca.fit_transform(X)
17  print(f"维度 = {len(X_pca[0])}")
18  print(X_pca[0].round(2))
```

执行结果

```
==================== RESTART: D:\Machine\ch32\ch32_2.py ====================
维度 = 4
[5.1 3.5 1.4 0.2]
--------------------------------------------------------------------
维度 = 2
[-2.68  0.32]
```

32-2-2 SVM 与 PCA 在鸢尾花的应用

有关支持向量机 (SVM) 的完整说明读者可以参考第 28 章，在机器学习的应用中，我们可以将数据降维，然后当作支持向量机的输入，执行训练，最后再做预测分类结果。

程序实例 ch32_3.py：使用 Scikit-learn 的鸢尾花 (Iris) 数据集来进行 PCA 降维，从 4 维降到 2 维，并使用支持向量机来绘制决策边界图，做准确度预测。

```
1   # ch32_3.py
2   import numpy as np
3   import matplotlib.pyplot as plt
4   from sklearn import datasets
5   from sklearn.decomposition import PCA
6   from sklearn.preprocessing import StandardScaler
7   from sklearn.svm import SVC
8   from sklearn.model_selection import train_test_split
9   from sklearn.metrics import accuracy_score
10
11  # 加载Iris数据集
12  iris = datasets.load_iris()
13  X = iris.data
14  y = iris.target
15
16  # 标准化特征
17  sc = StandardScaler()
18  X = sc.fit_transform(X)
19
20  # 使用PCA降维
21  pca = PCA(n_components=2)
22  X_pca = pca.fit_transform(X)
```

```
23
24  # 切分数据集为训练集和测试集
25  X_train, X_test, y_train, y_test = train_test_split(X_pca, y,
26                                      test_size=0.2, random_state=42)
27
28  # 建立一个SVM分类器
29  clf = SVC(kernel='linear', random_state=42)
30  clf.fit(X_train, y_train)
31
32  # 预测测试集
33  y_pred = clf.predict(X_test)
34
35  # 输出准确度
36  print(f"准确度 : {accuracy_score(y_test, y_pred)}")
37
38  # 绘制决策边界
39  x_min, x_max = X_pca[:, 0].min() - 1, X_pca[:, 0].max() + 1
40  y_min, y_max = X_pca[:, 1].min() - 1, X_pca[:, 1].max() + 1
41  xx, yy = np.meshgrid(np.arange(x_min, x_max, 0.02),
42                       np.arange(y_min, y_max, 0.02))
43  Z = clf.predict(np.c_[xx.ravel(), yy.ravel()])
44  Z = Z.reshape(xx.shape)
45
46  plt.contourf(xx, yy, Z, alpha=0.6)
47
48  # 绘制散点图
49  plt.scatter(X_pca[y == 0, 0], X_pca[y == 0, 1], color='red',
50              label=iris.target_names[0])
51  plt.scatter(X_pca[y == 1, 0], X_pca[y == 1, 1], color='blue',
52              label=iris.target_names[1])
53  plt.scatter(X_pca[y == 2, 0], X_pca[y == 2, 1], color='green',
54              label=iris.target_names[2])
55  plt.legend()    # 图例
56  plt.show()
```

执行结果

```
==================== RESTART: D:\Machine\ch32\ch32_3.py ====================
准确度 : 0.9
```

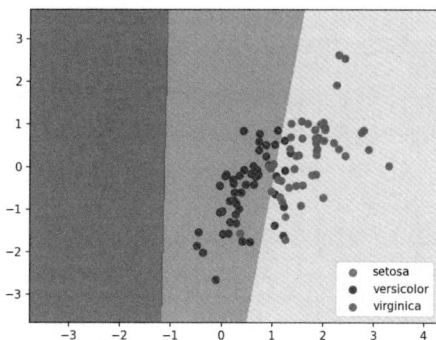

　　上述程序首先加载 Iris 数据集并进行标准化处理。然后使用 PCA 将特征降到 2 维，并切分数据集为训练集和测试集。接着建立一个 SVM 分类器进行训练，并对测试集进行预测，输出准确度。最后绘制决策边界图，在这个图中，不同的颜色区域表示不同的决策区域，而散点则表示数据样本。同时程序第 49～54 行，分别绘制散点样本，这是为了输出图例，读者可以从结果图可以看到哪些样本是分类错误。最后我们得到准确度是 0.9，其实这是一个很好的结果，因为数据已经降维，可以大幅缩减计算时间，而仍得到不错的预估。

程序实例 ch32_3_1.py：重新设计 ch32_3.py，同时绘制原始鸢尾花的 Sepal Length vs Sepal Width 散点图和 PCA 主成分散点图，读者可以比较两者的结果。

```python
1  # ch32_3_1.py
2  import matplotlib.pyplot as plt
3  from sklearn import datasets
4  from sklearn.decomposition import PCA
5  from sklearn.preprocessing import StandardScaler
6
7  # 加载 Iris 数据集
8  iris = datasets.load_iris()
9  X = iris.data
10 y = iris.target
11
12 # 标准化特征
13 sc = StandardScaler()
14 X_std = sc.fit_transform(X)
15
16 # 使用PCA降维
17 pca = PCA(n_components=2)
18 X_pca = pca.fit_transform(X_std)
19
20 # 建立子图
21 fig, ax = plt.subplots(nrows=1, ncols=2, figsize=(12, 6))
22
23 # 绘制原始特征散点图
24 for target, color in zip(range(3), ['r', 'b', 'g']):
25     ax[0].scatter(X_std[y == target, 0], X_std[y == target, 1], color=color,
26                   alpha=0.5, label=iris.target_names[target])
27 ax[0].set_xlabel('Sepal Length')
28 ax[0].set_ylabel('Sepal Width')
29 ax[0].legend()
30 ax[0].set_title('Original Features Scatter Plot')
31
32 # 绘制 PCA 主成分散点图
33 for target, color in zip(range(3), ['r', 'b', 'g']):
34     ax[1].scatter(X_pca[y == target, 0], X_pca[y == target, 1], color=color,
35                   alpha=0.5, label=iris.target_names[target])
36 ax[1].set_xlabel('PCA Component 1')
37 ax[1].set_ylabel('PCA Component 2')
38 ax[1].legend()
39 ax[1].set_title('PCA Components Scatter Plot')
40
41 plt.show()
```

执行结果

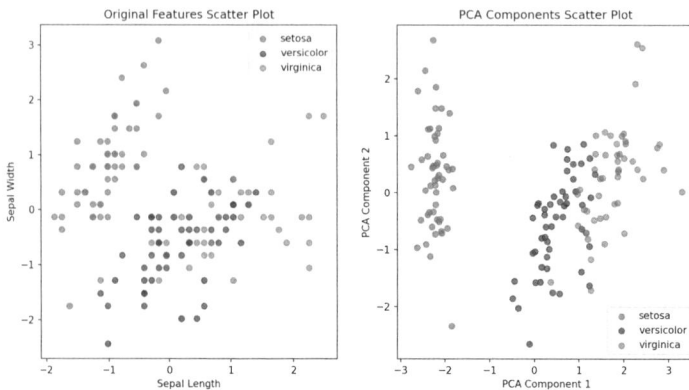

32-2-3 PCA 主成分与原始特征的分析

上一小节的鸢尾花分析，将 4 个特征降为 2 个主成分特征。

PCA 会将主成分按照它们能够解释的变异量大小进行排序，第一列对应的主成分能够解释最大的变异量，第二列对应的主成分能够解释次大的变异量，依此类推。这种排序方式使得我们可以借由观察前几个主成分，来了解数据最重要的结构特性。当我们使用 PCA( ) 降维同时训练数据后，会建立 pca 实例对象，此时可以使用 pca 对象的 components_ 属性取得主成分内原始特征的相关系数，系数表示原始特征与主成分的关系强度。

而在我们绘制热图时，每行 (即每个主成分) 的数值被视为与原始特征的相关性或者说关联强度。颜色越深表示关联性越强，颜色越浅表示关联性越弱。

程序实例 ch32_3_2.py：重新设计 ch32_3.py，输出主成分内容，同时使用热图更进一步分析主成分与原始特征。

```
1   # ch32_3_2.py
2   import numpy as np
3   import matplotlib.pyplot as plt
4   import seaborn as sns
5   from sklearn import datasets
6   from sklearn.decomposition import PCA
7   from sklearn.preprocessing import StandardScaler
8
9   # 加载Iris数据集
10  iris = datasets.load_iris()
11  X = iris.data
12  y = iris.target
13
14  # 标准化特征
15  sc = StandardScaler()
16  X_std = sc.fit_transform(X)
17
18  # 使用PCA降维
19  pca = PCA(n_components=2)
20  X_pca = pca.fit_transform(X_std)
21
22  print(f"输出主成分\n{pca.components_}")
23
24  # 绘制热图
25  plt.rcParams["font.family"] = ["Microsoft JhengHei"]
26  plt.rcParams["axes.unicode_minus"] = False  # 负数符号
27  plt.figure(figsize=(10, 5))
28  sns.heatmap(pca.components_,
29              cmap='viridis',
30              yticklabels=['PCA Component 1', 'PCA Component 2'],
31              xticklabels=iris.feature_names,
32              cbar=True,
33              annot=True)
34  plt.title('原始特征与主成分相关系数热图')
35  plt.show()
```

执行结果

```
==================== RESTART: D:\Machine\ch32\ch32_3_2.py ====================
输出主成分
[[ 0.52106591 -0.26934744  0.5804131   0.56485654]
 [ 0.37741762  0.92329566  0.02449161  0.06694199]]
```

"主成分与各个原始特征的相关性"是指原始特征与新生成的 PCA 主成分之间的关系，这种关系表明了每个主成分是如何从原始特征组合出来的。

在我们绘制的热图中，每个 PCA 主成分与原始特征的相关性以色彩深浅来表示，色彩越深表示相关性越强。每个主成分都是原始特征的线性组合，所以这种相关性可以帮助我们理解新的主成分是如何从原始的特征中派生出来的。

例如：如果第一个主成分与某个特征的相关性很高，无论正相关或负相关，我们可以理解为这个主成分在很大程度上反映了这个特征的变动。这种关系可以帮助我们理解主成分在描述数据变异性方面的作用以及主成分与原始特征的关联。

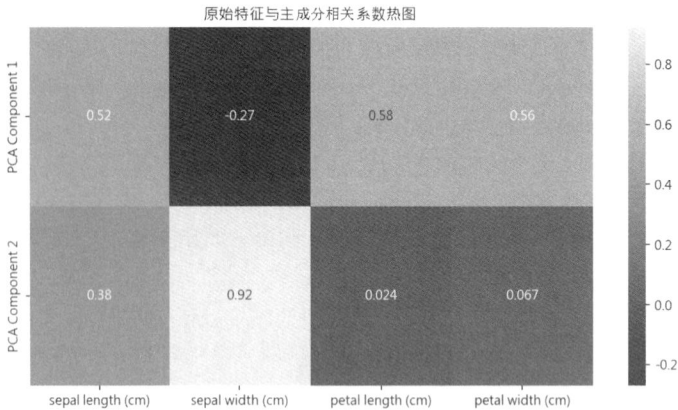

原始特征与主成分相关系数热图

32-3 数字辨识 —— 手写数字 digits dataset

32-3-1 认识手写数字数据集 digits dataset

最早的手写数字数据集 (digits dataset) 其实是在 UCI 机器学习库 (UCI ML hand-written digits datasets)，目前已经内建在 Scikit-learn 模块，方便读者学习。数据集包含了 1797 个 8×8 的图像，每一个图像都是一个手写数字，从 0 到 9。每个像素点的值范围在 0 到 16 之间，表示灰度等级，其中 0 代表白色，16 代表黑色。这个数据集常被用于模式识别、光学字符识别 (OCR)，以及一些使用支持向量机、K 近邻 (KNN) 基本的分类学习。

为了使用这个数据集，你首先需要从 sklearn 的 datasets 模块中导入它，可以参考下列语法：
from sklearn.datasets import load_digits
…
digits = load_digits( )
Scikit-learn 的手写数字数据集 (digits) 是一个典型的光学字符识别 (OCR) 数据集，用于识别手写数字。

手写数字数据集的特征是将 8×8 像素图像展平为 64 维向量，每个特征对应一个像素的灰度值。因此特征矩阵的形状为 (1797, 64)，使用上述语法导入此数据集后，可以使用 digits.data 应用此手写数字图像。目标变量是在 digits.target 内，每个图像对应一个实际数字 (0 ~ 9)，形状为 (1797, 64)。如果你想查看这个数据集的一些更详细的信息，你可以印出 digits.DESCR，它包含了这个数据集的一个全面描述。

这个数据集主要用于机器学习和模式识别任务，如手写数字识别、特征提取、降维和可视化等。

程序实例 ch32_4.py：认识手写数字数据集，输出前 5 笔数据 (digit.data) 和对应的目标变量 (digit.target)，然后输出数据描述 (digits.DESCR)。

上述数据描述主要内容如下：

"这个数据集包含手写数字的图像：共 10 个类别，每个类别对应一个数字。

执行结果

```
==================== RESTART: D:\Machine\ch32\ch32_4.py ====================
前5笔数据(特征)
数据 1:
[ 0.  0.  5. 13.  9.  1.  0.  0.  0.  0. 13. 15. 10. 15.  5.  0.  0.  3.
 15.  2.  0. 11.  8.  0.  0.  4. 12.  0.  0.  8.  8.  0.  0.  5.  8.  0.
  0.  9.  8.  0.  0.  4. 11.  0.  1. 12.  7.  0.  0.  2. 14.  5. 10. 12.
  0.  0.  0.  0.  6. 13. 10.  0.  0.  0.]

数据 2:
[ 0.  0.  0. 12. 13.  5.  0.  0.  0.  0.  0. 11. 16.  9.  0.  0.  0.  0.
  3. 15. 16.  6.  0.  0.  7. 15. 16. 16.  2.  0.  0.  0.  1. 16. 16.  3.
  0.  0.  0.  1. 16. 16.  6.  0.  0.  0.  1. 16. 16.  6.  0.  0.  0.  0.
  0. 11. 16. 10.  0.  0.]

数据 3:
[ 0.  0.  0.  4. 15. 12.  0.  0.  0.  0.  3. 16. 15. 14.  0.  0.  0.  0.
  8. 13.  8. 16.  0.  0.  0.  0.  1.  6. 15. 11.  0.  0.  0.  1.  8. 13.
 15.  1.  0.  0.  0.  9. 16. 16.  5.  0.  0.  0.  0.  3. 13. 16. 16. 11.
  5.  0.  0.  0.  3. 11. 16.  9.  0.  0.]

数据 4:
[ 0.  0.  7. 15. 13.  1.  0.  0.  0.  8. 13.  6. 15.  4.  0.  0.  0.  2.
  1. 13. 13.  0.  0.  0.  0.  0.  2. 15. 11.  1.  0.  0.  0.  0.  0.  1.
 12. 12.  1.  0.  0.  0.  0.  0.  1. 10.  8.  0.  0.  0.  8.  4.  5. 14.
  9.  0.  0.  0.  7. 13. 13.  9.  0.  0.]

数据 5:
[ 0.  0.  0.  1. 11.  0.  0.  0.  0.  0.  0.  7.  8.  0.  0.  0.  0.  0.
  1. 13.  6.  2.  2.  0.  0.  0.  7. 15.  0.  9.  8.  0.  0.  5. 16. 10.
  0. 16.  6.  0.  0.  4. 15. 16. 13. 16.  1.  0.  0.  0.  0.  3. 15. 10.
  0.  0.  0.  0.  2. 16.  4.  0.  0.  0.]

前5笔数据对应的标签 : [0 1 2 3 4]
```
Squeezed text (52 lines).

```
1  # ch32_4.py
2  from sklearn import datasets
3
4  digits = datasets.load_digits()
5
6  # 输出前5笔数据
7  print("\n前5笔数据(特征)")
8  for i in range(5):
9      print(f"数据 {i+1}:")
10     print(digits.data[i])
11     print()
12 print("-"*70)
13
14 # 输出前5笔数据对应的标签
15 print(f"前5笔数据对应的标签 : {digits.target[:5]}")
16 print("-"*70)
17
18 # 输出数据集描述
19 print(f"数据集描述 :\n{digits.DESCR}")
```

我们使用 NIST 提供的预处理程序来从预印表格中提取手写数字的标准化位图。总共有 43 人提供数据，其中 30 人的数据用于训练集，另外 13 人的数据用于测试集。32×32 的位图被分割为 4×4 的不重叠块，并计算每个块中像素的数量。这将产生一个 8×8 的输入矩阵，其中每个元素都是范围在 0 ~ 16 的整数。这种方法降低了数据维度，并且对小的变形具有不变性。"

程序实例 ch32_5.py：使用 5 × 2 的方式输出前 10 个手写数字数据集的数据。

```
1  # ch32_5.py
2  from sklearn import datasets
3  import matplotlib.pyplot as plt
4
5  digits = datasets.load_digits()
6
7  # 选择前10个数字显示
8  fig = plt.figure(figsize=(10, 4))
9
10 for i in range(10):
11     # 2x5的子图，第i+1个
12     ax = fig.add_subplot(2, 5, i + 1)
13     # 显示图片，使用二值色彩映射
14     ax.imshow(digits.images[i], cmap=plt.cm.binary)
15     # 在上方添加真实标签作为标题
16     ax.set_title('Label: %s' % digits.target[i])
17     # 隐藏坐标轴
18     plt.axis('off')
19
20 # 显示结果
21 plt.tight_layout()
22 plt.show()
```

执行结果

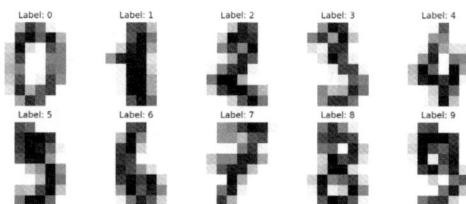

32-3-2 决策树与随机森林辨识手写数字

在前面介绍许多机器学习算法时，笔者已经介绍过一个数据集在不同的机器学习模型会有不同的结果，我们必须选择最好的结果当作这个数据集的机器学习模型，本节将使用决策树 (Decision Tree) 与随机森林 (Random Forest) 算法，对手写数字数据集做分类辨识。

程序实例 ch32_6.py：使用决策树 DecisionTreeClassifier( ) 方法处理手写数字数据集，输出训练数据与测试数据的准确率 (Accuracy)，同时输出测试的真实目标数据与预测的目标数据，读者可以做比较。

```python
1  # ch32_6.py
2  from sklearn import datasets
3  from sklearn.model_selection import train_test_split
4  from sklearn.tree import DecisionTreeClassifier
5  from sklearn.metrics import accuracy_score
6
7  digits = datasets.load_digits()
8
9  # 分割数据为训练集和测试集
10 X_train, X_test, y_train, y_test = train_test_split(digits.data,
11                 digits.target, test_size=0.2, random_state=9)
12
13 # 创建决策树分类器
14 clf = DecisionTreeClassifier(random_state=9)
15
16 # 使用训练数据来训练模型
17 clf.fit(X_train, y_train)
18
19 # 预测训练集和测试集的结果
20 y_train_pred = clf.predict(X_train)
21 y_test_pred = clf.predict(X_test)
22
23 # 计算并输出训练集和测试集的准确度
24 train_accuracy = accuracy_score(y_train, y_train_pred)
25 test_accuracy = accuracy_score(y_test, y_test_pred)
26 print('决策树 DecisionTree 辨识')
27 print(f'训练数据的准确度：{train_accuracy:.3f}')
28 print(f'测试数据的准确度：{test_accuracy:.3f}')
29 print("-"*70)
30
31 # 输出预测数据的真实值与目标值
32 y_pred = clf.predict(X_test)
33 print(f"测试的真实值\n{y_test}")
34 print("-"*70)
35 print(f"预测的目标值\n{y_pred}")
36 print("-"*70)
```

执行结果

下列圈选出了前 2 行中不一样的辨识结果。

从上述执行结果可以看到，训练数据的准确度是 1.0，这意味着决策树在训练数据上达到了完美的预测，也就是没有任何错误。然而当模型在训练数据上表现完美，但在测试数据 (未见过

的数据) 上的准确度显著下降时，这通常表示模型出现了过拟合 (overfitting)。

过拟合发生在模型过度复杂，以至于它开始学习训练数据中的噪声或者细节，而这些噪声或细节并不能泛化到新的未见过的数据之时。在这种情况下，模型对训练数据的预测非常准确 (因为它甚至记住了训练数据的噪声)，但对测试数据的预测准确度就会降低。

对于决策树来说，模型的复杂度通常与树的深度 (模型中参数的数量) 相关。决策树深度过大会导致模型变得过于复杂，而导致过拟合。解决此问题的一种常见方法是 "剪枝 (pruning)"，即限制树的深度或在树达到一定大小时停止分裂，以防止模型变得过于复杂。此外，随机森林等集成方法也可以有效防止过拟合。

在决策树算法中，剪枝通常可以透过设定决策树的一些参数来实现，其中一个就是 "max_depth"，这个参数用于限制决策树的最大深度，以避免过拟合。当 "max_depth" 设定为一个较小的值时，决策树的复杂度就会降低，这有助于防止过拟合，但如果设定的值过小，则可能会导致模型无法捕捉到数据中的重要模式，即出现欠拟合。

在真实环境，你可能需要透过实验来找到 "max_depth" 的最佳值，例如，可以使用交叉验证 (cross-validation) 来评估不同 "max_depth" 值下模型的性能，并选择最佳的一个。此外，还有一些其他的参数也可以用于控制决策树的复杂度，例如 "min_samples_split(分裂内部节点所需的最小样本数)"，这个参数也可以用于剪枝，以防止过拟合。

程序实例 ch32_6_1.py：使用随机森林算法重新设计 ch32_6.py，然后可以将这个程序的执行结果与 ch32_6.py 做比较。

```
1   # ch32_6_1.py
2   from sklearn import datasets
3   from sklearn.model_selection import train_test_split
4   from sklearn.ensemble import RandomForestClassifier
5   from sklearn.metrics import accuracy_score
6
7   digits = datasets.load_digits()
8
9   # 分割数据为训练集和测试集
10  X_train, X_test, y_train, y_test = train_test_split(digits.data,
11                      digits.target, test_size=0.2, random_state=9)
12
13  # 创建随机森林分类器
14  clf = RandomForestClassifier(random_state=9)
15
16  # 使用训练数据来训练模型
17  clf.fit(X_train, y_train)
18
19  # 预测训练集和测试集的结果
20  y_train_pred = clf.predict(X_train)
21  y_test_pred = clf.predict(X_test)
22
23  # 计算并输出训练集和测试集的准确度
24  train_accuracy = accuracy_score(y_train, y_train_pred)
25  test_accuracy = accuracy_score(y_test, y_test_pred)
26  print('随机森林Random Forest 辨识')
27  print(f'训练数据的准确度 : {train_accuracy:.3f}')
28  print(f'测试数据的准确度 : {test_accuracy:.3f}')
29  print("-"*70)
30
31  # 输出预测数据的真实值与目标值
32  y_pred = clf.predict(X_test)
33  print(f"测试的真实值\n{y_test}")
34  print("-"*70)
35  print(f"预测的目标值\n{y_pred}")
36  print("-"*70)
```

执行结果

下列圈选出了前 2 行中不一样的辨识结果。

```
================ RESTART: D:\Machine\ch32\ch32_6_1.py ================
随机森林Random Forest 辨识
训练数据的准确度 : 1.000
测试数据的准确度 : 0.972
------------------------------------------------
测试的真实值
[1 1 7 2 4 0 1 8 8 3 1 0 5 3 6 2 3 8 2 5 3 5 0 0 6 8 3 2 3 8 0 1 3 2 8 0 1
 7 1 3 9 2 1 4 1 1 2 8 4 0 2 8 4 8 5 7 3 8 8 9 2 4 1 5 2 0 5 1 4 8 4 7 6
 1 9 5 1 7 6 4 0 2 5 9 1 9 7 8 6 4 1 5 3 4 8 7 2 6 2 9 4 1 6 4 0 5 7 8 1
 3 4 3 1 3 8 6 2 5 0 7 8 9 0 1 9 7 5 6 7 9 9 2 4 3 8 9 0 5 2 2 1 5 4 0 1 8
 5 5 4 5 2 5 1 7 5 5 7 4 9 3 5 4 6 9 0 3 4 1 6 0 6 3 2 8 3 9 2 2 2 8 3 4 2
 2 8 3 7 4 2 8 5 0 1 8 9 0 7 5 1 6 9 0 7 5 1 3 7 3 0 9 2 9 9 8 9 0 4 0 7 8 3
 5 3 4 6 6 5 0 9 6 0 6 9 4 1 5 5 0 4 2 2 2 3 4 0 8 0 9 4 5 1 4 1 3 8 4 9 2
 8 2 2 7 1 8 2 0 2 9 6 2 9 3 7 4 5 7 4 9 5 4 6 5 9 2 9 1 6 9 9 5 2 0 5 6 1
 4 1 3 4 9 5 8 1 2 1 2 6 4 4 9 5 2 3 5 4 2 7 6 3 7 1 6 4 8 0 2 8 4 6 1 7 3
 0 0 9 1 9 2 1 9 8 2 6 6 0 6 2 7 0 4 6 5 5 7 8 3 3 8 3]

预测的目标值
[1 1 7 2 4 0 1 8 8 3 1 0 5 3 6 2 3 8 2 5 3 5 0 0 6 8 3 2 3 8 0 1 3 2 4 0 1
 7 1 3 9 2 1 4 1 1 2 7 4 0 2 8 4 8 5 7 3 8 8 9 2 4 1 5 2 0 5 1 4 8 4 7 6
 1 9 5 1 7 6 4 0 2 5 9 1 9 7 8 6 4 1 5 3 4 8 8 1 6 2 9 4 1 6 4 0 5 7 8 1
 3 4 3 1 3 8 6 2 5 0 7 8 9 0 1 9 7 5 6 7 9 9 2 4 3 8 9 0 5 2 2 1 5 4 0 1 8
 5 5 4 5 2 5 1 7 5 5 7 7 9 3 5 4 6 9 0 3 4 1 6 0 6 3 2 7 3 9 2 2 2 8 3 4 2
 2 8 3 7 4 2 8 5 0 1 8 9 0 7 5 1 6 9 0 7 5 1 3 7 3 0 9 2 9 9 8 9 0 4 0 7 8 3
 5 3 4 6 6 5 0 9 6 0 6 9 2 9 3 7 4 5 4 7 4 9 5 4 6 5 9 2 9 1 6 9 9 5 2 0 5 6 1
 8 2 2 7 1 8 2 0 2 9 6 2 9 3 7 4 5 7 4 9 5 4 6 5 9 2 9 1 6 9 9 5 2 0 5 6 1
 7 1 3 4 9 5 8 1 2 1 2 6 4 4 9 5 2 3 5 4 2 7 6 3 7 1 6 4 8 0 2 8 4 6 1 7 3
 0 0 9 1 9 2 1 9 8 2 6 6 0 6 2 7 0 4 6 5 5 7 8 3 3 8 3]
```

上述执行结果显示随机森林在这个问题上的性能比单一决策树要好。这在很多情况下都是可预期的，因为随机森林是一种集成学习方法，可以有效地减小过拟合并提高泛化能力。

首先，训练数据的准确度是 1.0，这意味着随机森林在训练数据上的预测完全正确。但这不一定意味着过拟合，因为随机森林透过建立多个决策树并取它们的多数投票来做预测，这种方法有助于抑制单个决策树的过拟合。

其次，测试数据的准确度是 0.972，这是一个很高的准确度，这表明你的模型在未见过的数据上的表现也很好。这个准确度与训练准确度相比并无大的差距，所以我们可以认为你的模型并未发生明显的过拟合，而是达到了良好的泛化性能。

整体来说，这些结果表明随机森林在这个问题上是一种有效的模型。然而仍然要注意，不同的问题和数据集可能需要不同的模型和参数设定。因此我们总是需要透过实验来确定最适合给定问题的模型和参数。

32-3-3　PCA 与手写数字整合应用

在手写数字识别问题中，应用 PCA 有以下几个可能的好处：

● 降低计算复杂度：原始的手写数字数据维度可能很高 (例如，8×8 的图像有 64 个像素，即 64 维)。使用 PCA 可以降低数据的维度，这样在后续的机器学习模型中会降低计算复杂度。

● 去噪声：PCA 只保留数据中最重要的特征，即那些解释了最多变异的特征，并且舍弃了一些较小的，可能只是噪声的变化。这种方式有助于去除噪声，可能会提高模型的性能。

● 可视化：降维到 2 或 3 维可以让我们将数据可视化在二维或三维空间中，这对于理解数据分布和探索性数据分析非常有用。

所以 PCA 可以作为一种预处理方法应用在手写数字识别上，但是否会提高最终的模型性能，实际上还需要我们用程序去验证。

程序实例 ch32_7.py： 重新设计 ch32_6.py，将主成分分析 (PCA) 应用于手写数字数据集，这可以帮助你降低特征维度，从而减少计算成本和内存需求，而在这个程序中降低 40% 的维度，也就是保留 60% 维度。

```
1   # ch32_7.py
2   from sklearn import datasets
3   from sklearn.model_selection import train_test_split
4   from sklearn.tree import DecisionTreeClassifier
5   from sklearn.metrics import accuracy_score
6   from sklearn.decomposition import PCA
7
8   digits = datasets.load_digits()
9
10  # 分割数据为训练集和测试集
11  X_train, X_test, y_train, y_test = train_test_split(digits.data,
12                  digits.target, test_size=0.2, random_state=9)
13
14  # 创建PCA对象, n_components表示主成分数量
15  pca = PCA(n_components=0.6, random_state=9)      # 保留60%的变异性
16
17  # 在训练集上执行PCA
18  X_train = pca.fit_transform(X_train)
19
20  # 在测试集上应用相同的PCA转换
21  X_test = pca.transform(X_test)
22
23  # 创建决策树分类器
24  clf = DecisionTreeClassifier(random_state=9)
25
26  # 使用训练数据来训练模型
27  clf.fit(X_train, y_train)
28
29  # 预测训练集和测试集的结果
30  y_train_pred = clf.predict(X_train)
31  y_test_pred = clf.predict(X_test)
32
33  # 计算并输出训练集和测试集的准确度
34  train_accuracy = accuracy_score(y_train, y_train_pred)
35  test_accuracy = accuracy_score(y_test, y_test_pred)
36  print('经过 PCA 处理, 保留 60% 变异性的决策树 DecisionTree 辨识')
37  print(f'训练数据的准确度 : {train_accuracy:.3f}')
38  print(f'测试数据的准确度 : {test_accuracy:.3f}')
```

执行结果

```
================= RESTART: D:\Machine\ch32\ch32_7.py =================
经过 PCA 处理, 保留 60% 变异性的决策树 DecisionTree 辨识
训练数据的准确度 : 1.000
测试数据的准确度 : 0.878
```

将上述数据使用主成分分析 (PCA) 降维以后，决策树模型在测试数据上的准确度有所提升，表示 PCA 对这个问题是有帮助的，不仅减少计算成本和内存需求，又提升了辨识分类能力，以下是可能的分析：

● 降低过拟合：原始的数据维度较高，使用 PCA 降维后，减少了特征的数量，这可能有助于减少过拟合。虽然在训练数据上，模型的准确度仍然是 1.0，但是在测试数据上的表现有所提升，说明模型的泛化能力增强了。

● 去噪声：PCA 保留解释了最大变异的主成分来降低数据的维度，这可以视为一种噪声减少的手段，有可能对提高模型的预测准确度有帮助。

● 保留重要的信息：PCA 的目标是找到可以解释原始数据最大变异的方向，这些方向往往包含了数据的重要信息。在这个程序实例中，保留 60% 的主成分可能已经包含了足够用于分类的信息。

不过我们需要留意，虽然在这个特定问题上，使用 PCA 对模型的性能有所提升，但是这并不一定适用于所有问题。PCA 是否有助于提高模型性能，并且保留的主成分所占的比例多少是合适的，需要根据实际问题来透过实验来验证。

程序实例 ch32_7_1.py：重新设计 ch32_6_1.py，将主成分分析 (PCA) 应用于手写数字数据集，这可以帮助你降低特征维度，从而减少计算成本和内存需求，而在这个程序中降低 40% 的维度，也就是保留 60% 维度。

```
1   # ch32_7_1.py
2   from sklearn import datasets
3   from sklearn.model_selection import train_test_split
4   from sklearn.ensemble import RandomForestClassifier
5   from sklearn.metrics import accuracy_score
6   from sklearn.decomposition import PCA
7
8   digits = datasets.load_digits()
9
10  # 分割数据为训练集和测试集
11  X_train, X_test, y_train, y_test = train_test_split(digits.data,
12                  digits.target, test_size=0.2, random_state=9)
13
14  # 创建PCA对象，n_components表示生成分数量
15  pca = PCA(n_components=0.6, random_state=9)     # 保留60%的变异性
16
17  # 在训练集上执行PCA
18  X_train = pca.fit_transform(X_train)
19
20  # 在测试集上应用相同的PCA转换
21  X_test = pca.transform(X_test)
22
23  # 创建随机森林分类器
24  clf = RandomForestClassifier(random_state=9)
25
26  # 使用训练数据来训练模型
27  clf.fit(X_train, y_train)
28
29  # 预测训练集和测试集的结果
30  y_train_pred = clf.predict(X_train)
31  y_test_pred = clf.predict(X_test)
32
33  # 计算并输出训练集和测试集的准确度
34  train_accuracy = accuracy_score(y_train, y_train_pred)
35  test_accuracy = accuracy_score(y_test, y_test_pred)
36  print('经过 PCA 处理，保留 60% 变异性随机森林 Random Forest 辨识')
37  print(f'训练数据的准确度 : {train_accuracy:.3f}')
38  print(f'测试数据的准确度 : {test_accuracy:.3f}')
```

执行结果

```
==================== RESTART: D:\Machine\ch32\ch32_7_1.py ====================
经过 PCA 处理，保留 60% 变异性随机森林   Random Forest 辨识
训练数据的准确度 : 1.000
测试数据的准确度 : 0.922
```

在使用 PCA 和随机森林的情况下，我们观察到测试准确度有所下降，这可能是由于以下一些原因：

● 信息遗失：PCA 尽管能保留数据中最重要的变异部分，但在降维的过程中，一些可能对预测有贡献的信息可能被去除，尤其是在你选择保留 60% 的主成分时。在某些情况下，这些遗失的信息可能影响模型性能。

● 随机森林的抗噪能力：随机森林本身就具有很好的抗噪能力和抗过拟合能力，因此 PCA 的降维和去噪可能对随机森林的性能提升没有太大帮助。反而 PCA 可能导致一些有用的信息遗失，影响模型性能。

● 模型的复杂性：随机森林是一种较为复杂的模型，能够拟合出较为复杂的决策边界。当数据维度降低时，数据的复杂性可能会降低，使得随机森林的优势无法完全发挥。

总的来说，PCA 和模型选择之间需要取得一种平衡。在一些情况下，降维可能会提高模型性能，但在其他情况下，可能会遗失一些重要的信息。最好的策略是进行交叉验证，试验不同的 PCA 保留比例，以找到最适合问题的设定。

32-4 人脸辨识——人脸数据 Labeled Faces in the Wild

LFW 的英文全名是"Labeled Faces in the Wild"，这个数据集是马萨诸塞大学阿默斯特分校

(University of Massachusetts Amherst) 所开发的一个面向人脸识别问题的公开数据集。这个数据集是从网络收集的，总共有 13000 张人脸图像，涵盖了 5749 位公众人物。LFW 数据集的主要特点是收集了各种真实世界条件下的人脸图片，这些条件包括照明、面部表情、姿态等。此外，对于每个人物，数据集也尝试收集在不同时间、不同场景下的照片，以确保图像的多样性，这些都使得这个数据集非常适合用于训练和测试人脸识别算法。

LFW 数据集的另一个重要特点是其标签的可信度非常高，由于数据集的创建者们非常谨慎地对每一张图像进行了标注，并且严格检查了所有的标签，因此在这个数据集中发现标签错误的可能性非常小。因此，无论是从数据多样性、真实世界的复杂性，还是标签的准确性上来看，LFW 数据集都是人脸识别研究的重要资源。

32-4-1 认识人脸数据 LFW

LFW 人脸数据集已经被收录在 Scikit-learn 模块，可以使用 fetch_lfw_people( ) 函数获得这个数据集的内容，在呼叫这个函数时，可以使用下列常用的参数，选择我们需要的数据：

- min_faces_per_person：预设是 0，这个参数可以让你选择只要那些至少有一定数量照片的人，例如：如果你设定 min_faces_per_person=70，那么只有那些至少有 70 张照片的人会被选中。
- resize：预设是 0.5，这个参数可以让你改变所有图片的大小，例如：如果你设定 resize=0.5，那么所有的图片都会被缩小到原来的 50%。
- color：这个参数可以让你选择是否要将图片转换成灰阶，如果你设定 color=True，那么你会得到彩色的图片。如果设定 color=False，你会得到灰阶的图片，默认是 False。

当你呼叫 fetch_lfw_people( ) 函数后，它会返回一个类似字典的对象，该对象有下列属性可以使用：

- data：数据矩阵，形状为 (n_samples, h * w * c)，其中 n_samples 是样本数量，h 和 w 是图片的高和宽，c 是色彩通道数量。此属性是一个二维数组，每一列都代表一张图片，而图片已经被展平为一维数组。这样的形式方便直接使用在大多数的机器学习算法中。
- images：数据矩阵，形状为 (n_samples, h, w, c)，其中 n_samples 是样本数量，h 和 w 是图片的高和宽，c 是色彩通道数量。此属性是一个四维数组，每一个元素都代表一张图片，且这张图片仍然保留其原始的形状，没有被展平。这样的形式特别适合用在需要保留空间结构信息的机器学习算法中，如卷积神经网络 (CNN)。
- target：目标标签，形状为 (n_samples,)。它包含了每一个样本 (或者说每一张图片) 对应的标签，这些标签的数据格式是整数，每一个整数代表一个类别，这样的形式适合直接用于训练机器学习模型。
- target_names：目标名称，这是一个形状为 (n_classes,) 的一维数组，其中 n_classes 是类别的数量。它包含了每一个类别对应的名称，也就是说，这些名称与 target 中的整数一一对应，可以通过 target 中的整数找到对应的名称。例如：如果一个样本的标签是整数 3，那么可以透过 target_names[3] 找到这个标签对应的名称。
- DESCR：包含了数据集的描述信息。

程序实例 ch32_8.py：使用 sklearn 的 fetch_lfw_people( ) 函数来加载 LFW 数据集，并使用 matplotlib 来显示前 15 张人脸图片。同时这个程序也将显示此数据集的图片数量、每张图片的特征数量和图片的标签数量。

```
1   # ch32_8.py
2   from sklearn.datasets import fetch_lfw_people
3   import matplotlib.pyplot as plt
4
5   # 下载 LFW 数据集
6   lfw_people = fetch_lfw_people(resize=0.4)
7
8   # 数据集的基本信息
9   n_samples, h, w = lfw_people.images.shape
10  n_features = lfw_people.data.shape[1]
11  n_classes = len(lfw_people.target_names)
12
13  print(f"图片数量       : {n_samples}")
14  print(f"图片特征数量   : {n_features}")
15  print(f"标签数量       : {n_classes}")
16  print(f"LFW描述\n{lfw_people.DESCR}")
17
18  # 显示前 10 张图片
19  fig, ax = plt.subplots(3, 5, figsize=(12, 9))
20
21  for i, axi in enumerate(ax.flat):
22      axi.imshow(lfw_people.images[i], cmap='bone')
23      axi.set(xticks=[], yticks=[],
24          xlabel=lfw_people.target_names[lfw_people.target[i]])
25
26  plt.show()
```

执行结果

下列是 Python Shell 窗口的输出，没有完全打印。

```
========================= RESTART: D:\Machine\ch32\ch32_8.py =========================
图片数量       : 13233
图片特征数量   : 1850
标签数量       : 5749
LFW描述
.. _labeled_faces_in_the_wild_dataset:

The Labeled Faces in the Wild face recognition dataset
------------------------------------------------------

This dataset is a collection of JPEG pictures of famous people collected
over the internet, all details are available on the official website:

http://vis-www.cs.umass.edu/lfw/

Each picture is centered on a single face. The typical task is called
Face Verification: given a pair of two pictures, a binary classifier
must predict whether the two images are from the same person.

An alternative task, Face Recognition or Face Identification is:
given the picture of the face of an unknown person, identify the name
of the person by referring to a gallery of previously seen pictures of
identified persons.

Both Face Verification and Face Recognition are tasks that are typically
performed on the output of a model trained to perform Face Detection. The
most popular model for Face Detection is called Viola-Jones and is
implemented in the OpenCV library. The LFW faces were extracted by this
face detector from various online websites.

**Data Set Characteristics:**

==================   =======================
Classes                                 5749
Samples total                          13233
Dimensionality                          5828
Features          real, between 0 and 255
==================   =======================
```

上述程序第 6 行，在下载 LFW 数据集时没有使用参数 min_faces_per_person，所以会从第 1 张图片开始显示。从 Python Shell 窗口输出可以看到此数据集有 13233 张图片，标签数量只有 5749，这表示许多图片的标签是一样的，相当于有的人有许多图片在此数据集。

程序实例 ch32_8_1.py：重新设计 ch32_8.py，显示超过 20 张相同标签的图像。

```
5  # 下载 LFW 数据集
6  lfw_people = fetch_lfw_people(min_faces_per_person=20, resize=0.4)
```

执行结果

此程序省略了 Python Shell 的输出。

程序实例 ch32_8_2.py：重新设计 ch32_8.py，显示超过 70 张相同标签的图像。

```
5  # 下载 LFW 数据集
6  lfw_people = fetch_lfw_people(min_faces_per_person=70, resize=0.4)
```

执行结果

此程序省略了 Python Shell 的输出。

从上述执行结果可以看到，标签 Geroge W Bush 重复出现了许多次。

32-4-2 人脸辨识预测

我们可以使用许多监督学习的算法执行人脸辨识，这一节将使用 SVC 模块做人脸辨识。

程序实例 ch32_9.py：使用 SVC( ) 方法使参数 kernel='linear'，执行人脸辨识，所辨识的人脸限定了出现了超过 70 次，这个程序会分别输出训练数据集和测试数据集的准确度，同时输出前 20 个预期标签人名和预测标签人名。

```
1   # ch32_9.py
2   from sklearn.datasets import fetch_lfw_people
3   from sklearn.model_selection import train_test_split
4   from sklearn.preprocessing import StandardScaler
5   from sklearn.metrics import accuracy_score
6   from sklearn.svm import SVC
7
8   # 加载 LFW 数据集
9   lfw_people = fetch_lfw_people(min_faces_per_person=70, resize=0.4)
10
11  # 切割训练集和测试集
12  X_train, X_test, y_train, y_test = train_test_split(
13      lfw_people.data, lfw_people.target, test_size=0.2, random_state=42)
14
15  # 数据标准化
16  sc = StandardScaler()
17  X_train = sc.fit_transform(X_train)
18  X_test = sc.transform(X_test)
19
20  # 建立与训练 SVC 模型
21  svc = SVC(kernel='linear', random_state=42)
22  svc.fit(X_train, y_train)
23
24  # 在训练集和测试集上做预测
25  y_train_pred = svc.predict(X_train)
26  y_test_pred = svc.predict(X_test)
27
28  # 计算并印出训练集和测试集的准确度
29  train_accuracy = accuracy_score(y_train, y_train_pred)
30  test_accuracy = accuracy_score(y_test, y_test_pred)
31  print(f"训练数据集准确度 : {train_accuracy}")
32  print(f"测试数据集准确度 : {test_accuracy}")
33
34  # 列出前20笔数据的实际和预测的标签
35  for i in range(20):
36      print(f"真实名字: {lfw_people.target_names[y_test[i]]:20s},\
37          预测名字: {lfw_people.target_names[y_test_pred[i]]}")
```

执行结果

```
==================== RESTART: D:\Machine\ch32\ch32_9.py ====================
训练数据集准确度 : 1.0
测试数据集准确度 : 0.8643410852713178
真实名字: George W Bush        ,    预测名字: George W Bush
真实名字: George W Bush        ,    预测名字: George W Bush
真实名字: Tony Blair           ,    预测名字: Tony Blair
真实名字: George W Bush        ,    预测名字: George W Bush
真实名字: George W Bush        ,    预测名字: George W Bush
真实名字: Gerhard Schroeder    ,    预测名字: Gerhard Schroeder
真实名字: Colin Powell         ,    预测名字: Colin Powell
真实名字: George W Bush        ,    预测名字: George W Bush
真实名字: George W Bush        ,    预测名字: George W Bush
真实名字: George W Bush        ,    预测名字: George W Bush
真实名字: George W Bush        ,    预测名字: George W Bush
真实名字: Tony Blair           ,    预测名字: Tony Blair
真实名字: George W Bush        ,    预测名字: George W Bush
真实名字: George W Bush        ,    预测名字: George W Bush
真实名字: George W Bush        ,    预测名字: George W Bush
真实名字: Gerhard Schroeder    ,    预测名字: Gerhard Schroeder
```

从上述执行结果可以看到，训练数据集的准确度是完美的 1.0，测试数据集的准确度则是约 0.864，虽然训练数据集有过拟合的现象，但是测试数据集仍是一个非常好的结果。

32-4-3 加上 PCA 的人脸辨识

人脸辨识的图片特征数量很多，这一节笔者将图片的特征降维，然后观察执行结果。

程序实例 ch32_10.py：重新设计 ch32_9.py，使用 PCA 降低 10% 维度，将 SVC( ) 方法的参数改为使用 kernel='rbf'。

```
1  # ch32_10.py
2  from sklearn.datasets import fetch_lfw_people
3  from sklearn.model_selection import train_test_split
4  from sklearn.preprocessing import StandardScaler
5  from sklearn.metrics import accuracy_score
6  from sklearn.decomposition import PCA
7  from sklearn.svm import SVC
8
9  # 加载 LFW 数据集
10 lfw_people = fetch_lfw_people(min_faces_per_person=70, resize=0.4)
11
12 # 切割训练集和测试集
13 X_train, X_test, y_train, y_test = train_test_split(
14     lfw_people.data, lfw_people.target, test_size=0.2, random_state=42)
15
16 # 数据标准化
17 sc = StandardScaler()
18 X_train = sc.fit_transform(X_train)
19 X_test = sc.transform(X_test)
20
21 # 进行PCA降维，保留90%的信息
22 pca = PCA(n_components=0.9, whiten=True)
23 X_train_pca = pca.fit_transform(X_train)
24 X_test_pca = pca.transform(X_test)
25
26 # 建立与训练 SVC 模型
27 svc = SVC(kernel='rbf', random_state=42)
28 svc.fit(X_train_pca, y_train)
29
30 # 在训练集和测试集上做预测
31 y_train_pred = svc.predict(X_train_pca)
32 y_test_pred = svc.predict(X_test_pca)
33
34 # 计算并打印出训练集和测试集的准确度
35 train_accuracy = accuracy_score(y_train, y_train_pred)
36 test_accuracy = accuracy_score(y_test, y_test_pred)
37 print(f"训练数据集准确度 : {train_accuracy}")
38 print(f"测试数据集准确度 : {test_accuracy}")
39
40 # 列出前20笔数据的实际和预测的标签
41 for i in range(20):
42     print(f"真实名字: {lfw_people.target_names[y_test[i]]:20s},\
43                预测名字: {lfw_people.target_names[y_test_pred[i]]}")
```

执行结果

```
================= RESTART: D:\Machine\ch32\ch32_10.py =================
训练数据集准确度 : 0.9922330097087378
测试数据集准确度 : 0.8294573643410853
真实名字: George W Bush          ,        预测名字: George W Bush
真实名字: George W Bush          ,        预测名字: George W Bush
真实名字: Tony Blair             ,        预测名字: Tony Blair
真实名字: George W Bush          ,        预测名字: George W Bush
真实名字: George W Bush          ,        预测名字: George W Bush
真实名字: Gerhard Schroeder      ,        预测名字: George W Bush
真实名字: Colin Powell           ,        预测名字: Colin Powell
真实名字: George W Bush          ,        预测名字: George W Bush
真实名字: George W Bush          ,        预测名字: George W Bush
真实名字: George W Bush          ,        预测名字: George W Bush
真实名字: George W Bush          ,        预测名字: George W Bush
真实名字: Tony Blair             ,        预测名字: Tony Blair
真实名字: George W Bush          ,        预测名字: George W Bush
真实名字: George W Bush          ,        预测名字: George W Bush
真实名字: George W Bush          ,        预测名字: George W Bush
真实名字: George W Bush          ,        预测名字: George W Bush
真实名字: Gerhard Schroeder      ,        预测名字: Gerhard Schroeder
```

这个程序笔者没有延续使用 SVC( ) 方法的参数 kerel='linear'，原因是使用 kernel='rbf' 可以获得比较好的辨识结果。然后也发现如果降维数量太多，分类的辨识率就会变得比较差。其实上述训练数据集准确率是约 0.992，测试数据集的准确率是约 0.829，这也是不错的结果，尽管是有一些过拟合。

上述程序第 22 行在使用 PCA( ) 时，增加了 "whiten=True" 的参数，这是数据的前处理，称数据白化，可以复习 32-1-3 节。如果少了此设定，准确率将变得相对不好。

程序实例 ch32_10_1.py：重新设计 ch32_10.py，但减少白化设定 "whiten=True"。

```
22    pca = PCA(n_components=0.9)
```

执行结果

只列出部分结果。

```
==================== RESTART: D:\Machine\ch32\ch32_10_1.py ====================
训练数据集准确度：0.9446601941747573
测试数据集准确度：0.7713178294573644
```

程序实例 ch32_11.py：重新设计 ch32_10.py，但是在 Python Shell 窗口不做输出，而是在 PCA( ) 的 n_components=0.5, 0.6, 0.7, 0.8, 0.9 时，输出准确率。

```python
1  # ch32_11.py
2  from sklearn.datasets import fetch_lfw_people
3  from sklearn.model_selection import train_test_split
4  from sklearn.preprocessing import StandardScaler
5  from sklearn.metrics import accuracy_score
6  from sklearn.decomposition import PCA
7  from sklearn.svm import SVC
8  import matplotlib.pyplot as plt
9
10 # 加载 LFW 数据集
11 lfw_people = fetch_lfw_people(min_faces_per_person=70, resize=0.4)
12
13 # 切割训练集和测试集
14 X_train, X_test, y_train, y_test = train_test_split(
15     lfw_people.data, lfw_people.target, test_size=0.2, random_state=42)
16
17 # 数据标准化
18 sc = StandardScaler()
19 X_train = sc.fit_transform(X_train)
20 X_test = sc.transform(X_test)
21
22 # 一组预先定义好的 PCA 的 n_components 值
23 components = [0.5, 0.6, 0.7, 0.8, 0.9]
24 train_accuracies = []
25 test_accuracies = []
26
27 for component in components:
28     # 进行PCA降维
29     pca = PCA(n_components=component, whiten=True)
30     X_train_pca = pca.fit_transform(X_train)
31     X_test_pca = pca.transform(X_test)
32
33     # 建立与训练 SVC 模型
34     svc = SVC(kernel='rbf', random_state=42)
35     svc.fit(X_train_pca, y_train)
36
37     # 在训练集和测试集上做预测并计算准确度
38     y_train_pred = svc.predict(X_train_pca)
39     y_test_pred = svc.predict(X_test_pca)
40     train_accuracy = accuracy_score(y_train, y_train_pred)
41     test_accuracy = accuracy_score(y_test, y_test_pred)
42     train_accuracies.append(train_accuracy)
43     test_accuracies.append(test_accuracy)
44
45 # 绘制结果
46 plt.figure(figsize=(10, 6))
47 plt.plot(components, train_accuracies, marker='o', label='Training Accuracy')
48 plt.plot(components, test_accuracies, marker='o', label='Test Accuracy')
49 plt.title('Accuracy vs PCA Components')
50 plt.xlabel('PCA Components')
51 plt.ylabel('Accuracy')
52 plt.legend()
53 plt.grid()
54 plt.show()
```

执行结果

在实际应用机器学习的过程中，我们经常会遇到两种情况：

● 维度过高 (也被称为 "维度的诅咒")：当我们有大量的特征但是数据量相对较少时，模型可能会过拟合，因为模型可能会学习到一些并非真实现象的随机模式。在这种情况下，降维可以有助于减轻过拟合。

● 丢失重要信息：如果降维过度，我们可能会丢失一些重要的信息，这可能会导致模型的性能下降。

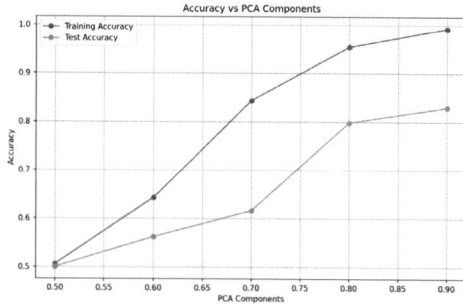

以程序实例 ch32_11.py 而言，可以确定在降维的过程，丢失了重要信息，因此降越多维度，准确率越差。所以在进行降维时，一个重要的问题是要找到一个平衡点，既能够减少过拟合，又能够保留足够的信息来让模型有好的性能。PCA 的参数 n_components 是一个可以调整的参数，其用于控制降维的程度。在实际应用中，我们通常需要尝试不同的 n_components 值，以找到最佳的设定。

第 33 章
阶层式分层
（以小麦数据、老实泉为例）

阶层式聚类 (hierarchical clustering) 是一种非监督式机器学习方法，常用于统计学，尤其在探索性数据分析和机器学习领域。

33-1　认识阶层式聚类

阶层式聚类的方法是将数据点组织成一个由嵌套集群组成的树形图，这种图被称为树形图 (dendrogram)。阶层聚类有两种主要类型：

- 凝聚型 (agglomerative)：这是一种"自底向上"的策略。开始时，每个点都被视为一个单独的群集，然后在每个阶段，相似度 (或距离) 最近的群集将被合并在一起，这一过程重复进行，直到所有的点都在一个群集中为止，这将是本章的主要内容。
- 分裂型 (divisive)：这是一种"自顶向下"的策略。开始时，所有的点都在一个群集中，然后在每个阶段，最不相似 (或距离最远) 的点将被分裂出去，形成新的群集，这一过程重复进行，直到每个点都成为一个单独的群集为止。其实第 31 章所介绍的 K 均值聚类，也算是分裂型聚类的方法。此外，第 34 章要介绍的 DBSCN 方法，也算是一种分裂型聚类。

阶层式聚类方法需要一种衡量两个群集之间相似度 (或距离) 的方式，最常用的距离单位是欧几里得距离 (Euclidean distance)。在两个群集合并或分裂时，还需要一种称为链接 (linkage) 的规则来决定如何计算群集间的距离，常见的有最短距离 (single linkage)、最长距离 (complete linkage)、平均距离 (average linkage) 和中心距离 (centroid linkage)。

阶层式聚类的优点包括：

- 不需要事先确定群集的数量。
- 可以产生树形图，便于可视化和解释。

阶层式聚类的缺点包括：

- 对于大型数据集，计算量可能非常大。
- 一旦决定合并或分裂，就不能再改变，也就是说，该算法没有回溯能力。

阶层式聚类常用于生物信息学 (如基因表达数据分析)、数据挖掘、市场研究等领域。

33-2　凝聚型聚类

33-2-1　凝聚型聚类定义

凝聚型聚类是一种阶层性聚类的策略，是一种"自底向上"的方法。以下是该方法的详细步骤：

(1) 初始化：开始时，假定每个数据点都是自己的群集，也就是说，如果我们有 N 个数据点，那么我们有 N 个群集。

(2) 计算所有群集间的距离：群集间的距离可以用多种方式计算，比如欧几里得距离、曼哈顿距离等。我们还需要一种称为链接 (linkage) 的方法来计算群集之间的距离，常见的方法包括最短距离 (single linkage)、最长距离 (complete linkage)、平均距离 (average linkage)、中心距离 (centroid linkage)。

(3) 合并最近的群集：找到距离最近的两个群集，并将它们合并成一个新的群集，这样群集的总数就减少了一个。

(4) 重复步骤 (2) 和 (3)：更新新群集与其他所有群集的距离，然后再次找到最近的群集并合并。重复这一过程，直到所有的数据点都在一个群集中为止。

(5) 生成树形图 (dendrogram)：每一次合并都可以在树形图中表示，最终生成一个树状结构，显示数据点如何一步一步合并的过程。

这种方法的主要优点是我们不需要事先知道要形成的群集数量，并且可以生成一个树形图，方便我们理解数据的结构。然而，它也有一些缺点，如对于大型数据集，其计算量可能会非常大，并且一旦数据点被合并，就不能再次分开。

33-2-2 简单实例解说 linkage( ) 方法

这一节将以简单的实例解说凝聚型聚类所使用的 linkage( ) 方法，这个方法会回传二维数组，此数组记载着群集凝聚过程。首先读者需了解 Scipy 模块的 linkage( ) 方法，此方法的语法如下：

from scipy.cluster.hierarchy import linkage

...

linked = linkage(y, method, metric)

上述方法会回传二维数组矩阵，此例是回传给 linked，此矩阵会说明凝聚的步骤。此方法内有三个参数，意义如下：

- y：是一个 1 维或 2 维的矩阵，如果 y 是一个 1 维的矩阵，则它被视为观察点间距离的向量，并且我们将使用此向量来创建距离矩阵。如果 y 是一个 2 维矩阵，则我们假设 y 已经是观察点的特征矩阵，我们将计算此矩阵的距离矩阵。

- method：这是聚类算法的链接准则，即我们如何决定群集之间的距离。预设是 'single'(单链接法，群集间距离定义为两群集中最近的两点间的距离)，也可以是 'complete'(完全链接法，群集间距离定义为两群集中最远的两点间的距离)、'average'(平均链接法，群集间距离定义为两群集间所有点间的平均距离)、'ward'(华德法，群集间距离定义为两群集合并后产生的方差增加值) 等。

- metric：这是用于计算观察点间距离的度量方法，预设是 'euclidean'(欧几里得距离)。

程序实例 ch33_1.py：解释 scipy.cluster.hierarchy 模块的 linkage( ) 方法。

```
1  # ch33_1.py
2  import numpy as np
3  from scipy.cluster.hierarchy import linkage
4
5  # 定义一组简单的二维数据点
6  data = np.array([[1, 2],
7                   [1, 4],
8                   [1, 0],
9                   [4, 2],
10                  [4, 4],
11                  [4, 0],
12                  [10, 2],
13                  [10, 4]])
14
15  # 进行凝聚性聚类
16  linked = linkage(data, 'single')
17  print(linked)
```

执行结果

```
============ RESTART: D:/Machine/ch33/ch33_1.py ============
[[ 0.  1.  2.  2.]
 [ 2.  8.  2.  3.]
 [ 3.  4.  2.  2.]
 [ 5. 10.  2.  2.]
 [ 6.  7.  2.  2.]
 [ 9. 11.  3.  6.]
 [12. 13.  6.  8.]]
```

上述程序将输出一个二维数组，每一行 (row) 代表一次聚类的合并。此数组包含四个元素：

(1) 第一个被合并的群组索引。

(2) 第二个被合并的群组索引。

(3) 合并后的新群集的距离，这个数字也被称为群集的"高度"。

(4) 新群集中的样本或点的数量。

在一开始，每一个点都被视为一个单独的群组，索引为它们在原始数据集中的位置 (从 0 开始)。当两个群组合并成一个新群组时，新群组被指定为一个新的索引，从 n(原始数据点的数量) 开始，并逐渐递增。例如，在一个包含 8 个观察值的数据集中，初始索引将是 0 到 7，第一次合并的新群组索引为 8，第二次合并的为 9，依此类推。

举例来说，假设你的输出数组的第一行是 [0. 1. 2. 2.]，这代表原始数据的第 0 个和第 1 个索引值 [即点 (1,2) 和 (1,4)] 已被合并成一个新群集，这两个群集 (点) 之间的距离是 2，新群组有 2 个成员。然后新合并的群组，被归为索引 8。这个合并的依据是最短的欧几里得距离，例如：索引为 0 的群集 (点) 与索引为 1 的群集 (点)，欧几里德距离是 2，计算公式如下：

索引为 0 的点和索引为 1 的点之间的距离 $= \sqrt{(x_2 - x_1)^2 + (y_2 - y_1)^2} = \sqrt{(1-1)^2 + (4-2)^2} = 2$

索引为 0 的点和索引为 2 的点之间的距离 = 2

索引为 0 的点和索引为 3 的点之间的距离 = 3

索引为 1 的点和索引为 2 的点之间的距离 = 4

...

因为上述计算关系，索引为 0 的点和索引为 1 的点之间的距离最短，所以会先合并索引为 0 的点和索引为 1 的点，上述模式会持续到所有数据点都被合并到一个群组中。点合并后使用 {0,1} 称呼此群集，这个新合并的群集被给予新索引 8。

33-2-3　单链接法说明

如果我们使用单链接法 (single linkage)，两个群集之间的距离定义为群集中最接近的两个点之间的距离。换句话说，该距离是群集 1 中的一个点与群集 2 中的一个点之间所有可能的距离的最小值。举例来说，如果我们有两个群集 {4,5,6} 和 {1,2,3}：

(1) 我们需要计算群集 {4,5,6} 中的每一个点与群集 {1,2,3} 中的每一个点之间的距离。

(2) 在这些距离中，我们选择最短的距离，这就是群集 {4,5,6} 和群集 {1,2,3} 之间的距离。

(3) 相同的方法适用于计算其他群集之间的距离。

然后，我们可以将距离最短的两个群集合并在一起，形成一个新的群集。这就是使用单链接法凝聚型聚类的过程。

同样地，如果我们使用完全链接法 (complete linkage) 或平均链接法 (average linkage)，我们将分别选择最大距离或平均距离作为群集之间的距离。

33-2-4　简单实例解说聚类方法

要绘制树形图表可以使用 Scipy 模块的 dendrogram( ) 方法，此方法的语法如下：

from scipy.cluster.hierarchy import dendrogram

...

scipy.cluster.hierarchy.dendrogram(Z, p, orientation, labels, distance_sort, show_leaf_counts)

上述方法可以绘制图表，几个主要参数意义如下：

- Z：由 linkage( ) 函数返回的阶层聚类结果。这是一个 (n-1) 行 (row)，4 个元素的数组 (n 是数据点的数量)，每一行表示一次合并，每一行分别表示两个合并的群组的编号、新群组的距离，以及新群组的成员总数。
- p：在树形图的最后一层显示的最大群组数。
- orientation：树形图的方向，可以是 'top'、'bottom'、'left' 或 'right'。
- labels：一个用于标记叶节点的列表。
- distance_sort：如果为 'descending'，则在每次分支时，距离较大的分支将首先被创建。
- show_leaf_counts：如果为 True，则在每个节点下方显示其叶节点的数量。

程序实例 ch33_2.py：用 8 个数据点解说凝聚型聚类过程。

```
1  # ch33_2.py
2  import numpy as np
3  from scipy.cluster.hierarchy import dendrogram, linkage
4  import matplotlib.pyplot as plt
5
6  # 定义一组简单的二维数据点
7  data = np.array([[1, 2],
8                   [1, 4],
9                   [1, 0],
10                  [4, 2],
11                  [4, 4],
12                  [4, 0],
13                  [10, 2],
14                  [10, 4]])
15
16  # 进行凝聚性聚类
17  linked = linkage(data, 'single')
18
19  # 绘制树形图
20  plt.figure(figsize=(10, 7))
21  dendrogram(linked,                          # linkage()输出
22             orientation='top',               # 树状方向
23             labels=range(0, 8),              # 原节点标记 0 ~ 7
24             distance_sort='descending',      # 分支往下排序
25             show_leaf_counts=True)           # 显示叶节点数量
26  plt.show()
```

执行结果

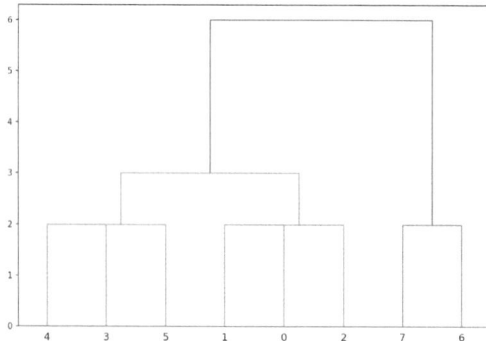

注 上述纵轴 (y) 代表的是距离，横轴 (x) 是数据点。

上述程序的工作原理是，首先，我们计算每对数据点之间的距离。我们可以看到，数据点 1 和 0 之间的距离为 2(在 y 轴上的距离)，数据点 2 和 0 之间的距离也为 2(在 y 轴上的距离)。由于这两对数据点之间的距离最短，所以我们首先合并数据点 1 和 0，可以用 {0,1} 表示，然后再合并数据点 2 和 {0,1}。现在在我们有了一个新的群集 {0,1,2}，以及其余的独立数据点 3,4,5,6,7。

接下来，我们要更新新群集与其余所有群集和数据点之间的距离。根据单链接的原则 (即群集间距离等于群集中最接近的两个数据点间的距离)，新群集 {0,1,2} 与数据点 3 之间的距离为 3(即数据点 0 和数据点 3 之间的距离)，与数据点 4 之间的距离为 3，与数据点 5 之间的距离为 3，

与数据点 6 之间的距离为 9，与数据点 7 之间的距离为 9。然后，我们看到数据点 3 和 4 之间的距离为 2，数据点 3 和 5 之间的距离为 2，这两对数据点之间的距离最短，所以我们合并数据点 3 和 4，得到 {3,4}。然后合并数据点 {3,4} 和 5，得到 {3,4,5}。接着 {0,1,2} 和 {3,4,5} 合并，得到 {0,1,2,3,4,5}。现在，我们有两个群集 {0,1,2,3,4,5} 和 {6,7}。

最后，这两个群集之间的最短距离为 5(即数据点 3 和数据点 6 之间的距离)，所以我们将这两个群集合并。因此，所有的数据点最终被合并成一个群集 {0,1,2,3,4,5,6,7}。这就是凝聚型聚类的过程。

33-2-5　聚类方法 ward( )

Scipy 模块还有提供另一个比较简单的聚类方法 ward( )，其语法如下：

scipy.cluster.hierarchy.ward

…

linked = ward(y)

ward( ) 函数使用最小方差方法进行阶层聚类。该函数根据输入参数类型的不同进行不同的处理：

● y: 如果 y 是一维数组，则被认为是观察间的距离向量，将被转换为距离矩阵进行计算。如果 y 是二维数组，则被视为观察的向量集，并将其转换为欧几里得距离矩阵，参数 y 是必需的。

该函数返回一个链接矩阵 Z，此矩阵具有 $(n-1)$ 行 (row) 和 4 个元素。其中，n 是传递给 ward( ) 群集的数量，可想成数据点的数量。对于 i 在 0, 1, …, $n-2$ 范围内，$Z[i, 0]$ 和 $Z[i, 1]$ 是聚合的集群的标识符（即树的节点），$Z[i, 2]$ 是这两个集群之间的距离，$Z[i, 3]$ 是在每个组成的集群中的观察值的数量。

程序实例 ch33_3.py：使用 ward( ) 取代 linkage( ) 重新设计 ch33_2.py。

```python
1  # ch33_3.py
2  import numpy as np
3  from scipy.cluster.hierarchy import dendrogram, ward
4  import matplotlib.pyplot as plt
5
6  # 定义一组简单的二维数据点
7  data = np.array([[1, 2],
8                   [1, 4],
9                   [1, 0],
10                  [4, 2],
11                  [4, 4],
12                  [4, 0],
13                  [10, 2],
14                  [10, 4]])
15
16 # 进行凝聚性聚类
17 linked = ward(data)
18 print(linked)
19
20 # 绘制树形图
21 plt.figure(figsize=(10, 7))
22 dendrogram(linked,                          # linkage()输出
23            orientation='top',               # 树状方向
24            labels=range(0, 8),              # 原节点标记 0 ~ 7
25            distance_sort='descending',      # 分支往下排序
26            show_leaf_counts=True)           # 显示叶节点数量
27 plt.show()
```

执行结果

```
==================== RESTART: D:/Machine/ch33/ch33_3.py ====================
[[ 0.          1.          2.          2.        ]
 [ 3.          5.          2.          2.        ]
 [ 6.          7.          2.          2.        ]
 [ 2.          8.          3.46410162  3.        ]
 [ 4.          9.          3.46410162  3.        ]
 [11.         12.          5.19615242  6.        ]
 [10.         13.         13.10534242  8.        ]]
```

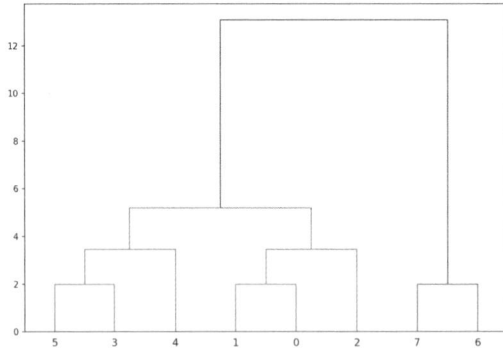

ward( ) 和 linkage( ) 都是在 scipy.cluster.hierarchy 模块中的阶层聚类函数，不过两者在使用和功能上有一些差异：

● 指定距离计算方式的差异：ward( ) 函数仅实现了基于最小方差的凝聚型阶层聚类，即 ward( ) 方法会假设每个集群中的数据点都均匀地分布在空间中，并且尝试将最小化新生成的集群内变量的方差。因此，ward( ) 函数仅能用于欧基里得距离矩阵。另一方面，linkage( ) 函数则提供了更多的弹性。它可以使用多种不同的方法来计算群聚之间的距离，包括 'single'、'complete'、'average'、'weighted'、'centroid'、'median' 和 'ward'。

● 输入数据的差异：对于 ward( ) 函数，如果输入是一个 2D 矩阵，则它将被视为观察的向量集，并将其转换为欧氏距离矩阵。如果输入是一个 1D 矩阵，则它将被视为观察的距离向量，并将其转换为距离矩阵。而 linkage( ) 函数则更为灵活，它可以接受观察矩阵或距离矩阵，并根据指定的方法来计算群聚之间的距离。

总的来说，ward( ) 和 linkage( ) 都可以进行阶层聚类，但 linkage( ) 函数提供了更多的选择和灵活性。在特定的情况下，如使用 ward( ) 的方法并且数据符合该方法的假设，则 ward( ) 函数可能是一个更简单的选择。然而，如果需要更广泛的距离计算方法，或者数据可能不符合 ward( ) 的方法的假设，则 linkage( ) 函数可能是更好的选择。

33-2-6　聚类数量的方法

在阶层式聚类 (hierarchical clustering) 中，我们通常使用树形图 (dendrogram) 来可视化并决定最适合的群数，以下是一些基本的规则和方法：

● 长度阈值：这种方法是根据连结间距离的长度来确定聚类的数量，在树形图上设定一个阈值，该阈值以下的连结将被视为聚类的基础。

● 组间差异最大化：寻找使各群之间的差异最大化的群数，这意味着寻找那些能使各群数据点的相似度最高，而各群之间的差异最大的群数。

请注意，以上的方法提供了一种基于树形图的可视化来决定群数的方式，但终究应该根据实际的数据和领域知识来确定最适合的群数。在某些情况下，树形图的结果可能并不能直接用来决定最适合的聚类数量，因此还需要结合其他的统计测量方法或者领域知识来判定。

程序实例 ch33_4.py：这是一个简单的实例，只绘制树形图，然后由树形图判断分类。这个实例数据集是使用随机数产生的，包含两个特征：年龄和收入。注：下一小节会扩充此实例。

```
1  # ch33_4.py
2  from scipy.cluster.hierarchy import linkage, dendrogram
3  import matplotlib.pyplot as plt
4  import numpy as np
5
6  # 生成顾客资料
7  np.random.seed(1)
8  age = np.random.randint(20, 70, 100)              #年龄从20到70之间随机数
9  income = np.random.randint(20000, 100000, 100)    #收入从20000到100000之间随机数
10 customers = np.array(list(zip(age, income)))
11
12 # 进行凝聚性聚类
13 Z = linkage(customers, method='ward')
14
15 # 绘制树形图
16 plt.figure(figsize=(10, 5))
17 dendrogram(Z, leaf_rotation=90, leaf_font_size=8)
18 plt.show()
```

執行結果

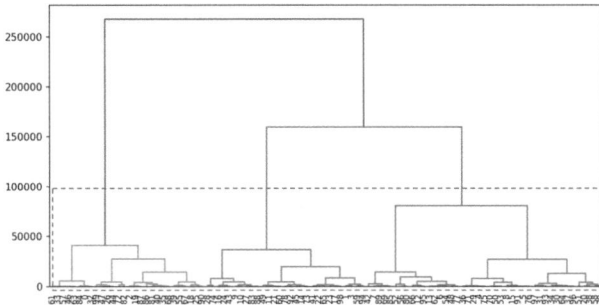

从上图看可以将树状分成 3 个群集。

33-2-7　凝聚型聚类 AgglomerativeClustering

AgglomerativeClustering 是 Scikit-Learn 机器学习库中的一个模块，该模块提供了进行凝聚型 (自底向上) 聚类的功能。其主要的语法和参数如下：

from sklearn.cluster import AgglomerativeClustering

…

cluster = AgglomerativeClustering(n_clusters, metric, linkage)

上述方法会回传凝聚型聚类对象，各常用参数意义如下：

● n_clusters：表示聚类结束后希望得到的群集数量，预设是 2。

● metric： 用 来 计 算 距 离 的 方 法， 可 以 是 'euclidean'、'l1'、'l2'、'manhattan'、'cosine' 或 'precomputed'。如果链接为 'ward'，则强制使用 'euclidean'。

● linkage：用来指定链接标准的方法，可以是 'ward'、'complete'、'average'、'single'。

完成上述 AgglomerativeClustering( ) 方法后，可以建立 cluster 对象 (cluster 是笔者自行命名的，可以更改)，此对象主要可以使用以下方法：

fit(X[, y])：用数据训练模型。

在呼叫 fit( ) 方法后，cluster 对象有以下重要的属性：

labels_：每个样本的群集标签。

n_clusters_：最终形成的群集的数量。

n_leaves_：分层树的叶节点的数量。

n_connected_components_：图的连通组件的数量。

children_：保存了分层树的连接结构。

注 AgglomerativeClustering( ) 所建立的对象，没有 predict( ) 方法。这是由于此算法是以训练数据集的特定结构来形成群集的，它并不建立一个可以将新的、未见过的数据点分配到群集的模型。

程序实例 ch33_4_1.py：延续 ch33_4.py，使用 n_clusters=3，将客户分成 3 个群集，然后绘制散点图，每个群集有各自的颜色。这是一个简单的实例，笔者使用 numpy 生成的顾客数据和 Scikit-learn 的 AgglomerativeClustering( ) 方法进行凝聚型阶层聚类。这个实例数据集包含两个特征：年龄和收入。这可能适合于一家商业公司划分其客户群体，以便更好地理解其目标市场并改善市场营销策略的场景。

```
1   # ch33_4_1.py
2   from sklearn.cluster import AgglomerativeClustering
3   import matplotlib.pyplot as plt
4   import numpy as np
5
6   # 生成顾客资料
7   np.random.seed(1)
8   age = np.random.randint(20, 70, 100)          #年龄从20到70之间随机数
9   income = np.random.randint(20000, 100000, 100)  #收入从20000到100000之间随机数
10  customers = np.array(list(zip(age, income)))
11
12  # 使用凝聚性聚类方法，设定回传 3 个群集
13  cluster = AgglomerativeClustering(n_clusters=3, metric='euclidean',
14                                    linkage='ward')
15  cluster.fit_predict(customers)
16
17  # 绘制图形
18  plt.rcParams["font.family"] = ["Microsoft JhengHei"]
19  plt.scatter(customers[:,0], customers[:,1], c=cluster.labels_, cmap='viridis')
20  plt.xlabel('年龄')
21  plt.ylabel('收入')
22  plt.show()
```

执行结果

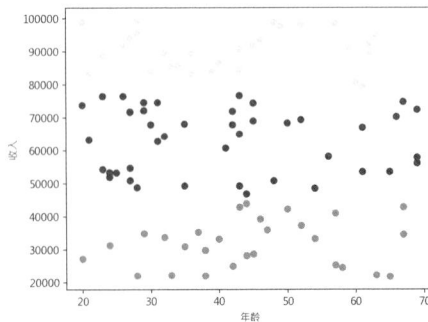

在这个范例中，我们首先生成了 100 个客户的年龄和收入数据。然后使用凝聚型聚类方法 (linkage='ward')，并指定我们希望找到的群体数量为 3。最后使用 matplotlib 将数据绘制出来，其中不同的颜色代表不同的群体。

这个简单的实例展示了如何使用阶层聚类分析进行客户聚类，但在实际的商业场景中，顾客数据往往不仅包含年龄和收入两个特征，可能还会有更多的特征，如购买历史、行为数据、地理位置等。此外，在实际应用中，还需要对数据进行标准化或正规化处理，以防止不同范围的特征对结果的影响。

33-3　小麦数据集 Seeds dataset

33-3-1　认识数据集 Seeds dataset

"Seeds dataset" 数据集包含了 8 种来自 3 种不同种类小麦的特征，最右边的特征是小麦分类，读者可以在 Kaggle 网站下载，本书附带的资源中有这个文件，名称是 "seeds_dataset.txt"，开启这个文件后可以看到图 33-1 所示内容。

15.26	14.84	0.871	5.763	3.312	2.221	5.22	1
14.88	14.57	0.8811	5.554	3.333	1.018	4.956	1
14.29	14.09	0.905	5.291	3.337	2.699	4.825	1
13.84	13.94	0.8955	5.324	3.379	2.259	4.805	1
16.14	14.99	0.9034	5.658	3.562	1.355	5.175	1

图 33-1　Seeds dataset 数据集

最右边字段是小麦的种类，3 种小麦分别是卡马瓦拉 (Kama)、罗莎 (Rosa) 和加拿大小麦 (Canadian)，每种各有 70 个样本，所以数据集总共有 210 个样本。与先前所介绍数据集不一样的是，在数据集内没有标记特征字段。这 8 个特征分别是：

● 面积 (Area)。
● 周长 (Perimeter)。
● 粗糙度 (Compactness)。
● 长度 (Length)。
● 宽度 (Width)。
● 不对称系数 (Asymmetry coefficient)。
● 长度比 (Length groove)。
● 小麦种子分类。

这些特征在小麦种子辨识中都有重要作用，例如面积和周长可以提供种子的大小信息，而长度、宽度和长度比则可以提供种子形状的信息。最后，不对称系数和粗糙度可以提供种子外观的信息。

数据集的目的是透过这些特征来预测小麦的品种，因此这是一个典型的多类别分类问题。然而，因为每种特征都是连续的，所以这个数据集也常被用于回归分析或是聚类分析。在聚类分析中，我们不需要知道小麦的品种，而是透过算法来找出数据的内在结构或是群体，这也是本节的主题。

程序实例 ch33_5.py：读取 seeds_dataset.txt 数据集并进行初步的观察。这里将使用 Pandas 的 read_csv( ) 函数读取数据，然后使用 data.head( ) 和 data.describe( ) 方法查看数据的概览。此外使用 matplotlib 和 seaborn 模块来对数据进行可视化，进一步理解数据的分布和变量之间的关系。

注　这个程序会删除最右边的"小麦种子分类"特征。

```
1   # ch33_5.py
2   import pandas as pd
3   import matplotlib.pyplot as plt
4   import seaborn as sns
5
6   pd.set_option('display.max_columns', None)   # 显示所有字段
7   pd.set_option('display.width', 200)          # 设定显示宽度
8   pd.set_option('display.unicode.east_asian_width', True)
9   data = pd.read_csv('seeds_dataset.txt', sep='\t', header=None)
10  data.columns = ['面积', '周长', '粗造度', '长度',
11                  '宽度', '不对称系数', '长度比', '分类']
12
13  # 输出前 5 笔数据
14  print(data.head())
15
16  # 使用描述方法获得数据的统计信息
17  print(data.describe())
18
19  # 复制原始数据，删除 '分类' 特征，防止影响后续操作
20  data_without_class = data.copy()
21  data_without_class = data_without_class.drop('分类', axis=1)
22
23  # 使用箱形图查看每个特征的分布
24  plt.rcParams["font.family"] = ["Microsoft JhengHei"]
25  plt.figure(figsize=(12, 6))
26  sns.boxplot(data=data_without_class)
27  plt.title('特征分布的箱形图')
28  plt.show()
29
30  # 使用散点图矩阵查看配对特征之间的关系
31  sns.pairplot(data, hue='分类')
32  plt.show()
```

执行结果

```
================= RESTART: D:\Machine\ch33\ch33_5.py =================
     面积    周长    粗造度    长度    宽度   不对称系数   长度比   分类
0   15.26  14.84  0.8710  5.763  3.312   2.221   5.220    1
1   14.88  14.57  0.8811  5.554  3.333   1.018   4.956    1
2   14.29  14.09  0.9050  5.291  3.337   2.699   4.825    1
3   13.84  13.94  0.8955  5.324  3.379   2.259   4.805    1
4   16.14  14.99  0.9034  5.658  3.562   1.355   5.175    1
            面积          周长         粗造度           长度           宽度        不对称系数         长度比          分类
count  210.000000  210.000000  210.000000  210.000000  210.000000  210.000000  210.000000  210.000000
mean    14.847524   14.559286    0.870999    5.628533    3.258605    3.700201    5.408071    2.000000
std      2.909699    1.305959    0.023629    0.443063    0.377714    1.503557    0.491480    0.818448
min     10.590000   12.410000    0.808100    4.899000    2.630000    0.765100    4.519000    1.000000
25%     12.270000   13.450000    0.856900    5.262250    2.944000    2.561500    5.045000    1.000000
50%     14.355000   14.320000    0.873450    5.523500    3.237000    3.599000    5.223000    2.000000
75%     17.305000   15.715000    0.887775    5.979750    3.561750    4.768750    5.877000    3.000000
max     21.180000   17.250000    0.918300    6.675000    4.033000    8.456000    6.550000    3.000000
```

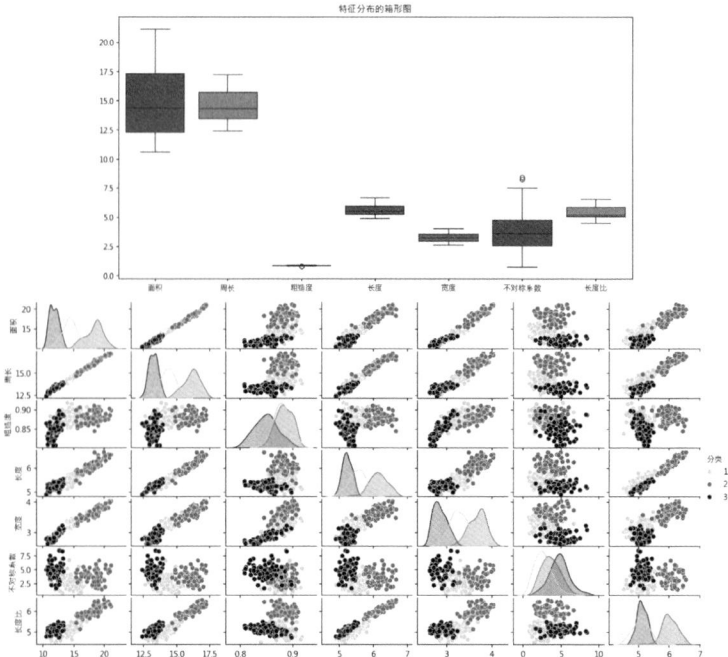

上述程序代码会对数据进行基本的探索性数据分析，我们首先输出前 5 行以及数据的一些基

本统计信息，如平均值、中位数、标准差等。然后绘制了一个箱形图来查看每个变量的分布，以及一个散点图矩阵来查看变量之间的相关性。在散点图矩阵中，按照类别变量 (即 Class) 对点进行着色，以便我们看到不同类别的数据点的分布情况。

33-3-2　凝聚型聚类应用在 Seeds dataset

程序实例 ch33_6.py：绘制 Seeds dataset 数据的树形图，因为 seeds_dataset.txt 数据最右边的是种子分类，所以执行绘制树形图前会先删除此特征。

```
1   # ch33_6.py
2   from scipy.cluster.hierarchy import dendrogram, linkage
3   from matplotlib import pyplot as plt
4   import pandas as pd
5
6   data = pd.read_csv('seeds_dataset.txt', sep='\t', header=None)
7
8   # 去除最右边的分类特征
9   data_without_class = data.iloc[:, :-1]
10
11  # 使用Scipy模块的linkage函数来获得聚类的树形图(Hierarchical tree)
12  linked = linkage(data_without_class, 'ward')
13
14  # 绘制树形图
15  plt.figure(figsize=(10, 7))
16  dendrogram(linked, orientation='top', distance_sort='descending',
17             show_leaf_counts=True)
18  plt.show()
```

执行结果

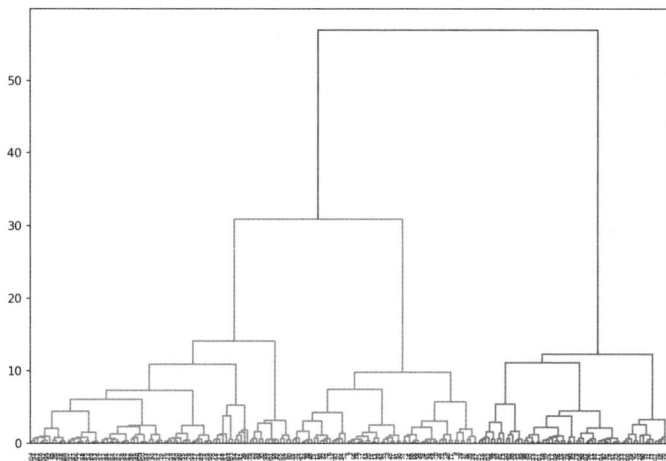

上面的程序实例中，我们先读取 Seeds dataset 数据集，使用欧几里得距离来计算数据点之间的距离，并使用 ward 方法来进行群体的合并。最后我们使用 Scipy 库的 linkage 和 dendrogram 函数来绘制树形图。这个树形图能帮助我们理解数据的结构，并选择合适的群体数量。在这个例子中，我们可以看到树形图中的长分支大致上对应于三个主要的群体，这与我们所设定的群体数量相吻合。

注　从上方树形图的 x 轴可以看到密密麻麻的数据，其实这是最原始的种子编号。

当然我们也可以，使用 AgglomerativeClustering( ) 方法执行聚类，然后将聚类结果储存，以未来方便监督学习，可以参考下列程序实例。

程序实例 ch33_7.py：扩充设计 ch33_6.py，使用 AgglomerativeClustering( ) 方法执行聚类，增加聚类 "cluster" 标签，同时将聚类结果储存至新的文件 seeds_classification.csv，读者可以将此和原先的小麦种子标签做比较，原先我们的聚类是从 0 开始计数，为了方便和原先小麦种子相同，所以程序也将聚类从 1 开始计数，可以参考第 23 行。

```python
1   # ch33_7.py
2   from sklearn.cluster import AgglomerativeClustering
3   from scipy.cluster.hierarchy import dendrogram, linkage
4   from matplotlib import pyplot as plt
5   import pandas as pd
6
7   # 定义列名称
8   column_names = ['面积','周长','粗造度','长度',
9                   '宽度','不对称系数','长度比', '分类']
10
11  # 读取数据并加上列名称
12  data = pd.read_csv('seeds_dataset.txt', sep='\t', header=None,
13                  names=column_names)
14
15  # 复制原始数据，删除 '分类' 特征，防止影响后续操作
16  data_without_class = data.copy()
17  data_without_class = data_without_class.drop('分类', axis=1)
18
19  # 使用凝聚型聚类
20  cluster = AgglomerativeClustering(n_clusters=3, metric='euclidean',
21                                  linkage='ward')
22  labels = cluster.fit_predict(data_without_class)
23  labels += 1                      # 聚类从 1 开始
24
25  # 将聚类结果新增到原始数据中
26  data['我的聚类'] = labels
27
28  # 将数据写回csv档案
29  data.to_csv('seeds_classification.csv', index=False, encoding='cp950')
30
31  # 使用Scipy模块的linkage函数来获得聚类的树形图(Hierarchical tree)
32  linked = linkage(data, 'ward')
33
34  # 绘制树形图
35  plt.figure(figsize=(10, 7))
36  dendrogram(linked, orientation='top', distance_sort='descending',
37          show_leaf_counts=True)
38  plt.show()
```

执行结果

省略输出树形图。

请用记事本开启 seeds_classification.csv，然后以 " BOM 的 UTF-8" 格式存储至 seeds_classification_bom.csv，就可以用 Excel 开启得到图 33-2 所示结果。

	A	B	C	D	E	F	G	H	I
1	面积	周长	粗造度	长度	宽度	不对称系数	长度比	分类	我的聚类
2	15.26	14.84	0.871	5.763	3.312	2.221	5.22	1	3
3	14.88	14.57	0.8811	5.554	3.333	1.018	4.956	1	3
4	14.29	14.09	0.905	5.291	3.337	2.699	4.825	1	3
5	13.84	13.94	0.8955	5.324	3.379	2.259	4.805	1	3

图 33-2　seeds_classification_bom.csv

从上述图表可以看到成功地执行了小麦种子聚类，且是从 1 开始的，聚类方式和原始小麦分类的标签不一定相同，不过可以看到大致相符合。

33-4　老实泉数据 Old Faithful Geyser Data

33-4-1　认识老实泉数据集

Old Faithful Geyser Data 数据集是一个有关美国黄石 (Yellowstone) 国家公园中 Old Faithful

老实泉爆发间隔与爆发持续时间的经典数据集，这一节笔者将使用此数据说明机器学习的聚类。在 Kaggle 平台输入 Old Faithful Geyser Data，就可以下载 OldFaithful.txt，本书附带的资源中有此文件，此文件内容如图 33-3 所示。

```
D Y  X
1 78 4.4
1 74 3.9
1 68 4.0
1 76 4.0
1 80 3.5
```

图 33-3　Old Faithful Geyser Data

上述文件有三个字段特征意义如下：

● D：这个字段特征其实是指 ID，也就是观察者的 ID 编号。

● Y：这个字段特征更适合的名称是 "Waiting"，表示老实泉两次连续爆发之间的等待时间，单位是分钟。

● X：这个字段特征更适合的名称是 "Eruptions"，表示每次老实泉爆发的持续时间，单位是分钟。

程序实例 ch33_8.py：读取 OldFaithful.txt，然后写入 oldfaithful.csv，同时抛弃 D 特征，将 Y 特征改为 Waiting，将 X 特征改为 Eruptions。

```python
1  # ch33_8.py
2  import pandas as pd
3
4  # 读取数据并更改域名
5  data = pd.read_csv('OldFaithful.txt', sep="\s+", skiprows=1,
6                     names=['Dropped', 'Waiting', 'Eruptions'])
7
8  # 抛弃不需要的字段
9  data = data.drop(['Dropped'], axis=1)
10
11  # 存储数据
12  data.to_csv('oldfaithful.csv', index=False)
13  print("成功将数据存储到 oldfaithful.csv 文件中!")
```

执行结果

```
===================== RESTART: D:\Machine\ch33\ch33_8.py =====================
成功将数据存储到 oldfaithful.csv 文件中!
```

上述程序代码将处理后的数据存储到同一目录下的 "oldfaithful.csv" 文件中，参数 index=False 可以防止 Pandas 在输出文件中写入行 (row) 索引，开启 oldfaithful.csv 可以得到图 33-4 所示结果。

	A	B
1	Waiting	Eruptions
2	78	4.4
3	74	3.9
4	68	4
5	76	4

图 33-4　oldfaithful.csv

程序实例 ch33_9.py：绘制老实泉的散点图，x 轴是老实泉爆发 (Eruptions) 持续时间，y 轴是老实泉等待 (Waiting) 时间，单位是分钟。

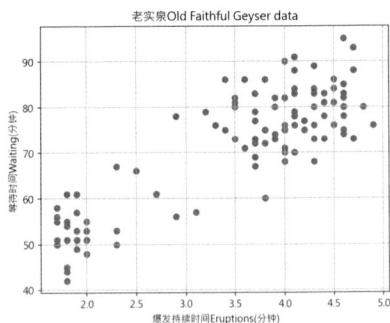

```
1  # ch33_9.py
2  import pandas as pd
3  import matplotlib.pyplot as plt
4
5  # 读取CSV文件
6  data = pd.read_csv('oldfaithful.csv')
7
8  # 创建散点图
9  plt.rcParams["font.family"] = ["Microsoft JhengHei"]
10 plt.scatter(data['Eruptions'], data['Waiting'])
11 plt.xlabel('爆发持续时间Eruptions(分钟)')
12 plt.ylabel('等待时间Waiting(分钟)')
13 plt.title('老实泉Old Faithful Geyser data')
14 plt.grid(True)
15 plt.show()
```

若是以上述散点图，可以从目视判断将老实泉数据分成 2 个群集，但是下一节将绘制树形图做判断。

33-4-2　绘制树形图

程序实例 ch33_10.py：绘制老实泉数据 oldfaithful.csv 的树形图。

```
1  # ch33_10.py
2  import pandas as pd
3  import matplotlib.pyplot as plt
4  from scipy.cluster.hierarchy import linkage, dendrogram
5  from sklearn.preprocessing import StandardScaler
6
7  # 读取CSV文件
8  data = pd.read_csv('oldfaithful.csv')
9
10 # 将特征进行标准化
11 scaler = StandardScaler()
12 data_scaled = scaler.fit_transform(data)
13
14 # 进行凝聚性聚类
15 Z = linkage(data_scaled, method='ward')
16
17 # 绘制树形图
18 plt.figure(figsize=(10, 5))
19 dendrogram(Z, leaf_rotation=90, leaf_font_size=8)
20 plt.show()
```

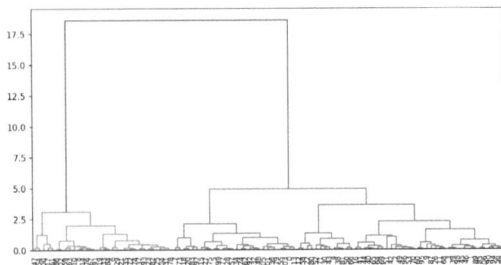

从上述执行结果看，将数据分成 2 或 3 个群集，皆可以获得不错的聚类效果。

33-4-3　凝聚型聚类应用在老实泉数据

这一节将会使用凝聚型聚类应用在老实泉数据，除了绘制散点图，也会将聚类结果储存至新的 csv 文件，以方便未来机器学习算法的监督学习。

程序实例 ch33_11.py：使用 Scikit-learn 模块的 AgglomerativeClustering( ) 方法对老实泉数

520

据集进行凝聚型聚类，并绘制散点图，最后将聚类结果用 class 标签特征写入新的 oldfaithful_with_class.csv 文件。

```
1   # ch33_11.py
2   import pandas as pd
3   import matplotlib.pyplot as plt
4   from sklearn.cluster import AgglomerativeClustering
5   from sklearn.preprocessing import StandardScaler
6   import numpy as np
7
8   data = pd.read_csv('oldfaithful.csv')
9
10  # 将特征进行标准化
11  scaler = StandardScaler()
12  data_scaled = scaler.fit_transform(data)
13
14  # 进行凝聚性聚类
15  cluster = AgglomerativeClustering(n_clusters=2)
16  data['class'] = cluster.fit_predict(data_scaled)
17
18  # 将结果写入新的CSV文件
19  data.to_csv('oldfaithful_with_class.csv', index=False)
20
21  # 绘制散点图，不同颜色表示不同的聚类
22  plt.rcParams["font.family"] = ["Microsoft JhengHei"]
23  colors = ['blue', 'green']
24  for i in range(2):
25      plt.scatter(data[data['class'] == i]['Eruptions'],
26                  data[data['class'] == i]['Waiting'],
27                  c=colors[i])
28
29  plt.xlabel('爆发持续时间Eruptions(分钟)')
30  plt.ylabel('等待时间Waiting(分钟)')
31  plt.title('老实泉Old Faithful Geyser data')
32  plt.show()
```

执行结果

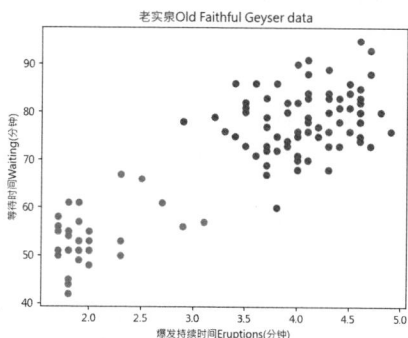

开启上述 oldfaithful_with_class.csv 文件，可以得到图 33-5 所示结果。

	A	B	C	D
1	Waiting	Eruptions	class	
2	78	4.4	0	
3	74	3.9	0	
4	68	4	0	
5	76	4	0	
6	80	3.5	0	
7	84	4.1	0	
8	50	2.3	1	
9	93	4.7	0	
10	55	1.7	1	

图 33-5　oldfaithful_with_class.csv

程序实例 ch33_12.py：使用凝聚型聚类，设定 n_clusters=2, 3, 4, 5，然后绘制散点图。

```python
1  # ch33_12.py
2  import pandas as pd
3  import matplotlib.pyplot as plt
4  from sklearn.cluster import AgglomerativeClustering
5  from sklearn.preprocessing import StandardScaler
6
7  # 读取数据集
8  data = pd.read_csv('oldfaithful.csv')
9
10 # 将特征进行标准化
11 scaler = StandardScaler()
12 data_scaled = scaler.fit_transform(data)
13
14 # 绘制4个子图
15 plt.rcParams["font.family"] = ["Microsoft JhengHei"]
16 fig, axs = plt.subplots(2, 2, figsize=(10, 10))
17
18 clusters = [2, 3, 4, 5]
19 for i, ax in enumerate(axs.flat):
20     # 进行凝聚聚类
21     cluster = AgglomerativeClustering(n_clusters=clusters[i])
22     data['class'] = cluster.fit_predict(data_scaled)
23
24     # 绘制散点图，不同颜色表示不同的聚类
25     for c in range(clusters[i]):
26         ax.scatter(data[data['class'] == c]['Eruptions'],
27                    data[data['class'] == c]['Waiting'],
28                    label=f'Cluster {c+1}')
29
30     ax.set_title(f'Old Faithful数据 - 凝聚聚类 - 群集数：{i+2}')
31     ax.set_xlabel('爆发持续时间Eruptions(分钟)')
32     ax.set_ylabel('等待时间Waiting(分钟)')
33     ax.legend()
34
35 plt.subplots_adjust(wspace=0.2, hspace=0.4)
36 plt.show()
```

执行结果

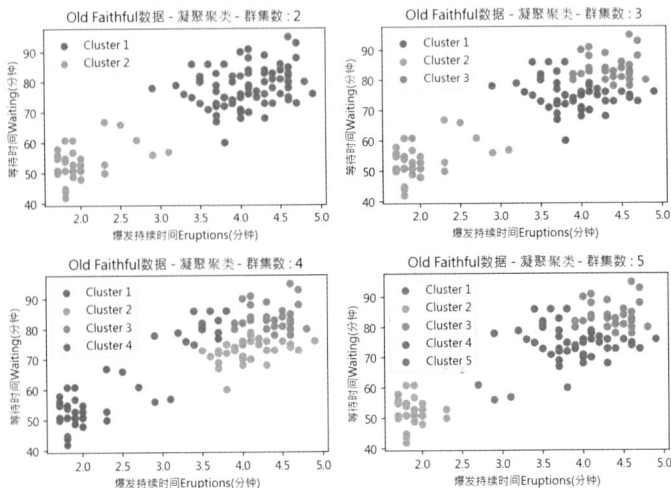

第 34 章
DBSCAN 算法（以购物中心客户分析为例）

34-1 DBSCAN 算法

DBSCAN (Density-Based Spatial Clustering of Applications with Noise) 是一种以密度为基础的空间聚类算法，DBSCAN 假设群集可以透过观察样本间的"密度"来定义。

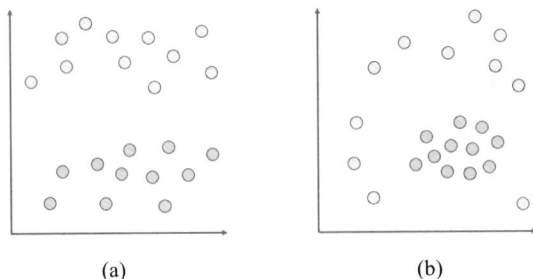

图 34-1　聚类

图 34-1(a) 中数据可以使用 K 均值或是阶层式聚类，执行聚类。图 34-1(b) 中数据如果使用 K 均值则不太适合，但是可以使用 DBSCAN 执行聚类，因为这个算法会依据特征密度进行聚类，将相邻近的点分成一个群集，而比较远的点则先分类成"噪声点"，未来"噪声点"可以加入其他群集。

34-1-1　DBSCAN 算法的参数概念

在 DBSCAN 算法中，必须认识两个重要的参数：

● Eps: Eps 在 DBSCAN 算法中代表"epsilon"，这个词来自希腊字母，通常在数学和科学中被用作一个小数值的代表。在 DBSCAN 算法中，Eps 是一个距离阈值，表示一个点要被视为另一个点的邻居时，两者之间的最大距离。

● MinPts：在 DBSCAN 算法中，MinPts 是一个重要的参数，它的英文全名是"Minimum Points"，中文可以解释为"最小点数"。MinPts 的设定，定义了一个点要被视为核心点所需的邻居点数量，这个最小点数的设定，确保了只有在"密度"足够大时，即邻近区域内的点数量够多，才会形成一个群集。

34-1-2　点的定义

在 DBSCAN 中，我们定义了三种类型的点：

● 核心点：如果在一个点的 Eps 半径内有 MinPts 或更多的邻居，则该点被称为"核心点"。例如：如果在一个点 P 的 Eps 半径内，含有 MinPts 数量 (或更多) 的其他点，我们就说点 P 是一个"核心点"，并可以与其半径范围内的其他点一起形成一个群集。

● 边缘点：如果一个点的 Eps 半径内的邻居数量小于 MinPts，但该点位于核心点的 Eps 半径内，则称之为"边缘点"。虽然它不能自己形成一个新的群集，但它还是会被纳入点 P 的群集，因为它与点 P 有足够的密度连接。

● 噪声点：如果一个点在其 Eps 半径内没有 MinPts 数量的点，并且它也不在任何其他核心点的 Eps 半径内，那么这个点就会被视为"噪声点"。简单地说一个点不属于任何群集，不是核心点，也不是边缘点，我们称为"噪声点"。

因此，DBSCAN 透过检视每一个点及其邻近区域的点的数量 (即密度) 来划聚类集。

34-1-3　算法的步骤

DBSCAN 算法的运行步骤如下：

(1) 参数设定：设定两个主要的参数，半径 Eps(epsilon) 和最小点数 MinPts(Minimum Points)。

(2) 选择点：选择数据集中的一个未被访问过的点。

(3) 区域查询：寻找选定点的 Eps 邻域，即与该点的距离小于 Eps 的所有点。

(4) 核心点、边缘点、噪声点的判定：

● 如果该点的 Eps 邻域中至少有 MinPts 个点，则将该点标记为核心点，并继续到下一步。

● 如果该点的 Eps 邻域中的点少于 MinPts 个，但该点在另一个核心点的 Eps 邻域内，则将该点标记为边缘点。

● 否则，将该点标记为噪声点 (在此阶段，这个标记可能在之后的步骤中被改变)，并返回步骤 (2)。

(5) 核心点的扩展：对于新找到的每一个点，寻找它的 Eps 邻域中的所有点，如果这些点的 Eps 邻域中也至少有 MinPts 个点，则将这些点也标记为核心点。

(6) 形成群集：所有找到的相关核心点和它们的 Eps 邻域内的点 (包括边缘点) 形成一个新的群集。

(7) 重复步骤：回到步骤 (2) 并选择一个新的未被访问过的点，重复步骤 (3) ～ (6)，直到所有的点都被访问过为止。这将创建一个新的群集，或者当没有新的群集可以被创建时结束算法。

这就是 DBSCAN 算法的整个运行步骤。这种算法的一个重要特性是，它不需要像 K 均值等算法一样，预先设定群集的数量。此外，DBSCAN 能够找到任意形状的群集，并可以识别出噪声点。但对于密度不同的数据集选择合适的 Eps 和 MinPts 参数，可能是一个挑战。

34-2　Scikit-learn 的 DBSCAN 模块

34-2-1　DBSCAN 语法

在 Scikit-learn 模块内的 DBSCAN 模块，是一个实现了 DBSCAN 算法的方法，此方法的语法如下：

from sklearn.cluster import DBSCAN
…

db = DBSCAN(eps, min_samples)

上述方法可以回传 db，当作 DBSCAN( ) 方法的实例对象，参数说明如下：

● eps：这个参数代表了 Eps，预设是 0.5，用来决定邻域的大小。在 DBSCAN 中，邻域被定义为与某点距离小于或等于 Eps 的所有点的集合，这个参数的选择会影响到 DBSCAN 的运行结果。

● min_samples：这个参数对应到 MinPts，预设是 5，用来决定一个点要被视为核心点所需的最小邻居点数。如果一个点的邻域中至少有 min_samples 个点，那么这个点就会被视为一个"核心点"。

有了实例对象 db 后，与前面的监督学习方法一样，可以呼叫 fit( ) 方法，同时将 X 放入 fit( ) 函数作群集分析。

db.fit(X)

使用 fit( ) 方法对输入的数据集 X 进行聚类，在这里 X 是一个二维的 numpy 数组，其中每一行 (row) 代表一个观测值，每一列 (column) 代表一个特征。

聚类的结果可以通过 labels_ 属性来获取，如下所示：

labels = db.labels_

labels_ 是一个一维的 numpy 数组，长度与输入的数据集 X 的行数 (row) 相同。对于 X 中的每一行 (row)，labels_ 中的相应位置将包含一个整数，这个整数表示该观测值所属的群集的标签。

注　如果标记 -1 表示此点距离每个群集皆很远，所以是 "噪声点"。

这就是 Scikit-learn 中的 DBSCAN 类的基本使用方法，在实际使用时，可能还需要对数据进行适当的预处理，例如标准化，以确保 DBSCAN 的运行时可以获得好的结果。

语法补充解说：

在 Scikit-learn 的 DBSCAN 语法中，并没有 predict( ) 方法，这是因为 DBSCAN 是一种以密度为基础的聚类算法，并非一种预测模型。

在执行 DBSCAN 的 fit( ) 方法后，每个样本点的群集标签可以透过对象的 labels_ 属性来获取。然而，DBSCAN 并不能预测新的、未见过的数据点应该被分配到哪个群集。这是因为 DBSCAN 并没有学习一个可以用于新数据的函数或模型；它仅仅以输入的数据点的密度分布来创建群集。

如果你需要对新的、未见过的数据点进行预测或分配到一个群集，可能需要使用其他的算法，例如第 31 章的 K 均值聚类，这两种方法都提供了 predict( ) 方法。

34-2-2　DBSCAN 算法基础实例

程序实例 ch34_1.py：生成交错半月群集数据，同时使用 DBSCAN 做聚类。

```
1  # ch34_1.py
2  import matplotlib.pyplot as plt
3  from sklearn.datasets import make_moons
4  from sklearn.cluster import DBSCAN
5
6  # 生成二维数据
7  X, y = make_moons(n_samples=200, noise=0.05, random_state=0)
8
9  # 建立 DBSCAN 对象，然后聚类
10 db = DBSCAN(eps=0.3, min_samples=5)
11 db.fit(X)
12
13 # 获取聚类结果，然后输出聚类的标签
14 labels = db.labels_
15 print(f'输出群集标签\n{labels}')
16
17 # 绘制原始数据
18 plt.subplot(121)
19 plt.scatter(X[:,0], X[:,1], s=3)
20 plt.title('Original Data')
21 plt.gca().set_aspect('equal')          # 1:1 的比例
22
23 # 绘制聚类结果
24 plt.subplot(122)
25 plt.scatter(X[:,0], X[:,1], c=labels, s=3)
26 plt.title('DBSCAN Clustering')
27 plt.gca().set_aspect('equal')          # 1:1 的比例
28
29 plt.subplots_adjust(wspace=0.4, hspace=0.4)
30 plt.show()
```

执行结果

```
========================= RESTART: D:\Machine\ch34\ch34_1.py =========================
输出群集标签
[0 1 1 0 1 1 0 1 0 1 0 1 1 0 0 0 1 0 0 0 1 1 0 1 0 1 1 1 0 0 1 1 0 1 1
 0 0 1 1 0 0 1 1 0 0 1 1 0 1 1 0 1 0 1 0 1 0 1 1 0 0 1 0 1 1 1 0 1 1
 1 0 1 0 1 1 0 1 1 0 0 1 1 0 1 0 1 1 1 1 1 0 1 0 0 0 1 1 1 0 0 1 0 0
 0 0 0 1 0 0 1 1 0 1 0 0 1 1 0 0 0 1 1 1 0 1 0 1 0 1 1 0 0 0 1 0 0
 0 1 1 0 0 0 1 1 0 1 1 0 1 1 0 1 1 1 0 0 0 1 1 1 0 0 0 1 0 1 1 1
 0 0 1 0 0 0 0 0 0 1 0 1 1 0 1]
```

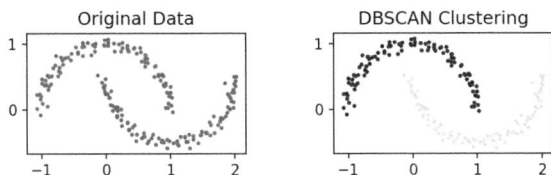

从上述实例看所输出的标签是 0 和 1 两类，所以可以知道这个实例是将数据分成 2 个群集。

程序实例 ch34_2.py：使用 make_blobs( ) 方法产生数据点，重新设计 ch34_1.py。

```
6  # 生成二维数据
7  X, y = make_blobs(n_samples=200, centers=2, random_state=0)
8
9  # 建立 DBSCAN 对象，然后聚类
10 db = DBSCAN(eps=0.3, min_samples=5)
11 db.fit(X)
```

执行结果

```
================ RESTART: D:\Machine\ch34\ch34_2.py ================
输出群集标签
[-1  0  4  1 -1  2 -1 -1  1 -1  0 -1 -1  3  7 -1 -1  1  4  4  5 -1 -1  1
 -1 -1 -1 -1  1  1 -1 -1  1 -1  5 -1 -1  5  6  2 -1 -1  0  6  6  1  3 -1
  8 -1 -1 -1 -1 -1  7 -1 -1  1 -1  0  1  4 -1  3 -1 -1  7 -1 -1 -1  2 -1  2
 -1  0 -1  4 -1 -1  1  5  6  7 -1 -1 -1  1  0  0 -1 -1 -1 -1  1  1
 -1  2 -1  5  2  4 -1  2 -1 -1 -1 -1  3 -1 -1  8  8 -1  4 -1 -1  1  1
 -1 -1  2 -1 -1  4  8 -1 -1  1 -1  4 -1  3  1 -1 -1  6 -1  8  2
 -1 -1  2 -1  7  1 -1  2 -1 -1 -1  2  1 -1 -1 -1 -1  1 -1  1 -1  6
 -1 -1 -1 -1 -1  6  1  8  8 -1 -1 -1 -1  1 -1  6  1  4 -1  5  3  0 -1
 -1  1 -1 -1 -1 -1  8  3]
```

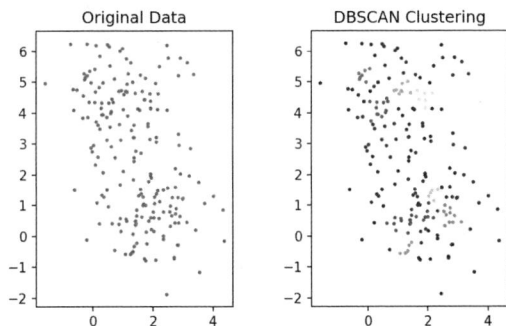

从上述 Python Shell 窗口可以看到输出标签有 −1, 0, …, 8，其中 −1 就是所谓的"噪声点"，其他则分成 0 ~ 8 之间共 9 个群集。在使用 DBSCAN 算法时，调整参数 eps 和 min_samples 可以产生不同聚类的结果。

程序实例 ch34_3.py：重新设计 ch34_2.py，调整 eps=0.5，同时观察执行结果。

```
9   # 建立 DBSCAN 对象，然后聚类
10  db = DBSCAN(eps=0.5, min_samples=5)
```

执行结果

```
================ RESTART: D:\Machine\ch34\ch34_3.py ================
输出群集标签
[ 0  0  0  0 -1  1  1  1  0  1  0  2  1  1  0  1 -1 -1  0  0  0  1  1  1
 -1  1  0  0  0 -1  1  0  0  0  1  1  1  0  1 -1 -1  0  1  0  1  0  1  1
  1 -1  0  1 -1  1  0  1 -1 -1  0 -1  1  1  0  1  1 -1  0  1  0  1 -1  1
  2  0  0  0  1 -1  1  0  1  0 -1 -1  1  1  1  0  0  0  1  1 -1  0  0  0
  0  1  1  0  1  0  1 -1  1  1  1 -1  1  1 -1  1  1  1  0  0  0  0  0
  0  1  1  0  1  0  1 -1  1  1  0  1  0  1  1  0  1  2  1  1
 -1  1  0  0  0  1 -1  1  0  1  0  0  0  0 -1 -1  1  0  0  1  1
 -1  1  0  0  0  1  1 -1  1 -1  1  0  1  1  1  0  0  0  1  0  1
  2  0  0  0  1 -1  1  1]
```

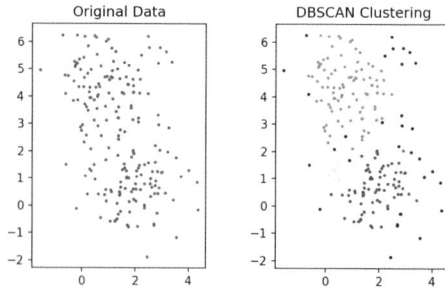

上述程序只是将 eps 从 0.3 改为 0.5，而整个聚类的结果就有很大的变化。从 Python Shell 窗口可以看到输出标签有 "−1, 0, ⋯, 2"，其中 −1 就是所谓的 "噪声点"，其他则分成 0 ～ 2 之间共 3 个群集。

34-3 消费分析 —— 购物中心客户消费数据

因为 DBSCAN 算法是适合以密度为基础的聚类算法，适用于以下几种情况的数据集：

● 具有噪声的数据：DBSCAN 可以将那些不属于任何群集的点标记为噪声，因此它适合处理有噪声的数据。

● 不平衡群集大小：由于 DBSCAN 是以密度为基础的，它可以找到不同大小或密度的群集。

然而，DBSCAN 也有一些限制。例如，对于不同稀疏密度的数据，DBSCAN 可能难以找到合适的参数设定。此外，对于高维数据，由于维度的诅咒，距离的计算可能变得不再有效，这使得 DBSCAN 在这些情况下可能表现不佳。

在 31-6 节笔者有介绍购物中心消费数据，这一节笔者将使用 DBSCAN 算法分析此数据。

程序实例 ch34_4.py：使用 DBSCAN( ) 方法，参数是使用 eps=0.5 和 min_samples=5，分析购物中心消费，最后将分类结果存入 Mall_labels34_4.csv。

```
1   # ch34_4.py
2   import pandas as pd
3   from sklearn.cluster import DBSCAN
4   import matplotlib.pyplot as plt
5   import numpy as np
6   from sklearn.preprocessing import StandardScaler
7
8   # 读取数据
9   data = pd.read_csv('Mall_Customers.csv')
10
11  # 选择 'Annual Income' 和 'Spending Score' 作为特征
12  X = data[['Annual Income (k$)', 'Spending Score (1-100)']]
13
14  # 标准化数据
15  scaler = StandardScaler()
16  X = scaler.fit_transform(X)
17
18  # 建立 DBSCAN 对象并进行拟合
19  dbscan = DBSCAN(eps=0.5, min_samples=5)
20  dbscan.fit(X)
21
22  # 获取每个点的群集标签
23  labels = dbscan.labels_
24  print(labels)
25
26  # 将标签添加到原始数据集中
27  data['cluster'] = labels
28
29  # 储存带有标签的数据到CSV
30  data.to_csv('Mall_labels34_4.csv', index=False)
```

```
31
32  # 定义一个颜色映射：将 -1 映射为红色，其他的分为多种颜色
33  colors = ['black' if x == -1 else 'C{}'.format(x) for x in labels]
34
35  # 绘制聚类结果
36  plt.rcParams["font.family"] = ["Microsoft JhengHei"]
37  plt.scatter(data['Annual Income (k$)'], data['Spending Score (1-100)'],
38              c=colors)
39  plt.title('DBSCAN 分析购物数据 eps=0.5, min_samples=5')
40  plt.xlabel('年收入 Annual Income (k$)')
41  plt.ylabel('消费力 Spending Score (1-100)')
42  plt.show()
```

执行结果

```
===================== RESTART: D:\Machine\ch34\ch34_4.py =====================
[ 0 0 0 0 0 0 0 0 0 0 0 0 0 0 0 0 0 0 0 0 0 0 0 0 0 0 0 0 0
  0 0 0 0 0 0 0 0 0 0 0 0 0 0 0 0 0 0 0 0 0 0 0 0 0 0 0 0 0
  0 0 0 0 0 0 0 0 0 0 0 0 0 0 0 0 0 0 0 0 0 0 0 0 0 0 0 0 0
  0 0 0 0 0 0 0 0 0 0 0 0 0 0 0 0 0 0 0 0 0 0 0 0 0 0 0 0 0
  0 0 0 1 0 1 0 1 0 1 0 1 0 1 0 1 0 1 0 1 0 1 0 1 0 1 0 1 0 1
  0 1 0 1 0 1 0 1 0 1 0 1 0 1 0 1 0 1 0 1 0 1 0 1 0 1 0 1 0 1
  0 1 0 1 0 1 0 1 0 1 0 1 0 1 0 1 0 1 0 1 0 1 0 1 0 1 0 1 0 -1
 -1 1 -1 -1 -1 -1 -1 -1]
```

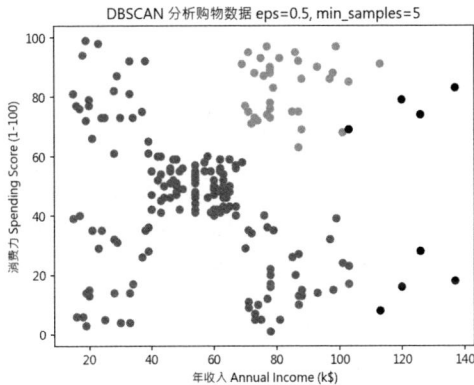

DBSCAN 分析购物数据 eps=0.5, min_samples=5

上述程序是将消费者分成 2 个族群，读者实操时，可以看到黑色的数据点，这就是"噪声点"。DBSCAN( ) 方法是重度依赖 eps 和 min_samples 参数的算法，适度使用不同参数值，可以获得不同的族群数量。程序第 30 行是将含有分类标签的数据，存入 Mall_labels34_4.csv 文件。

ch34_4_1.py：重新设计 ch34_4.py，设定 eps=0.4，最后将分类结果存入 Mall_labels34_4_1. csv。

```
18  # 建立 DBSCAN 对象并进行拟合
19  dbscan = DBSCAN(eps=0.4, min_samples=5)
```

执行结果

散点图可以参考下方左图，同时分成 4 个群集。

```
===================== RESTART: D:/Machine/ch34/ch34_4_1.py =====================
[ 0 0 1 0 0 0 1 -1 1 0 1 0 1 0 0 0 0 0 0 0 -1 0 0 1 0
  1 0 0 0 0 0 1 0 1 0 1 0 1 0 0 0 0 0 0 0 0 0 0 0 0
  0 0 0 0 0 0 0 0 0 0 0 0 0 0 0 0 0 0 0 0 0 0 0 0 0
  0 0 0 0 0 0 0 0 0 0 0 0 0 0 0 0 0 0 0 0 0 0 0 0 0
  0 0 0 0 0 0 0 0 0 0 0 0 0 0 0 0 0 0 0 0 0 0 0 0 0
  0 0 0 0 2 0 2 0 2 0 3 2 3 2 3 2 3 2 3 2 3 2 3 2 0
  3 2 0 2 3 2 3 2 3 2 3 2 3 2 3 2 0 2 3 2 3 2 3 2 3
  3 -1 3 3 2 3 2 3 2 3 2 3 2 -1 2 3 -1 3 2 3 2 -1
 -1 -1 -1 -1 -1 -1 -1]
```

529

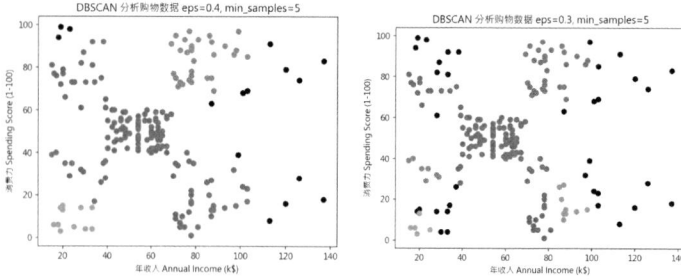

ch34_4_2.py：重新设计 ch34_4.py，设定 eps=0.3，最后将分类结果存入 Mall_labels34_4_2.csv。

```
18  # 建立 DBSCAN 对象并进行拟合
19  dbscan = DBSCAN(eps=0.3, min_samples=5)
```

执行结果

散点图可以参考上方右图，同时可以分成 7 个群集。

```
==================== RESTART: D:/Machine/ch34/ch34_4_2.py ====================
[ 2  0  1  0  2  0  1 -1  1 -1  0 -1 -1 -1  0  1  0  2  0  2 -1  2  0  1  0
 -1 -1  2 -1  0 -1 -1  0 -1 -1 -1 -1  0 -1  0  3 -1  3 -1  3  3  3  3  3  3
  3  3  3  3  3  3  3  3  3  3  3  3  3  3  3  3  3  3  3  3  3  3  3  3  3
  3  3  3  3  3  3  3  3  3  3  3  3  3  3  3  3  3  3  3  3  3  3  3  3  3
  3  3  3  3  4  3  4  3  4  3  4  3  4  5  4  3  4  5  4  5  4  3  4  3  4
  5  4  3  4  5  4  5  4  5  4  3  4  5  4  5  4  5  4  5  4  5  4  3  4
  5  4  3  4  5  4  5  4  5  4  6  4 -1  4  6  4 -1 -1 -1 -1 -1 -1 -1
  6 -1  6  4  4  4  6  4  4  4  6  4  6  4 -1  4  6  4 -1 -1 -1 -1 -1 -1 -1
 -1 -1 -1 -1 -1 -1 -1 -1]
```

机器学习是一个快速发展的领域，新的研究成果和工具不断被开发出来。因此，我们需要保持对新知识的持续学习和探索。本书的内容只是基础的说明与实操，希望笔者所介绍的心得与内容对你有所帮助！学习机器学习是一个持续和充满挑战的过程，祝你学习顺利！

第 35 章
语音识别

这一节主要是介绍语音识别模块，读者可以了解 AI 的发展，当作本书的总结，当然未来笔者也会写"深度学习最强入门——基础微积分迈向 AI 专题实操"。

35-1　语音转文字

35-1-1　建立模块与对象

SpeechRecognition 是一个 Python 模块，它可以让你将语音转换成文字。这是一种语音识别技术，可用于各种情况，例如：建立一个语音助手或转录音讯，以下是如何使用该模块的基本步骤：

首先，需要安装该模块 (下列是假设安装在 Python 3.10 版环境)：

py -3.10 -m pip install speechrecognition

同时需要安装 pyaudio 模块，这是用于录音和播放音频的 Python 模块，这个模块提供了对于 PortAudio 库的绑定，PortAudio 是一个跨平台的音频 I/O 模块，安装方式如下：

py -3.10 -m pip install pyaudio

然后你需要导入该库并创建一个语音识别器对象。

import speech_recognition as sr

r = sr.Recognizer( )　　　　　　　　　　　　　　　# 建立语音识别对象

注　导入的模块是 speech_recognition。

35-1-2　开启音源

接着需要使用 sr.Microphone( ) 开启音源，语法如下：

sr.Microphone( )

这个语法常和 with 搭配使用，如下：

with sr.Microphone( ) as source:

…

audio = r.listen(source)

上述使用方法是将 sr.Microphone( ) 与 with 语句一起使用来确保麦克风在使用后能正确关闭，source 是麦克风对象。

r.listen(source) 将从麦克风读取音频并返回一个 audio 声音对象，此对象可以被用于后续的语音识别。

35-1-3　语音转文字

r.recognize_google( ) 是 SpeechRecognition 模块中的一个方法，应用于利用 Google Web Speech API 将音频数据转换为本文，这个方法的完整语法为：

text = r.recognize_google(audio_data, key=None, language="en-US")

上述参数说明如下：

● audio_data：必填参数，这是你希望识别的音频数据，通常是一个 AudioData 对象，可以透过 r.record( ) 或 r.listen( ) 从音源中获取。

● key：选填参数，这是你的 Google Web Speech API 密钥。如果没有提供，则会使用预设的公共密钥。

● language：选填参数，默认值为 "en-US"，表示美式英语。这是你希望进行识别的语言代码，你可以设定其他语言，例如："zh-TW" 表示台湾语音，"zh-CN" 代表普通话。

程序实例 ch35_1.py： 英文语音输入与输出。

```
1  # ch35_1.py
2  import speech_recognition as sr
3  r = sr.Recognizer()
4  with sr.Microphone() as source:
5      print("请说英文 ...")
6      audio = r.listen(source)
7      try:
8          # 使用Google的语音识别API
9          text = r.recognize_google(audio)
10         print("你说的英文是 : {}".format(text))
11     except:
12         print("抱歉无法听懂你的语音")
```

执行结果

```
===================== RESTART: D:\Machine\ch35\ch35_1.py =====================
请说英文 ...
你说的英文是 : good morning
```

程序实例 ch35_2.py： 中文语音输入与输出。

```
1  # ch35_2.py
2  import speech_recognition as sr
3  r = sr.Recognizer()
4  with sr.Microphone() as source:
5      print("请说中文 ...")
6      audio = r.listen(source)
7      try:
8          # 使用Google的语音识别 API
9          text = r.recognize_google(audio, language="zh-TW")
10         print("你说的中文是 : {}".format(text))
11     except:
12         print("抱歉无法听懂你的语言")
```

执行结果

```
===================== RESTART: D:\Machine\ch35\ch35_2.py =====================
请说中文 ...
你说的中文是 : 早安
```

35-2 文字转语音

35-2-1 建立模块与对象

gTTS 模块全名是 Google Text-to-Speech，这是一个 Python 模块，它可以将文字转换成语音。这个模块使用 Google Text-to-Speech API 进行语音合成，可以生成包括中文、英语、法语、德语、意大利语、西班牙语等多种语言的语音。首先，需要安装该模块 (下列是假设安装在 Python 3.12 版环境)：

py -3.12 -m pip install gTTS

35-2-2 文字转语音方法

gTTS( ) 是 Google Text-to-Speech(gTTS) 的 Python 接口，此方法可以将输入的文字转换成语

音并储存为 MP3 文件，这个方法的基本语法如下：

tts = gtts.gTTS(text, lang='en')

上述各个参数的说明如下：

● text：必填参数，你想要转换成语音的文件内容。

● lang：选项参数，表示语音的语言，默认为 'en'，表示英文。你可以设定其他语言，例如 'zh-tw' 代表台湾的中文，'zh-CN' 表示中国。注：语言选择必须是 Google Text-to-Speech API 支持的语言。

上述方法可以回传语音对象 tts，未来可以使用 save( ) 将此对象转存成 MP3 文件。

35-2-3　输出语音

要输出 MP3 语音可以使用 pygame 模块，使用前须安装此模块，如下：

py -3.10 -m pip install pygame

安装此模块后，可以使用下列方式播放 MP3 文件。

pygame.mixer.init( )　　　　　　　　　　　　　　　# 它被用来初始化音频混音器 (mixer)

pygame.mixer.music.load('MP3 文件')

pygame.mixer.music.play( )　　　　　　　　　　# 播放 MP3 文件

程序实例 ch35_3.py：播放英文句子。

```
1  # ch35_3.py
2  from gtts import gTTS
3  import pygame
4
5  text = "Hello, Machine Learning!"
6  tts = gTTS(text=text, lang='en')
7  tts.save("hello.mp3")
8
9  pygame.mixer.init()
10 pygame.mixer.music.load("hello.mp3")
11 pygame.mixer.music.play()
```

执行结果

```
==================== RESTART: D:\Machine\ch35\ch35_3.py ====================
pygame 2.5.0 (SDL 2.28.0, Python 3.10.5)
Hello from the pygame community. https://www.pygame.org/contribute.html
```

上述是 pygame 的欢迎词，读者可以不必理会，然后可以听到第 5 行 text 所设定的声音 "Hello, Machine Learning!" 输出。

程序实例 ch35_4.py：输出中文句子 "我爱明志科技大学"。

```
1  # ch35_4.py
2  from gtts import gTTS
3  import pygame
4
5  text = "我爱明志科技大学!"
6  tts = gTTS(text=text, lang='zh-tw')
7  tts.save("hello.mp3")
8
9  pygame.mixer.init()
10 pygame.mixer.music.load("hello.mp3")
11 pygame.mixer.music.play()
```

执行结果

```
==================== RESTART: D:/Machine/ch35/ch35_4.py ====================
pygame 2.5.0 (SDL 2.28.0, Python 3.10.5)
Hello from the pygame community. https://www.pygame.org/contribute.html
```